"十二五"职业教育国家规划教材
经全国职业教育教材审定委员会审定

U0296831

中药制药生产技术

第三版

张素萍　主编

化学工业出版社
·北京·

中药制药生产技术是中药制药技术专业的一门重要专业课程。本书以传统的中医药理论为基础，将传统中药生产工艺与现代生产技术有机结合，以制药企业生产第一线岗位群任职要求，参照岗位职业资格标准，构建课程体系和教学内容，内容包括空气净化技术、人员与物料净化技术、车间工艺布置、药材的净制、药材的软化、饮片切制、中药炮制、中药有效成分提取、分离纯化、浓缩、干燥、粉碎与筛分、制剂用水的生产、中药注射剂、中药片剂、中药胶囊剂、丸剂等。在传统中药生产工艺中融入了超临界流体萃取、超声提取、微波提取、超微粉碎技术、膜分离技术、大孔树脂吸附分离技术等中药现代化生产工艺技术的内容，以培养适应现代中药生产岗位需求的高等技术应用型人才。为使学生充分了解中药生产全过程，教学与生产实践相结合，本书每项任务后附有大量的生产实例，在教材模块五中还设有岗位综合实训。

本书可作为各高职院校中药制药技术及相关专业教学使用，也可作为中药制药企业相关岗位的岗前培训和生产培训教材或参考书。

图书在版编目（CIP）数据

中药制药生产技术/张素萍主编．—3版．—北京：化学工业出版社，2014.12（2023.1重印）
“十二五”职业教育国家规划教材
ISBN 978-7-122-21954-1

Ⅰ.①中…　Ⅱ.①张…　Ⅲ.①中成药-生产工艺-高等职业教育-教材　Ⅳ.①TQ461

中国版本图书馆CIP数据核字（2014）第228337号

责任编辑：于　卉　　文字编辑：周　倜
责任校对：蒋　宇　　装帧设计：关　飞

出版发行：化学工业出版社（北京市东城区青年湖南街13号　邮政编码100011）
印　　装：天津盛通数码科技有限公司
787mm×1092mm　1/16　印张21　字数536千字　2023年1月北京第3版第8次印刷

购书咨询：010-64518888　　售后服务：010-64518899
网　　址：http://www.cip.com.cn
凡购买本书，如有缺损质量问题，本社销售中心负责调换。

定　　价：40.00元

版权所有　违者必究

第三版前言

本次编写教材最大的特点是以中药制药企业生产第一线岗位群任职要求，参照岗位职业资格标准，构建课程体系和教学内容，在内容设计上，用模块的方式将岗位操作所需理论知识与岗位操作技能有机结合，缩短教学与实际生产间的差距，使学生能更快、更好地胜任中药生产、管理方面的工作。全书共分五个模块，模块一为药品生产环境洁净技术；模块二到模块四以中药生产加工过程为主线，重点介绍饮片加工、中药有效成分提取、分离纯化、浓缩与干燥、中药制剂生产等岗位操作的原理、工艺技术及设备。每个大模块下设若干个任务，任务中除教材主体内容外，还设有“学习目标”“知识链接”“知识拓展”“能力提高”“新技术”“知识窗”“目标检测”等小模块，提高学生学习的目的性和趣味性，拓宽学生的知识面和应用能力，使学生对中药制药业新工艺、新技术的开发与应用状况有更深入的了解；模块五为岗位综合实训，介绍了典型剂型的处方组成、生产处方、生产工艺过程、岗位及设备的标准操作规程、生产质量控制要点、生产管理要点、清洁消毒标准操作规程、设备维护与保养和生产文件的记录与汇总等内容，使学生掌握制药生产的全过程。

本书由贵州工业职业技术学院张素萍老师担任主编，模块一由贵州工业职业技术学院胡能编写，模块二由贵阳市宏信药业职业学校杨亮编写，模块三、模块四由贵州工业职业技术学院张素萍编写，模块五由贵州工业职业技术学院张素萍、贵州圣济堂制药有限公司陆久华合编。本书在编写过程中得到贵州西创药业有限公司的朱远模、贵州浩诚药业有限公司邹璇、贵州海泰药业技术有限公司的石祖姣等制药业高级技术人员的大力支持，在此深表谢意。

本教材可作为高职院校中药制药技术及相关专业教学使用，也可作为中药制药企业相关岗位的岗前培训和生产培训教材或参考书。

由于笔者水平有限，书中不妥和疏漏之处在所难免，敬请广大读者批评指正。

编　者

2014 年 2 月

目　　录

模块一　药品生产环境洁净技术

药品是关系到人类健康的一类特殊产品，从生产厂房的设计、施工，厂房内设备设施的制造、安装，生产用原辅物料、包装材料质量，药品生产环境、人净、物净设施及程序等都有着明确的规范。为防止生产中的药品、包材受到污染，药厂生产环境洁净技术必不可少，是保证药品质量的前提。本模块主要介绍空气净化的方法及设备、洁净车间的布置、人员与物料净化、洁净技术的应用、生产过程的管理。

任务一　空气净化技术

学习目标

知识目标：

◇ 掌握空气洁净度、无菌区、洁净区的概念；掌握药品生产环境的洁净等级、洁净车间控制参数及要求；掌握空气净化的基本工艺流程。

◇ 熟悉药品生产环境洁净区划分、净化空气流组织与形式。

◇ 了解空气净化设备及性能；了解净化空调系统的类型及特点。

能力目标：

◇ 学会药品生产环境空气净化技术。

◇ 能将学到的理论知识运用到生产实际中，能根据生产剂型要求控制合适的环境参数及人员与物料净化程序，并学会用学到的理论知识解决生产实际问题。

◇ 了解洁净技术在药品生产中的重要性。

一、药厂洁净车间空气洁净度

1．基础知识

（1）空气洁净度　在制药企业中，空气净化技术主要是以空气中粒子尺寸及其浓度和微生物数作为控制对象。空气洁净度是指环境空气中含尘（微粒）量的程度。含尘浓度越高，则洁净度越低；含尘浓度低，则洁净度高。另外，微生物数量也是医药工业洁净厂房污染控制的主要对象。

（2）洁净区　洁净区是厂房内部非无菌产品的区域和无菌药品灭（除）菌及无菌操作以外的生产区域，非无菌产品的原辅料、中间产品、待包装产品以及与工艺有关的设备和内包材能在此区域暴露。

（3）无菌区　无菌区是指医药工业洁净厂房中用于无菌产品的生产场所，如无菌冻干粉注射剂、无菌分装注射剂、无菌原料药等生产的关键操作区，无菌药品的取样、称量和质量检验室的无菌检查、微生物限度检测等区域。

2. 药品生产环境的洁净等级

洁净度级别的划分：中国 GMP（2010 版）在洁净区的洁净级别的划分方面和 1998 版有很大的不同。1998 版 GMP 将洁净区的洁净级别划分为 100 级、10000 级、100000 级和 300000 级四个级别；2010 版 GMP 将无菌药品生产所需的洁净区划分为 A、B、C、D 四个级别。

A 级：高风险操作区，如灌装区、放置胶塞桶和与无菌制剂直接接触的敞口包装容器的区域及无菌装配或连接操作的区域，应当用单向流操作台（罩）维持该区的环境状态。在密闭的隔离操作器或手套箱内，可使用较低的风速。

B 级：指无菌配制和灌装等高风险操作 A 级洁净区所处的背景区域。

C 级和 D 级：指无菌药品生产过程中重要程度较低操作步骤的洁净区。

3. 对空气悬浮粒子的基本要求

洁净区的设计必须符合相应的洁净度要求，包括达到“静态”和“动态”的标准。GMP（2010 版）洁净级别的改变不只是命名形式上的改变，而是从限度标准、监测方法和适用剂型及其生产工艺等的全面改变。新版 GMP 在洁净级别的划分方面和美国、欧盟 GMP 基本一致，这些规范所划分的洁净级别及其限度标准见表 1-1-1 所示。

表 1-1-1　洁净级别及悬浮粒子的限度标准

每立方米悬浮粒子最大允许数										
中国 GMP(2010 版)& 欧盟 GMP					中国 GMP(1998 版)			FDA Guidance for Industry		
洁净级别	静态		动态		洁净级别	0.5μm	5.0μm	洁净级别	0.5μm	5.0μm
	0.5μm	5.0μm	0.5μm	5.0μm						
A	3520	20	3520	20	—	—	—	—	—	—
B	3520	29	352000	2900	100	3500	0	100	3520	—
—	—	—	—	—	—	—	—	1000	35200	—
C	352000	2900	3520000	29000	10000	350000	2000	10000	352000	—
D	3520000	29000	不作规定	不作规定	100000	3500000	20000	100000	3520000	—
—	—	—	—	—	300000	10500000	60000			

注：静态指所有生产设备均已安装就绪，但没有生产活动且无操作人员在场的状态。
动态指生产设备按预定的工艺模式运行并有规定数量的操作人员在现场操作的状态。

4. 对微生物限度的基本要求

应当对微生物进行动态监测，评估无菌生产的微生物状况。监测方法有沉降菌法、定量空气浮游菌采样法和表面取样法（如棉签擦拭法和接触碟法）等。动态取样应当避免对洁净区造成不良影响。成品批记录的审核应当包括监测的结果。

对表面和操作人员的监测，应当在关键操作完成后进行。在正常的生产操作监测外，可在系统验证清洁或消毒等操作完成后增加微生物监测。

洁净区微生物监测的动态标准见表 1-1-2 所示。

表 1-1-2　洁净区微生物监测的动态标准①

洁净度级别	浮游菌 /(cfu/m³)	沉降菌(φ90mm) /(cfu/4h)②	表面微生物	
			接触(φ55mm) /(cfu/碟)	5 指手套 /(cfu/手套)
A 级	<1	<1	<1	<1
B 级	10	5	5	5

续表

洁净度级别	浮游菌 /(cfu/m^3)	沉降菌(φ90mm) /(cfu/4h)②	表面微生物	
			接触(φ55mm) /(cfu/碟)	5指手套 /(cfu/手套)
C级	100	50	25	—
D级	200	100	50	—

① 表中各数值均为平均值。

② 单个沉降碟的暴露时间可以少于4h，同一位置可使用多个沉降碟连续进行监测并累积计数。

5. 对无菌药品生产过程的环境要求

无菌药品按其最终去除微生物的方法的不同，分为可最终灭菌药品和非最终灭菌无菌药品两类。中国GMP对无菌药品各生产工艺过程的洁净度作了明确规定，无菌药品的生产操作环境可参照表1-1-3、表1-1-4的示例进行选择。

表1-1-3 可最终灭菌药品生产过程的环境要求

洁净度级别	最终灭菌产品生产操作示例
C级背景下的局部A级	高污染风险①的产品灌装(或灌封)
C级	1. 产品灌装(或灌封) 2. 高污染风险②产品的配制和过滤 3. 眼用制剂、无菌软膏、无菌混浊剂等的配制、灌装(或灌封) 4. 直接接触药品的包装材料和器具最终清洗后的处理
D级	1. 轧盖 2. 灌装前物料的准备 3. 产品配制(指浓配或采用密闭系统的配制)和过滤直接接触药品的包装材料和器具的最终清洗

① 此处的高污染风险是指产品容易长菌、灌装速度慢、灌装容器为广口瓶、容器须暴露数秒钟后方可密封等状况。

② 此处的高污染风险是指产品容易长菌、配制后需等待较长时间方可灭菌或不在密闭系统中配制等状况。

表1-1-4 非最终灭菌无菌药品生产过程的环境要求

洁净度级别	非最终灭菌产品的无菌生产操作示例
B级背景下的局部A级	1. 处于未完全密封①状态下产品的操作和转运，如产品灌装(或灌封)、分装、压塞、轧盖②等 2. 灌装前无法除菌过滤的药液或产品的配制 3. 直接接触药品的包装材料、器具灭菌后的装配以及处于未完全密封状态下的转运和存放 4. 无菌原料药的粉碎、过筛、混合、分装
B级	1. 处于未完全密封①状态下的产品置于完全密封容器内的转运 2. 直接接触药品的包装材料、器具灭菌后处于密闭容器内的转运和存放
C级	1. 灌装前可除菌过滤的药液或产品的配制 2. 产品的过滤
D级	直接接触药品的包装材料、器具的最终清洗、装配和包装、灭菌

① 轧盖前产品视为处于未完全密封状态。

② 根据已压塞产品的密封性、轧盖设备的设计、铝盖的特性等因素，轧盖操作可选择在C级或D级背景下的A级送风环境中进行。A级送风环境应当至少符合A级区的静态要求。

6. 对非无菌药品生产过程的环境要求

中国GMP及有关附录，对非无菌药品生产环境也作了明确规定。

① 应当根据药品品种、生产操作要求及外部环境状况等配置空调净化系统，使生产区有效通风，并有温度、湿度控制和空气净化过滤，保证药品的生产环境符合要求。

② 洁净区与非洁净区之间、不同级别洁净区之间的压差应当不低于10Pa。必要时，相同洁净度级别的不同功能区域（操作间）之间也应当保持适当的压差梯度。

③ 非无菌原料药精制、干燥、粉碎、包装等生产操作的暴露环境应当按照D级洁净区

的要求设置。

④ 中药提取、浓缩、收膏工序宜采用密闭系统进行操作，并在线进行清洁，以防止污染和交叉污染。采用密闭系统生产的，其操作环境可在非洁净区；采用敞口方式生产的，其操作环境应当与其制剂配制操作区的洁净度级别相适应。

⑤ 浸膏的配料、粉碎、过筛、混合等操作，其洁净度级别应当与其制剂配制操作区的洁净度级别一致。中药饮片经粉碎、过筛、混合后直接入药的，上述操作的厂房应当能够密闭，有良好的通风、除尘等设施，人员、物料进出及生产操作应当参照洁净区管理。

⑥ 口服液体和固体制剂、腔道用药（含直肠用药）、表皮外用药品等非无菌制剂生产的暴露工序区域及其直接接触药品的包装材料最终处理的暴露工序区域，应当参照“无菌药品”附录中D级洁净区的要求设置，企业可根据产品的标准和特性对该区域采取适当的微生物监控措施。

二、空气洁净的基本工艺流程

空气洁净技术就是通过对空气过滤达到一定洁净度，同时以相应的管理保持环境控制系统的有效运转，从而保证药物生产处于符合药品质量要求的环境条件中。其基本工艺流程如下：

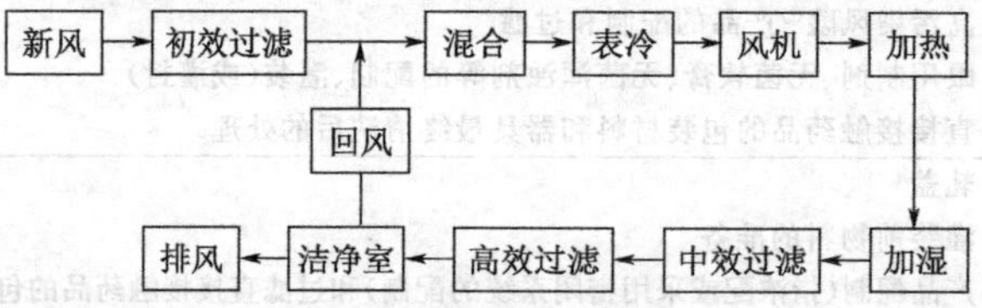

由送风口把经过净化处理的来自送风管路系统的洁净空气送入洁净室，室内产生的尘菌被洁净空气稀释后强迫其由回风口进入回风管系统，在空调机组的混合段与从室外引入的经过初步过滤的新风混合，再经空调机组初效、中效和送风口高效三级过滤后又送入洁净室。洁净室空气经过如此反复循环，就可以在相当一段时期内把污染控制在一个稳定的水平，保持一个适宜的洁净度等级。在洁净空间净化设计及实施过程中，还需考虑室内气流流向、换气次数和气流速度等因素的影响。

三、空气净化系统

（一）空调系统的基本类型

空调系统可分为下面两种类型

（1）直流型空调系统　即将经过处理的、能满足空间要求的室外空气送入室内，然后又将这些空气全部排除。

（2）再循环型空调系统　即洁净室送风由部分经处理的室外新风与部分从洁净室空间的回风混合而成。室外新风量通常按洁净室内每名操作人员 $40m^3/h$ 计算，此外还应满足补偿从室内排除空气的需要。

由于再循环型空调系统具有初投资和运行费用低的优势，故在空调系统设计中应尽可能合理采用再循环型空调系统，但下列情况空调系统的空气不能循环使用：

① 生产过程散发粉尘的洁净室（区），其室内空气如经处理仍不能避免交叉污染时；

② 生产中使用有机溶剂，且因气体积聚可构成爆炸或火灾危险的工序；

③ 病原体操作区；

④ 放射性药品生产区；

⑤ 生产过程中产品大量有害物质、异味或挥发性气体的生产工序。

（二）净化空气流组织与形式

为了特定目的而在室内造成一定的空气流动状态与分布，通常叫做气流组织。一般空气自送风口进入房间后首先形成射入气流，流向房间回风口的是回流气流，在房间内局部空间回旋的则是涡流气流。为了使工作区获得低而均匀的含尘浓度，洁净室内组织气流的基本原则是：最大限度地减少涡流；使射入气流经过最短流程尽快覆盖工作区；希望气流方向能与尘埃的重力沉降方向一致，使回流气流有效地将室内灰尘排出室外。可见洁净车间与一般的空调车间相比是完全不同的。

目前洁净室采用的主要气流组织有单向流、非单向流和混合流三种方式。

1. 单向流

单向流过去也常称为层流，指沿单一方向呈平行流线并且横断面上风速一致的气流。单向流能持续清除关键操作区域的颗粒。单向流净化的特点是：①进入室内的单向流空气已经过高效过滤器滤过，无尘粒进入室内，符合无菌要求；②空气呈单向流形式运动，使得室内一切悬浮粒子都保持在单向流中流动，悬浮粒子不易聚积和沉降，同时空气流速也相对提高，使粒子在空气中浮动，室内空气不会出现停滞状区域；③洁净室（区）内产生的污染物，如新脱落的微粒很快被具有一定流速的单向流空气带走，排出室外，故有自行除尘能力；④可避免不同药物粉末的交叉污染，保证产品的质量，降低废品率。

单向流按其气流的方向又可分为垂直单向流和水平单向流两种，见图 1-1-1 所示。垂直单向流的气流方向是由洁净室内顶棚垂直向下流向地板。垂直单向流是空气流经室顶棚布满的高效过滤器（占顶棚的面积≥60%），在过滤器的阻力下形成送风口处均匀分布的气流，回风可通过整个格栅地板或通过四周侧墙下部均匀布置的回风口。由于气流系单一方向垂直平行流，经过操作人员和工作台时，可将操作时产生的污染物带走，避免其落到工作台上，使全部工作面上保持无菌无尘，可达 A 级或更高的洁净度。

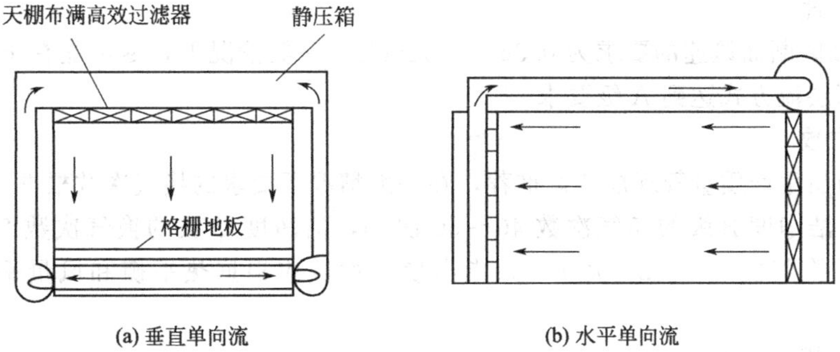

(a) 垂直单向流　　(b) 水平单向流

图 1-1-1 单向流气流形式示意图

水平单向流的气流方向平行于洁净室地面。洁净空气流通过室内一侧墙面上布满或均布（>40%）高效过滤器水平送风，对面墙上布满或均布回风格栅成回风口。在高效过滤器越近的工作位置，越能接受到最洁净的空气，洁净度可达到 A 级，随着与送风墙的距离增加，洁净度下降，可能是 B 级。室内不同的地方洁净度等级不同。

水平单向流洁净室比垂直单向流洁净室的造价低，但空气流动过程中含尘量浓度逐渐增加，较适用于有多种洁净度要求的工艺过程。

2. 非单向流

非单向流也称为乱流，见图 1-1-2 所示。非单向流洁净室内的气流方向是在顶棚或侧墙上间布高效过滤器，而回风在两侧墙下、单侧墙下或同侧墙下，形成非单向流，即气流呈错乱状态，存在回流或涡流区，工作台面上气流分布很不均匀，故洁净度较单向流洁净室低，可达到B级或C级。乱流方式主要是利用稀释作用，使室内尘源产生的灰尘均匀扩散而被“冲淡”，而不易将微粒除尽，因此，室内洁净度与空气稀释程度有关，亦即与换气次数有关。乱流方式的洁净室构造简单，施工方便，投资和运行费用较小，因而药品生产上大多数洁净室都采用此方式。

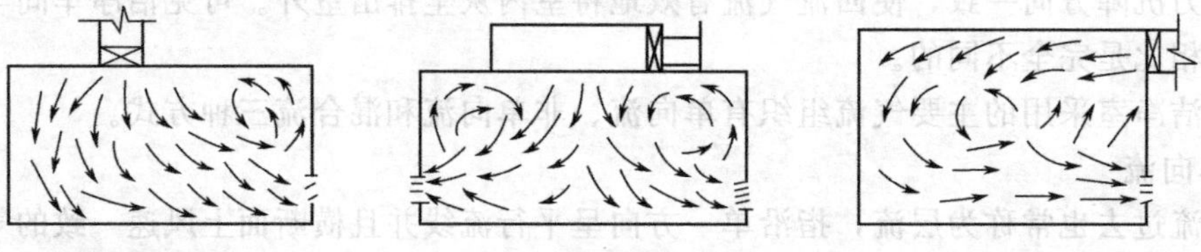

(a) 顶送下侧回风　(b) 顶送双侧下回风　(c) 上侧送同侧下回风

图 1-1-2 非单向流气流形式示意图

3. 混合流

在洁净室内同时存在单向流、非单向流两种气流形式，且两者不发生相互干扰，例如在C级乱流厂房内安装有局部A级层流罩的安瓿洗灌封联动机装置。

选择洁净室的气流组织方式时，应从工艺要求出发，尽量采用局部净化，使洁净设计经济可行。当局部净化不能满足要求时，可采用局部净化与全面净化相结合的方式，如C级背景下的局部A级。

（三）洁净车间环境参数

根据GMP要求，为保证药品有洁净的生产环境，在厂房设施的性能确认中，应对洁净区的悬浮粒子数、沉降菌数进行确认，同时应对洁净区的换气次数、风速、温度和湿度、压力差、照度、新鲜空气量等作出必要的规定。

1. 断面风速

对于A级区断面风速的要求为0.36～0.54m/s，一般情况下，尽可能在B级或C级环境内，用局部层流方式达到A级要求。

2. 换气次数

我国《药品生产质量管理规范》推荐，在一般情况下要求的换气次数根据洁净度的要求不同分别为：洁净度B级的换气次数40～60次/h，洁净度C级的换气次数20～40次/h，洁净度D级的换气次数6～20次/h，并指出换气次数应根据热平衡和风量平衡计算加以验证。

3. 温度和相对湿度

洁净室（区）的温度和相对湿度应与药品生产工艺要求相适应。当药品生产无特殊要求时，A级、B级的洁净室（区）一般控制温度为20～24℃，相对湿度为45%～60%；C级、D级洁净室（区）一般控制温度为18～26℃，相对湿度控制为45%～65%。当工艺和产品有特殊要求时，应按这些要求确定温度和相对湿度。

4. 压力差

洁净室（区）的窗户、天棚及进入室内的管道、风口、灯具与墙壁或天棚的连接部位均应密封。GMP要求在洁净室与邻近洁净度较低的空间之间保持一个可测量的压差（DP），中国不同空气级别之间的DP值规定为不小于10Pa，FDA建议值为10～15Pa。

在工艺过程产生大量粉尘、有害物质、易燃和易爆物质的工序，生产强过敏性药物和有毒药物等，其操作室应与相邻房间或区域保持相对负压。

5. 照度

洁净室（区）应根据生产要求提供足够的照明。主要工作室的照度宜为300lx；辅助工作室、走廊、气闸室、人员净化和物料净化用室可低于300lx，但不能低于150lx，对照度有特殊要求的生产部位可设置局部照明。厂房应有应急照明设施。

6. 新鲜空气量

洁净室内应保持每人每小时的新鲜空气量不少于$40m^3$。新鲜空气量应为单向流洁净室总送风量的2%～4%；非单向流洁净室应为总送风量的10%～30%，补偿室内排风和保持室内正压值所需的新鲜空气量。

【能力提高】

风速度、风量测试及换气次数的计算

风速度对洁净度是一个重要的影响因素，因为室内微粒污染为均匀分布，净化过程是洁净空气与微粒混合稀释后清除的过程。送风量为单个送风口横截面积与平均风速的乘积。

风量测试内容包括测定总送风量、新风量、一次回风量、二次回风量、排风量以及各干、支风道内风量和送（回）风口的风量等。测定方法是在送风口取5个点，用便携式风速仪测每点风速，风口测定点布置如下图所示。

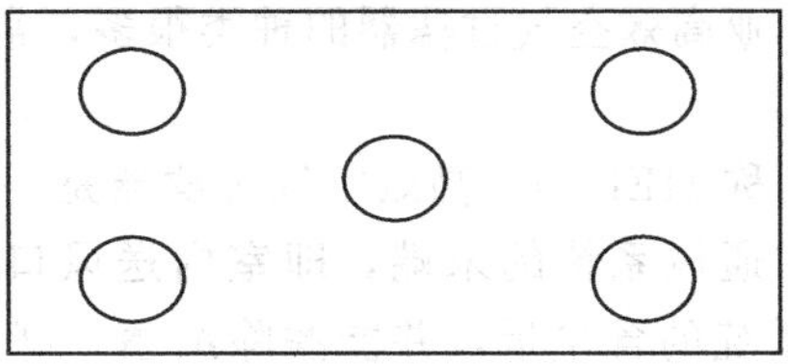

(1) 风口的平均风速按下式计算：

$$\overline{V}=\frac{V_1+V_2+\cdots+V_n}{n} \qquad (1\text{-}1\text{-}1)$$

式中　V_1，V_2，…，V_n——各测定点的风速，m/s；

n——测点总数。

(2) 风口风量L由下式计算：

$$L=3600\times S\times\overline{V} \qquad (1\text{-}1\text{-}2)$$

式中　L——风量，m^3/h；

S——风口通风面积，m^2；

$\overline{V}$——测得的风口平均风速，m/s。

(3) 房间的换气次数

$$n=\frac{L_1+L_2+\cdots+L_n}{A\times H} \qquad (1\text{-}1\text{-}3)$$

式中　n——房间的换气次数，次/h；

L_1，L_2，…，L_n——房间各送风口的风量，m^3/h；

A——房间面积，m^2；

H——房间高度，m。

测定方法：直接从风速仪表上读取风口送风速度，并根据送风口面积、送风口数，计算出总送风量。结合通风口数、房间体积并按换气次数计算公式可得出换气次数，与标准对照（风速仪应在离送风口15cm处测定）。

（四）空气净化设备

1. 空气过滤器

空气过滤器又称空气净化滤器，根据净化的程度可分为四个等级。

（1）粗效空气过滤器　粗效过滤器是空调、净化系统中的第一级空气过滤器（预过滤器），用于滤除粒径在5μm以上的尘粒和异物，对中、高效过滤器起保护作用。一般采用粗、中孔泡沫塑料、涤纶或丙纶无纺布、化纤组合滤料等滤材，滤材可以水洗再生，重复使用，种类有平板式、抽屉式和自动卷绕式等多种。粗效过滤器主要靠尘粒的惯性沉积，故风速可稍大，滤速可在0.4～1.2m/s，过滤效率在20%～30%。

（2）中效空气过滤器　常用在粗效过滤器的后面，以提高净化效率。中效过滤器用于滤除1～5μm的悬浮尘粒。一般采用中、细孔泡沫塑料、涤纶或丙纶无纺布及中效玻璃纤维等滤材，种类有抽屉式、袋式、自动卷绕式、分隔板式、静电式等多种。滤速可在0.2～0.4m/s，过滤效率在30%～50%。

（3）亚高效空气过滤器　亚高效空气过滤器主要用于空气洁净度级别在D级或低于D级的，对除尘、灭菌环境净化有较高要求的场所以及高级舒适性空调房间，也可以用于自净器、洁净棚、新风机组等局部净化设备。亚高效空气过滤器阻力低，价格便宜，投资少，需用风机压头不高，运行噪声小，运行能耗少等。滤材主要有亚高效玻璃纤维滤纸、过氯乙烯纤维滤布、聚丙烯纤维滤布。亚高效空气过滤器的种类很多，常见的有分隔板式、管式、袋式三种。

（4）高效空气过滤器（简称HEPA）　高效空气过滤器是一般洁净厂房和局部净化设备的最后一级过滤器，一般放在通风系统的末端，即室内送风口上。过滤对象主要是0.3～1μm的尘粒，用于控制送风系统的含尘量，并能滤除细菌。高效空气过滤器主要采用超细玻璃纤维滤纸或超细石棉纤维滤纸为滤材，超细玻璃纤维滤纸分为有隔板高效空气过滤纸和无隔板高效空气过滤纸两类。其构造如图1-1-3所示。

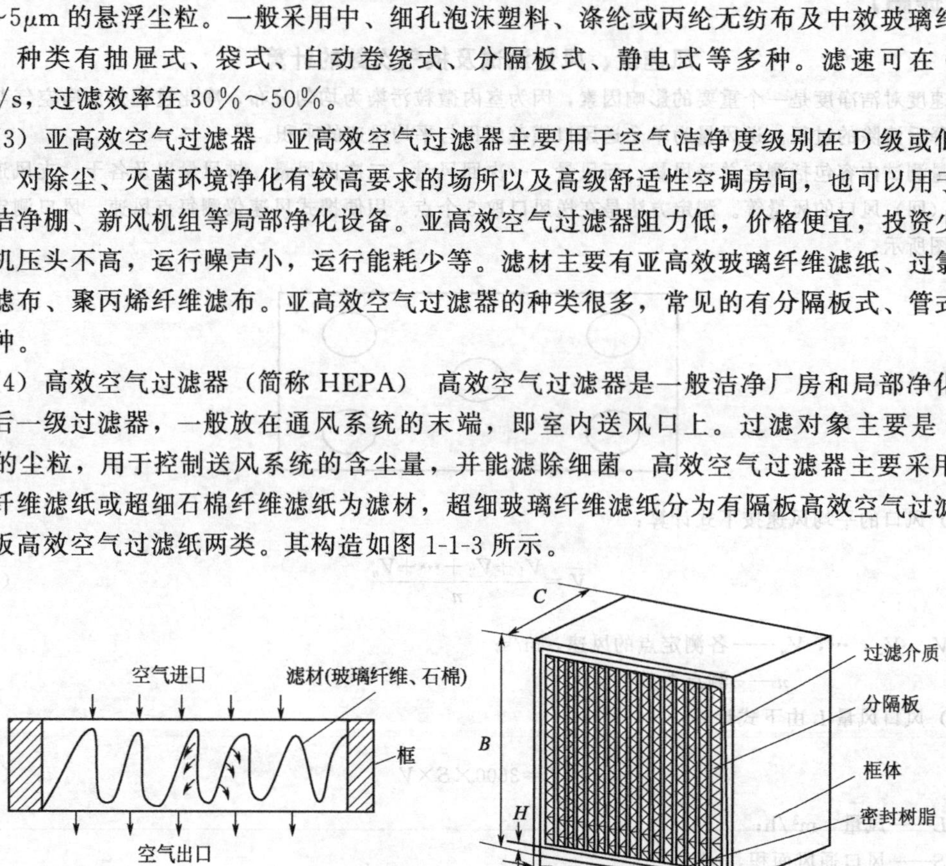

图1-1-3　高效空气过滤器的结构示意图

A—过滤器外框的宽度；*B*—过滤器外框的高度；*C*—过滤器外框的深度；*H*—外框的厚度

高效空气过滤器的特点是效力高，阻力大，不能再生，一般2～3年更换一次，安装时正反方向不能装倒。据国外资料报道，高效空气过滤器对细菌（1μm）的透过率为0.0001%，对病毒（0.03μm）的透过率为0.0026%，所以高效空气过滤器对细菌的滤除效率基本是100%，即空气通过高效空气过滤器后可视为无菌。

（5）超高效空气过滤器（简称UHE）　对于粒径≥0.12μm尘粒的计数效率≥99.999%的高效空气过滤器叫做超高效空气过滤器。主要用于生产环境送风过滤系统的末端净化，也是0.1μm洁净室、0.1μm层流罩、0.1μm洁净工作台不可缺少的末端设备。滤材主要是超细玻璃纤维，制作使用与高效空气过滤器基本相同。

2. 气闸室

气闸室即缓冲室，是控制人、物进出洁净室时，避免污染空气进入的隔离室。一般可采用无空气幕的气闸室，当洁净度要求高时，亦可采用有洁净空气幕的气闸室。空气幕是在洁净室入口处的顶板设置有中、高效过滤器，并通过条缝向下喷射气流，形成遮挡污染的气幕。

3. 洁净工作台

洁净工作台又称超净工作台，属于局部净化设备，是在特定的局部空间造成洁净空气环境的装置（用于药品微生物限度检查的工作台）。洁净工作台由静压箱体、粗效过滤器、风机、高效过滤器和洁净操作台等组成（图 1-1-4）。室内空气在风机的作用下，经粗效过滤器后被吸入箱底下部，并由风机压至上部，经高效过滤器后的洁净空气，呈单向流送至操作台。洁净度可达 A 级。

4. 空气吹淋室

空气吹淋室属于人身净化设备，并能防止污染空气进入洁净室，见图 1-1-5 所示。吹淋室可分三部分：左部为风机、电加热器及过滤器等；右部为静压箱、喷嘴和配电盘间；中间为吹淋间，底部为站人转盘，旋转周期为 14s，可使人在吹淋过程中受到均匀的射流作用，气流速度一般为 25～35m/s，且工作服产生抖动，除掉灰尘。吹淋室的门有联锁和自动控制装置，并应设置手动开关装置。

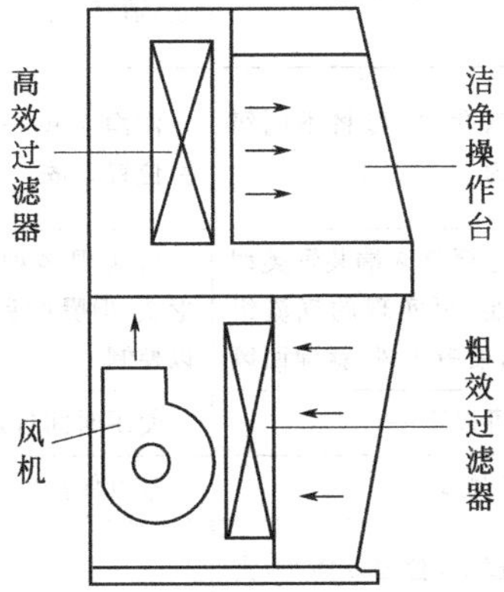

图 1-1-4　洁净工作台示意图

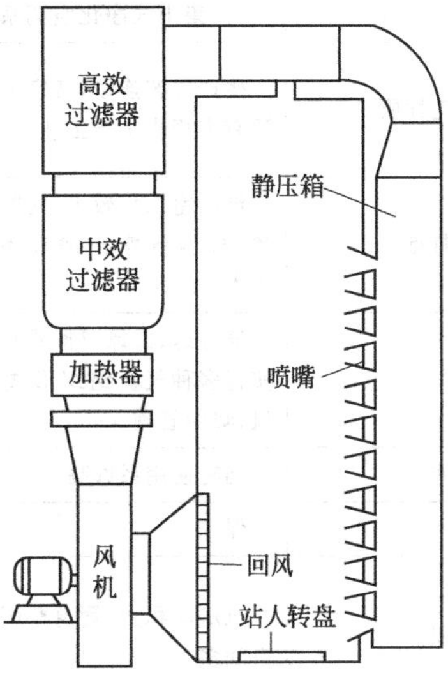

图 1-1-5　单人空气吹淋室示意图

（五）净化空调系统

净化空调系统是指能对洁净区内的空气滤尘净化，并能调节空气的温度、湿度、气流速度等的处理系统。洁净厂房内由于进行生产活动，人、物流的进出和机器装备的运行等原因，产生热、湿、尘、菌、有害物质等的负荷，需要通过送入的空气将这些负荷带出以保持体系的平衡。

药厂净化空调系统按空气处理设备的设置情况一般可分为集中式、半集中式与分散式系统三种。

1. 集中式系统

集中式空调系统又称中央空调，将空气集中统一处理，然后通过管路分送到各空调厂房，即所有空气处理设备（风机、表冷器、加热器、过滤器等）集中设置在空调机房内的系统。处理过的空气通过送、回风管道输配到各空调房间，并形成循环。它适用于面积较大、洁净度较高、位置集中及消声、振动控制要求严格的洁净室，是目前多数药厂采用的空调方式。

2. 半集中式系统

半集中式系统除设有集中机房外，将冷热交换装置等二次设备分散在各被调节房间内。这样再根据各房间的需要，对集中处理设备供应的空气作进一步处理。如办公楼、宾馆等常用的风机盘管系统即属于该系统。

3. 分散式系统

分散式空调系统又称局部空调系统。是指将空气处理设备分散在各个被调节的房间内的系统。空调房间使用各自的空调机组，空调机组把空气处理设备、风机以及冷热源都集中在一个箱体内，接上电源，即可供给房间所需冷、热量及局部洁净环境。这种全分散式净化空调系统适用于空调环境或低级别净化环境，如净化单元、空气自净器、层流罩、洁净工作台等。

集中式净化空调系统、半集中式净化空调系统和分散式净化空调系统比较见表 1-1-5 所示。

表 1-1-5　集中式净化空调系统、半集中式净化空调系统和分散式净化空调系统比较

项　目	集中式净化空调系统	半集中式净化空调系统	分散式净化空调系统
生产工艺性质	生产工艺连续，各室无独立性，适宜大规模生产工艺	生产工艺可连续，各洁净室具有一定独立性，避免室间相互污染	生产工艺单一，各室独立，适宜改造工程
洁净室特点	洁净室面积较大，间数多、位置集中，但各室洁净度不宜相差太大	洁净室位置集中，可将不同级别洁净室合为一个系统	洁净室单一或各洁净室位置分散
气流组织	通过送、回风口形式及布置，可实行多种气流组织形式，统一送风，集中管理	气流组织主要靠末端装置类型及布置来控制，可实现的气流组织形式不多，集中送风，就地回风	可实现多种气流组织形式，但噪声和振动需加以控制
使用时间	同时使用系数高	使用时间可以不一	使用时间自定
新风量	保证	保证，便于调节	难以保证
辅助面积	机房面积大，管道截面大，占用空间多	机房面积较小，管道截面小，占用空间小，末端装置占室内部分面积	无独立机房和长管道
噪声及振动控制	要求严格控制的场合，可以处理得较为理想	集中风易处理，室内主要取决于末端装置制造质量	较难处理
维修及操作	需要专门训练操作工，但维修量小，系统处理较复杂	介于两者之间，如末端装置具有热湿处理能力，各室可自行调节	操作简便，室内工作人员可自行操作，调节、管理简单
施工周期	施工周期较长，现场工作量大	介于二者之间	建设周期短
单位洁净面积设备费用	较低	介于二者之间	较高

图 1-1-6 所示为有一次、二次回风的集中空调机组示意图。新风经空气过滤器 3、空气预热器 4 后与一次回风合并进入喷水区（由前挡水板、喷嘴组、后挡水板组成），在那里水与空气进行热量、物质的交换，然后与二次回风汇合经二次加热器 8 及风机 9，通过风管分送到各空调厂房。

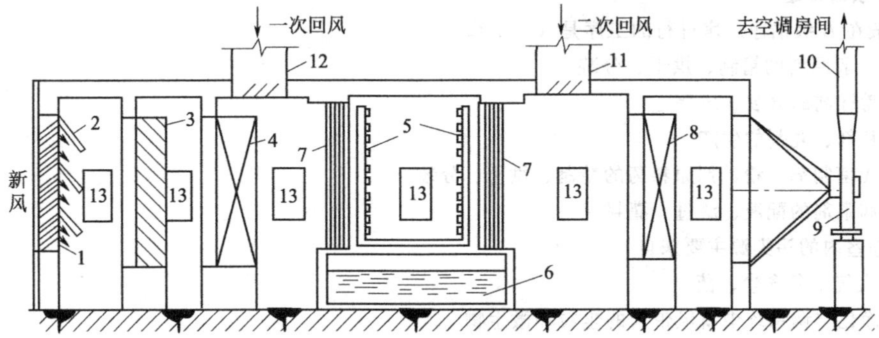

图 1-1-6　一次、二次回风的集中空调机组示意图

1—新风百叶窗；2—保温窗；3—空气过滤器；4—空气预热器；
5—喷水器；6—喷水室底池；7—前后挡水板；8—二次加热器；
9—风机；10—出风管；11—二次回风口；
12——次回风口；13—密封门

目　标　检　测

一、单项选择题

1. 洁净室（区）内直接影响药品生产质量是否达标的因素不包括（　　）。

A. 压力　B. 温/湿度　C. 空气流速　D. 噪声　E. 空气洁净度

2. GMP 规定洁净区与非洁净区、不同等级洁净区之间的压差应大于（　　）。

A. 3Pa　B. 5Pa　C. 6Pa
D. 8Pa　E. 10Pa

3. 下列哪种剂型应在 A 级洁净环境下生产（　　）。

A. 丸剂　B. 粉针剂　C. 胶囊剂　D. 糖浆剂　E. 片剂

4. 药厂可灭菌小容量注射液浓配工段的洁净等级一般可设计为（　　）。

A. D 级　B. C 级　C. B 级
D. B 级背景下局部 A 级　E. A 级

5. 按 GMP 要求，洁净度 B 级的洁净室换气次数应控制为（　　）。

A. 6～20 次/h　B. 20～30 次/h　C. 20～40 次/h　D. 40～60 次/h　E. 50～70 次/h

6. 关于制药环境的空气净化内容叙述正确的是（　　）。

A. 用于制药环境空气净化的乱流，洁净度较单向流洁净室高
B. 非层流型洁净空调系统净化空气的原理是用净化的空气稀释室内空气
C. 水平单向流的洁净室，室内不同的地方洁净度等级一致
D. 乱流净化的过程可以使粒子始终处于浮动状态，无回流或涡流区
E. 非单向流洁净室内的气流方向呈错乱状态，洁净度等级达到 A 级

7. 高效空气过滤器过滤对象主要是（　　）。

A. ≥5μm 尘粒　B. 1～5μm 尘粒　C. 0.3～1μm 尘粒　D. ≥0.12μm 尘粒　E. ≤0.12μm 尘粒

8. 关于层流型洁净净化系统叙述不正确的是（　　）。

A. 可以使一切粒子保持在层流层中运动

B. 可使粒子在空气中浮动，不蓄积和沉降

C. 有自行除尘的能力

D. 可避免不同药物粉末间的交叉污染

E. 室内空气在某些区域会出现停止状态

二、多项选择题

1. 一般在A级洁净厂房进行的工序是（　　）。

A. 一般原料的精制、烘干、分装

B. 粉针剂的分装、压塞

C. 片剂、丸剂的生产

D. 无菌制剂、粉针剂原料药的精制、烘干、分装

E. 滴眼剂的配液、滤过、灌封

2. 洁净室内的污染源主要来自（　　）。

A. 大气中所含尘、菌

B. 净化空调系统中新风带人的尘粒和微生物

C. 操作人员发尘

D. 设备及产品生产过程的产尘

E. 建筑围护结构、设施的产尘

3. 下面对净化空调系统叙述正确的是（　　）。

A. 净化空调系统能对洁净区内的空气滤尘净化，并能调节空气的温度、湿度、气流速度等

B. 集中式净化空调系统不适宜大规模连续生产工艺

C. 洁净工作台属于半分散式净化空调系统

D. 集中式净化空调系统通过送、回风口形式及布置，可实行多种气流组织形式

E. 集中式净化空调系统适用于面积较大、洁净度要求较高的洁净室处理

三、简答题

1. 药品生产中使用空气洁净技术的目的及所采取的措施?

2. 什么情况下应清洗或更换空气滤过器?

任务二　人员与物料净化技术

学习目标

知识目标：

◇ 掌握人员净化和物料净化程序。

◇ 熟悉更衣标准操作程序、物料进入洁净区的要求，剩余物料、半成品、成品、废料的转出途径。

◇ 了解我国《药品生产质量管理规范》中对无菌服的要求。

能力目标：

◇ 学会人员、物料进入洁净区及物料从洁净区到一般生产区的净化程序。

◇ 能将学到的理论知识运用到生产实际中，能根据GMP对生产车间洁净度要求，对人员和物料采用合适的净化程序，并学会用学到的理论知识解决生产实际问题。

◇ 了解实际生产中，人员、物料进入洁净区的标准操作程序。

一、人员净化

在药品生产的整个过程中，离不开人的操作活动。人体各部所含细菌不但种类多，而且有不少致病菌。人员进入无菌区先得通过气闸室，但人既不能灭菌、除菌，也不能消毒，以致成为污染无菌环境的主要威胁，因此，进入洁净区的人员必须经过一系列的净化程序才能进入无菌洁净室（区）。

【知识链接】

人员在不同状态的发菌量

人员在不同状态的发菌量不同，洁净室内穿无菌衣人员的静态发菌量一般不超过 300 个/(min・人)，动态发菌量一般不超过 1000 个/(min・人)，咳嗽一次的发菌量一般为 70～700 个/(min・人)，喷嚏一次的发菌量一般为 4000～60000 个/(min・人)。所以，无菌的衣服、鞋套、手套、帽子、口罩以及眼镜对所有要进入无菌区的人来说是绝对必需的。

（一）洁净区的着装要求

我国 2010 版《药品生产质量管理规范》无菌药品附录在“人员”一章中要求“工作服及其质量应当与生产操作的要求及操作区的洁净度级别相适应，其式样和穿着方式应当能够满足保护产品和人员的要求”。各洁净区的着装要求规定如下。

D 级洁净区：应当将头发、胡须等相关部位遮盖。应当穿合适的工作服和鞋子或鞋套。应当采取适当措施，以避免带入洁净区外的污染物。

C 级洁净区：应当将头发、胡须等相关部位遮盖，应当戴口罩。应当穿手腕处可收紧的连体服或衣裤分开的工作服，并穿适当的鞋子或鞋套。工作服应当不脱落纤维或微粒。

A/B 级洁净区：应当用头罩将所有头发以及胡须等相关部位全部遮盖，头罩应当塞进衣领内，应当戴口罩以防散发飞沫，必要时戴防护目镜。应当戴经灭菌且无颗粒物（如滑石粉）散发的橡胶或塑料手套，穿经灭菌或消毒的脚套，裤腿应当塞进脚套内，袖口应当塞进手套内。工作服应为灭菌的连体工作服，不脱落纤维或微粒，并能滞留身体散发的微粒。

【知识链接】

洁净服的式样

目前，洁净服的式样主要有：①帽、衣、裤三分开，适用于非无菌制剂；②帽、衣、裤相连，另加脚套（称为三连体），适用于最终灭菌制剂；③帽、衣、裤、脚套相连（称为四连体），适用非最终灭菌制剂。

不同洁净级别的洁净工作服应分别洗涤，干燥和包装应在洁净环境下进行，干燥后需要灭菌的服装，逐件装入灭菌袋，集中灭菌。非无菌服装干燥后，应妥善存放，防止污染。

（二）人员净化程序

人员净化用室的入口处应有净鞋设施，净化用室应包括换鞋室、存外衣室、洁净工作服室、盥洗室和气闸室（或空气吹淋室）等。A 级、B 级洁净区的人员净化用室中，存放外衣室和洁净工作服室应分别设置，盥洗室应设洗手和消毒设施，并应安装自动烘干器，而且水龙头的开启方式以不直接用手开启为宜。为了保持洁净生产区的空气洁净度并维持室内正压，在洁净生产区的入口处应设置气闸室或空气吹淋室。气闸室必须有两个以上的出入门，并且应有防止同时打开的措施，门的连锁可采用自控式、机械式或信号显示等方式。气闸室也可用空气吹淋室代替，同样，空气吹淋室使用时也不能将出入门同时开启。下面介绍人员出入洁净区的净化程序。

1. 生产人员进出一般生产区的净化程序

(1) 生产人员进入一般生产区

① 需进入一般生产区的生产人员，进入生产区大厅前，若带有雨具，将雨具放在雨存放处。

② 更鞋。走到更鞋室隔离台前，坐在更鞋柜上，面对门外，将换下的鞋放入鞋柜中，在更鞋柜转身 180°，从内侧鞋柜内取出控制区专用工鞋（一更）穿好，然后进入男或女更衣间。

③ 更衣。进入更衣室（一更）后，走向印有黄颜色标识（一般生产区）的衣柜前，打开更衣柜门，先将个人的饰品、手表、包等个人用品放入各自物品存放柜中，再脱去外衣，整齐挂于或叠放于各自更衣柜下层中。从衣柜上层中取出一般生产区工作服，脱下工作鞋。按从上到下的顺序戴工作帽，穿工作衣，穿工作裤，并将上衣塞入裤子中；最后穿好工作鞋。

④ 洗手。到洗手池前洗手，先用饮用水将手全部润湿，挤适量洗手液，搓洗手心、手背、指缝、手腕直至上方 5cm 处，用饮用水冲洗至无洗手液残留物，在烘手器上将手上的水烘干。

⑤ 整衣。走到穿衣镜前，面对穿衣镜自检，要求头发不外露，上衣下缘包进裤腰内。一切穿戴完毕后，把更衣柜门锁好。进入一般生产区走廊。

(2) 生产人员退出一般生产区　生产人员从一般区走廊退出生产区，进入男女更衣间，先脱工裤，再脱工衣，最后脱工帽。更换洁净鞋，从更衣柜中拿出私人物品。如果生产人员短时间（24h）内将再次进入生产区，将工服暂时挂在更衣柜内，跨过更鞋柜，取出路鞋穿上，走出门厅。

2. 生产人员进出 D 级洁净区的净化程序

生产人员进出 D 级洁净区需进行二次更衣，更衣流程示意图见图 1-2-1 所示。

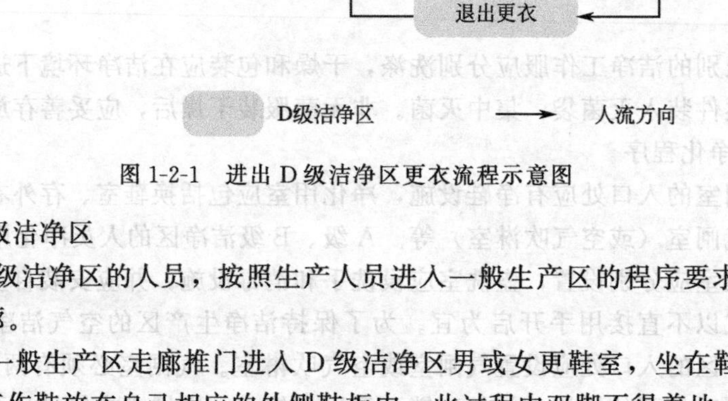

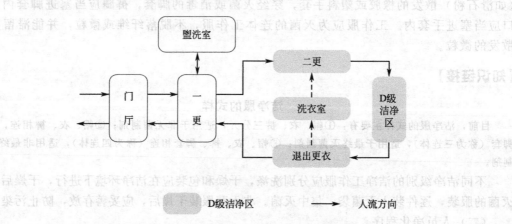

图 1-2-1　进出 D 级洁净区更衣流程示意图

(1) 进入 D 级洁净区

① 需进入 D 级洁净区的人员，按照生产人员进入一般生产区的程序要求进行一更后进入一般生产区走廊。

② 更鞋。从一般生产区走廊推门进入 D 级洁净区男或女更鞋室，坐在鞋柜上，脱下一更的工作鞋，将工作鞋放在自己相应的外侧鞋柜内，此过程中双脚不得着地，抬起双脚，全身旋转 180°，转至鞋柜内侧。从内侧鞋柜内取出 D 级区的洁净鞋套和拖鞋，穿上洁净鞋套和拖鞋。

③ 洗手。推门进入人员缓冲，先用纯化水将手全部润湿，挤适量洗手液，搓洗手心、手背、指缝、手腕直至上方 5cm 处，用纯化水冲洗至无洗手液残留物，在烘手器上将手上的水烘干。

④ 更衣。进入二更衣室，按从下到上的顺序依次脱下一般生产区工作裤、工作衣和工作帽，整齐叠放在工作服存放柜中，戴上口罩，从灭菌袋内取出 D 级洁净服，站在更衣台上按照从上到下的顺序，先穿洁净上衣，后穿洁净裤，注意将上衣下缘包进裤腰内。戴好口罩，口罩要将口、鼻完全遮住。

⑤ 整衣。对着穿衣镜，检查工作服、帽子穿戴是否整洁、整齐无破损；领口、袖口、裤口是否系严。注意要将头发全部塞入帽内。

⑥ 手消毒。进入手消毒间进行手消毒，在感应式手消毒器下用 75%乙醇溶液对手部均匀消毒，消毒器会自动感应开启，翻动双手，使消毒液均匀喷在双手正面和反面，缩回双手，让酒精自动挥干。

⑦ 进入 D 级洁净区走廊。

(2) 退出 D 级洁净区　进入更衣室，先脱下洁净裤，再脱下洁净衣，将衣服折好，放入编号对应洁净服袋内。如果生产人员短时间（24h）内将再次进入生产区将洁净服挂在更衣室挂钩上，再次进入时使用；如果短期内不再进入，将使用过的洁净服放入“待清洗”的白色塑料箱内，使用过的口罩也放到“待清洗”的白色塑料箱内。通过缓冲间进入男女更鞋室，生产人员脱下黄色洁净拖鞋，换上工作鞋，进入一般生产区。

3. 生产人员进出 C 级洁净区的净化程序

(1) 进入 C 级洁净区　需进入 C 级洁净区的人员，按照《生产人员进出一般生产区净化程序》要求进入一般生产区后，再进入 C 级洁净区，人员需经空调开启 30 min 后，方可进入到 C 级洁净区。具体净化程序如下。

① 更鞋。从一般生产区走廊推门进入 C 级洁净区男或女更鞋室，坐在鞋柜上，脱下一更的工作鞋，将工作鞋放在自己相应的外侧鞋柜内，此过程中双脚不得着地，抬起双脚，全身旋转 180°，转至鞋柜内侧。从内侧鞋柜内取出 C 级区的洁净鞋套和拖鞋，穿上洁净鞋套和拖鞋。外来人员也要和生产人员一样更换拖鞋。

② 脱一般生产区工作服。更鞋后进入更衣室打开衣柜门，按从下到上的顺序依次脱下一般生产区工作裤、工作衣和工作帽，整齐叠放在工作服存放柜中。

③ 洗手。人员走到洗手池前，用水将双手湿润，使用洗手液揉搓双手，搓洗手心、手背、指缝、手腕直至上方 5cm 处，保证手的每一个部位及各指缝都清洗干净，必要时可用毛刷进行清洁，并检查手的各部位是否清洁，如不合格可重新进行清洗。搓洗合格后用纯化水将双手的洗手液冲洗干净，最后将手在烘手机下烘干，进入到 C 级洁净区更衣间。

④ 更衣。人员进入到 C 级洁净区更衣间，先将消毒头套和消毒口罩从密封袋中取出，戴好。再到各自的衣柜前打开衣柜门，将洁净工作服、洁净袜套从洁净袋内取出，检查洁净工作服、洁净袜套是否完好。先将 C 级洁净区工作服穿好，再将洁净袜套穿好，随手关好柜，每只袜套穿好后，在分隔线另一侧穿上洁净拖鞋，在此过程中脚不得碰触地面及脱掉的拖鞋。最后将一次性乳胶手套戴好，应将袖口塞进手套内。

⑤ 整衣。上述穿戴好后到整衣镜前进行整衣，检查工作服、帽子穿戴是否整洁、整齐无破损；头发是否有外露、口罩是否遮盖口鼻处、工作服拉链是否拉好、袖口是否在手套内等。

⑥ 手消毒。检查合格后到手消毒器处对手部进行消毒，将消毒液均匀的喷涂在无菌手套各表面。上述过程全部完成后方可进入 C 级洁净区。

(2) 退出C级洁净区　从男女缓冲出口，进入脱衣间先脱下洁净服，将衣服折好，放入对应洁净服袋内，如果生产人员短时间（24h）内将再次进入生产区将洁净服挂在更衣室挂钩上，再次进入时使用；如果短期内不再进入，将使用过的洁净服放入“待清洗”的白色塑料箱内，使用过的口罩也放到“待清洗”的白色塑料箱内。进入缓冲间洗手，进入更鞋室更鞋后进入一般区。

4. 生产人员进出B级洁净区的净化程序

(1) 进入B级洁净区　生产人员进入B级洁净区须先在一般生产区更衣室换下个人衣服，穿上一般生产区的洁净工作服，进入C级洁净区时换上新的连体或分体洁净服，进入B、A级洁净区再换上无菌工作服，进出B级洁净区更衣流程示意图见图1-2-2所示，下面介绍从C级洁净区进入B级区洁净区的净化程序。

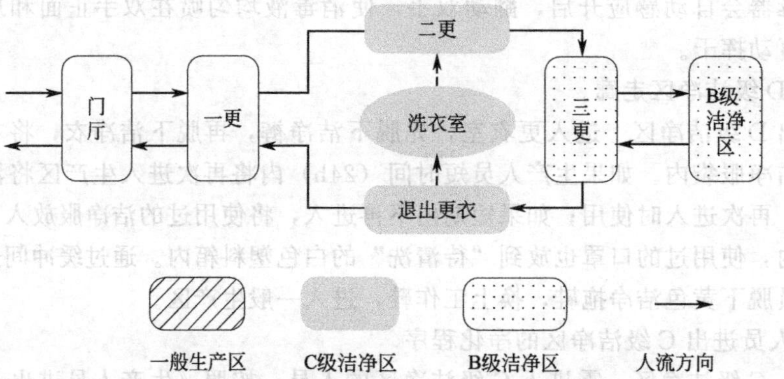

图1-2-2　进出B级洁净区更衣流程示意图

① 从C级洁净区进入B级洁净区的净化流程为：脱C级洁净服→换拖鞋→洗手→自净3min→换无菌内衣→换洁净拖鞋→整衣→手消毒→戴无菌口罩→无菌手套→无菌袜套→整衣→手消毒→进入B级洁净区。

② 换鞋、脱C级洁净区洁净服。人员通过B级洁净区缓冲间进入到B级洁净区换鞋更衣室，根据工号将衣物脱放至更衣柜内（除必需的基本内衣），坐到更鞋柜上，将二更鞋脱下，放在自己工号的鞋柜内，双脚脱鞋后不得接触地面，抬起双脚，转体180°，从对应的鞋柜里取洁净区拖鞋穿上。

③ 洗手。人员走到洗手池前，用水将双手湿润，使用洗手液揉搓双手，揉搓手掌使产生丰富泡沫，搓洗手心、手背、指缝、手腕（搓洗至手腕上5cm处），保证手的每一个部位及各指缝都清洗干净，必要时可用毛刷进行清洁，并检查手的各部位是否清洁，如不合格可重新进行清洗。搓洗合格后用注射用水将双手的洗手液冲洗干净，最后将手在烘手机下烘干，于此区风淋3min后进入无菌内衣更换间。

④ 换无菌内衣、洁净拖鞋。人员进入到B级洁净区无菌内衣更衣间，先将消毒头套戴好。坐到更鞋柜上，将拖鞋脱下，放在自己的鞋柜内，双脚脱鞋后不得接触地面，抬起双脚，转体180°，从对应的鞋柜里取出洁净拖鞋穿上。再到衣架前取下无菌内衣，将无菌内衣从洁净袋内取出，检查无菌内衣是否完好，衣物检查合格后穿好。

⑤ 整衣、手消毒。上述穿戴好后到整衣镜前进行整衣，检查头发是否有外露、工作服拉链是否拉好等。检查合格后到手消毒器处对手部进行消毒，将消毒液均匀的喷涂在双手各表面。

⑥ 穿无菌外衣。人员进入到无菌外衣更换间，先将一次性无菌头套、无菌口罩、无菌手套戴好，到衣架前将无菌外衣、无菌袜套从洁净袋内取出，先检查无菌外衣、无菌袜套是

否完好，然后将洁净拖鞋脱下，坐到更衣凳上，先将无菌外衣穿好，再穿无菌袜套，将裤腿套入无菌袜套内，将袖口塞进无菌手套内。

⑦ 整衣、手消毒。上述穿戴好后到整衣镜前进行整衣，检查头发、胡须是否有外露、口罩是否遮盖口鼻处、工作服拉链是否拉好、袖口是否在手套内、裤腿是否套入无菌袜套内等。检查合格后到手消毒器处对手部进行消毒，将消毒液均匀的喷涂在无菌手套各表面。

⑧ 上述过程全部完成后方可进入B级洁净区。

(2) 退出B级洁净区　工作结束后，人员通过退出气锁间进入到脱无菌外衣间，将无菌外衣、无菌内衣脱下分别装入到衣物回收桶中，将一次性无菌头套、一次性无菌口罩、一次性乳胶手套脱下放入垃圾桶中。再进入到换鞋更衣室穿好C级洁净区洁净服、工作鞋、工作帽，经缓冲间退出B级洁净区。清洁员按规定将洁净工作服、洁净袜套、洁净拖鞋进行清洗、消毒、整理。

二、物料净化

(一) 进出洁净区的物料分类

生产过程有很多物料进出洁净区，进出洁净区的物料必须由生产车间的物料通道出入运行，物料由低级别进入高级别洁净区，必须进行清洁、消毒、缓冲、净化方可进入，预防微生物污染，进出洁净区物料的分类见表1-2-1。

表1-2-1　进出洁净区物料的分类

物料类型		举　例
生产物料	药物原料	如中药浸膏、生药细粉、浸膏粉等
	辅料	如淀粉、糊精、纯化水等
包装材料	空心胶囊	
	内包装材料	如生产片剂的制袋铝箔卷材、胶囊剂的铝塑包装卷材
设备、容器具		各类增添生产设备、容器具
工具		各类生产设备、设施的维修和维护保养工具、材料
废弃物		生产废弃物、废弃设备等
其他		如生产文件、记录、清洁剂、消毒剂及清洁工具等

(二) 物料净化的程序

对物料进行净化是防止药品污染的又一项重要措施，进入洁净室（区）的原辅料、包装材料等必须有一定的物净程序，具体来说，工艺上的物料净化包括脱包、传递和传输。药品生产的物料净化系统宜采用带有联锁设施的气闸室或传递窗（柜）。若采用气闸室时，气闸室的出入门要联锁，防止同时开启，气闸室不得作为人行通道。

1. 物料进出D级洁净区净化程序

(1) 物料传入D级洁净区　非无菌药品生产用物料从一般区进入D级洁净区，必须经过物料净化系统（包括外包装清洁处理室和传递窗），即在外包装清洁处理室对其外包装进行净化处理后，经有出入门联锁的气闸室或传递窗（柜）进入洁净区，其净化程序见图1-2-3所示。

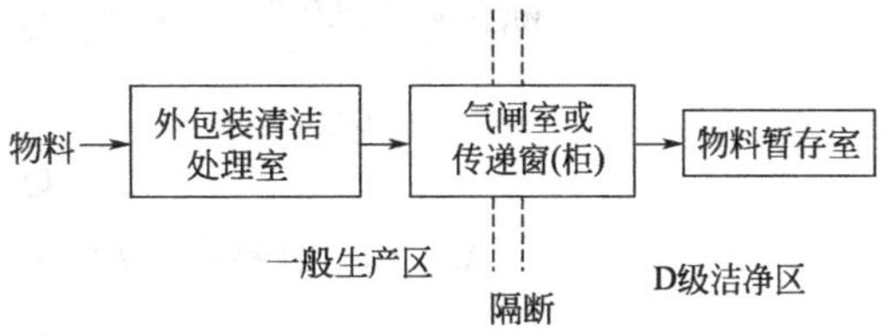

图1-2-3　非无菌药品生产用物料从一般区进入D级洁净区净化程序

具体操作如下。

① 物料由仓库领取后，提货运送到非洁净区备料间待用。

② 物料由车间专人从车间备料间转运到物料解包间。

③ 凡有外包装的物料应在拆包间由操作人员解去外包装，脱外包包括采用吸尘器或清扫的方式清除物料外包装表面的尘粒，污染较大，故脱外包间应设在洁净室外侧，并将外包装物装于废料桶内。

④ 解去外包后检查内包装是否完好无损，必要时可用洁净容器装好，内包装在进入洁净区前应无尘埃，对不能解去外包的应用干净擦布擦去表面的尘埃或用吸尘机吸去表面灰尘。

⑤ 进入D级区的生产原料、容器具等需经D级区外拆包间将外包装拆除，用75%酒精擦拭消毒后，送料人员打开气锁间或传递窗外门，同时关闭洁净区的一边门，放入物品，关闭外门，紫外灭菌30min，通知洁净区内的人员打开洁净区一边的传递窗门，取货，随后关闭洁净区一边的传递窗的门，完成本程序。

⑥ 进入D级区的内包装材料（如安瓿瓶）需经D级区拆包间将外包装拆除，喷以75%酒精消毒后，通过洗瓶机传送带传至洗瓶机内进行清洗，通过洗瓶、灭菌过程将清洗、灭菌合格的安瓿瓶传送至灌封间使用。

⑦ 维修工具如扳手、启子、螺钉等应清洗干净，经121℃、30min湿热灭菌后方能进入D级操作区；金属维修工具也可经250℃、45min干热灭菌后进入D级无菌操作区。

⑧ 对于既不能用干热灭菌也不能用湿热灭菌的如万用表、计算器、试电笔、笔、操作规程、批生产记录、其他相关记录、甚至于物料等拭去表面粉尘后，可以于生产前的头一天放入无菌操作区内的货架上，待下班后用臭氧对环境进行消毒时，一起消毒效果更好。

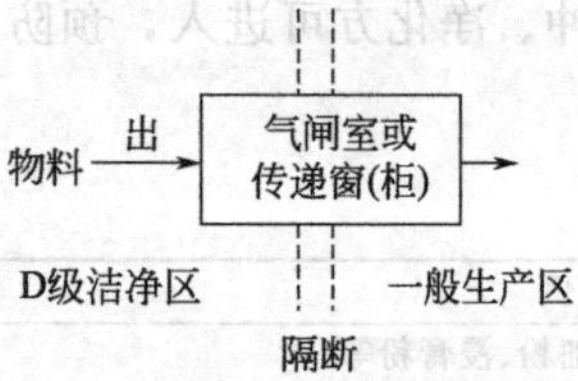

图1-2-4　物料从D级洁净区到一般生产区传递程序

(2) 物料传出D级洁净区　对需传出D级洁净区的物料，必须通过出入联锁的气闸室或传递窗（柜）传出去。先将传出的物品放入气闸室，关闭内门，从另一侧打开外门，将物品取出。废弃物通过废弃物传递窗传出。传递窗双侧门不得同时开启。其传递程序见图1-2-4所示。

2. 物料进出B级洁净区净化程序

(1) 物料传入B级洁净区　进入到B级洁净区的原辅料、容器具、工具、文件、记录、培养皿等需先按《物料进入D级洁净区的操作规程》进入到D级洁净区。然后再从D级洁净区进入B级洁净区，下面介绍从D级洁净区进入B级洁净区的净化程序，其净化程序见图1-2-5所示。

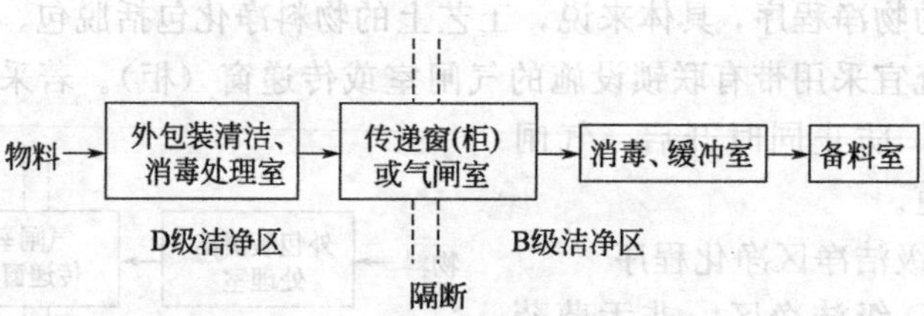

图1-2-5　物料从D级洁净区进入B级洁净区净化程序

① 进入B级洁净区的原辅料在D级清外包房间内清洁外表面，用75%的酒精擦拭外表面进行消毒，然后运送至缓冲间，由洁净区内人员通过缓冲间另一侧打开取出，缓冲间双侧门不得同时开。进入洁净区存放于备料间。

② 进入B级洁净区的容器具、工具须在D级洁净区器具清洗间进行清洗，按《B级容器具清洁、灭菌操作规程》执行。清洁后的容器具、工具通过灭菌柜进行灭菌处理，灭菌后从B级区打开柜门，放入B级区器具存放间备用。容器具和工具的灭菌应分开进行。灭菌柜双侧门不得同时开启。

③ 进入B级洁净区的文件、各类记录、中性笔、培养皿等在D级脱外包间清洁外包装，擦拭干净或用75%酒精擦拭外表消毒，再通过传递窗或气闸室紫外线照射30min后传进B级洁净区。

④ 进入B级洁净区的清洁剂和消毒剂需在D级区消毒液配制间配制，配制好通过管道打进B级洁净区，经除菌过滤器过滤，于B级洁净区消毒液存放间存放备用。

（2）物料传出B级洁净区

① 原辅料、容器具、工具等传出时通过传递窗（柜）或气闸室传递至D级洁净区，按D级区物品的传出程序将物品传出。

② B级区的废弃物通过气闸室传递至D级区，通过D级区废弃物传递窗传出，气闸室和传递窗双侧门不得同时开启。

目标检测

一、单项选择题

1. 洁净室内穿无菌衣人员的静态发菌量一般不超过（　　）。

A. 50个/(min·人)　　B. 100个/（min·人)

C. 150个/(min·人)　　D. 200个/(min·人)

E. 300个/(min·人)

2. 对A级、B级洁净区的人员净化操作叙述错误的是（　　）。

A. 存放外衣室和洁净工作服室应分别设置

B. 在洁净生产区的入口处应设置气闸室或空气吹淋室

C. 气闸室必须有两个以上的出入门

D. 空气吹淋室使用将出入门同时开启

E. 气闸室也可用空气吹淋室代替

3. 物料从一般区进入洁净区净化操作程序正确的是（　　）。

A. 物料→气闸室→外包装清洁处理室→物料暂存室→隔断→洁净区

B. 物料→外包装清洁处理室→气闸室→物料暂存室→隔断→洁净区

C. 物料→物料暂存室→外包装清洁处理室→气闸室→隔断→洁净区

D. 物料→外包装清洁处理室→气闸室→洁净区→隔断→物料暂存室

E. 物料→外包装清洁处理室→物料暂存室→气闸室→隔断→洁净区

二、多项选择题

1. 人员从一般区进入洁净区净化操作正确的是（　　）。

A. 洁净区入口处应设置气闸室或空气吹淋室

B. 进入洁净区的人员须换鞋、脱衣服、洗手后才能换上洁净工作服

C. 进入无菌操作区工作人员穿无菌服时顺序应由下到上地穿

D. 气闸室的出入口应有联锁装置

E. 洁净室工作人员超过5人时，可用物料净化通道出入

2. 物料从一般区进入洁净区净化操作程序正确的是（　　）。

A. 原辅料在外包装清洁室进行净化处理

B. 经净化处理的原辅料经气闸室或传递窗送入称量室

C. 包装材料经净化处理后送入贮存室

D. 用气闸室传递物料时，将气闸室出入门同时开启，方便物料传递

E. 生产过程中产生的废弃物从物料进口的气闸室或传递窗进入一般生产区

三、简答题

1. 空气吹淋室有哪些类型和要求？

2. 气闸室和传递窗有哪些类型？它们有什么作用？

任务三　车间工艺布置

学习目标

知识目标：

◇ 掌握生产车间布置的原则。

◇ 熟悉车间布置的内容和方式。

◇ 了解洁净区分隔材料的特点和适用范围。

能力目标：

◇ 学会生产车间工艺布局原则和要求。

◇ 能将学到的理论知识运用到生产实际中，能根据生产剂型和药品质量的要求合理布置生产车间，并学会用学到的理论知识解决生产实际问题。

◇ 了解生产车间平面布置的实例。

根据生产工艺和药品质量的要求，生产车间的环境可划分为一般生产区、控制区和洁净区。一般生产区系指无洁净度要求的生产车间及辅助车间等；控制区系指对洁净度或菌落数有一定要求的生产车间及辅助车间；洁净区（如C级、局部A级）系指有较高洁净度或菌落数要求的生产车间。

一、车间布置的内容

药厂生产车间一般由以下几部分组成。

① 生产设施（各工序操作间、控制室及原材料、辅料、包装材料、成品等存放室）。

② 生产辅助设施（除尘室、通风室、动力房、配电房、机修房、化验室、空调室等）。

③ 生活、行政设施（车间办公室、会议室、更衣室、卫生间等）。

④ 其他特殊用房（工具及工作服洗涤、干燥、存放室，气闸室、空气吹淋室等）。

生产车间布置就是把上述各设施、车间各工段、车间内各设备进行合理布置，使施工安装、设备维护和检修方便，降低基建时工程造价，避免人流和物流紊乱等问题，车间建成后保证生产正常进行。

二、生产洁净区布置的方式

生产洁净区一般由洁净区、准洁净区、辅助区三部分组成。洁净区由洁净室和洁净室内走廊组成，有洁净度级别的要求；准洁净区包括人身净化区、物料净化区和洁净外走廊三部分，有的要求达到一定的洁净度，有的只要求有洁净送风；辅助区包括净化空调机房、技术夹层、纯水站、气体净化站及其他辅助设施，这部分没有洁净要求，只要求清洁。

生产洁净区的平面布置可以有以下几种方式。

① 外廊环绕式　走廊在外围洁净室环绕，称为外廊，外廊可以有窗和无窗，兼作参观和放置一些设备用，外窗必须是双层密封窗。

② 内廊式　与外廊环绕式相反，洁净室设在外围，而走廊设在内部，这种走廊的洁净度级别一般都较高，有时甚至达到洁净室的级别。

③ 两端式　洁净区设在一边，另一边设准洁净区和辅助用房。

④ 核心式　以洁净区为核心，上下左右被各种辅助用房和隐蔽管道的空间包围起来，这样不仅可以避开室外气候对洁净区的影响，同时节约了用地，缩短了管线，减少了冷热能耗，是一种节能的布置方式。

三、生产车间布置的原则

药物制剂车间多采用集中布置，车间的平面形状以长方形居多，常用的宽度为12m、15m、18m，高度主要决定于工艺、安装和检修要求，同时也要考虑通风、采光和安全要求。车间可以建成大框架、大面积、大块玻璃为固定窗的无开启窗的厂房，有利于生产时按区域概念灵活分隔房间，也便于以后工艺变更、更新设备或进一步扩大产量。

布置生产车间时应满足以下基本要求。

① 生产操作间要按工艺流程布置，减少生产流程的迂回或往返。图1-3-1为某口服液生产车间的平面布置图，由于是按工艺流程进行分区，因此布置合理紧凑、流畅。

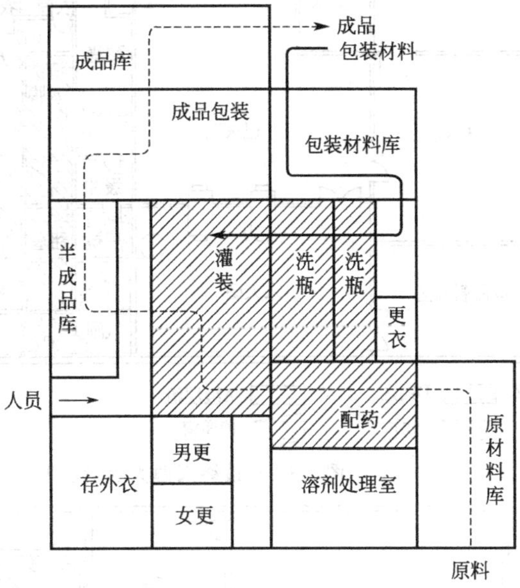

图1-3-1　口服液生产车间的平面布置图

② 称量室宜靠近原辅料存放室或原辅料库，其洁净度级别与配料室相同。原辅料、半成品存放室与生产区的距离要近，避免途中污染。

③ 操作间内设置必要的工艺设备及放置与生产有关的物品。操作区、贮存区不得用做非区域内工作人员的通道。布置上要避免无关人员或物流通过生产区域。

④ 人员和物料的出入口应分别设置，原辅料和成品的出入口也应分开，防止原材料、中间体和半成品间的交叉污染。极易造成污染的物料和废弃物可设置专用出入口。

⑤ 空气洁净度高的房间或区域宜布置在人员最少到达的地方，并宜靠近空调机房。不同洁净度级别的房间或区域宜按空气洁净度的高低由里向外布置；洁净度相同的房间或区域的布置则宜相对集中。洁净度不同的房间之间相互联系时，要有防止交叉污染的措施，如气闸室、空气吹淋室、缓冲间或传递窗（柜）等。

⑥ 人员和物料进入洁净厂房要有各自的净化用室和设施，净化用室的设置要求与生产区的洁净度级别相适应，人员和物料使用的电梯宜分开。电梯不应设在洁净区内，如需设置应在电梯前设气闸室或其他确保洁净区空气洁净度等级的措施。

⑦ 对D级的生产区可将设备及容器具清洗室布置在本区域内；对A级与B级生产区宜设在本区域外，其洁净度级别可低于生产区一个级别。

⑧ 洁净工作服的洗涤与干燥室可设在低于生产区一个洁净度级别的区域。无菌服装的整理与灭菌室须设在与生产区洁净度级别相同的区域。

⑨ 工具洗涤及存放室、维修保养室宜设在洁净区外。盥洗室应在生产区外间，卫生间及浴室可设在更衣区。

⑩ 宜尽量减少洁净区域的面积，洁净室内只应放置必要的工艺设备和设施，室内工作人数应控制在最低限度。同时，还应考虑到使原材料、半成品和成品存放区面积与生产规模相适应。

图 1-3-2～图 1-3-5 为一些车间平面布置的实例，供参考。

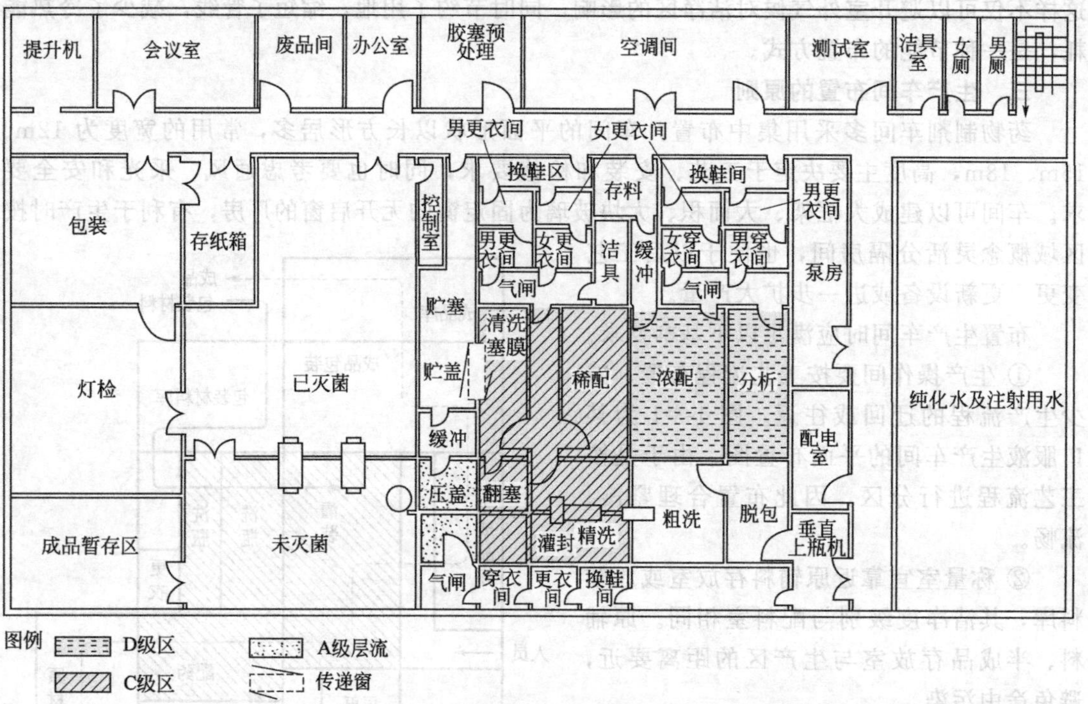

图 1-3-2　最终灭菌大容量注射剂（玻璃瓶）生产平面布置示意图

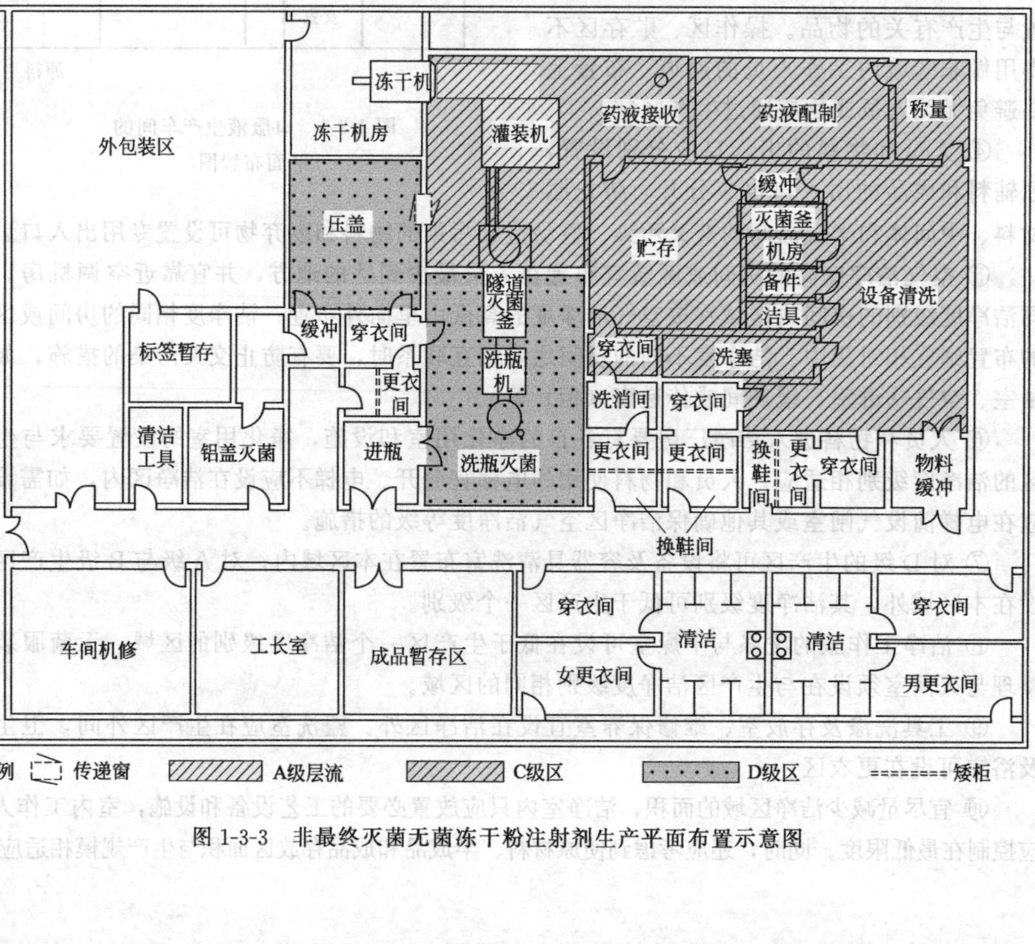

图 1-3-3　非最终灭菌无菌冻干粉注射剂生产平面布置示意图

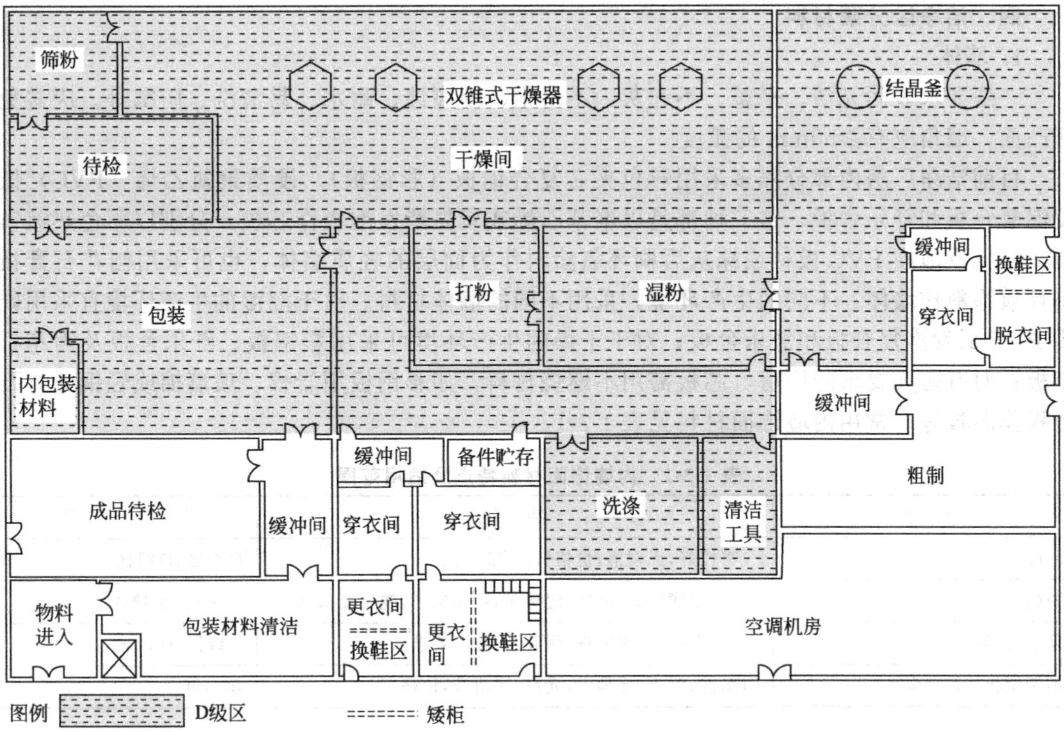

图 1-3-4　非无菌原料药精制、干燥、包装平面布置示意图

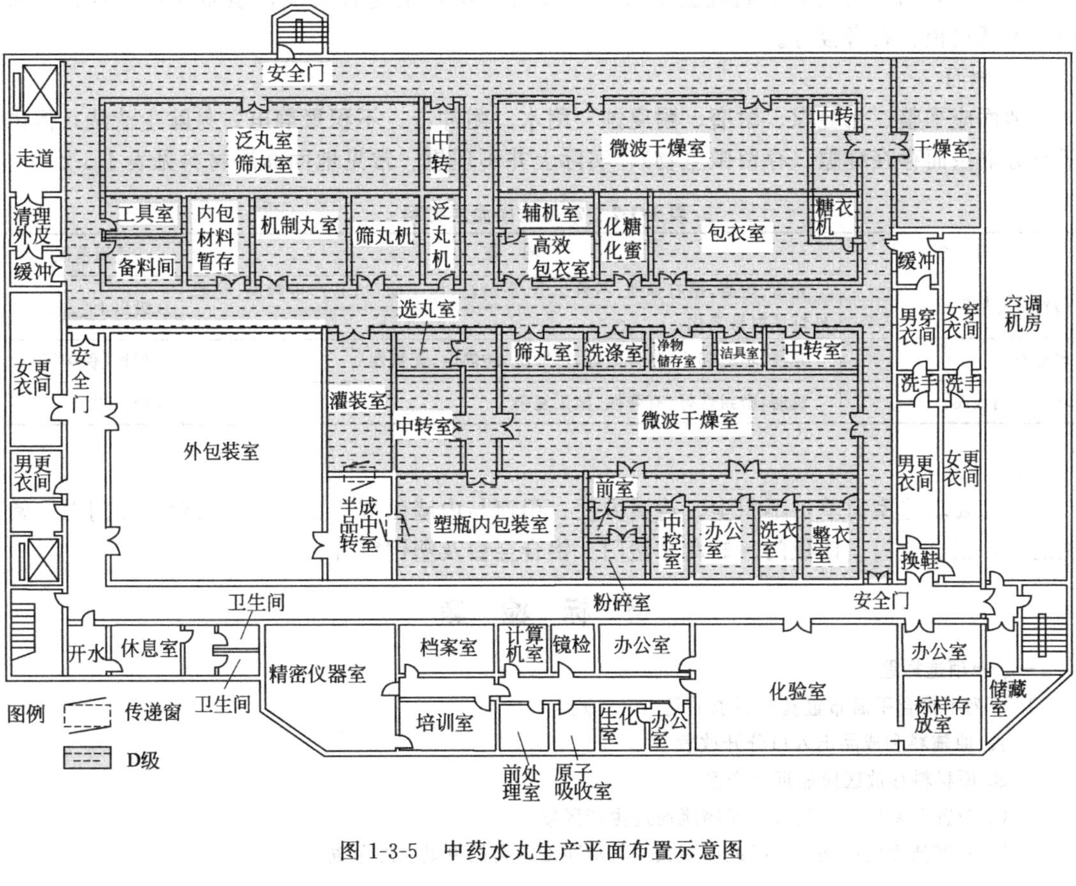

图 1-3-5　中药水丸生产平面布置示意图

四、洁净区分隔材料

1. 墙体

一般要求表面光洁、平整、不起灰、不落尘、耐腐蚀、耐水、易清洗、防霉等。应避免凹凸面，墙角应有≥50mm 的弧度。

目前洁净厂房内部分隔多采用彩色夹芯复合钢板（彩钢板）、硬质聚氯乙烯（PVC）低发泡复合板和舒乐舍板，这三种都是以聚苯乙烯或聚氨酯发泡板作芯板，分别以彩色热镀锌钢板、低发泡硬 PVC 板材或抹灰后刷环氧涂料作为面层的轻质墙体，也可采用刨花石膏板刷环氧涂料作墙体。不同的生产环境，采用不同的墙体材料。对于潮湿的生产环境宜采用硬质 PVC 低发泡复合板和舒乐舍板；对于干燥的生产环境可采用彩钢板、舒乐舍板及刨花石膏板；对有防火要求的厂房，芯板需用不燃烧材料，如彩钢板用岩棉、玻璃棉或轻钢龙骨石膏板作芯板等。常用内墙饰面材料见表 1-3-1。

表 1-3-1　内墙饰面材料特点及适用范围

种　类	特　点	适　用　范　围
乳胶漆	气密性好，无剥落，价格低，不能水洗	C 级区、D 级区
瓷砖	光滑，耐腐蚀，易清洗，缝隙多，不易砌平，施工要求高	一般区、保护区
环氧树脂漆	光滑，无剥落，能清洗，耐腐蚀，施工要求高	C 级区、D 级区
不锈钢板或铝合金	耐腐蚀，耐火，无静电，光滑，易清洗，价格高	单向流

2. 天棚

天棚可采用钢筋混凝土刷乳胶漆等涂料或者采用轻钢龙骨吊顶，顶面为彩钢板、贴塑板、不锈钢板、石膏板等。

3. 地面

地面应平整、无缝隙、耐磨、耐腐蚀、耐水、耐冲击、不积聚静电、易除尘清洗，但由于有分隔条而存在缝隙（存留微生物），实际上并不理想。常见地面面层材料见表 1-3-2。

表 1-3-2　常见地面面层材料

种　类	特　点	适用范围
塑料或橡胶贴面	光滑、耐磨，略有弹性，不易起尘，易清洗，施工简单，易产生静电，受紫外灯照射易老化	D 级以上
水磨石	光滑，不易起尘，整体性好，可冲洗，防静电，无弹性	一般区、保护区
环氧树脂地面	耐磨，密封性好，有弹性，施工复杂	A 级区以下

4. 门窗

门窗要求造型简单，不积尘，清洁方便。门窗与内墙面应平整，不留窗台，无门槛。常见的有：铝合金门、钢板门、蜂窝贴塑门、铝合金窗及塑钢窗等。

目　标　检　测

一、单项选择题

1. 下列不符合平面布置基本要求的是（　　）。

A. 原辅料和成品出入口分开放置

B. 原材料存放区应靠近生产区

C. 布置上要避免无关人员或物流通过生产区域

D. 不同洁净度级别的房间或区域按空气洁净度的高低由里向外布置

E. 人员随同物料经过净化室后进入洁净车间

2. 洁净室的平面布局中，能节约用地、缩短管线、利于节能的布置方式是（　　）。

A. 外廊环绕式　B. 内廊式　C. 核心式　D. 两端式　E. 混合式

二、多项选择题

1. 对洁净车间平面布置合理、符合基本原则的是（　　）。

A. 生产操作区要按工艺流程布置，减少生产流程的迂回或往返

B. 不同洁净度级别的房间宜按空气洁净度的高低由外向里布置

C. 空气洁净度低的房间或区域宜靠近空调机房

D. 人员和物料进入洁净区使用各自的净化用室和设施

E. 洁净度不同的房间之间通过气闸室、空气吹淋室或传递窗（柜）相互联系

2. 药剂可能被微生物污染的途径是（　　）。

A. 药物原料、辅料　B. 操作人员　C. 制药工具

D. 环境空气　E. 包装材料

三、简答题

试说明更衣与操作区洁净度的关系。

模块二　中药前处理技术

中药在制剂及配制成药之前，大部分需要经过各种不同的方法加工处理，这一过程称为中药前处理。中药前处理技术包含了药材的净制、药材的软化、饮片切制、饮片的干燥及包装、中药炮制及炮制品的贮存和管理等。

任务一　药材的净制

学习目标

知识目标：

◇掌握药材净制的目的。

◇熟悉药材净制的内容。

◇了解 GMP 中对药材净制的要求。

能力目标：

◇学会挑选、筛选、漂洗、剪切、刮削、剔除、刷、擦、碾、撞、压榨的操作。

◇能将学到的理论知识运用到生产实际中，能根据提取药材的特性选择合理的净制方法。

◇了解 GMP 中对药材净制的要求，了解净制生产岗位安全生产知识和职责。

一般药材在炮制、调配或制剂之前，选取规定的药用部位，去除杂质和非药用部位，以符合用药要求，这一过程称为药材的净制。汉代医药学家张仲景在其著作《金匮玉函经》中指出：药物“或须皮去肉，或须肉去皮，或须根去茎，又须花须实，依方拣采、治削，极令净洁”。

由于中药材常含有泥沙、杂质、霉变或残留的非药用部位等，同时中药材来源广泛，品种繁多，同一来源的药材因所需药用部位不同，因此药材在炮制、调配或制剂之前，需要进行净制。净制，即净选加工，是药材的初步加工过程。净制后的药材称为“净药材”。药材的净制主要包含杂质的去除和非药用部分的去除两部分。常用的方法有挑选、筛选、风选、漂洗、剪切、刮削、剔除、刷、擦、碾、撞、压榨等。

一、杂质的去除

1. 挑选

挑选是用手或夹子等工具，拣出混在药材中的杂质、变质品及分开药材大小（分档）的操作，往往与筛簸交替进行。如乳香、没药、五灵脂常含有木屑、砂石；藿香、紫苏、淡竹叶常带有枯枝、腐叶及杂草；枸杞子、百合、薤白等混有霉变品；杏仁、桃仁等有泛油品等。这些均须拣除干净。此外，如大黄、木通等须大小、粗细分开，便于分别浸润，掌握软化程度。

2. 筛选

筛选是根据药材和杂质的性状大小不同，选用不同规格的筛子，筛除夹杂的泥沙、杂质或分开药材大小的操作。筛与挑、筛与簸常结合进行，多用于果实种子类药材如莱菔子、薏苡仁等，花叶类药材如菊花、桑叶，块茎类药材如半夏、天南星、白附子、延胡索的筛选。目前已有使用筛药机械，如振荡式筛药机等。

3. 风选

风选是利用药物和杂质的轻重不同，借助风力将杂质与药材分开的操作。一般可用簸箕或风车通过扬簸或扇风除去杂质。常用于种子果实类、花叶类药材。操作时注意簸力、风力适度，以免吹、簸出药物。

4. 漂洗

漂洗是将药材通过洗涤或水漂除去杂质和毒性成分的一种方法。有些药材常附着泥沙或不洁之物，如莱菔子、牡蛎等，用筛选、分选不易除去，故采用洗涤的方法。有些药材表面附着盐分，如昆布、海藻等。此外，酸枣仁核壳、核仁相对密度不同，用水漂洗可除去核壳。洗漂时要控制好时间，药材在水中停留过久有效成分易流失而影响疗效。但某些有毒药材如天南星、白附子等，又须较长时间浸漂减毒。

5. 压榨

有些种子类药材含有大量无效或有毒的油脂，可以将其包裹在棉纸中压榨，吸去大部分油脂，以达到提高质量降低毒性的作用，如杏仁霜和巴豆霜就是杏仁和巴豆经压榨后的产物，经过压榨它们的毒（烈）性降低了。

二、非药用部分的去除

1. 去芦头

芦头一般是指残留于根及根茎类药材上的残茎、叶茎、根茎等部位。需要去芦头的药材有人参、牛膝、丹参、防风、百部、桔梗、柴胡、南沙参、藁本、麻黄根、黄芪、甘草等，但它们多在产地加工时除去。《修事指南》总结去芦头目的是“去芦者免吐”，现在认为芦头多是非药用部位。但近年来对桔梗、人参芦头研究证明亦含有效成分，且不致吐，主张不去。

2. 去残根

残根一般是指残留于药用部位上的主根、支根、须根。需要去残根的药材有马鞭草、石斛、石韦、茵陈、黄连、香附等。主根、支根干燥后装袋撞或揉搓去掉。

3. 去心

心一般指某些根皮类药材的木质部和少数种子药材的胚芽。《修事指南》说“去心者免烦”。临床应用表明，带心服用并不引起烦闷，而是根皮类药材木质的心部不含有效成分，而且占相当大的质量，属非药用部位，应予除去。需要去心的根皮类药材有牡丹皮、地骨皮、白鲜皮、五加皮、巴戟天、远志等，上述药材多在产地加工时趁鲜去心。巴戟天、远志的去心方法是洗净、润软、捶破或压破后抽去心。文献记载的麦冬去心，由于心小且无心烦副作用，现已带心使用。连子润软剖开取心，属分开不同药用部位。

4. 去核

核指果实类药材的种子。《修事指南》说“去核者免滑”。实际上有些药材的种子为非药用部位，应予除去，如山茱萸、山楂、乌梅、大枣、诃子、丝瓜络等。山茱萸在产地趁鲜挤去核，山楂常在产地鲜加工时对剖或切片，脱落的核用筛筛去。其余皆润软后剥去。

5. 去瓤

瓤指果实类药材的内果皮及其坐生的毛囊。用果皮的药材如陈皮、青皮、化橘红、瓜蒌皮等，均须挖去内瓤。《修事指南》认为“去瓤者免胀”。实际上瓤不含果皮的有效成分，且易生霉，故应除去。

6. 去枝梗

枝梗一般是指某些果实、花、叶类药材非药用的果柄、花柄、叶柄、嫩枝及枯枝。如五味子、吴茱萸、连翘、小茴香、女贞子、款冬花、辛夷、菊花、桑叶、侧柏叶等。常用筛选、风选、挑选、剪切等法除去。

7. 去皮壳

皮壳包括栓皮、表皮、果皮和种皮。《修事指南》说：去皮者免损气。实际上多数皮壳为非药用部位，应予除去。如肉桂、杜仲、厚朴、黄柏、川楝皮等树皮类药材需去栓皮；知母、明党参、北沙参、南沙参、桔梗、天门冬、半夏、天南星、黄芩等根及根茎类药材需去表皮；草果、益智仁、木鳖子、银杏、使君子仁等果实类药材需去果皮；苦杏仁、桃仁、白扁豆等种子类药材需去种皮。去皮壳的方法因药材而异，树皮类药材用刀刮去栓皮；果实类药材砸破去皮壳；种仁、种子类药材单去皮；根及根茎类药材多趁鲜或峙、或刮、或撞、或踩去皮。

8. 去附毛

附毛一般是指某些药材表面或内部附生的绒毛。属非药用部位，又易刺激咽喉引起咳嗽，应予除去。去毛的方法有：①刷去毛，如枇杷叶、石韦，小量用毛刷刷除，大量可用机械刷除；②刮去毛，如鹿茸直接用利器或酒精灯毛燎焦后刮去毛；③撞去毛，如马线子、骨碎补、狗脊，砂炒毛焦或装入布袋内，加入带棱石块撞击去毛或用脱毛机去毛，如毛未去尽，可再用刀刮净；④挖去毛，如金樱子果实内着生淡黄色绒毛，产地多趁鲜对剖挖去毛核，若为整个，则用水润软后剖开挖去毛核。

9. 去头尾足翘皮残肉

某些昆虫或动物性药材需去头、尾、足、翘或皮骨、残肉，以除去有毒部分或非药用部位。如蕲蛇、乌梢蛇，用酒浸或蒸，切去头、尾、骨；龟甲、鳖甲浸泡或蒸，刮去皮膜、残肉；蛤蚧酒浸或蒸，切去头、足，刮去鳞片；斑蝥、红娘子、虻虫等去头、足、翘。

【知识拓展】

GMP 中对药材净制的要求

① 厂房地面、墙壁、天棚等内表面应平整，易于清洁，不易产生脱落物，不易滋生霉菌。

② 净选应设拣选工作台，工作台表面应平整，不易产生脱落物。

③ 净制、切制、炮炙等操作间应有相应的通风、除尘、除烟、排湿、降温等设施。

④ 筛选、切制、粉碎等易产尘的操作间应安装捕吸尘等设施。

⑤ 中药材经净选后不得直接接触地面。不同的中药材不得在一起洗涤。

⑥ 净制生产用水的质量标准应不低于饮用水标准。

目 标 检 测

一、单项选择题

1. 药材的净制在（　　）。

A. 炮制、调配或制剂时　　B. 炮制、调配或制剂之前

C. 炮制、调配或制剂之后　　D. 以上都不对

E. 以上都对

2. 以下不属于净制的是（　　）。

A. 挑出木屑、砂石　　B. 挑出枯枝烂叶

C. 切成薄片　　D. 撩去绒毛

E. 切去芦头

3. 下列需要去心的药材是（　　）。

A. 人参　B. 地黄　C. 防风　D. 远志　E. 肉苁蓉

二、多项选择题

1. 药材净制的目的是（　　）。

A. 去除泥沙、灰屑　　B. 去除虫蛀品

C. 去除非药用部位　　D. 去除霉烂品

E. 去除样子难看的药材

2. 净制方法有（　　）。

A. 挑选　B. 漂洗　C. 煅淬　D. 刮削　E. 风选

三、简答题

1. 药材净制的目的是什么？

2. 常用的净制方法有哪些？

任务二　药材的软化

学习目标

知识目标：

◇掌握常水软化法。

◇熟悉特殊软化法。

◇了解药材软化新技术及常用软化设备。

能力目标：

◇学会常水软化法的操作。

◇能将学到的理论知识运用到生产实际中，能根据提取药材的特性选择合理的软化方法。

◇了解常用软化设备。

药材净制后，只有少数可以进行鲜切或干切，多数需要进行适当的软化处理才能切片。软化药材的方法分常水软化和特殊软化两类。

一、软化技术

（一）常水软化法

常水软化法是用冷水软化药材的操作工艺。目的是使药材吸收一定量水分，达到质地柔

软适于切制的目的。具体操作方法有淋法、洗法、泡法和润法四种。前三种还有清洁药物的重要目的。

1. 淋法

淋法是用清水喷洒药材的方法。操作时，将净药材整齐堆放，均匀喷洒清水，水量和次数视药材质地和季节温度灵活掌握。一般喷洒 2～4 次。稍润后，即行切制。本法适用于气味芳香、质地疏松、有效成分易溶于水的药材，如荆芥、薄荷、紫苏、藿香、佩兰、香薷、青蒿、细辛、益母草、瞿麦、木贼、枇杷叶、荷叶、淫羊藿等。用淋法处理后仍不能软化的部分，可选用其他方法再行处理。

2. 洗法

洗法是用清水洗涤药材的方法。操作时，将净药材投入清水中，快速掏洗后及时捞出，稍润，即行切制。本法适用于质地松软、水分容易浸入的药材。如陈皮、瓜蒌、五加皮、白鲜皮、合欢皮、牡丹皮、忍冬藤、络石藤、龙胆、羌活、独活、南沙参、百部、防风等。某些药材因气温偏低，运用淋法不能使之很快软化的，也可采用洗法。多数药材淘洗一次即可。一些附着泥沙杂质较多的药材，如紫菀、秦艽、蒲公英等，则可水洗数次，以洁净为准。

应用洗法的重点是要在保证药材洁净和易于切制的前提下，快速掏洗，尽量缩短药材与水接触的时间，习称“抢水洗”，以防止药材有效成分流失和“伤水”。目前，大生产中采用洗药机洗涤药材，提高了洗涤能力。

3. 泡法

泡法是将药材用清水浸泡一定时间，使其吸收适量水分的方法。操作时先将药材洗净，再注入清水至淹没药材，放置一定时间（视药材质地和气温灵活掌握），中间通常不得换水，一般浸透至六七成时，捞出，润软，即可切制。本法适用于质地坚硬、水分较难渗入的药材，如乌梅、槟榔、川芎、大黄、郁金、苍术、白术、三棱、莪术、白芍、土茯苓、萆薢、常山、枳实、枳壳等。浸泡时间的长短，与药材质地、体积及季节有关系。一般体积大、质地坚实者泡的时间长些；反之泡的时间短些。冬春季节气温低，泡的时间长些；夏秋季节气温高，泡的时间短些。有些质轻能在水中漂浮的药材，如枳壳、枳实，浸泡时要压重物，使其全部浸入水中。有些药材浸泡时，所含成分逐渐向水中扩散，使水液呈现一定颜色，称“下色”。对易下色的药材，如大黄、甘草、白术、苍术、射干、姜黄等，浸泡时水液若有变色，应立即捞出，再采用润法使之软化。

使用泡法时应遵循“少泡多润”的原则。少泡是要尽量缩短在水中的时间，多润是捞起后让表面水分慢慢渗入药材组织内部，达到软化要求。如果浸泡时间过长，不仅有效成分流失过多，而且会使形体过软甚至泡烂，不能切出合格饮片。

4. 润法

润法是促使渍水药材的外部水分，徐徐渗入内部，使之软化的方法。凡经过淋、洗、泡的药材，多要经过润法处理才能达到切制的要求。操作时，将上述方法处理后的渍湿药材，置一定容器内或堆积于润药台上，以物遮盖，或配合晒、晾处理，经一定时间后药材润至柔软适中，即行切制。

大多数药材一般一次可润软，称单润法。质地坚硬或体积粗大的药材，如大黄、乌药、常山、三棱、泽泻、白芷、川芎等，一次难以润透，可采用复润法。具体操作是将渍湿药材初润至表面水分吸尽后，摊开晾晒，待表面显干时，再喷洒适量清水再润，如此反复操作至润透为止。

润药过程中，由于温度高、湿度大、时间长，特别在夏季操作时，要防止药材发黏、变色、变味和生霉等变异现象发生。对含淀粉多的药材，如山药、花粉、泽泻等，尤应特别注意。如发生这种情况，应立即以清水快速洗涤，然后摊开晾晒，再适当闷润。

润法是药材软化过程中一项技术性很强的操作。用之得当，既可使药材软化程度适中，有利于切制，又可减少有效成分流失，是保证饮片质量的一个重要环节。故药工中有"切片三分工，洗润七分巧"的说法。

（二）特殊软化法

有些药材不宜用常水软化处理，需采用特殊软化法。

1. 湿热软化

某些质地坚硬，经加热处理有利于保存有效成分的药材，需用蒸、煮法软化，如红参、木瓜、黄芩等。

2. 干热软化

胶类常用烘烤法。有些地区红参、天麻也用此法致软。

3. 酒处理软化

鹿茸、蕲蛇、乌梢蛇等动物性药材，用水软化处理，或容易变质，或难以软化，需用酒处理软化切制。

【知识拓展】

药材软化新技术

1. 吸湿回润法

本法是将药材置于潮湿地面的席子上，使其吸潮变软再行切片的方法。本法适用于含油脂、糖分较多的药材，如牛膝、当归、玄参等。此法应在阴凉避风处进行。必要时中间翻动1～2次。

2. 热气软化法

是将药材经热开水焯或经蒸汽蒸等处理，使热水或热蒸汽渗透到药材组织内部，加速软化，再行切片的方法。此法一般适用于经热处理对其所含有效成分影响不大的药材，如甘草、三棱等。采用热气软化，可克服水处理软化时出现的发霉现象。黄芩、杏仁等可使其共存的酶受热破坏，使药材的有效成分得以长期保存。

3. 真空加温软化法

是指将净药材洗涤后，采用减压设备，通过减压和通入热蒸汽的方法，使药材在负压情况下，吸收热蒸汽，加速药材软化。此法能显著缩短软化时间，且药材含水量低，便于干燥，适用于遇热成分稳定的药材。

4. 减压冷浸软化法

是用减压设备通过抽气减压将药材间隙中的气体抽出，借负压的作用将水迅速吸入，使水分进入药材组织之中，加速药材的软化。此法是在常温下用水软化药材，且能缩短浸润时间，减少有效成分的流失和药材的霉变。

5. 加压冷浸软化法

是把净药材和水装入耐压容器内，用加压机械将水压入药材组织中以加速药材的软化。

二、软化设备

1. 洗药机

由滚筒、冲洗管、水泵、电动传送装置等构成，见图2-2-1所示。操作时，先开启机械，打开放水闸门，水从冲洗管喷入滚筒中，将药材从滚筒口送入，药材随滚筒转动而翻动，被冲洗管喷出的水冲洗。由于滚筒中有挡板，洗涤药材时，滚筒做顺时针转动，待药材洗毕，使滚筒做逆时针转动，药材即可从出口排出。洗净后的药材需进一步润软。

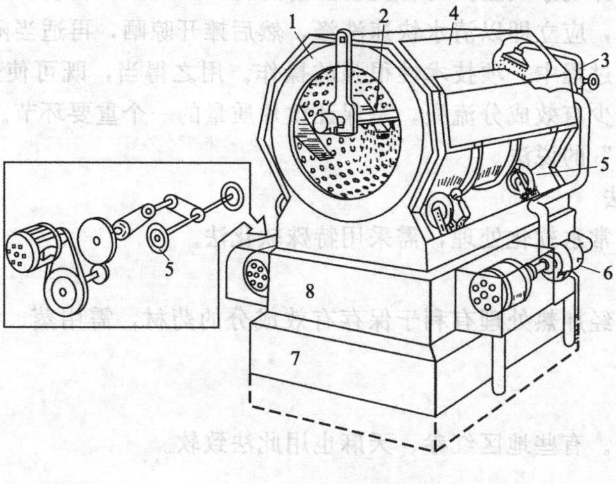

图 2-2-1　洗药机

1—滚筒；2—冲洗管；3—二次冲洗管；4—防护罩；5—导轮；6—水泵；7—水泥基座；8—水箱

2. 润药机

目前润药的机械有真空加温润药机、冷压浸润罐及减压冷浸罐。

（1）真空加温润药机　由真空泵、保温真空筒、冷水管及暖气管等部件组成，见图 2-2-2 所示。真空筒一般为 3～4 个，每个可容 150～200kg 药材，筒内可通热蒸汽及水。操作程序是：将洗药机洗净后的药材，投入真空筒内，待水沥干，密封上下两端筒盖，打开真空泵，使筒内处于真空，4～5min 后，开始通入蒸汽，此时筒内真空度逐渐下降，湿度上升到规定范围，保温 15～20min 关闭蒸汽完成润药，然后由输送带将药材运至切药机上切片。

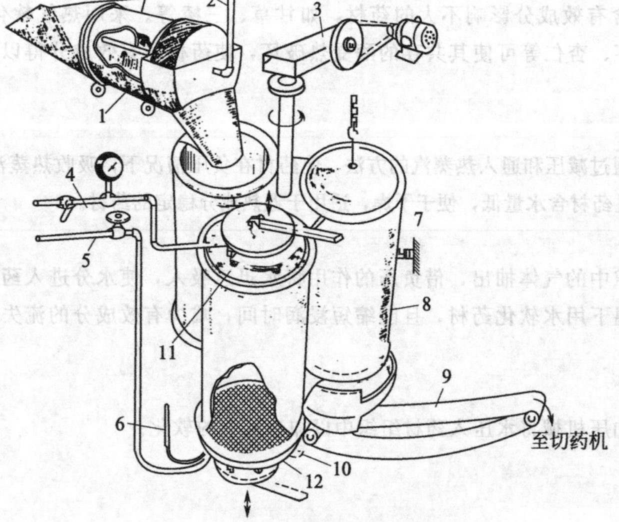

图 2-2-2　真空加温润药机

1—洗药机；2—加水管；3—减速器；4—通真空泵；5—蒸汽管；6—水银温度计；7—定位钉；8—保温筒；9—输送带；10—放水阀门；11—顶盖；12—底盖

真空加温润药机要与洗药机、切药机配套，效率很高，完成洗药、蒸润至切片一般只需 40min。

（2）冷压浸润罐　由空气压缩机、密闭浸渍罐等部分组成。是将水分强行压入植物药材组织内部而达到软化目的。操作时，将药材放入浸渍罐内，放入药材为罐体的 2/3。注入冷水，浸没药材，严密封口，将水压泵开启，加压至规定值，保持一定时间，减压后将水放出，取出药材，稍晾，即可切片。由于药材质地不一致，加压浸的时间也不一致，块大质坚硬的药材时间需长，块小质松泡的药材所需时间较短。

（3）减压冷浸罐　由真空泵、密闭减压罐、冷水管等部件组成，

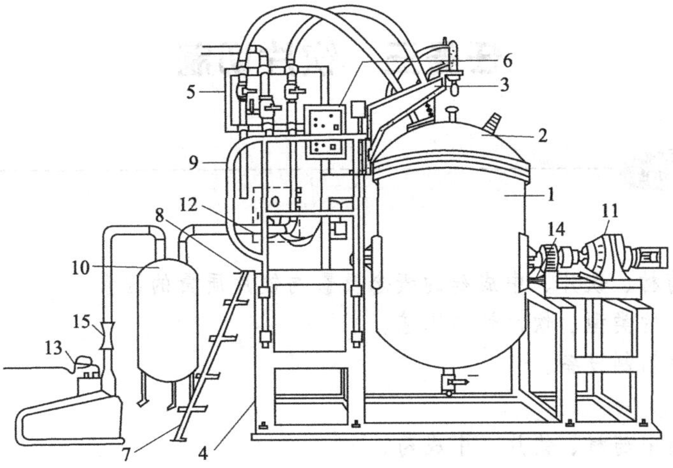

图 2-2-3　减压冷浸软化装置

1—罐体；2—罐盖；3—移位架；4—机架；5—管线架；6—开关箱；7—梯子；8—工作台；9—扶手架；10—缓冲罐；11—减速机；12—液压动力站；13—真空泵；14—罐体定位螺栓；15—减震胶管

是将药材组织间隙中的空气抽出，接近真空时注入水，然后恢复常压，使水分进入药材内部，达到软化目的。操作方法是先将药材置于减压罐内，减压抽真空，注入常水至浸没药材，迅速开启进气闸门，恢复常压，浸泡一定时间，放出罐内水，取出药材，晾润至透，即行切片。

减压冷浸罐既可减压浸润药材又可常压或加压浸润药材，见图 2-2-3 所示。该设备由耐压的罐体、支架、加水管、加压和减压装置及动力部分组成。罐体两端均可装药和出药，药材装入后，罐体可密封。如药材需减压浸润时，可先抽出罐内空气，此时药材组织中的空气也随之被抽出，随后将冷水注入罐中，再使罐内恢复常压，水分即可进入药材组织而达软化药材目的。在加压浸润药材时，药材装罐，罐口封严后，先加水后加压，并使罐内的压力保持一定时间（根据药材质地而定），然后恢复常压，此时药材便可润透。此设备的罐体可在动力部件的传动下，上下翻动以加快浸润速度，使药材浸润均匀。药材浸润后，水由罐端出口放出，药材经晾晒，使其软硬适宜，即可切片。

目　标　检　测

一、单项选择题

1. 下列药材不适合用淋法软化的是（　　）。

A. 薄荷　B. 香薷　C. 白术　D. 荆芥　E. 青蒿

2. 软化的目的是（　　）。

A. 便于煎煮　B. 便于切制　C. 便于携带运输
D. 便于包装　E. 牟取暴利

二、多项选择题

1. 洗法适用于（　　）。

A. 陈皮　B. 独活　C. 紫苏　D. 牡丹皮　E. 防风

2. 适用于湿热软化的药材是（　　）。

A. 红参　B. 花粉　C. 木瓜　D. 山药　E. 黄芩

三、问答题

简述常水软化法中淋法、洗法、泡法及润法分别适用于哪些类别的药材。

任务三　饮片切制

学习目标

知识目标：

◇ 掌握中药材、饮片、中成药的概念及影响饮片质量的因素。

◇ 熟悉饮片的类型、饮片切制工艺。

◇ 了解饮片切制设备。

能力目标：

◇ 学会区别中药材、饮片、中成药。

◇ 能将学到的理论知识运用到生产实际中，能根据饮片出现的问题找到产生的原因及解决方法。

中药材需要进行各种炮制加工后才能成为饮片，饮片的加工方法有多种，但以切制法为主。

一、饮片的类型和切制

（一）饮片的概念

中药系指在中医药理论指导下所应用的药，包括“中药材”、“中药饮片”和“中成药”。中药材指产地采收、捕获或开采后，经简单的产地加工，分开规格档次，包装外销的原药材。原则上中药材可作为中药饮片生产的原料，不用做直接配方或投料生产中成药。依据中医辨证论治及调剂、制剂的需要，将中药材进行各种炮制加工后的成品称为中药饮片。中药饮片可用做直接配方或投料生产中成药。中成药为中药成药的简称，指以中药材为原料，在中医药理论指导下，按规定的处方和制法大量生产，有特有名称，并标明功能主治、用法和规格的药品。包括处方药和非处方药。

饮片加工的形状、厚薄、大小，主要根据药材的质地软硬、松实和形状、断面特征及调配需要而定。质地致密、坚实的药材切薄片，厚1～2mm，如槟榔、天麻、白芍，甚至可以切0.5mm以下的极薄片；粉性大、质疏松的药材切厚片，厚2～4mm，如甘草、苍术、升麻、大黄、山药；全草类或形态细长、质地疏松的药材切短节，长10～15mm，如荆芥、麻黄等。

（二）饮片的类型

1. 横片

横片又称圆片。长条形、断片特征明显及球形果实、种子类药材多切此片型。如白芍、白芷、当归、防风、桔梗、防己、通草、木通、枳实、槟榔等。其中有厚片、薄片之分。

2. 直片

直片又称纵片、顺片。形体肥大、组织致密、色泽鲜艳的药材，为突出鉴别特征常切此型。如山药、天花粉、当归、防己、苏木、降香、檀香、木香等。一般为厚片。

3. 斜片

长条形而纤维重或粉性强的药材多切此型。如甘草、黄芪、山豆根、千年健、川木香、鸡血藤、苏梗、藿梗、桑枝、桂枝、山药等。规格有倾斜度小的瓜子片、稍大的马蹄片、更大的柳叶片三种，均为厚片。

4. 丝

叶类切宽度为5～10mm宽丝，如枇杷叶、荷叶、淫羊藿；皮类切2～3mm宽细丝，如黄柏、白鲜皮、合欢皮、五加皮、桑白皮、苦楝皮、瓜蒌皮、陈皮、杜仲、厚朴等。

5. 块（丁）

块有扁平方块和立方块两种。杜仲、黄柏等皮类药材，也可切成15mm的扁平方块；打晃、葛根、神曲、阿胶等，切成8～12mm的立方块，又称为“丁”。

6. 段（节、咀）

一般长10～15mm，又有长段称节、短段称咀的习语。全草类和形态细长药材多切此型。如荆芥、薄荷、香薷、藿香、佩兰、益母草、麻黄、石斛、瞿麦、天仙藤、忍冬藤、络石藤等。某些含黏液质重的药材，质软而黏不易切片，亦可切段，如天冬、巴戟天等。

7. 团卷

质泡体大药材，如竹茹、谷精草、大腹皮等，常挽卷成一定质量的团卷，以方便调配。

8. 颗粒

颗粒常称为碎块。将捣碎的不规则粗粒，用塑料袋作小包装，称为颗粒饮片。颗粒饮片有加工简便，运输、使用方便，易于煎出药性等优点。但易产生细粉，含糖分、黏液质、油脂重的药材不易加工等缺点。目前尚处在实验试制阶段，未被普遍推广。

9. 粉

矿物、贝壳类药材常碾成粗粉。如磁石、石膏、滑石、石决明、牡蛎、龙骨等。

10. 绒

含纤维重的麻黄、艾叶、大腹皮，碾绒后筛去细粉，即为此型。

（三）饮片切制工艺

1. 切

① 手工切。传统工具有片刀、切药刀和铡刀。手工切制生产量小，劳动强度大。但切出的饮片均匀整齐，类型规格齐全，能弥补机器切制的不足。

② 机器切。目前，全国各地生产的切药机种类较多，功率不等。常见的有剁刀式和旋转式两类。机器切制生产量大，速度快，减轻劳动强度，是切制的发展方向。但是，目前饮片切制机械类型较少，需不断改进、更新。

2. 镑

镑是用镑刀将药材镑成极薄片的操作工艺。适用于动物角质类或木质类药材。如羚羊角、水牛角、苏木、降香、檀香等。

3. 刨

刨是用刨刀将药材刨成刨花样薄片的操作工艺。适用于木质类药材。如檀香、降香、苏木等。若利用机械刨刀，药材则需预先进行水浸处理。

4. 锉

锉是用钢锉将药材锉为粉末的操作工艺。适用于某些质地坚硬的贵重药材。如羚羊角、水牛角等。目前，工业化生产已使用锉粉机和羚羊角粉碎机制粉。

5. 劈

劈是用斧类工具将药材劈砍成块或不规则厚片的操作工艺。适用于木质类药材，如松节、苏木等。

6. 捣

捣是用铜质、铁质或木质杵棒，在冲钵内将药材锤打成碎粒的操作工艺。适用于矿物类、贝壳类及某些体质坚硬的植物药材，如石膏、钟乳石、石决明、牡蛎、槟榔、郁金等。种子类药物在配方时也常常捣碎。

7. 碾

碾是用铁质或石料碾具，将药材反复滚压成粗粉的操作工艺。有些药材碾后配合过筛，使其均匀。本法适用于某些矿物药、甲壳、化石药。如石膏、自然铜、牡蛎、石决明、龙骨等。植物药麻黄、艾叶、大腹皮也用碾法制绒。大腹皮亦可用锤打法制绒。

8. 挽卷

挽卷是用手工将药材挽成团卷的操作工艺。本法适用于某些纤维重、质轻泡的药材。如竹茹、伸筋草、谷筋草、桑叶、荷叶、紫苏叶、大腹皮等。为了便于配方，团卷通常做成重3g、6g、9g剂量。

9. 拌

拌是将药材表面湿润，放容器中，加辅料共同研拌，使辅料均匀黏附表面的操作工艺。常见的有朱砂拌茯苓、茯神、远志；青黛拌灯心草等。

二、影响饮片质量的因素

在饮片生产中，只有认真按照炮制工艺操作，才能保证饮片质量。如果药物处理不当，或切制工具及操作技术欠佳，或切制后干燥不及时，或贮存不当，都可以影响饮片质量，一般易出现下述现象。

1. 连刀（拖胡须）

连刀是饮片之间相牵连，未完全切断的现象。系药物软化时，外部含水量过多，或刀具不锋利所致，如桑白皮、黄芪、厚朴、麻黄等。

2. 掉边（脱皮）与炸心

前者为药材切断后，饮片的外层与内层相脱离，形成圆圈和圆芯两部分；后者为药材切制时，其髓芯随刀具向下用力而破碎。两者均系药材软化时，浸泡或闷润不当，内外软硬不同所致。如郁金、桂枝、白芍、泽泻等。

3. 败片

败片指同种药材饮片的规格和类型不一致、破碎及其他不符合切制要求的饮片。主要系操作技术欠佳所致。

4. 翘片

翘片指饮片边缘卷曲而不平整，系药材软化时，内部含水分太过所致，又称“伤水”。如槟榔、白芍、木通等。

5. 皱纹片（鱼鳞片）

皱纹片是饮片切面粗糙，具鱼鳞样斑痕。系药材未完全软化，刀具不锋利或刀与刀床不吻合所致。如三棱、莪术等。

6. 变色与走味

变色是指饮片干燥后失去了原药材的色泽；走味是指干燥后的饮片失去了药材原有的气味。系药材软化时浸泡时间太长，或切制后的饮片干燥不及时，或干燥方法选用不当所致。如槟榔、白芍、大黄、薄荷、荆芥、藿香、香薷、黄连等。

7. 油片（走油）

油片是药材或饮片的表面有油分或黏液质渗出的现象。系药材软化时，吸水量“太过”，或环境温度过高所致。如苍术、白术、独活、当归等。

8. 发霉

发霉是药材或饮片表面长出菌丝。系干燥不透或干燥后未放凉即贮存，或贮存处潮湿所致。如枳壳、枳实、白术、山药、白芍、当归、远志、麻黄、黄芩、泽泻、芍药等。

三、切药设备

目前常用的切药机械有剁刀式切药机和旋转式切药机。

1. 剁刀式切药机

由电机、传动系统、台面、输送带、切药刀等部分组成，见图 2-3-1 所示。这种切药机适应性强、功率大，适合切制长条形的根、根茎及全草类药材。而球形、团块形药材则不适宜。操作时，将药材堆放机器台面上，启动机器，药材经输送带（为无声链条组成）进入刀床切片，片的厚薄由偏心调节系统进行调节。剁刀式切药机可将药材切成片、段、节、咀、丝等形状。剁刀式切药机常与振荡筛配合使用，使切制后的饮片及时筛选、分等。

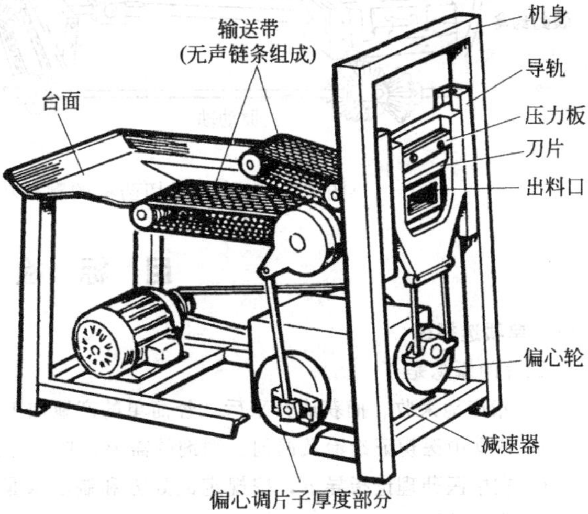

图 2-3-1　剁刀式切药机

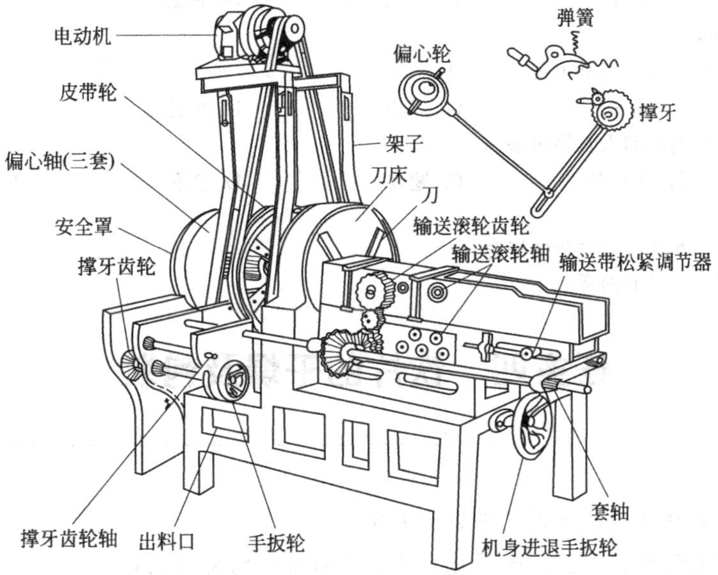

图 2-3-2　旋转式切药机

2. 旋转式切药机

由电机、装药盒、固定器、输送带、旋转刀床、调节器等部件组成（图 2-3-2）。一般用于切制颗粒、团块、球形药材。其切制颗粒状药材原理示意图见图 2-3-3 所示。操作时将药材装入固定器中，铺平，压紧，以保证推进速度一致，均匀切片。旋转式切药机的刀具安装在旋转刀床上，当输送带或装药盒将药材顶在刀床上时，被刀具切制成不同规格的饮片。饮片的厚度可用调节器调节至符合要求。

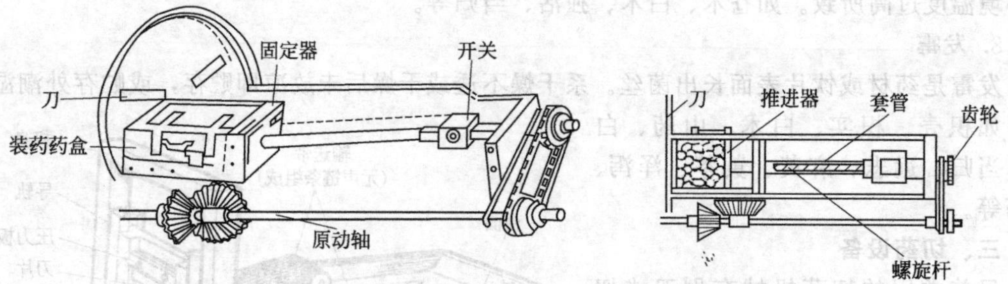

图 2-3-3 旋转式切药机的颗粒状药材切片原理示意图

目 标 检 测

一、单项选择题

1. 饮片的概念是（　　）。

A. 指产地采收、捕获或开采后，经简单的产地加工，包装外销的药材

B. 依据中医辨证论治及调剂、制剂的需要，将中药材进行各种炮制加工后的成品

C. 在中医药理论指导下，按规定的处方和制法大量生产，有特有名称，并标明功能主治、用法和规格的药材

D. 在中医药理论指导下，饮用的药片

E. 在中医药理论指导下用的药

2. 切制后的饮片干燥不及时会出现（　　）。

A. 油片　B. 翘片　C. 变色或走味　D. 掉边　E. 皱纹片

二、多项选择题

1. 药材软化不当，切制时易出现（　　）。

A. 发霉　B. 翘片　C. 炸心　D. 掉边皮　E. 连刀

2. 药材软化时浸泡时间太长易出现（　　）。

A. 油片　B. 皱纹片　C. 翘片　D. 变色　E. 走味

三、问答题

1. 简述中药材、饮片、中成药的概念。
2. 简述影响饮片质量的因素。

任务四　饮片的干燥及包装

学习目标

知识目标：

◇ 掌握饮片自然干燥和人工干燥的方法。

◇ 熟悉国家食品药品监督管理总局关于中药饮片包装的规定。

◇ 了解饮片干燥的设备。

能力目标：

◇ 学会饮片干燥的操作。

◇ 能将学到的理论知识运用到生产实际中，能根据提取饮片的特性选择合理的干燥方法。

◇ 了解中药饮片包装的规定。

药物切成饮片后，为保存药效，便于贮存，必须及时干燥和包装，否则影响质量。

一、饮片干燥方法

1. 自然干燥

自然干燥是指把切制好的饮片置日光下晒干或置阴凉通风处阴干。一般饮片均用晒干法。对于气味芳香、含挥发性成分较多、色泽鲜艳、受日光照射易变色和走油等类药物，不宜曝晒，通常采用阴干法，以保持饮片形、色、气、味俱全，充分发挥其疗效。晒干法和阴干法都不需要特殊设备，具有经济方便、成本低的优点。但本法占地面积较大，易受气候的影响，饮片亦受环境污染。故从《药品生产质量管理规范》看应选择人工干燥。

2. 人工干燥

在厂房中选择合适的干燥设备，对饮片进行干燥。人工干燥的优点是不受气候影响，比自然干燥卫生，并能缩短干燥时间。近年来，我国制药设备生产企业设计并制造出各种干燥设备，如直火热风式、蒸汽式、电热式、远红外线式、微波式等，其干燥能力和效果均有较大的提高，适用于大规模生产。

人工干燥的温度，应根据药物性质而灵活掌握。一般药物以不超过 80℃为宜，含芳香性成分的药材以不超过 50℃为宜，油质类药材应低温干燥。干燥后的饮片需放凉后再贮存，否则，余热能使饮片回潮，易于发生霉变。但干燥后的饮片含水量应控制在 8%～12%为宜。现将不同性质的药物及干燥工艺归纳为五个类型分述如下。

(1) 黏性类　黏性类药物如天冬、玉竹等含有黏性糖质类，潮片容易发黏，如用小火烘、焙，原汁不断外渗，会降低质量，故宜用明火烘焙，促使外皮迅速硬结，使内部原汁不向外渗。烘焙时颜色随着时间演变，过久过干会使颜色变枯黄，原汁走失，影响质量，故一般烘焙至九成即可。掌握干燥的程度，只需以手摸之感觉烫不黏手为度。旺火操作时要注意勤翻，防止焦枯，如有烈日可晒至九成干即可。

(2) 芳香类　芳香类药物如荆芥、薄荷、香薷、木香等，保持香味极为重要，因为香味与质量有密切的关系，香味浓就是质量好。为了不使香味走散，切后宜薄摊于阴凉通风干燥处。如太阳光不太强烈也可晒干，但不宜烈日曝晒。否则温度过高会挥发香气，颜色也随之变黑。用设备干燥时只能低温干燥，否则导致香散色变，降低药物的效能。

(3) 粉质类　粉质类就是含有淀粉质较多的药物，如山药、浙贝母等。这些药材潮片极易发滑、发黏、发霉、发馊、发臭而变质，必须随切随晒，薄摊晒干。由于其质甚脆，容易破碎，潮片更甚，故在日晒操作中要轻翻防碎。人工干燥时要用低温烘焙，保持切片不受损失。

(4) 油质类　油质类药材如当归、怀牛膝、川芎等，这类药物极易起油，如烘焙，油质就会溢出表面，色也随之变黄，火力过旺，更会失油后干枯影响质量，故宜日晒。人工干燥时，只能低温干燥，以防焦黑。

(5) 色泽类　色泽类药材如桔梗、浙贝母、泽泻、黄芪等。这类药材色泽很重要，含水量不宜过多，否则不易干燥。其白色类的桔梗、浙贝母宜用日晒，越晒越白。黄色类的泽泻、黄芪，因日晒会毁色，故宜用低温干燥，可保持黄色，增加香味。

3. 干燥设备

(1) 翻板式干燥机　该机工作原理为：将切制好的饮片经上料输送带送入干燥室内。室内为若干翻板构成之帘式输送带。共四层，由链轮传动，药物平铺于翻板上，自前端传至末端，即翻于下层，呈四次往复传动。干燥饮片沿出料口经振动输送带进入立式送料器，上输入出料漏斗，下承麻袋装药。

（2）热风式干燥机　该机工作原理为：热风从热风管输入干燥室内，由于鼓风机作用，使热风对流，达到温度均匀。余热从热风管出口排出。

操作时，将待干燥之药物以药盘盛装，分层置于钢架中，由轨道送入。饮片干燥后，停止鼓风，打开加热室门，将钢架拉出，收集干燥饮片。温度一般在80～120℃，干燥饮片控制在80℃左右，并应视药物质地和性质而定。此种干燥设备，结构简单，易于安置，适宜大量生产。

（3）太阳能干燥技术　太阳能是一种巨大清洁的低密度能源，适用于低温烘干。

其特点是：节省能源，减少环境污染，烘干质量好，避免了尘土和昆虫传菌污染及自然干燥后药物出现的杂色和阴面发黑的现象，提高了外观质量。

二、饮片的包装

1. 饮片包装的要求

根据《药品管理法》及《药品管理法实施条例》的有关规定，国家食品药品监督管理局于2003年下发了《关于加强中药饮片包装监督管理的通知》，并对中药饮片的包装作出了规定。

① 生产中药饮片，应选用与药品性质相适应及符合药品质量要求的包装材料和容器。严禁选用与药品性质不相适应和对药品质量可能产生影响的包装材料。

② 中药饮片的包装必须印有或者贴有标签。中药饮片的标签注明品名、规格、产地、生产企业、产品批号、生产日期。实施批准文号管理的中药饮片还必须注明批准文号。

③ 中药饮片在发运过程中必须要有包装。每件包装上必须注明品名、产地、日期、调出单位等，并附有质量合格的标志。

2. 常见包装

（1）木桶、木箱　这类包装牢固、耐压，但密封性不好，因此一般适用于不耐压的饮片。

（2）竹筐、篾包　这类包装材料经济，但不耐压，透气，因此一般适用于不要求防潮和防压的饮片。

（3）铁桶　这类包装牢固、耐压、密封性好，可以反复使用，一般适用于半固体、易吸潮的及贵重药包装。

（4）麻袋　这类包装轻便，韧性好，耐用，一般适用于种子及颗粒状饮片包装。

（5）纸桶、纸箱　这类包装轻便、密封性好，可以反复使用，一般适用于粉末类饮片。

（6）塑料薄膜袋　这类包装成本低、轻便、密封性好，可以反复使用，适用范围广。

目 标 检 测

一、单项选择题

1. 芳香类药材干燥方法是（　　）。

A. 烈日下曝晒，迅速干燥　　B. 100℃下烘干
C. 80℃下烘干　　D. 50℃下烘干
E. 110℃下烘干

2. 黏性类药材干燥方法是（　　）。

A. 用小火烘　　B. 阴干　　C. 明火烘焙
D. 50℃下烘干　　E. 报纸吸干

二、多项选择题

1. 中药饮片包装的标签必须注明（　　）。

A. 生产日期　　B. 产品批号　　C. 生产企业
D. 含量　　E. 品名

2. 粉质类药材潮片极易（　　）。
A. 发滑　　B. 发黏　　C. 翘片　　D. 发霉　　E. 发馊、发臭

三、问答题

1. 简述黏性类、芳香类、粉质类、油质类、色泽类的干燥工艺。
2. 简述饮片包装的要求。

任务五　中药炮制

学习目标

知识目标：

◇掌握药材炮制的目的及炮制对化学成分的影响。

◇熟悉常用的炮制方法。

◇了解常见的炮制设备。

能力目标：

◇学会炒制、炙制、蒸制、煮制、水飞等的操作。

◇能将学到的理论知识运用到生产实际中，能根据炮制药材的状态变化指导炮制过程。

◇了解常见的炮制设备，了解炮制生产岗位安全生产知识和职责。

药材经过采收、产地加工、药材加工、生药加工后仍含有一定泥沙、杂质，形状有的过长、过大，有的含有较大的毒性，不能直接配方、制剂，必须再进行炮制加工。炮制加工常称为中药炮制，在古代则有“炮炙”、“炮制”、“修治”等多种称谓。但至今唯有“炮炙”、“炮制”两词仍然沿用，“炮炙”的含义也有所变化。

炮、炙的最早含义是指用火烧、火烤加工肉食的两种方法。这种方法应用于药材加工，炮和炙成为用火加工药材的两种重要方法。由于用火加工药材的方法应用最多，也最为重要，炮、炙两字连用，就成为整个炮制的总称。这种方法一直持续到新中国成立后才发生明显变化。1977 年《中华人民共和国药典》在“炮制通则”下分“净制”、“切制”、“炮炙”三类，以后的 1985 年版、1990 年版、1995 年版、2000 年版、2005 年版药典仍沿用此分类法。“炮制”一词成为总称，“炮炙”则代表除净制、切制以外的其他方法。这种变化的原因，曾普遍认为是基于现代炮制方法早已超出用火加工药材的范围，为了保存古代炮炙的原意，又能确切反映现代加工技术，故将“炮炙”改称为“炮制”；“炮”代表各种与火有关的加工方法，“制”则更广泛地包括了各种加工技术。

一、中药炮制的目的

中药炮制的总目的是为了提高饮片质量，保证用药安全有效。但是由于药材品种繁多，炮制方法各异，各药物的炮制目的又有一定区别，归纳这些区别，就可以清楚认识中药炮制的重要性和必要性。

1. 泥沙、杂质和非药用部位的去除，保证品质纯净和用量准确

一般药材在采收、运输、贮藏过程中，常带有泥沙、杂质或非药用部位，贮藏可能发生虫蛀、霉变及其他变质。在使用前，必须经过严格的挑选、洗刷或分离，使其达到一定净

度，以保证品质纯净和用量准确。如矿物类药材的泥土、沙石；贝壳类药材的泥沙、苔藓；根及根茎药物的泥沙、杂药、芦头、木心、毛茸；树皮类药材的苔藓、栓皮；果壳类药材的内瓤；甲壳类药材的筋膜、残肉；昆虫类药材的头、尾、足、翅等。

2. 分开不同的药用部位，保证用药准确

有些植物药材，虽同出于一体，但由于部位不同，具不同的功效，应予分开入药，以保证用药准确。如麻黄茎发汗解表，麻黄根收敛止汗；莲子肉健脾止泻，莲子心清心除烦；花椒外壳散寒、祛风，花椒子（椒目）利尿退肿；藿香叶祛暑化湿，藿香梗行气宽中等。

3. 消除或降低药物毒性或副作用，保证用药安全

有些药材具有毒性或副作用，生用很不安全，必须经过炮制消除或降低毒性或副作用。如乌头、马钱子、巴豆、半夏、天南星、白附子、斑蝥等药材，都具有较强毒性。乌头经过水浸、蒸煮，马钱子砂炒，斑蝥米炒，巴豆去油，半夏、天南星、白附子姜制后，毒性都显著降低，保证用药安全。乳香、没药生用可产生恶心呕吐，厚朴生用会刺激咽喉，分别经过醋炙、姜汁炙后这些副作用得到减轻或消除。

4. 转变或缓和药物性能，适应辨证用药需要

药材经过炮制，药物性能会发生转变。如黑大豆，性味甘平，能补肾、健脾、解毒，但功力较弱，临床使用较少，用青蒿、桑叶煎汁作辅料，加工成淡豆豉，性变辛凉，能辛凉解表，用于外感风热；用紫苏、麻黄煎汁作辅料加工成淡豆豉，性变辛温，能辛温解表，用于外感风寒。又如蒲黄，性味甘平，能活血、止血，但生用性滑，偏于活血；炒炭性涩，偏于止血。性能转变后有的产生了新的功能，从而扩大了治疗范围。

缓和药物性能，主要集中于具寒性、燥性等性能的药物。如黄芩、黄连酒炙，栀子、黄柏炒焦，缓和寒性使之不伤阳。大黄酒炙、酒蒸（熟大黄）缓和泻下而不伤正。这些性能缓和后，或用于体弱、老幼患者，或突出另一种功效以适应辨证用药需要。

5. 引药归经或改变药物作用趋向

中医对疾病的部位通常以经络、脏腑来归纳，对药物作用的趋向用升降浮沉来表示。药物通过炮制，可以引药归经，或改变作用趋向，使药力直达病变部位。如醋制引药入肝，盐制引药下行入肾，能帮助药物更好地治疗肝经、肾经疾病。改变药物作用趋向常常也是通过加入炮制辅料来实现，如黄柏性寒而沉，主治下焦湿热，多用于湿热下注所致的小便黄浊、赤白带下、足膝酸软，经酒制后，借酒的升提作用使药性上行，可清上焦头目湿热。

6. 增强作用，提高疗效

不少辅料都有一定的药理作用，用它们炮制药物，能发挥协同作用，从而增强疗效。如用羊脂炙淫羊藿增强补肾壮阳，醋制延胡索增强活血止痛，酒炙蕲蛇增强祛风通络，蜜炙款冬花、麻黄增强润肺、健脾，土炒山药、白术增强健脾和胃的功效等。

7. 利于贮藏，保存药性

炮制能使有些与有效成分共存的分解酶失去活性，从而利于有效成分的保存。同时，药物经过加热处理，可以进一步干燥或杀死虫卵、霉菌，而有利贮藏。

8. 矫臭矫味，利于服用

动物类或其他具有腥气味的药物，服后往往引起恶心甚至呕吐，通过炮制可以改善不良气味而利于服用。能达到此目的的炮制方法很多。如清炒鸡内金，麸炒僵蚕，酒炙乌梢蛇，酒蒸紫河车，醋炙五灵脂，砂炒穿山甲，滑石粉炒刺猬皮等。

9. 改善形体质地，便于配方制剂

形长体大的药材不便于调剂，质地坚硬的药材不易粉碎和煎出有效成分。因此，必须根

据药材的形体、质地进行炮制处理，使其符合要求。如紫苏、藿香切段，葛根切块，乌药、鹿茸切薄片，决明子、牵牛子炒黄捣碎，珍珠、羚羊角研粉，王不留行清炒爆花，磁石、赭石、自然铜火锻醋淬，龟甲、鳖甲砂炒醋淬，蟾酥酒制等炮制方法，都是为此目的。

10. 制成中药饮片，提高商品价值

药材经过净制、切制、炮炙后，不仅能达到上述目的，也使其形态多样，色彩鲜明，全面提高了内在、外观质量，从而提高了商品价值。

上述中药炮制的目的，虽然各有区别，但彼此之间又相互联系。一种药物的炮制方法，又表现为多个目的，最终目的是为了提高饮片质量和临床应用方便、安全、有效。

二、炮制对药物成分的影响

中药材来源于植物、动物和矿物，所含成分十分复杂。由于中药以植物药居多，以下涉及内容主要是植物药材的化学成分。

植物药材中通常所含的化学成分有：生物碱、苷、挥发油、鞣质、有机酸、脂肪油、树脂、蛋白质、氨基酸、无机盐、糖类及色素等。其中大部分具有生物活性。经过水浸、加热及酒、醋、药汁等炮制处理，所含的化学成分会发生一些变化。如有的成分被溶解出来，有的成分被分解或转化为新的成分，有的成分浸出率会提高或降低，这对药物的功效发挥和毒性强弱有直接的联系。因此，研究炮制前后化学成分的变化，有助于阐述炮制原理和炮制工艺的改进。对炮制后饮片质量的优劣，可用指标成分含量作为质量标准。但是，由于很多中药材的成分至今还不完全清楚，有关这方面的研究工作开展不久，积累的资料不多也不系统，因此还不可能全面、深入地论述这一问题，只能就目前的报道，作简要归纳整理。

1. 炮制对药材生物碱的影响

生物碱是一类含氮的有机物。大多数具有类似碱的性质，有较强的生理活性，多数生物碱为有效成分，少数为毒性成分，是药材中一类重要的化学成分。含生物碱的植物药材主要有黄连、黄柏、麻黄、马钱子、吴茱萸、乌头、附子、延胡索、百部、苦参、槟榔、钩藤、贝母、防己、山豆根、罂粟壳、秦艽、常山、川芎、益母草等。

游离生物碱一般不溶或难溶于水，能溶于乙醇等有机溶剂，生物碱与酸结合成盐后易溶于水和乙醇，因此含生物碱药材经过酒制、醋制后能提高生物碱的溶出率，从而提高药物的疗效。生物碱一般不耐高热及长时间加热煎煮，否则易发生生物碱分解、水解等反应。下面简介常用炮制操作对药材中生物碱的影响。

（1）净制的影响　净制对生物碱本身并不造成影响，但是分开不同的药用部位，如麻黄分开根和茎，莲子分开心与肉（子叶），符合生物碱往往集中分布于植物某一部位或某一器官的规律，因而能保证用药准确，提高疗效。

（2）水制的影响　泡的时间过长，不仅使水溶性生物碱溶解流失，也使大多数以盐形式存在的生物碱流失，因此，生物碱为有效成分的药材，应少泡多润或不用水制处理。生物碱为毒性成分的药材，应控制恰当的水制时间。含水溶性生物碱药材为数不多，但恰是常用的麻黄、黄连、黄柏、苦参、山豆根等药材，水制时应特别注意。

（3）加热的影响　由于高温及长时间加热能使生物碱发生分解、水解，因此，生物碱为有效成分的药材，一般宜生用，如钩藤、石斛、山豆根、龙胆等；需要加热炒制或蒸煮，应掌握好火候，温度不能过高，时间不能过长，如黄连、黄柏等。生物碱为毒性成分的药材，则可因分解、水解降低含量达到减毒目的，如马钱子、乌头等。但马钱子、乌头生物碱也是有效成分，因此仍应控制好适当火候，避免毒性消除而疗效丧失。

（4）醋制的影响　醋中的乙酸能与游离生物碱生成醋酸盐，显著提高生物碱在水中的溶解度，增强疗效。如延胡索醋制后总生物碱煎出量是生品煎出量的2倍左右。

(5) 酒制的影响　黄酒中含有10%～15%的乙醇，白酒中含有50%～70%的乙醇，是一种良好的有机溶剂，不论是游离生物碱或其盐类都能溶解，故能增强生物碱的溶出率。

2. 炮制对药材中苷类的影响

苷是一类由糖和非糖物质组成的复杂化合物，非糖部分称为苷元。苷在自然界中分布极广，广泛地分布在植物中，尤其在果实、树皮和根部最多。

苷类一般易溶于乙醇中，故用酒作为炮制辅料，可提高含苷药物的溶解度，增强疗效。由于苷类成分易溶于水，故中药在炮制过程中用水处理时尽量少泡多润，以免苷类物质溶于水而流失或发生水解而减少。常见药材有大黄、甘草、秦皮等，均含有可溶于水的各种苷，切制用水处理时要特别注意。

含苷类成分的药物往往在不同细胞中含有相应的分解酶，在一定温度和湿度条件下可被相应的酶所水解，从而使有效成分减少，影响疗效。如槐花、苦杏仁、黄芩等含苷药物，采收后长期放置，相应的酶便可分解芦丁、苦杏仁苷、黄芩苷，从而使这些药物失效。花类药物所含的花色苷也可因酶的作用而变色，所以含苷类药物常用炒、蒸、烘、燀或曝晒的方法破坏或抑制酶的活性，以保证药物有效物质免受酶解，保存药效。

苷类成分在酸性条件下容易水解，不但减低了苷的含量，也增加了成分的复杂性，因此，炮制时除医疗上的专门要求外，一般少用或不用醋处理，在生产过程中，有机酸会被水或醇溶出，使水呈酸性，促进苷的水解，应加以注意。

3. 炮制对药材中挥发油的影响

挥发油是药材经水蒸气蒸馏所得到的，与水不相混溶的挥发性油状液体的总称。大多数具芳香气味，所以也称为芳香油。挥发油在植物界分布亦广，在植物体内，有的全株含挥发油，如薄荷、荆芥；有的在局部含量丰富，如玫瑰的花瓣、茴香的果实、白豆蔻的种子、桉树的叶、桂树的树皮、檀香的树干、当归的根等。含挥发油的药材除前述外，常用的还有陈皮、青皮、枳实、枳壳、紫苏、藿香、佩兰、薄荷、桂枝、川芎、白芷、羌活、独活、苍术、白术、木香、菊花、厚朴、鱼腥草、生姜、砂仁、高良姜、细辛、莪术等。

挥发油不溶或难溶于水，可溶于高浓度乙醇。大多数挥发油在常温下为淡黄色或无色油状液体，相对密度比水轻，对空气、光和温度敏感，长期接触，可因氧化而变质，使颜色加深，失去原有香气，并逐渐聚合成脂样物质，不能再随水蒸气蒸馏。

挥发油虽不溶于水，但水制的时间过久，软化时带水堆积，仍可使香气散失。这是由于药材经长时间浸泡，细胞膨胀，使油室或油细胞破裂，挥发油溢出水面散失；带水堆积生热使挥发油变质，含水量高使饮片干燥时间延长等。因此，含挥发油药材淘洗时要迅速，用“抢水洗”或淋洗，更不宜久浸泡，以免挥发油损失。

加热能促进挥发油挥发甚至变质，故挥发油为有效成分时应尽量避免火制。某些挥发油有副作用或辨证使用为不需要成分时，可通过加热处理予以降低或消除。如苍术麸炒、厚朴姜汁制可降低燥性；麻黄制绒或蜜炙降低发散作用；荆芥解表宜生用，止血则炒炭用；乳香、没药挥发油可致恶心呕吐，应醋炙或炒制。某些药材实验结果表明，醋炙、酒炙、盐炙、米泔水制及麸炒挥发油减少10%～15%，煨或土炒减少20%，炒焦减少40%，炒炭减少80%。

某些含挥发油的药材加热炮制后，性质改变，药理作用也不一样。如肉豆蔻的挥发油经煨制后增强了家兔离体肠管收缩的抑制作用，而起到涩肠止泻作用。含挥发油药材干燥时不宜曝晒，宜阴干或60℃以下低温烘干，贮藏时密闭避光。

4. 炮制对药材中鞣质的影响

鞣质又称单宁、鞣酸，是一类复杂的多元酚类化合物，在药材中广泛分布，但是药材中含少量鞣质一般不起治疗作用，多为无效成分。含鞣质较多而起治疗作用的药材有大黄、五倍子、诃子、虎杖、儿茶、槐花、地榆、侧柏叶、仙鹤草、石榴皮、贯众、茶叶、槟榔等。鞣质多为无色无定形粉末，具涩味和收敛性，能与蛋白质结合生成不溶于水的化合物。鞣质可溶于水和乙醇，特别易溶于热水，形成胶体溶液。能与三价铁结合生成不溶于水的蓝黑色鞣酸铁沉淀，因此前人有忌用铁器煎药的禁忌。

由于鞣质易溶于水，故水制时应少泡多润，减少流失。切片后不宜长时间在日光下曝晒，以免氧化变质变色。鞣质能耐高温，经高温处理，一般变化不大，如大黄经酒炙、酒蒸、炒炭后，有致泻作用的蒽醌苷的含量明显减少，但鞣质含量变化不大，故可使大黄致泻作用减弱，而收敛作用相对增加。但有些鞣质也不耐高热，如地榆炒后鞣质含量降低，而槐花炒炭后鞣质含量反而大量增加，经研究为所含的芸香苷转化而成。对个别不耐热鞣质应注意控制好火候。大黄鞣质属可水解鞣质，能在稀酸作用下水解，生成简单的化合物而失去鞣质的性质，因而醋制可降低其鞣质含量。

5. 炮制对药材有机酸的影响

有机酸是一类含羧基性化合物，在植物界分布极为广泛。游离有机酸较少，通常与钾、钠、钙、镁等阳离子或生物碱结合成盐的形式存在。含有机酸较多且为有效成分的药材有乌梅、山楂、五味子、山茱萸、木瓜、女贞子、茵陈、金银花、青木香、当归、斑蝥、地龙、阿魏、鸦胆子等。由于药材中的有机酸常以盐的形式存在，多易溶于水，因此炮制过程中用水处理时应少泡多润，减少有机酸类成分的损失。但植物中存在着可溶性的草酸盐往往有毒，如白花酢浆草、酢浆草，动物食用后可产生虚弱、抑制，甚至死亡，炮制时应除去。

加热炮制可使有机酸破坏，对有强烈刺激性的有机酸或含有机酸过多的药材，采用加热炮制，使其发生部分分解或升华降低含量，以适应临床需要。如乌梅、山楂炒炭，有机酸可明显减少，避免过酸损齿伤筋；斑蝥酸酐（斑蝥素）是剧毒成分，经过米炒到84℃时升华加剧，故可降低毒性。但大多数有机酸是有效成分，应尽量避免火制或控制好适当火候。

酒对有机酸及其盐有助溶作用。但应掌握适当火候，防止过热使有机酸破坏。

6. 炮制对药材脂肪油的影响

脂肪油又叫油脂，主要分布于植物种子中。油脂通常具有润肠通便或致泻等作用，但巴豆油、蓖麻油等对肠壁有强烈的刺激作用，能引起剧烈腹泻，甚至发生中毒。

油脂在常温不溶于水，在冷乙醇中难溶。加热290～300℃时，分解产生丙烯醛的特异刺激性气体，油脂无挥发性。种子类药材常用炒黄（炒爆）法炮制，可增加香气或降低毒副作用，保证临床用药安全有效。如蓖麻子中含有毒蛋白，炒熟后可使毒蛋白变性避免中毒。如果温度过高，可使油脂分解产生特异性气味，医疗作用也随之丧失；炒制可因土的吸附作用降低油脂含量。

对作用过猛或有毒副作用的油脂，常用去油制霜法直接除去部分。如柏子仁去油制霜降低或消除滑肠作用；千金子去油制霜以减小毒性，使药力缓和。

7. 炮制对药材树脂的影响

树脂是结构复杂的多种成分组成的混合物。与挥发油混存的称油树脂，如松香脂；与树胶混存的称胶树脂，如阿魏；与有机酸混存称香树脂，如安息香。树脂多存在于植物的树脂道中，当植物体受伤后分泌出来，先为稠状液体，露于空气中后逐渐干燥，变成半透明的固体或半固体，有防腐、消炎、镇静、镇痛、解痉、活血、止血、利尿等作用。树脂类的药材有乳香、没药、血竭、阿魏、安息香、苏合香、芦荟、藤黄、松香等，松节、甘遂、牵牛子、五味子等亦含有少量树脂。

树脂为非结晶形的固体或半固体，不溶于冷水，在热水中可溶而呈胶体溶液，亦能溶于乙醇。树脂不耐热，受热先软化而后熔融成为液体，温度过高可变性，降低疗效。水制对树脂无明显影响，火制会使树脂受到破坏，因此炒牵牛子、醋制甘遂可降低毒性，但应注意控制适当火候，防止树脂破坏过多疗效降低。藤黄树脂有大毒，需经豆腐或清水长时间煮制，方可降低毒性。酒制对树脂有助溶作用。

8. 炮制对药材蛋白质、多肽、氨基酸的影响

蛋白质、多肽、氨基酸等物质纯品多数为无色结晶。氨基酸易溶于水及稀乙醇。多肽一般可溶于水，在热水中不凝固。蛋白质大多能溶于冷水，不溶于乙醇。三者均不耐热，受热时氨基酸、多肽可有不同程度破坏，煮沸蛋白质则凝固失去活性且不再溶于水。蛋白质还可在强酸、强碱作用下变性。蛋白质的水溶液加入食盐或乙醇浓溶液，开始蛋白质沉淀析出，但并不变性，加水后又可溶于水中。以氨基酸、多肽、蛋白质为有效成分的药材，应避免长时间浸泡，以免过多流失、变质而降低疗效。

蛋白质不耐热，火制能使毒性蛋白质和苷的分解酶凝固变性，如炒白扁豆、蓖麻子能消除或降低毒性；炒苦杏仁，沸水煮或蒸黄芩，炒芥子可破酶保苷。蛋白质为有效成分的药材则不宜火制，如牛黄、雷丸、天花粉、蜂毒等宜生用。神曲、谷芽、麦芽、鸡内金等含消化酶的药材常有炒黄或炒焦、砂炒等用法，对消化酶造成较大损失。

动物药材龟甲、鳖甲、穿山甲等所含蛋白质为特殊的胶原蛋白质，能耐高温和长时间煎煮，并不受醋制的影响。龟甲、鳖甲、穿山甲经砂炒醋淬后，蛋白质的水煎出量远高于生品就是证明。但砂炒时也应控制适当温度和时间，避免焦化、炭化而降低或丧失疗效。

9. 炮制对药材无机成分的影响

无机成分主要存在于矿物、动物骨骼化石和介壳类药材中。植物药材也含有一些无机成分，如钾、钙、镁的无机盐，不过多数钾、钙、镁金属离子是与有机酸结合成盐的形式存在。在各类药材中，还普遍含有多种微量元素，有十分重要的生理活性，如铜、铬、锰、铁、锌、碘、氟等，炮制对微量元素有何影响还很不清楚。

动物骨骼化石和介壳类药材，所含的无机成分主要是钙的碳酸盐。药物的无机成分多数是无机盐及氧化物，个别是单质，如硫黄、汞。部分矿物药是含结晶水的无机酸盐，如石膏、白矾、硼砂、胆矾、赤石脂等。矿物药成分复杂，性质各异，炮制方法简单，主要有水飞、煮提、煅、淬等制法。

水飞不仅可以得到纯净、细腻的矿物药粉末，还可以使水溶性毒性成分流失，降低毒性，如朱砂中夹杂的可溶性汞盐、雄黄中夹杂的三氧化二砷（砒霜）。

火煅体质坚硬的动物骨骼化石、介壳及某些药材，可使体质变得酥脆，易于粉碎和有效成分煎出。自然铜、磁石煅后，醋淬，尚可生成易溶、易于吸收的醋酸铁，提高疗效。炉甘石主要成分为碳酸锌，煅后生成氧化锌，具消炎、止血、生肌作用。含结晶水的矿物药，煅后失去大部分结晶水，效用也发生改变。煅制矿物药材应控制好适当火候，以免太过或不及，煅炉甘石必须达到300℃，碳酸锌才会发生分解。矿物药中的朱砂（主含 HgS）、雄黄（主含 AsS_2）则不能火制，以防产生游离汞和砒霜的剧毒成分。

以上只是在目前水平上，就炮制对药材各单类成分的影响作了初步论述。但是，由于药材中成分复杂，可能出现甲成分某炮制法合理，而乙成分又不恰当的情况。因此必须以临床疗效为准，进行综合考虑。同时，论述中也未涉及炮制对同一药材内部成分之间的影响及微

量元素的变化，加上很多药材的化学成分、药理作用尚不清楚，要真正弄清炮制对药材化学成分的影响，还要经历多学科配合研究的长期过程。

三、炮制方法简介

中药炮制不是简单的挑选切炒，而是包括净制、切制（含水制）、火制、水火共制、其他制法（不水火制）5大类60多种方法的整套炮制技术。明代陈嘉谟首先提出炮制法分为水制、火制、水火共制三类。水制有渍、泡、洗三法；火制有煅、炮、炙、炒四法，水火共制有蒸、煮两法。这一分类抓住了主要炮制方法的共性特征，言简意明，准确实用，因而至今常用。但有过于简略、概括不全的缺点。在陈嘉谟三类分类的基础上，结合炮制实际情况，中药业习用五类分类法，即修制、水制、火制、水火共制、不水火制（其他制法）五类。《中华人民共和国药典》炮制通则将炮制法分为净制、切制、炮炙三类，其中炮炙类概括了加热处理的全部方法和制霜、水飞法。这种分类法突出了炮制程序和传统特色，见表2-5-1所示。

表2-5-1　炮制方法一览表

净制				挑选、筛选、风选、漂洗、切除、刮、刷、撞、挖、抽
切制		水制(软化)	常水软化	淋法、洗法、泡法、润法
		切制(加工)	特殊软化	湿热软化法、干热软化法、酒处理软化法
炮炙	火制	炒制	清炒法	炒黄、炒焦、炒炭
			加辅料法	麸炒、米炒、土炒、砂炒、蛤粉炒、滑石粉炒
		炙制		酒炙、醋炙、盐炙、蜜炙、姜汁炙、油炙
		煅制		明煅、煅淬、密闭煅
		煨制		直接煨、面裹煨、纸裹煨
	水火共制	蒸制		清蒸、酒蒸、醋蒸、黑豆汁蒸
		煮制		水煮、酒煮、醋煮、甘草汁煮、豆腐煮、萝卜煮
		焯制		
其他制法		复制法		
		发酵法		
		发芽法		
		制霜法		结晶制霜、去油制霜
		提净法		
		水飞法		
		烘焙法		
		干馏法		

下面简介炮制的一些方法。

1. 炒制

将净选或切制后的药物，置加热的容器内，用不同的火力连续加热，并不断翻炒至一定程度的炮制方法，称为炒法。中药炒法又分为加辅料炒与不加辅料炒。根据医疗要求，结合药物性质，由于炒制时间和温度不同，可分炒黄、炒焦、炒炭等；由于所加辅料不同，可分麸炒、米炒、土炒等。

(1) 炒黄　将药材置锅内，用文火或中火炒至表面呈微黄色，或较原色加深，或发泡鼓起，或种皮爆裂，并发出药材固有的气味，取出，放凉。炒黄多为种子类药物，药物经炒后能改变药性，增强疗效（如冬瓜子），缓和作用（如牵牛子）。

（2）炒焦　将药材置锅内，用中火炒至表面呈焦褐色，中心呈深黄色，断面色泽加深，并具有焦香气味。炒焦后仍燃的药物，可喷淋少许清水，再炒干或晒干。此类药物多数有健脾消食作用，炒后能增强健脾消食作用（如山楂、神曲）、缓和药性（如苍术）。

（3）炒炭　将药材置锅内，用武火炒至表面呈焦黑色，中心呈焦褐色，体质酥脆为度。炒炭的主要目的是使药效增强或产生收涩（如乌梅）、止血（如蒲黄、荆芥）等作用。炒炭应注意“存性”，灰化后即无效。

（4）麸炒　先将锅烧热，撒入麦麸不断翻炒，至微冒烟时，加入药物，迅速翻动，炒至药材表面显微黄色，或比原色较深为度。一般每净药 100kg，用麦麸 10kg。常用麸炒的药物有白术、白芍、党参、山药等。

（5）土炒　将赤石脂或净黄土细粉，先放入锅内，加热炒至松泡、干燥变色，能随铲浪动时，加入药材，同炒至药材表面挂土并透出土香气为度，取出筛去土，放凉。一般每净药 100kg，用灶心土 25～30kg。常用土炒的药物有白术、薏苡仁、白芍、山药、白扁豆、当归等。

（6）米炒　将大米或糯米放于锅内，炒至冒烟时，投入药物共同拌炒，至米呈焦黄色或焦褐色，药物挂火色为度，取出，筛去米。药物颜色较深者，可借米来观察炒制程度。一般每净药 100kg，用米 15～20kg。常用米炒的药材有党参、沙参、丹参、斑蝥、红娘子等。

（7）砂炒　先将经过净选或炼制过的河砂置锅内，用武火加热至滑利、翻动灵活时，投入药材不断翻动，至药材质地酥脆或鼓起，外表呈黄色或较原色较深时取出，筛去砂即成。砂的用量以能掩盖所加药料为度，用过的油砂可反复使用，但最好不使用于不同药材，特别是炒过毒性药料的油砂不可再用其炒制其他药物。常用砂炒的药物有龟板、鳖甲、穿山甲、鸡内金等。

（8）滑石粉炒　将滑石粉置锅内，加热炒至灵活状态时，投入药物，不断翻动至药物质酥鼓泡，颜色加深时，取出，筛去滑石粉即成。一般每净药 100kg，用滑石粉 40～50kg。滑石粉细腻，接触药物面积大，传热较缓慢而均匀。常用滑石粉炒的药物有鱼膘、狗肾、象皮、刺猬皮、水蛭等。

2. 炙制

将净选或切制后的药物，加入一定的液体辅料拌炒，使辅料逐渐渗入药物组织内部的炮制方法。根据所加辅料不同又分为如下几种。

（1）蜜炙　取一定量的炼蜜加适量开水稀释，与药物拌匀，放置闷润，使蜜逐渐渗入药材内部，然后置锅内，用文火炒至颜色加深、不黏手时取出摊晾，凉后及时收贮。或先将净药置锅内，用文火炒至颜色加深时，再加入一定量炼蜜迅速翻动，使药物与蜜拌匀，妙至不黏手时取出摊晾，凉后及时收贮。常用蜜炙的药材有甘草、黄芪、紫菀、马兜铃、百部等。

（2）酒炙　将一定量酒与净药拌匀，于容器内加盖闷润，待酒被吸尽后，置锅内用文火炒干。或先将净药放于容器内，加热炒至一定程度，再喷洒一定量的酒炒干。一般每净药 100kg，用黄酒 10～20kg。常用酒炙的药材有大黄、黄芩、当归、延胡索、怀牛膝等。

（3）醋炙　将净药与一定量的醋拌匀，放置闷润，待醋被吸尽后，置锅内，用文火炒至一定程度，取出放凉。或将净药捣碎，置锅内，炒至表面熔化发亮（树脂类），或炒至表面颜色改变，有腥气溢出（动物粪便类）时，喷洒一定量醋，炒至微干，出锅后继续翻动，摊开放凉。一般每净药 100kg，用醋 20～30kg。常用醋炙的药材有香附、甘遂、芫花、大戟、商陆、莪术、柴胡等。

(4) 盐炙　将一定量的食盐加适量水溶化，与净药拌匀，放置闷润，待盐水被吸尽后，用文火炒干，取出放凉。或先将净药置锅内，炒至一定程度，再喷洒盐水，用文火炒干，取出放凉。一般每净药 100kg，用食盐 2kg。常用盐炙的药物有知母、泽泻、巴戟天、小茴香等。

(5) 姜炙　姜炙分为姜汁炒和姜汤煮两种。将药物与一定量的生姜汁拌匀，放置闷润，待姜汁被吸尽后，然后放入锅内，用文火炒至一定程度。或将干姜切片煎汤，加入药物煮约 2h，待姜汤基本吸尽，将药物取出切片，干燥。一般每净药 100kg，用生姜 10kg 或干姜 3kg。常用姜炙的药材有半夏、厚朴、竹茹、草果等。

(6) 油炙　油炙分为三种。①油炒：先将羊脂切碎，置锅内加热，炼油去渣，然后取药材与羊油脂拌匀，用文火炒至油被吸尽，药物表面呈油亮时取出，摊开晾凉。此法主要用于羊脂炙淫羊藿。羊脂油甘热，能温散寒邪，淫羊藿经羊脂炙后，可增加其温肾助阳之功。②油炸：取植物油于锅内，加热至沸腾时，倾入药物，用文火炸至一定程度取出，沥去油，碾碎。药物经油炸后利于粉碎，且能降低某些药物的毒性。常用油炸的药物有豹骨、虎骨、马钱子等。③油脂涂酥烘烤：将动物骨类锯成短节，放炉火上烤热，用酥油涂布，加热烘烤，待酥油渗入骨内后，再涂再烤，如此反复操作，直至骨质酥脆为度。

3. 煅制

将药物直接放于无烟炉火中或适当的耐火容器内煅烧的一种方法。根据药物的性质，煅法可分为如下几种。

(1) 明煅　对质地坚硬的矿物药，于炉火上煅至红透为度；含结晶水的矿物药、动物的贝壳类及化石类药物，装入耐火容器内煅透，直至质地疏松为度。药物经过煅制后能增强收涩作用（如龙骨、牡蛎），使药物疏松易于粉碎（如明矾、硼砂）。

(2) 煅淬　将药物按明煅法煅烧至红透，立即投入规定的液体辅料中（如水）骤然冷却，使之酥脆为度，如不酥可反复煅淬至酥。药物经过煅淬后，改变理化性质，能增强疗效（如自然铜、炉甘石），减少副作用（如代赭石），除去不纯成分，并使药物酥脆，易于粉碎，利于有效成分的煎出。

(3) 闷煅　将药物置密闭锅中，加热煅烧至透为度，放凉，取出。该法适用于煅制质地疏松、炒炭易于灰化的药物。煅后产生新的疗效，加强止血作用（如血余炭），减低毒性（如干漆）。

4. 蒸制

净药润透或加辅料后润透，置适宜容器内加热蒸透或至规定的程度，取出，晾干、晒干或烘干，如地黄蒸至变黑。常用蒸制的药材有地黄、首乌、女贞子、山茱萸、肉苁蓉、黄精、大黄等。

5. 煮制

将药物加水或辅料放入锅中共煮，至液体完全被吸尽或切开无白心，取出，干燥，如川乌、草乌经煮制降低毒性等。用醋煮的药材有延胡索、香附、芫花、大戟、商陆、狼毒等；常用药汁煮的药物有黄连、吴茱萸、白附子、半夏、天南星等；常用水煮的药物有川乌、草乌、附子等；常用豆腐煮的药物有硫黄、藤黄等。

6. 煨制

将药物包裹一层吸附油质的辅料（湿润的面粉或滑石粉或纸浆等），再埋入加热的滑石粉中煨烫或直接拌炒至一定程度，筛去滑石粉，剥去包裹层，切片或捣碎。常用煨制的药物有肉豆蔻、草果、诃子、木香等。

7.焯制

先将多量的水煮沸，再将药物置于能漏水的盛器内，一齐放入沸水中，加热烫至种皮由皱缩到膨胀，易于挤脱时，立即取出浸漂于冷水中，捞起搓开种皮与种仁，晒干，过筛去种皮。

8.其他

(1) 制霜法　将药材碾成细末或捣烂如泥，用粗纸包裹压榨，或用机器榨去油至药材呈松散状的粉末，或析出细小的结晶，因形态与寒霜相似，故名“霜”。药物制霜是为了降低毒性、缓和药性、消除毒副作用、增强疗效。如巴豆霜、西瓜霜的制备。

(2) 提净法　将某些矿物类药捣细，用水或适当的试液溶解，过滤，重结晶处理，以除去杂质，使药物纯净。

(3) 水飞法　将药物放入研钵内，加水同研成糊状，再加多量水搅拌，倾出其混悬液，如此反复操作，最后将研钵内残渣弃去，合并混悬液静置，倾去上面清水，将沉淀物干燥，即得极细粉末。

(4) 发酵法　将药物采用不同的方法进行加工处理后，再置适宜的温度、湿度条件下，由于霉菌和酶的催化分解作用，使药物发泡、生衣的方法。如六神曲、淡豆豉的制备。

(5) 发芽法　将成熟的果实及种子，用清水适当浸泡后，在一定的温度和湿度条件下，使其萌发幼芽，待芽长约1cm时，取出干燥。如麦芽。

(6) 复制法　将净选后的药物加一种辅料或数种辅料，按规定程序，反复炮炙到各药规定的程度。如半夏制成清半夏、姜半夏、法半夏。

(7) 干馏法　将药物置适宜容器内，加热灼烤，使其产生液汁，在下口收集液状物的方法。

(8) 烘焙法　烘法是将药物置于近火处或利用烘箱、干燥室等设备，使所含水分徐徐蒸发。焙法是将药物置于金属容器或锅内，用文火较短时间加热，不断翻动，焙至药物颜色加深，质地酥脆为度。

四、炮制设备

1. 炒药机

目前炒药使用机械有滚筒式炒药机和中药微机程控炒药机等。利用机器炒制药材翻动均匀，色泽等质量容易控制，节省人力，适合工业化生产使用。

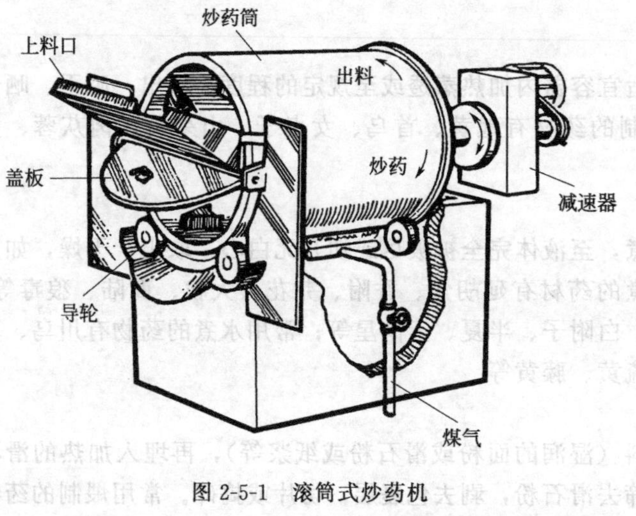

图 2-5-1　滚筒式炒药机

(1) 滚筒式炒药机　由炒药滚筒、动力系统及热源等部件组成，有的还附有加料装置和出料装置，见图 2-5-1 所示。操作时，将药材通过筒口加入，盖好筒盖板（为了散热常在盖板上留有散热孔）。加热后，开动滚筒，借动力装置滚筒做顺时针方向转动，使筒壁均匀受热。当药材炒到规定程度时，打开盖板，按动电钮，使滚筒反向旋转，即可使药材由出料口倾出。滚筒式炒药机的热源可用炉火，也可用电炉或煤气。

滚筒式炒药机的温度可根据不同的药材及不同的炒制方法进行调节。此设备应用范围较广，以炒炭、炒焦、麸炒、土炒及烫制各种药材最为常用。

(2) 中药微机程控炒药机　中药微机程控炒药机见图 2-5-2 所示，是近年来采用微机程控方式研制出的新式炒药机，既可以手工炒药也可自动操作，该机采用烘烤与锅底双给热方式炒制，能使药材上下均匀受热，缩短炒制时间。

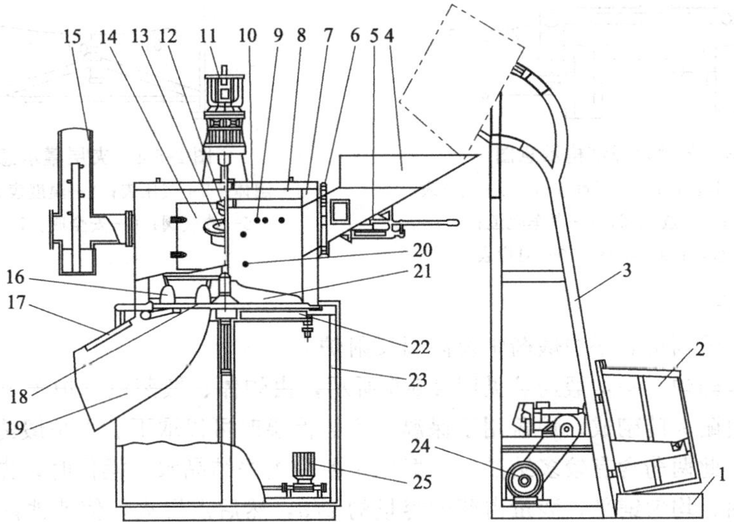

图 2-5-2　中药微机程控炒药机

1—电子秤；2—料斗；3—料斗提升架；4—进料槽；5—进料推动杆；6—进料门；7—炒药锅；8—烘烤加热器；9—液体辅料喷嘴；10—炒药机顶盖；11—搅拌电机；12—观察照明灯；13—观察取样口；14—锅体前门；15—排烟装置；16—犁式搅拌叶片；17—出药喷水管；18—出药门；19—出药滑道；20—测温电偶；21—桨式搅拌叶片；22—锅底加热器；23—锅体机架；24—料斗提升电机；25—液体辅料供给装置

2. 蒸制设备

目前工业化生产蒸制设备普遍使用不同型号的蒸罐，由罐体、上药滑车、药盘、蒸汽管、压力表、温度表、放气阀等部件组成，见图 2-5-3 所示。蒸罐安装在底座上，罐上装有可开启、密闭的门。操作时，将净制后的药材或用辅料浸润的药材装在药盘里，将药盘分层放在可滑动的药车上，再把药车推到蒸罐内密封。

3. 煮制设备

煮制（含燀制）操作传统法在锅中进行，锅多为铜或铁制成。由于锅煮药材火力、温度很难控制，且加工量不大，因此仅限于少量加工使用。目前工业化生产多用夹层罐进行煮制。

夹层罐由内胆与外壳构成的罐体及蒸汽阀、压力表、温度表、安全阀、减压阀、排液管等部分组成，见图 2-5-4 所示。罐体由不锈钢或搪瓷材料制成。操作时，先将水或液体辅料加入夹层罐内，开通蒸汽阀，使罐内水或液体辅料受热至所需温度或沸腾，投入药材，加热到规定程度。不同药材煮制要求的温度不同，操作时可调节进气阀门及加热蒸汽压力来控制。

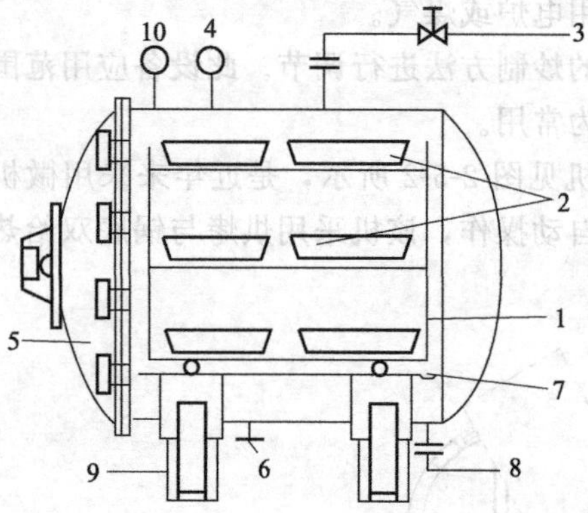

图 2-5-3 蒸罐内部结构示意图

1—上药滑车；2—装药盘；3—蒸汽进口；4—气压表；5—密闭盖；6—放气阀；7—滑车轨道；8—排污排水口；9—底座；10—温度表

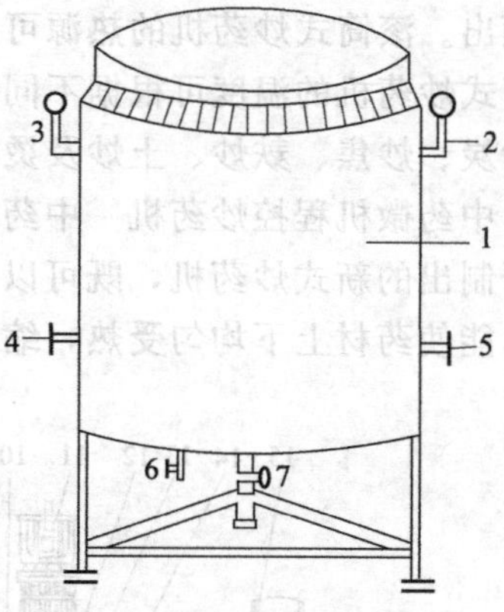

图 2-5-4 夹层罐示意图

1—罐体；2—气压表；3—温度表；4—进气阀；5—放气阀；6—安全阀；7—排液管

4. 煅药设备

目前使用的煅药机有平炉煅药炉及高温反射炉。

(1) 平炉煅药炉 平炉煅药炉见图 2-5-5 所示，由炉体、煅药池、炉盖及鼓风机等部分组成。煅药池由耐火砖砌成，炉盖用于保温，不需保温时可以取下。平炉煅药炉是专为煅明矾及硼砂而制。此两药含有较多结晶水，煅制主要为失去结晶水。操作时，先将药材砸成小块倒入煅药池内，均匀铺平，装量占药池容量的 2/3，然后点燃火，使药池内的药物均匀受热，至药材枯松为度。

平炉煅药炉加热的温度可人为控制，在煅制时如需保温可在煅药池上盖上炉盖，也可以开启鼓风机加大火力提高速度。平炉煅药炉代替了传统的铁锅煅制，提高了煅制药材的质量，但使用范围有一定的局限性。

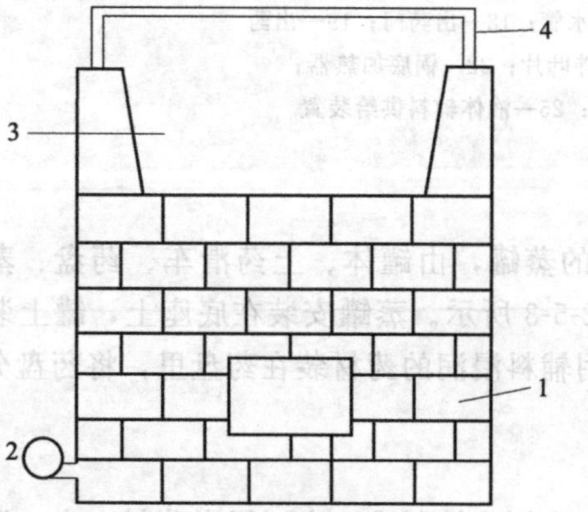

图 2-5-5 平炉煅药炉示意图

1—炉体；2—鼓风机；3—煅药池；4—炉盖

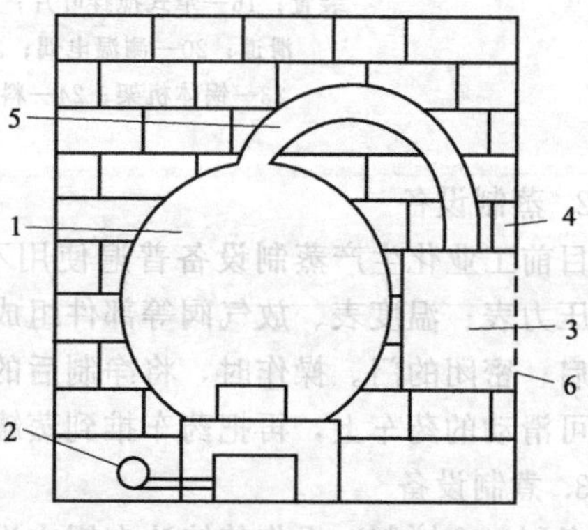

图 2-5-6 高温反射炉示意图

1—炉体；2—鼓风机；3—煅药室；4—除尘引风罩；5—火焰反射管；6—炉盖

(2) 高温反射炉 高温反射炉由炉体、火焰反射管、煅药室、鼓风机及除尘引风装置等部分组成，见图 2-5-6 所示。整个设备由耐火砖砌成并密封，以防热量散失。为了获得足够的热量，保证煅制后色泽均匀一致，炉内使用优质无烟煤。操作时，先点燃炉火，加足煤，待烟冒尽后将炉体封严。开启鼓风机，强制炉内的火焰通过火焰反射管，喷射到煅药室内装放的药材上煅烧。为了保证煅制温度，防止火焰外喷，在煅药室表面设有炉盖板。当药材煅至需要程度时，即可铲出。煅制时为防止灰尘飞扬，在煅药室的上方装有除尘引风设备。

高温反射炉煅制药材效率高，使用范围较广，非含水矿物药、贝壳类及化石类药均为适用。并可人为控制煅药室的温度，最高温度可达 1000℃以上。但是含结晶水的矿物药及在煅制时易燃烧灰化的药材不可用此设备煅制。

目 标 检 测

一、单项选择题

1. 穿山甲的炮制方法是（　　）。

A. 蒸　B. 清炒　C. 砂炒　D. 煨制　E. 煅制

2. 适合煅制的是（　　）。

A. 人参　B. 鸡内金　C. 五灵脂　D. 龙骨　E. 芒硝

二、多项选择题

1. 中药炮制的目的（　　）。

A. 消除或降低药物毒性或副作用　B. 引药归经或改变药物作用趋向

C. 增强作用，提高疗效　D. 利于贮藏，保存药性

E. 改善形体质地，便于配方制剂

2. 常用醋炙的药材有（　　）

A. 香附　B. 鱼膘　C. 柴胡　D. 莪术　E. 甘遂

三、问答题

简述药材炮制的目的。

任务六　炮制品的贮存和管理

学习目标

知识目标：

◇ 掌握贮存中的变异现象及产生的原因。

◇ 熟悉炮制品的贮存管理。

◇ 了解气调养护法贮存炮制品的原理。

能力目标：

◇ 学会炮制品的管理。

◇ 能将学到的理论知识运用到生产实际中，能根据提取饮片的变异现象分析变异原因。

炮制品由于多切成不同规格饮片，增加了与空气的接触面积，吸湿与被污染的机会超过原药材；切面组织的破坏与暴露，使油脂、糖分、黏液质、挥发油等成分易于外溢、挥发及氧化；加上加入的各种辅料，更增加了复杂性，给炮制品的贮藏带来了更多的困难。因此，炮制品的生产计划应遵循按需安排的原则。

一、贮存中的变异现象

1. 虫蛀

有些饮片由于本身含有丰富的营养物质如含淀粉多的山药、天花粉、葛根、泽泻、白芍

等容易虫蛀。

2. 发霉

有些饮片由于本身含糖分或用蜜炙的饮片如甘草、黄芪、麻黄、款冬花等，由于干燥不好，特别容易发霉。

3. 泛油

泛油又叫“走油”，是指一些含有大量油脂或挥发油的饮片，由于贮存不当，而使饮片油脂酸败或外溢走失的现象，如柏子仁、当归、川芎、白芷、木香、荆芥、薄荷等。

4. 融化黏结

一些树脂类和含大量糖分的饮片，由于贮存不当，而使饮片融化或黏结成团的现象，如乳香、蜂蜡、熟地黄、枸杞子、天门冬等。

5. 潮解和风化

含结晶水的矿物类饮片，如芒硝、硼砂、胆矾等，在干燥环境易风化，在潮湿环境易潮解。

二、引起变异的因素

1. 饮片自身原因

由于饮片自身化学成分的性质，有的含大量淀粉，有的含糖多，有的含有大量脂肪油或挥发油，有的含有结晶水。根据饮片自身化学成分的性质，含大量淀粉的易虫蛀，含糖多的易黏结、发霉，含有大量脂肪油或挥发油的易泛油，含有结晶水的易潮解和风化等。

2. 环境原因

饮片在贮存过程中，会受到环境中温度、湿度、空气、日光、真菌、害虫等的直接或间接影响而产生变异。

(1) 温度　通常饮片在常温（15～25℃）下是比较稳定的，温度升高，含有大量脂肪油或挥发油的易泛油。另外，一些微生物在温度较高时易于繁殖而产生发霉等。

(2) 湿度　通常饮片中含有10%左右的水分，空气中相对湿度70%左右，饮片包装不好就会吸潮易引起含结晶水的矿物类饮片潮解，含大量糖分的饮片易黏结生霉。

三、炮制品管理的方法

1. 炮制品的一般贮藏条件和方法

炮制品贮藏的库房应具有良好的密封性、通风性、隔热性和防潮性，并具防鼠、防白蚁条件，温度控制在20℃以下，相对湿度在65%左右。盛装材料选好的纸箱、木箱、木桶、铁桶、缸、坛、玻璃器皿等容器，存放在阴凉、干燥处。保管中的重点应放在最易生虫、发霉、乏油、变色的品种上。贵重品、毒剧品还应按国务院颁发的“医疗用毒性药品管理办法”执行。

一般含淀粉多的炮制品，如山药、天花粉、葛根、泽泻、白芍等，在切成饮片后要及时干燥，并防止污染。贮存阴凉、通风、干燥处，注意防虫、防潮。

含挥发油多的炮制品，如当归、川芎、白芷、木香、荆芥、薄荷等，切成饮片后应及时在50℃以下低温干燥，贮存于阴凉、通风、干燥处，注意防潮、防热。

含油脂、糖分、黏液质较多的炮制品，如柏子仁、熟地黄、天门冬等，炮制后不易干燥，易被污染，温度高、湿度大时易吸潮变软、发黏、乏油，应贮阴凉、通风、干燥处，注意防潮、防热。

种子类药材炒制后增加了香气，包装材料不坚固易被鼠食。多置缸、罐中加盖存放，并注意防虫。

酒制炮制品，如大黄、常山、黄芩、黄连；醋制类炮制品，如大戟、芫花、甘遂、香附，应贮存于密封容器中，置阴凉、干燥处。

蜜制类炮制品，如甘草、黄芪、麻黄、款冬花等，糖分大，难干燥，特别容易因受热、受潮、受污染而粘连成团、生霉、生虫。应贮存于密闭的缸、罐容器内，置阴凉、通风、干燥处，注意防潮、防热、防污染。

绒团状炮制品，如竹茹、艾叶、大腹皮、谷精草等，易吸潮和被灰尘污染。应密闭贮存于阴凉、干燥处。注意防潮、防尘。

含结晶水的矿物类炮制品，如芒硝、硼砂、胆矾等，在干燥环境易风化，在潮湿环境易潮解，应在缸、罐容器中密闭贮藏，置阴凉处，注意防止风化和潮解。

2. 调节温度和湿度的方法

由于炮制品贮存期间发生的各种变异，几乎都与温度和湿度有密切关系，故介绍以下几种调控温度方法。

(1) 密封法　密封法是将炮制品用导热性能差、隔潮性能好或不透性材料严密封闭，使其与外界温度、湿度、光照等隔绝，从而减少环境不良影响的贮藏方法。此法能防止虫蛀、霉变、乏油、变色、气味散失等变异发生。常用的密封材料有油毡纸、塑料薄膜、防潮纸等。

(2) 通风法　通风法是利用空气自然流动或机械产生的风，使库内外的空气交换，达到调节库内空气温度、湿度的方法，适用于怕热、怕潮的炮制品。

(3) 吸湿法　是用吸湿剂或空气去湿机来降低库内相对湿度的方法。此法在阴雨季节最为常用。常用的吸湿剂有生石灰、氯化钙、硅胶、木炭、炉灰或草木灰。氯化钙、硅胶、木炭吸湿饱和，经过处理可反复使用。

去湿机的工作原理是：库内潮湿空气经过滤器（吸尘泡沫塑料或金属网）到蒸发器，蒸发器的表面温度低于露点温度，空气中的水分凝结成水滴，流入接水盘，经水管排除。在温度27℃、相对湿度70%时，每小时可吸水3kg左右，效率高又不污染药材。

(4) 冷藏法与低温贮藏法　是利用空调机或冷风机、制冷机，使库温保持在5～8℃之间的贮藏方法。此法能终止饮片的受热变异，使害虫冻僵麻痹甚至死亡，贮存效果好。但投资较大，费用亦高。若将库温控制在8～15℃之间效果亦好，成本降低，称低温贮藏。

3. 对抗贮藏法

对抗贮藏法是两种中药同贮于密闭容器中，一味药能防止另一味药发生变异，或相互防止变异的方法。其原理是这些药物多含有杀虫、杀菌的挥发性成分，或具一定吸湿性能，加上密封条件，故能较好地防止虫、霉、泛油等变异现象发生。本法适用于少量药材、饮片贮藏。常见的对抗贮藏药物是樟脑、花椒、吴茱萸、细辛、荜澄茄与蛤蚧、鹿茸、鹿筋、海马、白花蛇，大蒜与土鳖虫、斑蝥、全蝎、蜈蚣，可防虫；滑石块与柏子仁可防霉和泛油；丹皮与泽泻互不生虫，丹皮也不变色。

4. 贮藏保管中的注意事项

库房在贮藏炮制品前，应先进行熏库及撒放生石灰以杀虫、灭菌、防潮。盛装容器应洁净、干燥，并标明炮制品的名称及规格，认真核对无误。贮藏期间要经常检查，特别是在炎热、多雨季节更应注意。如一旦发现有变异现象发生，应及时处理。防治虫、霉时应选用不影响炮制品质量，对人体无毒或低毒、廉价的药剂。

【知识拓展】

现代贮存保管新技术——气调养护法

气调养护法是“空气组成的调整管理”法的简称。其原理是将药材置于密封的容器内，人为地造成低氧状态或高浓度二氧化碳状态，使药材或炮制品在这样的环境中，新的害虫不能产生和侵入，原有害虫窒息或中毒死亡，微生物的繁殖因所需的氧气不足也受到抑制，并且阻断了潮湿空气的影响，从而防止变异发生，保证贮藏药物质量稳定。气调养护密封方式有库房密封和塑料薄膜罩帐堆垛密封两种。方法是先将密封体内空气抽至26.66kPa，再将氮气或二氧化碳充入密封体内，达到降氧目的。一般控制的标准是：含氧浓度小于2%，含二氧化碳浓度大于20%，温度在25℃左右，才有可靠的杀虫抑菌作用。此外，库房刷白，玻璃贴纸，亦可减少太阳辐射对库温的影响。

目 标 检 测

一、单项选择题

1. 不易虫蛀的药材是（　　）。

A. 葛根　B. 龙骨　C. 白芍　D. 天花粉　E. 山药

2. 容易融化的药材是（　　）。

A. 泽泻　B. 芒硝　C. 黄芪　D. 蜂蜡　E. 天门冬

二、多项选择题

1. 贮存中的变异现象有（　　）。

A. 虫蛀　B. 泛油　C. 融化黏结　D. 发霉　E. 潮解和风化

2. 贮存中容易泛油的药材有（　　）。

A. 柏子仁　B. 当归　C. 川芎　D. 白芷　E. 木香

三、问答题

简述饮片贮存中的变异现象及产生的原因。

模块三　中间品制备技术

任务一　药物有效成分的浸提

学习目标

知识目标：

◇ 掌握中药浸提的目的、原理、主要影响因素、典型的中药浸提生产工艺流程及特点。

◇ 熟悉中药材的提取工艺特性，以便设计中药材提取工艺过程，熟悉工业生产中常用的溶剂和辅助试剂。

◇ 了解复方中药共煎所发生的物理和化学变化，了解浸提生产设备种类、操作原理和注意事项。

能力目标：

◇ 学会典型的中药浸提生产工艺流程，并能进行典型生产设备的操作。

◇ 能将学到的理论知识运用到生产实际中，能根据提取药材的理化特性选择合理的提取溶剂，并学会用学到的理论知识解决生产实际问题。

◇ 了解浸提生产岗位安全生产知识和职责，了解中药浸提生产工艺发展的动向。

浸提是指利用适当的溶剂和方法，将有效成分从原料药中提取出来的过程，通常也称为浸出过程，它是中药制剂生产中常用的单元操作之一。在浸提过程中应根据临床治疗的需要、处方中有关药物成分提取的工艺特性、拟制备的剂型，并结合生产的设备条件等，选用合适的浸提工艺，将有效成分及辅助成分尽可能地提取出来，而使无效成分及组织物尽量少混入或不混入浸提物中，有利于药物吸收，降低药物服用量，还可消除原药材服用时引起的副作用。

中药材中所含的成分十分复杂，概括起来可分为如下几类。

① 有效成分　具有生理活性或药效的化学成分，如生物碱、苷类、挥发油等。

② 辅助成分　本身没有特殊疗效，但能增强或缓和有效成分作用的物质，如洋地黄中的皂苷可帮助洋地黄苷溶解或促进其吸收；麦角中的组胺、酪胺及乙酰胆碱可增强麦角碱的药效。

③ 无效成分　本身无生理活性或药效的成分，它们往往影响溶剂的浸出效果、制剂的稳定性、外观以至药效。

④ 组织物　构成药材的细胞或其他不溶性物质，如纤维素、石细胞、栓皮等。

中成药一般都依据中医的“君臣佐使”等中医理论组成复方制剂，其处方的组成少则几味，多则十几味，甚至数十味。中药复方的临床疗效往往体现在复方配伍的综合作用和整体上，因此，上述各种成分的分类只是相对而言，应根据医疗和药效酌定。如中药注射剂中，鞣质是引起沉淀、产生疼痛的主要原因，应作为杂质除去，在中药五倍子和没食子中是收敛止血的有效成分，在大黄中是辅助成分，而在桂皮及其他多数药材中则是无效成分。

一、基础知识

（一）药材的提取工艺特性

作为中药材的有效成分，大多数都存在于细胞的原生质中。在中药有效成分的提取过程中，一个关键的问题是如何将有效成分从细胞壁内的原生质中转移至细胞壁外的提取溶剂之中；或者使细胞壁破碎，细胞内的有效成分顺利地进入溶剂。

提取工艺特性包括药材组织结构的提取工艺特性、药材中各有效成分（或部位）的理化特性、单味及复方提取的工艺特性、挥发油的提取工艺特性等。

1. 药材组织结构的工艺学特性

（1）根类　这类药材有全根入药或将根皮入药两种。全根药材中的淀粉含量一般较高，有些块根类药材的淀粉含量尤高，如何首乌中含57%、赤芍中含56%。这类药材中薄壁细胞组织较多，细胞壁、膜较易破坏，药材也容易粉碎；但药粉在水中加热时所含淀粉易被糊化而影响浸提液的过滤；用冷水浸出时细胞壁、膜不能破坏，浸出效果不好，用乙醇等作为溶剂较为合适。根皮类药材主要由薄壁细胞组成，含生物碱、苷类等有机物较多，其细胞壁、膜较易粉碎和破坏。

（2）茎类　茎类有木质茎、根状茎、块茎、鳞茎和球茎五种。

木质茎如苏木、沉香、樟木等，它们的纤维素、半纤维素、木质素含量高而生物活性物质较少。因死细胞、木质化组织多而质地较坚硬，因渗透性较好，在适当粉碎后有效成分不难浸出。树皮或茎皮类药材，如黄柏、肉桂、杜仲等，因为角质层含蜡而有疏水性，表皮层下还有木栓层，两层一般均无活性物质，可在加工前去除，然后用乙醇浸出。木质茎类药材除树皮外活性物质不易浸出，可通过粉碎扩大其表面层。

根茎类药材长在地下。按外形有细根茎与块茎之分。细茎类如甘草、大黄、川芎、黄精、白术等含淀粉、果胶，但含量一般不高，用热水浸出一般不产生糊化，可用热水浸出(少数含淀粉多的则不宜用热水浸出)。块茎类如白及、半夏、天南星、元胡、天麻等，含大量淀粉，因而不宜用热水浸取。

鳞茎类如贝母、百合等，球茎类如荸荠、唐菖蒲、番红花等，含水分在90%以上，富含果胶，药材在干燥后细胞膜被破坏，有利于有效成分的浸出，但在热水浸出时有的因果胶的存在而影响过滤。

（3）果实类　这类药材包括果皮、果肉和种子。许多很小的种子常常与果皮一起入药，通常不粉碎而直接浸提。有些不开裂果实由于种子紧包在果实中而很难直接浸提。对于种子和果实表面有角质结构或蜡质时，需用加热、酶、发酵或化学物质加以处理，然后才能浸提。肉质果类药材如山楂、枸杞子、桑椹、龙眼，果皮类药材如陈皮、冬瓜皮等，均因含较多的果胶质而影响水提工艺，可以用有机溶剂浸提或用果胶酶水解后再用水浸提。

（4）花类　这类药材因薄壁细胞较多，干燥时细胞壁、膜被破坏而有利于浸出。花粉类药材因为细胞壁有坚固的角质层，需用醇或发酵法处理后才能用溶剂浸出。

（5）叶类　浸提叶类药材，有时需用轻汽油、苯、氯仿等除蜡后才能进行。

（6）地上部草类和全草类　这类药材分不带根和带根的草类，它们容易粉碎和浸出，往往适当切碎而不需要特殊处理。

2. 药材中有效成分的理化特性

单味药材中所含的化学成分在数量、类别已经很复杂。当采用复方提取时，由于协同作用等使浸出的成分并非各味药材浸出成分的简单加和，所得中药提取液的成分比单味中药更为复杂。

植物性中药材中所含的化学成分有生物碱类、黄酮类、蒽醌类、香豆素类、萜类、强心苷类、皂苷类、挥发油、天然色素、多糖、脂、多肽与蛋白质等，药材中各类化学成分的化学结构特征确定了它们的物态、在各种溶剂中的溶解能力等理化特性，从而也确定了其提取工艺特性。

(1) 利用中药成分的挥发性　许多中药成分具有挥发性，能随水蒸气蒸馏而不被破坏。例如中药材中挥发油成分；毒藜碱、菸碱、麻黄碱、槟榔碱等小分子生物碱；丹皮酚、丁香油酚、愈创木酚等酚类物质；小分子苯醌、萘醌也可用水蒸气蒸馏法制得。大蒜素、鱼腥草等中药注射剂即用水蒸气蒸馏法生产。

(2) 利用浸出成分极性不同　根据浸出成分的极性不同，依据“相似相溶”原理，使用不同极性的溶剂提取药物成分。如水、醇、醚、酯、苯、卤烃等。

(3) 利用中药成分的酸碱性　酚类物质、芳香族有机酸（苯甲酸、阿魏酸、桂皮酸等）具弱酸性，与碱生成溶于水的盐，可用水或碱水萃取出，如槐花米中提取芸香苷。萃取液酸化后游离出原来的酸性成分，也可用离子交换树脂进一步纯化，游离酸则用有机溶剂萃取。

中药材中生物碱能与稀酸（如0.1%～1% H_2SO_4）成盐而增加了在水中的溶解度以利于萃出。萃出液中加入碱水，盐转化为游离生物碱，则可用氯仿、二氯乙烷、苯等溶剂萃出。

此外，还可利用中药成分具有升华性、溶解度不同、能与沉淀剂作用产生沉淀等理化特性，将中药有效成分提取出来。

(二) 复方中药的共煎特性

传统中医药理论对复方中药的共煎或单煎有其独特的认识。大多数中药在复方共煎时对所含化学成分基本无影响或影响很小，但也有些中药复方共煎时会发生物理或化学的变化，目前一般认为复方多味中药共煎时对有效成分会有以下几种影响。

1. 共煎时中药有效成分溶出率的变化

中药内的无机盐、糖类、小分子多糖、鞣质、氨基酸、蛋白质、小分子有机酸及其盐、生物碱盐、苷类大都能溶于水，亲脂性成分则难溶于水。复方共煎时由于酸、碱性物质的溶出，很可能改变煎液的pH值，如游离生物碱因为酸性环境而增加溶解度。

有实验表明石膏与含有机酸、鞣质、生物碱盐的药材在水中共煎可提高其在水中溶解度；而与含碱性物质、淀粉、黏液质等药材共煎则其溶解度降低。

【例3-1-1】 黄连在单独水煎时小檗碱的浸出率为82.63%，当与吴茱萸配伍时浸出率降为66.79%（黄连∶吴茱萸=6∶1）和45.63%（黄连∶吴茱萸=1∶1）。两味药的单独水煎液混合时，黄连中的小檗碱等生物碱类与吴茱萸中的黄酮类成分生成大分子复合物而沉淀。芍药汤中黄连与大黄、黄芩、甘草合煎时，将发生化学反应生成沉淀，大黄、黄芩、甘草导致黄连中小檗碱含量明显降低，以大黄最为严重，黄连亦明显降低各酸性成分的含量。

【例3-1-2】 四物汤由当归、地黄、芍药和川芎组成。采用多种分析方法测定了四物汤各药单煎、分煎和合煎中的阿魏酸、8种微量元素、17种氨基酸及水溶性煎出物的含量，结果表明在加热条件下合煎时，各成分间具有增溶效应。

2. 复方共煎时的化学反应

煎煮过程中溶液内各浸出成分的水解、聚合、解离、氧化、还原反应均有可能发生，视溶液的内部环境而定。

【例 3-1-3】 虎杖分别与山楂、五味子配伍，其煎出液中的总蒽醌含量较虎杖单煎液中的总蒽醌含量显著降低，推测可能山楂、五味子所含的有机酸能促进蒽醌类成分水解，导致虎杖总蒽醌溶出率降低。

【例 3-1-4】 人参、麦冬、五味子三味药组成的生脉散在共煎时得到一个新成分 5-羟甲基-2-糠醛（5-HMF），而上述三味药材在煎煮前均不含 5-HMF，五味子水煎后仅检出少量 5-HMF，人参、麦冬各自水煎液则未检出 5-HMF，生脉散全方及麦冬与五味子配伍的水煎液中 5-HMF 的含量显著增高，研究表明五味子与麦冬共煎时生成 5-HMF，且因麦冬的增加而 5-HMF 增加。更为有趣的是人参中的皂苷因为麦冬、五味子的配伍而发生变化，Rb1、Rb2、Rc、Rd、Re、Rg1 明显下降，而 Rg3、Rh1 含量明显升高，在复方中成为主要成分。

3. 复方共煎时的减毒作用

乌头碱是中药附子的主要毒性成分，传统中医药通过配伍减小其毒性。有研究表明大黄、附子合煎液中乌头碱含量低于两者分煎后再组方的溶液，大黄的增加与乌头碱的减少呈线性关系。附子与甘草配伍时，乌头碱的含量也降低，但附子与干姜配伍时，乌头碱的含量升高。

通过以上的简述对中药复方共煎的增溶、减毒作用有了较为深刻的认识；中药复方共煎与单方煎液配合两者之间的本质差异也得到了实验的证明。共煎时所面对的十分复杂的化合物体系及其发生的物理、化学变化是现代中药浸膏工艺不能回避的问题，是极为重要的提取工艺特性。

二、浸提溶剂与方法

（一）工业生产中常用的浸提溶剂

浸提过程中，不同浸提溶剂对浸提效果具有显著的影响。理想的浸提溶剂应对有效成分有较大的溶解，对无用的成分少溶或不溶，不影响有效成分的稳定性和药效，安全无毒，价廉易得。工业生产中最常用的浸提溶剂是水、乙醇及不同浓度的乙醇液。

1. 水

目前 90% 的中药提取用水作溶剂。水价廉易得，对中药材有较强的穿透力，能将药材中生物碱类、有机酸盐、苦味质、苷、鞣质、蛋白质、树胶、糖、多糖类（果胶、黏液质、菊糖、淀粉等）以及酶浸出，部分挥发油也能被水浸出。由于其浸提范围广，选择性差，会浸提出大量无效成分，使浸提液难于过滤，给进一步分离纯化带来许多麻烦。水提液易霉变失效、不易贮存。

【知识链接】

水质的纯度与浸提效果

水质的纯度与浸提效果有密切关系。水质硬度大时能影响生物碱盐、有机酸、苷的浸提。因此，药典规定的水系指蒸馏水而言。精制水（如去离子水），当其质量符合药典蒸馏水各项检查项目时可以代替蒸馏水使用。饮用水因地区不同其纯度差异很大，易影响浸提效果和制剂质量，只有在不影响浸提效果的前提下才能使用水作浸提溶剂。

2. 乙醇

乙醇为仅次于水的常用浸提溶剂。介电常数、溶解性介于极性与非极性溶剂之间。所以，乙醇不仅可以溶解溶于水中的某些成分，同时也能溶解非极性溶剂所能溶解的一部分，只是溶解度不同。

乙醇能与水以任何比例混溶，而且各种中药材化学成分在乙醇中的溶解度随乙醇浓度而变化。醇浓度越高，挥发油、游离生物碱、树脂等的溶解度越大，故生产中经常利用不同浓度乙醇液有选择性地浸出有效成分，也利用这一特性分离纯化浸提液。一般乙醇含量80%以上时，适用于浸提挥发油、有机酸、树脂、叶绿素等；乙醇含量在50%～70%时，适用于浸取生物碱、苷类等；乙醇含量在50%以下时，适用于浸取苦味质、蒽醌类化合物等。乙醇有防腐作用，浸提液中乙醇含量达20%以上时不致霉坏变质，乙醇含量达40%时，能延缓药物中酯类、苷类等有效成分的水解，增加浸提液的稳定性。但乙醇的缺点是有药理作用，价格较贵，故生产中以能浸出有效成分、满足浸提目的为限，不宜过多使用。此外，乙醇具有挥发性、易燃性，在生产中应注意安全防护。

3. 酒

饮用酒中的黄酒和白酒能溶解中药的多种成分，是良好的浸提溶剂。黄酒含15%～20%乙醇以及醇类、酸类、酯类、矿物质等，相对密度约0.98，为淡黄色的透明液体，气味为特异醇香。白酒含40%～60%乙醇以及酸类、酯类、醛类等成分，相对密度0.82～0.92，为无色透明液体，气味为特异醇香而有较强的刺激性。醛类、酯类、杂醇油等对某些药物和制剂的稳定性有影响，应用时应适当注意。

酒的性味甘辛大热，有通血脉、行药势、散风寒、矫味矫臭的作用，还可以增强某些药物的治疗效果，故治疗风寒、湿痹、祛风活血、跌打损伤的药剂多用酒作浸提溶剂。

4. 甘油

甘油为鞣质的良好溶剂，有稳定鞣质的作用，但因黏度过大常与水或乙醇混合使用。甘油只作稳定剂时，可在浸取后加入制剂中。

此外，用于中药材提取的有机溶剂还有丙酮、脂肪油、乙醚、氯仿等。由于价格或药理作用，一般仅用于提纯有效成分。

（二）浸提辅助剂

为了提高浸提溶剂的浸提效果、增加浸提成分在溶剂中的溶解度、增加制品的稳定性以及除去或减少某些杂质，有时需要往使用的溶剂或原料中添加某些物质，这些物质被称为浸提辅助剂。常用的浸提辅助剂有以下几种。

1. 酸

酸的使用能促进生物碱的浸出，适当的酸度对许多生物碱有稳定作用，沉淀某些杂质。若浸出成分为有机酸时，加入一定量的酸可使有机酸游离，再用有机溶剂将有机酸浸出时效果更好。常用的酸有盐酸、硫酸、醋酸、酒石酸、枸橼酸等。酸的用量不宜过多，一般浓度为0.1%～1%，以能维持一定的pH值即可，过多的酸能引起水解或其他不良反应。

2. 碱

碱的使用不太普遍，常用的碱为氨水。氨水是一种挥发性弱碱，对成分的破坏作用小，亦容易控制用量。用于浸制远志、甘草制剂时，可保证有效成分浸提完全，并可防止有效成分皂苷水解而产生沉淀。其他应用的碱有碳酸钠、氢氧化钠、碳酸钙和石灰等。碳酸钙为一种不溶性碱化剂，使用时较安全，而且能除去鞣质、有机酸、树脂、色素等杂质，故在浸提生物碱或皂苷时常加以利用。氢氧化钠与碳酸钙有相似的作用，但碱性过强，故一般不使用。碳酸钠有较强的碱性，只限于某些稳定有效成分的浸提。

3. 表面活性剂

应用适宜的表面活性剂能增加药材的浸润性，从而提高浸提溶剂的浸提效果。阳离子型表面活性剂的盐酸盐有助于生物碱的浸出；而阴离子型表面活性剂对生物碱有沉淀作用，故不适于生物碱的浸提；非离子型表面活性剂一般与药材的有效成分不起作用，毒性较小或无毒。应用时一般将表面活性剂加入最初湿润药粉的浸提溶剂中，用量常为0.2%。表面活性剂虽有提高浸提效率的作用，但浸提液杂质亦较多，应用时须加注意。

（三）常用的浸提方法

1. 浸渍法

浸渍法是简单而最常用的一种浸出方法，除特别规定外，浸渍法一般在常温下进行。浸渍法提取液的澄明度一般比煎煮液好，适用于黏性药材、无组织结构药材及易膨胀药材的浸出，尤其适用于有效成分遇热易挥发和易破坏的药材，但该法浸出时间较长，且往往不易完全浸出有效成分，不宜用于贵重或有效成分含量低的药材的浸提。

《中华人民共和国药典》2010年版中浸渍法操作：取适当粉碎的药材，置有盖容器中，加入溶剂适量，密盖，搅拌或振摇，浸渍3～5d或规定的时间，倾取上清液，再加入溶剂适量，依法浸渍至有效成分充分浸出，合并浸出液，加溶剂至规定量后，静置24h，过滤，即得。

2. 渗漉法

渗漉法是往容器中药物粗粉上方不断地添加浸提溶剂，使其渗过药粉而自容器下部流出浸提液的操作方法。在渗漉时，浸提溶剂渗入药材细胞中溶解大量可溶性成分后，浓度增高，向外扩散，浸提液的密度增大，向下移动。上层的浸提溶剂或稀浸提液置换其位置，造成良好的浓度差，使扩散自然地进行，故浸提的效果优于浸渍法，提取较完全，而且省去了分离浸提液的时间和操作。渗漉法对药材的粒度及工艺技术要求较高，操作不当，会影响渗漉的正常进行。非组织药材（如乳香、松香、芦荟等）因遇溶剂易软化成团，堵塞孔隙使溶剂无法均匀地通过药材，不宜用渗漉法，其他药材都可用此法浸提。

渗漉法的操作：将药材粗粉放在有盖容器内，加入药材粗粉量60%～70%的浸提溶剂，均匀湿润后密闭，根据药材的性质、粉碎度、溶剂的浓度放置数小时，使药材充分膨胀后备用。将已膨胀的药粉分次装入底部有出口的渗漉容器中，松紧程度视药材而定；若为含醇量高的溶剂则可压紧些，含水较多者宜压松些。装料完毕后，用滤纸或纱布将上面覆盖，并加玻璃珠或瓷块之类的重物，以防加溶剂时药粉浮起；操作时先打开渗漉器浸出液出口活塞，从上部缓缓加入溶剂以排除筒内空气，待溶剂自出口流出时关闭活塞，继续加溶剂至高出药粉数厘米，加盖放置浸渍24～48h，使溶剂充分渗透扩散。渗漉液流出速度，除个别制剂另有规定外，一般以1000g药材计算，每分钟流出速度为1～3mL或3～5mL。渗漉过程中需随时补充溶剂，使药材中有效成分充分浸出。浸提溶剂用量一般采用药材粗粉：浸提溶剂＝1：(4～8)。药渣中剩余液用力压出，与渗漉液合并，滤过。

注意事项：

① 渗漉用药粉不能太细，以免堵塞孔隙，妨碍溶剂通过。一般要求大量渗漉时药材切成薄片或0.5cm的小段，小量渗漉时粉碎成粗粉。

② 药粉装筒前一定要用溶剂充分湿润膨胀，以免在渗漉筒中膨胀造成堵塞，使浸提不完全或渗漉停止。

③ 装筒时使用压力要均匀，松紧要适度。每次将已湿润膨胀的药粉装入渗漉筒中均需压平，松紧适度。因为药粉装得过松，浸提溶剂很快流过药粉层，造成浸提不完全，浸提溶剂消耗增大。过紧会造成堵塞，使渗漉时间延长或渗漉无法进行。压力不均匀，浸提溶剂将

沿药粉较松的一侧流下，而较紧的一侧不能得到充分的浸提，影响浸提质量。如出现上述现象应重新装筒。

④ 渗漉筒内的药粉装样量一般为容器的2/3，剩余空间用于存放浸提溶剂。

⑤ 控制适当的渗漉速度。渗漉速度太快，有效成分来不及浸出和扩散，浸提液浓度低；太慢会影响设备利用率和产量。当药材质地坚硬或要求制备浓度较高的药剂时，多采用慢漉，即每分钟1～2mL，使有效成分充分浸提；若药材有效成分为易于浸提和扩散的，多采用快漉。在大量生产时，渗速一般为渗漉容器有效容积的1/48～1/24为宜。

3. 煎煮法

煎煮法是应用最早、使用最普遍的浸提方法。适用于有效成分能溶于水，且对湿热较稳定的药材。除用于制备汤剂外，还用于制备中药片剂、丸剂、散剂、冲剂及注射剂等。该法操作简便易行，能浸提出大部分所需成分；但煎出液的杂质多，容易霉变和腐败变质，含有不耐热或挥发性有效成分的药物，在煎煮过程中易被破坏或损失。

生产操作时，将加工处理合格的药材，置于适当的煎煮器中，药材要装得松紧均匀，加水浸没，质轻的药料要用重物压住，以免浮起。浸泡一定时间后，加热煮沸，保持微沸一定时间，使有效成分充分煎出，分离煎出液，药渣依法复煎2～3次，至煎液味淡为止，收集各次煎出液，分离杂质，真空浓缩至规定的浓度，再进一步加工成制剂。

4. 回流提取法

回流提取法可分为如下两种方法。

① 回流热提取法　在应用乙醇等易挥发的有机溶剂进行有效成分提取时，为了减少溶剂的消耗，提高浸出效率而采用回流热浸法。

② 循环回流冷浸法　采用少量溶剂，通过连续循环回流进行提取，使药物有效成分充分提出的浸取方法。

三、浸提的原理

中药材分植物性、动物性和矿物性药材三类。矿物性药材无细胞结构，其有效成分可直接溶解或者说分散悬浮于溶剂之中。植物性药材的有效成分的分子量一般都比无效成分的分子量小得多，溶剂浸提时有效成分可透过细胞膜渗出，无效成分仍留在细胞组织中。动物性药材的有效成分绝大部分是蛋白质或多肽类，分子量较大，难以透过细胞膜。因此，植物性药材与动物性药材的浸提过程有所不同。

1. 植物性药材的浸提原理

中药材的有效成分大多存在于细胞原生质中的液泡内。新鲜药材经干燥后，组织内水分被蒸发，细胞逐渐萎缩，细胞液中的成分成为结晶或无定形沉淀固结于细胞中，使细胞内出现空洞，充满了空气。细胞膜的半透性在干燥后也受到破坏。中药材经加工粉碎后，细胞也受到一定程度的破坏，有利于有效成分被浸提溶剂溶解和浸出，但由于药材结构、细胞内成分的性质、粉碎程度不同以及细胞内含物的多样性，故浸提过程比较复杂。一般来说，药材中有效成分浸出均需经过以下三个过程。

(1) 浸润渗透　中药粉粒与浸提溶剂接触时，浸提溶剂首先附着于粉粒的表面使之润湿，受到毛细管力和细胞吸水力的影响，溶剂通过毛细管和细胞间隙渗透入细胞组织中。浸提溶剂能否附着于粉粒的表面并进入细胞组织中，主要取决于溶剂与药材的性质及二者之间的界面情况。一般非极性溶剂不易湿润富含水分的药材，难以浸出有效成分；极性溶剂不易湿润含油脂较多的中药材，难以浸出其有效成分，因此富含油脂的药材，如苦杏仁、五味子、肉豆蔻等往往先用苯、石油醚等进行脱脂或榨去油脂，然后再用适宜的溶剂浸取有效成分。生产实践中为提高浸润渗透过程的速度，可采取强力搅拌、加表面活性剂或加热等适当措施，加速浸润过程。此外，为了加快溶剂渗透细胞壁的速度，应将中药材进行干燥处理。

(2) 解吸溶解 植物细胞中各种化学成分以吸附状态存在于细胞中，故浸提溶剂必须克服细胞内各种化学成分的吸引力，才能将各种成分逐渐溶解形成溶液。组织内溶液的形成导致细胞内渗透压升高，因而更多的浸提溶剂渗入其中，造成细胞膨胀或破裂（有利于有效成分的浸提）。胶质物质由于胶溶作用而被部分溶解进入溶剂中，但大部分胶质物质膨胀而成凝胶，留在细胞内。为使药材细胞组织中有效成分解吸溶解，在生产实践中，通过选择适当的浸提溶剂，或在溶剂中加入酸、碱或表面活性剂等浸提辅助剂，增加有效成分的溶解作用。

(3) 扩散置换 当细胞内可溶性成分溶解于溶剂后，细胞内溶液的浓度显著增大，使细胞内外产生浓度差和渗透压差。而药材的细胞壁是透性膜（植物细胞的原生质是半透膜，但死亡了的细胞，原生质结构已被破坏，半透膜便不存在，也成了透性膜）。由于渗透压的作用，细胞内高浓度的溶液不断地向细胞膜外扩散；而细胞膜外低浓度的溶剂或溶液，不断向细胞内部渗透，直至内外溶液的浓度趋于平衡为止。应该指出，植物性药材浸提过程中，上述三个阶段并非截然分开，往往是交错进行的。一般来说，药材中有效成分要浸提完全，均需经过这几个阶段。

2. 动物性药材浸提原理

动物性药材中的有效成分，绝大部分是蛋白质、酶、激素等，对光、热、酸、碱等因素较为敏感，若对原料处理不当，则有效成分的理化性质和生理活性往往与原动物体内的大不相同，甚至完全消失。动物性药材很容易被微生物、酶解、水解、氧化等作用引起腐败或分解破坏。在一般动物组织中均含有自解酶，自解酶能使某些蛋白质分解成组氨酸，再经脱羧反应后生成组胺。组胺具有一定致敏和扩张血管的作用，在制品中不宜存在。因此，动物性药材应及时采用适当方法处理。

动物性药材的有效成分大多以大分子形式存在于细胞中，为了浸提完全，应尽量使细胞膜破坏。为此在提取前，原料应用电动绞肉机绞碎，绞得越细越好。若将原料先冻结成冰块，再行绞轧，既易于绞碎又可使细胞膜破裂。

浸提时，应掌握有效成分的溶解度和化学稳定性等有关理化性质，以便选择适当的浸提溶剂、方法、生产设备和工艺条件。常用的溶剂有：稀酸、盐类溶液、乙醇、丙酮、醋酸、乙醚、甘油等。乙醇、丙酮及甘油可破坏细胞结构。将绞碎的原料加入丙酮，既可破坏细胞，又可脱水，并能除去细胞中大部分脂肪。浸提方法有浸渍法、回流法等。浸提时应根据有效成分对热的敏感性，选择适当的方法，控制适当的温度、溶剂的用量、时间、浸提次数等。

四、影响浸提的因素

1. 粉碎度

药材粉碎得越细，与浸提溶剂的接触面积愈大，扩散速度愈快。因此，通过粉碎原料可以改善浸提效果。但植物性药材粉碎得过细反而会影响浸提效果。这是因为：药材粉碎过细，大量细胞被破坏，细胞内大量不溶物、树胶及黏液质等进入浸提溶剂中，使浸提液杂质增多、黏度增大、扩散作用减慢，造成浸提液过滤困难和产品浑浊。而且，在渗漉提取工艺中，原料粉碎过细，由于粉粒间空隙太小，浸提溶剂流动阻力增大，容易造成堵塞，使渗漉不完全或渗漉停止。故选择药材粉碎度要考虑提取方法、药材性质、浸提溶剂等因素。以水为溶剂时，药材易膨胀，可粉碎粗些，或切成薄片和小段。用乙醇为溶剂，乙醇对药材膨胀作用小，可粉碎细些。药材含黏液质多，宜粗些；含黏液质少的，宜细些。叶、花、草等疏松药材，宜粗些，甚至可以不粉碎；坚硬的根、茎、皮类等药材，宜细些。对动物性药材而言，一般以较细为宜，细胞结构破坏愈完全，有效成分就愈易浸提出来。

2. 浸提温度

温度升高能使植物组织软化，促进细胞膨胀，同时降低浸出液的黏度，增加化学成分的溶解和扩散速度，使有效成分浸出。而且温度适当升高，可使细胞蛋白质凝固，酶被破坏，有利于浸提制剂的稳定性。但浸提温度高能使药材中某些对热不稳定成分分解或挥发性成分散失，造成有效成分损失。例如，钩藤有效成分为钩藤碱，钩藤碱的酯键受热易分解，煮沸20min效能降低，煎煮60min几乎全部丧失。槟榔、麻黄、杏仁、细辛、番泻叶等药物加热浸提时，其有效成分会遭受不同程度的分解破坏从而降低疗效。另外，温度过高，一些无效成分被浸提出来，影响制剂的质量，故浸取时需选择适宜温度，保证浸提液质量。

3. 浸提时间

浸出量与浸提时间成正比。即在一定条件下，提取时间愈长，则提取出的物质愈多；但扩散达到平衡，时间就不起作用。此外，长时间的浸提往往导致大量杂质浸出，一些有效成分如苷类易被在一起的酶所水解。若以水作浸提溶剂还可能发生霉变失效，影响制剂的质量。

4. 浓度差

浓度差所致的渗透压力是细胞内外浓度相平衡过程扩散作用的主要动力。浓度差愈大，扩散速度愈快；当浓度差为零时，达到了平衡状态，提取过程完全停止。因此，选择适当浸提工艺和设备，加大扩散层中有效成分的最大浓度差，是提高浸提效果的关键之一。如在浸提过程中采用不断搅拌或适时更换新溶剂，以及采用流动溶剂浸提等措施，都有助于扩大浓度差，提高浸提效果。

5. 浸提压力

提高浸提时的压力，对组织坚实或较难浸润的药物能加速浸润过程，使药物组织内更快地充满溶剂，从而缩短有效成分扩散过程所需的时间。同时，还有可能将药物组织内的某些细胞壁破坏，有利于有效成分的扩散。当药物组织内充满溶剂之后，加大压力对扩散速度则没有什么影响。提高浸提时的压力，对组织松软、容易浸润的药物的浸润扩散过程影响不显著。

6. 浸提成分

在浸提过程中，由于药材化学成分分子半径的大小不同，其扩散速度也不同。分子半径小的成分溶解后先扩散，主要含于最初部分的浸提液内；分子半径较大的成分则后扩散，在续提液内逐渐增多。根据成分的分析表明，植物性药材的有效成分多属于小分子物质，故多含于最初部分的浸出液中；大分子物质多属于无效成分，扩散也较慢，多含于续提液内。但应特别指出，有效成分扩散的先决条件还取决于其溶解度的大小，易溶性物质的分子即使较大也能首先被浸出来。如用稀乙醇浸提马前子时，分子较大的马前子碱比有效成分士的宁先进入最初部分的溶液中。

7. 原料的干燥程度

原料干燥程度直接影响细胞的吸水力，原料越干燥则细胞吸水力越大，浸提速度也越快。反之，原料越湿，则细胞吸水力小，浸提速度也慢。新鲜植物性药材，原生质层没有破坏，因而它只选择性允许一些物质透过，几乎不允许溶解于细胞内的化学成分渗出，影响浸提效果，若在浸提前将新鲜植物药材用适当的方法干燥，则有利于提高浸提效果。

8. 浸提溶剂

溶剂的性质不同，对各种化学成分的溶解性不同，浸提出的化学成分也不同。因此，选择合适的浸提溶剂可提高浸提效果。

除以上各因素影响浸提效果外，浸提溶剂的用量、次数，浸提方法，溶液的pH值大小等因素都对浸提效果有影响，各参数相互影响比较复杂，应根据药材的特性和生产目的，通过实验选择出最佳的浸提工艺条件。

五、提取生产工艺流程

合适的提取生产工艺，是保证浸出制剂质量、提高浸出效率、节约工效、降低成本的关键。浸提生产工艺的类型很多，根据浸提时所使用的提取溶剂可分为水提生产工艺、醇提生产工艺等；根据所使用的设备可分为煎煮浸提工艺、浸渍浸提工艺、渗漉浸提工艺、回流浸提工艺等；根据浸提操作形式可分为单级浸提工艺、多级浸提工艺、单级循环浸提工艺、半逆流多级浸提工艺、连续逆流浸提工艺等多种。下面介绍中药提取生产中典型的生产工艺流程。

1. 单罐间歇循环提取工艺流程

单罐间歇循环提取工艺流程由多能提取罐、泡沫分离器、冷凝器、冷却器、油水分离器、气液分离器和管道过滤器等组成，见图3-1-1所示。生产时在提取罐夹套通入蒸气加热，浸出液中的蒸气经冷凝、冷却，进入油水分离器分离出挥发油，或直接回流入罐，在管道过滤器过滤后用泵将浸出液送回原罐可进行循环提取。由于高温等因素使得无效成分也易被浸出，澄明度较差，一般用于固体口服制剂或外用药。

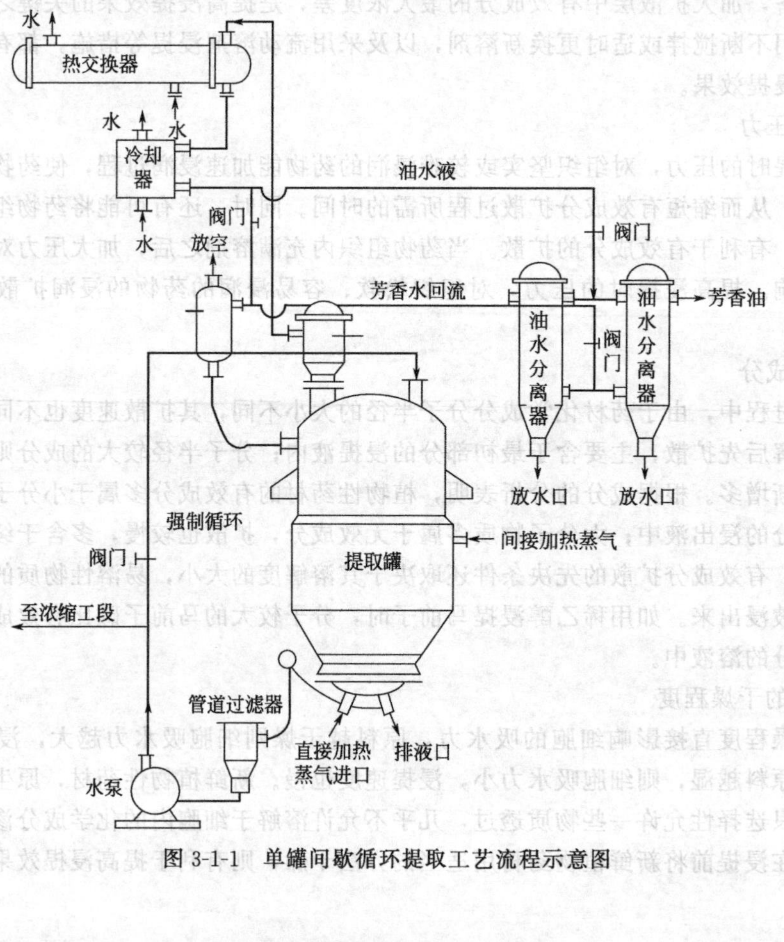

图3-1-1 单罐间歇循环提取工艺流程示意图

单罐间歇循环提取工艺流程可进行挥发油提取、常温浸渍、温浸、热回流等多种操作，操作工艺如下。

(1) 提取操作　以水为溶剂时，可将药材和水装入提取罐内直接向罐内通入蒸气进行加热，当温度达到提取工艺的温度后，停止向罐进蒸气，而改向夹层通蒸气进行间接加热，以维持罐内温度稳定在规定范围内。若用乙醇为溶剂时，则全部用夹层通蒸气的方式进行间接加热。在进行一般的水提和醇提时，通向油水分离器的阀门必须关闭，只有在吊油时才打开。

(2) 提取挥发油（吊油）操作　提取原理为水蒸气蒸馏，加热方式与水提或醇提取操作基本相似，但必须关闭冷却器与气液分离器间的通气阀门，并打开通向油水分离器的阀门。提取过程中药液蒸气经冷却器冷却后，进入油水分离器进行油水分离，需要的油从油水分离器的油出口放出，芳香水从回流水管经气液分离器分离，残余气体排空，液体回流到罐体。两个油水分离器可交替使用，提油完毕，残留在油水分离器内最后的部分液体，可以从底部放水阀放掉，得到的有效成分浸出液在浸出液出口处收集，药渣自动送出管外。

(3) 回流循环　在加热提取过程中，罐内产生的大量蒸气从蒸气排出口经泡沫分离器到冷凝器进行冷凝，再进入冷却器进行冷却，然后进入气液分离器，残余气体逸出，液体回流到提取罐内，如此循环直至提取终止。

为提高浸出效率，多能提取罐提取生产过程可采用下列循环。

① 顺流强制循环：用泵将药液从罐底放液口抽出，经管道过滤器过滤，再用水泵打回罐体内。

② 逆流强制循环：在罐的中间设出口，用泵抽浸取液到罐的底部形成压力向上推动，既有循环效果，又能更好地松动罐内药材。

动态提取是罐体底部增加一台减速搅拌器，用于提取时进行搅拌。

提取过程采用这两种不同方式具有时间短、速度快、有效成分含量高的优点。当提取挥发油时，二次蒸气经冷凝后，油水进入油水分离器，轻油在油水分离器上部排出，重油在下部排出，水通过溢流排放或回流，提取结束可进行真空出液，既缩短出液时间，又能将药渣中浸出液抽尽，避免损失。采用气压自动排渣快而净，操作方便，安全可靠。设备设有集中控制台控制各项操作，有利于药厂实现机械自动化生产。

多能提取罐生产操作注意事项如下。

① 多能提取罐开车前应全面检查电气线路及控制系统是否正常，为避免出渣门开启时自重而产生的冲力使汽缸活塞杆受损，控制箱中针形阀开度必须合适，应使出渣门缓慢平稳打开。

② 当设备带压操作或压力没有恢复常压之前，严禁开启投料门及出渣门。当关闭加料门时，必须使定位销进入沟槽内。罐内加料加液后必须检查出渣门保险汽缸是否处于锁定保险状态。

③ 使用乙醇提取时要采用真空操作，或经冷却器冷却后流入提取罐内，不能采用水泵强制循环。

④ 通蒸气进入夹套时缓慢开启蒸气阀门，蒸气压力不能超过0.2MPa，安装时必须设有减压阀、安全阀、压力表。

2. 热回流循环提取工艺流程

热回流循环提取工艺是一种新型动态提取浓缩工艺，集提取浓缩为一体，是一套全封闭连续循环动态提取装置。该工艺适用于以水、乙醇及其他有机溶剂提取药材中的有效成分、浸出液浓缩，以及有机溶剂的回收。

热回流循环提取工艺流程由提取罐、冷凝器、冷却器、油水分离器、过滤器、泵、浓缩

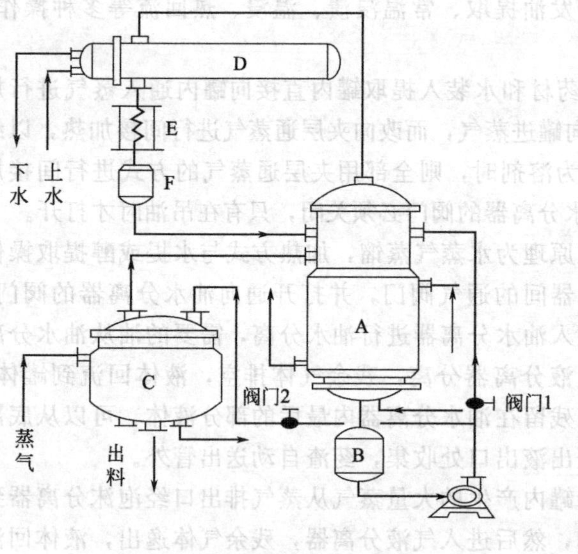

图 3-1-2 热回流循环提取工艺流程示意图
A—提取罐；B—过滤器；C—浓缩器；D—冷凝器；E—冷却器；F—油水分离器

器等组成，见图 3-1-2。

热回流循环提取浓缩工艺的工作原理及操作：将药材置提取罐内，加药材的 5～10 倍的适宜溶剂，开启提取罐和夹套的蒸气阀，加热至沸腾 20～30min 后，用泵将 1/3 浸出液抽入浓缩蒸发器，关闭提取罐和夹套的蒸气阀，开启浓缩加热器蒸气阀使浸出液进行浓缩。

浓缩时产生二次蒸气，通过蒸发器上升管送入提取罐作提取的溶剂和热源，维持提取罐内沸腾。二次蒸气继续上升，经提取罐冷凝器冷凝后流回提取罐内作新的回流提取溶剂。由于溶剂的回流，使溶剂与药材细胞组织内的有效成分始终保持很大的浓度梯度，加快了提取速度，直至完全溶出（提取液无色）。此时，关闭提取罐与浓缩蒸发器间的阀门，浓缩继续进行，直至浓缩成需要相对密度（1.2～1.34）的药膏，放出备用。提取罐内的无色液体，可放入贮罐作下批提取溶剂，药渣从渣门排掉。若是有机溶剂提取，则先加适量的水，开启提取罐和夹套蒸气，回收溶剂后，将渣排掉。

热回流循环提取工艺的特点如下。

① 收膏率比多能提取罐高 10%～15%，其含有效成分高 1 倍以上。由于在提取过程中，热的溶剂循环回流提取，有效成分提取率高，最后生产出的提取液已是浓缩液，使提取和浓缩一步完成。

② 由于高速浸提，浸出时间短，只需 7～8h，设备利用率高。

③ 提取过程仅加 1 次溶剂，在一套密封设备内循环使用，药渣中的溶剂均能回收出来，故溶剂损失很小，用量比多能提取罐少 30%以上，消耗率可降低 50%～70%，更适于有机溶剂提取、提纯中药材中有效成分。

④ 由于浓缩产生的二次蒸气作提取的热源，抽入浓缩器的浸出液与浓缩的温度相同，能耗低，可节约 50%以上的蒸气。

⑤ 设备占地小，投资少，成本低。

【能力提高】

回流提取时溢料如何解决

造成回流提取时溢料的原因一般有以下三个：①加热蒸气流量太大，使提取液剧烈沸腾；②加热蒸气流量不稳定，时大时小，使提取液时沸时止，经一定时间后，当蒸气流量再次增大时，提取液易产生“爆沸”现象而导致溢料；③所提取药材含有较多皂苷、蛋白质、树胶等高分子化合物，在回流过程中被大量浸出，这些化合物大多具有一定的表面活性，此时起到了“起泡剂”的作用，使提取液持续产生大量稳定的泡沫，从而造成溢料。

要防止溢料现象，可采取以下措施：①控制并稳定加热蒸气流量，使提取液保持持续微沸。②如是由于上述第 3 个原因引起的溢料，可考虑向提取液中加入少量的乙醚、硅酮或亲水亲油平衡值（HLB 值）较小的表面活性剂等，以破坏泡沫。当泡沫消除，溶剂能够顺利蒸发时，溢料现象即会消除。

3. 半逆流多级浸提工艺

此工艺是在循环提取工艺的基础上发展起来的，它主要是为保持循环提取工艺的优点，同时用母液多次套用，克服酒或有机溶剂用量大的缺点。罐组式半逆流提取法工艺流程见图3-1-3。

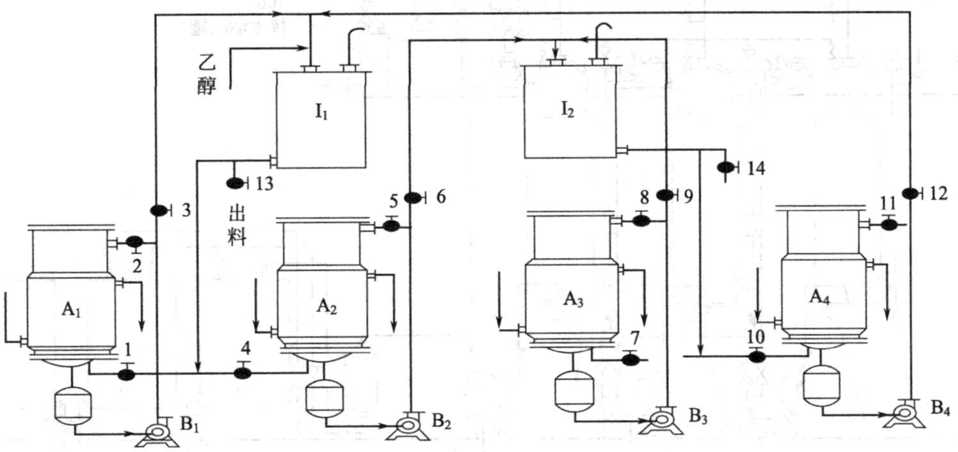

图3-1-3　罐组式半逆流提取法工艺流程示意

I_1，I_2—计量罐；A_1，A_2，A_3，A_4—提取罐；B_1，B_2，B_3，B_4—循环泵；1～14—阀门

经粗碎或切片或压片的药材，加入提取罐A中。溶剂由I_1计量罐计量后，经阀门1加入提取罐A_1中。然后开启阀门2进行循环提取2h左右。提取液经循环泵B_1和阀门3打入计量罐I_1，再由I_1将A_1的提取液经阀门4加入提取罐A_2中，进行循环提取2h左右（即母液第1次套用）。A_2的提取液经循环泵B_2、阀门6、计量罐I_2、阀门7加入提取罐A_3中进行循环提取（即母液经第2次套用）。如此类推，使提取液与各提取罐之药材相对逆流而进，每次新鲜溶剂经4次提取（即母液第3次套用）后即可排出系统，同样每罐药材经3次不同浓度的提取液提取后即可排出系统。

在一定范围内，罐组式的提取罐数越多，相应提取率越高，提取液浓度越大，溶剂用量越少。但是相应投资增大，周期加长，电耗增加。从操作上看，奇数罐组不及偶数罐组更有规律性。因此一般以采用4只或6只罐为佳。

4. 连续逆流浸提工艺

连续逆流浸提工艺操作时药材与溶剂在浸出器中沿反向运动，并连续接触提取，它与单次浸提工艺相比具有如下特点：浸出率较高，浸出液浓度亦较高，单位质量浸出液浓缩时消耗的热能少，提取速率快，提取周期短。连续逆流浸出具有稳定的浓度梯度，且固液两相处于运动状态，使两相界面的边界膜变薄，从而加快了浸出速度。在中药提取生产中应用较广的是罐组式提取工艺，下面介绍罐组式逆流提取工艺流程。

罐组式逆流提取的提取罐串联台数，根据过程最佳化原理为三台，具体使用时也可以是两台或单台。每台罐均采用动态循环提取方式进行，以提高浸出速率。该提取工艺有公用的回流系统，可进行水蒸气蒸馏提取药材中的挥发油成分（吊油），对药材预处理要求低，适应性强，适用于目前大多数植物药的多品种、多味复方制剂生产。图3-1-4所示为三级逆流提取工艺流程示意图。

下面介绍三级逆流提取工艺流程水提操作步骤。

先将需提取的净药材按处方配比称量完，用电动葫芦吊入提取罐（101_1、101_2、101_3）内。装罐完毕后，打开101罐水阀按工艺要求加水，开启101_1号罐夹套蒸气和直通蒸气阀

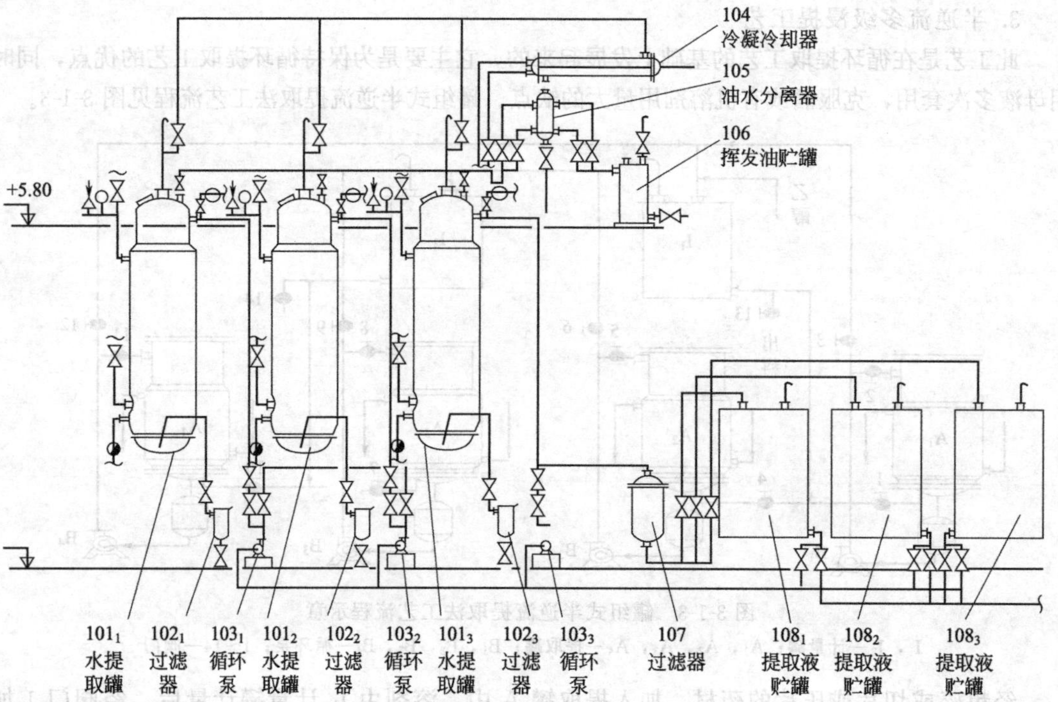

图 3-1-4 三级逆流提取工艺流程示意图

门，同时打开提取罐的放空碟阀或开通冷凝冷却器管路，加热至工艺所需温度后，关闭直通蒸气，调整夹套蒸气，维持提取罐内温度。间断开启循环泵，使料液定时进行自身循环。此时物料路线为提取罐→三通阀（旁路关闭）→过滤器→循环泵→原出口三通阀（旁路关闭）→提取罐，即利用罐内药材作为滤层进行动态提取过程。如需提取挥发油（吊油），打开通往冷凝、冷却器和油水分离器相应阀门，收集所需的挥发油，但需先提油后再提取药汁。

提取液的套提如图 3-1-5 所示，101_1 罐的第三次提取液送 101_2 罐用于该罐的第二次提取，然后再用于 101_3 罐作第一次提取。由于 101_1 罐加的是新水，可以将罐中经过两次提取的中药材中剩余的有效成分最大程度提取干净。经过两次提取的提取液虽含溶质浓度相当高，在第二次套提（101_3 罐中）时因面对新装中药，仍可将药材中相当量的有效成分转移至提取液中。

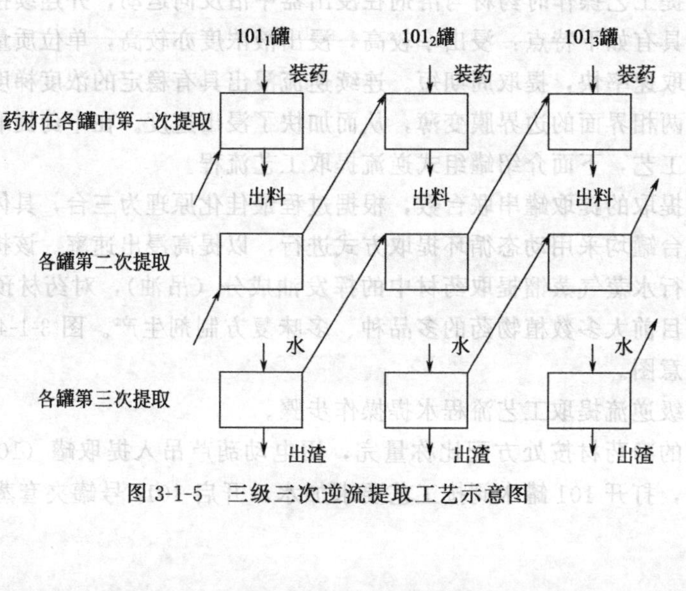

图 3-1-5 三级三次逆流提取工艺示意图

目前，多级逆流提取工艺流程已逐步采用计算机程序控制，气动阀遥控；当有的提取工艺与装置的程序不一致（如只用两台罐套提）或紧急情况时可在控制板上手动按钮来控制气动阀的启闭。

【新技术】

中药动态水提生产线

中药动态水提生产线是目前研制的一种改变传统中药提取方式的成套设备，在实践中已证明有诸多优越性。该生产线具有以下特点：①原生药被粉碎成粗颗粒，表面积大，动态连续提取，提取时间短，生药的有效成分提取充分，生产能力提高；②提取温度（80～90℃）自动控制，提取罐搅拌强度变频控制；③浸出液经过多级分离，有利于浓缩干燥，低温（＜80℃）真空浓缩适用于热敏性药物，保证药品得率和质量；④超速离心过滤替代自然沉降、醇沉工艺，速度快，避免多糖和肽类的损失；⑤整条生产线在密闭状态下生产，输送管道化，加有自动洗涤装置，有效地做好生产清场和洗涤工作，符合 GMP 要求。

中药动态水提生产线工艺流程为：颗粒状原生药→动态水提取→三级固液分离→外循环真空浓缩→喷雾干燥→干式制粒。

(1) 提取装置　提取罐是带蒸气夹套和特殊搅拌的装置，采用热水温浸动态提取工艺，药材粉碎预处理后，在规定温度下进行动态提取，搅拌强度变频控制，使提取率高于静态提取率，既节省了原料，又缩短了提取时间，节省了能源。

(2) 固液分离装置　固液分离装置采用三级分离，由外溢式下卸渣离心机、振动筛和管式高速离心机来完成药液和药渣及悬浮物的分离，该分离装置药渣较干，减少药液损失，药液澄明度好。5μm 以上微粒均能被分离去，有利于浓缩和喷雾干燥，减少了蒸发浓缩和喷雾干燥操作中发生结焦、粘壁、堵塞等问题。

(3) 蒸发浓缩装置　蒸发浓缩装置的三个加热器采用了立管外部加热减压强制浸出液循环浓缩设计，速度快、节能高、效益好、缩短了蒸发浓缩的时间。

(4) 喷雾干燥装置　喷雾干燥装置采用新型高效的高速离心干燥机，操作简单稳定，容易实现自动控制化；干燥时间短，耗能少，产品粒度均匀，有效成分损失小，溶解性及质量均好，为生产中药颗粒剂等减少了辅料，降低药品用量。

由于动态水提取生产工艺的设计合理，符合传统中药水提取的原理，设备较先进，且能连续化生产，目前已有大中型中药企业使用该生产线。

六、常用的浸提生产设备

浸提生产设备种类和类型很多，按其操作原理可分为浸渍、渗漉、煎煮、回流设备；按其操作方式可分为间歇式、半连续式和连续式设备；按固体原料的处理方法可分为固定床、移动床和分散接触式设备等。

由于中药材的品种多，且其物性差异很大，一般大批量生产的品种不多，多数为中、小批量的品种，形成了“多品种、小批量”的生产特点，因此在选用中药浸取设备时，除了应考虑效率高、经济性好之外，还应考虑到更换品种时应清洗方便。目前国内中药厂所使用的浸取设备多数为间歇式浸取设备，有些厂也采用效率较高的逆流连续式浸取设备。下面介绍一些中药生产中常用的浸取设备类型。

1. 多能提取罐

多能提取罐是在密闭的可循环的系统内完成整个提取过程。可进行煎煮、渗漉、回流、湿浸、循环浸渍、加压或减压等浸提工艺，目前在中药浸提生产中应用甚广。该设备的主要特点是：①提取时间短，生产效率高；②应用范围广，无论是水提、醇提、酸提、挥发油提取、回收残渣中溶剂等均适用；③消耗热量少，节约能源；④采用气压自动排渣，排渣快、操作方便、安全可靠；⑤设有集中控制台控制各项操作，便于实现机械化自动化生产。

多能提取罐根据操作形式可分为静态和动态两种（图 3-1-6）。静态多能提取罐有正锥式、斜锥式、直筒式三种，前两种设有汽缸驱动的提升装置，规格 0.5～6m^3，小容积罐的下部采用正锥形，大容积罐采用斜锥形以利于出渣；直筒形提取罐的罐体比较高，一般在 2.5m 以上，容积为 0.5～2m^3，多用于渗漉罐组逆流提取、醇提和水提等。动态多能提取罐基本结构和工作原理与静态多能提取罐相似，由于带有搅拌装置，降低了物料周围溶质的浓度，增加了扩散推动力，提高了浸出效果。

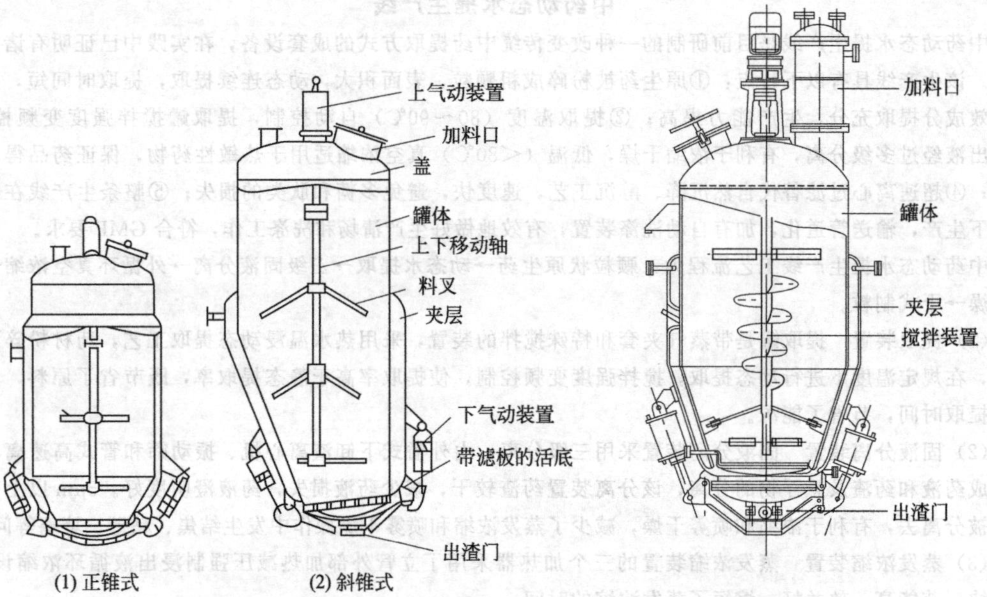

图 3-1-6　多能提取罐示意图

各类多能提取罐主要结构由罐体、出渣门、加料口、提升汽缸、夹层、出渣门汽缸等组成。设备底部出渣门上设有不锈钢丝网或滤板，使药渣与浸出液得到较好分离。出渣门和上部投料门的启闭均采用气动装置自动启闭，操作方便。也可用手动控制器操纵各阀门，控制汽缸动作。多能提取罐的罐内操作压力为 0.15MPa，夹层可通入蒸气加热或通冷水冷却。为了防止药渣在提取罐内膨胀，因架桥难以排出，罐内装有料叉，可借助于气动装置自动提升排渣。

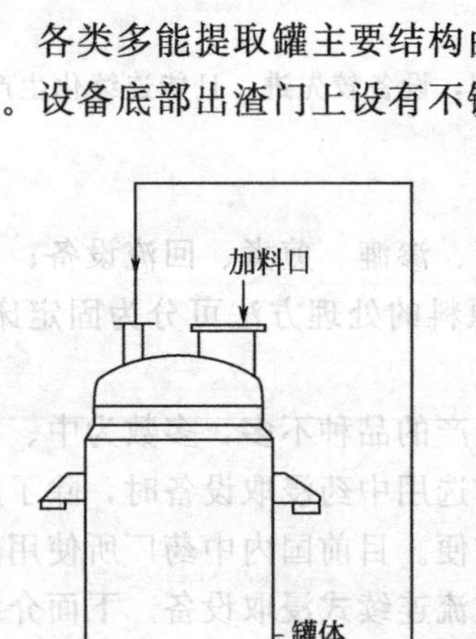

图 3-1-7　渗漉器示意图

2. 渗漉器

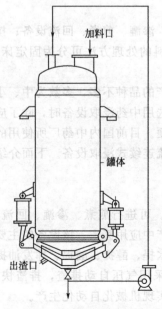

如图 3-1-7 所示，渗漉器分为渗漉筒和渗漉罐，一般为圆柱形或圆锥形设备，上部有加料口，下部有出渣口，其底部有筛板、筛网或滤布等可支撑药材，一般药材采用圆柱形，而膨胀性较强的药材则多采用圆锥形。大型渗漉器有夹层，可通过蒸气加热或冷冻盐水冷却，以达到浸出所需温度，并能进行常压、加压及强制循环渗漉操作。为了提高渗漉速度，可在渗漉器下边加振荡器或在渗漉器侧加超声波发生器以强化渗漉的传质过程。

为了克服普通渗漉器操作周期长、渗漉液浓度低的缺点，生产中常采用多级逆流渗漉器。该装置一般由 5～10 个渗漉罐、加热器、溶剂罐、贮液罐等组成，如图 3-1-8 所示。

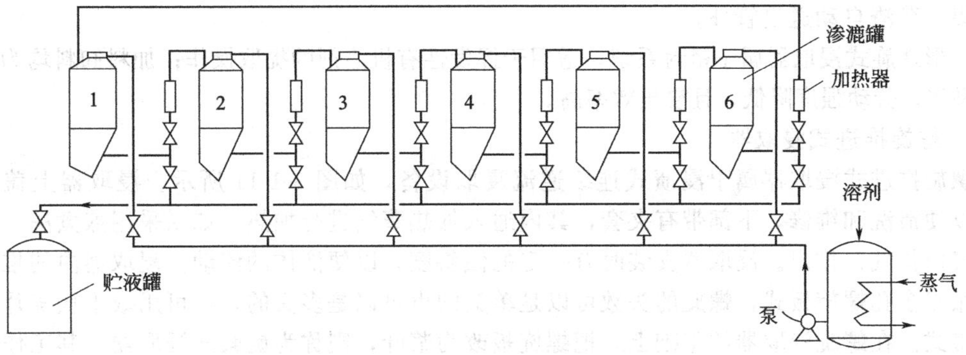

图 3-1-8　多级逆流渗漉罐组示意图

药材按顺序装入 1～6 号渗漉罐，如图 3-1-9 所示，用泵将溶剂从溶剂罐送入 1 号罐，1 号罐渗漉液经加热器后流入 2 号罐，依次送到最后 6 号罐。当 1 号罐内的药材有效成分全部渗漉后，用压缩空气将 1 号罐内液体全部压出，1 号罐即可卸渣装新料。此时，来自溶剂罐的新溶剂加入 2 号罐，最后从 6 号罐出液至贮液罐中。待 2 号罐渗漉完毕后，即由 3 号罐注入新溶剂，改由 1 号罐出渗漉液，依此类推。

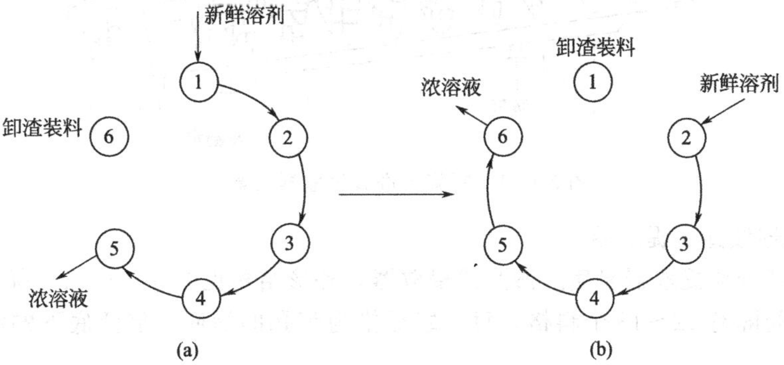

图 3-1-9　多级逆流半连续渗漉罐组操作轮转示意图

(a) 第 6 号卸渣装料；(b) 第 1 号卸渣装料

在整个操作过程中，始终有一个渗漉罐进行卸料和加料，新溶剂加入渗漉最首端的渗漉罐中，渗漉液从最新加入药材的渗漉罐中流出，故多级逆流渗漉器可得到较浓的渗漉液，同时药材中有效成分浸出较完全。由于渗漉液浓度高，渗漉液量少，便于蒸发浓缩，可降低生产成本，适于大批量生产。

3. U 形螺旋式浸取器

U 形螺旋式浸取器亦称 Hildebran 浸取器，如图 3-1-10 所示。主要结构由进料管、出料管、水平管及三组螺旋输送器组成。各管均有蒸气夹层，以通蒸气加热。药材自加料斗进入进料管，再由螺旋输送器经水平管推向出料管，溶剂由相反方向逆流而来，将有效成分浸出，得到的浸出液在浸出液出口

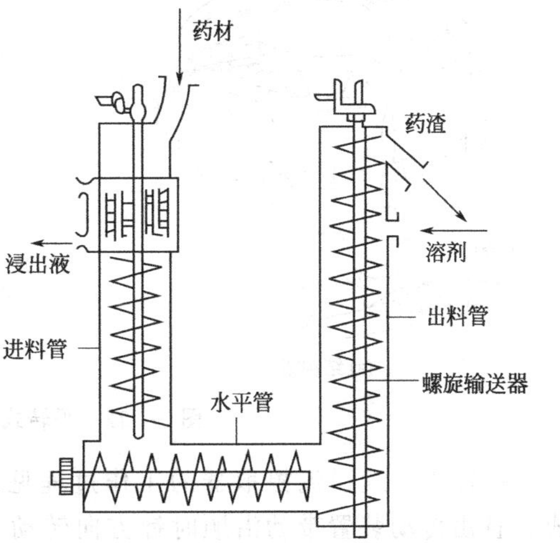

图 3-1-10　U 形螺旋式浸取器示意图

处收集，药渣自动送出管外。

U形螺旋式浸取器属于密封系统，适用于挥发性有机溶剂的提取操作；加料卸料均为自动连续操作，劳动强度降低，且浸出效率高。

4. 螺旋推进式浸取器

螺旋推进式浸取器属于浸渍式连续逆流浸取设备，如图 3-1-11 所示。浸取器上盖可以打开以便清洗和维修，下部带有夹套，其内通入加热蒸气进行加热。如果采用煎煮法，其二次蒸气由排气口排出。浸取器安装时有一定的倾斜度，以便液体的流动。浸取器内的推进器可以做成多孔螺旋板式，螺旋的头数可以是单头的也可以是多头的，也可用数十块桨片组成螺旋带式。在螺旋浸取器的基础上，把螺旋板改为桨叶，则称为旋桨式浸取器，其工作原理和螺旋式相同。

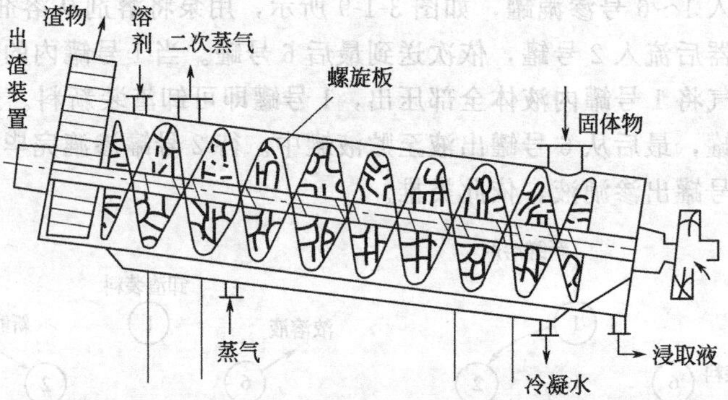

图 3-1-11 螺旋推进式浸取器示意图

5. 平转式连续逆流提取器

平转式连续逆流提取器属喷淋渗漉式浸取器，外形结构见图 3-1-12(a) 所示，在旋转的圆环形容器内间隔有 12～18 个料格，每个扇形格为带孔的活底，借活底下的滚轮支撑在轨道上。

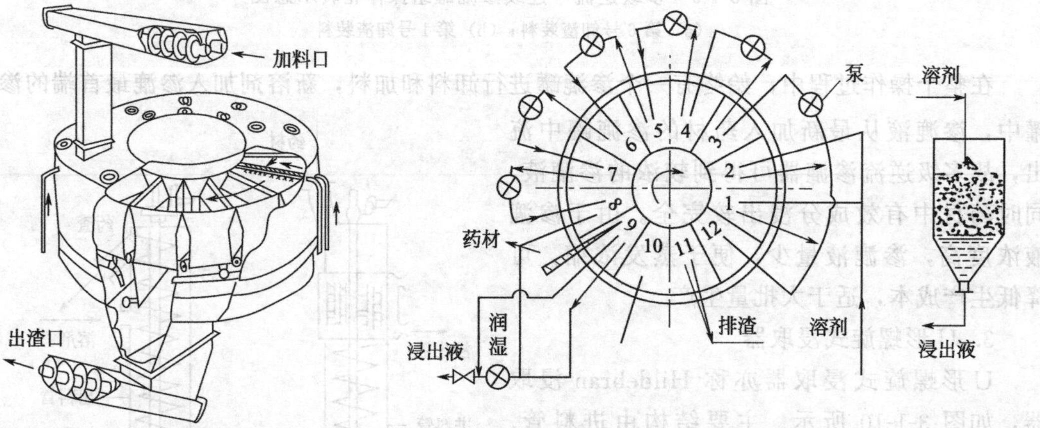

图 3-1-12 平转式连续逆流提取器示意图

平转式连续逆流提取器的工作过程见图 3-1-12(b)。12 个回转料格由两个同心圆构成，且由传动装置带动沿顺时针方向转动。在回转料格下面有筛底，其一侧与回转料格铰接，另一侧可以开启，借筛底下的两个滚轮分别支承在内轨和外轨上，当格子转到出渣第11格时，滚轮随内外轨断口落下，筛底随之开启排药渣，当滚轮随上坡轨上升，进入轨道，筛底又重新回到原来水平位置10格即筛底复位格。浸出液贮槽位于筛底之下，固定不动，收集浸出液，浸出液贮槽分10料格，即1～9格、12格下面，各格底有引出管，附有加热器。

平转式连续逆流提取器的喷淋装置由一个带孔的管和管下分布板组成，通过循环泵与喷淋装置相连接，可将溶剂喷淋到回转料格内的药材上进行浸取。药材由9格进入，回转到11格排出药渣。溶剂由1、2格进入，浸出液由1、2格底下贮液槽用泵送入第3格，按此过程到第8格，由第8格引出最后浸出液。第9格是新投入药材，用第8格出来的浸出液的少部分喷淋于其上，进行润湿，润湿液落入贮液槽与第8格浸出液汇集在一起排出。第12格是淋干格，不喷淋液体；由第1格转过来的药渣中积存一些液体，在第12格让其落入贮液槽，并由泵送入第3格继续使用。药渣由第11格排出后，送入一组附加的螺旋压榨器及溶剂回收装置，以回收药渣吸收的浸出液及残存溶剂。

平转式连续逆流提取器在我国浸出制剂及油脂工业已经广泛应用。该设备可密闭操作，对药材粒度无特殊要求，用于常温或加温渗漉、水或醇提取。若药材过细应先润湿膨胀，以免影响连续浸出的效率。

6. 千代田式L形连续浸取器

千代田式L形连续浸取器为混合式浸取器，如图3-1-13所示。所谓混合式就是在浸取器内有浸渍过程，也有喷淋过程。操作时将固体物料加入供料斗中，经调整原料层高度，横向移动于环状钢网板制的皮带输送上，其间通过浸取液循环泵进行数次溶剂喷淋浸取，当卧式浸取终了，固体物料便落入立式部分的底部，并浸渍于溶液中，然后用带有孔可动底板的提篮捞取上来，在此一边受流下溶剂渗漉浸取一边上升，最后在溶剂入口上部排出，滤液积存于底部，经过过滤器进入卧式浸取器，在那里和固体原料成逆流流动，最后作为浸取液排出。此种浸取器的特点是浸取比较充分和均匀。

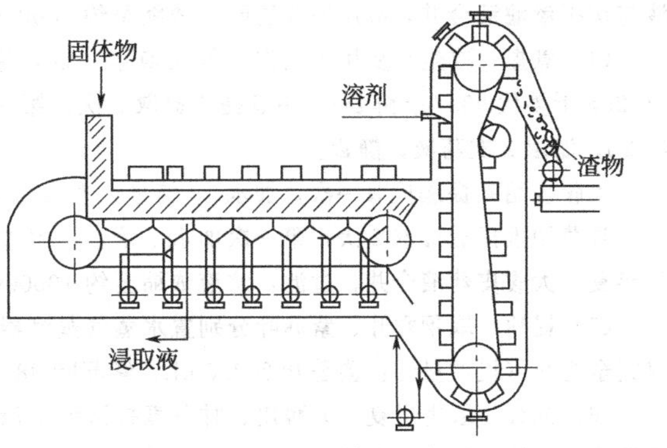

图3-1-13　千代田式L形连续浸取器

【生产实例】

康寿降脂片

【处方】　泽泻30g　山楂30g　丹参20g

草决明15g　菊花15g　绿豆衣20g

【提取工艺设计】　泽泻降血脂的有效成分主要是三萜化合物泽泻醇及其醋酸酯等。丹参的化学成分可分离出脂溶性多种丹参酮类和原儿茶醛、原儿茶酸等水溶性成分。泽泻的三萜类化合物和丹参的丹参酮类（除丹参酚为二萜酚类外，其余都是二萜醌类）化合物，在高浓度乙醇中均有较好的溶解度。现代研究表明，泽泻、丹参水提部位也有一定的疗效。故拟定丹参用醇冷浸后与泽泻合并再用乙醇热回流，醇提后药渣再用水提，确保有效成分的完全提出。

处方中其余几味药物山楂、菊花、草决明等主要有效成分多为黄酮类、有机酸等，为既溶于水又溶于醇的化合物。山楂含有数十种黄酮类化合物（牡荆素、槲皮素及其苷类，山柰酚及其衍生物，金丝桃苷等）。菊花含有较多的黄酮苷（木犀草素-7-葡萄糖苷，大波斯菊苷，刺槐苷等）。现代药理、临床研究表明，处方中药物泽泻、丹参、山楂、菊花等水提部位均有较好的降血脂、改善微循环、降低血黏度等药理作用，且水提工艺简单，适于工业化生产。制剂工艺拟采用将山楂、菊花等与泽泻、丹参醇提药渣用水提醇沉法进行提取精制，用比色法测总黄酮含量，确定其水提工艺，保证最大限度地保留有效成分。

【制法】 山楂等水提液浓缩液采用二次醇沉法，加95%乙醇使成70%乙醇液，冷藏静置24h，抽滤，除去鞣质、树脂、树胶等沉淀杂质。回收乙醇，浓缩至约1∶2药液，得到精制水提药液（相当于原生药2g/mL）。泽泻、丹参醇提浓缩液与山楂等水提浓缩液合并，继续浓缩至相对密度为1.33～1.38（40%～50%）的稠膏，与丹参冷浸制得浸膏合并，按比例加入抗潮性强、质地轻的微粉硅胶、氢氧化铝，混合烘干磨粉。适量乙醇制粒，烘干，整粒，加润滑剂压片。

藿香正气水

【处方】 藿香叶12kg　紫苏叶12kg　大腹皮12kg
茯苓12kg　白芷12kg　苍术8kg
陈皮8kg　厚朴（姜制）8kg　甘草4kg
生半夏8kg

【剂型】 酊剂。

【生产过程】

（1）配料 按处方将上述药材炮制合格，称量配齐。各药单放。

（2）粉碎 将白芷、苍术、陈皮、厚朴共轧为3号粗末，茯苓轧为1号粗末。

（3）渗漉 取茯苓粗末用8倍量25%乙醇按渗漉法提取，滤取药液静置。

苍术、陈皮、厚朴、白芷四味粗末用7倍量60%乙醇按渗漉法提取，留存初滤液85000mL，另放，余液与茯苓渗滤液合并，减压回收乙醇，浓缩至约10000mL，静置。

（4）煮提 取生半夏用水浸泡，每天换水一次，泡至透心时捞出置锅内，加入鲜姜2kg（若用干姜，31.25g干姜代93.75g鲜姜），用煮提法提取2次。第一次加水10倍量，煮沸3h，第二次加水8倍量，煮沸2h。滤取2次药液，静置。

大腹皮用煮提法提取一次，加水14倍量，煮沸3h，滤取药液，静置。

甘草用煮提法提取2次，第一次加水8倍量，煮沸3h，第二次加水7倍量，煮沸2h。滤取2次药液与生半夏、大腹皮药液合并，过滤，滤液浓缩至约10000mL，静置。

（5）提油 取藿香叶、紫苏叶分别置水蒸气蒸馏器内，加水10倍量，加热至沸并保持微沸状态，将油提完全为止（提油量约：藿香叶243.6mL，紫苏叶38.4mL）。

（6）混合 取生半夏、大腹皮、甘草煮提浓缩上清液，依次加入白芷、厚朴等留存初滤液和茯苓、白芷等渗漉浓缩上清液（沉淀物过滤，滤液合并），充分搅匀，测算含醇量，求出需追加的乙醇数量并折成95%乙醇，将藿香叶、紫苏叶挥发油溶于追加的95%乙醇内，加入药液中，搅拌均匀，静置，将混合液滤过。测定含醇量在45%～50%之间，每1mL含厚朴[以厚朴酚（$C_{18}H_{18}O_2$）的总量计]不得少于0.58mg，并调整成品量至102400mL。

（7）灌装 将清液装瓶，每瓶10mL，约装10240瓶，公差率±3%。

目 标 检 测

一、单项选择题

1. 浸提的基本原理是（　）。
A. 溶剂的浸润与渗透，成分溶解浸出
B. 溶剂的浸润，成分的解吸与溶解
C. 溶剂的浸润与渗透，成分解吸与溶解，溶质的扩散与置换
D. 溶剂的浸润，成分溶解与过滤，浓缩液扩散
E. 溶剂的浸润，浸出成分的扩散与置换

2. 药材浸提过程中推动渗透与扩散的是（　）。
A. 温度　B. 溶剂用量　C. 时间　D. 浓度差　E. 浸提压力

3. 与溶剂能否使药材表面润湿无关的因素是（　　）。
A. 浓度差　B. 药材性质　C. 浸提压力　D. 溶剂的性质　E. 接触面的大小
4. 浸提过程，溶剂通过（　　）途径进入药材组织中。
A. 毛细管和细胞间隙　B. 与蛋白质结合　C. 与极性物质结合
D. 药材表皮　E. 细胞壁破坏
5.（　　）不能增加浸提的浓度梯度。
A. 动态提取　B. 更换新鲜溶液剂　C. 高压提取
D. 连续逆流提取　E. 不断搅拌
6. 浸提过程中加入酸或碱的目的是（　　）。
A. 防腐　B. 增加有效成分在溶剂中的溶解度
C. 增大细胞间隙　D. 增大有效成分的扩散速率
E. 增加浸提液的稳定性
7. 对影响浸提效果的因素表述正确的是（　　）。
A. 药材粉碎度越大浸提效果越好　B. 温度越高浸提效果越好
C. 浓度梯度越大浸提效果越好　D. 溶剂 pH 越高浸提效果越好
E. 时间越长浸提效果越好
8. 用渗漉器提取时，与渗漉效果有关因素叙述正确的是（　　）。
A. 与渗漉器高度成反比，与器直径成正比　B. 与渗漉器高度成正比，与器直径成反比
C. 与渗漉器高度成反比，与器直径成反比　D. 与渗漉器高度成正比，与器直径成正比
E. 与渗漉器大小无关
9. 目前工业生产中 90%的中药材提取用水作溶剂，主要原因是（　　）。
A. 水价廉易得，对中药材有较强的穿透力　B. 水作溶剂浸提效果好
C. 浸提范围广　D. 浸提液易过滤
E. 浸提液易保存
10. 回流浸提工艺适用于（　　）的提取。
A. 名贵药材　B. 挥发性药材　C. 对热稳定的药材
D. 动物药　E. 矿物药
11. 目前中药厂应用最广的提取设备是（　　）。
A. 敞口倾斜式夹层锅　B. 圆柱形不锈钢罐　C. 多能提取罐
D. 圆柱形搪瓷罐　E. 圆柱形陶瓷罐

二、多项选择题

1. 下列浸提设备中加料卸料均为自动连续操作的设备有（　　）。
A. 渗漉器　B. 平转式连续逆流提取器　C. 螺旋推进式浸取器
D. U 形螺旋式浸取器　E. 多能提取罐
2.（　　）浸提工艺可以用乙醇为提取溶剂。
A. 单级煎煮提取　B. 多级逆流浸渍提取　C. 半逆流多级渗漉提取
D. 水蒸气蒸馏　E. 热回流循环提取
3. 渗漉提取工艺适用范围为（　　）。
A. 贵重药或剧毒类中药物料的提取　B. 含热敏性、易挥发性成分中药物料的提取
C. 提取物为黏性、不易流动的药材　D. 要求浸出液浓度较高的中药物料的提取
E. 含新鲜及易膨胀的药材
4. 浸提溶剂中常加的碱有（　　）。
A. NaOH　B. $NH_3 \cdot H_2O$　C. $NaHCO_3$（稀）　D. Na_2CO_3　E. 石灰水

三、简答题

1. 浸渍法的类型和适用特点有哪些？

2. 渗漉法的特点及其适用性如何？

3. 多能提取罐的特点有哪些？

4. 如何根据药材膨胀性选择渗漉器？

四、分析题

生产中质地较为致密的药材煎煮浸出率低如何解决？

任务二　压榨提取

学习目标

知识目标：

◇ 掌握中药压榨提取的原理、特点。

◇ 熟悉中药材中水溶性成分、脂溶性成分的压榨工艺。

◇ 了解压榨生产设备种类和操作原理。

能力目标：

◇ 学会压榨提取工艺技术，并能进行典型生产设备的操作。

◇ 能将学到的理论知识运用到生产实际中，能根据生产需求合理选择压榨方法，并学会用学到的理论知识解决生产实际问题。

◇ 了解压榨生产技术在制药业中的应用。

压榨是用加压方法分离液体和固体的一种方法，它是天然产物的重要提取手段之一，例如从甘蔗榨糖、从含油的种子榨油、从水果榨取果汁、从蔬菜榨取蔬菜汁和从某些含芳香油的植物榨取芳香油等。

中药材中以水溶性酶、蛋白质、氨基酸等为主要有效成分的药物都可以用压榨提取工艺制取，如从中药括楼鲜根提取的引产药——天花粉蛋白；含水分高的新鲜中药材，如秋梨、山药、生姜、桑椹、山楂、沙棘和大蒜等，也用榨汁的方式制备其有效成分提取物；秋梨膏就是采用压榨工艺把秋梨和藕榨汁，与另 6 种中药水煎剂合并浓缩制成的；在中药材麦芽、谷芽、神曲中所含主要有效成分为淀粉酶，这类化合物可以用湿压榨法制取。

压榨工艺的缺点是用于榨取脂溶性物质收率较低，如用于榨取芳香油和脂肪油其收率不如浸出法高。由于这种原因，制备芳香油已很少使用压榨法，但是有些芳香油用浸出工艺和水蒸气蒸馏所得的产品气味不如压榨法所得的油气味好，如由中药陈皮、青皮和柑橘、橙、柚、柠檬等果实以压榨法制得的芳香油远较蒸馏法的气味好，所以压榨法尚不能完全被其他方法所取代。为了提高其收率，可以用压榨法与浸出法或蒸馏法相结合的办法解决。用压榨法榨取水溶性物可在榨干后反复加水再榨，因此有较高的收率，而且可使得到的产品成分不受破坏。因此压榨工艺是制备新鲜中药中对热不稳定有效成分的可靠方法。

一、水溶性成分的压榨工艺

水溶性成分的压榨工艺有干压榨法和湿压榨法两种，适用于刚采收的新鲜中药材或含水分高的根茎类和瓜果类药材的加工，榨取的对象为水溶性强的化合物，如水溶性蛋白、酶、氨基酸、多糖和含多种维生素的果汁或根茎汁类混合物。干压榨法是在压榨过程中不加水或不稀释压榨液，只用压力压到不再出汁为止，用这种方法只能榨出部分汁，不能把所有的有效成分都榨取出来，所以它的收率较低，这种方法已不常用。湿压榨法是在压榨过程中不断加水或稀汁，直到把全部汁或有效成分都被榨取出来为止，这种方法已被广泛采用。对要进行压榨处理的新鲜中药，首先要除去夹杂的杂草、砂石和泥土等，然后再进行洗涤，目的是为了防止杂质混入榨出物中，特别要防止微生物的污染，以免榨出的汁变质。为使药材组织细胞内的有效成分充分榨出，压榨之前要将药材进行破碎或粉碎，再用打浆机、磨浆机或胶体磨处理。

二、脂溶性成分的压榨工艺

脂溶性成分的榨出指的是药用油脂和挥发油的生产方法。

1. 油脂的压榨方法

药用油脂在压榨前需进行预处理，首先除去灰尘、泥土、沙石、草根、茎叶等，同时要剥壳去皮；其次要蒸炒原料，在蒸炒前先润湿，调湿后蒸炒的目的是为了破坏细胞组织，提高压榨出油率。蒸炒的方法有三种。①油湿蒸炒。适应于螺旋榨油机和合式水压机，先润湿到水分不超过13%～14%时蒸炒。②高水分蒸炒。润湿使水分达到16%以上时再加热蒸炒，这种方法适用于螺旋榨油机。③加热蒸炒。适用于水压机压榨法，特点是料坯先经过干炒，然后以水蒸气蒸坯调节水分、温度到适于压榨的程度。通常蒸炒全程为2h，料坯在辅料锅中经历30min，温度不超过130℃。

油脂存在于细胞原生质中，经过轧坯、蒸炒，油脂在油料中大都处于凝聚状态。压榨出油的过程就是借助于机械的外力作用，使油脂从榨料中挤压出来。压榨过程一般属于物理变化过程，如物料变形、油脂分离和水分蒸发等。此外，由于微生物的影响，同时也产生某些生化变化。压榨时受榨料坯在压力作用下，其内外表面相互挤压，由于表面挤压作用，使液体部分和凝胶部分分别产生两个不同的过程，一个是油脂不断地从孔隙中被挤压出来；另一个是物料在高压下经弹性可塑性变形成坚硬的油饼，直到内外表面连接密封了油路。压榨时油脂流速决定于孔隙液内部摩擦作用（黏度和推动力），一般油的黏度愈小，压力愈大，油从孔隙中流出的速度愈快。在强力压榨下，榨料粒子表面挤紧到最后阶段，必定产生极限情况，即在挤压表面留下单分子油层，最后形成表面油膜，致使饼中残油无法挤压出来，这就是饼中残油高的原因。另外，由于压力分布不均，流油速度不一致，引起饼粕中残油分布不匀的现象。

因此，为提高榨油效果应注意以下几点：①榨料颗粒大小适当，完整的细胞越少越好；②保持榨料适当的水分和压榨温度，使榨料可塑性好，油脂黏度与表面张力小，有利于出油；③选择合适的压榨设备和工艺操作条件。压榨效果除与压榨设备结构和榨料本身的性质有关外，还与压力、时间、温度、料层厚度、排油阻力等系列操作条件有关。

目前压榨分轻榨、中榨及重榨三种。轻榨是预榨，即对高油分油料预先榨取部分油脂的一种方法；中榨主要用做高油分油料的预先取油；重榨在于一次压榨取油。

2. 挥发油的压榨方法

适用于果实类中药材中芳香性成分的榨取，如陈皮、橙和柚的果实中芳香油的榨取，榨出的芳香油能保持原有的香味，质量远较用水蒸气蒸馏的为佳。压榨法根据所用的器械可分为两种。

（1）挫榨法　它是用机械的刮磨、撞击、研磨等方法，使果皮油渗出经挫榨器的漏斗收集于容器，最常见的有针刺法的磨橘机。具体操作过程为：将洁净的柑橘类果实逐个放进具有尖锐直刺的磨盘中，经快速旋转滚动将果皮表面的油泡刺破；同时喷入清水把芳香油冲洗出来，再经过高速离心把油水分离，便获得芳香油。此法操作简单、效率高，取出芳香油后的果实仍可食用。

（2）机械压榨法　把新鲜的果实或果皮置于压榨机中压榨。如果是果实榨得的则是芳香油和果汁的混合物，尚需用高温脱油器或离心机把芳香油分离出来，一般用高温脱油所制得的芳香油质量较差。

三、压榨设备

1. 螺旋式连续压榨机

螺旋式连续压榨机适用于果类药材的榨汁生产，其结构如图 3-2-1 所示。主要工作部件为螺旋杆，采用不锈钢材料铸造后精加工而成。其直径沿废渣排出方向从始端到终端逐渐增大，螺旋逐渐减小，因此，它与圆筒筛相配合的容积也越来越小，果浆所受的压力越来越大，压缩比可达 1∶20，药汁通过圆筒筛的孔眼中流出，废渣从二者锥形部分的环状空隙中排出。圆筒筛常用两个半圆筛合成，外加两个半圆形加强骨架，通过螺栓紧固成一体，螺旋杆终端成锥形，与调压头内锥形相对应，通过调整空隙大小，即可改变出汁率。生产中可根据物料性质和工艺要求，调整挤压压力，以保证设备正常工作。

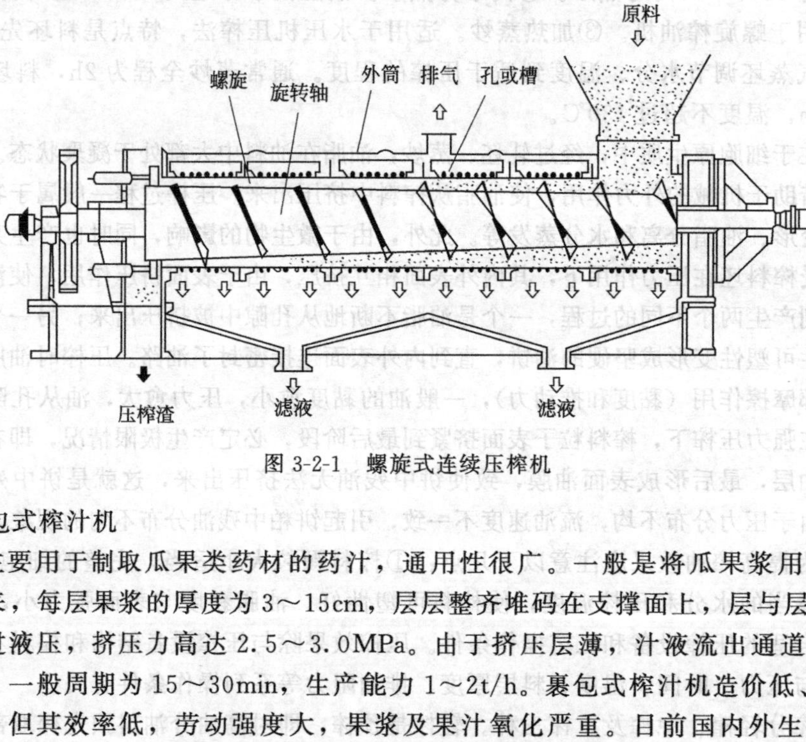

图 3-2-1 螺旋式连续压榨机

2. 裹包式榨汁机

此机主要用于制取瓜果类药材的药汁，通用性很广。一般是将瓜果浆用合成纤维挤压包裹起来，每层果浆的厚度为 3～15cm，层层整齐堆码在支撑面上，层与层之间用隔板隔开，通过液压，挤压力高达 2.5～3.0MPa。由于挤压层薄，汁液流出通道短，因而榨汁时间短，一般周期为 15～30min，生产能力 1～2t/h。裹包式榨汁机造价低、操作方便、出汁率高，但其效率低，劳动强度大，果浆及果汁氧化严重。目前国内外生产的全自动裹包式榨汁机的铺层、榨汁和排渣均采用连续作业，使小型裹包式榨汁机的缺点得到较大克服。

3. 活塞式榨汁机

这类压榨机适用性广，是常见的一种机型。Bucher HP 型卧式液压榨汁机是瑞典生产的一种通用的、全自动榨汁机，其工作原理如图 3-2-2 所示。这种榨汁机在挤压室中设置了上百条起过滤、导流及疏松渣料作用的排汁过滤绳，滤绳由强度很高并且柔性很好的尼龙编织而成，绳体长度方向有许多贯通的沟槽，沿绳索汇集至挤压底板的集液室中。这种榨汁、排汁系统的优点是：①出汁率高，浑浊物含量低及压榨时间短；②封闭的榨汁系统保证了加工过程在隔绝空气条件下进行；③设置装料、压榨、排渣程序可以优化装料过程，提高榨汁能力；④能耗较一般卧式离心榨汁机低，比带式榨汁机生产的废水少；⑤自动化程度高，适合大规模生产使用。

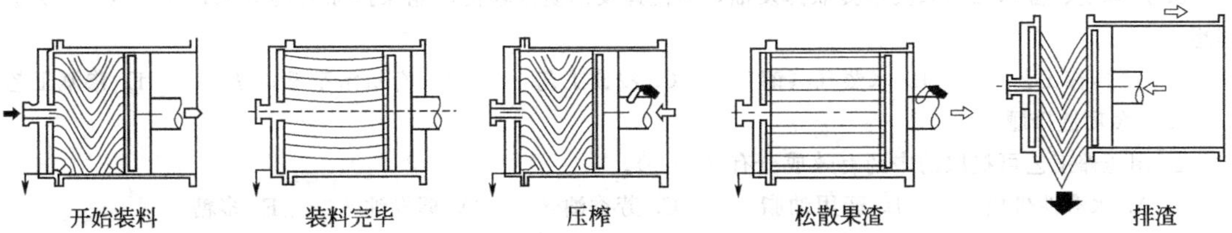

图 3-2-2　Bucher HP 型榨汁机工作原理示意图

4. 带式榨汁机

图 3-2-3 所示为一种带式榨汁机的结构示意图，它由机架、料斗、无级变速传动机构、压榨机构、调节压榨比机构和电器控制机构组成。工作时由电动机通过无级变速器带动链轮和上下两条履带板做同向转动，将经破碎的药材浆料从喂料斗均匀落到履带板上，经上、下履带板的输送同时进行压榨。药汁从下履带板的出汁孔流入汁槽，药渣从渣口排出。

5. 离心式压榨机

离心式压榨机是利用离心力的工作原理使果汁果肉分离。图 3-2-4 所示为 Sharples 离心式榨汁机结构示意图，主要工作部件是差动旋转的锥状旋转螺旋和带有筛网的外筒。在离心力的作用下，果汁从圆筒筛的孔中甩出，流至出汁口，果渣从出渣口排出。这种榨汁机自动化程度高，工作效率高，常用于预排汁生产。

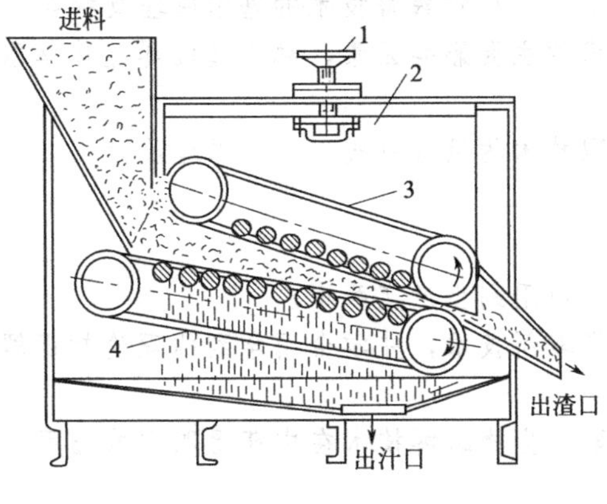

图 3-2-3　带式榨汁机结构示意图

1—压榨比调节手轮；2—动墙板；3—上履带；4—下履带

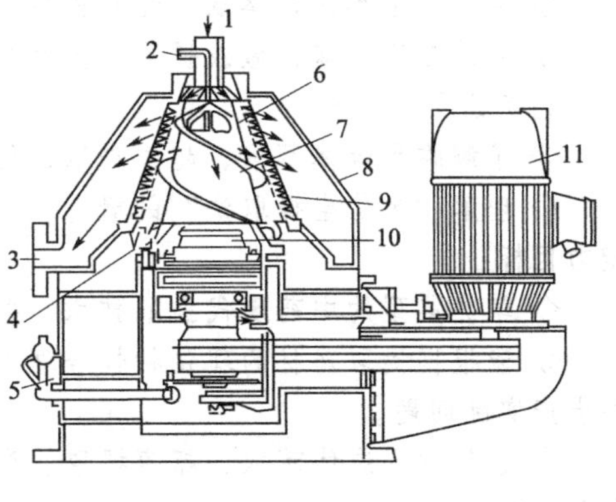

图 3-2-4　Sharples 离心式榨汁机结构示意图

1—进料口；2—喷水管；3—出汁口；4—出渣口；5—超载保护装置；6—过滤筛；7—螺旋；8—外壳；9—锥形转子（外筒）；10—差动传动装置；11—电机

目　标　检　测

一、单项选择题

1. 从中药括楼鲜根提取天花粉蛋白宜采用（　　）制取。

A. 浸渍工艺　　B. 压榨工艺　　C. 热回流提取工艺

D. 渗漉工艺　　E. 煎煮提取

2. 药用油脂在压榨前需蒸炒原料，蒸炒前润湿、调湿原料的目的是（　　）。

A. 让水分渗透到药材组织中　　B. 使药材软化

C. 为了破坏细胞组织，提高压榨出油率　　D. 除去药材上的杂质

E. 防止挥发油挥发

3. 从陈皮、橙和柚的果实中提取挥发油，为使挥发油质量较佳，能保持原有的香味，选用（　　）较理想。

A. 压榨工艺　B. 水蒸气蒸馏　C. 浸提工艺　D. 有机溶剂萃取法　E. 渗漉工艺

二、多项选择题

1. 用压榨工艺可提取的中药有效成分有（　　）。

A. 水溶性蛋白　B. 药用油脂　C. 芳香油　D. 挥发油　E. 多糖

2. 为了提高榨油效果，压榨时应（　　）。

A. 榨料颗粒大小适当　B. 榨料充分干燥　C. 榨料完整细胞越少越好

D. 保持适当的压榨温度　E. 增加料层的厚度

三、简答题

影响榨油效果的因素有哪些？

任务三　中药现代提取新技术

学习目标

知识目标：

◇ 掌握超临界流体萃取、超声提取、微波提取、生物酶解技术的基本原理及特点。

◇ 熟悉超声提取、微波提取、生物酶解技术的主要影响因素，熟悉超临界流体萃取的工艺参数及其优选。

◇ 了解临界流体萃取、超声提取、微波提取技术的设备种类、工作原理及操作。

◇ 理解"半仿生提取法"的概念。

能力目标：

◇ 学会典型的中药现代提取技术，并能逐步应用到生产实践中。

◇ 能根据提取药材的理化特性合理地选择提取新技术，并学会用学到的理论知识解决生产实际问题。

◇ 了解临界流体萃取、超声提取、微波提取、生物酶解技术在中药提取中的应用及发展状况。

随着科学技术的发展，许多学科互相渗透，对提高和改善中药浸出效果的新方法、新技术的研究和应用发展较快，如超临界流体萃取、超声提取、微波提取、半仿生提取、酶法提取、加压逆流提取、流化床提取等，其中一些浸提新方法、新技术由于快速、高效等优点尤其受到重视，已逐步应用于工业化生产中，大大提高了中药浸出制剂的质量。本节将重点介绍超临界流体萃取、超声提取、微波浸提、半仿生提取、酶法提取五种现代中药提取新技术。

一、超临界流体萃取

超临界流体萃取（supercritical fluid extraction，SFE）是一种以超临界流体代替常规有机溶剂对中药有效成分进行提取分离的新型技术。1978年德国的Zosel博士将超临界二氧化碳（SC-CO_2）萃取工艺用于咖啡豆脱除咖啡因而成为超临界萃取的第一个工业化项目。由于超临界二氧化碳脱除咖啡因工艺明显优于传统的有机溶剂萃取工艺，自此以后，超临界萃取工艺被视为高效节能的提取分离技术在很多领域得到广泛的研究和应用。我国对该技术起步于20世纪80年代，但发展迅速，到目前为止，我国已具备生产小试、中试，直至工业化超临界流体萃取设备的能力，某些天然药物活性成分的萃取技术已实现了稳定的工业化生产，如蛋黄卵磷脂、沙棘子油、枸杞子油、姜油、当归油、川芎油等三十余种已实现了稳定的工业化生产。

（一）超临界流体萃取的基本原理

1. 超临界流体的基本性质

当一种流体（气体或液体）的温度和压力均超过其相应临界点值，该状态下的流体则称为超临界流体。超临界流体具有以下四个主要特征。

① 超临界流体的密度接近于液体。由于溶质在溶剂中溶解度一般与溶剂的密度成比例，因此，超临界流体具有与液体溶剂相当的萃取能力。

② 超临界流体扩散系数介于气态与液态之间，其黏度接近于气体，故总体上，超临界流体的传递性质更类似于气体，其在超临界萃取时的传质速率远大于其处于液态下的溶剂萃取速率。

③ 当流体状态接近临界区时，蒸发热会急剧下降，至临界点处则气液界面消失，蒸发焓为零，比热容为无限大，因此在临界点附近进行分离操作比在气液平衡区进行分离操作更有利于传热和节能。

④ 流体在其临界点附近的压力或温度的微小变化都会导致流体密度相当大的变化，从而引起溶质在流体中溶解能力的显著变化。如图3-3-1所示。

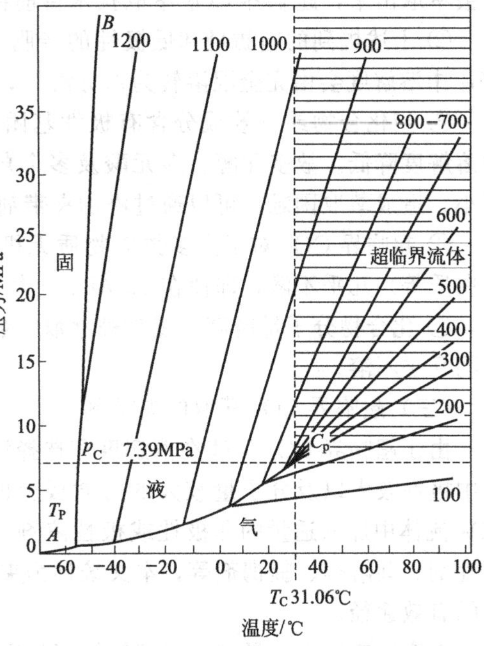

图3-3-1　纯CO_2压力与温度、密度关系（各直线上数值为CO_2密度，单位为kg/m^3）

该特性为超临界萃取工艺参数选择的重要依据，一方面超临界流体可以在较高密度下对待萃取物进行超临界萃取；另一方面，又可通过调节压力或温度使溶剂的密度大大降低，从而降低其萃取能力，使溶剂与萃取物得到有效分离。

2. 超临界萃取的萃取剂

可作为超临界萃取的萃取剂很多，可分为非极性和极性两类，它们的适用范围不同。表3-3-1列出了一些超临界萃取剂的临界参数。

表3-3-1　一些超临界萃取剂的临界参数

萃取剂		临界温度/K	临界压力/MPa	临界密度/(kg/m^3)	萃取剂		临界温度/K	临界压力/MPa	临界密度/(kg/m^3)
非极性试剂	二氧化碳	304.3	7.38	469	极性试剂	甲醇	512.6	8.20	272
	乙烷	305.4	4.88	203		乙醇	513.9	6.22	276
	乙烯	282.4	5.04	215		异丙醇	508.3	4.76	273
	丙烷	369.8	4.25	217		丁醇	562.9	4.42	270
	环已烷	553.5	4.12	273		丙酮	508.1	4.70	278
	苯	562.2	4.96	302		氨	405.5	11.35	235
	甲苯	592.8	4.15	292		水	647.5	22.12	315

由于 CO_2 临界温度（31.1℃）接近于室温，临界压力（7.38MPa）处于中等压力，且其性质稳定、无味无毒、不易燃易爆、价廉、易于精制回收等优点，故超临界 CO_2 萃取技术被广泛用于药物、食品等天然产品的提取和纯化方面。迄今为止，约 90%以上的临界萃取研究和应用都使用 CO_2 作为萃取剂。

（二）超临界 CO_2 溶解性规律

根据对溶质在超临界 CO_2 的溶解度与选择性规律的了解，可总结出如下溶解度经验规则。

① 超临界 CO_2 流体能与许多低分子、非极性、弱极性溶质以任意比例相混溶。如碳原子数小于 12 的正构烷烃，碳原子数小于 10 正构烯烃，主链碳原子数小于 6 的低碳醇，主链碳原子数小于 10 的低碳脂肪酸，主链碳原子数小于或等于 12 的酸和主链碳原子数小于或等于 4 的醇所生成的酯类化合物，碳原子数小于 7 的低碳醛，碳原子数小于 8 的低碳酮，碳原子数小于 4 的低碳醚等，表现出优异的溶解性能。这一类成分可在 7～10MPa 较低压力范围内被萃取出来，超临界 CO_2 萃取技术目前在这一类化合物的提取中应用较广。

② 上述提到的脂肪烃和低极性的亲脂性的化合物，随着碳原子数的增加，其在超临界 CO_2 中溶解度会由完全混溶转为部分溶解，溶解度逐渐下降。

③ 当化合物或有效成分含有极性基团（如—OH、—COOH）时，在超临界 CO_2 流体中溶解度降低。故多元醇、多元酸及多个羟基、羧基、芳香物质在超临界 CO_2 流体中溶解度小，造成萃取困难，可以通过添加夹带剂增加溶解度。

④ 超临界 CO_2 对于大多数矿物质无机盐、强极性物质（如糖类、氨基酸类以及淀粉、蛋白质等）几乎不溶，即使在 40MPa 压力下也很难将这些物质萃取出来。

⑤ 化合物分子量越高，越难被萃取。超临界 CO_2 对相对分子质量超过 500 的高分子化合物几乎不溶。

（三）超临界 CO_2 萃取的夹带剂

由于超临界 CO_2 流体在溶解度和选择性有较大的局限性，为提高超临界 CO_2 流体对中药中极性较大以及分子量较大的有效成分的溶解度和选择性，根据待萃取成分的不同，向 CO_2 流体中加入适量的非极性或极性溶剂，这种加入的第二种溶剂便称为夹带剂，又称为改性剂、共溶剂、提携剂等，本文统称为夹带剂。夹带剂是拓宽超临界流体萃取技术应用范围的有效途径。

在实际应用中，具有较好溶解性能的甲醇、乙醇、丙酮、氯仿、乙酸乙酯等溶剂可以作为较理想的夹带剂，以液体的形式加入到超临界溶剂之中。需要指出的是，由于中草药成分较复杂，共存的某些成分之间有可能互为夹带剂。

夹带剂的加入对超临界 CO_2 流体的影响主要有以下两个方面。

① 增加被分离组分在超临界流体中溶解度，降低萃取过程的操作压力。

图 3-3-2 为各种压力、温度条件下使用不同浓度乙醇为夹带剂时对可可碱在 CO_2 中的溶解度的影响实验结果。从图中可知，在研究的 15～30MPa 压力与 60～95℃温度范围内，可可碱在纯 CO_2 中的溶解度（质量分数）为 10^{-6}～10^{-5}，但随着不同量极性乙醇的加入，可可碱在 CO_2 中的溶解度也显著增加了几十倍，但压力的影响明显减少。因而使用适宜夹带剂不仅可提高溶质在超临界流体中的溶解度，而且可明显降低萃取压力。

② 通过选择适当的夹带剂，可使溶质的选择性大大提高。

夹带剂的作用机理尚不清楚，但从经验规律来看，加入极性夹带剂对提高极性成分的溶解度有帮助。实验表明，极性夹带剂可显著地增加极性溶质的溶解度，但对非极性溶质的作

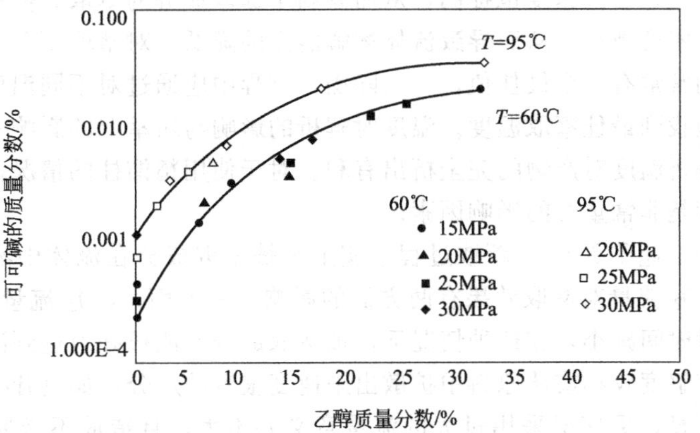

图 3-3-2　压力、温度和夹带剂乙醇对可可碱溶解度的影响

用不大；相反非极性夹带剂若分子量相近，对极性和非极性溶质都有增加溶解度的效能。

【知识链接】

夹带剂选择的原则

夹带剂的选择应考虑三个方面：①萃取时，夹带剂与溶质相互作用能明显改善溶质的溶解性和选择性；②萃取完成后，夹带剂与超临界溶剂及目标产物较易分离；③在食品、医药工业中应用还应考虑夹带剂的毒性等问题。

（四）超临界 CO_2 操作工艺参数及其优选

在中草药提取过程中，萃取操作工艺参数包括萃取压力、温度、萃取时间、CO_2 流速等。分离操作参数包括分离压力、温度、相分离要求及过程的 CO_2 回收和处理等，当使用夹带剂时，还需考虑加入夹带剂的速率、夹带剂与萃取产物的分离方式及回收方式等。通过考察工艺参数对提取效果的影响，设计一定的优选方案，选取最佳的提取工艺条件。

1. 工艺参数对提取效果的影响

（1）压力　在 SFE-CO_2 萃取过程中，萃取压力的选择至关重要，萃取压力对超临界萃取的影响包括萃取过程和解析过程。在固定萃取温度的条件下，萃取压力越高，流体的密度越大，对溶质的溶解能力越强，萃取所需时间越短，萃取越完全。但并非所有药材都如此，且过高的萃取压力对萃取操作和设备的使用寿命不利。

不同的物质，所需适宜的萃取压力不同。具体地说，对于碳氢化合物和低分子量的酯类等弱极性物质，如挥发油、烃、酯、醚、内酯类，萃取可在较低压力下进行（7～10MPa）；对于含有—OH、—COOH 这类强极性基团的物质以及苯环直接与—OH、—COOH 相连的物质，萃取压力要求高些，一般要到 20MPa 左右；而对于含—OH 和—COOH 较多的物质或强极性配糖体以及氨基酸和蛋白质类物质，萃取压力一般在 50MPa 以上。

萃取压力不仅决定萃取能力，还显著地影响产物的选择性。如马熙中等在研究中发现，在 50℃、6MPa 压力条件下，乳香萃取物中主要成分是乙酸辛酯和辛醇；而当压力升至 20MPa 时，产物的主要成分是乳香醇和乙酸乳香醇酯，而乙酸辛酯仅占 3%左右。解析压力的影响在本质上与萃取压力的影响是一致的，为了使产物完全析出，解析压力越低越好。在实际生产中，要综合考虑各种因素，选择最有利的解析压力。

（2）温度　萃取温度是超临界流体萃取的另一个重要影响参数，温度对超临界流体溶解能力的影响比较复杂，主要有两方面的影响。一方面，在一定的压力下，升高温度，物质的蒸气压、挥发性增大，扩散速度也提高，从而有利于提取成分的萃取。但另一方面，温度升高，超临界流体的密度减小，从而导致流体溶解能力的降低，对萃取不利。因此，萃取温度对萃取效果的影响常常有一个最佳值，在实际操作过程中应通过对不同温度下萃取效果的详细考察，尽可能地找到最佳萃取温度。温度对解析的影响与对萃取的影响一般是相反的，多数情况下，升高解析温度对产物的完全析出有利。对于使用精馏柱的情况，柱子上下各段的温度及其温度梯度是非常重要的影响因素。

(3) CO_2 流量　超临界 CO_2 萃取过程事实上是被萃取成分在流体中溶解、扩散等一系列的平衡过程。CO_2 流量对萃取效果有两方面的影响。一方面，CO_2 流量增加、流速增大，使其与物料的接触时间减小，在这种情况下，被萃取成分不能很好地达到溶解平衡，从而降低萃取效率。对溶解度较小或从原料中扩散出来速度很慢的成分，如皂苷类、多糖类等，这种影响显得更加明显，更何况采用过大的流量意义并不大，且造成不必要的浪费。另一方面，随着 CO_2 流量的增加，被萃取成分的推动力加大，传递系数增加，有利于萃取，特别是在一些被萃取成分溶解度大（如挥发油）、原料中被萃取成分含量较高（如对某些种子及果实药材的萃取）的情况下，适当加大流量能大大提高生产效率。

(4) 萃取时间　萃取时间越长，萃取率越高，但当萃取达到平衡时，延长萃取时间对提高萃取率作用已不明显，且长时间的萃取，在增加操作成本的同时，可能会使其他本来溶解度较小的杂质也随之被萃取出来。因此，在研究萃取工艺参数时，应把萃取时间作为影响因素之一加以考虑。

(5) 药材粉碎度　对大多数中药，必须有一定的粉碎度才能得到较好的萃取效率，特别是种子类药材。理论上，同其他提取方法类似，原料的粒度越小，萃取速度越快，萃取越完全；但粒度过小，易堵塞气路，甚至无法再进行操作而且还会造成原料结块，出现所谓的沟流。沟流的出现，一方面使原料的局部受热不均匀；另一方面在沟流处流体的线速度增大，摩擦发热，严重时还会使某些生物活性成分遭受破坏。

对于中草药来说，由于其生物多样性，不同的中药质地有很大的差别，应根据具体品种确定是否需要粉碎及粉碎度。

2. 工艺参数的优选

在明确了影响提取效果的各工艺参数后，需通过一定的试验方案设计，对各工艺参数的影响情况进行综合评价，从而筛选出最佳的工艺条件。常用的优选方法是正交试验或均匀设计等。

(五) 超临界萃取工艺流程与设备

超临界萃取工艺流程按其升压设备类型可分为使用压缩机和使用高压泵两种形式。使用压缩机的优点在于经分离回收后的萃取剂不需冷凝成液体就可循环使用，且分离压力可以降到较低使解析更完全。但压缩机的体积和噪声较大，维修难度大，输送 CO_2 的流量较小，不能满足工业化生产过程对大流量 CO_2 的要求，仅在一些实验室规模的装置上采用。采用高压泵的工艺流程具有 CO_2 流量大、噪声小、能耗低、操作稳定可靠等优点，但超临界流体在进泵前必须冷凝为液体以避免“汽蚀”。考虑到萃取过程的经济性、装置运行的效率和可靠性等因素，目前国内外大型设备多使用高压泵，以适应工业化装置要求有较大的流量和能够在较高压力下长时间连续使用的要求。

超临界萃取工艺流程按操作方式可分为间歇式和连续并流（或逆流）萃取流程。对于固体物料一般采用前者，为了提高操作效率，生产中大都采用几个萃取器并联操作。大型成套工业化超临界萃取设备，三个萃取器多采用并联的半连续模式，当一个操作运行时，另两个可装料和卸料。对于液体物料采用连续进料的塔式逆流萃取流程更为方便和经济。为提高萃取物的选择性和得到不同组分产品，可串联分离器进行不同参数下的多级萃取和多级分离。

图 3-3-3 为用于萃取固体物料的超临界萃取中试规模工艺流程，其中包括 CO_2 加压系统、CO_2 循环系统、夹带剂系统、两个萃取器和一个分离器。

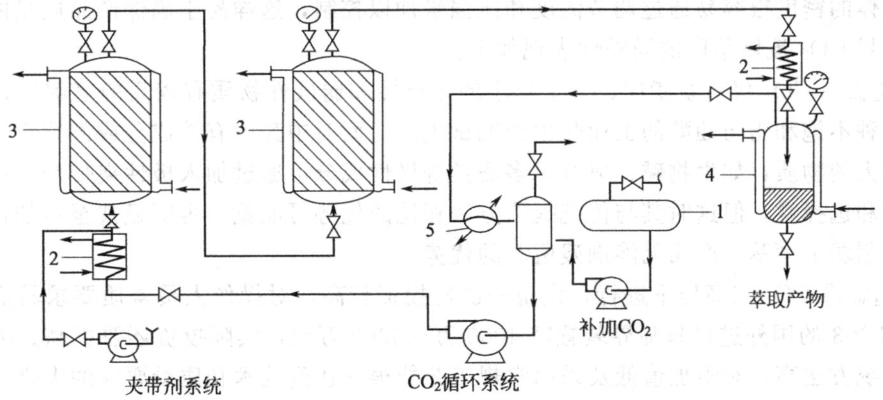

图 3-3-3　超临界萃取中试规模工艺流程

1—CO_2 贮罐；2—加热器；3—萃取器；4—分离器；5—冷凝器

【知识窗】

国内外工业化超临界流体萃取设备生产企业简介

生产超临界流体萃取设备最具实力的是德国伍德高压技术公司，她隶属于德国帝森·克房伯集团，是专业生产一系列的高压装置的专业制造厂，伍德公司在超临界气体萃取方面无论是实验、中试装置还是工业装置都处于绝对的领先水平，并且在安全操作方面也取得了显著的成果，其设备已在 20 世纪 90 年代进入我国市场并占有市场的绝对领先地位。目前在工业化超临界萃取装置领域，伍德公司的全球市场占有率高达 70%以上，其用户遍布全世界，所萃取的产品也是五花八门。国外生产企业还有美国泰尔公司（萃取釜规格 12～1500L)、法国 SEPAREX 公司（萃取釜规格 0.2L 到几千升）等。

由于大型萃取釜的加工工艺较难，且超临界 CO_2 萃取装置是高压容器，生产厂家必须具备三类压力容器制造资质，所以国内具备生产能力的企业不多，目前国内具有生产 1000L 以上工业化超临界萃取装置的企业有广州美晨高新分离技术公司、贵州乌江机电设备公司、温州市中制药机械设备厂等。

（六）超临界流体萃取技术在中药提取中的应用优势与局限性

从研究结果看，超临界 CO_2 流体萃取与常规的提取方法相比具有一定的优势，但也存在一定的局限性，其优势表现如下。

① 溶剂可循环作用，且能实现无溶剂残留　超临界 CO_2 流体萃取中，CO_2 无色、无味、无毒，且通常条件下为气体，提取物无溶剂残留问题。

② 特别适合于提取热敏性物质　超临界 CO_2 萃取温度接近室温或略高，可避免热敏性物质的分解，特别适合于对湿、热、光敏感的物质和芳香性物质的提取，能很大程度地保持各组分原有的特性。这一特点使超临界萃取技术成为用于提取天然产物的研究热点。

③ 选择性好　超临界 CO_2 萃取可以根据被提取有效成分的性质，通过改变温度和压力以及加入夹带剂，可进行选择性提取，提高萃出物中有效成分含量。有研究表明，在 30℃、20MPa 条件下提取中药柴胡时，萃取出来的主要成分是柴胡挥发油，而在 65℃、30MPa 条件下则可萃取出 2%～3%柴胡皂苷，但加入适量的 60%乙醇作夹带剂时，柴胡皂苷的收率会提高到 3.06%。

④ 萃取效率高、速度快　由于超临界 CO_2 流体的溶解能力和渗透能力强，扩散速度快，且萃取是在连续动态条件下进行，萃出的产物不断地被带走，因而提取较完全，这一优势在挥发油提取中表现得非常明显。

⑤ 操作参数易于控制　仅就萃取剂本身而言，超临界萃取的萃取能力取决于流体的密度，而液体的密度很容易通过调节温度和压强来加以控制，这样易于确保产品质量的稳定。

超临界 CO_2 流体萃取的局限性表现如下。

① 超临界 CO_2 仅对亲脂性、分子量小的非极性和弱极性物质有较高的溶解度，目前主要用于各种不饱和脂肪油酸的工业化生产和试生产。而对中药中有效成分或部位为水溶性和分子量较大的物质，如生物碱、皂苷、多酚类等极性成分可通过加入极性夹带剂来提高溶质的溶解度和选择性，但这时其与传统提取方法相比的优势可能就不再明显甚至不如传统提取方法，且削弱了“萃取产品无溶剂残留”的优势。

② 超临界 CO_2 在高压下进行，设备一次性投资较高，对操作人员素质要求较高，引进一套 500L×3 的国外进口超临界装置需 4000 万～5000 万元，实际投资还要更高。因而产品成本较传统方法高，对附加值低及采用常规工艺能很好达到技术和质量要求的大宗产品，一般不考虑超临界流体萃取，只有在常规工艺达不到生产要求时才予以考虑。

③ 尽管超临界流体萃取技术目前在工业上已经有不少成功的实例，但至今仍未大规模推广应用，这主要是因为该技术还处于发展阶段，有关超临界流体的基础研究还比较薄弱，有关超临界流体萃取的物性数据仍然很少，同时也缺乏能正确推算超临界流体萃取过程的基本热力学模型。要想将实验室的初步成果放大到工业化大生产中，还有大量的基础研究和化学工程方面的工作需要解决。

④ 传统中医药理论是以整体观念为指导思想，中药在临床上应用主要以复方形式给药，复方应混合提取。复方中有效成分或有效部位组成复杂，如何将超临界流体萃取应用到中药复方的提取过程中还有一系列问题待进一步研究和探讨。

二、超声提取技术

超声波指频率高于 20kHz、人耳听觉以外的声波。蝙蝠在夜间疾速飞行靠超声波导航的奥秘被揭示后，人类开始科学地开展超声技术的研究。1880 年 J. Curie 等发现了压电效应，随后超声技术开始应用于国防和医疗卫生等领域。20 世纪 50 年代起，超声波技术开始应用于化学化工领域。目前，超声提取技术在中药和天然植物的研发、中药制剂质量检测中已广泛使用。近年来用超声技术提取中药材中有效成分备受关注，研究结果表明，用超声技术提取中药材中有效成分是一种非常有效的方法和手段，具有广泛的应用前景。

（一）超声提取的原理

超声提取是利用超声波具有空化效应、机械效应及热效应，还可以产生乳化、扩散、击碎、化学效应等许多次级效应，这些作用增大了介质分子的运动速度，提高介质的穿透能力，促进药物有效成分溶解及扩散，缩短提取时间，提高药物有效成分的提取率。

1. 空化效应

通常情况下，介质内都或多或少溶解了一些微气泡，这些微气泡在超声波的作用下产生振动、膨胀，然后突然闭合，气泡闭合瞬间在其周围产生高达几千大气压的瞬间压力，形成微激波，它可造成植物细胞壁及整个生物体瞬间破裂，有利于药物有效成分的溶出。这就是超声波的空化效应。

当液体发出嘶嘶的空化噪声时，表明空化开始了。产生空化所需的最低声强或声压幅值称为空化阈或临界声压。

2. 机械效应

超声波在介质中传播时，可以使质点在传播空间内产生振动作用，从而强化介质的扩散、传质，这就是超声波的机械效应。超声波在传播过程中产生一种辐射压强，沿声波方向传播，对物料有很强的破坏作用，可使细胞组织变形，蛋白质变性，同时，它还可以给予介质和悬浮体以不同的加速度，且介质分子的运动速度远大于悬浮体分子的运动速度，从而在两者之间产生摩擦，这种摩擦足以断开两碳原子之间的键，使生物分子解聚，加快细胞壁内有效成分溶解于溶剂中。

3. 热效应

超声波在介质的传播过程中，其声能可以不断被介质吸收，介质将所吸收的能量全部或大部分变成热能，从而导致介质本身和药材组织的温度升高，增大了药物有效成分的溶解度，加快了有效成分的溶解速度。由于这种吸收声能引起的药物组织内部温度的升高是瞬间的，因此可以使被提取成分的结构和生物活性保持不变。

（二）影响超声提取效果的因素

1. 超声波的频率

超声波频率是影响有效成分提取率的主要原因之一。在对大黄中蒽醌类、黄连中黄连素和黄芩中黄芩苷三种药材超声提取的研究中，郭孝武用 20kHz、800kHz、1100kHz 超声波对药材处理相同的时间，测定提取率，结果见表 3-3-2。

表 3-3-2　超声波频率对有效成分提取率的影响结果

超声波频率/kHz	总蒽醌/%	游离蒽醌/%	黄连素/%	黄芩苷/%
20	0.95	0.41	8.12	3.49
800	0.67	0.36	7.39	3.04
1100	0.64	0.33	6.79	2.50

由表 3-3-2 结果可知，提取频率不同，提取效果也不同，在其他条件一致的情况下，指标成分的提取率随频率的提高而降低。但有时，超声频率越高，有效成分提取率却越高。用不同频率超声波提取益母草总碱和薯蓣皂苷，以 1000kHz 左右的高频超声提取率最高；高频率超声波对绞股蓝总皂苷的提取率高于低频率的超声波。以上说明不同药材的不同指标成分有适宜自己的提取频率，应针对具体药材品种进行筛选。

2. 超声波的强度

超声波的频率越高越容易获得较大的声强。超声强度为 $0.5W/cm^2$ 时，就已经能产生强烈空化作用。以不同强度提取益母草粉中益母草总碱，发现提取率随超声强度的增大而减少，但与回流法相比，超声提取时间短，提取率增加了 20.6%；用不同强度的超声波从大黄中提取大黄蒽醌，以 $0.5W/cm^2$ 低强度的超声波提取率为最高。用 $0.28W/cm^2$ 低强度超声波提取党参皂苷得到的粗品量是常规法的近两倍，其纯度含量也比常规法高。超声强度对药物提取的影响报道还太少，有关超声强度对药物有效成分提取率的影响还应进一步探讨。

3. 时间

超声提取时间一般为 10～100min 以内即可得到较好的提取效果，比常规方法提取时间短。超声波作用时间与提取率关系分三种情况：①有效成分的提取率随超声作用时间增加而增大，如用一定频率的超声波提取绞股蓝总皂苷和黄连中黄连素，提取率随着超声作用时间增加而增大；②提取率随超声作用时间增加而逐渐增高，一定时间后，超声时间再延长，提取率增加缓慢，如从槐米中提取芦丁、大黄中提取蒽醌、穿山龙中提取薯蓣皂苷；③提取率随超声作用时间增加，在某一时刻达到一个极限值后，提取率逐渐减小，如益母草总生物碱和黄芩苷的提取中分别在40min和60min时提取率出现一个极限值。在超声作用一定时间后，有效成分的提取率不再增加反而降低的原因可能有两个：一是在长时间超声作用下，有效成分发生降解；二是超声作用时间太长，使提取粗品中杂质含量增加，有效成分含量相对降低。

4. 温度

超声波具有较强的热效应，提取时一般不需要加热。在超声波频率、提取溶剂和时间一定的情况下，改变提取温度，考察提取温度与水溶性杜仲纯粉得率的关系，结果见表3-3-3。

表3-3-3 超声波提取温度与得率的关系

温度/℃	频率/kHz	时间/min	固溶物的含量/%	得率/%
20～30	26	45	0.81	17.0
40～50	26	45	1.10	18.6
50～60	26	45	1.11	19.1
80～90	26	45	1.02	18.3

由表3-3-3可知，随着温度的升高得率增大，达60℃后，温度继续升高，得率则呈下降的趋势。这与超声的空化作用原理一致，当以水为介质时，温度升高，水中的小气泡（空化核）增多，对水产生空化作用有利，但温度过高时，气泡中蒸气压太高，从而使气泡在闭合时增加了缓冲作用而空化作用减弱。

5. 药材组织结构

从提取时间和超声频率对提取率的影响中可以看出，对于不同的药材，超声提取时间和频率的变化对提取率的影响都是不一样的，这可能与药材的组织结构及所含成分的性质有关，但在这方面的研究较少，没有合适的理论可供参考，只能针对不同的药材进行具体的筛选。

除以上因素外，药材的颗粒度、溶剂、超声波占空比和凝聚机制等因素都对提取率有影响，故针对不同的提取对象，应通过实验筛选出合适的超声提取工艺参数。

（三）超声提取的特点

国内对超声提取报道的文献资料内容涉及生物碱类成分、黄酮类成分、蒽醌类成分、多糖类成分、皂苷类成分等的提取。大量的实验研究数据说明，超声提取与常规提取方法相比，具有以下几个特点。

① 提取时间短，操作简单，药物有效成分的提取率高。

② 超声提取不需加热，节省能源，也避免了中药常规煎煮法、回流法长时间加热对有效成分的不良影响，适用于对热不稳定物质的提取。

③ 超声提取溶剂用量少，提取物有效成分含量高，有利于进一步精制。

超声波提取是一个物理过程，在整个浸提过程中无化学反应发生，从目前报道的研究结果看，超声提取不改变小檗碱、黄芩苷、芦丁等的结构，但对生物大分子如蛋白质、多肽或酶的提取中，超声则可能破坏其结构，进而影响药物有效成分的生理活性。目前，超声主要用在单味中药有效成分的提取上，复方中药的提取有待进一步研究和探索。

（四）超声提取设备与工艺流程

超声波提取设备按结构型式可分为内置式和外置式两类。内置式主要是指将超声波换能器以阵列组合的方式密封于一个多边形立柱体内，并将其安装于中药材提取罐内中心位置，其超声能量从多边形立柱内向外（罐内的媒质）发射。外置式主要是指将超声波换能器以阵列组合的方式安装于提取罐体的外壁，其超声能量由罐外壁向罐内（媒质）发射。

我国已具备生产从实验室、中试及工业化生产用各种规格的提取装置的能力，工业生产提取设备有效容积从500～5000L。图3-3-4、图3-3-5分别为大工业化生产用的超声逆流循环提取机和提取工艺流程示意图。目前，超声提取技术虽然在工业化生产中应用较少，但随着对超声理论与实际应用的深入研究，超声技术在中药提取工艺中将会有广阔的应用前景。

图3-3-4　超声逆流循环提取机外形图

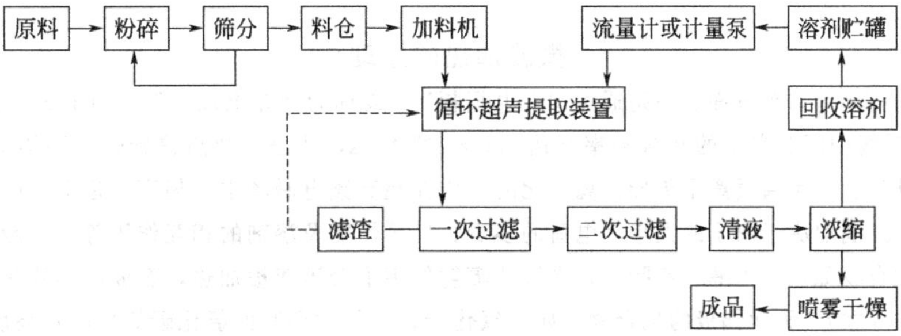

图3-3-5　超声逆流循环提取工艺流程示意图

三、微波提取技术

微波又称超高频率电磁波，是指波长在1～0.001m、频率在300MHz～300GHz的电磁波，介于红外与无线电波之间。20世纪30年代，微波技术仅用于防空雷达。1947年美国雷声公司研制出第一台微波炉，如今其应用范围已扩展到航空、食品、化工、农业、医药等领域，尤其近年来，由于利用微波提取天然产物可以避免传统萃取方法的种种缺陷，在国内中药现代化关键生产技术开发中成为研究热点之一，受到人们的广泛关注，表现出良好的发展前景和应用潜力。

（一）微波的特性

微波之所以引起人们的广泛关注并加以研究和应用，主要是因为与其他波段相比，它具有以下独特的性质。

1. 似光性

微波的频率高、波长短，比一般物体的几何尺寸小得多，因此，当微波辐射到物体上时，其特性与几何光学相似，以直线方式传播，并具有反射、折射、衍射等光学特性。

微波照射到不同物体表面会出现不同的特性。

反射性：微波照射到金属表面时会被反射回去，其入射角等于反射角，则金属不发热。

透射性：当微波照射到玻璃、塑料、陶瓷一类的绝缘材料上，如同光束通过玻璃一样能透射过去，故不会发热，穿透的深度随频率的增加而减小。

2. 吸收性与选择性

某些物质能够吸收微波而发热。大多数良导体对微波能够反射不吸收，绝缘体可穿透并部分反射微波，通常对微波吸收较少。而介质如水、极性溶剂等则具有吸收、穿透和反射微波的性质，其中水是吸收微波的最好介质。任何含水的非金属物质或各种生物体都能吸收微波，在微波照射下迅速升温；极性较小的溶剂吸收微波的能力差，而非极性溶剂则几乎不吸收微波。因此，微波特别适宜含水分物料的干燥，可以对中药材原料、丸剂、片剂以及粉粒状制剂等进行脱水干燥，但不适于热敏性物粒的干燥。

3. 热特性

当微波透入介质时，渗入介质内部的微波能量被介质吸收并转化成热能对物料进行加热。这种加热方式无温度梯度，介质材料内、外部几乎同时生热升温，介质表面与内部的温度相差无几，与常见的传导加热和对流加热方式不同，从而大大缩短热传导的时间，升温迅速。在微波加热过程中，随着物料温度的上升，表面水分不断蒸发，使得表面温度略低于内层温度，从而形成由里向外逐渐降低的温度梯度，这种加热方式对物料的干燥极为有利。因此，微波加热具有加热均匀、热转化效率高、加热时间短的优点。

【知识链接】

微波加热的原理

微波加热的原理有两个方面。一是通过“介电损耗”（或称为“介电加热”）。具有永久偶极的分子在2450MHz的电磁场中所能产生的共振频率高达 4.9×10^9 次/s，使分子超高速旋转，平均动能迅速增加，从而导致温度升高。二是通过离子传导。离子化的物质在超高频电磁场中以超高速运动，因摩擦而产生热效应。热效应的强弱取决于离子的大小、电荷的多少、传导性能及溶剂的相互作用等。一般来讲，具有较大介电常数的化合物如水、乙醇、乙腈等，在微波辐射作用下会迅速被加热，而极性小的化合物（如芳香族化合物和脂肪烃类）、无净偶极的化合物（如二氧化碳、二氧六环和四氯化碳等）以及高度结晶的物质，对微波辐射能量的吸收性能很差，不易被加热。

4. 非热特性（生物效应）

微生物体内的水分在微波交变的电磁波的作用下引起强烈的极性振荡，导致电容性细胞膜结构破裂，或者细胞分子间氢键松弛等，使得组成生物体的最基本单元——细胞的生存环境遭到严重破坏，以致细胞死亡。微波的非热特性彻底改变了医药、食品等领域传统的高温消毒、灭菌方式，实现了低温灭菌。

（二）微波提取的原理

利用微波提取植物药材的原理主要有两方面。一方面是利用微波辐射透过萃取剂到达物料的内部维管束和腺细胞系统，细胞内的极性物质尤其是水分子吸收微波能产生大量的热，使细胞内温度迅速升高，水汽化产生的压力将细胞膜和细胞壁冲破，形成微小的孔洞，再进一步加热，导致细胞内部和细胞壁水分减少，细胞收缩，表面出现裂纹。孔洞或裂纹的存在使细胞外溶剂容易进入细胞内，溶解并释放出细胞内有效成分，再扩散到萃取剂中。另一方面，在固液浸取过程中，固体表面的液膜通常是由极性强的萃取剂所组成，在微波辐射作用下，强极性分子将瞬时极化，并以每秒 2.45×10^9 次的速度做极性变换运动，这就可能对液膜层产生一定的微观"扰动"影响，使附在固相周围的液膜变薄，溶剂与溶质之间的结合力受到一定程度的削弱，从而使固液浸取的扩散过程所受的阻力减小，使扩散过程易于进行，萃取速度提高数倍。

（三）影响微波提取效果的因素

在微波提取过程中，萃取剂种类、微波剂量、物料含水量、固液比、温度、提取时间及pH值等都对提取效果产生影响。其中，萃取剂种类、微波作用时间和温度对萃取效果影响较大。

1. 萃取剂的选择

在微波浸取中，萃取溶剂的选择直接影响到有效成分的提取率。选择的萃取剂首先应对微波透明或部分透明，溶剂必须有一定的极性以吸收微波能进行内部加热；其次所选萃取溶剂对目标萃取物必须具有较强的溶解能力，这样，微波便可完全或部分透过萃取剂，达到提取的目的。已见报道用于微波萃取的有机溶剂有水、甲醇、乙醇、异丙醇、丙酮、乙酸、二氯甲烷、三氯乙酸、已烷等，无机溶剂有硝酸、盐酸、氢氟酸、磷酸等。

对同一种药材，不同的萃取剂，其微波萃取效果往往差别很大。如用微波提取黄花蒿中的青蒿素。根据提取青蒿素的经验，分别选用乙醇、三氯甲烷、正己烷、环己烷、60～90℃石油醚、30～60℃石油醚、120# 溶剂油、6# 抽提溶剂油 8 种溶剂各 150mL 对黄花蒿进行微波提取青蒿素的实验，实验结果见表 3-3-4 所示。

表 3-3-4　不同提取溶剂对黄花蒿提取率的影响

溶　剂	120# 溶剂油	6# 抽提溶剂油	30～60℃石油醚	60～90℃石油醚	正己烷	环己烷	三氯甲烷	乙醇
浸膏得率/%	4.44	6.66	6.3	3.41	3.37	4.32	28.31	12.29
青蒿素的得率/%	0.2134	0.2369	0.0903	0.1120	0.1106	0.1465	0.4869	—
青蒿素提取率/%	75.67	84.01	32.02	39.72	39.22	51.95	—	—

从表 3-3-4 实验结果可以看出，6# 抽提溶剂油得到的青蒿素提取率最大，乙醇、三氯甲烷提取的绝大多数是杂质。

2. 辐射时间

一般微波提取辅照时间在 10～100min 之间。对于不同的物质，最佳提取时间不同，但连续辅照时间不可太长，否则容易引起溶剂沸腾，不仅造成溶剂的极大浪费，而且还会带走指标产物。

3. 物料的含水量

水是介电常数较大的溶剂，可以有效地吸收微波能并转化为热能。物料含水分程度越高，吸收能量越多，物料加热蒸发就越剧烈。这是因为水分子在高频电磁场作用下也发生高频取向振动，分子间产生剧烈摩擦，宏观表现为温度上升，从而完成高频电磁场能向热能转换。由于植物物料中含水量的多少对萃取回收率的影响很大，对含水量较少的物料，一般先用溶剂湿润，然后再用微波处理，使之有效地吸收所需的微波能。

4. 微波功率的影响

微波功率分为低、中、高等几个档次。在微波萃取过程中，所需的微波功率的确定应以最有效地萃取出目标成分为原则。如用微波提取银杏叶中黄酮苷，微波功率为中档时黄酮苷提取率较高，可达53%。微波一般选用的微波能功率为200～1000W，频率为（0.2～30）×10^4MHz，微波辐射时间不可过长。

5. 药材的性质

药材的性质对提取的效率以及溶剂回收也有不同程度的影响，如果有效成分不在富含水的部位，那么用微波就难以奏效。例如微波处理银杏叶，溶剂中银杏黄酮的量并不多，而叶绿素大量释放，说明银杏黄酮可能处在较难破壁的叶肉细胞内。因此，最佳条件的选择应根据处理物料的不同而有所不同。

6. 固液比

虽然固液比的提高会有利于提高传质推动力，但相对于温度对提取的影响，其影响要小得多。微波提取萃取剂的用量与物料之比（L/kg）一般在(1∶1)～(20∶1)范围内。

（四）微波提取与其他提取方法的比较

有人曾用微波提取法、加热搅拌提取法、索氏提取法和超临界二氧化碳萃取法提取黄花蒿中青蒿素，在比较这几种方法时综合考虑提取率、溶剂回收率和提取时间等因素。选用相同的原料进行实验，结果见表3-3-5。

表3-3-5 几种提取方法的比较

方法	溶剂	用量/mL	萃取时间/min	溶剂回收率/%	物料/g	青蒿素的提取率/%
加热搅拌提取法	6#抽提溶剂油	350	120	75.00	30.01	52.68
索氏提取法	30～60℃石油醚	350	720	55.71	29.01	75.24
	6#抽提溶剂油	350	360	70.86	30.43	60.35
超临界二氧化碳萃取法	CO_2	—	150	—	100.10	30.80
		—	120	—	100.11	33.21
微波提取法	6#抽提溶剂油	150	2	69.00	10.02	41.17
			4	75.00	10.02	65.50
			6	67.67	10.02	77.52
			12	66.67	10.01	92.06

从表3-3-5可见，要达到微波提取4～6min的提取效果，用传统的热提取法、索氏提取法需要几个小时甚至十几个以上的小时。所以微波提取能够大大提高提取效率。通过对溶剂回收率情况的考察可以看出，微波提取法的溶剂回收与加热搅拌提取法、索氏提取法的溶剂回收相当。超临界二氧化碳萃取法提取的浸膏呈淡黄色，比其他提取方法所得浸膏颜色浅，但分析结果显示青蒿素提取率低，可能是由于该法提取出了较多的挥发油。通过对以上几种提取方法的比较可以看出，微波提取法在提取中药中某些有效成分具有相当大的发展潜力。

根据微波提取的研究结果看，微波提取与传统的萃取方法相比较有以下特点。

① 操作简单，提取速度快，可以节约提取时间。

② 溶剂消耗量少，有利于环境改善并减少投资。

③ 对萃取物具有较高的选择性，有利于改善产品的质量。

④ 可避免长时间高温引起热不稳定物质的降解。

由于微波提取技术有以上特点，其在中药提取中的应用也成为研究热点之一。

（五）微波萃取设备

微波辐射会对人的神经系统、心血管系统、眼、生殖系统等产生危害。因此，微波萃取设备一般由专用密闭容器作为提取罐，操作人员操作时必须采取有效的安全防护措施，以减弱或消除微波的不良影响，尤其是要避免微波泄露。一般来说，工业微波设备必须具备以下基本条件：①微波发生功率足够大、工作状态稳定，一般应配备有温控附件；②设备结构合理，可随意调整，便于拆卸和运输，能连续运转，操作简便；③安全，微波泄露符合要求，用大于 10mW 量程的漏场仪在距离被测处 5cm 处检测，漏场强度应小于 $5mW/cm^2$。

用于微波萃取的设备大致分两类：一类为微波萃取罐，另一类为连续微波萃取器。两者主要区别一个是分批处理物料，类似多能提取罐；另一个是以连续方式工作的萃取设备。微波使用的频率有 2450MHz 和 915MHz 两种。

目前工业生产中微波萃取技术和设备应用较少。在国外，加拿大于 20 世纪 90 年代由环保部及 CWT-TRAN 公司联合开发了微波萃取系统 Microwave-Assisted Extraction Process（简称 MAP），并相继在多国取得了专利许可。该系统日处理能力从 1t 到 500t 不等，可以适应不同的工业应用需要。只要设置适宜的操作参数，包括微波功率、辐照时间、溶剂、流速等，就能选择性地提取出目标成分，现已应用于食用油、香料、调味品、天然色素等的提取中。在我国该技术尚处于实验研究和探索阶段，大规模工业化应用尚有难度。图 3-3-6 为国内生产的中药微波萃取设备。

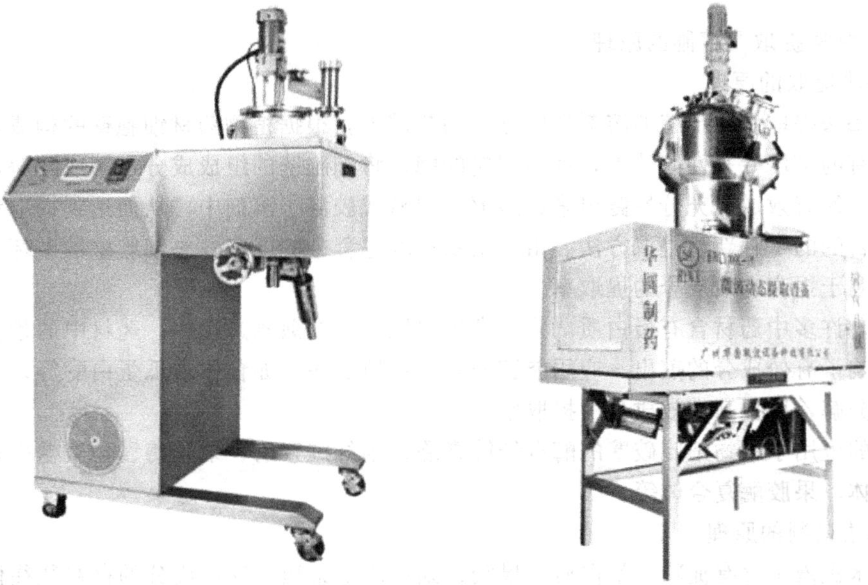

图 3-3-6　微波萃取设备外形图

【知识拓展】

微波提取技术在中药有效成分提取中的应用

目前，已见报道用微波技术提取魁蒿叶中的挥发油，用该法提取魁蒿叶中挥发油质量分数为 0.75%，而蒸馏法提取所得挥发油质量分数为 0.6%，使挥发油质量分数相对蒸馏法提高了 25%；提取时间由传统方法的 5h 降低至 20min，缩短为原时间的 1/15。应用微波技术用水提醇沉法制备板蓝根多糖，实验结果表明：板蓝根多糖提取率由原来的 0.81%提高到 3.47%，反应时间缩短为原来的 1/12。可见，微波提取板蓝根多糖成分效果显著，但有关板蓝根多糖的结构组成和生理活性等有待进一步研究。此外，还有报道，用微波技术提取麻黄中麻黄碱、甘草中甘草黄酮、辣椒中的辣椒素、高山红景天中的红景天苷、金银花中的绿原酸等，研究结果表明，微波提取都较传统方法显著缩短提取时间，具有高效、节能等优点。

微波提取仅适用于对热稳定的产物，如生物碱、黄酮、苷类等，而对于热敏感的物质如蛋白质、多肽等，微波加热能导致这些成分的变性，甚至失活。研究结果还表明，微波对不同的植物细胞或组织有不同的作用，细胞内产物的释放也有一定的选择性。因此应根据目标成分的特性及其在细胞内所处位置的不同，选择不同的处理方式。

微波辐射提取对有效成分含量提高的报道较多，但对有效成分的药理作用和药物疗效有无影响，尚需作进一步研究。微波辐射提取技术在中药中的应用大多在实验室中进行，有关微波辐射提取技术的工程放大问题已受到重视，目前上海中药工程中心已建成一套连续式微波萃取装置。

四、生物酶解技术

酶是由生物体内活细胞产生的，以蛋白质形式存在的一类特殊的生物催化剂，能够参与和促进活体细胞的多种化学、生化反应。1814 年俄国科学家 K. C. Kirchoff 发现淀粉酶，并认识到酶的催化作用。目前，工业用酶已广泛涉及医药、食品、饮料、纺织、造纸、酿酒等众多领域。在医药方面，市售的各种“精”类保健食品和制剂（如鳖精、蛇精等），均是以肽、氨基酸为主的蛋白质水解物，酶法水解是其首选的制备方法之一。20 世纪 90 年代中期开始，酶被用于中药的提取分离中，取得了显著的效益。在国内，上海中药制药一厂首先应用酶法成功地制备了生脉饮口服液，制得的口服液澄明度高、有效成分保留率高、生产成本低。

（一）酶法提取及精制的原理

1. 酶法提取的原理

中药酶法提取是在传统的溶剂提取方法的基础上，根据植物药材细胞壁的构成，利用酶反应所具有的高度专一性等特点，选择相应的酶，将细胞壁的组成成分水解或降解，破坏细胞壁结构，使有效成分充分暴露出来，溶解、混悬或胶溶于溶剂中，从而达到提取细胞内有效成分的目的的一种新型提取方法。由于植物提取过程中的屏障——细胞壁被破坏，因而酶法提取有利于提高有效成分的提取率。

此外，许多中药材含有蛋白质，采用常规提取法，在煎煮过程中，药材中的蛋白质遇热凝固，影响了有效成分的煎出。应用能够分解蛋白质的酶，如食用木瓜蛋白酶等，将药材中的蛋白质分解，可提高有效成分的提取率。

常用的可用于植物细胞破壁的酶有纤维素酶、半纤维素酶、果胶酶、葡聚糖内切酶以及多酶复合体、果胶酶复合体等。

2. 酶法精制的原理

中药水提液常含有淀粉、蛋白质、果胶、黏液质等杂质，这些成分的存在往往使提取液呈混悬状态，并影响提取液的滤过速度。常用的除杂方法有沉降法、离心法、澄清剂法、醇沉法、大孔树脂吸附法、离子交换法、膜分离法等。而酶法除杂是一新型的中药分离精制方法和思路。根据药物提取液中杂质的种类、性质，针对性地采用相应的酶将它们分解或除去，以改善液体制剂的澄清（明）度，提高制剂的稳定性。酶反应所具有的高度专一性，决定了酶解方法除杂的高效性。

用于中药分离精制，改善中药提取液澄清（明）度的酶有木瓜蛋白酶、菠萝蛋白酶、葡聚糖苷酶、转糖苷酶及多种酶的复合体。

（二）常用酶的酶解机理

1. 纤维素酶

纤维素酶是降解纤维素生成葡萄糖的一组酶的总称，主要包含三个组分：①内切葡聚糖酶；②纤维二糖水解酶；③β-葡萄糖苷酶。其相对分子质量在 45000～76000 之间。纤维素酶具有分解纤维素、破坏细胞壁、增加植物细胞内容物的溶出量及软化纤维素的作用。

纤维素酶的酶解机理：首先由内切葡聚糖酶作用于纤维素的非结晶区，使其露出许多末端供外切作用，纤维二糖水解酶从非还原区末端依次分解，产生纤维二糖；然后部分降解的纤维素进一步由内切葡聚糖酶和纤维二糖水解酶协同作用分解生成纤维二糖、纤维三糖等低聚糖；最后再由β-葡萄糖苷酶作用分解成葡萄糖。纤维素酶的最适作用pH值大多偏酸性，一般pH值4～5，最佳作用温度为40～60℃。

2. 半纤维素酶

半纤维素酶也是多种酶的复合体，由β-甘露聚糖酶、β-木聚糖酶等内切酶，β-葡萄糖苷酶、β-甘露糖苷酶、β-木糖苷酶等外切酶，以及阿拉伯糖苷酶、半乳糖苷酶、葡萄糖苷酸酶和乙酰木聚糖酶等组成。半纤维素酶用于消化植物细胞壁。

半纤维素酶的酶解机理：多数植物种子中的半纤维素是半乳甘露聚糖，硬木中的半纤维素主要是木糖通过β-1,4-糖苷键连接而成的木聚糖，此外还有乙酰基、阿拉伯糖残基、葡萄糖醛酸残基等多种侧链取代基。β-甘露聚糖酶作用于甘露糖主链的甘露糖苷键而水解甘露聚糖，β-木聚糖酶作用于木聚糖主链的木糖苷键而水解木聚糖。这两种酶可随机切断主链内的糖苷键而生成寡糖，然后再由不同的糖苷酶（β-葡萄糖苷酶、β-甘露糖苷酶、β-木糖苷酶）以外切机制作用于寡糖，阿拉伯糖苷酶、半乳糖苷酶、葡萄糖苷酸酶和乙酰木聚糖酶等除去半纤维素中的侧链取代基（如阿拉伯糖残基、半乳糖残基、葡萄糖醛酸残基和乙酰残基等）。只有上述各种酶协同作用，才能最大限度地发挥作用。

3. 果胶酶

果胶酶是聚α-1,4-半乳糖醛酸的聚糖水解酶与果胶质酰基水解酶的一类复合酶，是分解果胶质的多种酶的总称。

果胶酶的酶解机理：果胶酶可对果胶质起解脂作用，产生甲酸和果胶酸；起水解作用产生半乳糖醛酸和寡聚半乳糖醛酸，从而分解植物组织中的果胶质。

由于生产果胶酶的微生物种类不同，酶的最适pH值和温度亦不同。一般作用温度10～60℃，最适宜温度45～50℃，作用pH值3.0～6.0，最适宜pH值3.5。应注意Fe^{2+}、Cu^{2+}、Zn^{2+}、Sn^{2+}对果胶酶有抑制作用。

（三）影响酶法提取效果的因素

酶反应需要一定的条件，当条件适宜时，酶的催化能力最强，表现出的活性最强。否则其催化能力减弱，活性降低，甚至失活。尽管纤维素酶水解纯纤维素时的最佳温度为55℃，最佳pH值为4.5，但因中药成分复杂、干扰因素多。因此，在中药酶反应处理过程中，对于具体药物，优选酶反应的最适条件，最大限度地发挥酶的催化作用极为重要。

1. 酶的种类

酶是一类具有专一性生物催化能力的蛋白质。不同的酶要求不同的底物进行酶催化反应，因而不同的酶对含不同种类、性质有效成分的药物有不同的酶解效果。如在黄芩提取工艺中，以总黄酮含量为评价标准，加酶与未加酶法的提取效果见表3-3-6。

表3-3-6　加酶与未加酶法提取黄芩苷收率的比较　%

样品	未加酶组	纤维素酶(5U/g)	纤维素酶(10U/g)	纤维素酶(20U/g)
1	3.90	2.31	1.73	1.28
2	3.95	2.29	1.84	1.25
3	4.04	2.27	1.80	1.21

从表3-3-6的数据结果可以看出，纤维素酶并未提高黄芩苷的收率，而且随着加酶单位

量的增大，黄芩苷收率反而降低。分析其原因可能是纤维素酶可以破坏 β-D-葡萄糖键，从而使植物细胞壁破坏。但从黄芩苷的结构看，黄芩苷元以 β-D-键连接一个葡萄糖而组成黄芩苷，由于纤维素酶的作用，使黄芩苷失去葡萄糖降解生成黄芩苷元，从而降低了黄芩苷的收率。另外，黄芩药材本身含有降解黄芩苷的酶，可减少收率。可见，纤维素酶不宜用于黄芩苷的提取工艺中。

上述实例说明，中药采取酶法处理时，所用酶的种类根据药材中有效成分、辅助成分及构材物质的性质，通过实验研究筛选确定，不能一概而论。

2. 酶解温度

在一定的范围内，温度升高，反应速率随之加快，但超出某一温度时，又促进了酶蛋白的变性反应，使催化能力降低。因此，酶反应均有一个最适的温度范围。不同的酶促反应，可能有不同的最适酶解温度，如酶解中药葛根的最适温度为 40～50℃。而通过考查螺旋藻不同温度下保温酶解 2h 后的多糖提取物中蛋白质的含量，测得螺旋藻酶解蛋白的最佳作用温度为 60℃。

3. 酸碱度

酶是两性化合物，分子中含有许多羧基和氨基基团，因此酶反应需在一定的 pH 值下进行，过酸和过碱既影响酶的稳定性，也影响酶的催化活性。中药材的品种不同，使用酶的种类不同，酶解时的最佳 pH 值会有所不同，应根据实验来确定。筛选酶解反应最适 pH 值时应注意介质的组成成分和温度条件对实验结果的影响。另外，酸碱对酶的破坏作用是随时间累加的，因此，应注意在相应条件下的保温时间。

4. 降解时间

酶解作用时间直接影响提取的效果。为得到所需的酶解产物，必须控制好酶解作用的时间，以保证提取或澄清分离的效果。如控制一系列 10％藻粉溶液的 pH 值到 6.5，分别加入藻粉质量 3％的木瓜蛋白酶，在 60℃保温 2h 后进行多糖提取，测定不同酶解时间下所得多糖粗产品中的蛋白质含量，确定木瓜蛋白酶的最佳酶解时间为 2h。

5. 其他影响因素

酶解反应中，酶的用量（或浓度）、醇解反应的次数、药材粉碎的粒度等的影响均需考查。此外，酶反应法提取中药及分离澄清中药提取液时，是否浸泡、浸泡时间、何时加入酶、是否需要搅拌、搅拌的速度等都是影响酶解效果的因素，需以目标成分含量、酶活性并结合产物对药效的影响等指标进行综合评价优选。

（四）酶解技术的特点

酶处理技术在部分中药提取以及提取液的分离纯化中的应用结果表明：酶可在较温和的条件下将植物组织及提取液中果胶、黏液质等大分子成分分解，较大幅度提高了药物有效成分的提取率，改善了中药生产过程中的滤过和纯化难度，提高了产品的纯度和制剂的质量。酶处理技术是在传统的中药提取基础上进行的，对设备无特殊要求，应用常规提取设备即可完成。另外，由于酶具有高效催化活性，少量的酶就可以极大地加速所催化的反应。因此，酶反应法用于中药的提取和提取液的分离纯化，操作简便，成本低廉，并具备大工业化生产的条件。

采用酶反应可较温和地将中药药渣组织分解，减少了化学品的使用，有利于资源利用、环境改善和人员劳动保护。因此，纤维素酶法水解中药药渣具有极大的优越性，并使中药药渣成为重要的造纸、饲料、肥料生产的可再生有机资源。此外，我国纤维素酶的研究已有多年，已筛选出一批纤维素酶菌种，还利用诱变方法获得了一些产酶能力较高的变异株，酶的来源有保证。

【应用实例】

纤维素酶在黄连提取小檗碱工艺中的应用

在提取小檗碱之前，将黄连药材经酶解处理，以未加酶组为对照，考查纤维素酶对黄连有效成分盐酸小檗碱的提取效率的影响，实验方法及结果如下。

黄连粗粉与纤维素酶（活力单位2000U/g，每1g生药加10U量的纤维素酶）充分混匀，加3倍量水浸泡，以0.3%硫酸调pH=5，40℃水浴恒温90min，将药材及溶剂移置于渗漉筒中，以0.3%硫酸为溶剂，浸渍、渗漉，收集渗漉液，用石灰乳调pH=10～12，沉淀，抽滤，滤液用浓盐酸调pH=1～2，加精制食盐使含盐量达到7%，充分搅拌，静置24h，滤过，沉淀在60℃干燥得盐酸小檗碱粗品。

将上述样品以盐酸小檗碱为对照，用薄层扫描法进行含量测定，结果表明：黄连经酶法后，其盐酸小檗碱的含量平均值为4.2%($n=5$)，未经酶处理组的盐酸小檗碱含量平均为2.5%($n=5$)。说明在纤维素酶的作用下，盐酸小檗碱的提取率有了较大的提高。将两种工艺提取物用甲醇溶解，点于硅胶G薄层板上，以正丁醇-冰乙酸-水为展开剂展开，紫外灯下观察比较，结果显示，加酶组与未加酶组提取的成分一致。表明纤维素酶的加入对黄连有效成分盐酸小檗碱的性质无影响。

五、半仿生提取法

1995年张兆旺等提出了“半仿生提取法”的中药提取新概念。即从生物药剂学的角度，将整体药物研究法与分子药物研究法相结合，模拟口服给药后药物经胃肠道转运的环境，为经消化道给药的中药制剂设计的一种新的提取工艺。

（一）“半仿生提取法”的概念

半仿生提取法（semi-bionic extraction method，SBE法）是既符合药物经胃肠道转运过程、适合工业化生产、体现中医治病综合成分作用的特点，又有利于用单体成分控制制剂质量的一种中药复方制剂提取新技术。因为此种提取方法的工艺条件要适合工业化生产的实际，不可能完全与人体条件相同，仅“半仿生”而已，故称“SBE法”。又因该方法是模仿口服药物在胃肠道的转运过程，即将药料先用一定pH的酸水提取，继以一定pH的碱水提取，其目的是提取含指标成分高的“活性混合物”，它与纯化学观点的“酸碱法”是不能等同的。酸碱法是针对单体成分的溶解度与酸碱度有关的性质，在溶液中加入适量酸或碱，调节pH值至一定范围，其目的是使单体成分溶解或析出。

（二）半仿生提取法的基本研究模式

中药复方制剂提取工艺若采用“SBE法”提取，一般可按下列步骤系统研究探讨。①方剂用SBE法提取条件的优选。②方剂用SBE法提取药材组合方式的优选。③方剂指纹图谱-模式识别研究。④方剂SBE提取液醇沉浓度的优选。⑤方剂4种方法（SBE法、SBAE法即半仿生提取醇沉淀法、WE法即水提取法、WAE法即水提取醇沉淀法）提取液的成分、药效、毒性的比较。⑥方剂不同方法提取液的药代动力学研究（血清指纹图谱药动学研究和血清药效学研究）。⑦根据上述①～⑥项各项研究资料，综合分析，作出科学评价，指出该方剂是否以SBE法提取为佳。

（三）半仿生提取法与其他提取方法的比较

参附汤由人参、附子、丹参组成。为选择其提取工艺，本实验以人参二醇、人参三醇、总生物碱、酯型生物碱、丹参酮Ⅱ$_A$、原儿茶醛、总糖、干浸膏为指标，根据半仿生提取（SBE）法理论，在用均匀设计优选（SBE）条件、药材组合方式及最佳醇沉浓度的基础上，比较该方药4种提取方法提取液的成分。

1. 四种提取方法提取液的制备

SBE液：按处方比例称取10～24目的药材粗粉人参56g、附子42g、丹参42g，人参与附子混匀加热回流提取3次，加水量分别为药材量的10倍、6倍、6倍，pH值分别为2.0、6.5、9.0，提取时间依次为4h、2h、1h，提取液用4层纱布加100目筛，分别滤过，离心(2000r/min，20min)，合并上清液，得Ⅰ液；丹参单独加热回流提取3次，操作条件同上，得Ⅱ液；将Ⅰ液和Ⅱ液混合，平均分成两份，分别浓缩。一份浓缩至500mL，作为SBE液；另一份浓缩至175mL，供制半仿生提取醇沉（SBAE）液使用。

SBAE液：取上项备用的另一份浓缩液175mL，加乙醇使含醇量达80%，静置冷藏24h，离心，上清液回收乙醇后，定容至500mL。

水提取液（WE）：按SBE项下方法，只改用中性水提取，一份定容至500mL作为WE液，另一份浓缩至175mL，供水提醇沉（WAE）液使用。

WAE液：取WE项下另一份浓缩液175mL，按SBAE项下方法制得WAE液。

2. 实验结果

四种提取方法的数据结果见表3-3-7。

表3-3-7 四种方法提取液中各成分的含量测定结果

提取液	人参二醇 /(mg/100g)	人参三醇 /(mg/100g)	总生物碱 /(g/100g)	酯型生物碱 /(g/100g)	丹参酮Ⅱ$_A$ /(mg/100g)	原儿茶醛 /(mg/100g)	总糖 /(g/100g)	干浸膏 /(g/100g)
SBE	10.8593	14.9328	0.1443	0.0193	0.6256	0.1573	13.9810	41.2524
WE	9.2298	13.5308	0.1222	0.0175	0.4481	0.1253	10.9286	34.6762
SBAE	6.1800	8.7612	0.1065	0.0092	0.3336	0.0952	0.7346	24.7429
WAE	5.5418	7.9927	0.0983	0.0076	0.2248	0.0680	0.6214	19.2810

从表3-3-7数据结果可以看出，以人参二醇、人参三醇、总生物碱、酯型生物碱、丹参酮Ⅱ$_A$、原儿茶醛、总糖、干浸膏为指标，对参附汤的4种方法的提取液进行比较，以“SBE法”提取效果最佳，顺序为：SBE＞WE＞SBAE＞WAE。

经对多个方剂和多种中药进行“SBE法”研究，结果皆显示：SBE＞WE＞SBAE＞WAE。这种新提取法可以提取和保留更多的有效成分，能缩短生产周期，降低成本。因此，“SBE法”在中药饮片颗粒化的研究中，也有着广阔的应用前景。

目标检测

一、单项选择题

1. 超声提取基本原理是利用超声波具有（　）。

A. 空化效应　B. 机械效应　C. 热效应
D. 乳化、扩散效应　E. 以上都有

2. 目前约90%以上的超临界流体萃取都使用（　）试剂作为萃取剂。

A. 水　B. CO_2　C. 乙醇　D. 苯　E. 乙烷

3. 超临界CO_2萃取技术适合于（　）成分的提取。

A. 挥发油类　B. 氨基酸类　C. 蛋白质类　D. 淀粉类　E. 糖类

4. 超临界CO_2萃取技术中使用夹带剂的目的是（　）。

A. 使超临界萃取溶剂与目标产物较易分离
B. 明显改善目标产物的溶解性和选择性
C. 降低有效成分的毒性
D. 降低超临界流体的黏度
E. 提高超临界流体扩散系数和萃取速率

5. 微波照射到金属表面时会表现出（　）。

A. 折射性　B. 吸收性　C. 选择性　D. 反射性　E. 透射性

6. 医药、食品等领域利用微波具有（　　）实现药品和食品的灭菌。

A. 似光性　B. 吸收性　C. 热特性　D. 选择性　E. 非热特性

7. 用微波加热物料时，吸收微波的最佳介质为（　　）。

A. 水　B. 乙醇　C. 脂肪烃类　D. 四氯化碳　E. 苯

8. 酶的种类不同，酶解时的最适 pH 值和温度亦不同，纤维素酶的最适作用 pH 值和最佳作用温度为（　　）。

A. pH 值 2～4，温度 30～40℃　B. pH 值 4～5，温度 30～40℃

C. pH 值 2～4，温度 40～60℃　D. pH 值 4～5，温度 40～60℃

E. pH 值 2～4，温度 60～80℃

二、多项选择题

1. 由于超临界 CO_2 萃取技术具有（　　）优点，故被广泛用于药物、食品等天然产品的提取和纯化。

A. 化学性质稳定、不易燃易爆　B. 无毒无味、价廉

C. 萃取范围广，所得产品纯度高　D. 临界温度和临界压力较低

E. 易于精制回收

2. 影响超声提取效果的主要因素有（　　）。

A. 超声波频率　B. 药材组织结构　C. 超声波的强度

D. 提取时间和温度　E. 药材的颗粒度

3. 常用的可用于植物细胞破壁的酶有（　　）。

A. 纤维素酶　B. 半纤维素酶　C. 淀粉酶　D. 果胶酶　E. 木瓜蛋白酶

三、简答题

1. 什么是超临界流体萃取技术，用超临界状态下的 CO_2 作萃取剂有哪些优点？

2. 超临界 CO_2 操作的主要工艺参数有哪些？怎样优选？

3. 超声萃取的原理和特点是什么？

4. 微波加热的特点是什么？影响微波提取效果的主要因素有哪些？

任务四　分离纯化

学习目标

知识目标：

◇ 掌握水提醇沉、醇提水沉、大孔吸附树脂、离心分离、过滤、膜分离、水蒸气蒸馏工艺技术的基本原理、特点。

◇ 熟悉水提醇沉与醇提水沉、离心分离、过滤、膜分离等工艺技术的工艺流程及操作设备。

◇ 了解分子蒸馏工艺技术的原理、设备，了解大孔吸附树脂的种类及使用。

◇ 了解各种分离纯化技术在制药生产中的应用。

能力目标：

◇ 学会典型的中药浸提液分离纯化技术，并能进行典型生产设备的操作。

◇ 能将学到的理论知识运用到生产实际中，能根据提取液的理化性质和制剂要求选择合理的分离纯化工艺，并学会用学到的理论知识解决生产实际问题。

◇ 了解中药分离纯化工艺发展的动向。

通过各种方法所得的中药材的提取液往往是混合物，须加以分离纯化以除去所含的各种

杂质，对于注射剂和口服液剂的生产这是必须进行的过程。工业生产中常用的分离纯化技术有水提醇沉、醇提水沉、大孔吸附树脂、离心分离、膜分离等工艺技术。现分别介绍如下。

一、水提醇沉与醇提水沉工艺技术

（一）水提醇沉工艺

1. 工艺设计依据

利用中药中的大多数成分，如生物碱盐、苷、有机酸盐、氨基酸、多糖等易溶于水和醇的特性，用水提出，并将提取液浓缩，加入适当的乙醇反复数次沉降，除去其不溶解的物质，最后制得澄明的液体。加入乙醇时，应使药液含醇量逐步提高，防止一次加入过量的乙醇，使其有效成分一起沉出。通常当含醇量达到 50％～60％时即可除去淀粉等杂质；含醇量达 75％时，可除去蛋白质等杂质；当含醇量达 80％时，几乎可除去全部蛋白质、多糖、无机盐类杂质，从而保留了既溶于水又溶于醇的生物碱、苷、氨基酸、有机酸等有效成分。药液经上述步骤处理后，大部分蛋白质、糊化淀粉、黏液质、油脂、脂溶性色素、树脂等杂质均被除去，同时某些水中难溶性的成分，如多种苷类、香豆精、内酯、黄酮、芳香酯等在水提液中的含量本来就不高，经几次处理后，绝大部分会沉淀而滤除，但是药液中的鞣质、水溶性色素、树脂等却往往不易除去，此时可利用中药中某些成分在水中溶解度与 pH 值有关的性质，用酸碱调节提取液的 pH 值至一定范围，除去一部分杂质以达到精制的目的。如对含有内酯、黄酮、生物碱、有机酸、蛋白质等成分的中药，可利用调节 pH 值接近蛋白质、氨基酸的等电点，而便于沉淀除去；内酯、黄酮、有机酸等则成盐而溶解。

2. 水提醇沉的工艺流程

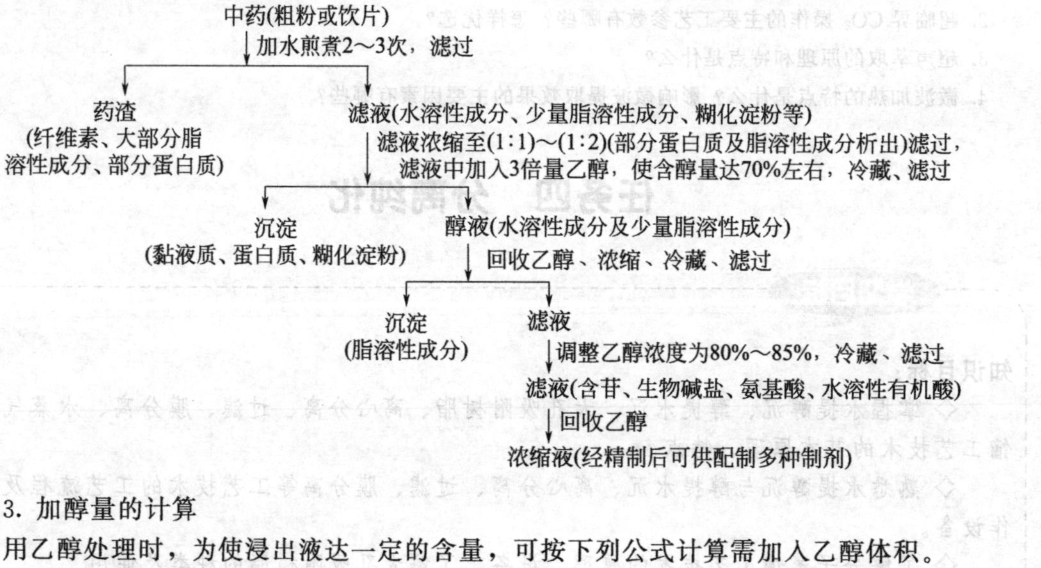

3. 加醇量的计算

用乙醇处理时，为使浸出液达一定的含量，可按下列公式计算需加入乙醇体积。

$$X=\frac{c_2V}{c_1-c_2} \tag{3-4-1}$$

式中 X——需加入乙醇体积，mL；

V——水浸出液的体积，mL；

c_1——加入乙醇浓度，％；

c_2——水浸出液需要达到的含醇量，％。

【例 3-4-1】 现有已浓缩的水浸出药液 1000mL，加入乙醇使药液含醇量达 75％，问需加入 95％乙醇多少 mL？

$$X=\frac{75\times1000}{95-75}=3750\text{mL}$$

4. 操作中应注意事项

① 醇沉时应采用分次醇沉或以梯度递增的方式逐步提高乙醇浓度，有利于除去杂质，减少杂质对有效成分的包裹而被一起沉出而损失，边加边搅拌。

② 为防止有效成分损失，药液浓缩应采取低温、减压并尽量缩短浓缩时间，最后所得滤液必须除尽乙醇，再经过必要精制后方可供配制剂型用。

③ 如果药液中含有较多量的鞣质，可分次、少量加入2%～5%明胶溶液，边加边搅拌，使明胶与鞣质结合产生沉淀，冷藏后滤出，滤液再用乙醇处理以除去多余明胶，如最后的药液中含鞣质不多，亦可用鸡蛋清的水溶液沉淀鞣质，过量蛋清经加热后即可凝固滤除，用蛋白质沉淀鞣质，通常在 pH 值 4～5 时最灵敏。

水提醇沉淀的方法从 20 世纪 50 年代后期起至今被普遍采用，但应用和研究结果表明，用醇沉法除去水提液中杂质存在不少值得进一步研究和探讨的问题。例如，乙醇沉淀去除杂质成分的同时也造成有效成分的损失，经醇沉处理的制剂疗效不如未经醇沉处理的制剂疗效好；经醇沉处理的液体制剂在保存期间容易产生沉淀或粘壁现象；经醇沉回收乙醇后的药液往往黏性较大，造成浓缩困难，且其浸膏黏性也大，制粒困难；醇沉处理生产周期长，耗醇量大，成本高，大量使用有机溶剂，不利于安全生产。因此，在没有充分的理论和实践依据之前，不宜盲目地套用本法。

（二）醇提水沉工艺

1. 工艺设计依据

醇提水沉法工艺设计依据及操作与水提醇沉法大致相同。不同之处是用乙醇提取可减少生药中黏液质、淀粉、蛋白质等杂质的浸出，故对含这类杂质较多的药材较为适宜，不同浓度的乙醇可提得不同的物质，如表 3-4-1 所示。

表 3-4-1　不同浓度乙醇能提取的中药成分

乙醇的浓度/%	能提出的中药成分	乙醇的浓度/%	能提出的中药成分
90 以上	挥发油、树脂、油脂	45	鞣质
70～80	生物碱盐及部分生物碱	20～35	水溶性成分
60～70	苷		

2. 醇提水沉法一般工艺流程

取中药粗粉按渗漉法或回流提取法，用 70%～90%乙醇提取，提取液回收乙醇后加入 2 倍量蒸馏用水搅拌，冷藏 12h 以上，滤过。沉淀为树脂、色素等脂溶性成分。药液中则为水溶性成分，如苷、生物碱盐、氨基酸、水溶性有机酸及鞣质等。流程如下：

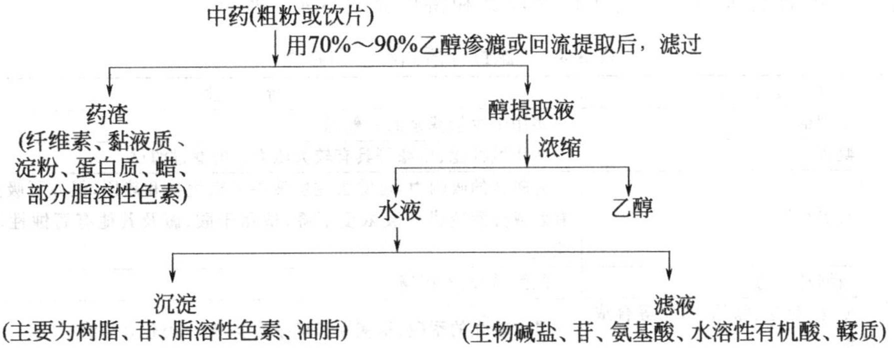

二、非均相提取液分离工艺技术

（一）过滤分离

1. 过滤的基本原理

过滤是指固液混悬液通过一种多孔介质，使含有的固体粒子的流体去除部分或全部微粒，达到固体与液体分离的操作。过滤的推动力可以是重力、加压、真空、或离心力，过滤操作涉及的名词及其含义见表 3-4-2 所示。

表 3-4-2　过滤操作涉及的名词及其含义

名　词	含　义
深层过滤	用砂粒等作为过滤介质，将其堆成较厚的固定床层，悬浮液通过床层孔道时借静电及分子力作用吸附于孔道壁上，适用于悬浮液中颗粒小而含量少的场合 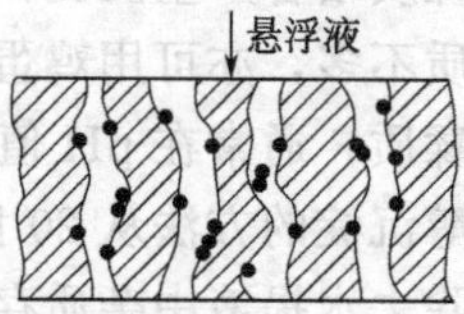
滤饼过滤	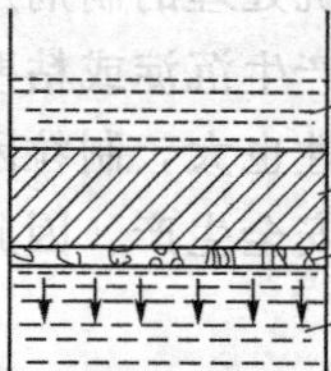 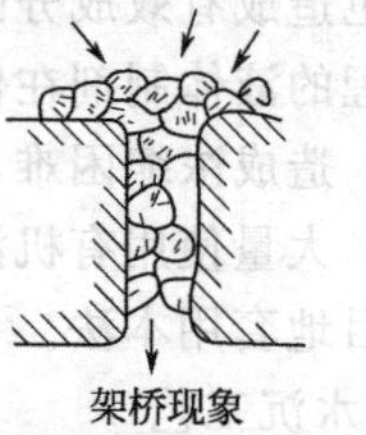 依靠悬浮固体在过滤介质上的架桥现象，过滤清液通过而悬浮颗粒被截留形成滤饼
过滤介质	具有众多细微孔道，能截留固体粒子的材料，包括织物介质（棉、毛、丝、麻、合成纤维织物、玻璃丝、金属丝编织网等）、粒状介质（砂、木炭、石棉等）及多孔性固体介质（多孔陶瓷管等）
架桥现象	在滤饼过滤中悬浮固体的粒径虽小于过滤介质的毛细管直径，但颗粒在毛细管入口处相互架桥并形成滤饼层，从而获得清滤液，在未形成滤饼层之前的少量滤液是浑浊的
滤饼	在过滤介质上截留下来的颗粒累积而成的固定床层，若饼层体积不随两侧压力差的变化而变化称不可压缩滤饼，反之称可压缩滤饼
助滤剂	为解决过滤阻力过大、过滤速率过小的实际问题，所加入的能形成较大且稳定的毛细孔径的具化学稳定性的物质
过滤操作的四个阶段	过滤、滤饼的洗涤、去湿、卸料

2. 滤过介质的种类和特性

滤过介质俗称滤材，一般应按下列要求选用：能获得澄清的滤出液，能有效地阻挡微粒物质，滤过速率较快，不会发生突然或累积式的阻塞，冲洗简便，具有机械强度和耐化学腐蚀能力，对溶液中可溶性物质的吸附尽量少。

滤过介质的种类很多，常用滤材的种类和特性见表 3-4-3 所示。

表 3-4-3　滤过介质的种类和特性

滤过介质的种类		特　性
织物介质	精制棉	多用于少量滤浆的一般滤过
	帆布	多用做抽滤、压滤等具有较大压力差的滤过滤材
	石棉纤维	有较强的吸附力，可除去注射液中的微生物和热原，但亦可吸附药液中有效成分而造成药液浓度下降，适用于酸、碱及其他有腐蚀性的药液的滤过
	绢绸丝织物	能耐稀酸、不耐碱
	尼龙、锦纶、涤纶、腈纶等合成纤维	具有较强的耐酸、耐碱性和机械强度，是一类较好的滤材

续表

滤过介质的种类		特　　性
粒状介质(如石砾、玻璃碴、木炭、白陶土等材料的堆积层)		常用于滤过含滤渣较少的悬浮液,如水和药酒的初滤
多孔性介质	烧结金属过滤介质	用于过滤较细的微粒
	多孔塑料过滤介质	此类滤材优点是化学性质稳定,耐酸、耐碱、耐腐蚀。缺点是不耐热,可用于注射剂过滤
	垂熔玻璃过滤介质	其主要特点是深层滤过效果好,滤速快,适用于大规模生产。但可能发生脱砂,且对药液中的药物有较强的吸附性,能改变药液的 pH 值。广泛用于注射液、口服液、眼用溶液的滤过
	多孔性陶瓷过滤介质	根据孔径大小有三种规格,慢速、中速和快速

3. 影响滤过速度的因素

① 液体的黏稠性越大，则滤过速度越慢。由于溶液的黏性随温度升高而降低，为此采用趁热或保温滤过。同时，应先滤清液，后滤稠液，以减少滤过时间。

② 滤材（如滤布、玻璃纤维、垂熔玻璃、多孔陶质板等）的毛细管越长，孔径越小、数目越少，则滤过速度愈慢。

③ 滤床面上下的压力差越大则滤速越快，因此常采用加压或减压进行过滤。

④ 滤渣层越厚滤速越慢，流体中存在大分子的胶体物质时，易引起滤孔的阻塞，影响滤速。

为提高滤过效率，可选用助滤剂，以防止孔眼被堵塞，保持一定孔隙率。一般的助滤剂为固体，如纸浆、硅藻土、滑石粉、活性炭等。加入助滤剂的方法有两种：①先在滤材上铺一层助滤剂，然后开始滤过；②将助滤剂混入待滤液中，搅拌均匀，可使部分胶体物破坏，滤过过程中形成一层较疏松的滤饼，使滤液易于通过并滤清。但选用助滤剂须考虑对滤液中成分的影响，如活性炭对某些活性成分有较大的吸附性。

4. 板框压滤机

板框压滤机构造如图 3-4-1 所示，是一种在加压状态下的滤过设备。适用于滤过黏性大、颗粒较小、可压缩的各类难滤过的物料，特别适用于含有少量固体的混悬液，亦可用于滤过温度较高（100℃或更高）的液体或接近饱和的溶液。

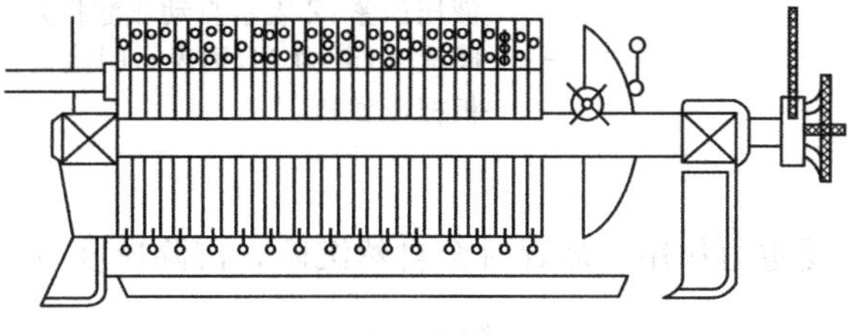

图 3-4-1　板框压滤机的构造

板框压滤机由多个滤板和滤框交替排列组成，如图 3-4-2 所示。所用滤框和滤板的多少，视待滤液框的量及滤渣情况而定，框的数目可由几片到几十片。装合时，板与框应交替排列，每层板框之间加上滤布等滤材。安装完毕，拧紧机头丝杠至板紧密结合为止。滤过时，料浆自上角流入滤框，滤液通过滤布自上而下排出。如果某块滤布有破眼，滤液混浊，可将此板出口的活塞关闭，便失去作用，使不致妨碍全机正常滤过。至于滤渣，当其充满滤框后松开丝口，取出滤框，以水冲去滤渣，框、板及滤布经洗净，装合后再次使用。

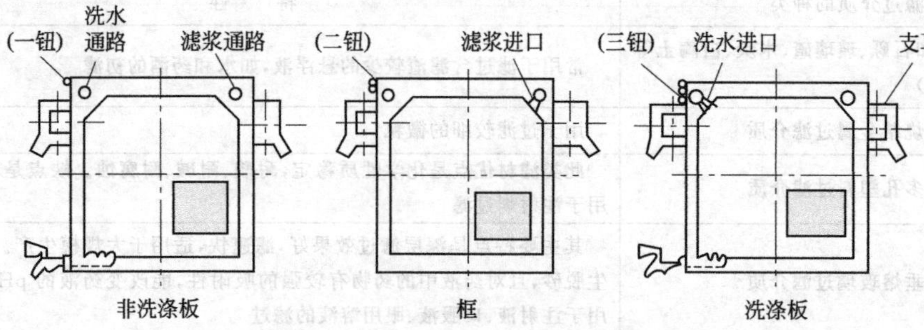

图 3-4-2 滤板和滤框的构造示意图

板框压滤机的操作系间歇性，由装合、滤过、去渣、洗净四步构成一个循环周期。若滤渣过多，在操作周期内需冲洗数次。为了便于冲洗框内滤渣，滤板的左上角有一专供洗涤进入的孔道。

板框压滤机结构简单，价格低，占地面积小，过滤面积大。并可根据需要增减滤板的数量，调节过滤能力。对物料的适应能力较强，由于操作压力较高，对颗粒细小而黏度较大的滤浆也能适用，但由于间歇操作，生产能力低，卸渣清洗和组装阶段需用人力操作，劳动强度大，所以只适用于小规模生产。近年出现了各种自动操作的板框压滤机，使劳动强度得到减轻。

【知识链接】

板框压滤机产品型号说明

板框压滤机国内已有系列产品，并编有板框压滤机产品的系列标准及规定代号，产品型号说明如下：例如：

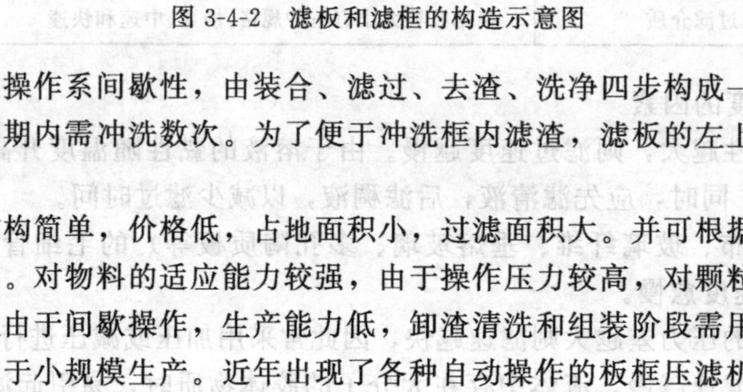

（二）重力沉降

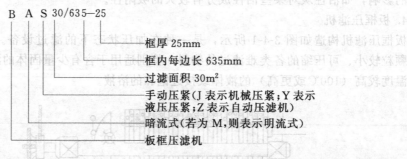

药液中的颗粒由于受重力作用，静置时会自然沉降，沉降速度服从 Stokes 定律。

$$v=\frac{r^2(\rho_1-\rho_2)g}{18\eta} \qquad (3\text{-}4\text{-}2)$$

式中 v——沉降速度，m/s；

r——固体颗粒直径，m；

ρ_1，ρ_2——分别为固体颗粒和分散介质的密度，kg/m³；

g——重力加速度，m/s²；

η——分散介质黏度，Pa·s。

由 Stokes 公式可知，颗粒沉降速度与颗粒半径平方、颗粒与分散介质的密度差成正比，与分散介质的黏度成反比，在物料性质一定的情况下，沉降速度只与重力加速度 g 有关。

重力沉降的缺点是由于其分离的推动力仅靠液固两相密度差，因此沉降时间长（2～10d），同时还有15%～20%以上的料液无法回收，收率低，损失大。且密度差小的微细颗粒很难依靠重力沉降来进行分离。添加絮凝剂或凝聚剂可用于强化沉降过程，缩短沉降时间。

沉降生产设备都是比较简单的沉降罐或沉降槽。为缩短沉降距离、增加沉降面积可采用斜板沉降器。

（三）离心分离

1. 离心分离的原理及类型

离心分离是将待分离的药液置于离心机中，借助于离心机的高速旋转，使药液中的固体和液体，或两种不相混溶的液体，产生大小不同的离心力，从而达到分离目的的操作过程。按离心分离过程原理可分为离心滤过、离心沉降和离心分离三种。

① 离心滤过　离心转鼓周壁开孔为滤过式转鼓，转鼓内铺设滤布或筛网，旋转时悬浮液被离心力甩向转鼓周壁，从而达到固液分离的目的。离心滤过适用于固相含量较多、颗粒较粗的悬浮液的分离。

② 离心沉降　离心转鼓周壁为沉降式转鼓，旋转时，悬浮液在离心力作用下，相对密度较大的固体颗粒先向转鼓沉降形成沉渣，澄清液由转鼓顶端溢出，甩离转鼓，从而达到悬浮液澄清的目的。离心沉降适用于固相含量较少、颗粒较细的悬浮液的分离。

③ 离心分离　转鼓周壁无孔，转速更高。旋转时，乳浊液在离心力的作用下分为两层，相对密度大的液体首先沉降紧贴鼓壁外层，相对密度小的液体则在里层，在不同部位分别将其引出转鼓，从而达到液液分离的目的。当乳浊液中含有少量固体颗粒时，则能进行液-液-固三相分离。

从混悬性药液中分离除去固体沉淀物，从母液中分离出结晶体；或将两种密度不同的不相混溶的液体混合物分离开来。遇到含水率较高、含不溶性微粒的粒径很小或黏度很大的滤液，或需将两种密度不同且不相混溶的液体混合物分开，而用其他方法难以实现时，可考虑选用适宜的离心机进行分离。

2. 影响药液离心分离效果的因素

（1）离心力和分离因数　在用沉降法分离时，由于微小颗粒受到重力的影响很小，且无法提高，如果用离心力代替重力，则沉降速度可以提高许多倍。

在离心机中离心力的大小与物料的质量有关，且随颗粒的旋转速度和旋转半径的大小而变化。颗粒的质量越大，转鼓半径越大，转速越高，则离心力也越大。通常离心力可比密度力大几百倍到几万倍。

物料在离心场中所受离心力 C 和重力 G 大小之比称为分离因数 a，即：

$$a=\frac{C}{G}=\left(\frac{2\pi}{60}\right)^2\times\frac{rn^2}{g} \tag{3-4-3}$$

式中　r——离心机的半径，m；

n——离心机的转速，r/min；

g——重力加速度，m/s^2。

如有一转速为1450r/min、直径为800mm的离心机，根据式(3-4-3)，其分离因数a为：

$$a=\frac{C}{G}=\left(\frac{2\pi}{60}\right)^2\times\frac{rn^2}{g}=\left(\frac{2\times3.14}{60}\right)^2\times\frac{0.4\times1450^2}{9.8}=940$$

表示该离心机的离心力为重力的940倍。

(2) 药液密度的影响　药液密度大小是影响分离、除杂的因素之一，在20℃时控制药液相对密度在1.08～1.10之间比较适宜。若密度太大，药液比较黏稠，容易堵塞管道，且分离效果不甚理想；若药液密度过小，虽分离后的成品澄清度符合要求，但药液量过多，分离时间延长。

(3) 离心温度　由于高速离心机在快速旋转时会产生一定的热量，因而对药液中某些物质会有不同程度的影响。特别是对于含有机溶剂的药液，如酒剂、酊剂等提取液，离心机产生的热能使温度升高，引起乙醇挥发，含醇量随之降低，药液中某些醇溶性成分便随之析出。同时，热量增加，温度升高，加之含有有机溶剂，对于在密闭条件下操作的离心机，危险性也随之增大。

(4) 离心时间　在离心过程中离心时间并非越长越好，因为随着离心时间的增长，沉淀结合会更加紧密，从而使沉淀所包裹和吸附的有效成分增多，损失增大；当然离心时间太短，杂质沉降不充分，同样也达不到分离除杂的效果。

3. 离心过滤设备

(1) 三足式离心机　三足式离心机适用于分离悬浮液中的固体和液体。其原理是靠高速旋转而产生的离心力，使滤液通过滤材而将固、液体分离。

此离心机的转鼓和机座借拉杆挂在3个支柱上，转鼓旋转产生的震动由弹簧承受，见图3-4-3所示。由于这种结构，转鼓高速旋转产生的振动不经过轴和轴承传到机座上，所以不致使机器松动。由于该机产生的离心力很大，为防止转鼓离柱飞出，故主轴上压住转鼓的螺母丝口系为转动方向的反扣。

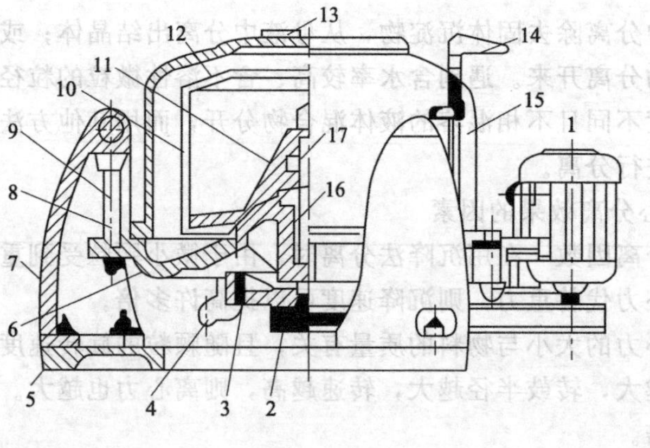

图3-4-3　上部卸料三足式离心机

1—电机；2—三角皮带轮；3—制动轮；4—滤液出口；5—机座；6—底盘；7—支柱；8—缓冲弹簧；9—摆杆；10—转鼓；11—转鼓底；12—拦液板；13—机盖；14—制动手柄；15—外壳；16—轴承座；17—主轴

使用时，应注意下列事项：①物料要均匀加入，防止转鼓中物料偏重发生离心时激烈振动；②开车以后应防止掉进异物，未停车前严禁将手及棍棒等伸入离心机内，以防止发生人身事故；③滤液出口处应保持畅通，预防有些液料结晶成块堵塞出口；④停车时应缓慢分次降速刹车，避免过急刹车，以防止转轴受损；⑤按规程操作，并常加润滑油。

此机的缺点是：上部出料很费力费工，转动装置及轴承在转鼓下方，检修时不太方便。

（2）蝶式离心机 在离心机转鼓内装有许多互相保持一定间距的锥形碟片，使液体在碟片间成薄层流动而进行分离，每个蝶上有无数个孔眼，物料从下面通过蝶上的孔向上移动，经离心力作用将轻、重液分离。重液沿机壁出口流出，轻液沿内侧的出口流出。碟式离心机适用于乳浊液的分离和含有少量固相的悬浮液的澄清，其生产能力大，能自动连续操作，并可制成密闭、防爆型式，因此应用较为广泛。澄清用和分离用的碟式离心机的结构见图3-4-4、图3-4-5所示。该机的转速在10000r/min以上。

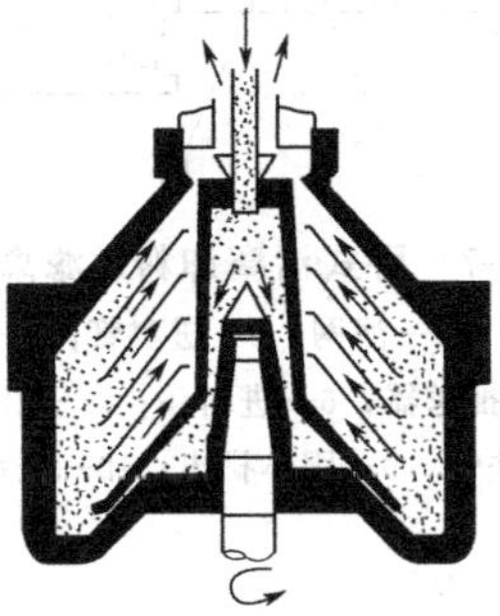

图3-4-4 澄清用碟式离心机

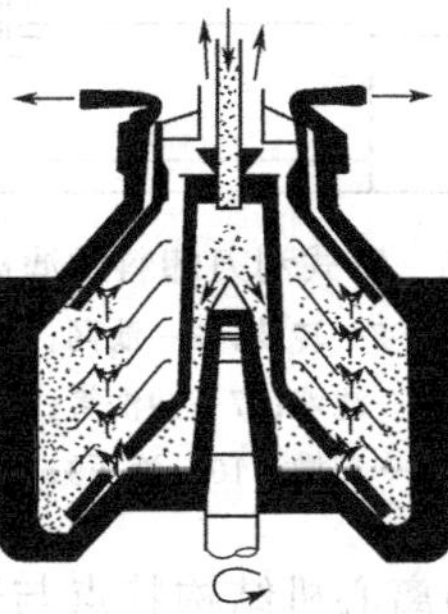

图3-4-5 分离用碟式离心机

（3）卧式刮刀卸料过滤离心机 卧式刮刀卸料过滤离心机的特点是在转鼓连续全速运转的情况下，能自动间歇地进行加料、分离、洗涤、甩干、卸料、洗网等工序的循环操作，对每个工序的操作时间，可进行自动控制，见图3-4-6所示。操作时，进料阀门自动定时开启，悬浮液进入全速运转的鼓内，液相经滤网及鼓壁小孔被甩到鼓外，再经机壳的排液口流出。留在鼓内的固相被耙齿均匀分布在滤网面上。当滤饼达到指定厚度时，进料阀门自动关闭，停止进料。随后冲洗阀门自动开启，冲洗水喷洒在滤饼上。再经甩干一定时间后，刮刀自动上升，滤饼被刮下并经倾斜的溜槽排出。刮刀升至极限位置后自动退下，同时冲洗阀门又开启，对滤网进行冲洗，即完成一个操作循环，重新开始进料。这种离心机分离因素为400～1500，能过滤颗粒粒度为0.1～5.0mm不易分离的悬浮液，在全速下能自动控制各工序的操作，适应性好，操作周期可长可短，生产能力较大而花费人工较少，结构简单，制造维修简便，是目前最为广泛应用的一种过滤离心机。

（4）卧式活塞卸料过滤离心机 在全速运转的情况下，加料、分离、洗涤等操作可以同时连续进行，滤渣由一个往复运动的活塞推送器脉动地推送出，整个操作自动进行，见图3-4-7所示。

料浆不断由进料管送入，沿锥形进料斗的内壁流至转鼓的滤网上。滤液穿过滤网经滤液出口连续排出，积于滤网内面上的滤渣则被往复运动的活塞推送器沿转鼓内壁面推出。滤渣被推至出口的途中，可由冲洗管出来的水进行喷洗，洗水则由另一出口排出。这种离心机的分离因数为300～700，其生产能力大，每小时可生产1000～10000kg的滤渣，适用于分离固体颗粒浓度较浓、粒径较大（0.1～5.0mm）的悬浮液，在生产中得到广泛应用。卧式活塞推料过滤离心机除单级外，还有双级、四级等各种形式。目前国内主要有WH、WHZ、HR、HRZ、P等型号。

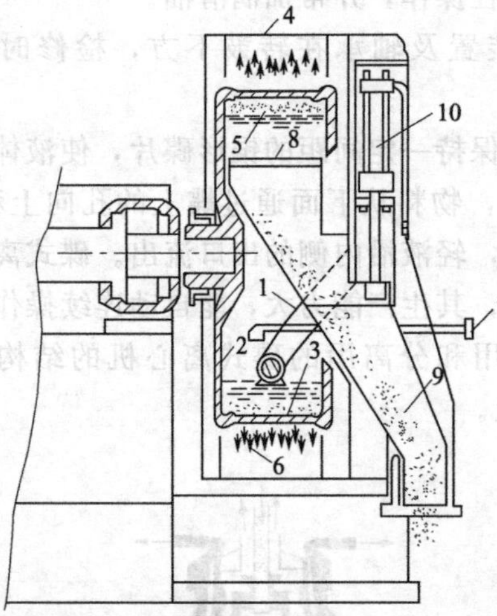

图 3-4-6　卧式刮刀卸料过滤离心机

1—进料管；2—转鼓；3—滤网；4—外壳；5—滤饼；6—滤液；7—冲洗管；8—刮刀；9—溜槽；10—液压缸

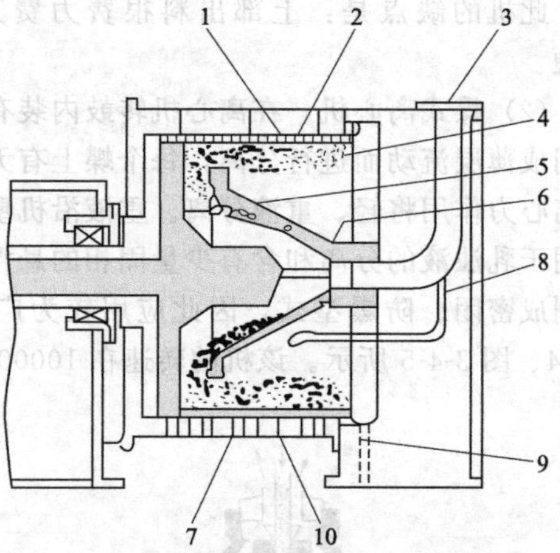

图 3-4-7　卧式活塞卸料过滤离心机

1—转鼓；2—滤网；3—进料管；4—滤饼；5—活塞推送器；6—进料斗；7—滤液出口；8—冲洗管；9—固体排出；10—洗水出口

4. 常用的离心机结构特点与选型

离心机的种类很多，外形、适用性亦不一。各种过滤、沉降、分离离心机的性能、用途、分离因数、分离特性等见表 3-4-4 所列，生产中可根据具体情况加以选用。

5. 离心分离相对于醇沉工艺的优势

离心分离相对于醇沉工艺有如下的优势。

① 离心分离法属于物理分离技术，它通过离心力作用使药液中的悬浮物微粒沉降，从而实现固液的分离。同时它又能较多地保留药液中的有效成分，更好地体现中药复方的特点。

② 减少了“醇沉→滤过→回收乙醇”等工序，缩短了工艺流程和生产周期，提高了效率。

③ 无需使用大量乙醇，节省了物料，降低了成本；设备简单，操作方便，适用于工业化大生产。

④ 分离除杂效果优良，不仅可用于一般水提液的除杂澄清，而且也作为超滤、大孔树脂吸附等精制技术较好的预处理。

三、膜分离工艺技术

（一）基础知识

1. 膜分离过程的概念

膜分离过程是用天然的或合成的、具有选择透过性的薄膜为分离介质，当膜两侧存在某种推动力（如压力差、浓度差、电位差、温度差等）时，原料侧液体或气体混合物中的某一或某些组分选择性地透过膜，以达到分离、分级、提纯或富集的目的。

目前膜分离技术应用在制药领域主要用于纯水制备、物料的浓缩、分离等。由于中药煎煮液中存在大量的鞣质、蛋白质、淀粉、树脂等大分子物质及许多微粒及絮状物等，这些大分子一般没有药效作用且影响产品质量，用水提醇沉或醇提水沉工艺不仅难以将它们除尽，而且容易损耗有效成分并消耗大量的有机溶剂，用膜分离技术可很好地实现上述目的，选用不同种类和规格的分离膜可以得到单一成分产物，也可以是某一分子量区段的多种成分。

表 3-4-4　离心机型式和性能

项目	过滤离心机						沉降离心机		分离机				
	间歇式		活塞式		连续卸料式		螺旋卸料						
											碟式		
	三足式、上悬式	卧式刮刀卸料、三足式自动卸料、上悬式机械卸料	单级	双级	离心力卸料	螺旋卸料	圆锥形	柱锥形	管式	室式	人工排渣	喷嘴排渣	活塞排渣
典型机型	SS,SX,XZ	WG,SXZ,XJ,GK	WH	WHZ,HR,HRZ	1L,WI	LLD,LWL	LW	LWL	GF,GQ	S,SC	DRJ,DRY	DPJ,DPZ	DHY,DHC
操作方式	人工间歇	自动间歇	自动连续				自动连续		人工间歇			自动连续	
卸渣机构		刮刀	油压活塞	油压活塞		螺旋	螺旋					喷嘴	液压活塞
分离因数	500～1000	约 2500	300～700	300～700	1500～2500	1500～2500	约 3500	约 3500	10000～60000	约 8000	约 8000	约 8000	约 8000
用途　澄清							可	良	优	优	优	良	优
用途　液液分离									优		优	优	优
用途　沉降浓缩							可	优	优	优	优	优	优
用途　脱液	优	优	优	优	优	优							
用途　应用	固相脱液，洗涤				固相脱液		固相浓缩	固相浓缩，液相澄清	乳浊液分离，液相澄清	液相澄清	乳浊液分离，液相澄清	固相浓缩，乳浊液分离	乳浊液分离，液相澄清
料液物性　固相浓度/%	10～60	10～60	30～70	30～70	≤80	<80	5～50	5～50	<0.1	<0.1	<1	<10	～10
料液物性　固相粒度/mm	0.05～5	0.1～5	0.1～5	0.1～5	0.04～1	0.04～1	0.01～1	0.01～1	～0.001	～0.001	0.001～0.015	0.001～0.015	0.001～0.015
料液物性　两相密度差/(kg/m³)	不影响						≥50	≥50	≥10	≥10	≥10	≥10	≥10
分离效果	优	优	优	优	优	优	优	良	优	优	优	渣呈流动状	优
洗涤效果	优	优	良	优	可	可	可	可					
晶粒破碎度	低	高	中	中	中	高	中	中					
过滤介质	滤布金属网	滤布金属网	金属条网	金属条网	金属板网	金属板网							
代表性分离物料	硫铵、糖	硫铵、糖	碳铵	硝化棉	硫铵、糖	洗煤、盐类	聚氯乙烯	树脂，污泥	动植物油润滑油	啤酒，电解液	油，奶油	酵母，淀粉	抗生素，油

注：表中所列机型均属国内型号。

膜分离过程与其他传统分离方法相比具有分离效率高、能耗较低、膜组件结构紧凑、操作方便、分离范围广等特点。不仅适用于热敏性物质的分离、分级、浓缩与富集，而且适用于从病毒、细菌到微粒广泛范围的有机物和无机物的分离及许多理化性质相近的混合物（如共沸物或近沸物）的分离。常用膜过程的应用范围见图 3-4-8 所示。

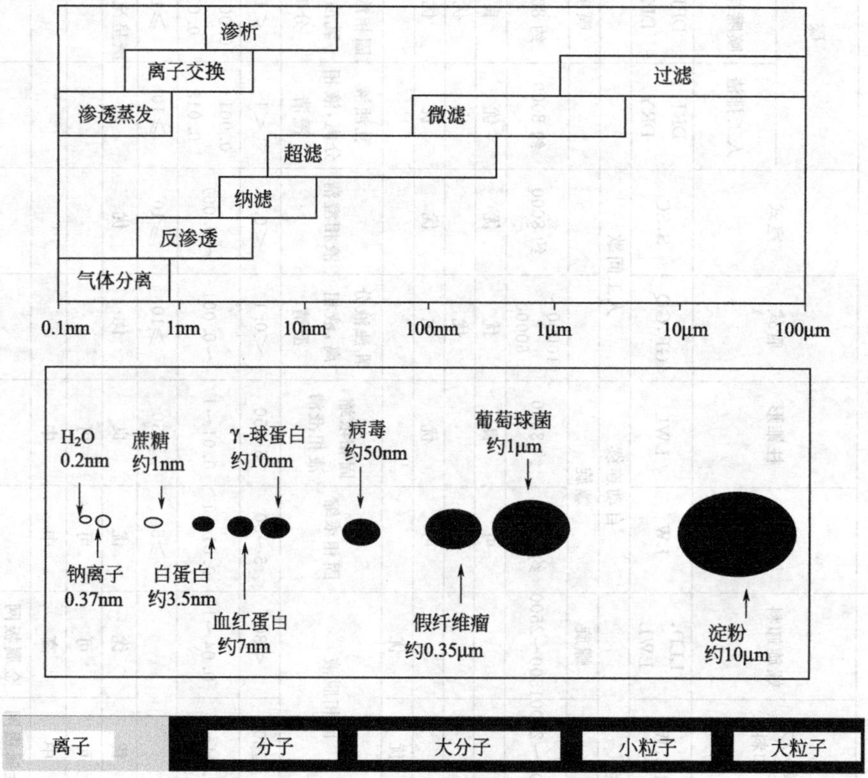

图 3-4-8 常用膜过程的应用范围

2. 膜分离过程的基本特征

表 3-4-5 列出了几种典型工业化应用的膜分离过程的基本特征。

表 3-4-5 几种典型膜分离过程的基本特性

过程	分离目的	透过组分	截留组分	推动力	传递机理	膜类型	进料状态
微滤(MF)	溶液、气体脱粒子	气体、水、溶剂、溶解物	0.02～10μm 粒子	压力差	颗粒大小和形状	多孔膜和非对称膜	液体或气体
超滤(UF)	溶液脱大分子，大分子溶液脱小分子，大分子分级	小分子溶液	1～20nm 大分子溶质	压力差	分子特性、大小、形状	非对称膜	液体
纳滤(NF)	溶剂脱有机组分、脱高价离子、软化、脱色、浓缩、分离	溶剂、小分子溶质	1nm 以上溶质	压力差	溶解扩散传递	非对称膜	液体
反渗透(RO)	溶剂脱溶质、含小分子溶质溶液浓缩	溶剂、水	0.1～1nm 小分子溶质	压力差	溶剂的扩散传递	非对称膜	液体
渗析(D)	大分子溶质脱小分子	小分子溶质或离子	大于 0.02μm 截留	浓度差	溶质的扩散传递	非对称膜或离子交换膜	液体
电渗析(ED)	溶液脱小离子，小离子溶液浓缩，小离子分级	电解质离子	非电解质、大分子物质	电化学势	电解质离子的选择传递	离子交换膜	液体

3. 膜材料

常用膜材料的种类和特性见表 3-4-6。

表 3-4-6　常用膜材料的种类和特性

膜的种类				膜的特性
膜材料	有机高分子膜材料	纤维素类	硝酸纤维素膜	价格便宜，广泛用做微滤膜材料，可以在 120℃、30min 热压灭菌
			醋酸纤维素膜	亲水性好、成孔性好、成本低，但耐酸碱和有机溶剂能力差，应用受到一定的限制，可以在 120℃、30min 热压灭菌
			再生纤维素膜	适用于水和有机介质，可耐 180℃高温，广泛用做微滤膜、超滤膜材料
		聚酰胺类膜		具有高强度、耐高温，适用于弱酸、稀酸、碱类和一般溶剂，如丙酮、三氯甲烷、醋酸乙酯的过滤。是制作耐溶剂超滤膜的首选材料
		聚四氟乙烯膜		用于滤过酸性、碱性、有机溶剂的液体，可耐 200℃高温。常用于超滤、微滤过程
		聚氯乙烯膜		不受低分子量的醇类和中等强度的酸碱的侵蚀，但耐热性差，不能加热灭菌
	无机膜材料	金属膜材料		化学稳定性好，耐污染能力强，机械强度高，温度适用范围广，易于实现膜再生，但无机膜材料脆性大，给膜的成型加工及组件装备带来一定的困难。
		陶瓷膜材料		常用陶瓷膜材料有 Al_2O_3、ZrO_2、TiO_2、SiO_2、SiC

（二）微滤

1. 微滤的基本原理

微滤是在静压差推动下，将滤液中大于膜孔径的微粒、细菌及悬浮物质等截留下来，达到除去滤液中微粒与澄清溶液的目的。从微滤膜上截留微粒、絮状物等主要靠：①筛分作用，即膜孔能截留比其孔径大或相当的微粒；②架桥作用，与表面过滤相似，由于架桥作用使小于膜孔的粒子被截留；③吸附作用，包括物理、化学吸附，吸附作用可将粒子截留于膜表面甚至于膜内部。

通常，微滤过程所采用的微孔膜孔径在 0.05～10μm 范围内，滤过时吸附少、无介质脱落，一般用于分离或纯化含有直径为 0.02～10μm 的微粒、细菌等物质。膜的孔数及孔隙率取决于膜的制备工艺，由于每平方厘米滤膜中包含 0.1 亿～1 亿个小孔，孔隙率占总体积的 70%～80%，故滤过阻力很小，过滤速度较快。由于微滤所分离的粒子通常远大于反渗透、纳滤和超滤分离溶液中的溶质及大分子，基本上属于固液分离，可看成是精细过滤。

2. 微滤过程的操作方式

微滤过程有两种操作方式，即无流动操作和错流操作。

在无流动操作中，原料液置于膜的上游，在压差推动下，溶剂和小于膜孔的颗粒透过膜，大于膜孔的粒子则被截留，该压差可通过原料液侧加压或透过压侧抽真空产生。随着时间的增长，被截留颗粒将在膜表面形成污染层，使滤过阻力增加，在操作压力不变的情况下，膜渗透流率随之下降，如图 3-4-9 所示。因此无流动操作只能是间歇性的，必须周期性地停下来清除膜表面的污染层或更换膜。

无流动操作简便易行，适合实验室等小规模场合。对于固含量低于 0.1%的料液通常采用这种形式；固含量在 0.1%～0.5%的料液则需进行预处理；而对固含量高于 0.5%的料液通常采用错流操作。

微滤的错流操作在近 20 年来发展很快，有代替无流动操作的趋势。这种操作类似于超滤和反渗透，如图 3-4-10 所示，原料液以切线方向流过膜表面，在压力作用下通过膜，料液中的颗粒则被膜截留而停留在膜表面形成一层污染层。与无流动操作不同的是，料液流经膜表面时产生的高剪切力可使沉淀积在膜表面的颗粒扩散回主体流，从而被带出微滤组件使该污染层不再无限增厚而保持在一个较薄的稳定水平。因此一旦污染层达到稳定，膜渗透流率就将在较长一段时间内保持在相对较高的水平。

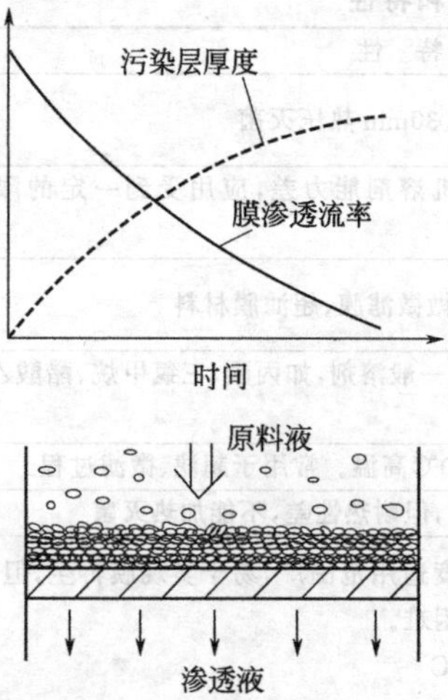

图 3-4-9　无流动操作

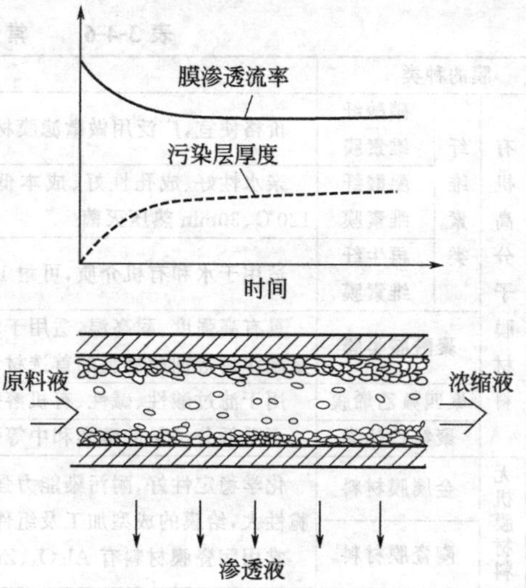

图 3-4-10　错流操作

【知识拓展】

微滤在分离纯化中药提取液中的应用

中药复方水提液中含有较多的杂质，如极细的药渣、泥沙、纤维等，同时还有大分子物质如淀粉、树脂、糖类及油脂等，使药液色深而浑浊，用常规的滤过方法难以除去上述杂质。醇沉工艺的不足是总固体和有效成分损失严重，且乙醇用量大、回收率低、生产周期长，已逐渐被其他分离精制方法所替代。高速离心技术通过离心力的作用，使中药水提液中悬浮的较大颗粒杂质如药渣、泥沙等得以沉降分离，是目前应用最广的分离除杂方法之一。但对于药液中非固体的大分子物质，高速离心法的去除效果并不十分理想，同样存在一定适应性和局限性。因此，在此基础上，微滤技术利用筛分原理分离大小为 0.05～10μm 的粒子，不仅能除去液体中较小固体粒子，而且可截留多糖、蛋白质等大分子物质，具有较好的澄清除杂效果，并为后面的超滤或大孔吸附树脂吸附等操作创造条件。

（三）超滤

1. 超滤的基本原理

超滤（UF）也叫错流过滤，是一种压力驱动的膜分离过程，它利用多孔材料的拦截能力，能从流体及溶解组分中分离出 10～100Å（1Å＝0.1nm）的微粒介质，这个尺寸范围内的微粒通常是流体的溶质，因此，超滤既可分离溶液中的某些溶质，又可用于某些用其他滤过方法难以分离的胶体悬浮体。其基本原理是在常温下以一定压力和流量，利用不对称微孔结构和半透膜介质，依靠膜两侧的压力差作为推动力，以错流方式进行过滤。超滤膜的典型孔径在 0.01～0.1μm 之间，能使溶剂及小分子物质通过，大分子物质和微粒子如水溶性高聚物、细菌、大多数病毒、胶体、热原及高分子有机物等被滤膜阻留，从而达到分离、分级、纯化、浓缩目的的一种新型膜分离技术。

【知识链接】

浓度极化现象

在超滤过程中，靠近膜面处的溶液因其中溶剂和小分子物质常形成一层近于固体的凝胶层，其阻力大于超滤膜本身，同时将分子量小于截留值的溶质也被截留，起到次级膜的作用，因而使液体透过速度逐渐减慢。这种现象即所谓浓度极化。

为改善浓度极化现象，必须采用增加膜面的搅拌程度，加速溶液中的溶质向外扩散，使凝胶层减薄到最低限度，才能提高滤速，在超滤时使液体在系统中不断地循环流动，利用流体的动力作用将膜面上的截留物冲洗掉，结果既能保持滤速，又可使截留物呈液体浓缩物而被回收。这是超滤与其他滤过方法不同的显著特点之一。

2. 超滤膜的选择

超滤膜是超滤系统装置中的核心部分，选择适宜的超滤膜是影响超滤质量的关键。超滤膜材质国内常用的有醋酸纤维酯类、聚砜、聚丙烯肽等，以及使用较少的聚四氟乙烯、尼龙等，其中醋酸纤维素滤膜常用，它具有通量大、无毒性、便于制备等优点。由于聚砜的耐热、耐酸碱性能优越，近年来也发展较快。

了解和选择适宜的膜材质可以保证所滤药液的稳定性，同时也可避免药液对膜的腐蚀所引起膜的破损脱落。超滤膜的分离特性与膜的孔径有关，超滤膜的孔径常以截留（95%）特定物质的相对分子质量来表示，例如，相对分子质量截留值为1万的膜，应能将溶液中相对分子质量1万以上的溶质绝大多数（>90%）截留在膜前。常用特定物质有牛血清蛋白（相对分子质量6.8万）、卵蛋白（相对分子质量4.5万）、细胞色素（相对分子质量12.5万）。根据待滤物质的相对分子质量大小选择适当的孔径及截留值，是保证中药液体制剂的有效成分和保持相应的滤过速度最重要的一环。在应用超滤时，应根据超滤体系的特点，通过实验选择合适的超滤膜（材质及孔径），以保证超滤的顺利进行。表3-4-7列出了几种常用的超滤膜材料的结构及特性。

表 3-4-7　超滤膜材料的结构及特性

结构		活性层	支撑层	pH 范围	T_{max}/℃	截留分子质量/kDa
有机	不对称/复合	PS	PP/聚酯	1～13	90	1～500
	不对称/复合	PES	PP/聚酯	1～14	95	1～300
	复合	PAN	聚酯	2～10	45	10～400
	复合	PA	PP	6～8	80	1～50
	不对称/复合	CA	CA/PP	3～7	30	1～50
	复合	PVDF	PP	2～11	70	50～200
	复合	PE	聚酯	2～12	40	20～100
	复合	FP	—	1～12	65	5～100
无机	复合	氧化锆	碳	0～14	350	10～300
	复合	Al_2O_3/TiO_2	改性的 Al_2O_3/TiO_2	0～14	400	10～300
	不对称	Al_2O_3	Al_2O_3	1～10	300	0.001～0.1
	复合	Al_2O_3	Al_2O_3	1～10	150	0.004～0.1

3. 影响超滤效果的因素

为提高超滤的质量和效果，同时为超滤工艺条件的选择和技术参数的确定提供合理、可靠的依据，除滤膜外还应从以下几个方面考虑和分析影响超滤效果的因素。

(1) 药液的预处理　中药煎煮液可视为胶体溶液、悬浊液和真溶液的混合体系，在超滤过程中极易形成次级膜，流速减慢，影响超滤质量，所以要先对药液预处理，减少系统清洗次数，提高超滤效率，延长膜的寿命。最好采用高速离心法或微孔滤膜（0.3～0.8μm）对药液进行过滤预处理。

(2) 压力的影响　超滤过程是压力为驱动力的分离过程。压力过低，滤液通量小，不满足生产要求；压力过高，膜易压实并促使沿膜面凝胶阻力层很快形成，致使滤液通量下降。同时，过高的压力会增加动力消耗并对超滤器产生不良影响。

(3) 药液流速的影响　药液流速指中空纤维丝外侧流动的药液流速。实验表明，随着药液流速增加，药液流动程度及沿膜面剪切力相应增加，膜面浓度极化和沉积-凝胶阻力减少，滤液通量随之增加。

(4) 药液温度的影响　温度不仅影响膜本身的工作性能，且对超滤过程传质效果的促进、膜面沉积-凝胶阻力的削弱有着较大影响，随着药液温度上升，滤液通量明显增加。但当温度升高，有可能促成膜面上易吸附、沉积的蛋白质、鞣质、淀粉等物质的变性与凝胶化。故在中成药水提液超滤过程中，药液温度应控制在20～40℃。

(5) 药液浓度及超滤时间的影响　超滤的药液浓度不可过高，过高易形成凝胶层；也不可过低，过低则增加超滤时间，一般浓度应控制在适当范围内。

(6) 药液pH值的影响　药液的pH值影响药液中各成分的存在状态，从而影响到药液的滤过和有效成分的保留及杂质的截留。因此在超滤前后最好考察药液pH值的变化，进一步提高超滤效果。

4. 超滤膜的再生

为提高超滤膜的利用率，使用过的超滤膜应立即用清水冲洗，然后用一定浓度的碱性氧化剂，在低压下运行30min，并使超滤器的纯水通量恢复至超滤初通量的80%～90%，最后再用清水冲洗，即可再次使用。

超滤膜的保护与再生是值得注意的一个问题，因为超滤膜价格昂贵，却易被堵塞。超滤膜材由惰性材料制成，但有些药物能使膜的性质发生变化。如使膜材脆性增加或发生不可逆结合等影响超滤，在使用时需要根据药物的性质选择适宜的膜和滤过方法。

【知识拓展】

超滤在现代中药制剂中的应用

水提醇沉法曾广泛用于液体制剂（注射剂、口服液剂）的分离纯化工艺中，为使滤液澄清、稳定，有时需反复多次醇沉处理，有效成分损失很大而使收率下降。采用超滤过程可有效地去除中药提取液中的淀粉、树胶、果胶、黏液质、蛋白质等可溶性大分子杂质。许多实验数据结果表明滤除大分子杂质后，一些主要成分的收率明显大于水提醇沉法，且超滤液澄明、稳定（不因放置日久而再度浑浊）。例如用超滤法（CA-3型乙酸纤维素膜截留相对分子质量22500）制备五味消毒饮注射液，以君药双花中绿原酸的含量及澄明度为指标与水醇法进行比较。结果超滤法和水醇法制品中绿原酸平均含量分别为33.81mg/mL和30.97mg/mL，超滤制品中的粒径在2～16μm范围内，均比水醇法少得多，且工艺流程短。经过超滤，微生物、热原的去除效果很好，对提高注射剂质量有明显的效果。将水提醇沉改成超滤后避免了乙醇的消耗和大量稀乙醇的回收，在降低生产成本上也有着很大的优势。注射剂，特别是静脉注射剂，对溶液中所含微粒量的要求很高，注射液经超滤后微粒大部分可被除掉。例如双黄连粉针剂，超滤前后≥5μm的分别为7088个和310个，≥10μm的分别为75个和18个，≥25μm的分别为2个和0个，这三种粒度的允许个数分别为1000、100、2，超滤前后的固含量损失不大。

（四）纳滤与反渗透

1. 定义

(1) 纳滤（NF）　纳滤膜是介于反渗透膜与超滤膜之间的一种膜，其表层孔径处于纳米范围，可截留的最小分子约为1nm（膜孔径2nm），只有如水、无机盐类（如NaCl）等可以透过，特别适合于热敏性药液的浓缩，如图3-4-11所示。

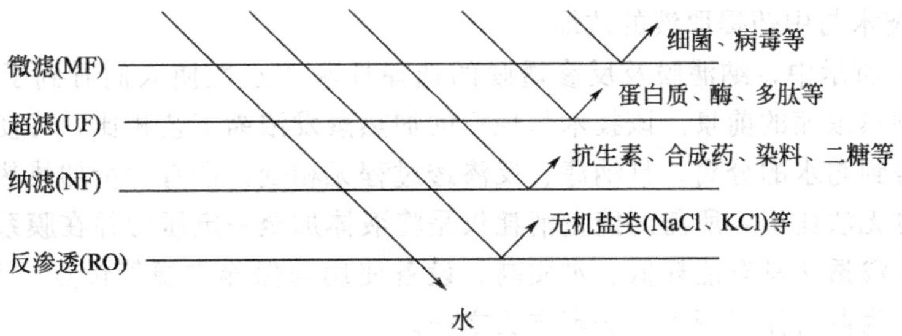

图 3-4-11　膜透过特性示意图

纳滤膜材料主要有醋酸纤维酯类、磺化聚砜、磺化聚醚砜和芳香族聚酰胺复合材料以及无机材料等，目前应用最广的是芳香族聚酰胺复合材料。

(2) 反渗透（RO）　反渗透是较早工业化的膜分离过程，已广泛应用于海水及苦咸水的淡化、有效成分的提取与分离、低分子量水溶液的浓缩等，其中最普遍的应用实例便是在纯水处理工艺中，用反渗透技术将原水中的无机离子、细菌、病毒、有机物及胶体等杂质去除，获得高质量的纯化水。

工作原理：与微滤、超滤、纳滤的透过机理不同，反渗透的透过机理则基于液体的渗透压，如图 3-4-12 所示。

对透过的物质具有选择性的薄膜称为半透膜，当把相同体积的稀溶液（例如淡水）和浓溶液（例如海水）分别置于半透膜的两侧时，稀溶液中的溶剂将自然穿过半透膜而自发地向浓溶液一侧流动，这一现象称为渗透。当渗透达到平衡时，浓溶液侧的液面会比稀溶液的液面高出一定高度，即形成一个压差，此压差即为渗透压。渗透压的大小取决于溶液的固有性质，即与浓溶液的种类、浓度和温度有关，而与半透膜的性质无关。若在浓溶液一侧施加一个大于渗透压的压力时，溶剂的流动方向将与原来的渗透方向相反，开始从浓溶液向稀溶液一侧流动，这一过程称为反渗透。反渗透是渗透的一种反向迁移运动，是一种在压力驱动下，借助于半透膜的选择截留作用将溶液中的溶质与溶剂分开的分离方法，其特点如下。

① 反渗透的脱盐率高，单只膜的脱盐率可达 99%，单级反渗透系统脱盐率一般可稳定 90%以上，双级反渗透系统脱盐率一般可稳定在 98%以上。

② 由于反渗透膜能有效去除细菌等微生物、有机物，以及金属元素等无机物，出水水质极大地优于其他方法。

③ 反渗透制纯水运行成本及人工成本低廉，减少环境污染。

④ 减缓了由于源水水质波动而造成的产水水质变化，从而有利于生产中水质的稳定，这对稳定纯水产品质量有积极的作用

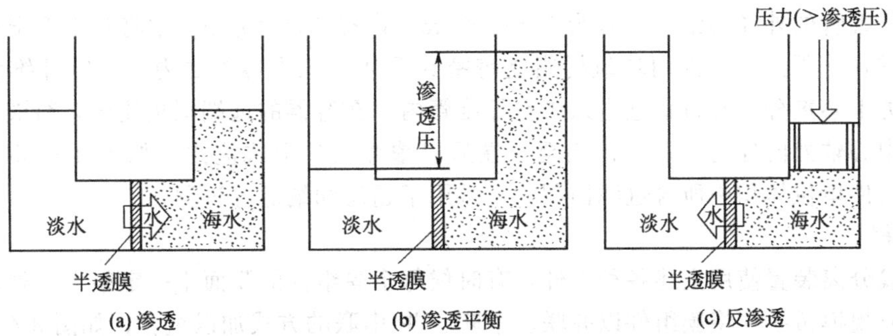

图 3-4-12　渗透、渗透平衡及反渗透

2. 膜分离技术与中药提取液的浓缩

在图 3-4-11 所示中，纳滤膜及反渗透膜的选择性和透水性使人们看到了将中药水提液进行低温、无供热浓缩的前景。该技术与现行的加热蒸发浓缩工艺相比，可使许多中药热敏物料在低温下得到与水的分离；且纳滤、反渗透过程无相变，没有大量加热热能的消耗，即便是多效蒸发也无法比拟，所需的能量消耗仅是将液体加至一定压力并在膜系统中用泵输送循环。正由于反渗透法具有能耗低、水质高、设备使用与保养方便等优点，美国药典 19 版首次将该方法作为制备注射用水的法定方法之一。

（五）工业膜分离装置

平板式或管式膜分离装置因为膜的分离面积小，处理量有限，多用于试验或放大倍数不高的中试装置。有限的膜通量促使人们在设计工业膜装置时要考虑大的膜面积，如大数量的膜组件组合，以及提高装置的单位体积所含膜的面积。膜组件有管式、管束式、螺旋卷式、中空纤维式等。

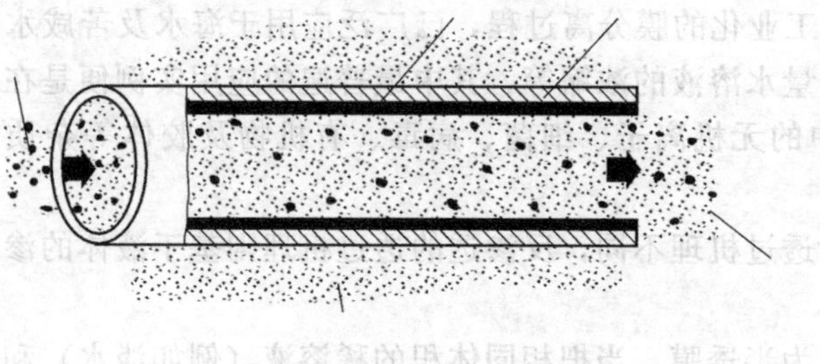

图 3-4-13 管式膜（KOCH 膜）

1—原料液；2—过滤液；3—过滤膜；4—刚性支撑管；5—浓缩液

1. 管式膜组件

管式膜组件有外压式和内压式两种。内压式组件，膜被装在不锈钢或玻璃纤维增强的塑料承压管内，加压的料液从管内通过，穿透管状膜从支持管的孔隙流到管外被收集，如图 3-4-13 所示。

管式膜装置的优点是对料液的预处理要求不高，易清洗、无死角、更换成本低，适宜于处理高浓度悬浮液。

2. 螺旋卷式膜组件

在两片反渗透膜中夹入一层多孔支撑材料，将两片膜的三边密封，再在膜外铺一层隔网，然后用钻有小孔的多孔管卷起叠好的多层材料，料液自螺旋卷侧隔网处进入，溶剂分子透过网两侧的膜进入膜间多孔支撑材料层，然后绕螺旋卷从中心管壁小孔进入中心管，如图 3-4-14 所示。将多个螺旋卷组件组合在一起组成一台膜分离器，它的外壳要求承受高压。螺旋卷式膜组件单位体积中所含过滤面积大，更换新膜容易，操作压力较高，流速快。

3. 中空纤维式组件

中空纤维管的外径很细，一般为 50～100μm，内径 15～45μm，常将几十万根中空纤维围在中心进料管周围，端部用环氧树脂浇铸密封后装入压力容器之内，中空纤维管外为料液，在压力下溶剂分子透过管壁进入中空纤维管内，在容器的远端汇集流出，料液自中空纤维管束的中心轴处向外周流动，汇集至一端后以浓缩液的形式流出，如图 3-4-15 所示。中空纤维式组件单位体积中所含过滤面积大，常用于超滤和纳滤等过程。

4. 流程

工业膜分离装置使用上述各种组件，有时候每个膜组件的膜面不一定很大（处理量小），为得到工业规模量必须将膜组件以并联、串联、并-串联的方式加以组合，如图 3-4-16 所示。图 3-4-16 中（a）、（b）适合于小处理量的场合，如实验室规模；连续直通流程处理量大，而连续循缩流程则有高的效率。

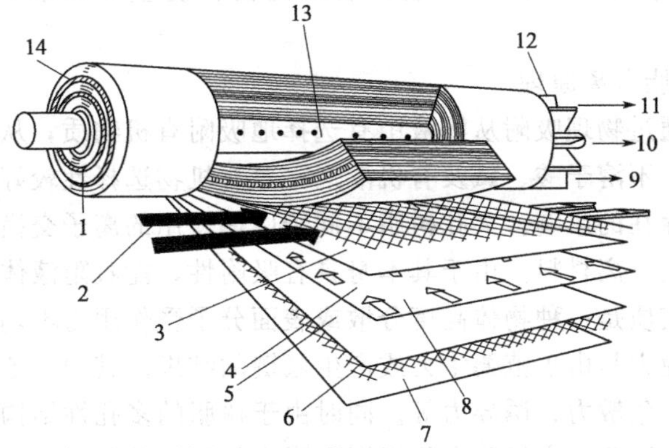

图 3-4-14　螺旋卷式膜组件

1,14—进料；2—料液流道；3,5—膜；4—透过液收集器；6—料液流道隔离件；7—外套；8—透过液流道；9,11—浓缩液；10—透过液出口；12—防套筒伸缩装置；13—透过液收集孔

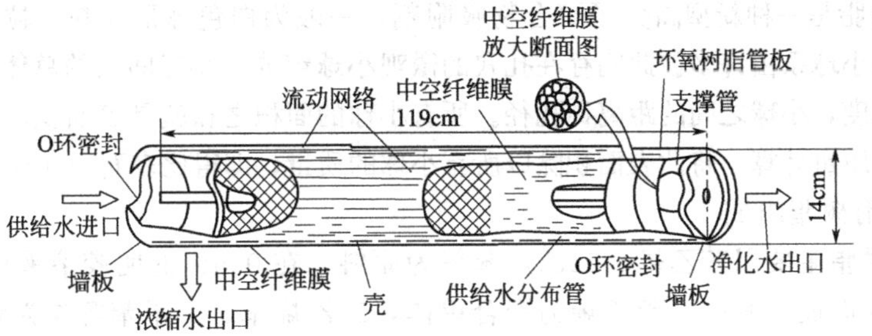

图 3-4-15　中空纤维式组件

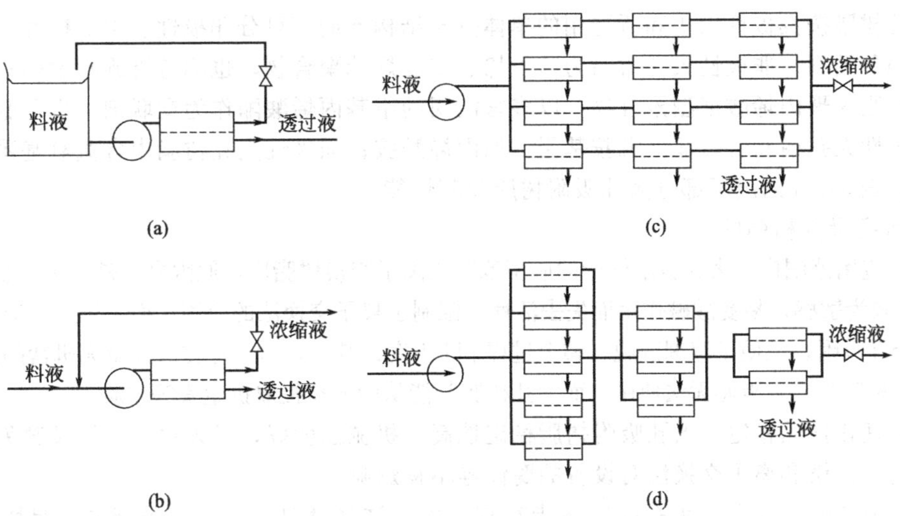

图 3-4-16　膜分离组合流程

(a) 分批循环；(b) 连续循环；(c) 连续直通；(d) 连续循缩

四、大孔吸附树脂分离技术

大孔吸附树脂法是 20 世纪 60 年代末离子交换技术领域新发展起来的一种非常有效的分离方法。它不仅在药学领域如天然药物的精制、中成药的制备和质量控制等方面

广泛应用，而且在废水处理、化学工业、临床检验、抗生素提取分离等领域也发挥了重要作用。

（一）大孔吸附树脂分离原理

大孔吸附树脂是通过物理吸附从溶液中有选择地吸附有机物质，从而达到分离提纯的目的。其理化性质稳定，不溶于酸、碱及有机溶剂，对有机物选择性较好，不受无机盐类及强离子、低分子化合物存在的影响。大孔树脂不同于以往使用的离子交换树脂，它是将吸附性和筛选性原理相结合的分离材料。由于其本身具有吸附性，能吸附液体中的物质，故称之为吸附剂。树脂吸附的实质是一种物体高度分散或表面分子受作用力不均等而产生的表面吸附现象，大孔树脂的吸附力是由于范德华力或产生氢键的结果。其中，范德华力是一种分子间作用力，包括定向力、色散力、诱导力等。同时由于树脂的多孔性结构使其对分子大小不同的物质具有筛选作用。因此，有机化合物根据吸附力的不同及分子量的大小，在树脂的吸附机理和筛分原理作用下实现分离。

（二）大孔吸附树脂简介

1. 大孔吸附树脂结构

大孔吸附树脂是一种新型高分子聚合物吸附剂，一般为白色球形颗粒，粒度为 20～60 目。大孔树脂的宏观小球系由许多彼此间存在孔穴的微观小球组成。小球间穴的总体积与所有小球体积之比，称为孔度，小球之间的距离称孔径。所有小球的面积之和就是表面积，亦即树脂的表面积。如果以单位质量计算，将此表面积除以所有小球的质量，即得比表面积（m^2/g）。

2. 大孔吸附树脂组成

大孔吸附树脂主要以苯乙烯、二乙烯苯等为原料，在 0.5%的明胶溶液中，加入一定比例的致孔剂聚合而成。其中，苯乙烯为聚合单体，二乙烯苯、二甲苯等作为致孔剂，它们互相交联聚合形成了大孔树脂的多孔骨架结构。

3. 大孔树脂的性能

大孔树脂按其极性大小和所选用的单体分子结构不同，可分非极性、中等极性、极性和强极性四种类型。非极性大孔树脂为苯乙烯、二乙烯苯聚合物，也称芳香族吸附剂；中等极性大孔树脂为聚丙烯酸酯型聚合物，以多官能团的甲基丙烯酸酯作为交联剂，也称脂肪族吸附剂；极性大孔树脂含硫氧、酰胺基团，如丙烯酰胺；强极性大孔树脂中含氮氧基团，如氧化氮类。表 3-4-8 列出了部分大孔吸附树脂及其性能。

4. 大孔吸附树脂的特点

（1）应用范围广　大孔吸附树脂的应用范围比离子交换树脂广，原因之一是许多生物活性物质对 pH 较为敏感，易受酸碱作用而失去活性，限制了离子交换法的应用，而采用大孔吸附树脂，既能选择性吸附，又便于溶剂洗脱，整个过程 pH 不变；其二，对于存在有大量无机盐的发酵液，离子交换树脂受严重阻碍无法使用，而大孔树脂却能从中分离提取抗生素等物质。

（2）理化性质稳定　大孔吸附树脂稳定性高，机械强度好，经久耐用，且又避免了溶剂法对环境的污染和离子交换法对设备的腐蚀等不良影响。

（3）分离性能优良　大孔吸附树脂对有机物的选择性良好，分离效能高，且脱色能力强，效果不亚于活性炭。

（4）使用方便　大孔树脂一般系小球状，直径在 0.2～0.8mm 之间，因此流体阻力小于粉状活性炭，使用方便。

（5）溶剂用量少　大孔吸附树脂法用仅少量溶剂洗脱即达到分离目的，不仅溶剂用量少，而且避免了严重的乳化现象，提高了效率。

表 3-4-8　部分大孔吸附树脂及其性能

型　号	生产者	结构	极性	比表面积/(m^2/g)	孔径/Å①
南大 D_1	南开大学	乙基苯乙烯	非极性	—	—
南大 D_2	南开大学	乙基苯乙烯	非极性	382	133
南大 D_3	南开大学	乙基苯乙烯	非极性	—	—
南大 D_4	南开大学	乙基苯乙烯	非极性	—	—
南大 D_5	南开大学	乙基苯乙烯	非极性	—	—
南大 D_6	南开大学	乙基苯乙烯	非极性	466	73
南大 D_8	南开大学	乙基苯乙烯	非极性	712	66
南大 DS_2	南开大学	苯乙烯	非极性	462	59
南大 DS_5	南开大学	苯乙烯	非极性	415	104
南大 DM_2	南开大学	α-甲基苯乙烯	非极性	266	24
南大 DM_4	南开大学	α-甲基苯乙烯	非极性	413	32
$D10_1$	天津制胶厂	苯乙烯	非极性	400	100
MD	天津制胶厂	α-甲基苯乙烯	非极性	300	—
DA	天津制胶厂	丙烯腈	弱极性	200～300	—
Amberlite XRD-1	Rohm-haas(美)	苯乙烯	非极性	100	200
Amberlite XRD-2	Rohm-haas(美)	苯乙烯	非极性	330	90
Amberlite XRD-3	Rohm-haas(美)	苯乙烯	非极性	526	44
Amberlite XRD-4	Rohm-haas(美)	苯乙烯	非极性	750	50
Amberlite XRD-5	Rohm-haas(美)	苯乙烯	非极性	415	68
Amberlite XRD-7	Rohm-haas(美)	α-甲基丙烯酸酯	中极性	450	80
Amberlite XRD-8	Rohm-haas(美)	α-甲基丙烯酸酯	中极性	140	250
Diaion HP-10	Organo(日)	苯乙烯	非极性	400	小
Diaion HP-10	Organo(日)	苯乙烯	非极性	600	大
Diaion HP-10	Organo(日)	苯乙烯	非极性	500～600	大
Diaion HP-10	Organo(日)	苯乙烯	非极性	600～700	小

① 1Å=0.1nm。

(6) 可重复使用，降低成本　大孔吸附树脂再生容易，一般用水、稀酸、稀碱或有机溶剂如低浓度乙醇、丙酮对树脂进行反复清洗，即可再生重复使用。

(7) 其他方面　大孔吸附树脂价格较贵，吸附效果易受流速和溶质的浓度的影响；品种有限，不能满足中药多成分、多结构的需求；操作较为复杂，对树脂的技术要求较高。

(三) 大孔吸附树脂吸附分离操作

在运用大孔吸附树脂进行分离精制时，其一般操作过程为：树脂预处理→树脂上柱→药液上柱→树脂的解吸→树脂的清洗、再生。

由于每一个操作单元都会影响到树脂的分离效果，因此对树脂的精制工艺和分离技术的要求就相对较高。

1. 大孔吸附树脂的选择

大孔树脂的选择，必须根据所分离化合物的大致结构特征来确定。首先，要知道所需分离化合物分子体积的大小，如多糖类、皂苷类、取代苯类等，它们分子体积的大小相差明显，一般通过预试验或文献资料查阅可获得所选用的适当孔径的树脂；其次，要知道分子中是否存在酚羟基、羧基或碱性氮原子，由此确定树脂的型号。

2. 树脂的预处理

为除去树脂中未聚合单体与致孔剂、分散剂、防腐剂等有机残留物，提高树脂洁净度，需对市售树脂进行预处理。

预处理方法：取市售大孔树脂，加丙酮或甲醇浸泡 24h，加热回流洗脱（或用改良索氏提取器加热洗脱），视树脂中可溶性杂质成分的多少，一般为 3～4d，甚至长达 7～8d，洗至洗脱液蒸干后无残留物，溶剂挥尽后保存备用。

3. 装柱

以蒸馏水湿法装柱，并用乙醇在柱上流动清洗，检查流出的乙醇与水混合不呈白浊色为止（取1mL流出液加5mL水），然后以大量蒸馏水洗去乙醇，注意少量乙醇的存在会大大降低树脂的吸附力。

4. 药液的上柱吸附

（1）药液上柱前的预处理　为避免大孔树脂被污染堵塞，药液上柱前一般需经滤过，除去较多的悬浮颗粒杂质，保证树脂的使用完全、顺利。

（2）上柱工艺条件的筛选　影响树脂吸附性能的因素有诸多方面，其中最基本的是树脂自身因素，包括树脂的骨架结构、功能基性质及其极性等。其次上样溶液pH值对吸附和分离效果至关重要，根据化合物结构特点，灵活改变溶液pH值，可使纯化操作达到理想效果，一般情况下，酸性化合物在适当酸性溶液中充分被吸附，碱性化合物在适当碱性条件下较好地被吸附，中性化合物可在大约中性的条件下被吸附。另外药液浓度、流速及树脂柱径高比等因素也直接影响大孔树脂吸附性能，其影响效果要根据具体药物具体分析。

5. 树脂的解吸

解吸时，通常先用水，继而以醇-水洗脱，逐步加大醇的浓度，同时配合适当理化检测和薄层色谱（如硅胶薄层色谱、纸色谱、聚酰胺薄层色谱及HLPC等）作指导，洗脱液的选择及其浓度、用量对解吸效果有着显著的影响。如在赤芍总苷生产工艺条件研究时发现，在用大孔吸附树脂进行分离、解析时，先用水洗脱至还原糖反应显阴性（Molish反应检测），改用10%、20%、30%、50%、95%浓度的乙醇梯度洗脱，结合高效液相色谱法检测，结果发现10%、20%乙醇洗脱液中均含有芍药苷，而30%以上浓度的乙醇中未检出，故选用30%乙醇洗脱，即可将柱上的芍药苷全部解吸。

对于复方样品，为防止同类化合物不同结构物质的漏洗，应选择适当的洗脱液，并有相关的方法加以检测和证明，如50%乙醇对小檗碱洗脱率为96.86%，但不能将同时存在的延胡素洗脱解吸下，故复方中含同类成分不同结构的物质，宜用不同洗脱剂解吸。

洗脱液可使用甲醇、乙醇、丙酮、乙酸乙酯。根据吸附力强弱选用不同的洗脱剂及浓度。对非极性大孔树脂，洗脱剂极性越小，洗脱能力越强；对于中性大孔树脂和极性较大的化合物来说，则用极性较大的溶剂洗脱较为合适。为达到满意的效果，可设几种不同浓度的洗脱剂，确定洗脱浓度。实际工作中，甲醇、乙醇、丙酮应用较多，流速一般控制在0.5～5mL/min为好。对弱碱性化合物，如生物碱类，则用酸性洗脱剂，解吸效果较为理想。例如小檗碱的洗脱，分别以50%、70%甲醇与含0.5%硫酸的50%甲醇洗脱，用薄层色谱法检测，结果表明后者有较好的洗脱、解吸能力。

6. 树脂的再生

一般用无水乙醇或95%乙醇洗脱至无色后，树脂柱即已再生。然后用大量水洗去乙醇，可用于相同植物成分的分离。若树脂颜色变深，可试用稀碱或稀酸溶液洗脱，最后水洗至中性。如果上方沉积有悬浮物，影响流速，可用水或醇从柱下进行反洗，以便把悬浮物顶出。

树脂经多次使用有时硬度过紧或树脂颗粒部分破碎而影响流速，可自柱中取树脂盛于容器中用水漂洗去太小的颗粒和悬浮的杂质，再重新装柱使用。大孔树脂应湿态保存，若部分颗粒暴露在空气中，在进行水溶性杂质分离时，失水后被空气填充的颗粒会悬浮于水面，此时将上浮树脂用乙醇处理，将树脂内的空气排出后使用。

【知识拓展】

大孔吸附树脂在中药制药工业中的应用

大孔吸附树脂在20世纪70年代末开始应用于中草药化学成分的提取分离及含量测定前样品的预分离。

目前，文献报道大孔吸附树脂主要用于提取分离中草药成分中的苷类、糖类及生物碱、黄酮等有效成分。姜换荣等用大孔吸附树脂分离赤芍总苷，实验结果表明：赤芍总苷平均收率为5.4%，其中芍药苷含量为75%，产品质量稳定。芦金清等用D_{101}吸附树脂提取绞股蓝皂苷，绞股蓝水煎液经大网状吸附树脂分离，得到的粉末状绞股蓝皂苷得率为2.15%，提取率达79.92%，且绞股蓝皂苷经树脂吸附之后，质量稳定，纯度较高，适合于工业生产。抗感泡腾片就是采用大孔树脂吸附的方法对处方中的赤芍进行芍药苷的提取，其方法是将水煎液浓缩至一定相对密度，过滤后，用大孔树脂柱吸附，先用水洗脱，再用70%的乙醇液洗脱吸附柱，得洗脱液，回收乙醇，收得浸膏，再进行下一步片剂的制备。采用此方法的好处是：赤芍中有效成分芍药苷的提取率有了较大提高，而所得浸膏数量相对较少，为下一步的制备提供了有利的技术支持。

但对大孔吸附树脂的致孔剂与降解物毒性问题，是目前对这一技术最有争议的问题，在制备树脂时所用的致孔剂能否在树脂产品中彻底去除？长期使用中树脂会不会降解产生有毒物质？

总之，要考虑这些有害物质对药品的污染。国家药品监督管理局于2000年下发《关于下发“大孔吸附树脂分离纯化中药提取液的技术要求（暂行）”的通知》。对“中药用的大孔吸附树脂的技术要求”及“大孔吸附树脂用于中药分离纯化工艺的技术要求”两个方面作出了相应规定。

五、蒸馏技术

（一）水蒸气蒸馏

1. 水蒸气蒸馏的原理

此法适用于具有挥发性，能随水蒸气蒸馏而不被破坏，与水不发生反应，又难溶或不溶于水的化学成分的提取、分离，如挥发油的提取。

本法的基本原理是根据道尔顿定律，相互不溶也不发生化学作用的液体混合物的蒸气总压，等于该温度下各组分饱和蒸气压（即分压）之和。因此尽管各组分本身的沸点高于混合液的沸点，但当分压总和等于大气压时，液体混合物即开始沸腾并被蒸馏出来。水蒸气蒸馏时，由于水与挥发性有机物质比较，分子量要小得多，因此当它与某些不相混溶的挥发性物质混合蒸馏时，挥发性有机物质可在低于其沸点的温度沸腾蒸出，从而避免了挥发性物质单独蒸馏时因高温而引起分解。例如松节油同水在常压下于95.5℃沸腾，当压力减为300mmHg[1]时，则约在72℃即可沸腾。

2. 水蒸气蒸馏的生产工艺方法

水蒸气蒸馏可用于根、茎、枝、叶、果、种子以及部分花类药材中芳香油的提取，根据操作工艺不同一般又分为水中蒸馏法、水上蒸馏法、水气蒸馏法三种。

（1）水中蒸馏法　此法是将药材完全浸在水中，使它与沸水直接接触，把芳香油随沸水的水蒸气蒸馏出来。此法适宜于细粉状的药材及遇热易于结团的中药材，如杏仁、桃仁和芳香植物玫瑰花、橙花等。加热方法有直接用火、水蒸气夹层、水蒸气蛇管。但是含有黏液质、胶质或淀粉质太多的药材，如橘皮、姜黄、生姜等不适宜采用本法。这一方法的优点是设备构造简单，最适用于水蒸气不易通过的粉末状药材。因药材密切与沸水接触，油细胞的细胞壁膨胀，芳香油受扩散作用容易蒸出。其最大缺点为易产生焦臭气味，这种方法除可用于杏仁、桃仁等几种原料外，利少弊多，不宜采用。

（2）水上蒸馏法　此法是将中药材放在一个多孔的隔板上，下面放水与药材相隔10cm左右，用水蒸气夹层或水蒸气蛇管加热，使水沸腾，水蒸气通过药材将挥发油蒸出，最适合草本植物类的中药材和叶类的挥发油的蒸馏。此法要求药材的大小、长短、形态应较均匀；种子类、根类药材应先粉碎，但不宜太细，太细水蒸气不易通过，即使通过亦易生成直通孔道，致使蒸馏不完全。此法原料与水不直接接触，挥发油被破坏或水解的情况较少。水上蒸馏是一种

---

[1] 1mmHg=133.322Pa。

典型的低压饱和水气蒸馏，因此它最大的缺点在于不易蒸出高沸点成分，故必须用大量的水蒸气及极长的时间，这个缺点使其应用受到很大限制，不如水气（直接水蒸气）蒸馏应用广泛。

（3）水气蒸馏法　水气蒸馏法亦称高压水蒸气蒸馏法。它与水上蒸馏法的不同之处在于，它使用较高压力的水蒸气［一般为 0.4～0.6MPa（表）］，因此水蒸气温度较高，可增加蒸馏速度，水蒸气量可随需要用进气阀任意调节，控制蒸馏速度。但是水蒸气温度较高，药材水分不足，使油细胞壁的膨胀和油的扩散作用不完全，所以应补充药材的水分；一般在蒸馏罐底部除喷入高压水蒸气外，再另加水蒸气蛇管，用以加热油水分离后的水，同时达到增加高压水蒸气湿度与收回溶解于水中芳香油的目的。目前绝大部分植物的芳香油均用此法蒸馏。

3. 水蒸气蒸馏的工艺流程与设备

水蒸气蒸馏的一般工艺过程是将药材的粗粉或碎片，浸泡湿润后，直火加热蒸馏或通入水蒸气蒸馏，也可在多功能式中药提取罐中对药材边煎煮边蒸馏，药材中的挥发性成分随水蒸气蒸馏而带出，经冷凝后收集馏出液，一般需再蒸馏一次，以提高馏出液的纯度或浓度，最后收集一定体积的蒸馏液；但蒸馏次数不宜过多，以免挥发油中某些成分氧化或分解。

药材 → 水蒸气蒸馏 → 馏出液 → 重蒸液 → 馏出液 → 制成各种制剂

大型水蒸气蒸馏的设备装置（水气蒸馏法）采用如图 3-4-17 所示装置。该装置中，蒸馏器用不锈钢或铜制成的单层锅或夹层锅，通高压水蒸气加热，其容量大，结构简单，使用方便。

（二）分子蒸馏

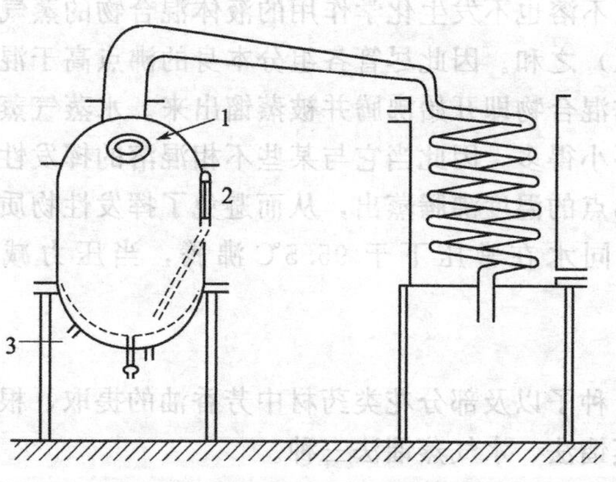

图 3-4-17　大型水蒸气蒸馏的设备装置

1—观察窗；2—温度计；3—水蒸气进口

分子蒸馏技术是一种高新分离技术，广泛应用于石油化工、精细化工、食品工业、医药保健等行业的物质分离和提纯。

1. 分子蒸馏的原理

分子蒸馏，又称为短程蒸馏，是一种在高真空下进行分离精制的连续蒸馏过程。在 p 和 T 一定的条件下，不同种类的分子由于分子有效直径的不同，其分子平均自由程（指一个分子与其他分子相邻两次碰撞之间所走过的路程，某时间间隔内自由程的平均值称为分子运动平均自由程）也不同。从统计学观点来看，不同种类的分子逸出液面后不与其他分子碰撞的飞行距离是不同的，轻分子的平均自由程大，重分子的平均自由程小。如果冷凝与蒸发面的间距小于轻分子的平均自由程，而大于重分子的平均自由程，这样轻分子由蒸发面飞出不与其他分子碰撞就达到冷凝面被冷却收集，从而破坏了轻分子的动态平衡，使轻分子不断逸出，重分子因达不到冷凝面相互碰撞而返回液面，很快趋于动态平衡不再从混合液中逸出，从而实现了混合物料的分离。其原理见图 3-4-18 所示。

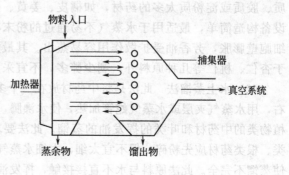

图 3-4-18　分子蒸馏的原理

2. 分子蒸馏的特点

与常规蒸馏相比，分子蒸馏技术具有如下的优点。

① 操作温度低　分子蒸馏是靠不同物质的分子运动平均自由程的差别进行分离，在分离过程中，蒸气分子一旦由液相中逸出（挥发），就可实现分离，而并非达到沸腾状态。因此，分子蒸馏可在远离沸点下进行操作。

② 蒸馏压强低　分子蒸馏是在极高真空度下操作。

③ 受热时间短　由于分子蒸馏装置中被加热面与冷凝面的间距小于轻分子的运动平均自由程（即间距很小），这样，由液面逸出的轻分子几乎未发生碰撞即达到冷凝面，所以受热时间很短。此外，若采用较先进的分子蒸馏设备（如刮膜式分子蒸馏器），使混合液的液面达到薄膜状，可缩短余下物料的受热时间。

④ 分离程度及产品收率高　分子蒸馏常用来分离常规蒸馏难以分离的物质，然而就此两种方法均能分离的物质而言，分子蒸馏的分离程度更高。

⑤ 分子蒸馏是不可逆过程　在分子蒸馏过程中，轻分子未经任何碰撞直接从蒸发面飞射到冷凝面上被凝缩，理论上不可能再返回加热面。而常规蒸馏的液相与气相之间形成了动态平衡，蒸发与冷凝为动态可逆过程。

3. 分子蒸馏的工艺流程和设备

完整的分子蒸馏装置主要包括脱气系统、进料系统、分子蒸馏器、加热系统、真空冷却系统、接收系统和控制系统。图 3-4-19 为分子蒸馏装置的工艺流程图。

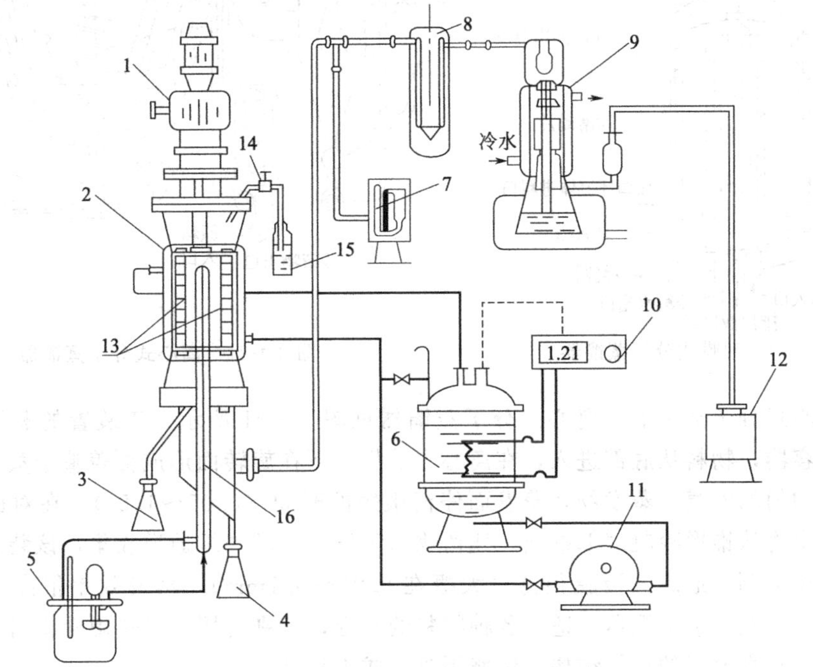

图 3-4-19　分子蒸馏装置工艺流程图

1—变速机组；2—刷膜蒸发器缸；3—重组分接收瓶；4—轻组分接收瓶；5—恒温水泵；6—导热油炉；7—旋转真空计；8—液氨冷阱；9—油扩散泵；10—导热油控温计；11—热油泵；12—前级真空泵；13—刮膜转子；14—进料阀；15—原料瓶；16—冷凝柱

4. 分子蒸馏器

分子蒸馏器是整个分子蒸馏系统的核心部分，在分子蒸馏过程中起着决定性作用。分子蒸馏器按结构形式可分为以下几种。

(1) 圆筒式分子蒸馏器　物料在真空状态下装入筒内，采用加热器使之加热，在冷凝器上凝结。该装置结构简单，易于操作，但蒸发面静止不动，液层不能更新，蒸馏物被持续加热，易引起热分解，效率低，不适用于对热不稳定物料的蒸馏。

(2) 降膜式分子蒸馏器　该装置冷凝面及蒸发面为两个同心圆筒，物料靠重力作用向下流经蒸发面，形成连续更新的液膜，并在几秒钟加热，蒸发物在相对方向的冷凝面上冷凝，蒸馏效率较高。但液膜受流量及黏度的影响厚度不均匀且不完全覆盖蒸发面，影响了有效面积上的蒸发率，同时加热时间较长，从塔顶到塔底的压力损失很大，致使蒸馏温度变高，故对热不稳定的物质其适用范围有一定局限性。

(3) 刮膜式分子蒸馏器　该装置改进了降膜式分子蒸馏器的不足，在蒸馏器内设置可转动的刮板，把物料迅速刮成厚度均匀、连续更新的液膜，低沸点组分首先从薄膜表面挥发，径直飞向中间冷凝器，冷凝成液相，并流向蒸发器的底部，经流出口流出；不挥发组分从残留口流出；不凝性气体从真空口排出。该装置能有效地控制膜厚度及均匀性，通过刮板转速还可控制物料停留时间，蒸发效率明显提高，热分解降低，可用于蒸发中度热敏性物质。其结构比较简单，易于制造，操作参数容易控制，维修方便，是目前适应范围最广、性能较完整的一种分子蒸馏器。结构见图 3-4-20 所示。

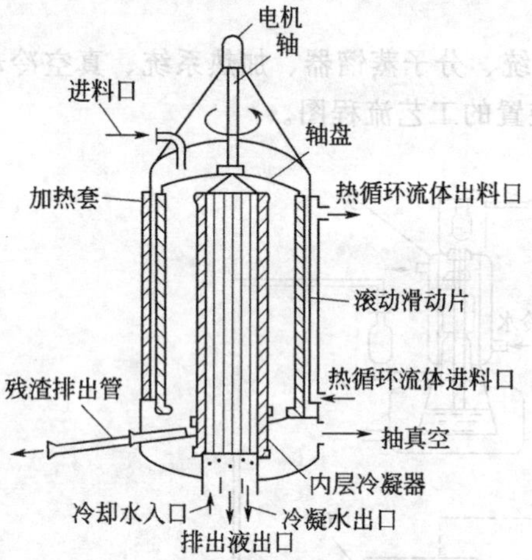

图 3-4-20　刮膜式分子蒸馏器

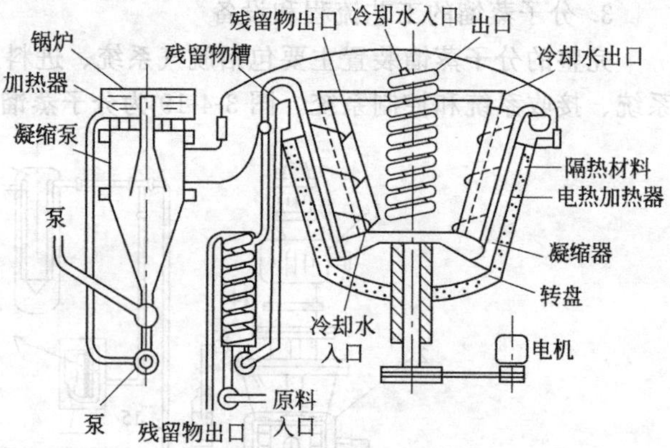

图 3-4-21　离心式分子蒸馏器

(4) 离心式分子蒸馏器　离心式分子蒸馏器见图 3-4-21 所示。该装置的蒸发器为高速旋转的锥形容器，物料从底部进入，在离心力的作用下在旋转面形成覆盖整个蒸发面，持续更新的厚度均匀的液膜。蒸发物在蒸发面停留很短的时间（0.05～1.5s)，在对面的冷凝面上凝缩，流出物从锥形冷凝底部抽出，残留物从蒸发面顶部外缘通道收集，该装置蒸发面与冷凝面的距离可调，形成的液膜很薄（大概在 0.01～0.1mm)，蒸发效率很高，分离效果好，是现代最有效分子蒸馏器，适于各种物料的蒸馏，特别适用于极热敏性物料的蒸馏。但其结构复杂，有高速度的运转结构，维修困难，成本很高。

【知识链接】

目前，分子蒸馏技术发展较快，国内外生产分子蒸馏设备的厂家较多，如德国 UIC 公司、美国 Pope 公司、广州美晨高新分离技术公司等。规模从实验室、中试到工业化大生产，图 3-4-22 为中试和工业化分子蒸馏设备外形图。

【知识拓展】

分子蒸馏技术的应用

分子蒸馏技术在工业生产中的应用主要有以下两方面。

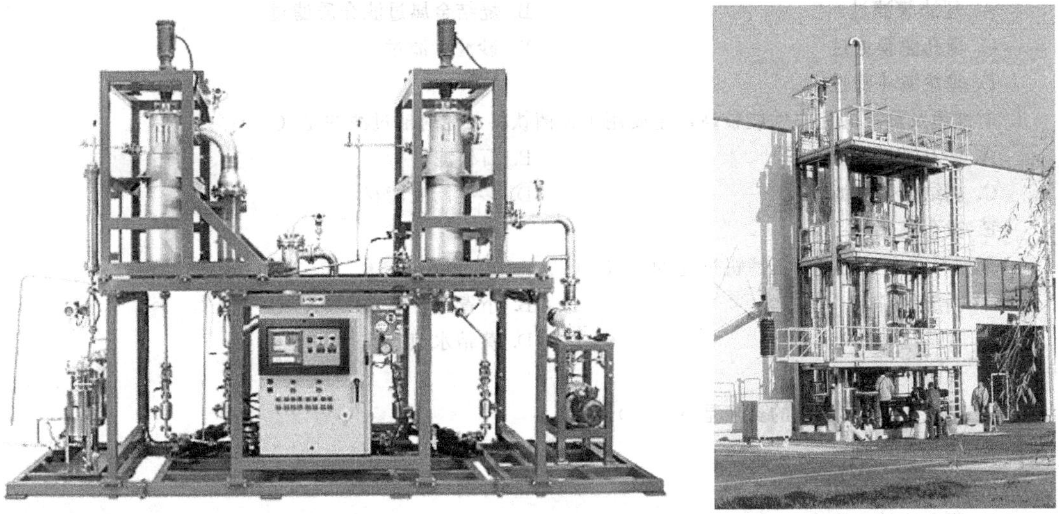

(a)　(b)

图 3-4-22　分子蒸馏设备外形图

(1) 天然产物分离精制　从芳香植物中提取的精油成分复杂，主要为醛、酮、醇类，沸点高，属热敏物质，采用一般蒸馏方法进行深加工时极易引起成分氧化、分解、聚合而被破坏。分子蒸馏技术是在高真空、低温度下进行，在挥发油提纯的同时，还可以除去异臭和带色杂质，使产品色泽优，气体和水分在脱气阶段即被除去，产品质量大大提高。通过分子蒸馏精制，山苍子油中的柠檬醛含量由60%提高至80%～90%，大蒜油中的大蒜素含量由0.5%提高至8.0%，紫苏子油中的α-亚麻酸含量由70%提高到90%以上，桉叶油中的桉叶醇由45%提高至90%～95%，当归油含萜量由0.1%～0.5%降至小于10×10^{-6}。

此外，采用分子蒸馏法可从大豆油、小麦胚芽油等油脂及其脱臭物中提取高纯度维生素A、维生素E。以油脂精炼脱臭馏出物为原料（含维生素E 15%～20%），采用分子蒸馏反复操作，制得的维生素E纯度可达98%以上，回收率在50%～60%。

(2) 除去产品中残存的易挥发物质及杂质　工业上，许多产品都需要用有机溶剂提取，如从辣椒中提取的辣椒油树脂，由于在提取过程中加入了有机溶剂，在用普通真空精馏进行脱溶剂处理时，仍残存2%～3%的溶剂，不能满足此产品残留溶剂量应小于质量分数2×10^{-4}的要求，且辣椒油树脂在120℃以上易变质，不能采用一般的方法进行脱气。用分子蒸馏技术进行处理后，产品中残留溶剂体积分数仅为2×10^{-5}，完全符合质量要求。又如天然食用色素类胡萝卜素的传统提取方法是采用丙酮等有机溶剂从甜橙皮中浸提，有机溶剂的残留使其在食品添加剂的应用中受到限制。用分子蒸馏法从冷榨的甜橙油中可一步提取出类胡萝卜素，所得色素色价高，品质好，使用安全。

目　标　检　测

一、单项选择题

1. 下列关于水提醇沉工艺操作叙述正确的是（　　）。

A. 药液浓缩至稠膏　　B. 水煎液浓缩后即可加入乙醇

C. 慢加醇，快搅拌　　D. 用酒精计测定药液中的含醇量

E. 回收上清液，弃去沉淀

2. 下列分离操作中利用重力沉降原理进行分离的是（　　）。

A. 板框过滤机　　B. 蝶片式离心机

C. 膜分离法　　D. 树脂分离法

E. 水醇法

3. 能用于分子级分离的操作技术是（　　）。

A. 超滤膜滤过　　B. 烧结金属过滤介质滤过
C. 微孔滤膜滤过　　D. 砂滤棒滤过
E. 垂熔漏斗滤过

4. 对细菌及热原的除去性能较高，主要用于无菌饮料、注射液过滤的是（　　）。
A. 多孔玻璃滤材　　B. 石棉滤材
C. 烧结金属过滤介质　　D. 多孔陶瓷滤材
E. 微孔滤膜

5. 下列料液中可用板框压滤机过滤的是（　　）。
A. 丹参浓缩液　　B. 小青龙合剂
C. 甘草流浸膏　　D. 黄精水煎煮液
E. 滴眼液

6. 不宜采用超滤膜滤过的药液是（　　）。
A. 中药注射剂　　B. 酒剂
C. 口服液　　D. 酊剂
E. 蛋白质的浓缩

7. 下列叙述不是微孔滤膜特点的是（　　）。
A. 孔径分布均匀，空隙率高　　B. 滤过阻力小、流速快
C. 滤过时吸附少、无介质脱落　　D. 不易堵塞
E. 可用于热敏性药物的除菌净化

8. 下列不是以压力差作为推动力的膜分离方法是（　　）。
A. 电渗析　　B. 微滤
C. 超滤　　D. 反渗透
E. 纳滤

9. 适用于过滤黏性、颗粒较大、可压缩滤饼的物料的过滤设备是（　　）。
A. 复合式过滤器　　B. 板框压滤机
C. 三足式离心机　　D. 多孔聚乙烯烧结管过滤器
E. 微孔滤膜过滤器

10. 适用于大流量高流速情况的超滤装置，滤膜组件是（　　）。
A. 中空纤维式超滤膜　　B. 卷筒式超滤膜
C. 管式超滤膜　　D. 板式超滤膜
E. 管束式超滤膜

11. 在运用大孔树脂进行分离精制时，其一般操作过程为（　　）。
A. 树脂预处理→药液上柱→树脂上柱→树脂的解吸→ 树脂的清洗、再生
B. 树脂预处理→树脂上柱→药液上柱→树脂的解吸→ 树脂的清洗、再生
C. 树脂预处理→树脂上柱→药液上柱→树脂的清洗、再生→树脂的解吸
D. 树脂上柱→树脂预处理→药液上柱→树脂的解吸→ 树脂的清洗、再生
E. 树脂上柱→树脂预处理→药液上柱→树脂的清洗、再生→树脂的解吸

12. 对含黏液质、胶质或淀粉质太多的药材不宜用（　　）工艺提取挥发油。
A. 水中蒸馏法　　B. 水气蒸馏法
C. 超临界流体萃取法　　D. 水上蒸馏法
E. 浸渍法

二、多项选择题

1. 根据物质特性选择过滤设备时，应考虑的因素有（　　）。
A. 黏度　B. 密度　C. 温度　D. 粒度　E. 硬度

2. 下列对分离因数的叙述正确的是（　　）。

A. 物料的重力与在离心场中所受离心力之比值
B. 物料在离心场中所受的离心力与重力之比值
C. 物料的重力与其在离心场中所受离心力的乘积
D. 分离因数越大，离心机分离容量越大
E. 分离因数越大，离心机分离能力越强

3. 板框压滤机的缺点有（　　）。
A. 间歇操作　B. 连续操作
C. 结构简单　D. 生产能力低
E. 操作劳动强度大

4. 下列关于滤过速度的叙述错误的是（　　）。
A. 滤速与毛细管长度成正比　B. 滤速与滤渣层的厚度成反比
C. 滤速与滤器的面积成正比　D. 滤渣层两侧的压力越大，滤速越大
E. 滤速与料液黏度成正比

5. 超滤膜最适于处理（　　）。
A. 一般过滤操作　B. 澄清液的过滤
C. 溶液中溶质的分离　D. 溶液中溶质的增浓
E. 胶状悬浮液的分离

6. 三足式离心机的特点是（　　）。
A. 对物质适应性强　B. 操作方便
C. 生产能力较低　D. 制造成本低
E. 结构简单

三、简答题

1. 提高药液过滤速度的措施有哪些？
2. 超滤时，过滤速度变慢或根本无法进行如何解决？

四、综合分析题

如何根据不同制剂的剂型和工艺要求合理选用离心机？

任务五　浓　　缩

学习目标

知识目标：

◇ 掌握中药浓缩工艺选择的原则，影响浸提液浓缩的因素。

◇ 熟悉中药浓缩典型的设备、工艺及特点。

◇ 了解中药浓缩工艺及设备发展的方向。

能力目标：

◇ 学会典型的中药浸提液浓缩技术，并能进行典型生产设备的操作。

◇ 能将学到的理论知识运用到生产实际中，能根据提取液的理化性质和制剂要求选择合理的浓缩工艺，并学会用学到的理论知识解决生产实际问题。

◇ 了解浓缩技术在中药制剂中的应用，了解中药提取液浓缩工艺及设备发展的动向。

浓缩是利用蒸发原理，将溶液加热后，使溶液中一部分溶剂汽化并除去，从而提高溶液的浓度。生产中进行浓缩操作的设备为蒸发器。

一、基础知识

1. 中药提取液的特点

复方是中医用药的一大特点，目前，绝大多数的中药制剂由复方组成，而中药复方本身的特点是多药味、多成分、多作用、多靶点等，其临床疗效往往体现复方配伍的综合作用和整体效应上。因此，在中药制剂生产过程中，需要尽可能多地提取出复方的有效成分、有效部位及辅助成分，而使无效成分和组织物质等不被浸出。中药的提取一般采用水和不同浓度的乙醇为溶剂，中药生产企业为了提高药品的生产效率，充分利用药材资源，通常加入6～10倍药材量的溶剂进行提取，所得的提取液浓度小，含固体量通常在2%左右，所以必须浓缩除去大量的溶剂，变成一定相对密度的流浸膏和浸膏，以满足下道工序的要求。而且，多数中药提取液由于含有糖类、蛋白质、淀粉等物质，黏性较大；部分提取液易起泡；含有热敏性成分的提取液还要求低温、迅速浓缩等。此外，中小型药厂生产的中成药品种多、批量小，需经常清洗设备，更换品种。

基于以上特点，中药提取液在浓缩操作中通常要求高浓度比、高相对密度、高浓缩效率，又不能损失有效成分，这就对所采用的浓缩工艺和设备提出了较高的要求。

2. 影响浓缩的因素

影响蒸发的因素，可用下列蒸发公式表示：

$$m \propto \frac{S(F-f)}{p} \qquad (3\text{-}5\text{-}1)$$

式中 m——单位时间内的蒸发量，kg/h；

S——液体暴露面积，m^2；

p——大气压，kPa；

F——在一定温度时液体的饱和蒸气压，kPa；

f——在一定温度时液体的实际蒸气压，kPa。

从公式可知：在一定时间内液体的蒸发量与其暴露面积成正比关系，而与大气压力成反比。即液体的表面积愈大，大气压愈小，愈有利于液体的蒸发，F与f间的差值是进行蒸发的关键，当F与f间的差值为0时，蒸发过程停止。在实际蒸发浓缩操作中，为了提高蒸发效率，降低产品成本，加大液体的蒸发面积、进行减压蒸发是强化浓缩的有效方法。此外，在浓缩过程中还必须注意下列因素。

(1) 温度差 根据热传导与分子动力学理论，汽化是由于分子受热后振动能力超过分子间内聚力而产生的。因此要使蒸发速度加快，必须使加热温度与液体温度间有一定的温度差(一般不应低于20℃)，以满足蒸发所需的热能。当蒸发速度加快，此温度差应适当调大。

(2) 表面结膜 液体的汽化在液面总是最大的。由于热量的损失，液面的温度下降最快，加之液体的挥发，液面浓度增加也较快。液面温度下降和浓度升高造成液面黏度增加，导致液面产生结膜现象。结膜后不利于传热及蒸发，通过经常搅动可以避免结膜现象，使蒸气发散加快，提高蒸发速度。

(3) 蓄积热 热蓄积是蒸发后期的重要问题，能使局部产生过热现象，导致药材成分的变质。产生的原因是液体黏度增大或部分沉积物附着换热面所致，克服的办法是加强搅拌，或不停地除去沉积物。

(4) 沸点升高 由于浓度及黏度的增大导致沸点升高，防止的办法是减压蒸发或加入稀液体后再继续蒸发。

(5) 液体静压　液体的静压对液体的沸点和对流有一定的影响，液层愈厚，静压愈大，所需促进对流的热量也愈大，因此，液体内对流不良时，底部分子因受较大压力而沸点也较上层为高。为加速蒸发，避免药物受高温而破坏，可采用减压浓缩。

二、中药浓缩工艺

浓缩是中药浸出制剂生产过程中重要的单元操作。中药提取液品种繁多、组成复杂，浸提液中某些指标成分会在浓缩过程中损失而直接影响浸膏的质量。而决定浸膏质量的主要因素则是蒸发温度和受热时间，尤其是后者，更为显著，因此，正确选择浓缩工艺和设备十分重要。

(一) 中药浸取液浓缩工艺选择的原则

中药浓缩工艺的选择应遵循下列原则。

① 所选择的工艺和设备尽可能不破坏有效成分，保证产品质量。

② 满足多种浓缩工艺要求，工艺简单，操作方便。

③ 设备简单，投资少，适应性强，易清洗和维修，符合 GMP 的要求。

④ 生产能力较大，能耗较低。

实际选择时，还应充分考虑料液的性质（如黏度、热敏性、腐蚀性等）、浓缩液浓度要求以及浓缩过程中料液可能产生的变化（如生成结晶、结垢、起泡、表面结膜等），并综合浓缩效率、设备条件和生产需求等因素，选择合理的浓缩工艺路线和设备类型。

(二) 中药浸取液浓缩工艺流程

中药浓缩工艺流程类型很多，为了节约能源，很多厂家采用多效浓缩工艺，多效浓缩是由多个单效浓缩器串联而成。在多效浓缩工艺流程中，第一效通入加热蒸气所产生的二次蒸气作为第二效的加热蒸气，则第二效的加热室相当于第一效的冷凝器，从第二效产生的二次蒸气又作为第三效的加热蒸气，如此构成了多效浓缩。由于多效浓缩的操作压力是逐效降低，故多效浓缩器的末效必须与真空系统相连。末效产生的二次蒸气进入冷凝器被冷凝成水而移除，达到浓缩的目的。多效浓缩器多次利用二次蒸气，因此节约蒸气和降低操作费用。

(1) 在多效蒸发过程中，蒸气与被浓缩料液流向有多种形式　根据蒸气与被浓缩料液流向不同，可将多效浓缩工艺流程分为顺流、逆流、平流三种形式。现以三效浓缩为例介绍如下。

① 顺流加料法　顺流加料法又称并流加料法，工艺流程见图 3-5-1 所示。此种加料方法是料液与加热蒸气走向一致，即浓缩料液依次通过一效、二效、三效，从三效出来的料液为浓缩液。加热蒸气通过一效的加热室，产生的二次蒸气引入二效的加热室作为加热蒸气，二效蒸出的二次蒸气引入三效的加热室作为蒸气，三效产生的二次蒸气被冷凝移除。

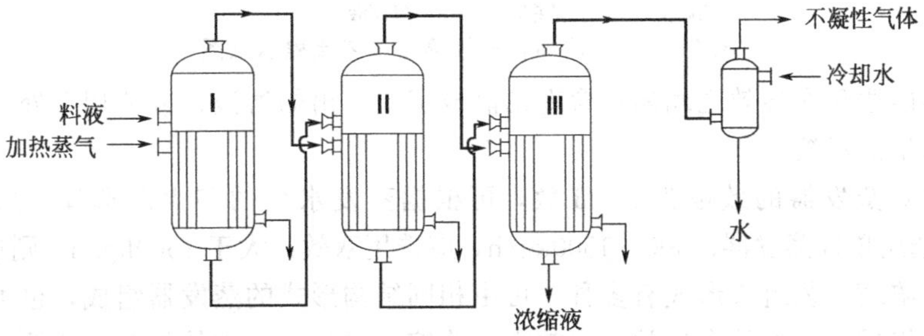

图 3-5-1　顺流加料三效蒸发工艺流程示意图

顺流加料法由于前一效的温度、压力总比后一效的高，故料液不需要泵输送，而是依靠效间的压力差自动送料，操作较简便。并且前一效溶液沸点较后一效的高，当前一效料液流入后一效时，则处于过热状态而自行蒸发，能产生较多的二次蒸气，使热量消耗较少。但蒸发过程中，料液浓度逐渐增高，沸点则逐渐降低，使黏度逐渐增大，传热系数逐渐降低，生产强度降低。顺流加料法在生产中应用较广泛，适用于处理黏度不大的料液。

② 逆流加料法　逆流加料法工艺流程见图 3-5-2 所示。此法蒸气流向与料液流向相反，加热蒸气的流向与顺流加料法相同，而料液则从末效加入，依次用泵将料液送到前一效，浓缩液由第一效放出。

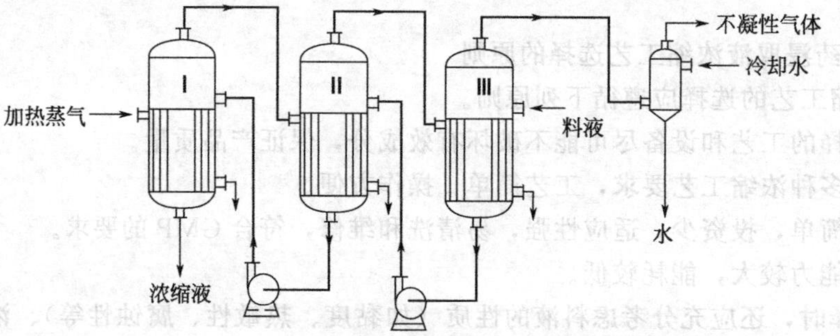

图 3-5-2　逆流加料三效蒸发工艺流程示意图

逆流加料法工艺流程从末效至第一效，溶液浓度逐渐增大，相应的操作温度随之逐渐增高，由于浓度增大黏度上升与温度升高黏度下降的影响基本可以抵消，故各效溶液的黏度变化不大，有利于提高传热系数，但料液均从压力、温度较低之处送入。在效与效之间必须用泵输送，因而能耗大、操作费用较高、设备也较复杂。逆流加料法对于黏度随温度和浓度变化较大的料液的蒸发较为适宜，不适于热敏性料液的处理。

③ 平流加料法　平流加料法工艺流程见图 3-5-3 所示。此法是将待浓缩料液同时平行加入每一效的蒸发器中，浓缩液也是分别从每一效蒸发器底部排出。蒸气的流向仍然从一效流至末效。

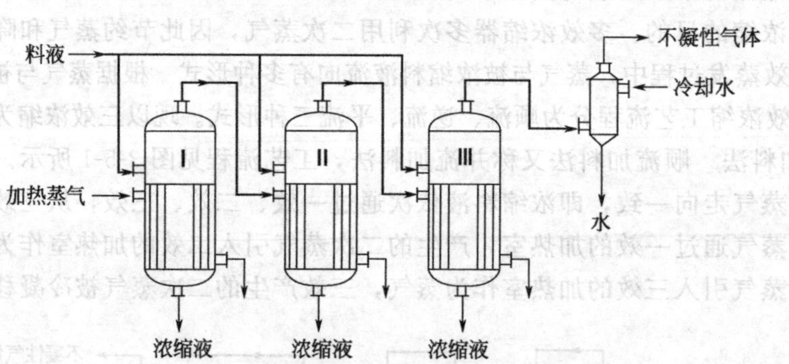

图 3-5-3　平流加料三效蒸发工艺流程示意图

平流加料能避免在各效之间输送含有结晶或沉淀析出的溶液，故适用于处理蒸发过程有结晶或沉淀析出的料液。

常用的多效蒸发器的效数为 2～3 效，可根据蒸发水量的多少来选择。当蒸发水量为 500kg/h，可选用单效蒸发器；500～1500kg/h，应选用双效；大于 1500kg/h，则选用三效。

(2) 多效浓缩工艺组成形式有多种　可由相同结构形式的蒸发器组成，也可由不同结构形式的蒸发器组成。常见的有二效、三效真空浓缩，二效、三效外加热式浓缩，二效升降薄膜浓缩，三效降膜浓缩等。

【新技术】

浸取液三相流化浓缩新技术

中药生产过程中的除垢和传热过程中的强化问题一直是困扰中药制造业的两大难题。由天津大学和天津中新药业集团股份有限公司乐仁堂制药厂合作研制的中药现代化生产示范工程项目“中药浸取液三相流化床高效防垢浓缩技术及装置”通过专家验收和鉴定。该项目填补了国内外空白，达到国际领先水平。

向中药浓缩器中加入生理惰性固体颗粒，形成气液固三相流，可能是解决中药挂壁问题的有效措施之一。三相流的基本原理是：在蒸发器中加入一种惰性固体颗粒，形成气液固三相流，通过处于流化状态的固体颗粒不断冲刷蒸发器的壁面，破坏流动及传热边界层，达到在线防除垢层和强化沸腾换热目的。显然，开发适用于中药的三相流浓缩技术，具有重要的应用价值和理论意义。

（三）中药浓缩生产的技术经济指标

（1）浸膏得率　浸膏得率的计算公式为：

$$浸膏得率=\frac{实得干浸膏(kg)}{药材投料量(kg)}\times 100\%$$

一般浸膏得率应适中，过低说明浸出不完全或后面的沉降、过滤、浓缩损失过大；浸膏得率过高则说明所含杂质相对较多。

（2）有效成分收率　有效成分收率的计算公式为：

$$某有效成分收率=\frac{实得浸膏(kg)\times 某有效成分含量}{药材投料量(kg)\times 某有效成分含量}\times 100\%$$

（3）单耗　单耗指产出每千克浸膏（或千克纯有效成分）所消耗药材、有机溶剂、加热蒸气、电能等的用量。如：

$$乙醇单耗=\frac{乙醇消耗量(kg)}{实得浸膏(kg)}$$

分子项乙醇应扣除回收量。

三、浓缩设备及辅助设备

（一）浓缩设备的类型及特点

中药浓缩设备的类型较多，其分类方法亦有多种。

1. 根据蒸发器的操作压力可分为

① 常压蒸发器　液料在常压下进行的蒸发浓缩操作。中药水提液用常压浓缩时，蒸发时间长，加热温度高，药物中有效成分易被破坏、炭化而影响药品质量，且设备易结垢、消耗能量大，故应用范围受到限制。

② 减压蒸发器　料液在减压条件下进行的蒸发浓缩操作。它具有浓缩温度低、速度快，可防止某些因热易分解失效的成分被破坏，故在中药浸提制剂生产中应用甚广。

2. 根据蒸发器的效数可分为

① 单效蒸发器　此类蒸发器产生的二次蒸气不再利用，而是经冷凝后移除。

② 多效蒸发器　此类蒸发器将产生的二次蒸气加到另一个蒸发器作为加热蒸气，重复再利用，可降低能耗。

3. 根据蒸发器的工作原理不同可分为

① 循环蒸发器　此类蒸发器料液被循环加热蒸发，器内滞留的液量大、时间长，不适用于处理热敏性的料液。常用的循环蒸发器有：中央循环蒸发器、盘管式蒸发器、外加热式蒸发器、强制循环蒸发器，此外。还有蛇管式蒸发器、悬筐式蒸发器、列文式蒸发器。

② 单程型蒸发器（亦称为膜式蒸发器） 此类蒸发器料液呈膜状流动而进行传热和蒸发，汽化表面极大，热传播快而均匀，料液往往只通过加热面一次就达到规定的浓度要求。

此外，还可按蒸发器操作方式分为间歇式和连续式；按蒸发器加热与汽化部分结构的相对位置分为内加热式与外加热式等。但不管哪一类蒸发器，都是由加热、汽化和分离室组成。分离室是将料液沸腾汽化产生的二次蒸气带有的大量液滴从中分离出来，使溶质与溶剂彻底分离的场所。

（二）浓缩设备

1. 夹套式浓缩设备

夹套式浓缩设备20世纪70～80年代在中药生产中广泛使用，对我国中药工业的发展起了较大的作用。该设备对料液的黏度范围适应很广，浓缩液相对密度可达1.35～1.40。设备结构简单，清洗方便，但传热面积有限，其中敞口可倾式夹层锅由于蒸气排放、卫生条件等难以达到药品生产规范的要求已被淘汰。

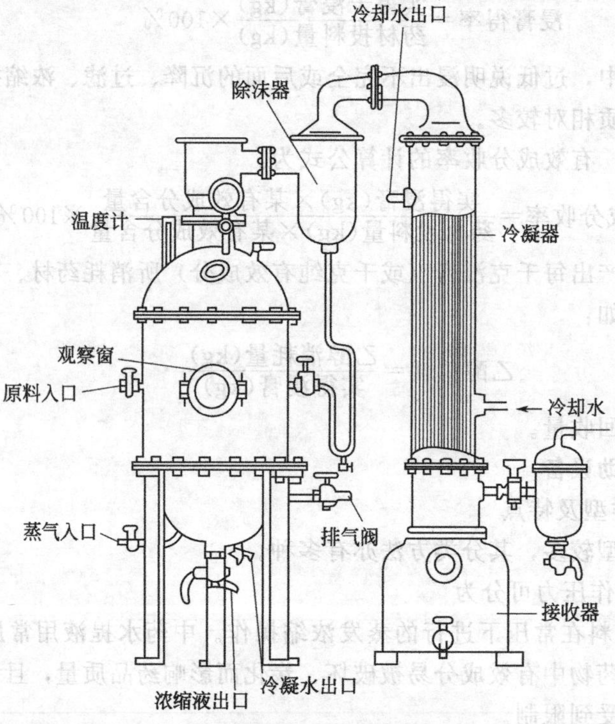

图 3-5-4 减压浓缩装置

（1）减压浓缩装置 图3-5-4为减压浓缩装置结构示意图，使用时先开启真空泵将内部部分空气抽出，然后将待浓缩液体自进料口吸入。打开蒸气进口，以保持锅内液体适度沸腾。被蒸发液体产生的蒸气经气液分离器后，进入冷凝器中冷凝，冷凝后流入接收器中。蒸馏完毕先关闭真空泵，打开放气阀恢复常压后，浓缩液即可放出。

（2）组合式真空浓缩锅 组合式真空浓缩锅结构见图3-5-5所示，它以外加热式浓缩锅为主体加以改造。在上下循环管上各加一蝶阀将气液分离器的下锥体设置二段蒸气夹套，形成一个双夹套式浓缩锅。在气液分离器和加热器间设置旁通管及阀门，可使中药流浸膏都集中到双夹套式浓缩锅内，这样构成了组合式中药液浓缩锅，它具有外加热式和夹套式浓缩锅的两种功能，可以生产相对密度1.35～1.40的中药浸膏。

操作时首先抽真空，进料后，用列管加热器加热浓缩使其成相对密度1.15～1.20的中药流浸膏。然后停止加热，关闭蝶阀 6 和 7，打开真空阀 8，使列管加热器处于常压。打开阀门 9，使流浸膏集中至双夹套浓缩锅内，用蒸气夹套 4 和 5 继续加热浓缩。当浸膏液面低于上蒸气夹套 4 时，为避免料液结焦，用下蒸气夹套 5 加热浓缩制成相对密度 1.35～1.40 的中药浸膏。

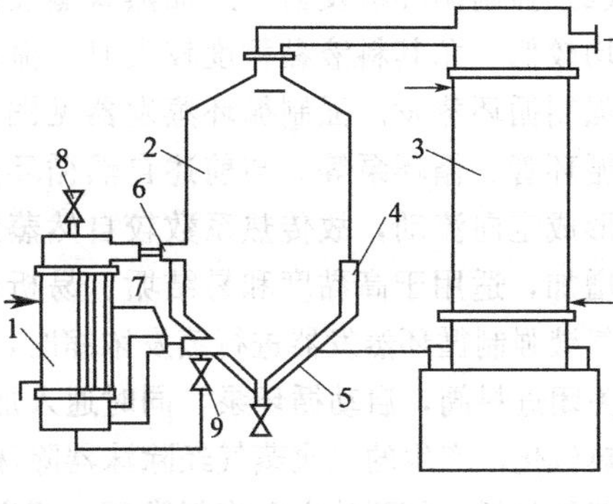

图 3-5-5　组合式真空浓缩锅

1—列管加热器；2—双夹套浓缩锅；3—冷凝器；4—上蒸气夹套；5—下蒸气夹套；6,7—蝶阀；8,9—阀

2. 循环蒸发器

(1) 外加热式蒸发器　外加热式蒸发器结构见图 3-5-6 所示，加热室与蒸发室由上下循环管相连；加热室为列管式换热器，加热管较长，长径比为 60～110；加热室顶部大多设有除沫器。此蒸发器由于加热室与蒸发室分开，故称为外加热式。它具有便于清洗、容易更换加热管及蒸发器总高度较低的结构特点。

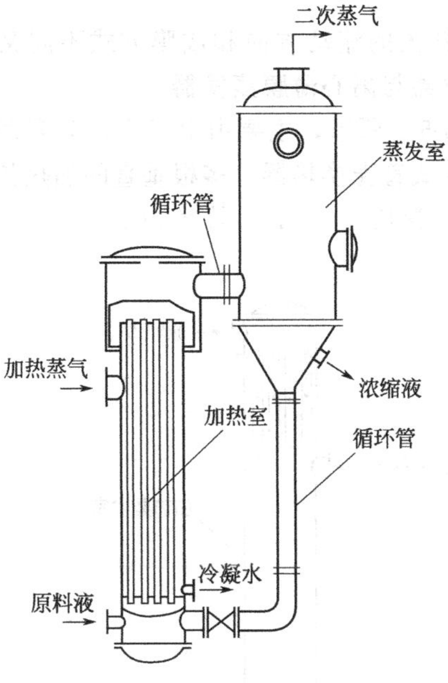

图 3-5-6　外加热式蒸发器

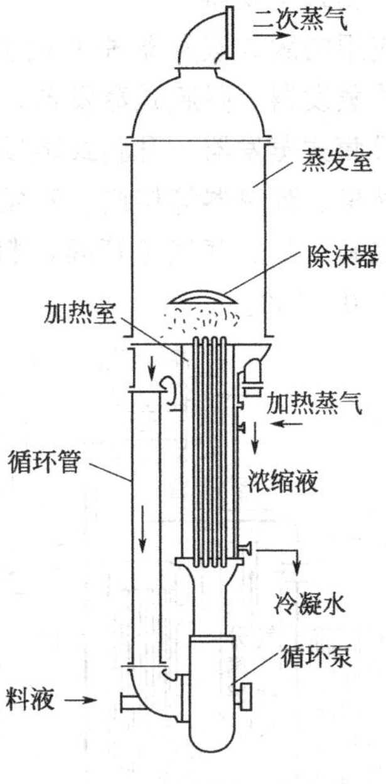

图 3-5-7　强制循环蒸发器

外加热式蒸发器的原理：当料液在加热室被加热至沸腾后，部分溶液被汽化，沸腾的液体连同汽化的蒸气快速沿壁进入蒸发室，溶液受离心力作用而旋转降至分离室下部，经下循环管返回加热室，二次蒸气从上部排出。由于溶液在循环管内流动且不受热，使料液在此处的相对密度远大于加热室的相对密度，从而使液体的循环速度加快，可达 1.5m/s。

外加热式蒸发器为了更有效地防止料液被二次蒸气夹带形成跑料，常外设分离器，并根据需要，另设回收装置，对有机溶剂进行回收。通常采用真空蒸发工艺，操作时先开启真空阀门，抽至一定真空度，然后开始进料，进料完毕关闭进料阀，开启蒸气阀门，通入蒸气加热，并使蒸气压在正常工作压力范围内，使蒸发器进入正常运行状态。当溶液蒸发一定时间后，抽样进行检查，达到规定的浓缩程度后，关闭真空系统、加热蒸气阀门，并使室内恢复常压后，打开放料阀，将浓缩液放出。

(2) 强制循环蒸发器　外加热式蒸发器属于自然循环型蒸发器，料液在蒸发器内的循环速度均较低，尤其料液黏稠度较大时，流动更慢。为了加快循环速度，可借助泵的外力作用进行强制循环蒸发。强制循环蒸发器见图 3-5-7 所示，其主要结构为加热室、蒸发室、除沫器、循环管、循环泵等。与前述自然循环蒸发器相比较增设了循环泵，从而使料液在蒸发过程中形成定向流动，故传热系数较自然蒸发器大，生产强度提高。但其动能能耗增大，操作费用增加，适用于高黏度和易结垢、易析出结晶或易产生泡沫的料液的蒸发浓缩。

气液强制循环蒸发器进行蒸发浓缩时，先开启真空阀门抽真空，然后将料液自料液进口吸入。关闭进料阀，启动循环泵，同时通入加热蒸气，料液在循环泵的作用下，快速流经蒸发室被加热汽化，产生的二次蒸气经除沫器除沫后，经冷凝而移除。停止蒸发时，先关闭真空阀和加热蒸气阀门，打开放空阀恢复常压，开启浓缩出料阀，使料液在循环泵作用下放出。

3. 膜式蒸发器

膜式蒸发器是利用液体形成薄膜而进行的蒸发过程。近年来，膜式蒸发技术日趋完善。进行薄膜蒸发的方式有两种：一是使药液快速流过加热面进行蒸发，如降膜式蒸发器、刮板式薄膜蒸发器；二是使药液剧烈地沸腾，产生大量泡沫，以泡沫的内外表面为蒸发面而进行蒸发，如升膜式蒸发器。

药厂应用的膜式蒸发器种类较多，根据料液在器内的流动方向和成膜方式不同又可分为：升膜式蒸发器、降膜式蒸发器、刮板式薄膜蒸发器与离心薄膜蒸发器。

(1) 升膜式蒸发器　升膜式蒸发器的结构见图 3-5-8 所示，主要由蒸发室、分离器及附属的高位液槽、预热器等构成。蒸发器类似于一台立式管壳换热器，多根垂直的加热长管安装在管板之间。加热蒸气走管间，料液走管内，加热管长 3～10m，管径为 25～50mm，管长径比为 100～150。

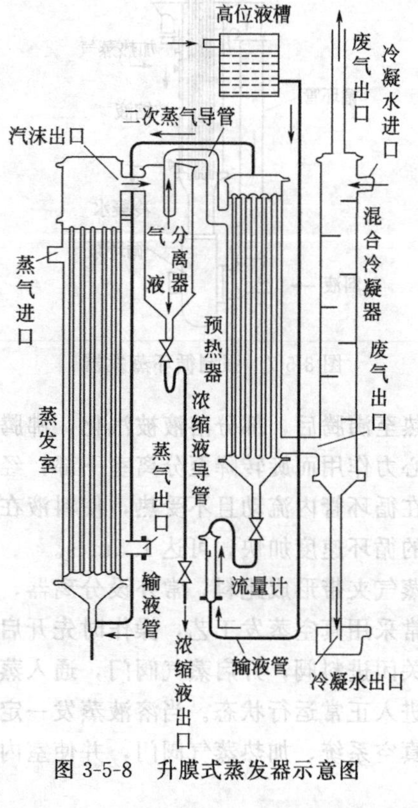

图 3-5-8　升膜式蒸发器示意图

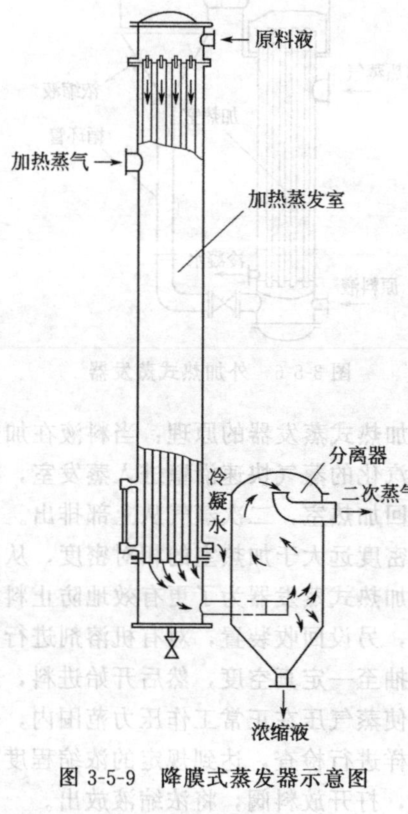

图 3-5-9　降膜式蒸发器示意图

升膜式蒸发器的原理为：当料液经预热器底部进入加热管，受管外蒸气加热，使料液在管内迅速沸腾气化，生成的二次蒸气于加热管的中部形成蒸气柱，蒸气密度急剧变小而迅速上升，并拉引料液形成薄膜状沿管壁快速向上流动，在此过程中薄膜继续迅速蒸发，气液两相在分离器中分离，浓缩液由分离器底部排出收集，二次蒸气则由分离器顶部排出可由管道引至预热器作为热源对料液进行预热。由于料液粘贴内壁拉拽成薄膜上升过程中要克服自身质量及液膜运动的阻力，因此，升膜式蒸发器不适合高黏度、易结晶和易结垢料液的浓缩。中药提取液可选用此蒸发器作初步蒸发浓缩之用。

升膜式蒸发器可采用常压蒸发也可减压蒸发，其正常操作的关键是让料液在加热管壁上形成连续不断的液膜上爬，产生爬膜的必要条件是要有足够的传热温差和传热强度，使蒸发产生的二次蒸气量和蒸气速度达到足以带动溶液成膜上升的程度。常压蒸发时，二次蒸气在管内的流速需要达到 20～50m/s；减压蒸发条件下，流速可达 100～160m/s 或更高。但是，如传热温差过大或蒸发强度过高，传热表面产生蒸气量大于蒸气离开加热面的量，则蒸气就会在加热表面积聚形成大气泡，甚至覆盖加热面，使液体不能浸润管壁，这时传热系数迅速下降，同时形成“干壁”现象，导致蒸发器非正常运行。

(2) 降膜式蒸发器　降膜式蒸发器的结构见图 3-5-9 所示，主要由蒸发室、分离器及附设的高位液槽、预热器组成。

降膜式蒸发器结构与前述的升膜式蒸发器相似，不同点是料液从顶部引入。为了保证料液在加热管内壁形成均匀的薄膜，并且防止二次蒸气从管上方窜出，因此在每根加热管顶部必须设置液体分布装置。

常用的几种液体分布装置见图 3-5-10 所示。

图 3-5-10(a) 装置是有螺旋形沟槽的圆柱体的导流管。料液被导流沿着沟槽旋转下降，均匀地分布在加热管壁上形成液膜。

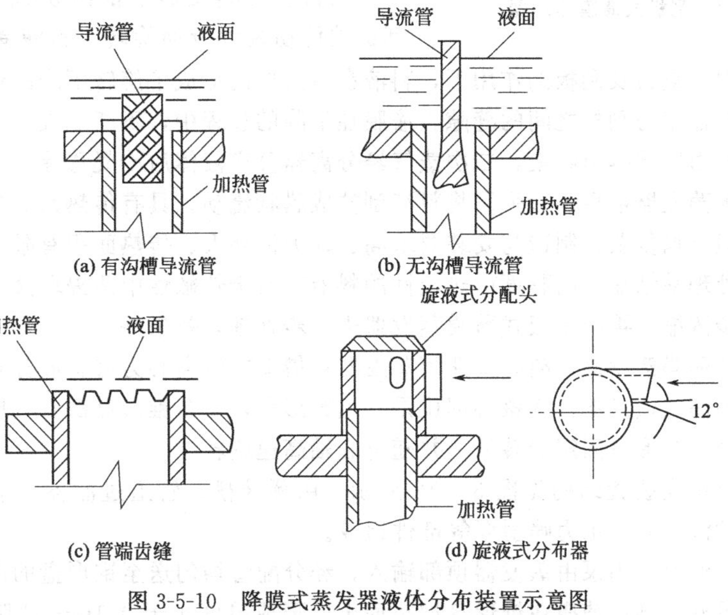

图 3-5-10　降膜式蒸发器液体分布装置示意图

图 3-5-10(b) 装置为无沟槽的导流管，下部是圆锥体，锥体底面向下凹陷，能有效地避免下流的液体再向中央聚集。

图 3-5-10(c) 装置为管端形成齿缝，料液通过齿缝沿加热管内壁向下流动，料液被拉成

膜状下降。

图 3-5-10(d) 装置为旋液式分布器，使料液沿切线方向打入加热管而产生强烈的旋转液流，液膜较薄，提高了传热系数，增加蒸发效率。多用于强制循环降膜式蒸发器。

当料液由降膜式蒸发器顶端进入，经过液体分布装置均匀地进入每根加热管，并沿管壁呈膜状流下。料液在下降过程中被蒸发浓缩，气液混合物流至底部进入分离器，浓缩液从分离器底部放出收集，二次蒸气从分离器顶部排出被冷凝后移除。若一次达不到浓缩指标，可用泵将料液循环进行蒸发。降膜式蒸发器操作的关键在于料液的分配是否均匀，料液膜是否均匀连续。为防止结垢，要求全部加热表面都要均匀湿润，料液分布器必须有良好性能、不易堵塞。

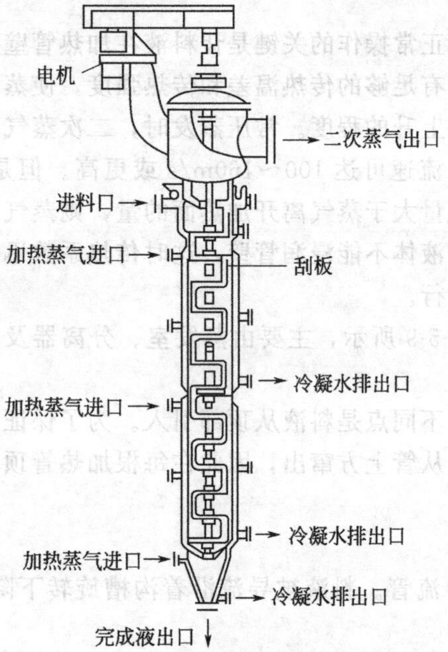

图 3-5-11　刮板式薄膜蒸发器

降膜式蒸发器与升膜式蒸发器相比较，蒸气、冷凝水的耗量小，处理量大，料液停留的时间更短，受热影响更小，故特别适用于处理热敏性及黏度较大的料液。

(3) 刮板式薄膜蒸发器　刮板式薄膜蒸发器是通过旋转的刮板使液料形成液膜的蒸发设备，刮板式薄膜蒸发器的结构见图 3-5-11 所示。该类蒸发器的外壳体上装有加热夹套，壳内中心设置转动轴，轴上装有各种形式的刮板，刮板外沿与壳壁之间的缝隙为 0.75～1.5mm，也有在刮板的外缘装上软性材料（如塑料）而与筒内壁直接接触。

当料液由蒸发器上部沿切线方向输入器内，刮板被传动装置带动旋转，料液受刮板的刮带而旋转，在离心力、重力及刮板的作用下，料液在蒸发器内形成了旋转下降的液膜，料膜的厚度通常小于蒸发器壁与刮板之间的缝隙，液膜在下降的过程中，不断地被夹套内壁加热蒸发而浓缩，浓缩液由底部排出收集，二次蒸气经分离器分离液体后冷凝移除。

刮板式薄膜蒸发器依靠刮板强制将料液刮拉成膜状流动，具有传热系数高、料液停留时间短的优点，但结构复杂、制造与安装要求高、动力消耗大、传热面积有限而致处理量不能太大，适用于处理易结晶、高黏度或热敏性的料液。对于热敏性中药提取液，可先选用升膜式蒸发器作初步浓缩，再经刮板式薄膜蒸发器进一步处理，效果好。

(4) 离心式薄膜蒸发器　离心式薄膜蒸发器是借助旋转离心力将料液分布成均匀薄膜而进行蒸发的一种高效蒸发器，其核心部位是一组锥形盘，每个锥形盘都有夹层，内走加热蒸气，外壁走料液。锥形盘固定于转鼓上并随空心轴高速旋转。

离心式薄膜蒸发装置结构见图 3-5-12 所示。由稀药槽、管道过滤器、平衡槽、离心薄膜蒸发器、浓缩液贮罐、水力喷射泵等部件组成。

当料液经过滤后，用泵由蒸发器顶部输入，经分配管均匀送至锥形盘的内侧面，被高速旋转的锥形盘甩开，迅速铺撒在锥形盘加热面上，形成厚度小于 0.1mm 薄膜进行蒸发，在极短的时间内完成蒸发浓缩，浓缩液在离心力的作用下下流至外缘，然后汇集于蒸发器的外侧，由出料管引出。加热蒸气由底部进入蒸发器，从边缘小孔进入锥形盘的空间，冷凝水由于离心力的作用从边缘的小孔流出。二次蒸气从蒸发器中部被引出经冷凝后移除。

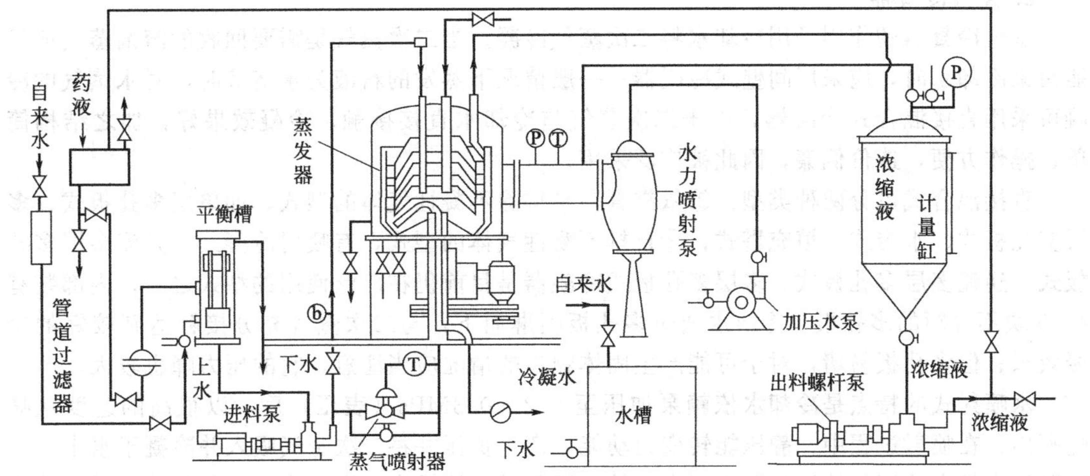

图 3-5-12　离心式薄膜蒸发装置

离心式薄膜蒸发器与刮板式薄膜蒸发器一样，是依靠机械作用强制形成极薄的液膜，具传热系数高、蒸发强度大、料液受热时间极短（仅 1s）、设备体积小的优点。特别适用于热敏性料液的处理，但对黏度大、有结晶、易结垢的料液不宜采用该设备。

（三）浓缩装置的辅助设备

浓缩装置的辅助设备主要有气液分离器、蒸气冷凝器和真空系统，这是蒸发浓缩操作能够正常进行的重要保证。

1. 气液分离器

蒸发浓缩时，沸腾表面产生的二次蒸气中所夹带的大量液滴、雾沫与泡沫会造成料液损失影响收率。中药液蒸发时产生雾沫夹带的主要原因是：药液的发泡性和二次蒸气的机械带出作用，依据捕沫、除雾的机理和结构特点，可将气液分离器分为离心式、碰撞式、气滤式、旋风式等，如图 3-5-13 所示。

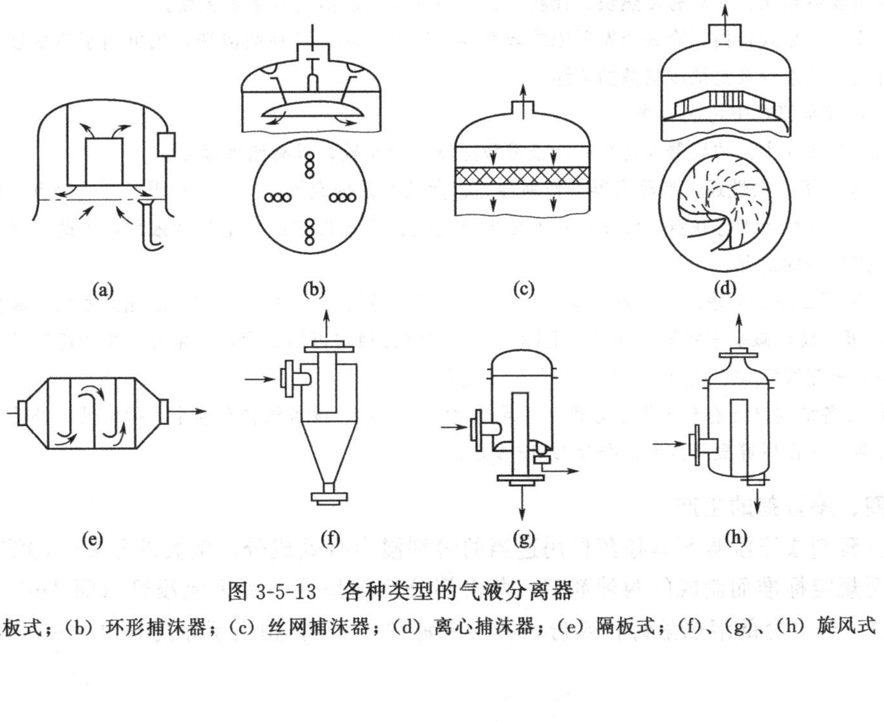

图 3-5-13　各种类型的气液分离器

（a）折流板式；（b）环形捕沫器；（c）丝网捕沫器；（d）离心捕沫器；（e）隔板式；（f）、（g）、（h）旋风式

2. 蒸气冷凝器

蒸气冷凝器的作用是用冷却水将二次蒸气冷凝。当二次蒸气是需要回收的溶剂蒸气或可能污染冷却水时，应采用间壁式冷凝器；一般情况下蒸发的料液为水溶液时，对水蒸气的冷凝可采用直接混合式冷凝器，由于二次蒸气与冷却水直接接触，冷凝效果好，加之结构简单，操作方便，造价低廉，因此被广泛采用。

直接混合式可分两种类型：①依靠真空泵排除不凝性气体的型式，如单层多孔板式、多层多孔板式、水帘式、填充塔式；②自排不凝性气体的型式，有喷射冷凝式、并流多层多孔板式、逆流多层多孔板式。多层多孔板式冷凝器是目前仍在广泛使用的型式之一，内部装有4～9块不等距的多孔板，冷却水通过多孔板喷淋而下，与二次蒸气充分接触达到较好的冷凝效果；但多孔板易堵，对于可能产生固体颗粒的情况应当注意，它的压力降也较大。

水喷射式的特点是冷却水依赖泵加压至0.2～0.3MPa（表压）后，以很高的速度从喷嘴喷出，在喷射过程中，静压能转变为动能，产生负压并将二次蒸气吸入并冷凝于水中，二次蒸气中带入的不凝性气体随冷却水一并由下部排出管排出，因此集二次蒸气的冷凝与造成系统的负压于一体，无需再设置真空泵。但与其他型式比较，单位量的二次蒸气所需的冷却水用量最大，因此可考虑水的循环使用。

3. 真空系统

一般蒸发器需要在冷凝器后配置真空设备，不断地抽出蒸发过程中产生的不凝性气体，以维持蒸发器正常的操作压力。蒸发装置中所用的真空泵没有特殊的要求。

【知识拓展】

新型中药浓缩设备

目前国内外不断开发新型浓缩设备，提高传热效率，缩短液体停留时间，同时使设备不易结垢、易于清洗等，下面介绍两种新型蒸发设备。

1. 多室板式自由流降膜蒸发器

板式自由流降膜蒸发器又称外流板式降膜蒸发器、异形竖板降膜蒸发器，是高效节能新型蒸发设备。与管式蒸发器相比，它具有传热快、挂料少、不易结垢、易清洗等诸多优点。

由于多室板式自由流降膜蒸发器浓缩效率高、装置紧凑、可在线清洗，故可用于热敏性料液、最初沸点上升高的料液以及高浓度料液的浓缩。

2. 滚筒刮膜式中药浓缩器

滚筒刮膜式中药浓缩器与传统的刮板薄膜蒸发器相比较，具有诸多优点。

① 避免了一次性通过型蒸发器操作弹性差、参数不易确定等弊端，也克服了“一锅煮”造成的料液受热时间长、变性焦煳等缺点，即便在料液量少时也能在全部加热面上呈膜状浓缩，因此，特别适用于浓缩后期料液较少的情况。

② 采用真空循环浓缩，蒸发温度低、料液停留时间短，因此特别适用于浓缩热敏性、高黏度的料液。

③ 滚筒设计减少了污染点和真空泄漏点，成膜装置稳定可靠、换热效果好，由于旋转的滚筒表面也是蒸发面，故蒸发面大于换热面，便于强化蒸发过程。

④ 设备结构设计有利于气液分离，不易产生液膜夹带，设备机械磨损小、噪声低，外形紧凑、便于清洗和拆装，操作保养极其方便，符合GMP要求。

四、浸膏剂的生产

浸膏剂或流浸膏剂是指药材用适当的溶剂浸出有效成分，蒸去部分或全部溶剂，并调整浓度至规定标准而制成的两种剂型。蒸去部分溶剂呈液体者为流浸膏（每1mL相当于原药材1g）；蒸去全部溶剂呈膏状或粉状者为浸膏剂（每1g相当于原药材2～5g）。浸膏剂又分干浸膏剂与稠浸膏剂，干浸膏含水量约为5%；稠浸膏一般含水量为15%～20%。

含有生物碱或有效成分明确的流浸膏剂、浸膏剂，皆需经过含量测定后，用溶剂、稀释剂调整至规定的规格标准。稠浸膏可用甘油、液状葡萄糖调整含量；干浸膏可用淀粉、乳糖、蔗糖、氧化镁、磷酸钙、药渣细粉等调整含量。

流浸膏至少含20%以上的乙醇，若水为溶剂的流浸膏，其成品中亦需加20%～25%的乙醇作防腐剂，以利贮存。浸膏剂不含或含极少量溶剂，有效成分较稳定，可久贮。

流浸膏剂与浸膏剂除少数品种可直接供临床应用外，大多作为配制其他制剂的原料。流浸膏剂一般多用于配制酊剂、合剂、糖浆剂等；浸膏剂一般多用于配制片剂、散剂、胶囊剂、颗粒剂、丸剂等。

流浸膏剂，除另有规定外，多用渗漉法制备，其制备工艺流程为：浸渍→渗漉→浓缩→调整含量→成品。

【生产实例】

当归流浸膏

【处方】 当归（粗粉）1000g　　70%乙醇适量

【功能与主治】 活血调经。用于月经不调，痛经。

【制法】 取当归按渗漉法操作。用70%乙醇作溶剂，浸渍48h后，缓缓渗漉，收集初漉液850mL，放于容器中保存，继续渗漉，到有效成分完全渗漉出，至漉液无色或微黄色为止。收集续渗漉液，在60℃以下浓缩至稠膏状，加入初漉液850mL，混合后，用70%乙醇稀释，使全量成1000mL，静止，过滤，将澄清液装瓶即得成品。

【性状】 本品为棕褐色的液体；气特异，味先微甜后转苦麻。

【检查】 乙醇量：应为45%～50%。

总固体：精密量取本品10mL，置称定质量的蒸发皿中，水浴蒸干后，在100℃干燥3h，遗留残渣不得少于3.6g。

其他：应符合流浸膏剂与浸膏剂项下有关的各项规定（《中华人民共和国药典》2010年版一部附录Ⅰ O)。

目　标　检　测

一、单项选择题

1. 以下正确地论述了蒸发浓缩的是（　　）。
   A. 蒸发浓缩可在沸点或低于沸点时进行
   B. 蒸发浓缩可在减压或常压下进行
   C. 为提高蒸发效率，生产上蒸发浓缩采用沸腾浓缩
   D. 沸腾蒸发浓缩的效率常以蒸发强度来衡量
   E. 蒸发浓缩的生产强度与传热温度差成反比
2. 以下不属于减压浓缩装置的是（　　）。
   A. 升膜式蒸馏器　　B. 真空浓缩罐
   C. 管式蒸发器　　D. 刮板式薄膜蒸发器
   E. 夹层锅
3. 以下对减压浓缩叙述不正确的是（　　）。
   A. 能防止或减少热敏性物质的分解
   B. 降低溶液沸点而增大了传热温度差
   C. 不断排除溶剂蒸气有利于蒸发顺利进行
   D. 不利于乙醇提取液的回收浓缩
   E. 缩短浓缩时间

4. 提高蒸发器生产强度的主要途径是增大（　　）。

A. 传热面积　　B. 加热蒸气压力

C. 传热系数　　D. 传热温度差

E. 溶液的饱和蒸气压

5. 三效蒸发器不能采用的加料方法是（　　）。

A. 顺流加料法　　B. 逆流加料法

C. 错流加料法　　D. 平流加料法

E. 紊流加料法

6. 三效浓缩的蒸发温度一般为（　　）。

A. Ⅰ效＞Ⅱ效＞Ⅲ效　　B. Ⅰ效＞Ⅲ效＞Ⅱ效

C. Ⅱ效＞Ⅰ效＞Ⅲ效　　D. Ⅲ效＞Ⅱ效＞Ⅰ效

E. Ⅱ效＞Ⅲ效＞Ⅰ效

7. 三效浓缩的真空度一般为（　　）。

A. Ⅰ效＞Ⅱ效＞Ⅲ效　　B. Ⅰ效＞Ⅲ效＞Ⅱ效

C. Ⅲ效＞Ⅱ效＞Ⅰ效　　D. Ⅲ效＞Ⅰ效＞Ⅱ效

E. Ⅱ效＞Ⅲ效＞Ⅰ效

8. 在多效蒸发中，料液黏度沿流动方向逐效增大、传热系数逐渐降低的多效蒸发工艺流程是（　　）。

A. 平流　　B. 顺流　　C. 逆流　　D. 错流　　E. 混合流

9. 蒸发热敏性而不易于结晶的料液时，宜采用蒸发器的类型为（　　）。

A. 列文式　　B. 强制循环式　　C. 外加热式　　D. 膜式　　E. 中央循环管式

10. 对蒸发热敏性易产生泡沫的稀溶液，宜采用蒸发器的类型为（　　）。

A. 刮板式　　B. 盘管式　　C. 升膜式　　D. 降膜式　　E. 中央循环管式

11. 下列减压浓缩操作中不正确的是（　　）。

A. 先吸入药液，再抽真空　　B. 夹层通蒸气，放出冷凝水

C. 使药液保持适度沸腾　　D. 浓缩完毕，关闭真空泵，停抽真空

E. 开放气阀，恢复常压后放出浓缩液

12. 下列设备中不属于薄膜浓缩设备的是（　　）。

A. 离心式薄膜蒸发器　　B. 升膜式薄膜蒸发器

C. 降膜式薄膜蒸发器　　D. 刮板式薄膜蒸发器

E. 喷雾式薄膜蒸发器

二、多项选择题

1. 药液浓缩过程中，影响蒸发过程的因素有（　　）。

A. 药液蒸发的面积　　B. 液体表面压力

C. 搅拌　　D. 加热温度与液体温度的温度差

E. 液体黏度

2. 生产中常采用的浓缩方式有（　　）

A. 减压浓缩　　B. 常压浓缩

C. 加压浓缩　　D. 薄膜浓缩

E. 多效浓缩

3. 按药液加入方式的不同把三效蒸发分为（　　）。

A. 顺流加料法　　B. 逆流加料法

C. 平流加料法　　D. 错流加料法

E. 单效加料法

4. 对易结晶、结垢的物料蒸发，不宜采用的蒸发器有（　　）。

A. 刮板式蒸发器　　B. 离心式蒸发器
C. 升膜式蒸发器　　D. 降膜式蒸发器
E. 强制循环式蒸发器

5. 下列蒸发器属于循环式蒸发器的有（　　）。
A. 升膜式　　B. 刮板式
C. 中央循环管式　　D. 外加热式
E. 列文式

6. 蒸发器选型的基本原则是（　　）。
A. 具有较高的传热系数　　B. 能适合溶液的性质
C. 不易结垢或结垢后易于清除　　D. 温度差损失和压力差损失较小
E. 运转可靠，操作方便，设备投资费和操作费比较低

三、简答题

1. 真空蒸发的优缺点是什么？
2. 如何强化蒸发操作？
3. 蒸发器常用的节能措施有哪些？

任务六　干　　燥

学习目标

知识目标：

◇ 掌握真空干燥、气流干燥、沸腾干燥、喷雾干燥、冷冻干燥等工艺技术的干燥原理、特点。

◇ 熟悉中药干燥设备类型及工艺流程。

◇ 了解典型干燥设备的选用及在中药生产中的应用。

能力目标：

◇ 学会中药原料药、辅料、中间体以及成品的干燥技术，并能进行典型生产设备的选型和操作。

◇ 能将学到的理论知识运用到生产实际中，能根据被干燥物料的理化性质和制剂要求选择合理的干燥技术，并学会用学到的理论知识解决生产实际问题。

◇ 了解中药干燥技术发展的动向。

一、基本知识

干燥是中药制剂生产中不可缺少的单元操作，广泛用于药剂辅料、原料药、中间体以及成品的干燥等。凡是借助加热使物料中湿分蒸发或借助冷冻使物料中的水结冰后升华而被除去的单元操作，称为干燥。用于供热或冷冻干燥的设备称为干燥器。

干燥操作的目的是除去某些固体原料、半成品或成品中的水分或溶剂，以便于贮存、运输、加工和使用，提高药物的稳定性，保证药物质量。

由于中药材及制剂生产中被干燥物料的性质、预期干燥程度、生产条件等不同，所采用的干燥方法也不尽相同。常见的干燥方法有真空干燥（或称减压干燥）、气流干燥、流化床（沸腾）干燥、喷雾干燥、冷冻干燥等。中药干燥有中药材的干燥和生产中成药过程中半成

品、成品的干燥，在此主要讨论后者。

（一）干燥设备的类型

干燥设备的类型很多，其分类方法亦有多种。按操作压力分为常压型和真空型干燥设备；按操作方式分为连续式和间歇式干燥设备；按被干燥物料的形态分为块状物料、粒状物料、液体或浆状物料干燥设备；按热量传递方式可分为对流加热型干燥设备、传导加热型干燥设备、辐射加热型干燥设备、介电加热型干燥设备。按热量传递方式分类的干燥设备见表 3-6-1。

表 3-6-1 按热量传递方式分类的干燥设备

对流加热型干燥设备	传导加热型干燥设备	辐射加热型干燥设备	介电加热型干燥设备
气流干燥器 沸腾干燥器 喷雾干燥器 转筒式干燥器 厢式干燥器	柜式真空干燥器 耙式真空干燥器 滚筒式干燥器 冷冻式干燥器	红外干燥器	微波干燥器

（二）中药用干燥设备的要求

在药物制剂生产过程中，根据剂型和生产工艺不同，干燥设备的型式也各不相同。除符合 GMP 的要求外，还需达到以下要求。

① 必须满足干燥产品的质量要求，如达到工艺要求的干燥程度、不影响产品外观性状及使用价值等。

② 干燥设备应热效率高、干燥速率快，以缩短干燥时间，提高设备的生产能力。

③ 干燥设备结构简单、体积小、费用低，便于制造。

④ 对环境污染小，易于劳动保护及操作。

⑤ 操作简便、安全、可靠，对于易燃、易爆、有毒物料的干燥，要采取特殊的技术措施。

二、真空干燥

当物料具有热敏性、易氧化性或湿分是有机溶剂，其蒸气与空气混合具有爆炸危险时，一般可采用真空干燥。真空干燥是中药常用的干燥法之一，在当今的中药干燥生产中应用日益广泛。

（一）真空干燥的工作原理和特点

真空干燥是将被干燥物料处于真空条件下进行加热干燥，它是利用真空泵进行抽气抽湿使工作室内形成真空状态，加快了干燥速率，提高工作效率。

真空干燥的特点如下。

① 真空下物料溶液的沸点降低，使蒸发器的传热推动力增大，因此对一定的传热量，可以节省蒸发器的传热面积。

② 能低温干燥不稳定或者热敏性物料，蒸发器热损失少。

③ 能干燥含有溶剂及需要回收溶剂的物料。

④ 采用静态式真空干燥器，干燥物料的形体不会损坏。

⑤ 真空干燥器干燥温度低，干燥速度较快，干燥物疏松易于粉碎，整个干燥过程系密闭操作，减少药物与空气接触，减轻了空气对产品质量的影响，且干燥物料的形状基本不改变。

（二）中药真空干燥设备

中药常用真空干燥设备主要有双锥回转真空干燥机、真空中药浸膏干燥机、圆筒真空干燥机、真空耙式干燥器、真空箱式干燥器等，下面介绍双锥回转真空干燥机。

1. 结构和工作原理

双锥回转真空干燥机为双锥形的回转罐体，属动态干燥机。干燥器中间为圆筒形，两端为圆锥形，外有加热夹套，如图 3-6-1 所示。整个容器是密闭的，被干燥的物料置于容器内，夹套内通入加热蒸气（或热水）。干燥器两侧分别连接空心转轴，一侧的空心轴内通入蒸气并排出冷凝水，另一侧的空心轴连接真空系统。抽真空管直插入容器内，使容器内保持设定的真空度。真空管端带有过滤网，以尽可能地减少粉尘被抽出。双锥形容器的一端为进、出料口，另一端为人孔或手孔。干燥器两侧的空心轴支撑在轴承支架上，在电动机及减速传动装置的驱动下，干燥器绕水平轴线缓慢匀速回转。

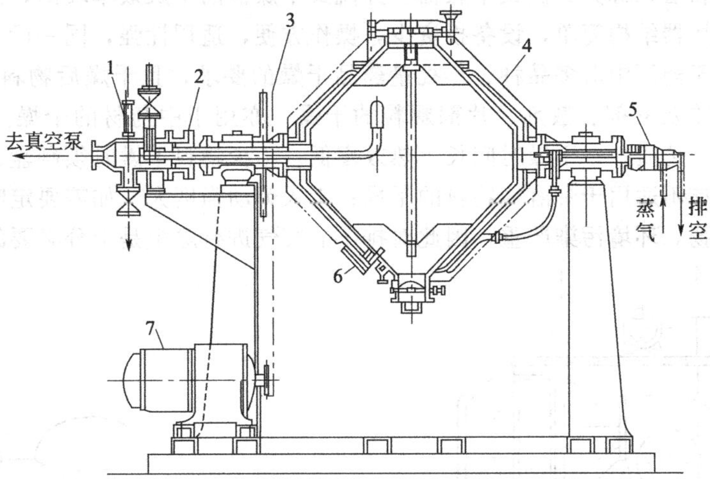

图 3-6-1　双锥回转真空干燥机

1,6—温度计；2—密封装置；3—安全罩；4—保温层；5—旋转接头；7—电机减速机

正常操作时，物料在真空条件下边翻动、边通过器壁取得热量，被蒸出的湿气由真空泵抽走。由于罐体内处于真空状态，且罐体的回转使物料不断地上下、内外翻动，故物料受热均匀，干燥速率较快，产品质量好，特别适宜干燥热敏性物料。设备由不锈钢制成，内表面全部抛光处理，结构简单、容易清扫，物料可以排净，可以达到无菌要求。物料的充填率以干燥器全容积的 30%～50%为宜。

2. 特点

双锥回转真空干燥机适于处理膏状、糊状、片状、颗粒状和结晶状物料，为医药工业的常用设备。其缺点是：由于间歇操作，对于物料的加入与卸出，增加了工人的劳动强度；受设备容积限制，当生产处理量较大时要增加台套，占地面积也较大。

三、气流干燥

现有的干燥设备中，最多的是气流传热干燥。气流式干燥器是连续式常压干燥的一种。

（一）气流干燥的原理和特点

用经加热的热气流与湿物料直接接触，以气流方式向湿物料供热，汽化后生成的水汽也由气流（亦称干燥介质）带走，出来的物料湿分大大降低达到干燥目的。

气流干燥法干燥速率高，生产能力较大，相对来说设备投资较低，操作控制方便。其缺点是热气流用量大，带走的热量较多，热利用率比传导要低。气流干燥机都是以热空气为载热体，蒸发后的水蒸气直接进入空气中被带走，该方法使热空气与物料直接接触，边加热边除去水分，在干燥的同时，也完成了物料的转移。此类干燥机的特征主要是没有传动部件，关键是要提高物料与热空气的接触面积，防止热空气偏流，恒速干燥期间的物料温度几乎与热空气的湿球温度相同，所以使用高温热空气也可以干燥热敏性物料。

（二）气流干燥工艺与设备

1. 厢式气流干燥器

厢式气流干燥器一般为间歇操作，小型的称为烘箱，大型的称为烘房。物料用盘盛装，料盘逐层逐排摆放在固定架上或小车型的可推动架上，小车可方便地推出推入。用蒸气或电作为热源，产生的热空气通过物料带走湿分而达到干燥。热风沿着物料表面平行通过，称为平行流式干燥器，其基本结构如图 3-6-2 所示。如将料盘改为金属筛网或多孔板，则热风可均匀地穿流通过料层，称为穿流式干燥器。穿流式干燥器的干燥效率较高，但能耗亦大。

厢式气流干燥器结构简单，设备投资少，操作方便，适用性强，同一设备可适用于干燥多种物料，适用于药厂中对多品种、小批量药品干燥的要求，且干燥后物料破损及粉尘少，多用于药材提取物及丸剂、散剂、片剂颗粒的干燥，亦用于中药材的干燥。但由于物料堆积，其内层传热、传质差，干燥时间长，热效率低。不少物料干燥时须翻盘、翻粉，热敏性物料常易变色，亦不适用于带溶剂物料的干燥；工人劳动强度大，如需要定时将物料装卸或翻动时，粉尘飞扬，环境污染严重，因此对排出的废气进行除尘是十分必要的。

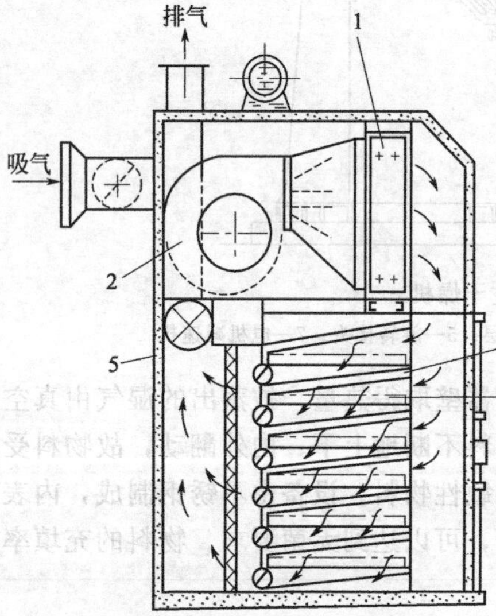

图 3-6-2 平行流式干燥器

1—加热器；2—循环风机；3—干燥板层；4—支架；5—干燥箱主体

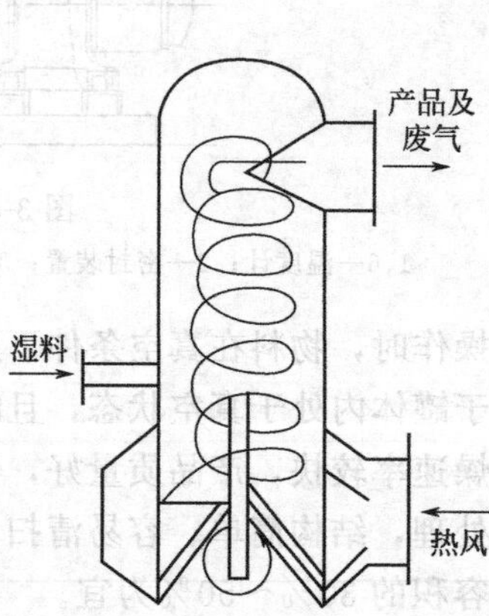

图 3-6-3 旋转闪蒸干燥机结构示意图

2. 旋转闪蒸干燥机

旋转闪蒸干燥机又称旋转快速干燥机，是由丹麦 ANHYDRO 公司于 1970 年开发成功，并经三次改型，于 1983 年定型的第三代产品，它适用于膏状、糊状及滤饼状物料的直接干燥。这种干燥装置出现后，立即引起世界各大化学工业公司重视，现在已有近 20 个国家引入这种设备，国内也逐步开始用于制药生产，天津河北制药厂有一台国产此型干燥机用于核霉素的干燥。近几年，国内在旋转闪蒸干燥方面的研究发展较快，国产此型设备性能都比较好。

（1）旋转闪蒸干燥机工作原理 旋转闪蒸干燥机主要由筒体、带搅拌齿的主轴、分级环、热风分布器等组成，其干燥筒底的底部呈倒锥形，如图 3-6-3 所示。热空气沿切线进入干燥器底部，在搅拌器带动下形成强有力的旋转风场。膏状物料由螺旋加料器进入干燥器内，在高速旋转搅拌桨的强烈作用下，物料受撞击、摩擦及剪切的作用下得到分散，块状物料迅速粉碎，与热空气充分接触、受热、干燥。脱水后的干物料随热气流上升，分级环将大颗粒截留，小颗粒从环中心排出干燥器外，由旋风分离器和除尘器回收，未干透或大块物料受离心力作用甩向器壁，重新落到底部被粉碎干燥。

(2) 旋转闪蒸干燥机特点

① 由于物料受到离心、剪切、碰撞、摩擦而被微粒化呈高度分散状态及固气两相间的相对速度较大，强化了传质传热，使旋转闪蒸干燥机生产强度高。

② 干燥气体进入干燥机底部，产生强烈的旋转气流，对器壁上物料产生强烈的冲刷带出作用，消除粘壁现象。

③ 在干燥机底部高温区，热敏性物料不与热表面直接接触，并装有特殊装置，解决了热敏性物料的焦化变色问题。

④ 由于旋转闪蒸干燥机干燥室内切向气速高，物料停留时间短，达到高效、快速、小设备、大生产。

⑤ 旋转闪蒸干燥机干燥室上部加装陶瓷环及旋流片可以控制出口物料的粒度。

(3) 旋转闪蒸干燥机设备及工艺流程　图 3-6-4 所示为一典型的旋转闪蒸干燥机工艺流程，湿物料由螺旋加料器定量输送到干燥器中；空气由鼓风机送入并经加热器加热达到所需温度后，送入分布器中；热风旋转向上进入干燥器，在搅拌机作用下，与湿物料充分混合、流化、干燥。尚未达到干燥要求的物料（如较大颗粒、含水量较大者等）被分级器分离下来落入干燥器底部，被搅拌机进一步粉碎后继续干燥。只有那些粒度较小、达到干燥程度的物料被气流输送至旋风分离器分离，干燥成品不断从星形卸料器卸出装袋，废气经布袋过滤器除尘，引风机排空。

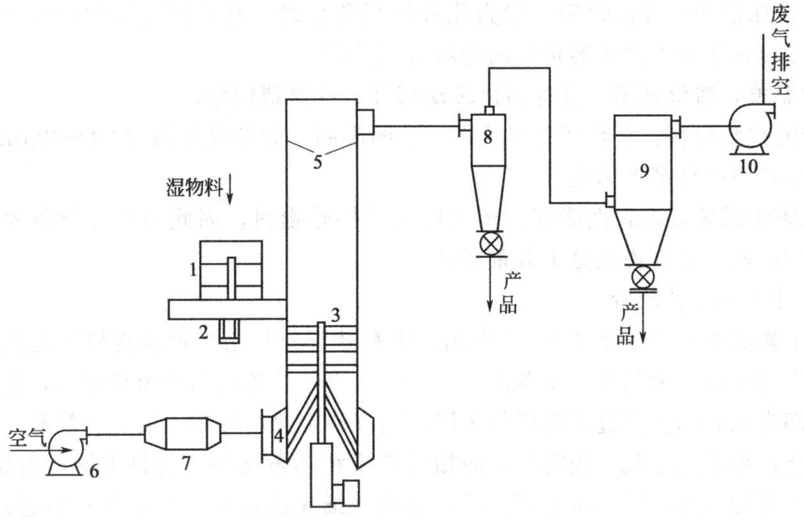

图 3-6-4　旋转闪蒸干燥机工艺流程

1—料罐；2—螺旋输送器；3—干燥室；4—热风分布器；5—分级器；6—鼓风机；7—空气加热器；8—旋风分离器；9—布袋过滤器；10—引风机

四、流化干燥

流化干燥又称沸腾干燥，是流化态原理在干燥中的应用。由于需热空气作干燥介质，故属于气流干燥的一种类型。

原来的沸腾干燥床存在一些缺点，因此近年来对沸腾床进行了改造，如返混流沸腾床、活塞流沸腾床、振动流沸腾床、接触式沸腾床及多层沸腾床。这些沸腾床仅适用于湿物料的干燥与混合，而不能用于制粒。随着喷雾干燥和制剂技术的不断发展，在沸腾床内设喷雾装置，使制粒、制微丸、包衣工序和干燥工序在沸腾床中一次完成。现在开发的设备有沸腾床雾化操作系统和沸腾喷雾干燥制粒机。

（一）固体流化态的原理

一个柱形容器内均匀放入一定量的固体颗粒，气体或液体穿过颗粒，工业上称为床。若气体从下部进入，通过分布板进入床层，当气速较低时，似穿流式干燥器，固体颗粒不发生运动，这时的床层高度为静止高度（固定床）。气速增大，颗粒开始松动，床层略有膨胀，且颗粒也会在一定区间变换位置，在一定的范围内，流体的流速和压降在对数坐标纸上呈直线关系上升。当气速继续增加，床层压降保持不变，颗粒悬浮在上升的气流中，此时形成的床层称为流化床，也称沸腾床，此时的气流速度称为临界流化速度。当颗粒床层膨胀到一定高度时，因床层空隙率增大而气速下降，颗粒又重新落下而不致被气流带走。当气速增加到一定值，固体颗粒开始吹出容器，这时颗粒散满整个容器，不再存在一个颗粒层的界面，而成为气流输送，此时的气速称为带出气速或极限气速。所以流化床的适宜气速在临界流化速和带出气速之间。物料干燥后由排料口排出，废气由沸腾床顶部排出经旋风除尘器组和布袋除尘器回收固体粉料后排空。

（二）流化干燥的特点

流化床干燥器的特点如下。

① 颗粒与热干燥介质在沸腾状态下进行充分的混合与分散，减少了气膜阻力，因此气固接触面积相当大，其体积传热系数大，故处理能力大。

② 由于流化床内温度均一并能自由调节，故可得到均匀的干燥产品。

③ 物料在床层内的停留时间一般为几分钟至几小时（有的只有几秒钟），可任意调节，故对难干燥或要求干燥产品含湿量低的物料特别适用。

④ 结构简单，造价低廉，没有高速转动部件，维修费用低。

⑤ 对于散粒状物料，其粒径与形状有一定的限制，如粒径范围为 20～30μm 至 5～6mm 是适宜的，形状以类似球形为佳。

⑥ 流化床干燥装置密封性能好，传动机械不接触物料，因此不会有杂质混入，这对要求纯净度高的制药工业来说也是十分重要的。

（三）流化干燥工艺流程

流化床干燥的基本流程如图 3-6-5 所示。散粒状湿物料由皮带输送机运送到料斗中，然后由加料器均匀地加入流化床干燥器内。空气经过空气滤器后由鼓风机吸入，通过加热器后自干燥器底部进入，向上穿过多孔板与床层内的湿颗粒物料接触，使物料扬起，其状态犹如液体沸腾一样，形成流态化，进行气、固相的传质和热量交换。物料干燥后由排料口卸出。尾气由流化床顶部排出，经旋风分离器回收细粉（细粉由灰斗经星形集料器进入料仓），然后由引风机排入大气。

（四）流化干燥设备

目前，国内流化干燥装置，从其类型看主要分为单层、多层（2～5 层）、卧式、喷雾和离心沸腾干燥器等，可进行间歇式或连续式生产操作。在特殊需要的场合，可以在床内设置搅拌器、加热器等装置，有时还可加入固体惰性载体。从被干燥的物料来看，大多数产品为粉状、颗粒状、晶状。被干燥物料的含水率一般为 10%～30%，物料颗粒度在 120 目以内。

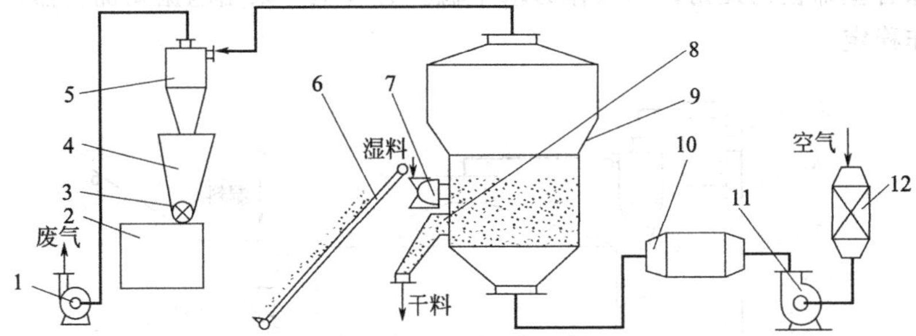

图 3-6-5　流化床干燥的基本流程

1—引风机；2—料仓；3—星形集料器；4—集灰斗；5—旋风分离器；6—皮带输送机；7—抛料机；8—排料管；9—流化床；10—加热器；11—鼓风机；12—空气过滤器

1. 间歇单层流化床干燥器

间歇单层流化床干燥器中，热干燥介质与湿物料整体的接触时间是一致的。由于是分批操作，故每批的干燥时间可以根据物料的干燥要求进行调整。但由于是间歇操作，故进出料耗时较多，只适用于干燥小批量的物料。

2. 连续单层流化床干燥器

连续单层流化床干燥器，应用于易干燥、处理量较大而干燥产品要求不太高的物料，特别适用于干燥表面水分。在此装置中，为了干燥至所要求的水分，物料滞留时间较长，床内的存料量较大，床层较高，阻力损失较大，所需功率较大，热效率不高。它的混合模型属理想混合型，理论上停留时间分布在 0～∞，对热敏性物料不太适合。在中药制剂中常用于一步制粒。

3. 连续多层流化床干燥器

连续多层流化床干燥器如图 3-6-6 所示，湿物料从顶上加入，通过溢流管逐渐向下一级流化床移动，由底部排出。热空气由底部进入，向上通过各层，从顶部排出，物料与气体成逆向流动。与连续单层相比，连续多层流化床最大的一个特点是颗粒滞留时间分布均匀，物料的干燥程度均匀，易于控制产品质量，热利用率较高。此种干燥器，适用于干燥降速阶段的物料或产品要求含水量低的物料。

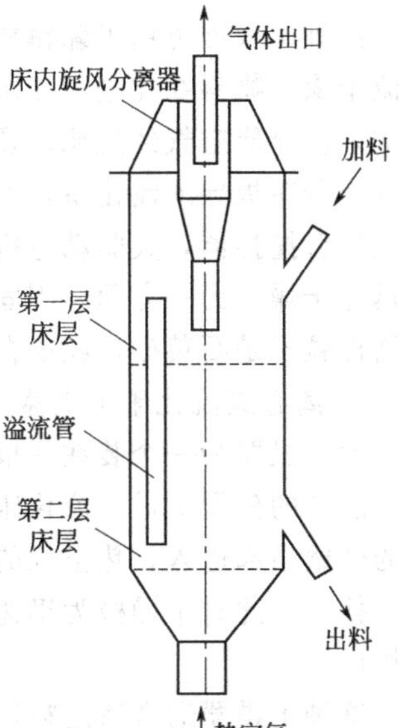

图 3-6-6　连续多层流化床干燥器

4. 卧式多室流化床干燥器

多层流化床干燥器的结构复杂、床层阻力大、操作不易控制，为保证干燥后产品的质量，后来又开发了一种卧式多室流化床干燥器。这种设备结构简单、操作方便，适用于干燥各种难于干燥的粒状物料和热敏性物料，并逐渐推广到粉状、片状等松散状物料的干燥。图 3-6-7 所示为用于干燥多种药物的卧式多室流化床干燥器。

卧式多室流化床干燥器结构简单、制造方便，没有任何运动部件；占地面积小，卸料方便，容易操作；干燥速度快，处理量幅度宽；对热敏性物料，可使用较低温度进行干燥，颗粒不会被破坏。但与其他类型流化床干燥器相比热效率较低；对于多品种小产量物料的适应性较差。

为克服上述缺点，常用的措施有：①采用栅式加料器，可使物料尽量均匀地散布于床层之上；②消除各室筛板的死角；③操作力求平稳。有些工厂采用电振动加料器，可使床层沸腾良好，操作稳定。

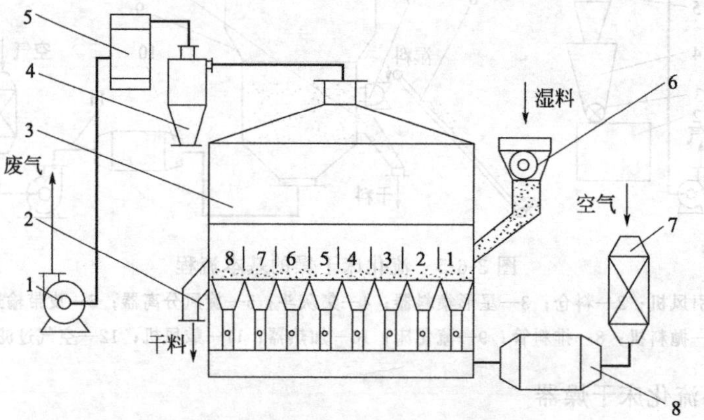

图 3-6-7 卧式多室流化床干燥器

1—引风机；2—卸料管；3—干燥器；4—旋风分离器；5—袋式分离器；6—摇摆颗粒机；7—空气过滤器；8—加热器

5. 流化床碾磨干燥器

这种干燥器可用于黏糯糊状药物的干燥。设备主体为圆柱形，下部为流化干燥，上部为气流干燥，物料在此进行二次干燥。糊浆物料由螺旋加料斗，在流化床近底部惰性粒子密集处加入。介质空气经过滤、预热后从 3 个不同高度处送入干燥器，主流风由底部加入，经多孔气流分布板导入流化室，另两处以切线送入上部气流干燥器的不同部位。流化室内装有旋叶板混合搅拌器，其驱动电机转速可调。一方面，气固间的相对运动的密切接触，促使湿料层迅速干燥；另一方面，固固粒子间的碰撞、摩擦，对被干燥物料起到碾磨作用。一般选用的惰性粒子是石英砂，粒度在 0.5～0.8mm 之间。

6. 离心式流化床干燥器

此干燥器为一个装在一根可旋转的垂直轴上的圆筒筛，湿物料通过旋转的空心轴输送，并由旋转的分配盘送入流化床。在干燥器内湿物料被抛向圆筒筛的内壁，同时热空气从圆筒筛的外壁中部进入，热空气的速度以能使湿物料呈流化态为准。在进粒区内设有疏松湿物料的搅拌桨，此时干燥极为迅速。湿物料在干燥器内的停留时间为 15～30s，然后经旋风分离器排出。

这种干燥器通常适用粒径为 50～500μm、固体密度在 500～3500kg/m^3 之间的物料，加速度可达 20～80m/s^2，空气速度一般在 2～5m/s，停留时间为几秒。

五、喷雾干燥

喷雾干燥技术问世已有上百年的历史，但在我国应用的历史较短，最早是在 20 世纪五六十年代用于染料和链霉素的干燥，于 20 世纪 70 年代逐渐开始研究和推广应用于中药生产中，简化并缩短了中药提取液到制剂半成品的工艺和时间，提高了生产效率和产品质量。目前应用已十分广泛，遍及了以上所涉及的所有行业，尤其在制药和陶瓷行业，喷雾干燥的应用更为普遍。

（一）喷雾干燥原理及优缺点

喷雾干燥属于气流干燥的一种，它是采用雾化器（关键设备）将原料液分散为雾滴，并用热气体（空气、氨气或过热水蒸气）干燥雾滴而获得产品的一种干燥方法。原料液可以是溶液、乳浊液、悬浮液，也可以是熔融液或膏糊液。干燥产品根据需要可制成粉状、颗粒状、空心球或团粒状。

喷雾干燥的优点：①干燥速度快，干燥时间短，干燥时间一般只要几秒钟，多则几十秒钟，因液料经雾化成液滴具有极大的表面积，与热空气接触时，使水分迅速蒸发而干燥，因此具有瞬间干燥的特点；②物料干燥温度低，避免物料受热变质，特别适用于热敏性物料的干燥；③由料液直接得到干燥产品，省去蒸发、结晶、分离及粉碎等单元操作；④操作方便，易自动控制，减轻劳动强度；⑤产品质量好，干燥产品具有良好的疏松性、分散性和速溶性；⑥适宜于连续化、自动化生产。

喷雾干燥的缺点：喷雾干燥在进气温度高、干燥室内有较大温降的情况下具有较高的热效率，但对不耐高温的物料，其容积传热系数较低，所用设备就相应庞大，动力消耗也大；对于细粉产品，需要选择高效分离装置分离，故设备费用较高；干燥时物料易发生粘壁。

（二）喷雾干燥的装置

绝大多数的中药提取物（如浸膏）都因含糖成分较高，而难以干燥以及干燥后的粉料软化点低和吸湿性强的特点，因此，如使用一般的喷雾干燥机干燥，则出现大量的塔内粘壁和在塔顶热风分配器附近的粉料焦煳现象；此外，在旋风分离下的收料筒内也由于粉料长时间受热以及吸湿而产生结块现象，针对中药提取物浸膏的特点，吉林通化金马药业集团股份有限公司选用 ZLPG-25 型中药浸膏喷雾干燥机用于中药的干燥生产，运行至今，效果良好。

图 3-6-8 所示为 ZLPG 中药浸膏喷雾干燥机系统流程示意图，空气通过空气过滤器和加热装置后，以切线方向进入干燥室顶部的热风分配器，通过热风分配器的热空气均匀地、螺旋式地进入干燥室，同时将料液罐中的料液通过输出料泵送到干燥室顶部的离心喷雾头，料液被雾化成极小的雾状液滴，使料液和热空气接触的表面积大大增加，所以当雾滴与热空气接触后就迅速汽化，干燥为粉末或颗粒产品，干燥后的粉末或颗粒产品落到干燥室的锥体及四壁并滑行至锥底经负压抽吸进入积料筒，少量细粉随空气进入旋风分离器进行分离，最后废气进入湿式除尘器后排出。

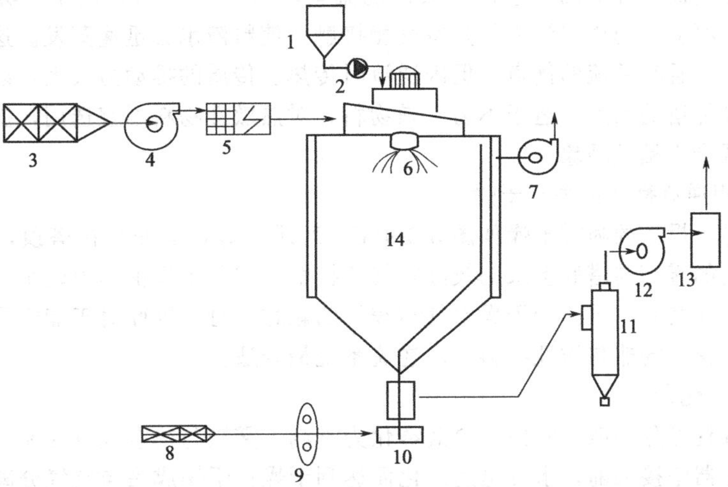

图 3-6-8　ZLPG 中药浸膏喷雾干燥机系统流程示意图

1—料液罐；2—送料泵；3,8—初、中效空气过滤器；4—送风机；5—蒸气加热；6—雾化器；7—冷风机；9—风泵；10—气扫装置；11—旋风分离器；12—引风机；13—水沫除尘器；14—干燥塔

ZLPG 中药浸膏喷雾干燥机完全可以适应高含糖量，特别是多糖、高蛋白的中药品种的生产，适应吸湿快、黏度高的中药品种的生产，它的出现为中药浸膏的干燥开辟了一条新的

干燥技术途径。

热空气与料液接触方式有并流型、逆流型、混流型三种，图 3-6-9 所示为四种类型接触方式的简图。

1. 气液两相并流的喷雾干燥

气液两相并流的喷雾干燥分为两类。一类气液两相向下并流，如图 3-6-9(a) 所示。这种流向应用广泛，特别适用于热敏性物料的干燥。空气进口和液体雾化都在塔顶部分，沿塔向下流动。气液两相在塔的上部接触，料液水分迅速蒸发，大量吸收空气的热量，而使热风的温度下降。流到塔的下部，物料已干燥为粉末，而空气温度也下降。空塔气速一般保持在 0.2～0.5m/s。这种流向适用于喷嘴雾化器和离心转盘雾化器。

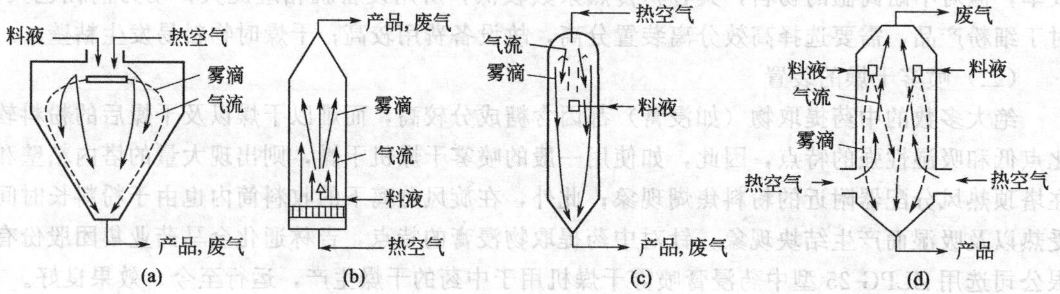

图 3-6-9 热空气与料液在干燥器内的流动

(a) 并流向下；(b) 并流向上；(c) 先逆流后并流向下；(d) 逆流

另一类是气液两相向上并流的喷雾干燥，如图 3-6-9(b) 所示，气体从塔底进入，喷嘴也安装在塔的下部，向上喷出，这种流向与由上向下的并流操作在原理上相同，其较大颗粒不会被气流带走，所得产品粒度比较均匀。喷嘴位置在塔的下部，便于检修清洗和调整。

2. 气液两相先逆流后并流的喷雾干燥

气液两相先逆流后并流的气液流向又称混流型，如图 3-6-9(c) 所示。雾化器安装在塔的中上部，向上喷雾，与塔顶流入的热空气相接触，使料液水分迅速蒸发。这种流向也适用于热敏性物料，并且有并流的优点。但因逆流时传热、传质的推动力较大，以及停留时间较长，因而可以降低塔的高度。适于不易干燥物料，对热敏性物料不宜选用，操作时应注意防止在颗粒返回区产生粘壁现象。

3. 气液两相逆流操作的喷雾干燥

气液两相逆流操作的喷雾干燥如图 3-6-9(d) 所示。雾化器安装在塔顶，热空气从塔底进来，塔顶喷出的雾滴与塔底上来的较湿空气相接触，因此干燥推动力较小，水分蒸发速度较并流式为慢。在塔底，最热的干燥空气与较干的颗粒接触，因此对于能经受高温、需要含水量低和较高松密度的非热敏性物料，用逆流系统最合适。

（三）料液雾化器

喷雾干燥过程可分为四个阶段：料液雾化为雾滴；雾滴与热空气以并流、逆流或混合流接触；雾滴在与器壁接触前，水分迅速汽化而达到干燥；干燥成品与空气分离。雾滴的大小和均匀程度对产品质量和技术经济指标影响很大，特别是对热敏性物质的干燥尤为重要，料液雾化所用的雾化器是喷雾干燥的关键，常用的有下面三类。

1. 离心式喷雾器

离心式喷雾器的构造型式有多种，常见的有多枪式（又称喷雾式）和圆盘式两类。圆盘式又分为平滑圆盘、多叶圆盘、变形多叶圆盘三种，此外还有杯式和碗式的离心喷雾盘。喷雾盘的结构与转速取决于被干燥物料的密度、表面张力和黏度。黏度较小的料液，可采用多枪式和多叶式离心圆盘。黏度大的料液，则采用深底碗式圆盘较为适宜。图 3-6-10 所示是“尼洛”多叶式喷雾盘，全部用不锈钢制成。全盘共有 16 条叶槽，圆盘直径为 210mm，在 1400r/min 的速度下，可处理 500kg/h 左右料液。分配盘中有 4 个 ϕ3mm 的小孔，保证料液均匀地进入底盘。

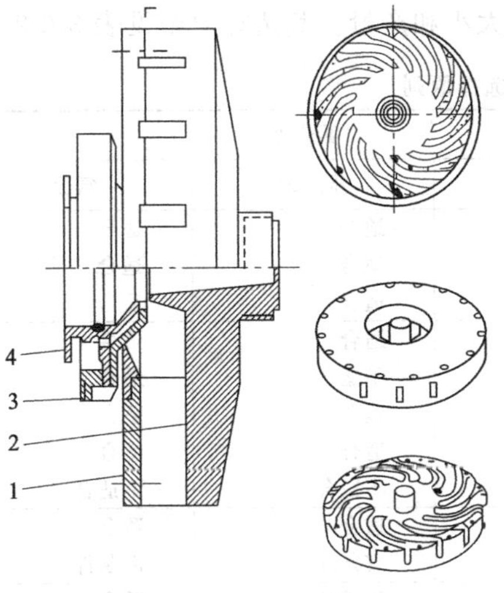

图 3-6-10　“尼洛”多叶式喷雾盘

1—盖板；2—底盘；3—固定螺母；4—料液分配盘

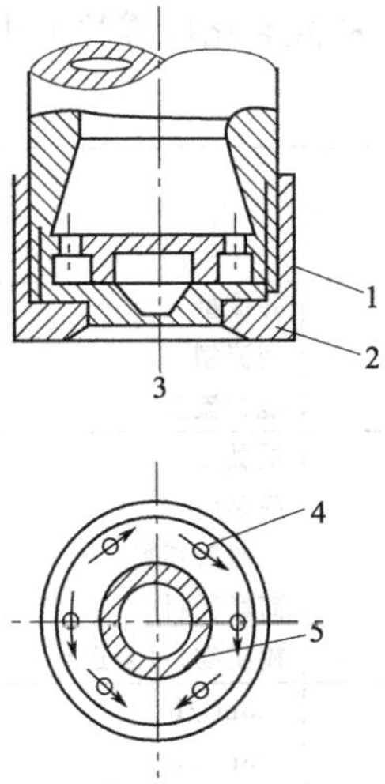

图 3-6-11　压力式喷雾器

1—外套；2—圆板；3—旋涡室；4—小孔；5—喷出口

2. 压力式喷雾器

压力式喷雾器型式较多，但以切线旋涡式和离心式最为常见，如图 3-6-11 所示。它们的共同特点都是使料液经喷雾器后形成切线或螺旋状分散液滴，外形呈圆锥状，其中心是空的圆锥体。

工业上使用的喷雾器孔径为 0.3～2mm，压力在 5～20MPa，但近年来也发展到孔径为 4～6mm，使用压力高达 30MPa 的喷雾器。喷雾器的喷出孔称喷嘴，其加工的光洁度和圆度要求均较高，以保证喷出的雾状均匀，否则出现线流现象（就是没有分散的液流），将影响干燥的质量。

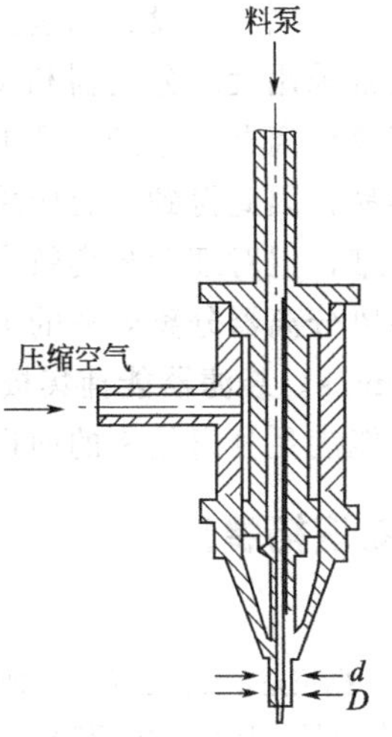

图 3-6-12　气流式喷雾器

3. 气流式喷雾器

气流式喷雾器（图 3-6-12）有二流体式、三流体式、四流体式及旋转——气流杯雾化式等。二流体喷雾器是指具有一个气体通道和一个液体通道的喷雾器。又分气液两相在喷雾器内部混合室混合雾化后，从喷嘴喷出的内混合式；气液两相在喷嘴口外雾化的外混合式；气液喷出后与冲击板碰撞的外混合冲击式。

选用喷雾器型式时，一般按下列原则考虑：压力式的优点较多，主要是耗能低，生产能力大，但需要使用高压液泵；处理量较低时，以采用气流式最为方便，且所喷雾滴最细，可处理含有少量固体的料液；处理含有较多固体量的物料时，宜采用离心式。

（四）中药用喷雾干燥的设备及选择

中药喷雾干燥器由空气加热系统、干燥系统、干粉收集及气固分离系统组成。

空气加热系统包括空气过滤器和空气加热设备。空气过滤器有钢丝网、多孔陶瓷管、电除尘、棉花活性炭和超细过滤纤维等形式，可根据产品的需要进行选择。空气加热设备一般采用蒸气加热和电加热。

干燥系统主要包括喷雾器（雾化器）和干燥塔。喷雾器有气流式、压力式和离心式三种，目前我国应用普遍的是压力式喷雾器。雾化器总体要求结构简单、操作方便、能量消耗小、产量大、料液雾化后雾粒大小均匀并能控制其大小和产量。其选择原则见表 3-6-2。

表 3-6-2 雾化器的选择原则

项目		雾化器		
		离心式	压力式	气流式
干燥室	并流型	适合	适合	适合
	逆流型	不适合	适合	适合
	混合流型	不适合	适合	适合
料液性质	低黏度	适合	适合	适合
	高黏度	适合	不适合	适合
	一般磨耗料	适合	适合	适合
	高磨耗料	适合	适合	适合
	糊状物(可泵送)	适合	不适合	不适合
供料速度	$<3m^3/h$	适合	适合	适合
	$>3m^3/h$	适合	需条件	需条件
平均雾滴粒度	$30\sim120\mu m$	适合	不适合	适合
	$120\sim250\mu m$	不适合	适合	适合

干燥塔是物料干燥成产品的设备，新型的喷雾干燥设备几乎都采用塔式结构，塔底为锥形，有利于收集干粉并防止粘壁。

气固分离设备的选择主要根据物料的物理性能、贵重程度和对环境的污染程度来决定，通常采用旋风分离器和袋滤器。湿法除尘因得到的回收细粉处理较麻烦，使用不普遍。一级旋风分离器可达到 95%以上的分离效率，并且经久耐用、压力损失较小、结构简单、制造容易，因此得到广泛应用。旋风分离器型式有切线型、蜗壳型和扩散型等。蜗壳型虽然制造困难，但对细粉分离效率较高，阻力降也小，性能较佳。选择最佳的气流入口速度乃是决定旋风分离器分离效率的关键。切线型旋风分离器的入口速度为 15～20m/s，蜗壳型为 10～20m/s。袋滤器能捕集极细的粉尘，其效率可达 99%以上，但是清洗较麻烦，阻力降也大，在能满足分离效率的前提下，不一定设置袋滤器。

【知识拓展】

喷雾干燥在中药生产中的应用

据报道，目前已有 2 万种不同特性的物料干燥都依赖于喷雾干燥技术。它广泛应用于医药、化工、食品、生化等领域。日本汉方药研究中主要用喷雾干燥和冷冻干燥两大技术达到中成药浸膏剂干燥的目的，因为冷冻干燥价格较贵，所以使用喷雾干燥技术最多。由于喷雾干燥的中药提取物为粉末状或颗粒状，较传统干燥成品的流动性好、含水量小、质地均匀、溶解性能好，可以直接供片剂、颗粒剂、胶囊剂的成型，因此，喷雾干燥技术被广泛应用于中药浸膏的干燥中。近年来，将喷雾干燥扩展至制粒（如喷雾干燥-干压制粒，一步制粒，流化床-喷雾制粒）、包衣、挥发油微囊化等生产工艺中，极大地丰富了喷雾干燥技术的应用和内涵。

六、干燥新技术

（一）真空冷冻干燥技术

1. 真空冷冻干燥的工艺原理

真空冷冻干燥原理系将被干燥物料的水溶液置于干燥室内预冻至该溶液的最低共熔点以下，使制品冻结完全，然后抽真空，利用冰的升华性能，使冰直接升华成气而被除去，从而达到干燥的目的。

冷冻干燥过程中，冰升华所需的热量主要依靠热传导，搁板表面的热量通过金属盘、容器器壁和制品本身才能到达升华面，因此搁板温度略高于升华温度，才能形成一定温度梯度；随着干燥的进行，升华面内移，传导至升华面的热量增加，升华面获得的热量越多，升华速率越大；此外，升华速率还取决于水蒸气由升华面穿过已干制品的传递速率。升华面的蒸气压与干燥室中总压之差越大，蒸气传递速率越大；已干制品越厚，传递越慢。因此为了减少升华时的阻力，冷冻干燥时制品厚度不宜超过 12mm。

2. 真空冷冻干燥的特点

与传统的加工工艺相比，真空冷冻干燥技术具有以下特点。

① 真空冷冻干燥器在冷冻、真空条件下进行干燥，可避免产品因高热而分解变质，挥发性成分的损失较少或破坏极少，产品疗效好、价值高。

② 真空冷冻干燥所得的产品稳定、质地疏松、质量轻、体积小、含水量低，可长期保存而不变质，加水后迅速溶解恢复药液原有特性。

③ 用于新鲜药材干燥时，可保持药材的组织结构近似于新鲜药材的状态，不萎缩，而且质地疏松、极易粉碎，便于患者服用和粉碎制药。同时可以在极短时间内吸水恢复新鲜状态，有效成分易于提取或浸出。

但冷冻干燥设备投资和操作费用均很大，产品成本高，价格贵。真空冷冻干燥器主要用于酶、抗生素、维生素等制剂的干燥，也用于名贵、滋补类中药材、中药粉针剂的干燥。

3. 中药真空冷冻干燥装置

真空冷冻干燥机由制冷系统、真空系统、加热系统和控制系统四部分组成，如图 3-6-13 所示。将被干燥物料置于冻干箱的层板上，启动制冷压缩机使冻干箱降温，物料被冷冻。当物料全部被冻结后，停止冷冻。开启冻干箱与冷凝器之间的阀门，用真空泵将冻干箱抽真空。热介质经导热油加热器后进入冻干箱的加热排管内，使被干燥物料加热，物料中的冻结水分便升华至冷凝器内凝结。当被干燥物料达到干燥要求时取出，关闭冻干箱与冷凝器之间的阀门和连接真空泵的阀，由淋水器淋热水使升华冻结的冰融化为水而排出冷凝器。

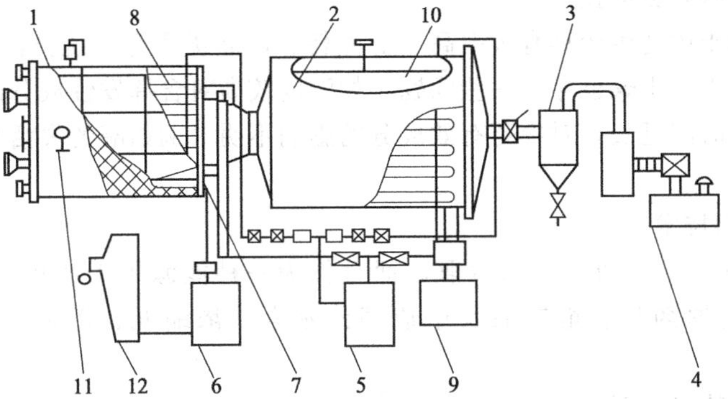

图 3-6-13　真空冷冻干燥机

1—冻干箱；2—冷凝器；3—气水分离器；4—真空泵；5—制冷压缩机；6—导热油加热器；7—蒸发排管；8—加热排管；9—排湿风机；10—淋水器；11—麦氏真空泵；12—自控电柜

4. 中药真空冷冻干燥的操作步骤

真空冷冻干燥过程包括如下三个阶段。

(1) 预冻　制品在干燥之前必须进行预冻。制品的预冻应将温度降到该溶液的最低共熔点以下，并保持一定时间，使制品完全冻结。

(2) 升华干燥　制品预冻后，启动真空泵使干燥室内负压到规定范围，同时启动加热系统给搁板加热，供给热量使冰升华干燥。

(3) 再干燥　待升华干燥阶段完成后，为了尽可能除去残余的水，需要进一步干燥。再干燥的温度，可根据制品性质确定，常控制在30℃左右。直到制品温度与搁板温度重合，即达到干燥终点。

(二) 远红外辐射干燥技术

远红外加热干燥是20世纪70年代发展起来的一项新技术，是利用红外辐射元件所发出的红外线对物料直接照射加热的一种干燥方式，国外已经广泛应用，我国近年来发展也很快。目前在中药生产中，远红外技术主要用于中药材、中药饮片、丸剂、散剂、块状冲剂、颗粒剂等的干燥灭菌工艺。

远红外辐射干燥技术红外线是介于可见光与微波之间的电磁波，其波长范围在0.72～1000μm的广泛区域，其中波长在0.72～5.6μm区域的称近红外，5.6～1000μm区域的称远红外。

1. 远红外线干燥的原理

远红外线辐射器所产生的电磁波以光的速度辐射至被干燥物料，当红外线的发射频率与物料中分子运动的固有频率相匹配时，引起物料分子的强烈振动与转动，在物料内部分子间发生激烈的碰撞与摩擦而产生热，温度迅速升高，将水等液体分子从物料中驱出而达到干燥的目的。

2. 远红外线干燥技术的特点

① 加热速度快，一般是气流干燥的30倍。干燥时间较短，故适用于热敏性物料的干燥，特别适宜于熔点低、吸湿性强的药物。

② 由于热能是直接传递给物料，无干燥介质带走热量，故热能损失少，干燥成本低。

③ 产品质量好，干燥较均匀，具有较高的杀菌、杀虫及灭卵能力，节省能源，造价低，便于自动化生产，减轻劳动强度。

远红外干燥用于中药生产具有效率高、低能耗、产品优质等传统方法所不能及的优势，但远红外技术用于中药干燥也存在一些问题，如温度较高对含挥发性成分的药物有影响，含淀粉多的丸剂崩解时间延长，对中药有效成分的影响不明（例如酶的失活）等，还有待深入研究和解决。

(三) 微波干燥技术

微波技术不仅用于中药材辅助萃取，而且作为一种能源用于加热、干燥、杀虫、灭菌等，适用于中药原药材、炮制品及中成药的水丸、浓缩丸、散剂、颗粒剂等的干燥灭菌。

微波干燥技术特点如下。

① 速度快、时间短、加热均匀、热效率高。微波可以穿透至物料内部，使内外同时受热，加热与升温几乎是同时的。微波真空干燥设备每干燥一批物料需40～60min；冻干一批同样含水量的物料24～30h。

② 选择性加热。物料中极性分子与非极性分子对微波吸收程度是不一样的，极性越强，其吸收微波的能力越强。因此，当物料含水量降低，对微波的吸收也相应减少，当干燥器内物料的含湿量有差异时，含水量较高的部分会吸收较多的微波，因此在腔体内起到一个能量自动平衡作用。由于这些特点，使微波非常适合于干燥。

③ 微波干燥可明显改善生产环境，且能杀灭微生物及霉菌，具有消毒作用，可以防止发霉和生虫。由于微波能深入物料的内部，干燥时间是常规热空气加热的 1/10～1/100。所以对中药中所含的挥发性物质及芳香性成分损失较少。微波灭菌与被灭菌物的性质及含水量有密切关系，含水量越多，灭菌效果越好。

七、中药用干燥设备的选型及工艺设计

（一）中药用干燥设备的选型

在药品干燥车间进行设计、整改过程中，可能首先想到的是干燥设备的正确选型问题，选型正确与否会对设计、整改结果产生很大影响。因为选型涉及正确掌握干燥过程中的物性变化、生产规模、产品热敏性、有机溶剂回收的处理对策、尾气粉尘处理以及节能等许多因素，保证生产过程符合 GMP 规范要求。

干燥设备的选型设计包括设备的选型、工艺计算与设计等。干燥过程是一个十分复杂的过程，到目前为止，尚有很多问题不能从理论上加以解决，往往需要借助实验和经验。由于干燥中处理的物料种类繁多，物料干燥特性又差别很大，所以干燥器的类型和种类很多，设备选型时必须从实际出发，依据物料性质、干燥目的和要求、生产条件等因素来综合考虑，选择适宜的干燥工艺和设备，以期获得最佳的干燥效果、确保成品质量。

1. 中药干燥设备选型应考虑的因素

中药干燥设备选型应考虑的因素见表 3-6-3 所示。

表 3-6-3 干燥设备选型应考虑的因素

被干燥物料的性能和干燥特性	对干燥产品的要求	湿物料的含湿量	其　他
(1)物料的状态(如溶液、浆状、膏状、粒状、块状、片状等) (2)理化特性(如热敏性、黏结性) (3)物料的干燥特性(如干燥温度、湿度、压力与时间，以及水分的存在状态等)	(1)产品的形态、质量要求 (2)产品的卫生要求	(1)含湿量波动性 (2)干燥前机械脱水程度	(1)生产规模 (2)有机溶剂回收 (3)尾气粉尘处理 (4)安装空间 (5)能源种类

2. 对干燥器的要求

① 能保证特定产品提出的生产工艺要求，如能达到指定的干燥程度、质量指标等。

② 较快的干燥速率，以较小的设备尺寸达到较大的生产能力。

③ 有较高的热效率，从而降低干燥操作的能耗。

④ 干燥系统的流动阻力小，以节约风机电能。

⑤ 操作控制方便、先进，劳动条件良好，附属设备可靠，如避免粉尘的飞扬、干产品的返潮等。

3. 干燥器选型的步骤

干燥器选择的起始点是确定或测定被干燥物料的特性，进行干燥试验，确定干燥动力学和传递特性，确定干燥设备的工艺尺寸，进行干燥成本核算，确定干燥器型式并最终计算其尺寸。若几种干燥器都能适用时，要同时进行干燥试验，核算成本，进行方案比较，最后选择其中最佳者。上述步骤可用方块图表示，见图 3-6-14 所示。

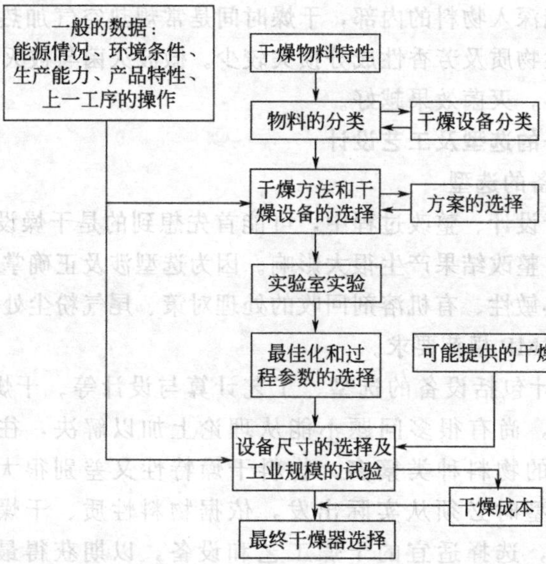

图 3-6-14　干燥器选择步骤的方块图

4. 选型

选择干燥器时，首先应根据湿物料的形态、处理量的大小及处理方式初选出几种可用的干燥器类型。然后根据物料的干燥特性，估算出设备的体积、干燥时间等，从而对设备费及操作费进行经济核算、比较，再结合选址条件、热源问题等，选出适宜的干燥器。

表 3-6-4 是干燥器选型参考表，供初选时用。

在中药工业生产中，干燥设备的应用及选用情况大致可归纳为如下几点。

① 原料药材如中药材、中药饮片等干燥。小批量生产可以采用烘箱干燥，大生产可选用烘房干燥、带式干燥、远红外干燥、微波干燥等。

② 粉粒状物料包括制剂辅料（如环糊精、淀粉等），用于进一步制备颗粒剂、片剂、胶囊剂等的湿颗粒以及微丸等，可采用一步法制颗粒的沸腾（流化床）干燥、气流干燥等方法。

③ 中药提取物浸膏需要将浸膏进一步干燥成干膏，以便粉碎制粒，用于生产片剂、颗粒剂、胶囊剂等口服固体制剂。可以根据浸膏的用量和性质（如相对密度、黏度、流动性、热敏性、是否会起泡、结晶等）、浓缩要求（如浓缩比）以及设备条件等情况，选择适宜的干燥方法和设备。常用的有真空干燥、喷雾干燥、滚筒干燥等。

④ 中药提取液的浓缩干燥。如中药注射剂原液，可经过喷雾干燥或冷冻干燥后，制成粉针剂。

⑤ 制剂产品。如丸剂、片剂等的最终干燥，各种剂型的玻璃包装容器及瓶盖等的灭菌干燥等，可根据剂型特点选择相应的干燥工艺。

表3-24 干燥器选型参考表

干燥器型式	产品规模			物料的聚焦状态					物料的性质											干燥时间					
	小规模（20～50kg/h）	中规模（50～1000kg/h）	大规模（大于1000kg/h）	颗粒<75μm	颗粒0.5～5mm	粉尘	糊状物	液体	热敏性（<50℃）	热敏性（<100℃）	热敏性（>100℃）	附着性	非附着性	产生内聚力	磨损的	可燃的	可爆炸的	有毒的	有机溶剂	0.5～3s	3～30s	0.5～2min	2～20min	10～60min	超过1h
圆盘干燥器	△	×	×	△	△	△	△	×	○	△	△	○	△	△	○	×	×	×	×	×	×	×	○	△	△
真空圆盘干燥器	△	×	×	△	△	△	△	○	△	△	○	○¢	△	△	△	△	△	△	△	×	×	×	○	△	△
旋转盘式喷雾干燥器	△	△	△	×	×	×	○	△	△	△	△	○	△	△	△	△	△	○	○	△	△	×	×	×	×
压力式喷雾干燥器	△	△	○	×	×	×	△	△	△	△	△	○	△	△	△	△	△	○	○	△	△	×	×	×	×
滚筒干燥器	△	○	○	×	×	×	○	△	○	○	△	○	○	△	△	×	×	×	×	×	△	○	×	×	×
回转干燥器	×	○	△	△	△	○	○¢	×	△¢	△¢	△¢	○	△	○	○	○	○	×	×	×	×	×	○	△	△
回转真空干燥器	△	△	×	○	△	○	×	×	△	△	△	×	△	×	○	△	△	△	△	×	×	×	○	△	△
具有蒸汽管的回转干燥器	×	△	○	×	△	△	×	×	×	○	△	×	△	×	△	△	○	○	○	×	×	×	○	△	△
回转内加热的干燥器	△	△	×	×	△	△	○	×	×	○	△	×	△	×	△	△	△	△	○	×	×	○	△	△	×
回转内加热的真空干燥器	△	△	×	×	△	△	△	○	△	△	△	○	△	△	△	△	△	△	△	×	×	×	○	△	△
搅拌间歇干燥器	△	△	○	△	△	△	×	×	○	△	△	○	△	△	△	×	△	△	△	×	×	○	△	○	×
带式干燥器	△	△	○	△	△	×	×	×	△	△	△	○	△	△	○	○	×	○	×	×	×	×	○	△	×
具有预成型辊子的带式干燥机	△	△	○	×	×	×	△	×	×	△	△	△	△	○	○	△	△	×	×	×	×	△	△	△	×
振动流化床干燥机	△	△	×	×	△	△	×	×	○	△	△	△	△	○	○	△	△	×	×	×	×	△	△	△	×
流化床干燥器	△	△	△	○	△	○	×	×	○	△	△	×	△	×	○	○	○	○	△	×	×	○	△	△	×
具有惰性体的流化床干燥器	△	○	×	×	×	×	△	△	○	△	△	○	△	×	△	○	△	△	△	○	△	△	×	×	×
间歇流化床干燥器	△	×	×	○	△	△	○	×	○	△	△	×	△	×	△	△	○	△	△	×	×	×	○	△	△
喷动床干燥器	△	△	×	×	△	△	×	×	○	△	△	×	△	×	○	△	△	○	△	×	×	×	○	△	×
旋风干燥器和喷动床干燥器的组合	△	△	×	×	△	△	×	×	○	△	△	×	△	×	×	△	△	△	△	○	○	△	×	×	×
带粉碎机的漩涡干燥器	△	△	×	△	×	×	×	×	○	△	△	×	△	△	○	△	△	△	△	△	△	△	×	×	×
气流干燥器	×	△	△	×	△	△	×	×	△	○	△	△	×	△	△	○	△	△	△	○	△	×	×	×	×
旋转快速干燥器	△	△	×	×	△	△	×	×	○	△	△	×	△	○	○	△	△	△	△	○	△	×	×	×	×
螺旋干燥器	○	△	×	×	△	△	×	×	○	△	△	×	△	×	○	△	△	△	△	△	△	×	×	×	×
撞击干燥器	△	○	○	×	○	△	△	×	○	△	△	△	△	△	△	△	△	△	△	△	○	×	×	×	×
旋转撞击干燥器	△	△	△	×	×	△	×	×	○	△	△	×	△	×	△	△	△	○	○	△	○	×	×	×	×

¢ 有搅拌装备。¢ 再循环。¢ 并流。¢ 逆流。

注：△表示推荐的；○表示可能适用；×表示不推荐。

（二）中药干燥工艺的设计

目前中药干燥新设备、新工艺不断涌现，国内干燥设备生产厂家生产了适合中药生产的沸腾干燥制粒机、药用无菌喷雾干燥机、多功能干燥制粒包衣机、流化制粒包衣干燥机等，这些设备不单是为干燥而干燥，而是集干燥、制粒、除菌、包衣等功能为一体，简化了中药制药工艺过程，提高了工作效率，故干燥工艺的设计、整改要尽量考虑采用这些先进的新设备、新工艺；另外，要结合干燥产品的特性、生产的实际情况来探索干燥工艺。下面介绍组合干燥工艺过程。

第一步动态干燥、整粒。先将制得的湿颗粒放入通有热风的沸腾干燥器中，流化干燥约20min，当沸腾层内温度持续保持在45℃左右时，这时颗粒含水率约为5%左右，打开出料阀门，将颗粒放出，直接在颗粒筛选机上过筛、整粒。

第二步静态干燥。将上述筛选合格的颗粒，摊在烘盘放入热风循环干燥箱中，直接升温到60℃或80℃以下，直至烘干（颗粒含水率为2%以下），经检验合格后，分装即可。由于经第一步干燥整粒后的颗粒呈疏松状态，使静态干燥速度加快，提高了烘箱的干燥效率，使耗能减少。

采用动静态相结合的组合干燥方法，可使湿颗粒干燥周期缩短，生产效率提高，也提高了沸腾干燥器和烘干箱的综合利用率，比单独使用上述两种干燥设备效率提高，而且，经济效益和产品质量均有提高。

其他因素如产品的质量要求，包括产品的均匀性、稳定性与防止产品的污染；生产方式，如干燥前后工艺为连续操作时，应选择连续干燥设备，当干燥器前后工艺为不连续操作时，则选择间歇干燥设备；环境保护，如粉尘、溶剂、水气污染、噪声等也是中药干燥工艺的设计内容。

【知识拓展】

中药干燥技术发展趋势

近年来，在国内外化工行业中，对膏状物料和黏稠物料干燥的研究，引起了足够的重视。流态化技术、喷射技术、惰性载体技术，则是在此基础上发展起来的。这些新的研究结果若用于中药制剂生产，将大大改善中药加工的技术水平，大幅度降低能耗，提高生产率。

另外，干燥装置的发展趋势也表现为追求设备的多功能化、集成化，一般多采用至少一种非干燥操作与干燥操作相结合的方式开发新的设备。这些设备若为中药行业所引用，可改善工艺过程，降低中药生产的成本。如一步制粒机的应用，就简化了搅拌、制粒、整粒的工艺流程。

干燥机的设计和使用过程中引入计算机技术，将改善干燥机的设计速度和质量，提高干燥产品的质量。例如，在药剂干燥过程中用计算机作为干燥过程的监测器和控制器，可使干燥过程接近最佳操作状态。而在设计工作中引入计算机辅助设计，即CAD，这是现代设计工作的一个特征。国外许多大公司，CAD已经占设计工作量的很大比例。

中药干燥技术水平要提高，关键在于中药干燥工程工艺及装备的创新，特别是干燥方法的创新，如静电干燥技术，其比常规热风循环干燥、微波干燥等有更多的优越性，若能在中药生产中应用，将使中药干燥技术水平产生质的飞跃。只有将新的先进技术应用于中药干燥的实际生产中，并在实际生产中不断地探索，中药干燥技术水平才能得到提高。

目 标 检 测

一、单项选择题

1. 箱式干燥器介质吹过物料盘面的平均气流速度为（　　）。

A. 0.5～1.0m/s　B. 1.0～1.5m/s　C. 1.5～2.5m/s　D. 2.5～3.5m/s　E. 3.5～5.0m/s

2. 下列对于流化干燥的论述错误的是（　　）。

A. 适用于湿粒性物料的干燥　B. 热利用率高　C. 节省劳力

D. 热能消耗小　E. 干燥速度快

3. 与大多数干燥器不同，只能干燥流体物料的是（　　）。

A. 箱式干燥器　B. 真空干燥器　C. 气流式干燥器　D. 流化床干燥器　E. 喷雾干燥器

4. 可使物料瞬间干燥的是（　　）。

A. 冷冻干燥　B. 沸腾干燥　C. 喷雾干燥　D. 减压干燥　E. 鼓式干燥

5. 喷雾干燥技术被广泛应用于中药浸膏的干燥中，主要是（　　）。

A. 干燥温度高，干燥速度快

B. 能保持中药的色香味，干燥成品质地均匀、溶解性能好

C. 可获得颗粒状或粉末状干燥制品

D. 相对密度为1.0～1.35的中药料液均可进行喷雾干燥

E. 加入助溶剂可以增加干燥制品的溶解度

6. 属于流化干燥技术的是（　　）。

A. 真空干燥　B. 冷冻干燥　C. 沸腾干燥　D. 微波干燥　E. 远红外辐射干燥

7. 湿颗粒不能采用的干燥技术是（　　）。

A. 喷雾干燥　B. 微波干燥　C. 沸腾干燥　D. 远红外辐射干燥　E. 真空干燥

8. 喷雾干燥器的雾化器常用的基本形式有（　　）种。

A. 1　B. 2　C. 3　D. 4　E. 5

9. 远红外线的波长区域为（　　）。

A. 0.72μm以下　B. 5.6μm以下　C. 0.72～5.6μm

D. 0.72～1000μm　E. 5.6～1000μm

10. 对于干燥胶膜状的物料应首选（　　）。

A. 气流式干燥器　B. 喷雾干燥器　C. 流化床干燥器　D. 远红外干燥器　E. 真空冷冻干燥

11. 下列宜采用远红外干燥的物料是（　　）。

A. 丹参注射液　B. 人参蜂王浆　C. 甘草流浸膏　D. 安瓿　E. 益母草膏

12. 下列不适用于药剂生产的干燥技术是（　　）。

A. 吸附干燥　B. 真空干燥　C. 流化干燥　D. 气流干燥　E. 冷冻干燥

二、多项选择题

1. 气流式干燥器的适用对象要求以（　　）物料为主。

A. 糊状　B. 颗粒状　C. 膏状　D. 浓稠液　E. 粉末状

2. 喷雾干燥器适用的对象要求以（　　）物料为主。

A. 纤维状　B. 溶液状　C. 薄膜状　D. 乳浊液状　E. 膏糊状

3. 对于喷雾干燥，常用雾化器的基本形式有（　　）。

A. 压力式雾化器　B. 离心转盘雾化器

C. 气流式雾化器　D. 惰性粒子式雾化器

E. 振动式雾化器

4. 红外干燥器的特点有（　　）。

A. 设备简单　B. 电耗小

C. 干燥时间短　D. 干燥产品质量好

E. 操作方便

5. 能提高干燥效率的方法是（　　）。

A. 加大热空气的流速　B. 及时排走气化的水汽

C. 加大干燥的面积　D. 增加被干燥物料的堆积厚度

E. 提高空气温度、降低湿度

6. 沸腾干燥的特点有（　　）。

A. 适于药液干燥　　B. 适于湿粒性物料的干燥

C. 气流阻力大，热利用率低　　D. 干燥速度快，产品质量好

E. 适于大规模生产

7. 属动态干燥的是（　　）。

A. 鼓式干燥　B. 减压干燥　C. 沸腾干燥　D. 微波干燥　E. 喷雾干燥

8. 下列属于应用流化技术进行干燥的工艺有（　　）。

A. 喷雾干燥　B. 真空干燥　C. 冷冻干燥　D. 沸腾干燥　E. 减压干燥

三、简答题

1. 物料干燥的目的是什么？

2. 影响干燥效果的因素有哪些？

3. 气流干燥的特点有哪些？

任务七　粉碎与筛分

学习目标

知识目标：

◇ 掌握粉体的概念，粉体的主要特性，粉碎、筛分过程的基本理论。

◇ 熟悉粉碎的方法、微粉的生产过程。熟悉典型粉碎与筛分设备的工作原理和特点。

◇ 了解粉碎与筛分设备在中药制药生产中的应用，了解现代粉碎新技术与设备。

能力目标：

◇ 学会典型的中药粉碎与筛分技术，并能进行典型生产设备的操作。

◇ 能将学到的理论知识运用到生产实际中，能根据药料的特点和制剂要求选择合理的粉碎与筛分工艺及设备，并学会用学到的理论知识解决生产实际问题。

◇ 了解中药粉碎与筛分技术及设备发展的动向。

一、基本知识

（一）粉体的概念

粉体又称微粉，是指固体微细粒子的集合体，微粉的粒子可小到 0.1μm。

固体变成微粉后，由于单位体积或质量物质的表面积急剧增大，其理化性质也随之发生一系列变化，故能影响药物的粉碎、过筛、混合、沉降、过滤、干燥等工艺过程及许多剂型的成型与生产。此外，微粉的基本特征（如粒子大小、表面积等），可直接影响药物的释放与疗效，故应用有关微粉学的基本知识和技术来生产制剂，能大大提高制剂的质量。

关于微粉的概念，目前尚无统一的定义，有用“超细”、“超微”，也有用“超细微”来表述。本书结合中药制剂专业使用习惯，统一使用“微粉”一词。

（二）粉体的特性

1. 粉体形态

粉末或粒子的形态可用球形、多角形、针状、片状、柱状、纤维状等术语来描述。对单一颗粒常用厚度（T）、短径（B）和长径（L）来表示形态。粒子的形态对粉体的流动性有影响，粒子呈球形或接近球形，流动时粒子多发生滚动，粒子间摩擦力小，流动性好；而粒子呈片状或针状的，其在流动时粒子多发生滑动，粒子间摩擦力较大，流动性一般不好。片状或针状的粒子在压片时还容易形成横向排列，使压成的片剂易裂片或分层。

2. 粒径

药物粉体的大小多用粒径表示。粒径测定方法有直接测定法、显微镜法、筛选法、间接测定法、沉降法、电测法。如果微粒是规则的圆球状或立方体形，即可直接用圆球的直径或立方体的边长表示其粒径。而实际上微粒的形状极不规则，并且许多微粒的表面很粗糙。通常用几何粒径、定向粒径、有效粒径、比表面积粒径来表示粒子大小。

【知识链接】

几种粒径的含义

① 几何粒径　是指用显微镜看到的微粒的实际长度，包括长径和短径。

② 定向粒径　将微粉置显微镜下，全部微粒均按同一方向进行测量，所得之值为定向粒径。

③ 有效粒径　是根据斯托克（Stokes）沉降定律，由与微粒具有相同沉降速度的球形颗粒求出的粒径，又称斯托克径或沉降粒径。

④ 比表面积粒径　用吸附法和透过球法求得的粉体的单位表面积的比面积，这种比表面积法是假定所有粒子都为球形求出的粒子径。

一般情况下，粒子的粒径大于 200μm 时，其流动性较好，休止角较小；粒子的粒径在 200～100μm 范围为过渡阶段，在此范围内随着粒径变小，粒子间摩擦作用增大，休止角增大，流动性变差；粒子的粒径小于 100μm 时，其黏着力大于重力，休止角大幅增大，流动性很差。

3. 微粉的流动性

微粉的流动性与粒子间的作用力（如范德华力、静电力等）、粒度、粒度分布、粒子形态及表面摩擦力等因素有关。有些粉体松散并能自由流动，有的则具有附着性。微粉流动性的表示方法较多，一般用休止角和流速等表示。

休止角是指一堆粉体的表面与平面间可能产生最大夹角，是表示微粒间作用力的主要方法之一，休止角与细粉的粒径、百分比、含水量等有关。细粉的百分比大，休止角亦大。在一定范围内休止角随水分的增加而变大，但含水量超过 12%则休止角降低，这是由于微孔的孔隙率被水分所充满以及含水量达到一定限度后水可起润滑作用的综合原因所致。流速系指微粉由一定孔径的孔或管中流出的速度，一般来说，微粉的流速快，即流动性好。

4. 润湿性

液滴在固体表面的黏附现象称为润湿，固体的润湿性经常用接触角来衡量，接触角大于 90°，则不易润湿，接触角小于 90°为易润湿。接触角的测定方法有直接法、透过法及 h-ε 法。

5. 比表面积

比表面积系指单位质量微粉所具有的表面积，大多数微粉中粉粒的表面很粗糙，有的粉粒有缝隙和微孔，中药粉体更是如此。微粉的比表面积大小与药物的物理、化学和药理作用密切相关。例如有的中药药粉“燥性”大，亦与其表面粗糙、比表面积大有关；难溶药物的比表面积对其溶解性能有重要的影响。

6. 密度与孔隙率

粉体密度系指单位体积粉体所具有的质量，表示粉体密度的方法有真密度、松密度、粒密度。粉体的各种密度、总孔隙率，其定义及计算方法见表 3-7-1。

表 3-7-1 粉体各种密度、总孔隙率的定义与计算式

名称	定义	计算式
真密度 ρ_p/(kg/m³)	除去微粒本身的孔隙及粒子间的空隙占有的体积后求得物质的体积，并测定其质量，计算得到的密度	$\rho_p = m/V_p$ (3-7-1)
粒密度 ρ_g/(kg/m³)	除去微粒间空隙体积，但包含微粒内部空隙体积的密度	$\rho_g = m/V_g$ (3-7-2)
松密度 ρ_b/(kg/m³)	包括微粒间、微粒内所有空隙在内的总体积的密度	$\rho_b = m/V_b$ (3-7-3)
总孔隙率 $\varepsilon_{总}$/%	粉体总体积(V_b)中所有孔隙体积占的百分率	$\varepsilon_{总} = \frac{V_b - V_p}{V_b} = 1 - \frac{\rho_b}{\rho}$ (3-7-4)
		式中 m——粉体质量，kg； V_p——不含粉体微粒间、微粒内体积的粉体净体积，m³； V_g——粉体净体积 V_p 加上微粒内空隙的体积，m³。

二、药材粉碎过程

粉碎是借机械力将大块固体物质碎成适当粒度的操作过程。制剂生产中，常需要将固体药材粉碎成一定大小的颗粒以供制备药剂或临床使用。筛分是将粉体分成不同粒径范围的过程，通常的粉碎机械在粉碎过程中同时进行筛分。

（一）粉碎的基本原理

1. 粉碎比

粉碎比（n）为固体药物粉碎前的粒径与粉碎后的粒径之比。

$$n = \frac{D}{d} \tag{3-7-5}$$

式中 n——粉碎比；

D——粉碎前固体药料的粒径；

d——粉碎后固体药料的粒径。

粉碎比反映了物料的粉碎程度，是确定粉碎工艺及机械设备选型的重要参数。药物要粉碎成多大的粒度，应根据药物性质、剂型和使用要求等确定，药物不可过度粉碎，达到需要的粉碎度时即可。对植物性药材而言，一般花、叶组织较疏松，有效成分易于被浸出，不必粉碎过细；根、茎等由于组织硬度大，有效成分难以被浸出，应粉碎成细粉；制备固体制剂所用的药物为了易于制备成型也要求粉碎成细粉。但具有不良臭味、刺激性、易分解的药物，则不宜粉碎过细，以免增加其苦味及分解；浸提制剂只需将药材切小或粉碎成粗粉，不宜过细以免糊化造成浸提和过滤困难。

2. 粉碎机理

物体的形成依赖于分子间的内聚力，物体因内聚力的不同显示出不同的硬度和性能，因此粉碎时必须借助于外力来部分破坏分子间的内聚力，才能达到粉碎的目的。

粉碎的难易，与外力的大小有关，但主要取决于物质的结构和性质。极性晶体药物，如硼砂、生石膏等均具有相同的脆性，较易粉碎。而非极性晶体药物，如冰片、樟脑等则缺乏相应的脆性，当对其施加一定的机械力时，易产生变形而阻止粉碎。若加少量挥发性液体，可渗透到药物的裂隙中，降低其分子的内聚力，粉碎则易于进行，这种作用称为“楔裂”作用。非晶体药物的分子呈不规则排列，如乳香、没药等具有一定弹性，受外力时则易变形而不易碎裂。若在较高温度下粉碎，会使其变软而影响粉碎效率。一般可在低温下增加药物脆性然后进行粉碎。植物药材性质复杂，且含有一定的水分，具有韧性，难以粉碎，因此在粉碎前应视其特性加以适当干燥。一般用较高的温度急速加热，使水分迅速蒸发，然后冷却，使药材组织膨胀疏松，便于粉碎，这是中药炮制学中“炒”或“炮”的目的之一。

3. 粉碎方法

粉碎时应根据处方所含药物的性质和使用要求，采用不同的粉碎方法。

（1）干法粉碎　干法粉碎指将药物适当干燥后再进行粉碎的方法。除特殊中药外，一般中药均采用干法粉碎。药材在粉碎前应根据药物的软硬度、油润性、粉性或黏度等不同性质，分别采用单独粉碎、混合粉碎或特殊处理后粉碎。

（2）单独粉碎　将一味药物单独进行粉碎的方法，俗称“单研”。单独粉碎又有干法和湿法之分。处方中含有贵重药物，如冰片、麝香、鹿茸、珍珠、玳瑁、琥珀、人参、三七、沉香、牛黄、羚羊角、朱砂等必须单独粉碎。含有毒性成分的药物，如信石、马钱子、雄黄、红粉、轻粉等也应单独粉碎。另外，处方中黏软性差异较大的药物如乳香、没药，亦应单独粉碎。

（3）混合粉碎（又称共研法）　处方中某些性质及硬度相似的药物可混合在一起共同粉碎，这样既可避免一些黏性药物单独粉碎时黏壁和附聚，又可使粉碎与混合的操作同时进行，故省时省工，提高生产效率，中药制剂的粉碎多采用此法。一般如无特殊胶质、黏性或挥发性、油脂较多的药物均可用共研法。对处方中含黏液质、糖分或胶脂等成分较多的药料，如熟地、牛膝、桂圆肉、五味子、山萸肉、黄精、玉竹、天冬、麦冬等可采用串料法粉碎，即粉碎时将处方中其他药物共研成粗末，然后陆续掺入黏性药料，共研成块状或颗粒状，于60℃以下充分干燥后再进行粉碎。对处方中含油脂较多的药料，如桃仁、柏子仁、枣仁、胡桃仁等可采用串油法粉碎，即将处方中其他药物共研成细粉，再将含油脂性药物研成糊状，然后把其他药粉分次掺入，使药粉及时将油吸收，以便粉碎和过筛。

（4）湿法粉碎　湿法粉碎系指药粉中加入适量的水或其他液体进行研磨粉碎的方法。湿法粉碎的目的是使水或其他液体渗入颗粒的裂隙中，减少分子间的引力以利于粉碎。对于某些刺激性强的或有毒的药物如蟾酥等，为避免粉末飞扬也采用此法。选用的液体以药料遇湿不膨胀，两者不起变化，不妨碍药效为原则。

【知识链接】

水飞法

水飞法是矿物药在湿润条件下研磨，再借粗细粉在水里不同的悬浮性取得极细粉末的方法，是中药传统的研磨方法。水飞法在很多方面有它独特的地方，因水飞法是在加水条件下研磨，可减轻矿物药在研磨时产生的热变化和氧化，并可防止药粉飞扬。借水对药粉的悬浮作用，可除去体轻的非药用部分以及被水充分溶解的物质。

其操作是将朱砂、炉甘石、珍珠、滑石粉等药料，先打成碎块，置于研钵中，加入适量清水，用研锤研细。当有部分细粉研成时，旋转研钵，使细粉混悬于水中。然后将混悬液倾出，余下的药物再加水反复研磨，直至全部研磨完毕。将研得的混悬液合并，沉降，倾出上清液，干燥，即得细粉。

（5）低温粉碎　低温时物料脆性增加，易于粉碎，是一种粉碎的新方法，其特点：①适用于在常温下粉碎困难的物料，如树胶、树脂、干浸膏等都可采用低温粉碎；②含水、含油虽少，但富含糖分，具有一定黏性的药物也能低温粉碎；③能保留挥发性成分，获得更细的粉末。

低温粉碎一般有下列四种方法。

① 物料先行冷却或低温条件下，迅速通过高速撞击粉碎机粉碎。

② 粉碎机壳通入低温冷却水，在循环冷却下进行粉碎。

③ 待粉碎的物料与干冰或液化氮气混合后再进行粉碎。

④ 组合运用上述方法进行粉碎。

（二）筛分的基本原理

1. 筛分的含义与目的

将粒度分布较广的粉体按粒径大小分成不同粒级部分的过程称为粉体的分级。可分为机械筛分与流体分级两大类。

筛分系指将粉碎后的药料粉体通过筛孔性工具分成两种或多种不同粒级粉体的操作过程。中药工业用原料、辅料及各种工序的中间产品通过筛分进行分级以获得粒径较均匀的物料。

流体分级是将粉体分散在流体介质中（如空气、水），利用重力场或离心力场中，不同粒度颗粒的运动速度差或运动轨迹的不同而实现按粒度分级的操作。流体分级主要用于细粉体或超细粉体的分级。

药物粉碎后其粉体粒度不同，成分不均匀会影响应用，故中药工业生产用原料、辅料及各种工序的中间产品常通过筛分操作以获得所需的细度一致的粉体药料。

在制药工业中，通过筛分可以达到如下目的。

① 筛除粗粒或异物，如固体制剂的原辅料等。

② 筛除细粉或杂质，如中药材的筛选、去除碎屑及杂质等。

③ 整粒，筛除粗粒及细粉以得到粒度较均一的产品，如冲剂等。

④ 粉末分级，满足丸剂、散剂等制剂要求。

⑤ 能及时将合格的粉体筛出，提高粉碎效率。粉体筛选的工具是药筛。

2. 药筛与粉末分等

药筛可分为编织筛与冲眼筛两种。编织筛的筛网由铜丝、铁丝（包括镀锌的）、不锈钢丝、尼龙丝、绢丝等编织而成。编织筛在使用时筛线易于移位，故常将金属筛线交叉处压扁固定。冲眼筛系在金属板上冲压出圆形或多角形的筛孔，常用于高速粉碎过筛联动的机械上及丸剂生产中分档。在实际生产中，也常使用工业用筛，这类筛的选用，应与药筛标准相近，且不影响药剂质量。

《中华人民共和国药典》2010 年版一部所用的药筛，选用国家标准的 R40/3 系列，共规定了 9 种筛号，具体规定见表 3-7-2 所示。目前制药工业上，习惯常以目数来表示筛号及粉末的粗细，多以每英寸（2.54cm）长度有多少孔来表示。例如每英寸有 120 个孔的筛号称为 120 目筛，筛号数越大，粉末越细。凡能通过 120 目筛的粉末称为 120 目粉。我国常用的一些工业用筛的规格及五金公司出售的铜丝筛规格可参阅有关资料。

表 3-7-2 《中华人民共和国药典》筛号与筛孔内径对照表

筛号	筛目/(孔数/2.54cm)	筛孔内径/μm	筛号	筛目/(孔数/2.54cm)	筛孔内径/μm
一号筛	10	2000±70	六号筛	100	150±6.6
二号筛	24	850±29	七号筛	120	125±5.8
三号筛	50	355±13	八号筛	150	90±4.6
四号筛	65	250±9.9	九号筛	200	75±4.1
五号筛	80	180±7.6			

粉末分等如下。

最粗粉　指能全部通过一号筛，但混有能通过三号筛不超过 20%的粉末。

粗粉　指能全部通过二号筛。但混有能通过四号筛不超过 40%的粉末。

中粉　指能全部通过四号筛，但混有能通过五号筛不超过 60%的粉末。

细粉　指能全部通过五号筛．并含能通过六号筛不少于 95%的粉末。

最细粉　指能全部通过六号筛，并含能通过七号筛不少于 95%的粉末。

极细粉　指能全部通过八号筛，并含能通过九号筛不少于 95%的粉末。

《中华人民共和国药典》2010 年版“附录Ⅰ　制剂通则”中规定，对丸剂除另有规定外，供制丸剂用的药粉应为细粉或最细粉。因此药典中的丸剂大多数规定药粉为细粉，少数为最细粉。对散剂，供制剂的药材均应粉碎。一般散剂应为细粉，儿科及外用散剂应为最细粉。

（三）药料粉碎过程

粉碎方法按性质可分为物理方法和化学方法两大类。在中药材的粉碎中，普遍采用物理方法制备粉体，在粉碎过程中不发生化学反应，保持了药料的原有化学性质。物理粉碎中，根据粉碎过程中物料载体的种类不同，分为干法粉碎和湿法粉碎；根据物料在系统中的流动是否连续分为连续式粉碎和间歇式粉碎（批料粉碎）。对于连续式粉碎，按照系统有无外部分级设备分为开路粉碎系统和闭路粉碎系统，流程如图 3-7-1 所示。

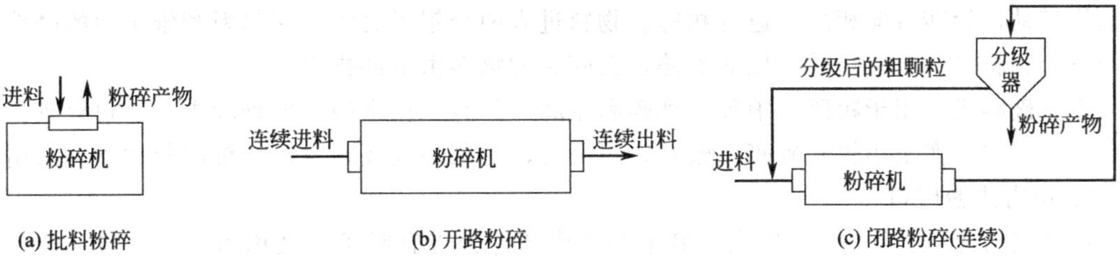

图 3-7-1　药料粉碎流程

中药材的超细粉碎过程一般由以下几个工序组成，设备包括破碎设备、粗碎设备和超细设备三部分。

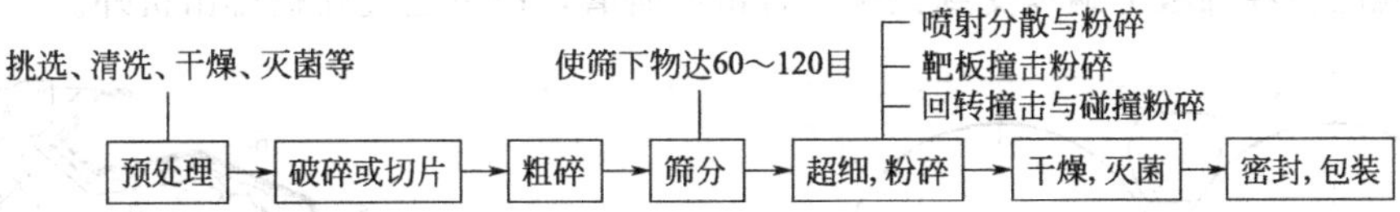

粉体生产时，选用的设备不同，生产工艺有较大的差异。以人工牛黄为例说明。

原粉碎工艺是：原料与溶剂混匀→真空干燥 10h→破碎→球磨机粉碎混炼 24h→出料。

贝利微粉机工艺是：原料干法初混 20min→贝利微粉机研磨混炼 15min 出料后连续生产。

【新技术】

超微粉碎技术与纳米中药

超微粉碎技术是近 20 年迅速发展起来的一项高新技术，广义的超微粉碎技术指制备微粉及相关技术，它可分为微米技术、亚微米技术及纳米技术，能把原料加工成微米甚至纳米级的微粉。纳米中药是指运用纳米技术制造的，粒径小于 100nm 的中药有效成分、有效部位、原药及其复方制剂。

将药材粉碎成极细粉时很多种类药材的细胞壁尚未破坏，许多细胞内活性成分还无法直接为机体吸收或被溶剂萃出，依靠细胞壁的扩散、转运作用则传质速率较低，生物利用度或萃出率也低。

将药材进行微米级粉碎后得到的中药微粉可以达到300目筛（筛孔内径47μm）全通过，比极细粉小一半。多数细胞破壁的粉碎过程称为微粉碎。若细胞尺寸为10μm，对于药材细粉，理论破壁率仅为19.94%。当粉碎至300目时，经理论推理与电镜观察，理论破壁率大于86.5%以上，说明药材经普通粉碎，粉体中仅含有一定量的细胞碎片，但要达到大部分破壁则要使用微米级粉碎。

将粉体粒度由微米级细化到纳米级（1～100nm），纳米粉体粒子接近于单层分子，使一般颗粒外表与内层间的微观作用不再存在，从而出现了表面效应、小尺寸效应、量子效应和宏观量子隧道效应，使它具有全新的物理、化学性质。纳米中药可能导致药物成分快速溶出、穿透毛细血管壁而有利于药物迅速发挥作用；另一方面高分子材料包裹的纳米中药微囊会有良好的靶向性，从而降低药物的毒副作用，减小给药剂量。

三、粉碎与筛分设备

（一）粉碎设备

目前中药常用的粉碎设备根据粉碎作用原理分为：辊式破碎机、机械冲击式粉碎机、球磨机、振动磨、气流粉碎机、搅拌磨。此外，还有中药超细粉碎机组及中药纤维专用粉碎机等。

1. 辊式破碎机（滚压机）

图3-7-2是双辊破碎机的结构示意图。工作部件是两个平行的辊子，一个辊子安装在固定轴承上，另一个支撑在活动轴承上，在活动轴承和辊子上由弹簧与挡板相连。两个辊子由电动机带动，旋转方向相反、速度相等。物料进入两个辊子之间，在物料和辊子间的摩擦力作用下，物料被辊子夹住受挤压而破碎，破碎后的物料由下部排出。

辊式破碎机可用于粗碎、中碎、细碎和粗磨。具有工作平稳、振动较少、过粉碎较少的优点。中药的果实采用辊式破碎机较好，对潮湿、有黏性以及含丰富纤维的药材不宜采用。

2. 锤击式粉碎机

锤击式粉碎机如图3-7-3所示，其主要工作部件为带有锤子（又称锤头）的转子，转子由主轴、圆盘、销轴锤子和飞轮等组成。电动机带动转子在破碎腔内高速旋转。物料自上部给料口进入机壳内，受高速运动的锤子的打击、冲击、剪切、研磨以及与衬板的撞击等作用而粉碎。在转子下部，设有筛板，粉碎物料中小于筛孔尺寸的颗粒通过筛板排出，大于筛孔尺寸的粗粒阻留在筛板上继续受到锤子的打击和研磨，最后通过筛板排出机外。

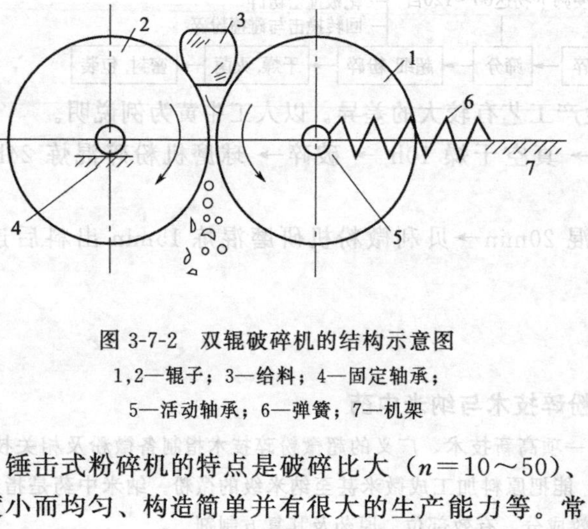

图3-7-2 双辊破碎机的结构示意图

1,2—辊子；3—给料；4—固定轴承；5—活动轴承；6—弹簧；7—机架

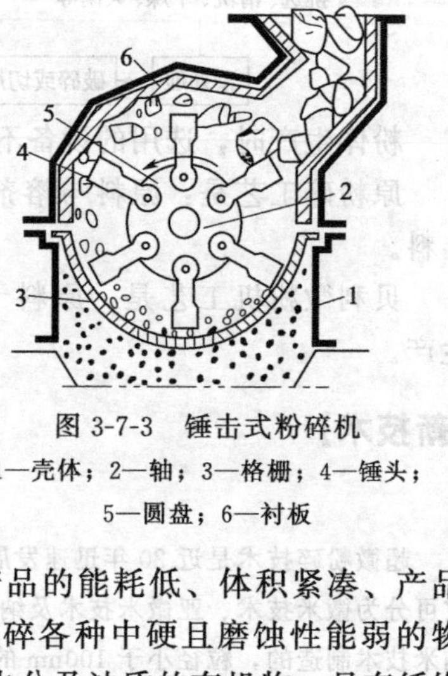

图3-7-3 锤击式粉碎机

1—壳体；2—轴；3—格栅；4—锤头；5—圆盘；6—衬板

锤击式粉碎机的特点是破碎比大（$n=10\sim50$）、单位产品的能耗低、体积紧凑、产品粒度小而均匀、构造简单并有很大的生产能力等。常用于破碎各种中硬且磨蚀性能弱的物料。由于具有一定的混匀和自行清理作用，可用于破碎含有水分及油质的有机物，具有纤维

结构、弹性和韧性较强的药材。中药厂应用较多，如DF300型药物锤碎机，产品粒度可达到100目的细粉。

【知识链接】

锤击式粉碎机种类很多，发展较快。一般分为单转子和双转子破碎机。常用转速：小型为1000～2500r/min，大型为500～800r/min。转速越高，破碎产品的粒度越小，产品中细粒级含量增多，但锤子、筛网的磨损也大。

3. 冲击式粉碎机

冲击式粉碎机系利用高速旋转的转子上的冲击元件（棒、叶片、锤头等）对物料施加激烈的冲击，并使物料与定子间以及物料之间产生高频的强力撞击、剪切、摩擦及气流震颤等多种作用而粉碎物料的设备。

冲击式粉碎机按照转子的布置方式，分为立式和卧式两大类；按照转子上的冲击元件结构形式的不同分为锤击式、销棒式、离心分离式等多种形式。

(1) 单转子冲击式破碎机　单转子冲击式破碎机的主要部件由转子（转盘）、板锤、冲击板（冲击棒）和链幕等构成，如图3-7-4所示。物料经给料口进入破碎腔（转子和冲击板间的空间）后，高速运行的转子和装在转子上的板锤对物料进行冲击，破碎后的物料以高速抛向冲击板，而受到反冲击作用进一步破碎，然后又弹回破碎腔再受转子和板锤冲击。这样反复进行，直至被破碎的物料从转子与破碎板下端的隙缝排出。物料被破碎主要是冲击力，其次是撞击（包括物料间的相互撞击）。

(2) 万能粉碎机（柴田粉碎机）　万能粉碎机是中药工业应用较广的冲击式破碎机，见如图3-7-5所示。在高速旋转的转盘上装有许多固定的钢齿，在粉碎室的转子与机盖板上固定着相互交叉排列的钢齿，外壁上装有筛圈。药料由加料斗放入，从中心部位轴向进入粉碎机内，物料从高速旋转的转子获得离心力而由中心部位甩向外壁，因而产生撞击作用。药料在运行过程中受到圆周速度越来越大的冲击棒的粉碎作用，等物料达到外壁时已具有一定的粉碎度，细粉经筛圈从粉碎机底部出料。

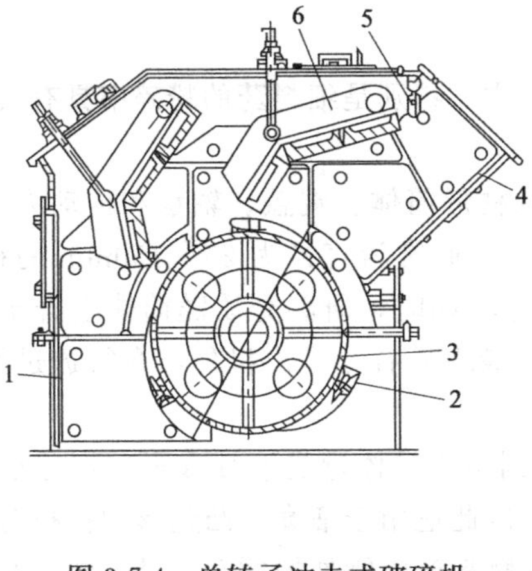

图3-7-4　单转子冲击式破碎机

1—机壳；2—板锤；3—给料口；4—链幕；5—冲击板；6—拉杆

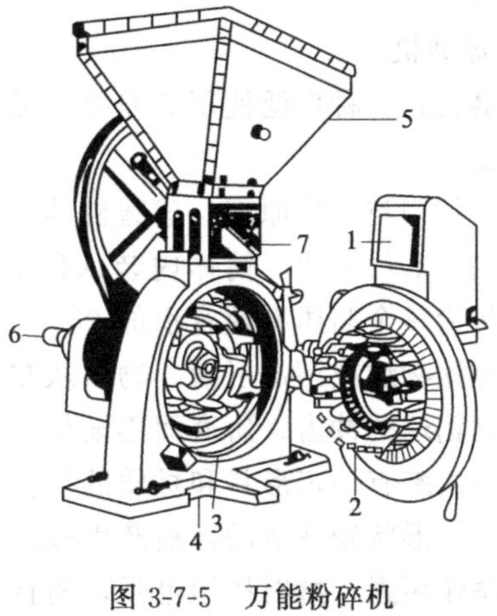

图3-7-5　万能粉碎机

1—加料口；2—钢齿；3—环状筛板；4—出粉口；5—加料斗；6—水平轴；7—抖动装置

万能粉碎机操作时应先关闭塞盖，开动机器空转，待高速转动时药料自加料斗放入，借抖动装置以一定的速度经入料口进入粉碎室。加入的药物大小应适宜，必要时预先切成段、块、片，以免阻塞钢齿，增加电机负荷。

万能粉碎机适宜粉碎各种干燥的非组织性的药物（如中草药的根、茎、叶和皮等）。但粉碎过程会发热，因此不适宜于含有大量挥发性成分的药物、具有黏性的药物和硬度较大的矿物药。

(3) ACM 型冲击式粉碎机　图 3-7-6 为 ACM 型冲击式粉碎机结构示意图。物料由螺旋给料机强制进入粉碎室内，在高速回转的转子与带齿衬套的定子之间受到冲击、剪切作用而粉碎，然后在气流的带动下通过导向圈的引导进入中心分级区域分选，细粉随气流通过分级叶轮后从中心管排出机外，由收尘装置捕集；粗粉在重力作用下落回粉碎区内再次被粉碎。

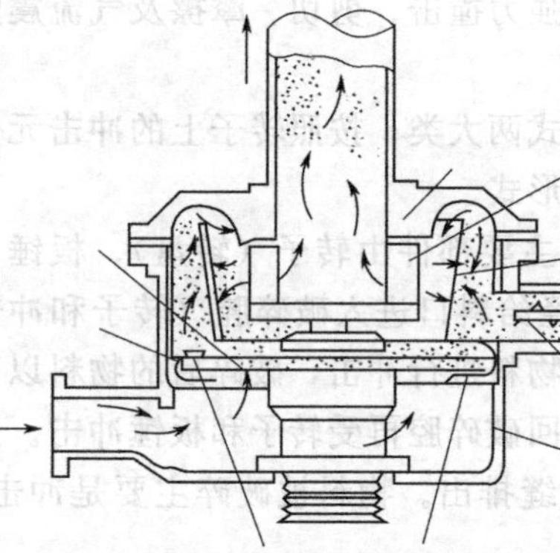

图 3-7-6　ACM 型冲击式粉碎机结构示意图

1—粉碎盘；2—齿圈；3—锤头；4—挡风盘；5—机壳；6—加料螺旋；7—导向圈；8—分级叶轮；9—机盖

ACM 型立式机械冲击式粉碎机通过不同形式的转子体与定子衬套的优化配置，可以获得最佳冲击速度和冲击能量；利用内设的高效分级涡轮及时排出合格细粉，可避免过粉碎现象；产品平均细度 d_{50} 在 10～100μm 范围，且粉碎产品粒度分布窄，粒度球形化程度高；大风量输送物料，传热效果好，可有效地降低磨内的温度升高，故适用于涂料、医药品、食品、合成树脂等软化点低的物料的粉碎。

冲击式破碎机能充分发挥冲击破碎的作用，使物料在受到高速的、反复多次的冲击后，物料沿着薄弱部分进行选择性破碎，因此它的破碎效率高，动力消耗低和适应性较强。破碎比大，一般为 20 左右，高的可达 50～70。结构简单、制造容易且操作维护也方便。但冲击机的板锤和冲击板的磨损较严重，尤其在破碎坚硬物料时，磨损更快，同时噪声较大。

4. 球磨机

球磨机是一种广泛使用的粉碎器械，在中药加工中，特别是细料药的粉碎中具有较长的应用历史。

(1) 结构与工作原理　球磨机的基本结构包括圆柱形筒体、端盖、轴承和传动大齿圈、衬板等主要部件构成。筒体内装入研磨介质，研磨介质通常为直径为 25～150mm 的钢球，其装入量为整个筒体有效容积的 25%～45%。当筒体转动时，研磨介质随筒体上升至一定高度后呈抛物线或泻落下滑。物料从左方进入筒体，最终从右方排出机外，在行进过程中，物料遭到钢球的冲击、研磨而逐渐粉碎。

筒体内装有一定形状和材质的衬板（内衬），起到防止筒体遭受磨损和影响钢球运动规律的作用，形状较平滑的衬板产生较多的研磨作用，因此适用于细磨；凸起形的衬板对钢球产生推举作用强，抛射作用也强，而且对研磨介质和物料产生剧烈的搅动，经球磨机粉碎后的粗粒必须返回重新细磨。干式、湿式、水冷式球磨机结构示意图见图 3-7-7 所示。

(2) 研磨介质的运动状态　球磨机粉碎效果取决于物料的运动状态和受力情况。当筒体旋体时，研磨介质在摩擦力、推力和旋转而产生的离心力的作用下，随筒体内壁上升一段距离，然后下落。研磨介质根据球磨机的直径、转速、衬板类型、筒体内研磨介质总质量等因

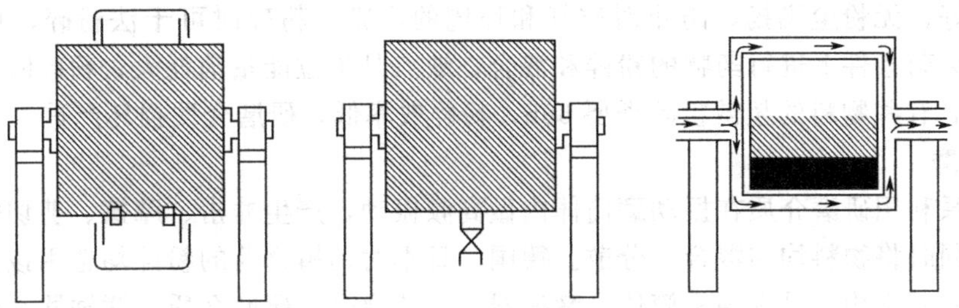

图 3-7-7　几种典型球磨机的结构

素，可以呈现三种不同的运动状态。

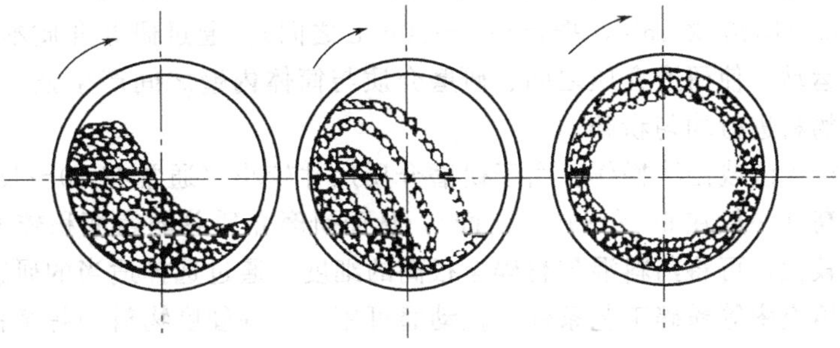

图 3-7-8　球磨机内研磨介质的三种运动状态

当衬板较光滑、钢球总质量小、筒体转速较低时，钢球随筒壁上升至较低的高度后，即沿筒体内壁向下滑动。转速和充填率越低，滑落现象越大，磨碎效果越差。

当钢球总质量较大，即钢球充填率较高（达 40%～50%），且磨碎机的转速较高时，整体研磨介质随筒体升高至一定高度后，研磨介质一层层往下滑滚，这种状态称泻落，如图 3-7-8(a) 所示。研磨介质向下滑落时，对研磨介质间隙内的物料产生研磨作用，使物料粉碎。此时主要发挥摩擦作用，冲击力比较小，因此粉碎效果不理想。

当转速更高，研磨介质随筒体提升至一定高度后，将离开圆形轨道而沿抛物线轨迹呈自由落体下落，这种运动状态称“抛落”，如图 3-7-8(b) 所示。沿抛物线轨迹抛落的研磨介质，对筒体内物料产生强烈的冲击、研磨和撞击作用使物料粉碎，此种状态的粉碎效果最好。

当转速进一步提高，所产生的离心力使研磨介质紧贴筒体内壁并随筒体一起做圆周运动，由于研磨介质与筒体内壁，研磨介质与研磨介质之间不再有相对运动，物料的粉碎作用停止，这种运动状态称“离心状态”，如图 3-7-8(c) 所示。

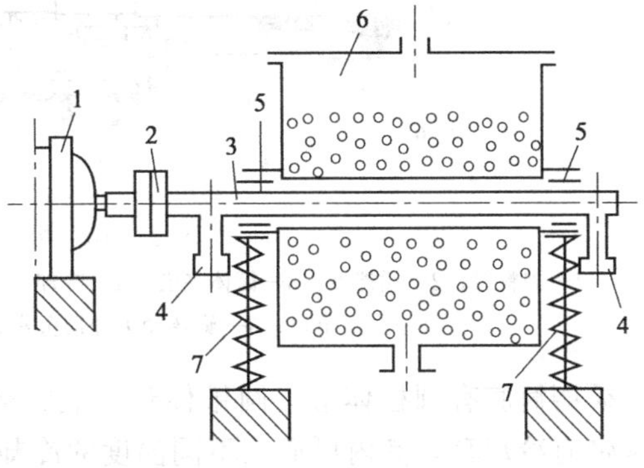

图 3-7-9　振动磨结构示意图

1—动机；2—搅拌轴套；3—主轴；4—偏心重；5—轴承；6—筒体；7—弹簧

(3) 球磨机的应用　球磨机粉碎程度高，可达到微粉级要求，可间歇性或连续操作。广泛应用于多种类型药料，如结晶性、引湿性、树胶、树脂、浸膏、挥发性药物及贵重药材的粉碎。设备结构简单，维修方便，密闭性好，无粉尘飞扬，防止对空气和环境的污染。粉碎时可干法粉碎，也可湿法粉碎，还可在无菌条件下进行药物的粉碎和混合。缺点是单位能量消耗大，粉碎时间长，一般在24h以上，有些物料的超微粉碎需要60h，粉碎效率低，研磨介质损坏严重。

5. 振动磨

振动磨系利用研磨介质在振动磨筒体内做高频振动，产生冲击、摩擦、剪切等作用而将物料粉碎，同时将物料均匀混合、分散。德国、日本对动植物药的粉碎均选用该设备。

振动磨的基本构造是由磨机筒体、激振器、支撑弹簧、研磨介质、联轴器及驱动电机等主要部件组成，如图3-7-9所示。激振器用于产生振动磨所需的工作振幅，是由安装在主轴两端的四块偏心重组成，偏心重可在0°～180°范围内进行调整，增大振动磨的振幅，可提高粉碎的速度。振动磨槽形或管形筒体支承于弹簧上，筒体中部有主轴，通过挠性轴套同电动机连接。当主轴快速旋转时，偏心重的离心力使筒体产生一个近似于椭圆轨迹的快速振动(振动频率在1000～1500次/min，振幅在4～20mm之间)。通过研磨介质本身的高频振动、自转运动及旋转运动，使研磨介质之间、研磨介质与筒体内壁之间产生强烈的冲击、摩擦、剪切等作用而对物料进行均匀粉碎。

振动磨可进行干法或湿法操作。由于研磨介质尺寸较小（通常在10～15mm之间）、研磨介质的充填率高（一般在60%～70%之间），从而研磨介质总的表面积较大，研磨介质之间的有效粉碎区较大，可将药料混匀粉碎至很高的细度。通过选择适当的研磨介质，调节振幅、振动频率、填充率等粉碎工艺条件，振动磨可用于各种硬度物料的超微粉碎，相应产品的平均粒径可达1μm以下。缺点是弹簧由于在较高频率下工作易疲劳而降低寿命等。

6. 搅拌磨

搅拌磨是利用磨筒内的机械搅拌器（如搅拌棒、齿或片等）带动物料和研磨介质在筒体内做剧烈的多维循环运动和自转运动，并使物料受到撞击、摩擦、挤压和剪切等作用而粉碎的设备。由于筒体不转动而能耗较低，是超微粉碎设备中能量利用率最高的一种粉碎设备。

搅拌磨一般由研磨筒、搅拌器、研磨介质、冷却系统、卸料装置、分离系统等组成。卧式连续搅拌粉碎机见图3-7-10所示。

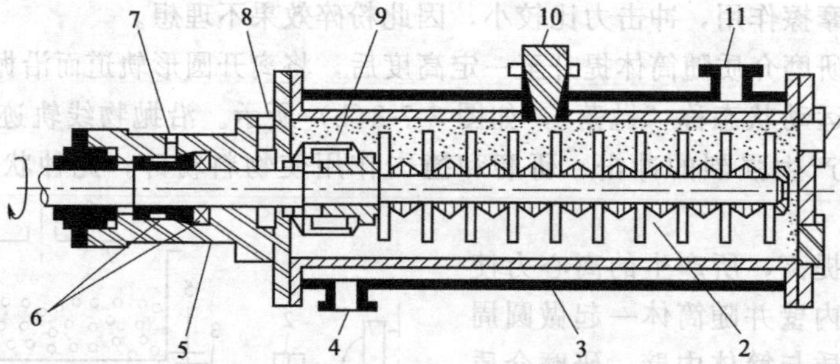

图3-7-10　卧式连续搅拌粉碎机

1—进料口；2—搅拌器；3—筒体夹套；4—冷却水入口；5—密封液入口；6—密封件；7—密封液出口；8—产品出口；9—旋转动力介质分离筛；10—介质加入孔；11—冷却水出口

研磨筒腔有圆柱体形、圆锥体形、立方体形、棱形筒体等，见图3-7-11所示。研磨腔通常带有冷却套，其内可通入不同温度的冷却介质，以控制物料研磨时的温度。

搅拌器具有多种形状，如圆盘形、圆环形、异形、销棒形、偏心环形、月牙形以及花环形等，在图3-7-12中列出了部分搅拌器的形状。一般圆盘形、月牙形、花环形搅拌器粉碎

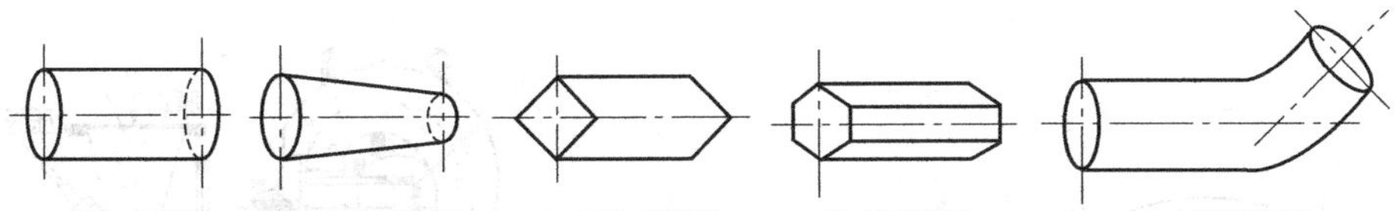

图 3-7-11 不同形状的研磨筒腔结构

效果较好，而棒状搅拌器的效果较差。

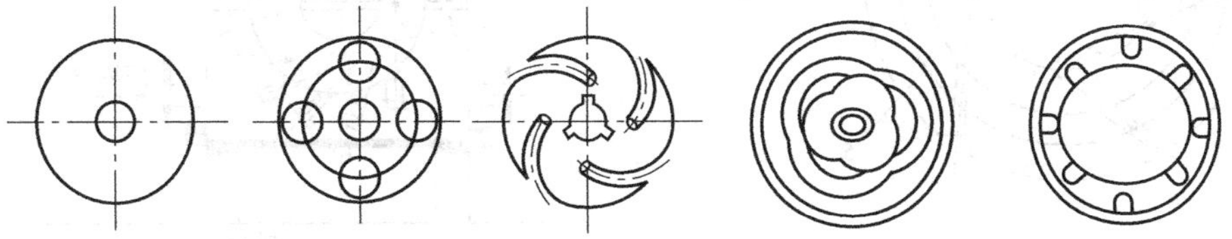

图 3-7-12 搅拌器的形状

研磨介质通常为球形，有钢球、天然砂球、氧化铝球、氧化锆球等，直径一般在 0.3～10mm（卧式搅拌磨）之间，用于超微粉碎的研磨介质，直径应小于 1mm。研磨介质直径越小，介质之间的有效粉碎区域增大，产品粒度越小，但产量也越低。研磨介质的硬度必须高于被粉碎物料的硬度，研磨介质硬度、密度越大，研磨强度越高，粉碎效率越高。搅拌磨研磨介质填充率在研磨容器有效容积的 50%～90%之间。

卸料装置可保证合格产品及时分出。连续式搅拌磨带有分离装置，用于分离研磨介质和产品，目前分离器多用圆筒筛。搅拌磨可湿法或干法、间歇或连续操作，产品粒度达微米级。

7. 气流粉碎机

气流粉碎机亦称（高压）气流磨或流能磨，其原理是将压缩空气或惰性气体经喷管加速后，以一定的压力喷射入机内（300～500m/s），产生高强度的涡流及能量交换，使机内的物料颗粒之间、气体与颗粒之间、颗粒与器壁之间相互产生强烈的冲击、剪切、碰撞、摩擦等作用而粉碎。气流磨内设置一定的分级装置，细粒的粒度达到要求时才能排出机外。

气流磨是用气体来完成粉碎，整个机器无活动部件，因此不易损坏，具有粉碎效率高、粒径细小（平均粒度 1μm）、粒度分布窄、颗粒表面光滑、形状规则、纯度高、分散性好等特点。由于粉碎过程中压缩气体在粉碎室内绝热膨胀产生冷却效应，因而还适用于低熔点、热敏性药料的超细粉碎。缺点是产量小，能耗高，生产成本高，低附加值产品不宜使用，且在粉碎过程中，高速气流易将挥发性成分带走，造成药物有效成分损失。目前工业上应用的气流磨主要有扁平式、循环管式、靶式、对喷式、流化床对喷式等类型。

（1）扁平式气流粉碎机　扁平式气流粉碎机结构示意见图 3-7-13 所示。物料经喷嘴加速，以超音速导入粉碎室内，在一组喷嘴喷射的高速射流带动下做循环运动，颗粒之间、颗粒与机体间产生强烈的冲击、碰撞、摩擦、剪切而粉碎，同时粗粉在离心力的作用下甩向粉碎室作循环粉碎，而微粉在离心气流带动下被导入粉碎机中心出口管进入旋风分离器加以捕集而达到分级。圆盘式气流粉碎机具有粉碎温度较低、结构简单、装配和维修方便、主机体积小和生产连续等优点，目前在国内外广泛使用，并相当成熟。

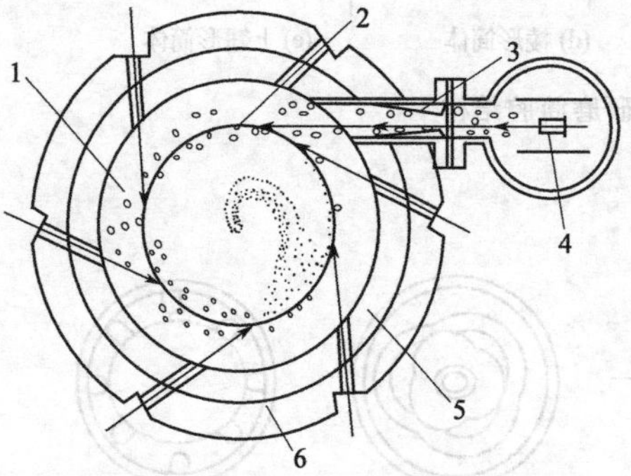

图 3-7-13　扁平式气流粉碎机结构

1—粉碎带；2—研磨喷嘴；3—文丘里喷嘴；4—推料喷嘴；5—铝补垫；6—外壳

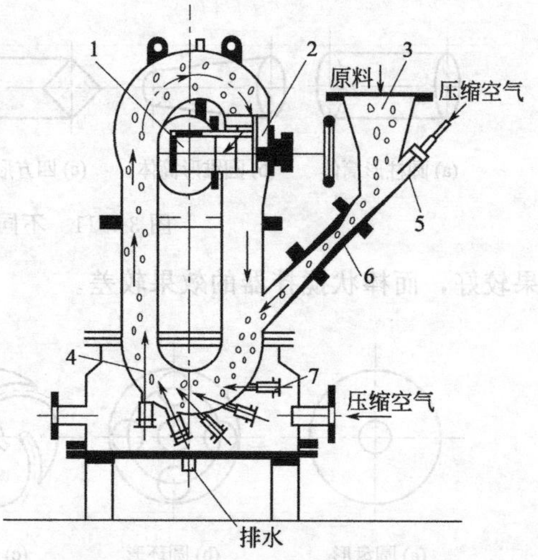

图 3-7-14　Jet-O-Mizer 型循环气流磨

1—出口；2—导叶（分级区）；3—进料；4—粉碎；5—推料喷嘴；6—文丘里喷嘴；7—研磨喷嘴

（2）循环管式气流粉碎机　循环管式气流粉碎机又称为 O 形环气流粉碎机，Jet-O-Mizer 型循环气流磨结构示意见图 3-7-14 所示。

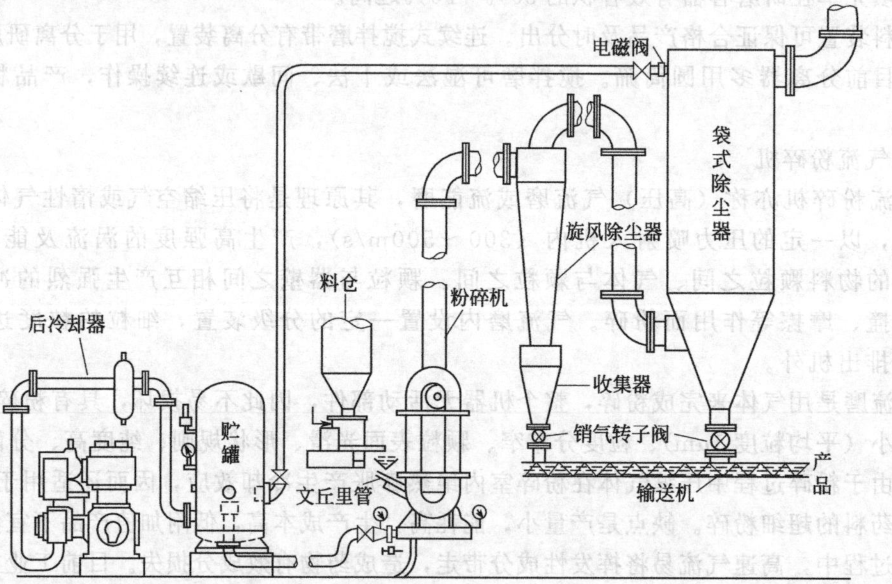

图 3-7-15　Jet-O-Mizer 型循环气流磨工艺流程示意图

物料经加料器进入跑道形循环管，高压气体经一组喷嘴加速后高速射入不等径跑道形循环管，夹带颗粒随之运动。由于管道内外径不同，因此气流及物流在管道内的运行轨迹、运行速度不同，导致各层颗粒间产生摩擦、剪切、碰撞作用而粉碎。在离心场力的作用下，大颗粒靠外层运动，细颗粒靠内层运动，细颗粒到达一定细度后向内层聚集，最后由排料口排出机外，而粗颗粒则继续沿外层运动，在管道内再次循环被粉碎。由于外层射流的路径最长，该层的颗粒群受到碰撞和研磨作用最强。循环管式气流粉碎机粉碎粒度可达 0.2～

3μm，工艺流程见图 3-7-15 所示。

（3）流化床对撞式气流粉碎机　流化床对撞式气流粉碎机结构示意图见图 3-7-16 所示。物料由螺杆输送器送至粉碎室，高压气流经相向设置的多个（3～7 个）喷嘴射入粉碎室内形成超音速气流。物料被高速气流加速，在高速喷射流的交叉点碰撞而粉碎，以及气流膨胀呈流化床悬浮翻腾使粉体产生碰撞、摩擦而粉碎，并随气流上升到分级器，在离心力的作用下进行分级。粉碎机内安装有超微分级机，可按照设定粒度范围准确分离，尾气进入除尘器排出，不合格产品返回到物料进口再次粉碎。

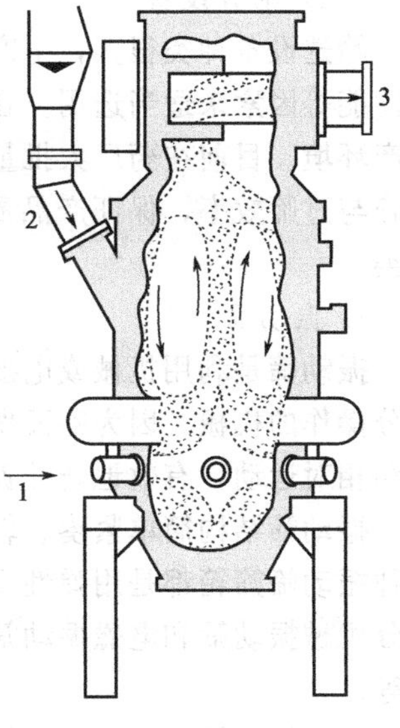

图 3-7-16　重力加料式流化床对撞式气流粉碎机

1—高压空气入口；2—物料入口；3—产品出口

流化床对撞式气流粉碎机由于采用多向对撞气流，大大降低了流化床对撞式气流粉碎机能量消耗，使其较扁平式气流粉碎机能耗降低 30%～40%。通过喷嘴的介质只有空气而不与物料同路进入粉碎室，从而避免了粒子在途中产生的撞击、摩擦以及相黏沉淀。完全独立的超微分级机，可按照设定的粒度范围准确及时分级。对热敏性、纤维性材料表现出独特的粉碎效果，引起了国内外粉碎行业的极大重视。流化床对撞式气流粉碎机工艺流程示意图见 3-7-17 所示。

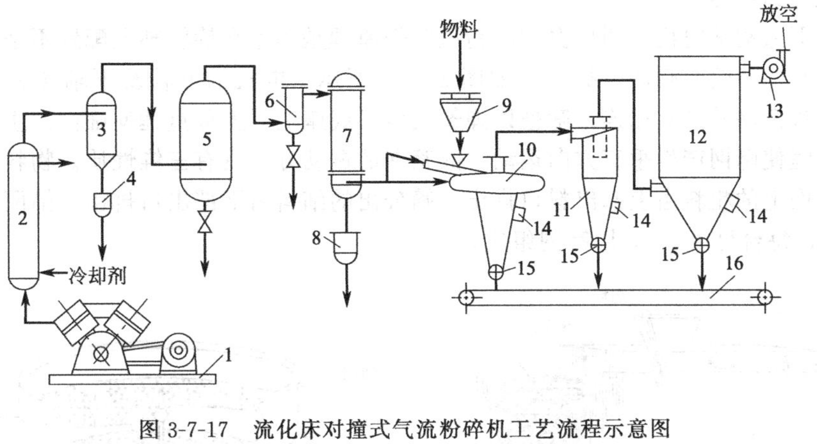

图 3-7-17　流化床对撞式气流粉碎机工艺流程示意图

1—空气压缩机；2—后冷却器；3—油水分离器；4,8—排液器；5—贮气罐；6—除尘器；7—空气过滤器；9—加料器；10—气流磨；11—旋风分离器；12—布袋除尘器；13—引风机；14—振动器；15—卸料控制器；16—产品输送器

8. 气流粉碎机与球磨机比较

以珍珠、炉甘石为例，气流粉碎机与球磨机粉碎结果见表 3-7-3 所示。可以看出，气流粉碎可使粒径更细，生产周期缩短，大大提高了粉碎效率。

表 3-7-3　气流粉碎机与球磨机比较

方法样品	投料量/kg	气流超微粉碎		球磨超微粉碎	
		时间/h	粒度/μm	时间/h	粒度/μm
珍珠	5	1	15	32	47
炉甘石	5	0.9	15	28	33

（二）筛分设备

筛选设备种类很多，生产中应根据筛分产品的粒级要求、药粉的性质、设备的生产能力和性能等因素来适当选用。在选用筛分设备时，还应考虑设备的密闭性，防止粉尘进入周围生产环境。目前在药厂大批量生产中，多用粉碎、筛分、空气离析、集尘联动装置，以提高粉碎与过筛效率，保证产品质量。在小批量生产中常用的筛分设备主要有振动筛和旋转筛两类。

1. 振动筛

振动筛是利用机械或电磁方法使筛或筛网发生振动，依靠筛面振动及一定的倾角来满足筛分操作的机械。因为筛面做高频率振动，颗粒更易于接近筛孔，并增加了颗粒与筛面的接触和相对运动，有效地防止筛孔的堵塞，因而单位筛面面积处理物料能力大，筛分效率较高。振动筛结构简单紧凑、轻便、体积小、维修费用低，是一种应用较为广泛的筛分设备。各种振动筛筛箱都是用弹性支承，依靠振动发生器使筛面产生振动进行工作。根据动力来源可分机械振动筛和电磁振动筛；根据筛面的运动规律可分为直线摇动筛、平面摇晃筛和差动筛等。

（1）振动筛粉机　振动筛粉机也称筛箱，见图 3-7-18 所示。其构造为将一组矩形筛子安装于振动筛粉机的箱体内，粉体由加料斗加入，落在筛子上，借电动机带动皮带轮，使偏心轮做往复运动，从而使筛箱中的各层筛子往复振动，对药粉产生筛选作用。往复运动中筛框碰击两端，产生的振动力增强了粉体的过筛作用。振动筛往复振动的幅度较大，故宜过筛无黏性的植物药料等。

（2）圆形振动筛粉机　圆形振动筛粉机工作原理是利用在旋转轴上配置不平衡重锤或配置有棱角形状的凸轮使筛产生振动，如图 3-7-19 所示。电机的上轴及下轴各装有不平衡重锤，上轴穿过筛网并与其相连，筛框以弹簧支承于底座上，上部重锤使筛网产生水平圆周运动，下部重锤使筛网产生垂直方向运动，故筛网的振动方向具有三维性质。物料加在筛网中心部位，筛网上的粗料由上部出料口排出，筛分出的细料由下部出口排出。筛网直径一般为 0.4～1.5m，每台可由 1～3 层筛网组成。

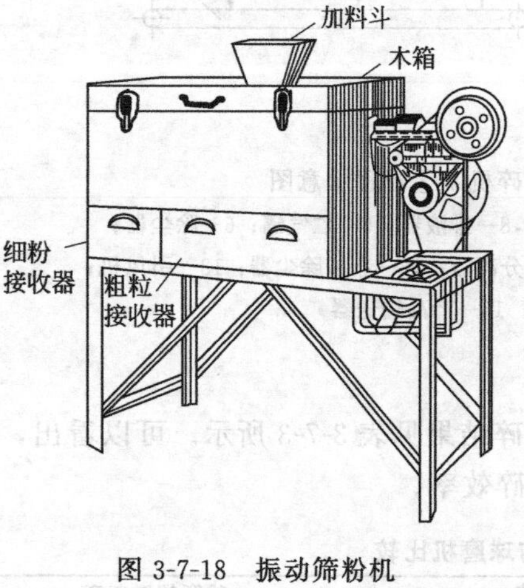

图 3-7-18　振动筛粉机

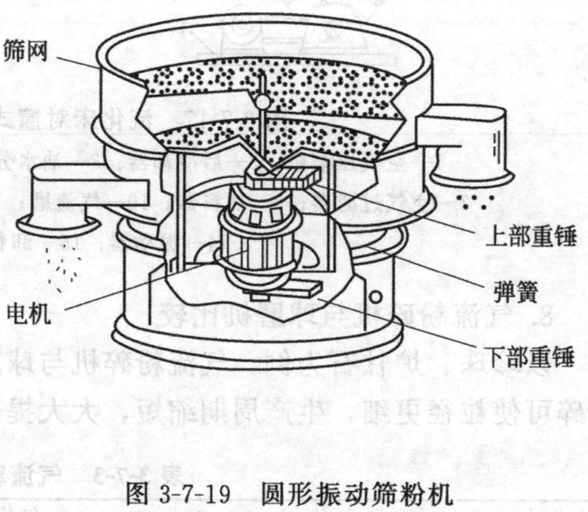

图 3-7-19　圆形振动筛粉机

（3）电磁簸动筛粉机　电磁簸动筛粉机由电磁铁、筛网架、弹簧、接触器等组成，见图 3-7-20 所示。在筛网的一边装有电磁铁，另一边装有弹簧，当弹簧将筛拉紧时，接触器相互接触而通电，电磁铁产生磁性吸引衔铁，筛网向磁铁方向移动，此时接触器被拉脱而断了电流，电磁铁失去磁性，筛网又重新被弹簧拉回，接触器重新接触而引起第二次电磁吸引，如此连续不停而发生簸动作用。电磁簸动筛粉机具有较高的频率（200 次/s 以上）与较小的幅度（振动幅度 3mm 以内）造成簸动。由于振动幅度小，频率高，药粉在筛网上跳动，故能使粉粒散离，易于通过筛网，提高其过筛效率，能适应黏性较强的药粉，如含油或树脂的药粉过筛。

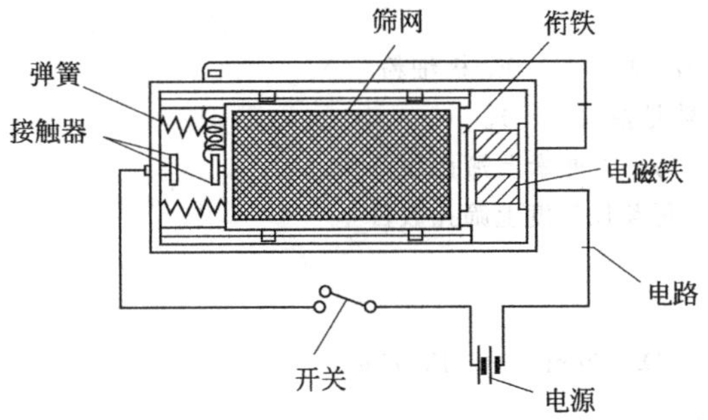

图 3-7-20　电磁簸动筛粉机结构示意图

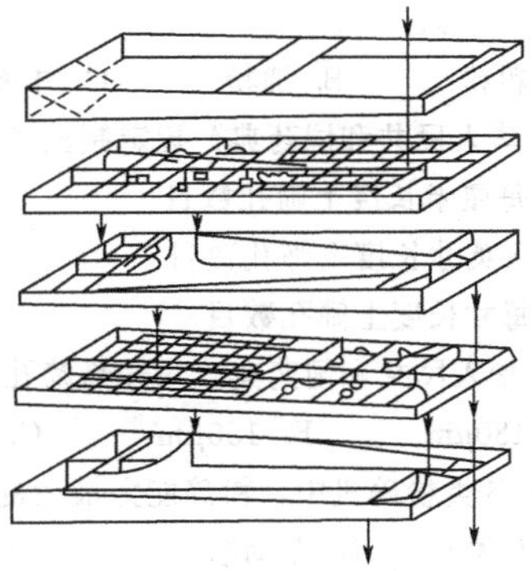
图 3-7-21　旋动筛

2. 旋动筛

旋动筛的结构如图 3-7-21 所示，筛框一般为长方形或正方形，由偏心轴带动在水平面内绕轴心沿圆形轨迹旋动，回转速度为 150～260r/min，回转半径为 32～60mm。筛网具有一定的倾斜度，故当筛旋动时，筛网本身可产生高频振动，为防止堵网，在筛网底部格内置有若干小球，利用小球撞击筛网底部亦可引起筛网的振动。旋动筛可以连续操作，粗、细筛组分可分别自排出口排出。

目　标　检　测

一、单项选择题

1. 粒子的粒径在 200～100μm 范围为过渡阶段，在此范围内随着粒径变小，粒子间摩擦作用增大，粉体的（　　）。

A. 休止角和流动性变化不大　　B. 休止角增大，流动性较好

C. 休止角增大，流动性变差　　D. 休止角减小，流动性变差

E. 休止角减小，流动性较好

2. 关于微粉的流动性叙述错误的是（　　）。

A. 流速可以表示微粉的流动性

B. 微粉一般流动性好，均匀性也好

C. 微粉含水量过高导致流动性变差

D. 休止角可以表示微粉的流动性

E. 一般粒径越小，微粉流动性越好

3. 下列关于药材粉碎原则的叙述，错误的是（　　）。

A. 不同质地药材选用不同粉碎方法，即施予不同机械力

B. 适宜粉碎，不时筛分，提高粉碎效率

C. 药物不宜过度粉碎，达到所需要的粉碎度即可

D. 具有不良臭味、刺激性、易分解的药物，则不宜粉碎过细

E. 粉碎过程若有不易粉碎部位且不含有效部位可以弃去

4. 关于粉碎过程的叙述错误的是（　　）。

A. 粉碎是借助机械力来破坏物质分子间内聚力的过程
B. 粉碎是将机械能部分地转变成表面能的过程
C. 粉碎是将机械能部分地转变成热能的过程
D. 药料粉碎的难易程度，主要取决于生产设备类型
E. 混合粉碎可以提高生产效率

5.《中华人民共和国药典》2010年版规定，能全部通过六号筛，并含能通过七号筛不少于95%的粉末，称为（　　）。
A. 粗粉　B. 细粉　C. 中粉　D. 最细粉　E. 极细粉

6.《中华人民共和国药典》规定制药工业筛筛孔目数是指（　　）。
A. 每厘米长度上筛孔数目　B. 每平方厘米上筛孔数目
C. 每英寸长度上筛孔数目　D. 每英尺长度上筛孔数目
E. 每寸长度上筛孔数目

7.《中华人民共和国药典》六号筛筛孔内径约为（　　）。
A. 180μm　B. 150μm　C. 125μm　D. 90μm　E. 75μm

8. 下列各类粉碎机中，粉碎能力最大的是（　　）。
A. 球磨机　B. 振动磨　C. 搅拌磨　D. 万能粉碎机　E. 气流粉碎机

9. 球磨机的粉碎原理为（　　）。
A. 不锈钢齿的撞击、剪切
B. 圆球的冲击、撞击与研磨作用
C. 研磨介质作高频振动产生冲击力与摩擦力
D. 高速转动的撞击作用
E. 高速弹性流体使药物颗粒之间或颗粒与室壁之间碰撞作用

10. 球磨机粉碎药物时，筒内装药量一般占筒内容积的（　　）。
A. 60%～70%　B. 70%～75%　C. 70%～80%　D. 75%～80%　E. 75%～85%

11. 振动球磨机的振动频率一般为（　　）。
A. 500～1000次/min　B. 1000～1500次/min
C. 1500～2000次/min　D. 2000～2500次/min
E. 2500～3000次/min

12. 循环管式气流粉碎机粉碎粒度可达（　　）。
A. 0.2～3μm　B. 3～5μm　C. 5～10μm　D. 10～20μm　E. 20～50μm

二、多项选择题

1. 下列药物适宜采用混合粉碎的有（　　）。
A. 熟地　B. 蟾蜍　C. 乳香　D. 麝香　E. 山萸肉

2. 宜采用单独粉碎的药物有（　　）。
A. 含糖类较多的黏性药物　B. 含脂肪油较多的药物
C. 贵重细料药　D. 刺激性药物
E. 含毒性成分的药物

3. 宜采用低温粉碎的药物有（　　）。
A. 常温难粉碎的树脂、树胶类　B. 干浸膏
C. 刺激性的药物　D. 需要获得更多更细的粉末
E. 须保留挥发性成分的药物

4. 万能粉碎机在中药厂应用较广泛，其特点有（　　）。
A. 粉碎能力大，效率高，细粉率高　B. 能耗低、安装方便、维修简单
C. 适用于粉碎坚硬的矿物药　D. 适用于粉碎纤维多的药料
E. 适用于粉碎油性多的药料

5. 筛分的目的是（　　）。

A. 将粉碎好的颗粒或粉末分成不同等级　B. 满足制备各种剂型的需要

C. 及时将合格的粉体筛出，提高粉碎效率　D. 便于浸提药材成分

E. 制备散剂时可以除去药材中一些较粗不易粉碎的纤维类成分

6. 目前工业上应用的气流磨类型主要有（　　）。

A. 扁平式气流磨　B. 对喷式气流磨

C. 循环管式气流磨　D. 旋转式对喷气流磨

E. 流化床对喷式气流磨

三、简答题

1. 药物粉碎的目的是什么？

2. 影响中药材粉碎效果的因素有哪些？

3. 循环管式气流磨由哪几部分组成？其特点是什么？

模块四　中药制剂的工业化生产

中药剂型种类繁多，据不完全统计，目前中药剂型有40余种，常用的也有20多种，表4-0-1为《中华人民共和国药典》2010年版“制剂通则”中收载的中药剂型的种类。

表4-0-1　中药剂型的种类

给药途径	种　类
口服给药剂型	丸剂、散剂、颗粒剂、片剂、锭剂、煎膏剂、糖浆剂、合剂、滴丸剂、胶囊剂、酒剂、浸膏剂、酊剂、搽剂、露剂
注射给药剂型	注射剂
经皮给药剂型	贴膏剂、膏药、酊剂、软膏剂、凝胶剂、搽剂、洗剂、涂膜剂
黏膜给药剂型	栓剂、鼻用制剂、眼用制剂、气雾剂、喷雾剂

中药制剂生产是指将中间品（药粉、浸膏、药液）经过一定的制备工艺（如制粒、压片、胶囊填充等）制成中药产品的过程。中药制剂生产的一般工艺流程见图4-0-1所示。

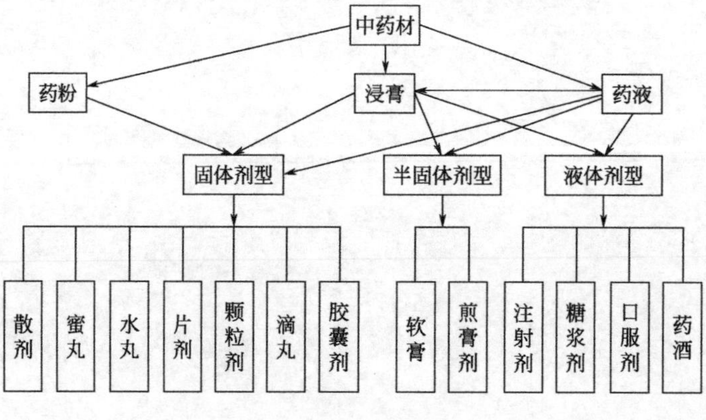

图4-0-1　中药制剂生产的一般工艺流程

中药加工成何种剂型取决于防治疾病的需要、药物本身的性质和三效、三小、五方便的要求，为使中药制剂疗效突出，毒副反应小，生产中须采用合理的生产工艺、先进的技术和设备加工各种中药制剂，确保产品质量符合药品质量标准要求。本模块重点介绍制剂用水、中药注射剂、片剂、胶囊剂、丸剂等典型剂型的工业化生产技术、生产装备、生产车间的平面布置、SOP管理项目内容、生产成本的核算、质量标准及质量控制要点等。

任务一　中药制剂用水的生产

学习目标

知识目标：

◇ 掌握纯水和注射用水的典型制备工艺过程、装置。

◇ 熟悉制剂用水的种类、用途、质量标准。

◇ 了解纯水和注射用水生产系统的基本要求。

能力目标：

◇ 学会纯水和注射用水的典型制备技术，并能进行典型生产设备的选型和操作。

◇ 能将学到的理论知识运用到生产实际中，能根据水源和制剂要求选择合理的制剂用水生产工艺，并学会用学到的理论知识解决生产实际问题。

◇ 了解制剂用水生产新技术。

一、中药制剂用水的分类及质量要求

制剂用水按其质量标准及使用的范围不同而分为饮用水（又称原水）、纯化水、注射用水及灭菌注射用水。纯化水为原水经蒸馏法、离子交换法、反渗透法或其他适宜的方法制得的供药用的水，不含任何附加剂。注射用水为纯化水经蒸馏所得的水，应符合细菌内毒素试验要求。注射用水必须在防止内毒素产生的设计条件下生产、贮藏及分装。各种制剂用水的质量要求及用途见表 4-1-1 所示。

表 4-1-1　制剂用水的分类、用途及水质要求

水质类别	用　途	水质要求
饮用水	1. 制备纯化水的水源 2. 口服剂瓶子初洗 3. 设备、容器的初洗 4. 中药材、中药饮片的清洗、浸润和提取	应符合生活饮用水卫生标准(GB 5749—2006)
纯化水	1. 制备注射用水的水源 2. 注射剂、无菌药品瓶子的初洗 3. 非无菌原料药精制 4. 非无菌药品的配料 5. 非无菌药品直接接触药品的设备、器具和包装材料最后一次洗涤用水	应符合《中华人民共和国药典》(2010 年版)纯化水标准
注射用水	1. 注射剂、无菌冲洗剂配料 2. 无菌原料药精制 3. 无菌原料药直接接触无菌原料的包装材料的最后洗涤用水	应符合《中华人民共和国药典》(2010 年版)注射用水标准
灭菌注射用水	1. 注射用无菌粉末的溶剂 2. 注射液的稀释剂	应符合《中华人民共和国药典》(2010 年版)灭菌注射用水标准

二、纯水的制备工艺与装置

1. 纯水的制备方法及装置

(1) 离子交换法 此法所得水的纯度较高，设备简单，成本低。原水经预处理后采用离子交换树脂处理，可除去水中所含有的绝大部分有机物和无机盐，对热原和细菌也有一定的清除作用。因而目前此法多用于预处理原水，供蒸馏法制备注射用水及洗涤容器用。

离子交换法制备纯水，就是利用阴离子、阳离子交换树脂中的 OH^-、H^+ 分别同水中存在的各种阴离子、阳离子进行交换，从而达到纯化水的目的。

离子交换装置包括交换柱（或称树脂床）、管道、阀门等。装置运行的基本操作分为四步：正洗、制水、反洗和再生。由于树脂再生处理中用到酸碱，因此要求离子交换装置中的各设备材料耐腐蚀、化学性质稳定、不影响水的质量、能耐受一定的压力。

离子交换柱有单床、复床、混合床、联合床四种组合方式。单床指一根交换柱内装阳离子或阴离子树脂，填充量一般占柱高的 2/3。复床指一根阳离子树脂柱与一根阴离子树脂柱串联组合，若复床与复床串联组合则称为多组复床。混合床是指阳离子、阴离子树脂以一定的比例混合均匀，装于同一根柱内。联合床则指复床加混合床。在实际应用中，一般采用联合床，即让原水通过阳离子交换树脂柱→阴离子交换树脂柱→阴离子、阳离子交换树脂混合柱的联合形式，见图 4-1-1 所示。在联合床中，水中绝大部分离子已被复床交换，混合床只交换漏泄的离子，使混合床再生次数减少，较为经济合理。混合柱中阴离子交换树脂与阳离子交换树脂通常按照一定比例混合，根据原水水质而定，填充量一般占柱高的 3/5。

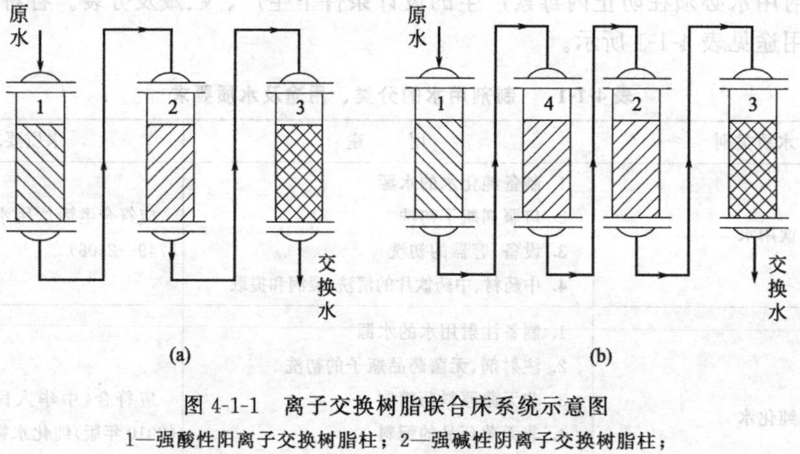

图 4-1-1 离子交换树脂联合床系统示意图

1—强酸性阳离子交换树脂柱；2—强碱性阴离子交换树脂柱；
3—强酸强碱混合树脂交换柱；4—弱碱性阴离子交换树脂柱

各种形式的组合中（除混合床外），阳离子树脂床需排在首位。原因是水中含有碱土金属阳离子，如不首先经过阳离子树脂床而进入阴离子树脂床，阴离子树脂与水中阴离子进行交换，交换下来的 OH^- 就与碱土金属生成沉淀包在阴离子树脂外面，污染阴离子树脂，影响交换能力。

离子交换装置操作使用时应注意如下几点。

① 任何情况下，都必须保证柱内水面高出树脂，更不得将水放尽。

② 树脂层内不得留有气泡，混合柱内树脂一定要混合均匀。

③ 使用有机玻璃离子交换柱时，应避免接触甲醇、乙醇、氯仿、丙酮、苯、冰醋酸等有机溶剂。

④ 防止树脂毒化，延长其使用寿命。

（2）电渗析法　电渗析法是利用具有选择透过性和良好导电性的离子渗透膜制备纯化水的技术。电渗析法对原水的净化处理较离子交换法经济，节约酸碱，特别是当原水中含盐量较高（≥300mg/L）时，电渗析法较离子交换法适宜。

电渗析技术净化处理原水的基本原理是依靠外加电场的作用，使原水中所含的离子发生定向迁移，并通过具有选择透过性阴离子、阳离子交换膜，使原水得到净化，如图 4-1-2 所示。

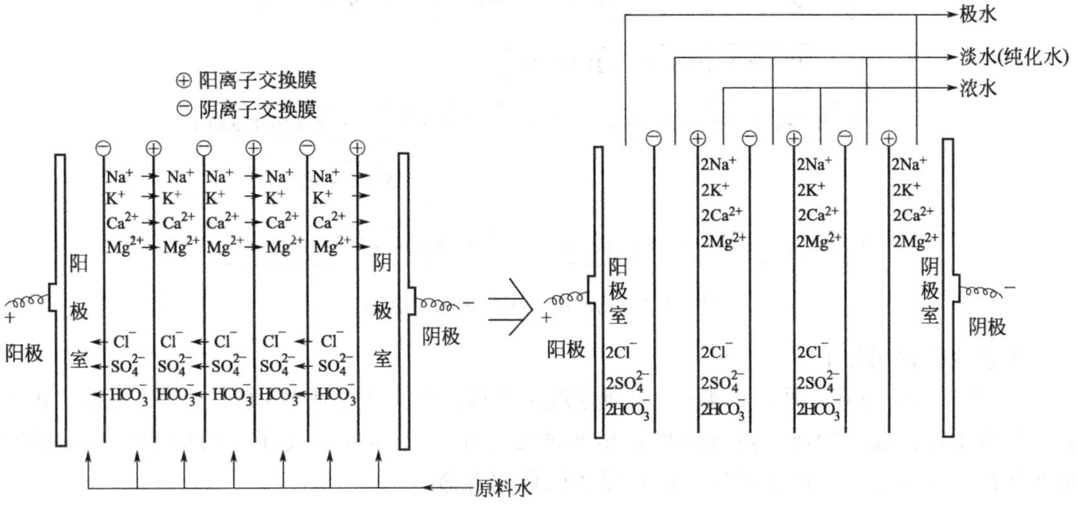

图 4-1-2　电渗析示意图

电渗析器由离子渗透膜、隔板、电极等部件组成。当电渗析器的电极接通直流电源后，原水中的杂质离子在电场作用下发生迁移，阳离子膜显示强烈的负电场，排斥阴离子，使阳离子向负极运动并通过阳离子渗透膜；阴离子膜则显示强烈的正电场，排斥阳离子，使阴离子向正极运动并通过阴离子渗透膜。在电渗析装置内的两极间，多组交替排列的阳离子膜与阴离子膜，形成了除去离子区间的“淡水室”和浓聚离子区间的“浓水室”，以及在电极两端区域的“极水室”。原水通过电渗析设备就可以合并收集从各“淡水室”流出的纯水。

离子渗透膜是电渗析器的关键工作部分，离子渗透膜性能及电极质量的好坏均能影响电渗析器除去离子的效果，直接影响出水质量。

电渗析法净化处理原水，主要是除去原水中带电荷的某些离子或杂质，对于不带电荷的有机物除去能力极差，故原水在用电渗析法净化处理前，必须通过适当方式除去水中含有的不带电荷的杂质。新膜使用前需用水及其他试液进行适当处理。开机时，先通水后通电。关机时，则先断电后停水。膜使用一定时间后若无沉积物时，一般不用拆洗，只需倒换电极并经常冲洗。

（3）反渗透法　反渗透（RO）是水处理中高精技术，20 世纪 90 年代中期起在我国的医药行业得到了广泛应用，它的使用极大地延长了传统的离子交换设备的再生周期，减少了酸碱排放量，有力地保护了生态环境。随着 2010 版《药品生产质量管理规范》（GMP）技术标准的深入贯彻与实施，全国许多药厂相继进行技术改造，陆续引进国内外的先进技术和装备。二级反渗透技术制备纯化水以其工艺简单、操作方便、易于自动控制、无污染、运行成本低、原水含盐量较高时对运行成本影响不大等特点，逐渐被制药企业所采用。但二级反渗透技术制备纯化水预处理要求较高、初期投资较大。

2. 纯化水生产工艺流程

制药纯化水生产方法较多，目前逐渐被制药企业所采用的是二级反渗透技术，图 4-1-3 为二级反渗透制备纯化水的工艺流程图。

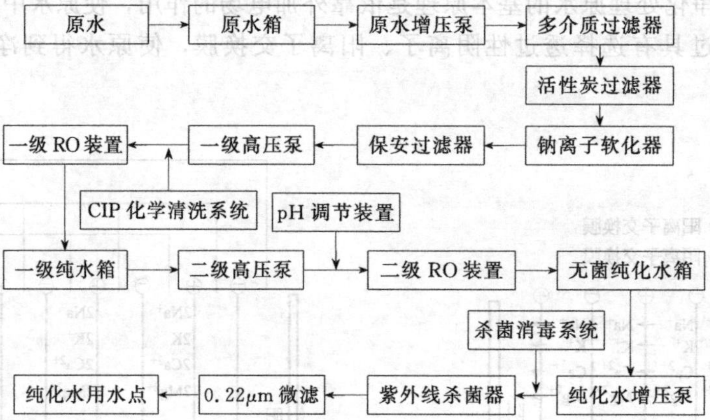

图 4-1-3 纯水制备工艺流程示意图

工艺流程说明如下。

① 多介质过滤器：采用石英砂/无烟煤双层填料，除去水中固体颗粒、悬浮杂质、絮凝沉淀及其他黏性胶体物质，降低浊度，出水浊度应小于 3mg/L，使用一段时间后自动进行反冲清洗。保证设备的产水质量，延长设备的使用寿命。

② 活性炭过滤器：由活性炭吸附除去水中有机物、色素、异味及余氯、重金属离子等，进一步提高水质，延长反渗透膜使用寿命。

【知识链接】

水中杀菌剂活性余氯具有较强的氧化性，会损坏 RO 膜，根据 RO 系统进水要求余氯$<$0.1mg/L，所以用活性炭吸附余氯。

③ 钠离子软化器：软化器中装有大交换容量的强酸型阳离子交换树脂，用以除去水中的钙、镁离子，避免钙、镁离子在反渗透膜上因浓缩而结垢，从而达到保护反渗透膜的目的。树脂使用一段时间后用氯化钠溶液再生。

④ 保安过滤器（又称精密过滤、微孔过滤）：主要目的是截住水中微小的颗粒、泄漏的活性炭和破碎的树脂等，保证反渗透进水不损坏膜组件。

⑤ 一级反渗透装置：由多级增压泵及膜组件、控制装置等组成。反渗透装置为溶解固形物的浓缩排放和淡水利用过程。在反渗透装置中，在高压下将纯水与金属离子分离，水分子透过膜而离子被截留浓缩，截留率可达 98%。细菌、热原等不能透过一同被截留。反渗透膜的孔径一般为 0.1nm，反渗透系统设计水温一般为 15℃，水的回收率为50%～75%。

⑥ 一级纯水箱：主要用于贮存一级反渗透出水，为二级反渗透供水。

⑦ pH 调节装置：为氢氧化钠加药器。经软化后的水因无法去除 HCO_3^- 而呈弱酸性，加入氢氧化钠中和，使进入反渗透装置的水呈中性。

⑧ 二级反渗透装置：由多级增压泵、膜组件及控制装置等部分组成。二级反渗透装置为精

脱盐制造高纯水过程。二级反渗透系统设计水温一般为15℃，设计回收率为60%～80%。

【知识链接】

纯化水的质量标准

《中华人民共和国药典》2010年版中纯化水的质量标准是，氨≤0.00003%；硝酸盐≤0.000006%；亚硝酸盐≤0.000002%；重金属≤0.00001%；总有机碳≤0.50mg/L；微生物限度：细菌、霉菌和酵母菌总数<100个/mL；电导率应符合药典附录ⅧS下的规定；酸碱度、易氧化物、不挥发物应符合同版药典纯水项下的有关规定。

3. 对纯水生产系统的基本要求

(1) 预处理设备　纯水预处理流程可根据原水的水质情况配置。为防止活性炭过滤器中的细菌、细菌内毒素的污染，应能自动反冲和高温蒸汽灭菌。紫外光的照射时间应有仪表记录。所产纯水必须进行循环，以确保水质稳定。

(2) 纯水设备　可采用树脂床、反渗透或蒸馏水机的生产工艺，或使用其中的组合。混合床应能对树脂进行连续再生；反渗透装置的进口处须安装3.0μm的水过滤器。

(3) 纯水贮罐　用316L不锈钢制作，内壁经电抛光并钝化处理。贮罐上安装0.21μm疏水性通气过滤器（呼吸器），并可加热灭菌。贮罐能经受121℃高温消毒。

(4) 管路及分配系统　用316L不锈钢管材，内壁经电抛光并钝化处理。用热熔式氩弧焊连接，或采用卫生夹头分段连接。阀门采用不锈钢聚四氟乙烯隔膜阀，用卫生夹头连接。管道有一定倾斜度以便排除存水。管道应有循环系统，回水流回贮罐，使用纯水点所装阀门处的死角段管长不得大于6倍管径（加热）和4倍管径（冷却）。可耐121℃高温灭菌。

(5) 输送泵　316L不锈钢制（浸水部分）并经电抛光与钝化处理，用卫生夹头连接管道，纯水本身作为润滑剂。

三、注射用水的制备工艺及装置

1. 蒸馏法

蒸馏法是《中华人民共和国药典》规定的制备注射用水的方法，制得的注射用水质量最为可靠，但制备过程能耗较高。其原理是将经净化处理的水加热至沸腾，使之汽化为蒸汽，蒸汽经冷凝成液体水。在汽化过程中，水挥发逸出，水中含有的大部分杂质和热原都不挥发，仍留在残液中，因而可得到纯净蒸馏水。经两次蒸馏的重蒸馏水不含热原，可作为注射用水。

蒸馏设备式样较多，主要有以下几种。

(1) 多效蒸馏水器　多效蒸馏水器是由3～5个蒸馏水器单体串接而成，各蒸馏水器单体可垂直串接，也可水平串接。多效蒸馏水器的最大特点是二次蒸汽多次利用，节能效果显著，热效率高，能耗仅为单蒸馏水器的1/3，并且出水快、纯度高、水质稳定，配有自动控制系统，成为目前药品生产企业制备注射用水的重要设备。

① TD-200型多效蒸馏水器　见图4-1-4所示。饮用水经调节阀进入泵的吸入口，升压后再经转子流量计进入冷凝器进行预热，然后流入第一效的蒸发器的分布器均匀地喷淋到蒸发蛇管的外表面上，部分被蒸发，未被蒸发的饮用水流入第二效的分布器，产生的二次蒸汽作为下一效的加热蒸汽。同样第二效蒸剩的饮用水顺次流入第三效。第三效底部装有浮球阀，由此排出少量浓缩水，大部分浓缩水被作为循环水使用。

加热蒸汽经气液分离器除去其中夹带的水滴后，进入第一效蒸发器的加热蛇管内，

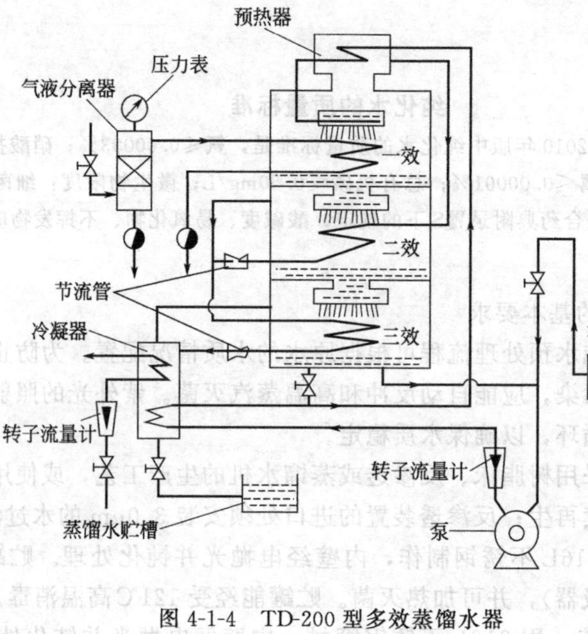

图 4-1-4　TD-200 型多效蒸馏水器

放出潜热后自身被冷凝，冷凝水由疏水器排出。蛇管外的饮用水被加热汽化，产生的二次蒸汽进入第二效蒸发器的加热蛇管，放出潜热后，其冷凝水与第二效的二次蒸汽汇合，作为第三效的热源流入第三效的加热蛇管，其冷凝水流入冷凝器中冷却降温。将在第三效蒸发器中产生的二次蒸汽也引入冷凝器中冷凝。从冷凝器下部排出的冷凝水就是所制备的蒸馏水。

② 水平串接式多效蒸馏水器　图 4-1-5 所示为五效蒸馏水器流程图，主要由五个预热器、五个蒸发器和一个冷凝器组成。预热器多外置，呈独立工作状态，五个蒸发器水平串接，每个蒸发器均为列管式，以等面积分布、等压差运行，采用降液膜式蒸发及丝网式气水

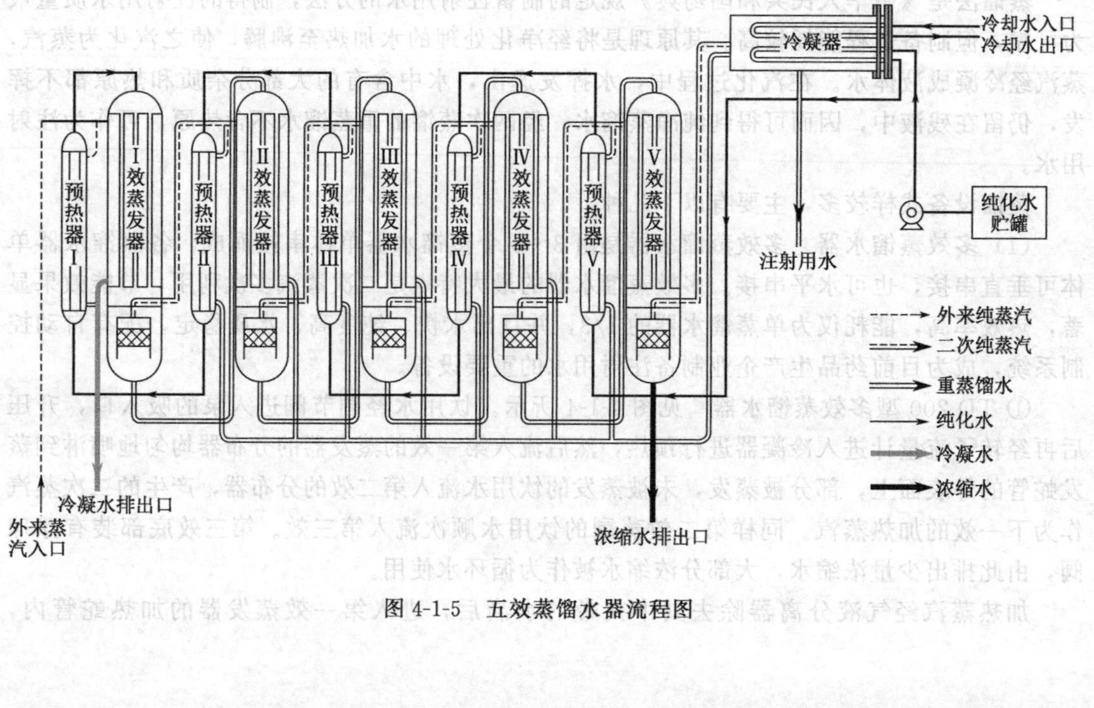

图 4-1-5　五效蒸馏水器流程图

分离。蒸馏时，进料水（一般为去离子水）由泵输送先进入冷凝器，然后依次进入预热器Ⅴ、Ⅳ、Ⅲ、Ⅱ及Ⅰ中，最后进入到Ⅰ效蒸发器内被外来蒸汽继续加热，进料水中有一部分被加热蒸发生成二次纯蒸汽进入到Ⅱ效蒸发器的列管间作为加热热源，而进料水中未气化部分则进入Ⅱ效蒸发器的列管内，继续被进来的二次纯蒸汽加热蒸馏。蒸馏过程中，除Ⅰ效蒸发器直接利用外来蒸汽作为热源，Ⅱ效蒸发器则利用Ⅰ效蒸发器产生的二次纯蒸汽作为加热蒸汽，依此类推。从Ⅴ效蒸发器中出来的二次纯蒸汽进入冷凝器，作为新的进料水的加热热源，同时被冷凝成注射用水。由Ⅴ效蒸发器底部排放的浓缩水含热原、粒子多，作为废水弃去。多效蒸馏水器具有冷却水用量很少、运行稳定、操作简单、产水量大、热利用率高等优点。

(2) 气压式蒸馏水器　气压式蒸馏水器又称热压式蒸馏水机，是利用外界能量（机械能、电能等）对二次蒸汽进行压缩，将低温热能转化为高温热能，使二次蒸汽循环蒸发，制备注射用水。该机主要由自动进水器、热交换器、加热室、蒸发室、冷凝器及蒸汽压缩机等组成，目前国内已有生产。该设备具有产水量大、成品水质量优良、自动化程度高，利用离心泵将蒸汽加压，提高了蒸汽利用率，而且不需要冷却水，适合于供应蒸汽压力较低以及工业用水比较短缺的厂家使用。但气压式蒸馏水机使用过程中电能消耗较大，且占地面积大、调节系统复杂、启动慢、有噪声等缺点。

2. 反渗透法

1975 年《美国药典》19 版首次收载，将该方法作为制备注射用水的法定方法之一。用反渗透法制备注射用水，一般一级反渗透装置能除去水中一价离子 90%～95%、二价离子 98%～99%，同时还能除去微生物和病毒，但其除去氯离子的能力达不到《中华人民共和国药典》的要求，只有二级反渗透装置才能比较彻底地除去氯离子。

3. 注射用水的生产工艺

注射用水的生产工艺流程为：纯水（去离子水或蒸馏水）→多效蒸馏水器→注射用水。

注射用水与纯水的最主要差别是对热原的控制。由于注射剂车间同时使用纯水和注射用水，在水处理装置的设计时可以一起考虑，即一部分纯水用于供给生产，余下的部分作为水源再经多效蒸馏水机制备注射用水供生产所用，对用于湿热灭菌（如对水的贮罐及管路系统）的纯蒸汽可从多效蒸馏水机的第一效二次蒸汽引出，也可另外配置一台纯蒸汽发生器。由于系统的密闭，不需置于洁净区内。

【知识链接】

注射用水的质量标准

《中华人民共和国药典》2010 年版中注射用水的质量标准是，pH 5.0～7.0；氨≤0.00002%；硝酸盐≤0.000006%；亚硝酸盐≤0.000002%；重金属≤0.00001%；细菌内毒素＜0.25EU/mL；微生物限度：细菌、霉菌和酵母菌总数＜10 个/100mL；电导率、总有机碳、易氧化物、不挥发物应符合同版药典纯水项下的有关规定。

4. 对注射用水系统的基本要求

预处理设备的要求同纯水系统。多效蒸馏水器或纯蒸汽发生器应采用 316L 不锈钢材料，电抛光并钝化处理，排气口必须安装 0.22μm 的过滤器。注射用水贮罐也用 316L 不锈钢材料制作，电抛光并钝化处理，排气口安装 0.2μm 疏水性通气过滤器（呼吸器），并可湿热灭菌。整个系统能经受 121℃高温灭菌。排气阀采用不锈钢隔膜阀。

注射用水可在80℃以上保温、65℃以上保温循环或4℃以下存放，存放时间以不超过24h为宜。

管路的材料及处理、连接、安装等与纯水系统相同。对泵的要求也与纯水系统一致。

目标检测

一、单项选择题

1. 中国药典规定的注射用水应该是（　　）。

A. 蒸馏水　　B. 无热原的蒸馏水

C. 灭菌纯化水　　D. 去离子水

E. 反渗透法制备的水

2. 注射用水和纯化水的检查项目的主要区别是（　　）。

A. 酸碱度　　B. 总有机碳

C. 硝酸盐与亚硝酸盐　　D. 热原

E. 重金属离子

3. 注射用水质量标准中检测项目不包括（　　）。

A. 刺激性检查　　B. 不挥发物

C. 易氧化物检查　　D. 热原检查

E. 电导率检测

4. 下列对纯化水用途或制备技术叙述错误的是（　　）。

A. 纯化水不得用于注射剂的配制与稀释

B. 纯化水经蒸馏可制得注射用水

C. 常用作中药注射剂制备时原药材的提取溶剂

D. 纯化水用饮用水采用电渗析法、反渗透法制成

E. 饮用水经阴离子交换树脂或阳离子交换树脂处理后即可作为纯化水

5. 制备注射用水的多效蒸馏水器采用（　　）型号的不锈钢材料，经电抛光并钝化处理。

A. 304　　B. 309　　C. 314　　D. 316L　　E. 321

6. 水平串接式多效蒸馏水器Ⅱ效蒸发器列管间的加热热源是（　　）。

A. 外来蒸汽　　B. Ⅰ效蒸发器产生的二次蒸汽

C. Ⅲ效蒸发器产生的二次蒸汽　　D. Ⅴ效蒸发器中出来的二次蒸汽

E. 进料水中部分被加热蒸发生成二次蒸汽

二、多项选择题

1. 制药用水包括（　　）。

A. 原水　　B. 纯化水　　C. 注射用水　　D. 灭菌注射用水　　E. 乙醇水

2. 纯化水一般可以通过（　　）制备。

A. 离子交换柱　　B. 反渗透装置　　C. 蒸馏水机　　D. 电渗析器　　E. 压滤器生产

3. 为保证注射用水质量，生产中应注意事项有（　　）。

A. 随时监控蒸馏操作制备注射用水的各生产环节

B. 要保证在无菌的条件下生产注射用水

C. 定期对注射用水生产系统清洗与消毒

D. 经检验合格的注射用水才能送到注射用水贮罐

E. 注射用水应在无菌的条件下贮存，并在12h内使用

三、简答题

1. 对纯水及注射用水生产系统中多效蒸馏水机和贮罐的基本要求有哪些？

2. 纯化水和注射用水水质达不到标准如何解决？

任务二　中药注射剂

学习目标

知识目标：

◇ 掌握热原的性质、污染途径及除去措施；掌握中药水针剂、输液剂和冻干粉针剂的含义、特点及质量要求；掌握中药水针剂、输液剂和冻干粉针剂的工业化生产的一般性工艺流程与生产关键技术。

◇ 熟悉注射剂常用附加剂的种类、性质、质量要求；熟悉直接接触药品的包装材料和容器的种类、质量要求及处理技术；熟悉中药注射剂制剂生产装备、生产车间布置与洁净度要求。

◇ 了解中药注射制剂的灭菌理论与实践；了解中药注射剂的 SOP 管理项目内容。

能力目标：

◇ 学会中药水针剂、输液剂和冻干粉针剂的典型制备技术，并能进行典型生产设备的选型和操作。

◇ 能将学到的理论知识运用到生产实际中，能根据药料的理化性质和 GMP 要求选择合理的制剂生产工艺，并学会用学到的理论知识解决生产实际问题。

◇ 了解中药注射剂发展的动向。

注射剂（injectiones）俗称针剂，中药注射剂系指药材经提取、纯化后制成的供注入体内的溶液、乳状液及供临用前配制成溶液的粉末或浓溶液的无菌制剂。制剂若为液体，则称为中药注射液或中草药注射液；若为粉末则称为中药粉针剂或中草药粉针剂。《中华人民共和国药典》2010 年版收载中药注射剂有 5 种，分别为止喘灵注射液、灯盏细辛注射液、注射用双黄连、注射用灯盏花素和清开灵注射液。注射剂由于药效迅速，作用可靠，成为当前临床尤其是急救诊疗应用最广泛的剂型，但中药注射剂要求质量高、生产过程中需要特定的条件和设备，生产费用较大，价格较高。本节重点介绍中药水针剂、输液剂和粉针剂的生产工艺、制剂洁净厂房、装备等制剂工程技术问题。

一、基础知识

（一）热原的含义及性质

热原（pyrogens）是微生物产生的能引起恒温动物体温异常升高的致热物质。大多数细菌和许多霉菌、酵母甚至病毒都能产生热原，致热能力最强的是革兰阴性杆菌产生的热原。微生物代谢产物中内毒素是产生热原反应最主要的致热物质，内毒素是由磷脂、蛋白质与脂多糖（LPS）组成的高分子复合物，其中脂多糖是内毒素的主要成分，具有特别强的致热活性，一般脂多糖的分子量越大其致热作用也越强。当注射液中存在的热原达到一定量时，注入人体后会出现体温升高、发冷、颤抖、身痛、恶心呕吐等不良反应，有时体温可升高至 40℃，严重者还会出现昏迷、虚脱，甚至危及生命。因此注射液，尤其是静脉给药，必须作为一项重要的质量指标加以控制。

热原具有如下基本性质。

① 水溶性　能溶于水，其浓缩的水溶液常带有乳光。以水为溶剂的注射液须采取措施

除去热原。

② 不挥发性　热原本身不挥发，但因溶于水，在制备蒸馏水时可随雾滴夹带进入蒸馏水中，因此要注意蒸馏水机的除沫装置。

③ 耐热性　热原具有较强的耐热性，如青霉素产生的热原在121℃、30min的灭菌条件下不发生变化，在180℃、4h才完全破坏。

④ 滤过性　热原一般体积在1～5nm，一般滤器均可通过，必须用相应等级的过滤器滤除，活性炭、纸浆板等对热原有一定吸附作用。热原在水溶液中带有一定电荷，可被某些离子交换树脂所吸附。

⑤ 其他　热原能被强酸、强碱、强氧化剂以及超声波所破坏。

⑥ 最小致热量　系指使动物（家兔）体温平均上升0.5～0.6℃所需的热原量，不同热原对家兔的最小致热量如表4-2-1所示。

表4-2-1　不同热原对家兔的最小致热量

热　原	最小致热量/(μg/kg 体重)	热　原	最小致热量/(μg/kg 体重)
大肠杆菌热原	0.001～0.002	伤寒杆菌热原	0.2
金黄色葡萄球菌热原	0.007	链球菌热原	10

（二）注射剂的热原污染途径及除去措施

注射用水、注射剂原辅料、容器、制备生产过程环境、工艺设备及管路等都能引起注射剂的热原污染，另外，灭菌等操作环节没有按章办事也是产生热原的重要因素。注射剂的热原问题最首要的是避免产生或污染，其次才是对已存在的热原进行消除。注射剂生产车间针对上述因素所采取的一系列预防措施一定要严格执行。

注射剂除去热原的措施如下。

① 对水及药液可采用活性炭吸附（用量一般为溶液体积的0.1%～0.5%）、超滤、反渗透、离子交换、凝胶过滤等方法除去热原。

② 对于耐高温容器，洗涤干燥后，采取180℃加热2h或250℃加热30min可以破坏热原；对耐腐蚀容器可用强酸、强碱溶液处理，将热原破坏后清洗干净。

（三）中药注射剂的附加剂

在制备水针剂时，为提高制剂有效性、安全性和稳定性，按药典规定，除主药外，还可添加其他适宜的物质，这些物质称为“附加剂”。对附加剂的要求是：所选用的附加剂浓度必须对机体无害，与主药无配伍禁忌，且不影响主药疗效和含量测定。根据用途的不同，附加剂可分为以下几类。

1. 增加主药溶解度的附加剂

这类附加剂包括增溶剂与助溶剂，添加的目的是为了增加主药在溶剂中的溶解度，以达到治疗所需的目的。常用的品种如下。

(1) 聚山梨酯-80（吐温-80）　本品为中药注射剂常用的增溶剂，肌内注射液中应用较多，因有降压作用与轻微的溶血作用，在静脉注射液中应慎用。常用量为0.5%～1%。

含鞣质或酚性成分的注射液，若溶液偏酸性，加入聚山梨酯-80后可致使溶液变浑浊；含酚性成分的注射剂，加入聚山梨酯-80，可降低杀菌效果；聚山梨酯-80也能使注射剂中苯甲醇、三氯叔丁醇等抑菌剂的作用减弱。此外，含有聚山梨酯-80的注射液，在灭菌过程中会出现起浊现象，必须趁热振摇才能保持注射剂的澄明。上述情况，应在制备中药注射剂时充分注意，要合理拟定配方和确定工艺流程。

使用聚山梨酯-80时，一般先将其与被增溶物混匀，然后加入其他溶剂或药液稀释，这样可提高增溶效果。

（2）胆汁　常用的胆汁有牛胆汁、猪胆汁、羊胆汁等，用量为0.5%～1.0%。胆汁除含胆酸钠盐类外，还含有胆色素、胆固醇及其他杂质成分，故不能直接用来作为注射剂的增溶剂，通常要经过加工处理成胆汁浸膏后才能应用。

以胆汁为增溶剂时，要注意药液的pH值。一般溶液pH在6.9以上时，性质稳定；而溶液pH值在6.0以下时，胆酸易析出，不仅降低增溶效果，同时影响注射剂的澄明度。

（3）甘油　甘油是鞣质和酚性成分良好的溶剂，一些以鞣质为主要成分的中药注射剂，用适当浓度的甘油作溶剂，可有效提高溶解度，保持药液的澄明度，用量一般为15%～20%。

2. 帮助主药混悬或乳化的附加剂

这类附加剂主要是指混悬剂和乳化剂，添加的目的是为了使注射用混悬剂和注射用乳浊液具有足够的稳定性，保证临床用药的安全有效。

用于注射剂的助悬剂或乳化剂，应具备的基本条件包括：①无抗原性、无热原、无毒性、无刺激性、不溶血；②有高度的分散性和稳定性，使用剂量小；③能耐热，在灭菌条件下不改变助悬和乳化功能；④粒径小，不妨碍正常注射给药。常用于注射剂的助悬剂有明胶、聚维酮、羧甲基纤维素钠及甲基纤维素等。常用于注射剂的乳化剂有聚山梨酯-80、油酸山梨坦（斯盘-80）、普流罗尼克F-68、卵磷脂、豆磷脂等，后三种还可用于静脉注射用乳浊液的制备。

3. 防止主药氧化的附加剂

这类附加剂包括抗氧剂、惰性气体和金属配合剂，添加的目的是为了防止注射剂中由于主药的氧化产生的不稳定现象。

（1）抗氧剂　抗氧剂为一类易氧化的还原剂。当抗氧剂与药物同时存在时，抗氧剂首先与氧发生反应，从而保护药物免遭氧化，保证药品的稳定。注射剂中常用抗氧剂的性质、用量及其适用范围见表4-2-2。

表4-2-2　注射剂中常用的抗氧剂

名　称	溶解性	常用量/%	适用范围
亚硫酸钠	水溶性	0.1～0.2	水溶液偏碱性，常用于偏碱性药液
亚硫酸氢钠	水溶性	0.1～0.2	水溶液微酸性，常用于偏酸性药液
焦亚硫酸钠	水溶性	0.1～0.2	水溶液偏酸性，常用于偏酸性药液
硫代硫酸钠	水溶性	0.1	水溶液呈中性或微碱性，常用于偏碱性药液
硫脲	水溶性	0.05～0.2	水溶液呈中性，常用于中性或偏酸性药液
维生素C	水溶性	0.1～0.2	水溶液呈中性，常用于偏酸性或微碱性药液
二丁基苯酚(BHT)	油溶性	0.005～0.02	油性药液
叔丁基对羟基茴香醚(BHA)	油溶性	0.005～0.02	油性药液
维生素E(α-生育酚)	油溶性	0.05～0.075	油性药液，对热和碱稳定

（2）惰性气体　采用经过预处理的高纯度N_2、CO_2置换药液和容器中的空气，可避免主药的氧化。惰性气体可在配液时直接通入药液，或在灌注时通入容器中。使用CO_2时应注意其对药液pH值的改变可能产生的影响。

（3）金属配合剂　药液中微量金属离子往往会加速其中某些化学成分的氧化分解，导致制剂变质。加入金属配合剂，使之与金属离子生成稳定的配合物，避免金属离子对药物成分氧化的催化作用，从而产生抗氧化的作用。注射剂中常用的金属配合剂有乙二胺四乙酸（EDTA）、乙二胺四乙酸二钠（EDTA-2Na）等，常用量为0.03%～0.05%。

4. 抑制微生物增殖的附加剂

这类附加剂也称为抑菌剂，添加的目的是防止注射剂制备过程中或多次使用过程中微生物的污染和生长繁殖。一般多剂量注射剂、无菌操作法制备的注射剂，均需加入一定量的抑菌剂，以确保用药安全。而用于静脉注射或脊椎腔注射的注射剂一律不得添加抑菌剂；剂量超过 5mL 的注射液在选用添加抑菌剂时，应当特别谨慎。注射剂常用的抑菌剂见表 4-2-3。

表 4-2-3 注射剂常用的抑菌剂

名称	溶解性	常用量/%	适用范围
苯酚	常温时难溶于水	0.5	偏酸性药液
甲酚	难溶于水，易溶于脂肪油	0.25～0.3	与一般生物碱有配伍禁忌
氯甲酚	极微溶于水	0.05～0.2	与少数生物碱及甲基纤维素有配伍禁忌
三氯叔丁醇	微溶于水	0.25～0.5	微酸性药液
苯甲醇	溶于水	1～3	偏碱性药液，对热稳定
苯乙醇	溶于水	0.25～0.5	偏酸性药液

5. 调整 pH 值的附加剂

这类附加剂包括酸、碱和缓冲剂，添加的目的是为了减少注射剂由于 pH 值不当而对机体造成局部刺激，增加药液的稳定性以及加快药液的吸收。注射剂中常用的 pH 值调整剂有盐酸、枸橼酸、氢氧化钾（钠）、枸橼酸钠及缓冲剂磷酸二氢钠和磷酸氢二钠等，且尽可能使药液接近中性，一般应控制在 pH 4.0～9.0 之间。

6. 减轻疼痛的附加剂

这类附加剂也称为止痛剂，添加的目的是为了减轻使用注射剂时由于药物本身对机体产生的刺激或其他原因引起的疼痛。目前，注射剂中常用的减轻疼痛的附加剂如下。

(1) 苯甲醇　常用量为 1%～2%，注射时吸收差，连续注射可使局部产生硬块。

(2) 盐酸普鲁卡因　常用量为 0.2%～1%，使用时作用时间较短，一般可维持 1～2h，在碱性溶液中易析出沉淀。个别患者注射时可出现过敏反应，应予以注意。

(3) 三氯叔丁醇　常用量为 0.3%～1%，既有止痛作用，又有抑菌作用。

(4) 盐酸利多卡因　常用量为 0.2%～0.5%，止痛作用比普鲁卡因强，作用也较持久，而且过敏反应的发生率低。

7. 调整渗透压的附加剂

正常人的血浆有一定的渗透压，平均值约为 750kPa。渗透压与血浆渗透压相等的溶液称为等渗溶液，如 0.9%的氯化钠溶液和 0.5%的葡萄糖溶液即为等渗溶液。高于或低于血浆渗透压的溶液相应地称为高渗溶液或低渗溶液。无论是高渗溶液还是低渗溶液注入人体时，均会对机体产生影响。常用的渗透压调整剂有氯化钠、葡萄糖等。

二、中药水针剂的工业化生产

中药水针剂是将药物配成水性溶液、混悬液或乳浊液直接注入人体内的一种制剂。水针剂由药物、附加剂和溶剂为一体封装于特制的容器所构成，其生产工艺可分为两类：一类是最终灭菌工艺；另一类是部分或全部工序为无菌操作的工艺，即非最终灭菌工艺。

最终灭菌和非最终灭菌的药品的根本区别是无菌性的过程或内容不同。最终灭菌药品一般是在完成内包装工艺生产过程最终采取一个可靠的灭菌措施；非最终灭菌药品一般是在完成内包装工艺生产全过程始终未采取单独的灭菌措施。

非最终灭菌药品的生产过程可变因数较多，其生产条件、厂房装饰、生产设备、工艺用水、洁净环境（级别）、操作人员、检验等均有不同的特殊性要求，但必须保证无菌生产过程的时限性、操作性、完整性、真实性、追溯性，以达到无菌的目的。

(一) 中药水针剂的容器

由于水针剂为灭菌或无菌制剂，需用特制的容器盛装，以利于药品在生产、运输、贮存、使用等过程中避免污染。盛装水针剂的容器应为硬质中性玻璃制成，无论有无色，均应透明，以适合澄明度检查。

1. 水针剂容器的种类与规格

水针剂容器多为单剂量装玻璃制安瓿。目前生产中允许使用的为易折曲颈安瓿，非易折安瓿我国已明令禁止在注射剂中使用。易折安瓿有两种，色环易折安瓿和点刻痕易折安瓿。水针剂安瓿的规格分为1mL、2mL、5mL、10mL及20mL五种，其外观形状见图4-2-1所示。

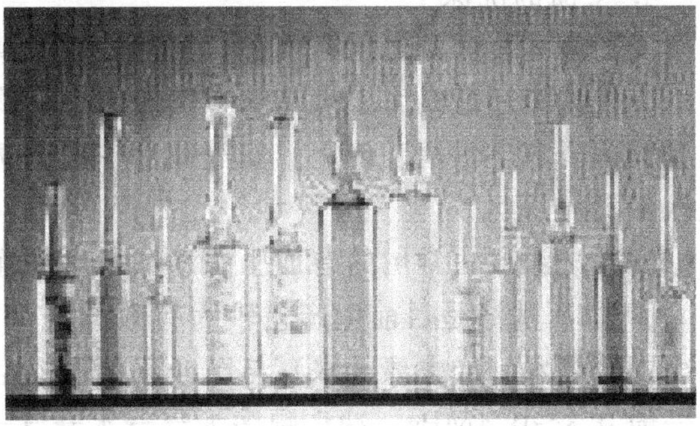

图4-2-1 安瓿外观形状

2. 安瓿的质量要求

水针剂容器安瓿不仅要盛装各种不同性质的注射剂，而且还要经受高温灭菌以及种种不同环境下的长期贮藏，因此盛装注射剂的安瓿应符合下列质量要求。

① 所用玻璃为无色透明（需避光的注射剂可用棕色），以便于检查澄明度、杂质以及变质等情况。

② 应具有低膨胀系数和优良的耐热性。可耐受当洗涤和灭菌过程中所产生的热冲击，在生产过程中不易冷爆破裂。

③ 要有足够的物理强度，以耐受热灭菌时产生的压力差。并能抵挡在生产、运输、贮存时产生的冲击。

④ 应具有高度的化学稳定性，不被药液侵蚀，也不改变溶液的pH值。

⑤ 易于熔封，并不产生失透现象。

⑥ 不得有气泡、麻点、砂粒等现象。

3. 安瓿的质量检验

为保证注射剂的质量，生产企业对于购进的空安瓿应作下列两方面检查。

(1) 物理检查

① 外观：安瓿的身长、身粗、丝粗、丝全长等符合规定；外观无歪丝、歪底、色泽、麻点、砂粒、疙瘩、细缝、油污及铁锈粉色等。

② 清洁度：将洁净烘干的安瓿，灌入合格的注射用水，封口。经检查合格者用121℃、30min热压灭菌，再检查澄明度应符合规定。

③ 耐热性：将洗净的安瓿，灌注射用水，熔封，热压灭菌后检查安瓿破损率，1～2mL的安瓿不超过1%，5～20mL安瓿不超过2%。

(2) 化学检查

① 耐酸性：取安瓿110支，洗净烘干，灌入0.01mol/L盐酸液至正常装量，封口，剔除含玻璃屑、纤维及白点等异物的安瓿，置121℃热压灭菌30min，取出检查，全部安瓿均不得有易见的脱片。

② 耐碱性：取安瓿220支洗净，烘干，分别注入0.004%氢氧化钠溶液至正常装量，熔封，剔除含有玻璃屑、纤维及白点等异物的安瓿，121℃热压灭菌30min，取出检查，全部安瓿均不得有易见到的脱片。

③ 中性检查：取安瓿 11 支，用煮沸过的冷蒸馏水洗净。10 支安瓿中注入甲基红酸性溶液至正常装量，熔封。另 1 支安瓿注入甲基红酸性溶液 10mL 与 0.1mol/L 氢氧化钠液 0.1mL 混合液至正常装量，熔封。将上述 10 支安瓿 121℃热压灭菌 30min，放冷，取出与未经热压的安瓿内溶液比较，其色不得相同或更深。

4. 安瓿的洗涤

安瓿在灌装药液之前必须进行洁净处理，清洗掉固体物或可溶性杂质，用纯净水、注射用水分级洗涤还可最大限度消除空安瓿内微生物的存在；经无菌高温气流烘干后的安瓿则可达到无菌要求，供灌装使用。安瓿最后一次清洗使用注射用水，包括此后干燥灭菌在内都应进入 C 级洁净区。

安瓿洗涤方法常用的有加压洗涤和甩水洗涤两种。

① 加压洗涤是目前生产上较为有效的洗涤方法，常用于大安瓿的洗涤。操作时，利用滤净的蒸馏水（或去离子水）与已净化的压缩空气交替喷入安瓿内进行洗涤。压缩空气的压力一般 0.3～0.4MPa，冲洗顺序为气→水→气→水→气，一般 4～8 次，即可达到洗涤的目的。安瓿最后一次洗涤应采用通过微孔滤膜滤过的注射用水。

② 甩水洗涤法系将安瓿先经灌水机灌满滤净的去离子水，然后再用甩水机将水甩出。如此反复操作 3 次左右，即可达到清洁的目的。

安瓿蒸煮箱是安瓿在冲淋后，使附着在安瓿内外表面上的不溶性尘埃粒子经湿热蒸煮后，落入水中达到洗涤干净的效果。箱的顶部设置淋水喷管，在箱内底部设置蒸汽排管，每根排管上开有 ϕ1～1.5mm 的喷气孔，蒸汽直接从排管中喷出加热注满水的安瓿，达到蒸煮安瓿的目的。

5. 安瓿的干燥与灭菌

洗涤后的安瓿一般需经干燥灭菌，大量生产一般采用电烘箱干燥，缺点是时间长。现多采用隧道式烘箱，加热热源是红外线发射装置。

实际上最适合于《药品生产质量管理规范》要求的水针剂生产装备是洗灌封联动机组。该机组的第一、二两个单元就是超声洗涤与甩干、热气流烘干与灭菌。

（二）中药水针剂的生产工艺

最终灭菌水针剂的生产过程大体包括：原辅料的准备与处理，注射液的配制（浓配、稀配）、过滤（粗滤、精滤），安瓿的洗涤、干燥、灭菌与检验，注射液的灌封、灭菌、质量检查（检漏、灯检及质量监控），印字与包装等步骤。一般性生产工艺流程如图 4-2-2 所示。

1. 中药注射用原液的制备

（1）提取与纯化　对于处方中药物有效成分尚不清楚，或某一有效部位并不能代表和概括原方药效的组方，应根据处方组成中药物所含成分的基本理化性质，结合中医药理论确定的功能主治，并考虑该处方的传统用法、剂量，以及制成注射剂后使用的部位和作用时间等因素，选择合适的溶剂，确定提取与纯化方法，以最大限度地除去杂质，保留有效成分，制成可供配制注射剂成品用的原液（或相应的干燥品），通常也称为半成品或提取物。

（2）除去药液中鞣质的方法　天然鞣质广泛存在于植物的茎、皮、根、叶或果实中，是多元酚的衍生物，既溶于水又溶于乙醇，有较强还原性，在酸、酶、强氧化剂存在或加热情况下，可发生水解、氧化、缩合反应，产生水不溶性物质。中药水提液中所含鞣质用醇沉淀不易除尽，在灭菌时往往都会有沉淀，影响注射液澄明度。鞣质又能与蛋白质形成不溶性鞣

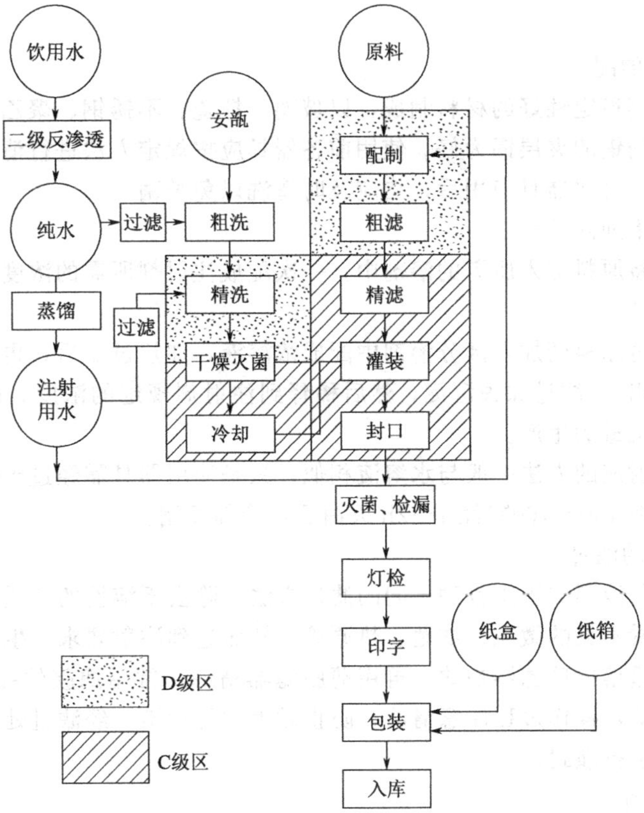

图 4-2-2　最终灭菌小容量水针剂一般性生产工艺流程图

酸蛋白，含有一定量鞣质的注射液肌内注射后，使局部组织发生硬结、疼痛。目前进一步除去注射液中鞣质的常用方法有以下几种：①明胶沉淀法；②醇溶液调 pH 法；③聚酰胺吸附法。

2. 原料、辅料称量工艺

① 中药注射液所用原药材经炮制加工，提取精制后，制备出符合注射剂用的原料，以溶液状、浸膏状、粉末状的单味或复方中间体进行配液。在配制前，应先将原料按处方要求计算用量，再进行精确称量配制。

② 如果注射剂在灭菌后含量有下降时，应酌情增加投料量。

③ 在称量计算时，如原料含有结晶水应注意除去结晶水后再进行换算。

④ 在计算处方时应将附加剂的用量一起算出，然后分别准确称量。

【知识链接】

中药注射液浓度的表示方法

一般中药注射液的浓度有以下三种表示方法。

① 按有效成分百分比浓度表示。凡有效成分已明确，并经提纯者可按百分比浓度表示，或注明每毫升含有效成分若干毫克来表示（mg/mL）。

② 按总浸出物的百分比浓度表示。凡以干燥提取物配制注射液者，亦可用其百分比浓度表示，或注明每毫升含总浸出物若干毫克来表示（mg/mL）。

③ 按药材比量法表示。凡有效成分不明确的单方或复方，干燥提取物的量不能反映注射剂的临床疗效

的量效关系者，一般按每毫升相当于原药材多少克（g/mL）来表示，但这种表示方法不能用于新开发的注射剂品种。

3. 中药注射剂的配制

配液器具要求用稳定性好的材料制成，以玻璃、搪瓷、不锈钢、聚乙烯塑料等为好。大量配液以内层为不锈钢的夹层锅为好。使用前各器具应按规定方法进行清洗、消毒，临用前再用注射用水冲洗。每次器具使用后，均应及时清洗以免长菌。

配液的方法有下列两种。

（1）稀配法　将原料加入所需的溶剂中，一次配成注射剂所需的浓度。此法适用于原料质量好，小批量生产。

（2）浓配法　将原料药加入部分溶剂中配成浓溶液，加热过滤后，再低温冷藏（0～4℃使可凝聚之胶体析出），滤过除去沉淀，然后稀释到注射剂规定的浓度。此法也称热处理冷藏法，适宜于较大批量的生产。

醇制或油制注射液的方法一般与水溶液相似，只是使用器具需经过干燥；对于不稳定的药品可将注射用油在150～160℃经1～2h灭菌后，冷却配制。

4. 中药水针剂的滤过

配制而成的注射液还需采用各种不同的滤过方法，除去不溶性的杂质，使药液澄明；并通过精滤除去肉眼看不见的微粒、细菌、热原等，从而达到注射要求。生产中常采用板框式压滤器、砂滤棒或垂熔玻璃滤器初滤，再用薄膜滤器精滤，常用滤膜的孔径为0.45μm，也可采用双层滤膜过滤，操作过程注意清洁，防止微生物的污染。经滤过处理且质量控制指标合格的注射液即可进行灌封。

5. 水针剂的灌封

灌封是水针剂生产中最重要的工序，灌封区域的洁净度及灌封设备直接影响注射剂的产品质量。为保证灌封环境的洁净，2010版GMP规定：最终灭菌药液灌装或灌封可在C级或C级背景下的局部A级洁净区内进行，凡有灌封机操作的车间必须配置净化空调系统。

水针剂的灌封工艺过程一般包括安瓿的排整、药液的灌封、充N_2及封口等工序。药液的灌封与封口工序一般在同一台设备完成。

【知识链接】

中药注射剂对通入惰性气体的要求

某些中药注射剂遇空气易氧化，熔封后安瓿内存在的空气可使这些产品氧化变质，灌装药液时充入惰性气体，以置换安瓿中空气再熔封。常用惰性气体为氮气和二氧化碳，对于一些碱性药物或钙制剂，通入二氧化碳气体后可能引起药液的pH改变而产生沉淀，则不能使用二氧化碳气体。惰性气体使用前应进行净化处理，所含微粒、微生物、无油项目应符合规定要求，纯度应达到规定的标准。

（1）安瓿自动灌封机　本机器由动力与传动机构、供安瓿系统、灌药充气装置、熔封机构、出安瓿系统等构成。根据安瓿规格大小的差异，灌封机一般分为1～2mL、5～10mL、20mL三种机型，机械结构型式基本相同。操作时，灌封机电机带动一级皮带传动并带动主轴，然后由蜗轮蜗杆分十三条传动路线完成进安瓿、移动安瓿、前充氮气、定量灌药、后充氮、预热、拉丝封口等工序，安瓿组在前一个工序完成特定的工作后由移瓶齿板送入下一工序，移动齿板转动一周刚好将安瓿组向前移动一个工序。其结构示意图见图4-2-3。

灌封中可能出现剂量不准、封口不严、鼓泡（熔封端）、焦头等问题，使用安瓿洗烘灌封联动机能较好解决这些问题。

（2）安瓿洗烘灌封联动机　本机组由超声波安瓿洗涤机、隧道灭菌烘箱及多针安瓿拉丝灌封机三台单机组成，将安瓿的洗涤、烘干灭菌、药液的灌注及安瓿的熔封都集中到一台联动机上进行，如图 4-2-4 所示。机器敞口部分均有 A 级层流空气保护。机器可单机作用，也可三机联动生产，适用于 1mL、2mL、5mL、10mL、20mL 安瓿，破损率低。

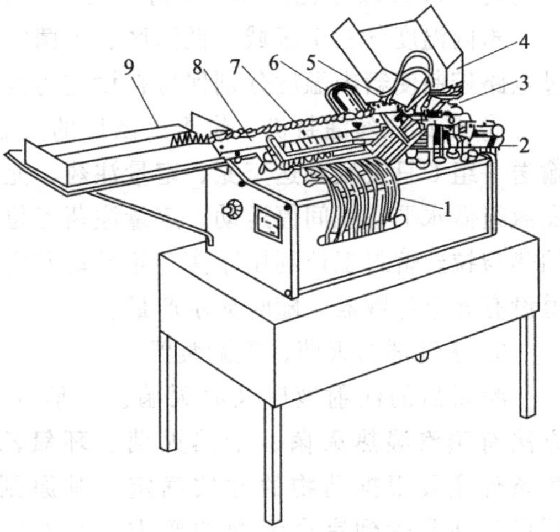

图 4-2-3　安瓿自动灌封机结构示意图

1—燃气管道；2—灌注器；3—进瓶转盘；4—加瓶斗；5—灌注针头；6—止灌装置；7—火焰熔封装置；8—传动齿板；9—出瓶斗

① 超声波洗涤机　超声波安瓿洗涤机采用压电陶瓷产生压电效应输出 16～25kHz 超声波，使清洗液发生超声空化作用，在 60℃水温下迅速溶解污物，增进洗涤效果，使安瓿内外洁净。安瓿在转鼓内洗涤工序为：进瓶→灌水→超声波洗涤→循环水冲洗→压缩空气吹洗→注射用水冲洗→压缩空气吹净→出瓶。转鼓连续转动，安瓿洗涤周期进行。

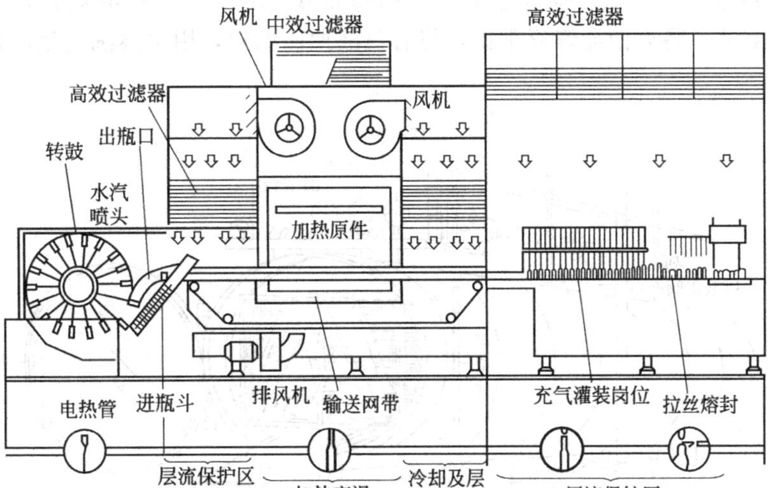

图 4-2-4　安瓿洗烘灌封联动机

洗涤机为无级调速，起到联锁控制作用。水阀、气阀采用电磁阀，可以实现电气自动控制，且气供给系统，洗涤用的注射用水、压缩空气均经过孔径为 0.45μm 折叠式滤芯组成圆筒过滤器过滤，除去了大于 0.45μm 的灰尘粒子及细菌、孢子体等。

② 隧道灭菌烘箱　主要由箱体、加热器、传送带、层流净化装置、电器自动温度控制装置组成。安瓿经过洗涤后，可在 A 级层流净化空气条件下，在 350℃高温下进行 5min 的干燥灭菌，去除微生物粒子、杀灭细菌和热原，使安瓿达到完全干燥。

烘箱进口、出口都设有 A 级垂直形成的空气幕，以保证洗净的安瓿不被外界空气污染，气流流速为 0.35～0.6m/s。在烘箱中间部位，干燥后的潮湿气体由一台风机排出，排出气体同时补入A级净化空气，保持箱内为正压，以避免外界空气进入。

箱内温度分三个区域，低温区、灭菌区和冷却区。电子调温器负责箱内温度调整，并通过电路控制使箱内温度分别保持在设定的范围内。

③ 多针拉丝灌封机　烘干灭菌后的安瓿需立即灌封。料斗内的安瓿由齿板平移，每次输送一组6只安瓿到达充氮、定量注药、充氮、预热、拉丝熔封等工位，安瓿处于竖立态，安瓿组做水平直线间停运动。定量注药工位同样设有止灌（无瓶）装置，确保机器的洁净。预热与拉丝熔封工位利用摩擦转轮带动安瓿绕立轴转动使安瓿上部均匀受热。在安瓿出口轨道设有光电计数器，随时显示产量。

6. 水针剂的灭菌、检漏装置

灌封后的注射液应及时灭菌。一般注射剂从配制到灭菌，应在12h内完成。灭菌的方法有蒸汽湿热灭菌、干热灭菌、环氧乙烷灭菌、过滤除菌、辐射灭菌，灭菌的方法和条件主要根据药物的性质确定，其原则是既要保持注射剂中相关药物的稳定，又必须保证成品达到完全无菌的要求，必要时可采用几种方法联用，这样可防止灭菌不完全的问题。

注射剂灭菌后，要进行检漏，其目的是将熔封不严、安瓿顶端留有毛细孔或裂缝的注射液检出剔除。大生产时，水针剂检漏一般采用灭菌检漏两用器，图4-2-5所示。将灌封好的安瓿装入灭菌器内并将其密闭，通饱和水蒸气进行灭菌（1～5mL安瓿为100℃、30min；10～20mL安瓿为100℃、45min)。灭菌后打开色水阀放入有色水溶液（0.05%曙红或酸性大红G溶液）浸没安瓿，然后抽真空至640～680mmHg(85.12～90.44kPa)，没有封好的安瓿会吸入有色溶液。将灭菌器恢复常压，将有色液抽回贮罐，用水淋洗安瓿，有色安瓿将在灯检时剔除。

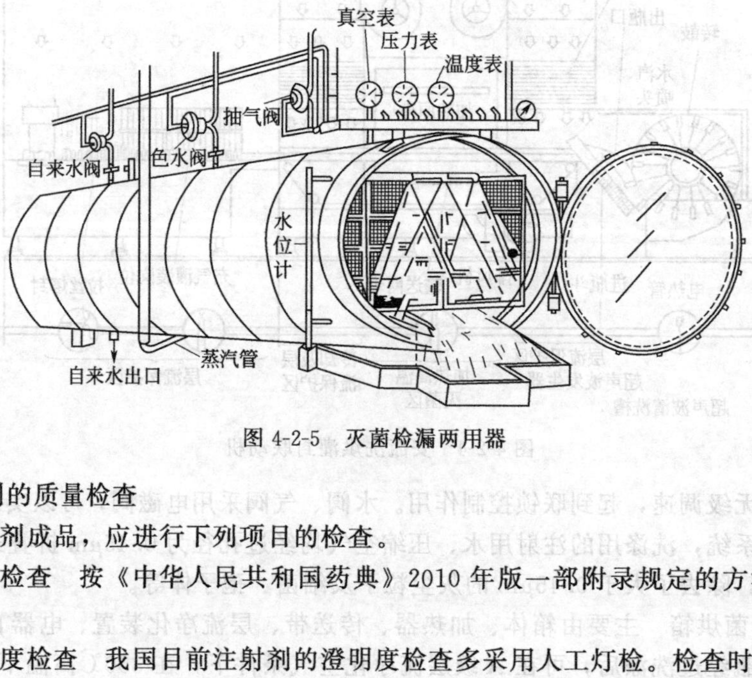

图4-2-5　灭菌检漏两用器

7. 水针剂的质量检查

一般注射剂成品，应进行下列项目的检查。

(1) 装量检查　按《中华人民共和国药典》2010年版一部附录规定的方法进行，应符合规定。

(2) 澄明度检查　我国目前注射剂的澄明度检查多采用人工灯检。检查时取供试品，在黑色背景、20W照明荧光灯光源条件下，用肉眼检查水针剂的澄明度，将澄明度不合格的安瓿应予剔除，并将漏入有色液的安瓿检出。澄明度的检查遵照卫生部颁标准《澄明度检查细则和判断标准》。

(3) 热原检查　供静脉注射用的注射剂都应作热原检查，除品种有特殊规定外，一般按《中华人民共和国药典》规定的方法进行。

(4) 无菌检查　按照无菌检查法项下的方法（《中华人民共和国药典》2010 年版）检查，应符合规定。

(5) 不溶性微粒　静脉滴注用注射水溶液、注射用无菌粉末，按临床使用浓度配制后，按照注射液不溶性微粒检查法（《中华人民共和国药典》2010 年版）检查，应符合规定。

除以上检查项目外，注射剂质量控制还包括杂质或可见异物检查、渗透压摩尔浓度、所含成分的检测等项目。

8. 水针剂的印字与包装

水针剂的印字与包装前应进行安瓿擦瓶工序，目的是将消毒检漏后的安瓿外表面的残余水渍、色斑等污染物擦拭干净以便印字。每支注射剂上应标明品名、规格、批号等。安瓿油墨印字机结构示意图见图 4-2-6 所示，输送带上排放着打开的空纸盒，料斗中经灯检的水针剂经印字系统印字后被置于纸盒内，当翻上盒盖后即可贴签送去作进一步包装。

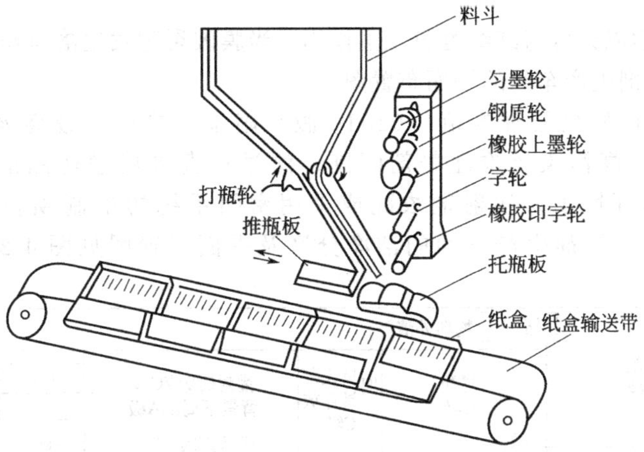

图 4-2-6　安瓿油墨印字机结构示意图

目前，药厂大批量生产时，广泛采用印字、装盒、贴签及包装等联动一体的印包联动机，大大提高了印包工序效率。

(三) 中药注射剂常见的内在质量问题

1. 澄明度

中药注射剂因制备工艺条件的问题，在灭菌后或贮存过程中产生浑浊、沉淀或乳光等现象，出现澄明度不合格。一般解决方法如下。

① 根据中药所含成分的性质，采取合适的提取纯化工艺，尽可能除去药液中鞣质、树脂、树胶、果胶、淀粉、黏液质、水溶性色素等杂质，防止当温度、pH 值等因素变化时，这些成分聚合变性，使溶液呈现浑浊或出现沉淀。

② 调节药液的 pH 值，使药液中成分保持较好的溶解性能，如酸性、弱酸性的有效成分，药液宜调整至偏碱性。

③ 在注射剂灌封前对药液进行热处理冷藏，即采用流通蒸汽 100℃或热压处理 30min，再冷藏放置一段时间，以加速药液中的胶体杂质的凝结，然后过滤，除去沉淀后再灌封，采

取这种措施可明显提高注射剂的澄明度和稳定性。

④ 加入合适的增溶剂、助溶剂，可使注射剂的澄明度得到改善。此外，制备过程中使用助滤剂也对提高注射剂的澄明度有利。

⑤ 采用超滤技术对中药提取液进行处理，可使注射剂成品的澄明度显著提高，且有效成分的损失也较其他精制方法少。

2. 刺激性

中药注射液作肌内注射时有可能产生局部硬结、肿痛等刺激。在不影响疗效的情况下，可通过降低药物浓度、调整 pH 值或酌情添加止痛剂的方式来减少刺激性。

3. 疗效不稳定

影响中药注射液疗效的因素，如药材自身质量的不稳定，提取生产工艺及操作因素，复方注射剂的合理配伍等。

4. 稳定性

中药注射剂在生产、运输与贮存过程中均可能发生氧化、还原、聚合、变色等化学变化。注射剂水溶液状态的化学稳定性远小于固体。温度、光线、空气、pH、微量重金属、不同药物成分间的作用等都是其稳定性的影响因素。

5. 溶血

皂苷或其他化学成分可与红细胞膜发生作用，当膜破裂时发生溶血作用。

（四）中药水针剂生产车间的平面布置图

按照《药品生产质量管理规范》（2010 版）附录的要求：最终灭菌小容量注射剂的灌装（或灌封）；高污染风险注射剂配制、滤过；直接接触药品的包装材料最终处理须在 C 级的洁净环境中。注射剂浓配或采用密闭系统的配制须在 D 级的洁净环境中。最终灭菌中药水针剂生产车间的洁净分区及平面布置图见图 4-2-7 所示。

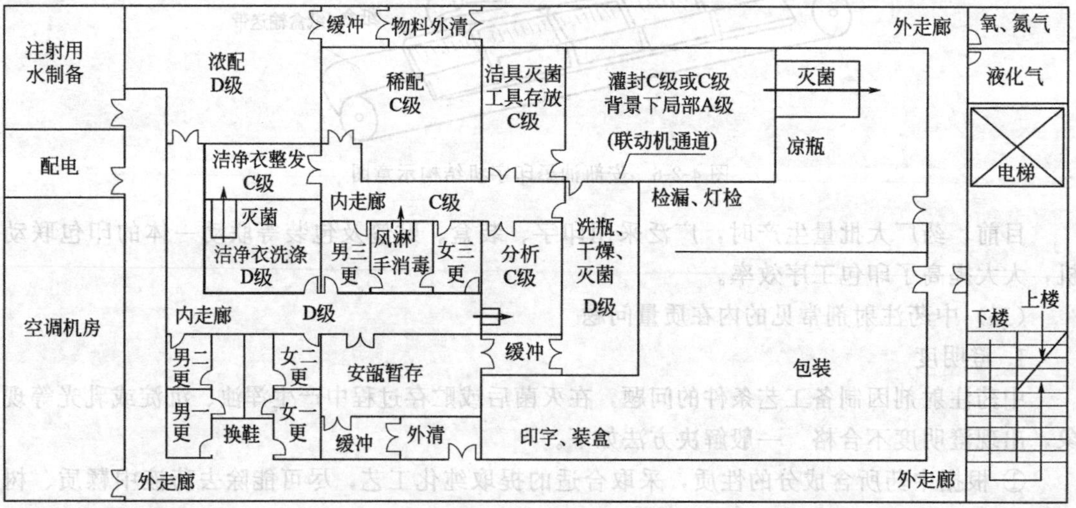

图 4-2-7　最终灭菌中药水针剂生产车间的洁净分区及平面布置图

从一般区进入洁净区的物料需通过缓冲区进行外清洗，操作人员则通过更衣间进入，工具可通过传递窗，洁净程序如下。

物净程序：物品→前处理→消毒→控制区。

人净程序：人→门厅→更鞋（一）→更衣（一）→更鞋（二）→更衣（二）→洁净区。

（五）中药水针剂 SOP 管理

中药水针剂 SOP 管理内容见表 4-2-4 所示。

表 4-2-4　小容量注射剂主要 SOP 目录

序号	名　称	序号	名　称
1	电渗析器操作规程	19	药液过滤标准操作规程
2	离子交换器系统标准操作规程	20	灌封工序标准操作规程
3	反渗透装置标准操作规程	21	灭菌工序标准操作规程
4	多效蒸馏水器标准操作规程	22	灯检工序标准操作规程
5	超滤装置标准操作规程	23	印包工序标准操作规程
6	贮水及输送系统标准操作规程(纯化水)	24	批号管理规程
7	贮水及输送系统标准操作规程(注射用水)	25	装箱工序标准操作规程
8	容器清洗及处理标准操作规程	26	设备清洗标准操作规程
9	物料净化标准操作规程	27	空气净化系统标准操作规程
10	人员净化标准操作规程	28	洁净室清洁卫生标准操作规程
11	滤器清洗及处理标准操作规程	29	洗涤液、消毒剂使用标准操作规程
12	滤膜安装处理及起泡点测定标准操作规程	30	物料领取、使用、退料、销毁标准操作规程
13	输药管道清洗及处理标准操作规程	31	标签、说明书使用、领退、销毁标准操作规程
14	安瓿洗涤、干燥标准操作规程	32	废品处理标准操作规程
15	安瓿检测标准操作规程	33	中间产品贮存、交接标准操作规程
16	生产前准备标准操作规程	34	原始记录填写标准操作规程
17	物料净化标准操作规程	35	计量器具使用、效验标准操作规程
18	配料标准操作规程	36	惰性气体操作及管理标准操作规程

（六）水针剂的生产成本核算

1. 收率

水针剂的单批总收率可用下列任一方法计算。

$$\text{总收率}\quad y=\frac{\text{经包装后单批实际产出的合格安瓿数}}{\text{配液时计算的理论产安瓿数}}\times 100\% \qquad (4\text{-}2\text{-}1)$$

能测定水针剂某成分含量时：

$$\text{总收率}\ y=\frac{\text{单批产出合格安瓿数}\times\text{每支中某成分}}{\text{配液总体积(或质量)}\times\text{含量}}\times 100\% \qquad (4\text{-}2\text{-}2)$$

2. 安瓿损耗率

安瓿易碎，经过有关的工序后，总损耗率的计算如下：

$$\text{单批安瓿总损耗率}=\left(1-\frac{\text{经包装后单批实际产出的合格安瓿数}}{\text{单批投入总安瓿数}}\right)\times 100\% \qquad (4\text{-}2\text{-}3)$$

3. 水针剂的单耗

主药、辅料、油墨、纸盒等材料的单位消耗往往折合成单位产品产量的物料消耗（例如每 1 万支安瓿的单耗）。

$$\text{主药单耗}=\frac{\text{单批主药投入量(kg)}}{\text{经包装后单批实际产出合格安瓿数}}\times 100\% \qquad (4\text{-}2\text{-}4)$$

其他材料的单耗与主药单耗的计算方法一样。能量也可折算成单位消耗，如水、电、水蒸气等，按月、季、年来折算更加实际一些。例如：

$$\text{某个时期的用电量的单耗}=\frac{\text{该时期生产线的总用电量(度)}}{\text{该时期合格产品总数(万支)}}\times 100\% \qquad (4\text{-}2\text{-}5)$$

生产技术经济指标不只是上述三种，进行产品的生产时一定要将生产操作原始记录中的数据经计算转变为有可比性的生产技术经济指标。

【生产实例】

当归注射液

【处方】 当归 50g 苯甲醇 10mL 氯化钠 8g 注射用水适量，共制 1000mL

【剂型】 注射剂

【性状】 本品为淡黄色或黄色的澄明液体

【功能与主治】 活血止痛。用于各种疼痛，如头痛、坐骨神经痛、痛经及妇科疾病等。

【制法】

1. 双提法

取当归饮片或粗粉，加蒸馏水约 1000mL，浸渍 1h，按蒸馏法收集蒸馏液约 800mL，备用。药渣按煮提法水煮 2 次，每次 30min，合并提取液，浓缩至 50mL。加 2 倍量乙醇搅拌，冷藏，沉淀，过滤，滤液回收乙醇，浓缩至 20～25mL，再加乙醇至含醇量 80%，过滤，滤液回收醇至无醇味，然后与上述蒸馏液合并，滤过，加苯甲醇 10mL、氯化钠 8g，搅拌使溶解，再加注射用水至全量，用垂熔玻璃漏斗滤过，滤液灌封于 2mL 安瓿中，100℃灭菌 30min 即得。

2. 渗漉法

取当归粗粉，用 70%乙醇湿润，密闭 15min，装入渗漉筒中浸泡 24h 后进行渗漉操作，收集滤液 300mL，减压回收乙醇，余液加 1%～2%活性炭（按投料量计算），加热过滤，加注射用水稀释至 1000mL，G_8 漏斗过滤，分装于 2mL 安瓿中，100℃灭菌 30min 即得。

3. 回流法

取当归饮片，加 85%乙醇浸泡 24h 后回流 2～3h，共回流提取 2 次，过滤，合并滤液回收乙醇至无醇味，加注射用水适量溶解，过滤，加 1%活性炭煮沸，过滤，于滤液中加苯甲醇 10mL、NaCl 8g，溶解后过滤，G_8 漏斗精滤后，灌封于 2mL 安瓿中，100℃灭菌 30min 即得。

4. 水醇法

取当归饮片，加水煮提 3 次（时间为 60min、40min、30min，加水量为 7 倍、5 倍、3 倍），过滤，滤液减压浓缩至 1：1，加入乙醇使含醇量达 50%，过滤，滤液浓缩至 2：1，冷后加乙醇使含醇量达 80%，过滤，滤液回收乙醇至无醇味，加注射用水至 1：2，加 1%活性炭，加热 30min，过滤，滤液调 pH 6.0～7.0，加苯甲醇 10mL、NaCl 8g，溶解后补加注射用水至 1000mL，过滤，再用 G_8 漏斗精滤后，灌封于 2mL 安瓿中，100℃灭菌 30min 即得。

【成分及制法分析】

本注射液原料为伞形科植物当归的干燥根。具有补血活血、调经止痛、润肠通便等功效。制成注射剂主要取其活血止痛之功能，且使用更为方便。

现代研究表明当归含挥发油 0.2%～0.4%，其主要成分为藁本内酯（约占挥发油的 45%）及丁烯基苯肽（约占挥发油的 11.3%）。此外还有阿魏酸、菸酸、叶酸、尿嘧啶等水溶性成分。

当归注射液的五种制备方法中，以“双提法”与“渗漉法”较合理。因两种制法保留了当归的挥发性成分和水溶性成分，较为全面。“双提法”可改为先提取挥发油，残渣再水煎，醇沉，这样可控制挥发油的含量。“双提法”所得注射液中因含挥发性成分，为保证注射液的澄明度，可酌加吐温-80 增溶。方中所用苯甲醇为止痛剂，NaCl 为等渗调节剂。

三、中药大容量注射剂的工业化生产

中药大容量注射剂（输液剂）是指由静脉滴注输入体内的大剂量注射液，俗称中药大输液剂。静脉用大输液是临床广泛应用的一种补益药物，对其纯度、适用病症、安全性和稳定性等方面的要求都高于水针剂。

（一）中药大容量注射剂的一般生产工艺流程

1. 大输液剂的质量要求

输液剂的质量要求与注射剂基本上是一致的。但由于输液剂的注射量大，又是直接注入静脉，因而对静脉注射和静脉滴注液提出如下要求。

① 应调节适宜的pH。输液剂的pH值应力求接近人体血液的pH，避免pH值过低过高引起机体酸碱中毒，普通静脉输液的pH值一般控制在pH 4～9的范围内。

② 应具有适宜的渗透压，溶血性试验应符合规定。输液剂的渗透压应调节成等渗或偏高渗，低渗溶液的大量输入可产生溶血现象。

③ 澄明度应符合有关规定。输液剂中不得含有可见的异物，同时也要控制微粒数。

④ 应无菌、无热原、无毒性。输液剂输入体内不应引起血象异常变化，不得有溶血、过敏和损害肝、肾功能等毒副反应。

⑤ 输液剂中不得添加任何抑菌剂。

2. 大容量注射剂的一般性生产工艺流程

大容量注射剂因加工处理的物料量大，为保证工艺顺利进行，应有合理的工艺布局，欧盟GMP对污染风险不高的产品灌装环境要求C级，所谓污染风险不高指产品不易长菌、灌装速度很快、采用非敞口的容器、容器内部几乎不暴露于空气即完成密封等情况，典型实例是塑料袋产品的灌装。近年来国际国内越来越多地采用吹灌封系统，该系统实际上使得容器从高温塑料颗粒制备后即刻完成灌装和密封，与外界几乎没有空气交流。采用浓配-稀配法玻璃瓶装最终灭菌大容量注射剂的生产工艺流程如图4-2-8所示。

（二）大容量注射剂的容器、隔离膜、胶塞的处理

1. 容器的种类

大容量注射剂所用的容器有玻璃输液瓶、聚丙烯塑料瓶与无毒软性聚氯乙烯塑料袋等。我国目前仍以输液瓶为主，以下主要介绍玻璃输液瓶。

玻璃输液瓶的外观质量（色泽、表面气泡和破气泡、裂纹、合缝线、瓶口与瓶身外观、条纹、刻度线与字）、理化性能（耐水性、热稳定性、热抗震性、内压力、内应力）、规格尺寸、技术要求、试验方法等应符合GB 2639—90的规定。输液玻璃瓶处理工序如图4-2-8所示。

2. 胶塞

国家推荐使用丁基橡胶输液瓶塞。新的橡胶塞处理方法是：先用0.2%氢氧化钠溶液浸泡2h，除去表面的硫化物及硬脂酸，用水搓洗后，再用10%盐酸煮沸1h左右，除去表面的氧化锌、碳酸钙等，再用水反复搓洗干净，并用蒸馏水冲洗，最后用注射用水煮沸30min，加塞前用滤过的注射用水随冲随塞。

3. 隔离薄膜

为防止药液同橡胶塞直接接触，在橡胶塞下还要衬垫隔离薄膜。目前，常用的隔离薄膜有聚酯（涤纶）薄膜和聚丙烯薄膜，前者适用于微酸性药液，后者适用于微酸或微碱性药液。所采用药品包装用塑料膜，按YY 0236—96药品包装用复合膜（通则）中的有关项执行。

聚酯薄膜的处理：将薄膜刷去细屑，置于含0.9%氯化钠的85%乙醇的滤清溶液中浸泡12h以上，除去有机杂质及解除静电效应，洗去吸附的尘埃，漂洗干净，然后放入经过滤的蒸馏水中，煮沸30min或在蒸馏水中用68.7kPa压力灭菌11～30min，并用滤过的注射用水漂洗至水中无白点、纤维等异物为止，最后浸泡在澄清的注射用水中备用。因聚酯薄膜长时间浸泡在乙醇中会发生酵解，应随洗随用。

聚丙烯薄膜的处理方法与聚酯薄膜相同，但不加热，仅以10%盐酸浸泡12h，然后用注

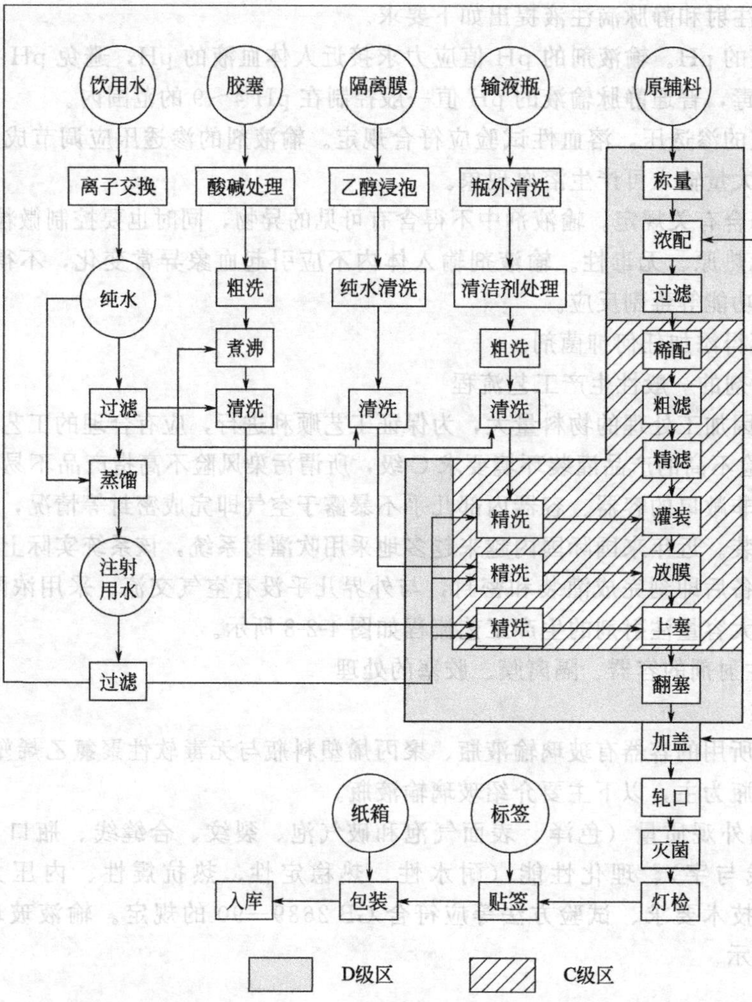

图 4-2-8　浓配-稀配法玻璃瓶装最终灭菌大容量注射剂工艺流程示意图

射用水漂洗至无异物即可。

（三）大容量注射剂的配液、滤过与灌封

1. 原辅料的称量

在D级或C级洁净区进行，原则是和配制区的洁净等级相同。由于批生产所需的原料量相对庞大，通常将原料称重设计在原料仓库附近，同时靠近生产使用点，以使物流顺畅。

【知识链接】

原辅料的质量要求

原料和辅料的质量是大输液质量的关键之一。制备输液所用原、辅料的质量必须按《药品生产质量管理规范》（2010年版）严格要求，根据《中华人民共和国药典》（2010年版）规定进行质量检查。输液剂配制所用的溶剂必须是符合要求的新鲜注射用水。

活性炭是配制输液过程中最常用的辅料，常用来除去溶液中的热原、色素、胶体微粒等杂质，应采用一级针剂用活性炭（767型针剂用炭）。

2. 配液

(1) 浓配-稀配工艺　至今我国大部分企业仍采用传统的浓配-过滤-稀配工艺。浓配及采用密闭系统的稀配可在D级下进行，非密闭系统的稀配及过滤则需要C级的环境。通过加入活性炭粉末于热的浓溶液中，以吸附分子量较大的杂质，如细菌内毒素。但该工艺有明显的缺点：

① 活性炭中的可溶性杂质将进入药液而无法除去；

② 容易污染洁净区和空调净化系统。

(2) 一步配制工艺　目前工业发达国家已普遍淘汰了加活性炭浓配-稀配的传统工艺，而采用不加活性炭的一步配制工艺。一步配制法避免了传统工艺的风险。采用一步配制法的前提是原料生产企业采用可靠的去除细菌内毒素污染的工艺，如粗品溶解后加活性炭处理后结晶，使活性炭带入的可溶性杂质留在母液中。原料生产企业还应采取防止微生物污染的措施，能稳定可靠地供应微生物和细菌内毒素污染受控的原料。

浓配工序和随后封闭状态下的稀配工序通常布置在D级区，而一步配制工序因设备通常需要在开放状态下投料，需要布置在C级区。

3. 滤过

目的是滤除活性炭、固体微粒，对热原、微生物还可采用超滤，以保证达到输液的不溶性微粒、热原等项目的质量标准。滤过操作与注射剂相同。

4. 大容量注射剂的灌封

药液滤过至澄明度合格后即可分装于盐水瓶或塑料输液袋中。玻璃瓶装大容量注射剂的灌封包括4个工序：定量灌注药液、放置隔离薄膜、压入橡胶塞、橡胶塞翻转加铝盖封口等。灌装和压塞在C级背景下的A级层流下进行。如果药液容器不需要清洗，且灌装过程处于较好的封闭状态并在灌装后立即密封，如某些塑料袋灌装/密封过程，可以考虑在C级下进行。

(四) 大容量注射剂的灭菌

1. 灭菌的对数规则

人们对微生物死亡的动力学研究表明，用加热、辐射或气体灭菌法灭菌，在大多数情况下，微生物的死亡速率符合一级反应速率方程。

$$\lg N_t=\lg N_0-\frac{kt}{2.303} \qquad (4\text{-}2\text{-}6)$$

式中　N_0——为原始的微生物数，个；

N_t——为 t 时残存的微生物数，个；

t——时间，min；

k——微生物致死速率常数，min^{-1}。

微生物残存数的对数 $\lg N_t$ 对时间 t 作图，可得一条直线，斜率为 $-k/2.303$。式(4-2-6)也可改写成：

$$t=\frac{2.303}{k}(\lg N_0-\lg N_t) \qquad (4\text{-}2\text{-}7)$$

D 值定义为：在一定灭菌温度下被灭菌物品中微生物数减少90%所需时间。根据 D 值的定义，则：

$$D=\frac{2.303}{k}(\lg 100-\lg 10)=\frac{2.303}{k} \qquad (4\text{-}2\text{-}8)$$

因此，D 值也可看作被灭菌物品中微生物数降低一个数量级或一个对数值所需时间。D 值在不同的温度值下的数值有差异，D 值与灭菌温度关系如图 4-2-9 所示。

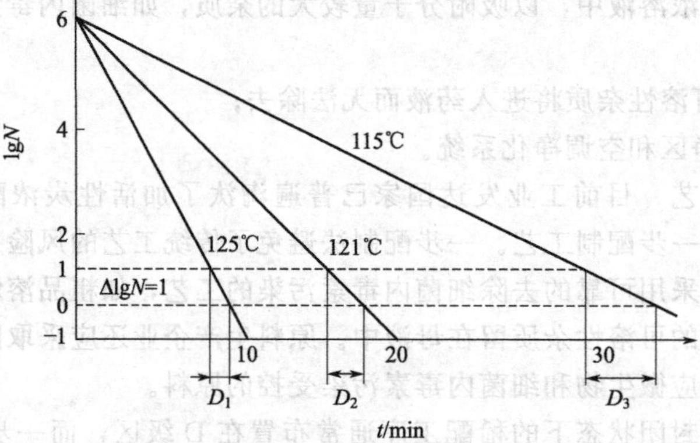

图 4-2-9　D 值与灭菌温度关系

D 值愈大表明微生物抗热性愈强，需要加热灭菌较长的时间才能将其杀死。微生物的种类、环境、灭菌方法、灭菌温度不同，D 值不同，见表 4-2-5 所示。

表 4-2-5　不同微生物在不同灭菌温度下的 D 值

灭菌方法	微生物名称	温度/℃	介　质	D 值/min
蒸汽灭菌	嗜热脂肪杆菌	105	5%葡萄糖水溶液	87.8
蒸汽灭菌	嗜热脂肪杆菌	121	5%葡萄糖水溶液	2.4
蒸汽灭菌	嗜热脂肪杆菌	121	注射用水	3.0
蒸汽灭菌	梭状芽孢杆菌	105	5%葡萄糖水溶液	1.5
蒸汽灭菌	梭状芽孢杆菌	105	注射用水	13.7
蒸汽灭菌	梭状芽孢杆菌	115	注射用水	2.1
干热灭菌	枯草芽孢杆菌	135	纸	16.6
红外线灭菌	枯草芽孢杆菌	160	玻璃板	0.3

2. 各灭菌参数及其含义

不同微生物、不同的灭菌温度下 D 值不同，衡量温度对 D 值影响的参数称为 Z。表 4-2-6 给出了 Z 值、F 值与 F_0 值、SAL 各参数含义及其表达式。灭菌时间 F_T 表示温度为 T(℃) 下的值；而 F_0 则表示温度 $T=121$℃时的值，通常灭菌操作在121℃下进行。为确保灭菌产品的质量，我国《药品生产质量管理规范》实施指南中对产品灭菌效果的 F_0 值作了具体规定，要求 $F_0 \geq 8.0$。

表 4-2-6　一级方程下各灭菌参数及其含义

灭菌参数	单　位	含　义	表达式
灭菌温度系数 Z	℃	D 值下降一个对数单位时灭菌温度应上升的度数	$Z=-\dfrac{T_2-T_1}{\lg D_2-\lg D_1}$　(4-2-9)
T(℃)灭菌时间 F_T(等效灭菌时间)	min	在温度 T(℃)下，微生物自 N_0 降为 N 所需的灭菌时间。一般 N_t 为 10^{-6} 即认为达到可靠的灭菌效果	$F_T=\dfrac{D_T}{\lg N_0-\lg N_t}$　(4-2-10)
标准灭菌时间 F_0	min	指灭菌温度为121℃时的 F_T 值	$F_0=\dfrac{D_{121}}{\lg N_0-\lg N_t}$　(4-2-11)

续表

灭菌参数	单位	含义	表达式
灭菌率	min	L 在数值上相当于 T℃下每灭菌 1min 所对应的 F_0 标准灭菌时间	$L=10^{\frac{T-121}{Z}}=\frac{F_0}{F_T}$　(4-2-12)
无菌保证值 SAL		$SAL=-\lg$[微生物残存概率(P)]，一些药典将 P 规定为 10^{-6}，即 100 万瓶大输液产品中的染菌品不超过 1 瓶	$\lg P=\lg N_0-\frac{F_0}{D_{121}}$　(4-2-13)

3. 灭菌装置

SRH 型回转水浴式灭菌柜工艺流程和结构如图 4-2-10 所示。其结构由灭菌柜、旋转内筒、减速传动机构、热水循环泵、热交换器、工业计算机控制系统等装置组成。工业计算机控制灭菌柜循环水通过热交换器加热、恒温、冷却，循环水从柜体上部和两侧向药瓶喷淋使待加热药品加热升温和灭菌，药液瓶随机内转筒旋转，因而温度均匀，传热快，确保灭菌效果。

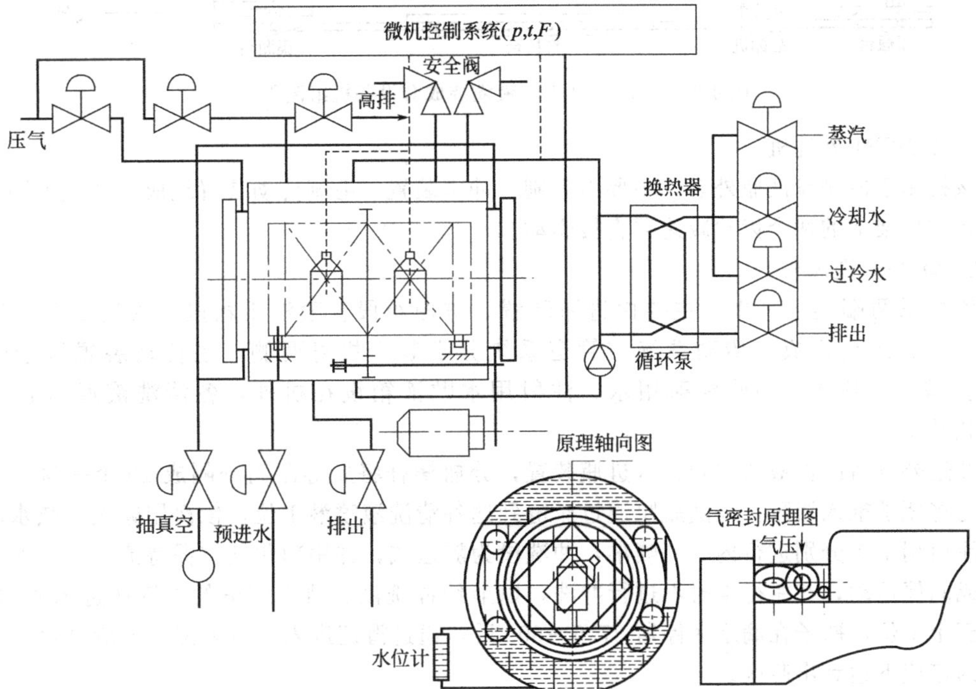

图 4-2-10　SRH 型回转水浴式灭菌柜工艺流程和结构示意图

灭菌过程如下：将轧好铝盖的输液瓶用输液车送入灭菌柜内筒固定好，启动计算机进入灭菌控制程序主菜单，设定工作参数，将柜门密封。启动供水泵将循环水注入柜内，开始升温。启动传动机构使内筒旋转，打开蒸汽阀使换热器工作将循环水加热。待加热到灭菌温度时对产品进行保温灭菌，计算机屏幕跟踪显示灭菌温度、压力及 F_0 值。达到 F_0 值后关阀蒸汽阀，打开冷水阀，将循环水冷却到 50℃；对低的出瓶温度（如 20℃）还要进一步用低温水对循环水降温。出瓶前停循环水泵，停止回转内筒的旋转，内筒处于出瓶位置时打开柜门出瓶。

回转式水浴灭菌柜用计算机系统控制灭菌条件和 F_0 值，实现了灭菌的无菌保证，是输液灭菌设备的升级换代产品。

（五）大容量注射剂的生产线

PSY70 大输液灌装机组是由外洗机、洗瓶机、灌装机、轧盖机、贴标机等六台单机联合组成的成套设备，并可根据制药厂工艺流程和厂房设施的需要配备集瓶机、灯检装置，并与平面输瓶机和垂直输瓶机等设备布置成输液生产流水线，生产能力达 3600～4200 瓶/h，适用于 100mL、250mL、500mL 的 B 型玻璃输液瓶。机组流程如图 4-2-11 所示。

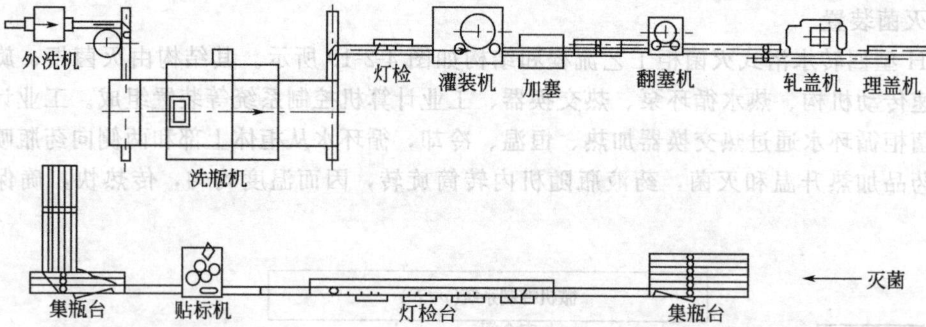

图 4-2-11 PSY70 大输液灌装成套设备机组流程图

1. QSWP4 外洗机

该机用于冲刷输液瓶外表，主要由毛刷、冲水装置、毛刷传动装置组成，两组毛刷分别由安装在机架上的两个齿轮减速器直接驱动。

2. QSP60 洗瓶机

该机系两端连续进出，主要由进瓶装置、进瓶箱段、喷洗 1 箱段、喷洗 2 箱段和出瓶箱五大件组合而成。传动系统与管道系统分别装于机身两侧，主传动装置置于喷洗箱内。碱水、热水、回收注射用水、注射用水贮液箱设在机外，各清洗液通过管道泵输入机内。

经过外洗后的输液瓶单列输入进瓶装置，分瓶螺杆将瓶等距离分隔成 10 个一排，由进瓶凸轮将瓶子推入瓶匣，并随瓶匣通过瓶链到达各清洗液喷淋工位，依次用碱液、热水、纯水及注射用水等分别进行内、外喷淋，冲洗段为隧道式，并用净化气体保持清洁。在冲洗段设计成间停运动，在瓶行走时不进行冲洗，以节约冲洗液。清洗完毕的输液瓶进入滴水区，共设五个工位，瓶子在滴水区停留 37.5～60s 后，通过滑道进入出瓶工位，经滑槽落下，在凸轮的接应下达到出瓶区。

3. GCP12 灌装机

该机为常压柱塞缸计量的回转式灌装机。由注液系统、送瓶系统、传动系统、电控系统组成，注液与送瓶同时进行。当输液瓶进入工位时，由托瓶台托起使进料管对准瓶口，同时注液缸活塞在凸轮的控制下向下运动，将药液连续压入瓶内。100～500mL 的容量可按需要调整相应的凸轮计量，不必进行粗调，每个注液缸活塞滚轮设有偏心微调装置，装量精度达到 1.0%以下。灌装完后，托瓶台下降，输液瓶通过输瓶带传出机外，同时，注液缸活塞反方向运动，缸内重新抽入药液。灌装器设筒式终端滤器进行精滤，并可以根据需要同时向瓶内充入氮气，且无瓶时注液缸转阀不打开，保证无瓶不灌装，灌装阀内设有防滴漏装置，能保护灌装完毕后不滴液。

4. FZJ8 翻塞机

该机是把塞入输液瓶后的橡胶塞进行自动翻边的设备，其主要特点是：设有8个翻塞头同时工作，速度快。

5. FGL8轧盖机

该机是把翻塞后的输液瓶套上铝盖进行封口的设备，主要由封口系统、送瓶系统及电控系统组成，并根据使用需要可配备理盖器与翻塞机配套，该机设有8个轧盖头。

6. TNZ100贴标机

该机是一种真空转鼓式的贴标设备，自动化程度较高，能自动完成无瓶不吸标，无标不上浆等动作，该机还有自动打印功能。

7. 辅助设备

辅助设备包括制药输液生产需要配备的灯检装置和集瓶台，此外，还包括输瓶系统。

（六）大容量注射剂的车间平面布局

浓配-稀配法生产大容量玻璃瓶装注射剂的生产车间分为控制区、D级洁净区、C级和C级局部A级洁净区四部分，其车间平面布局及洁净区分布如图4-2-12所示。

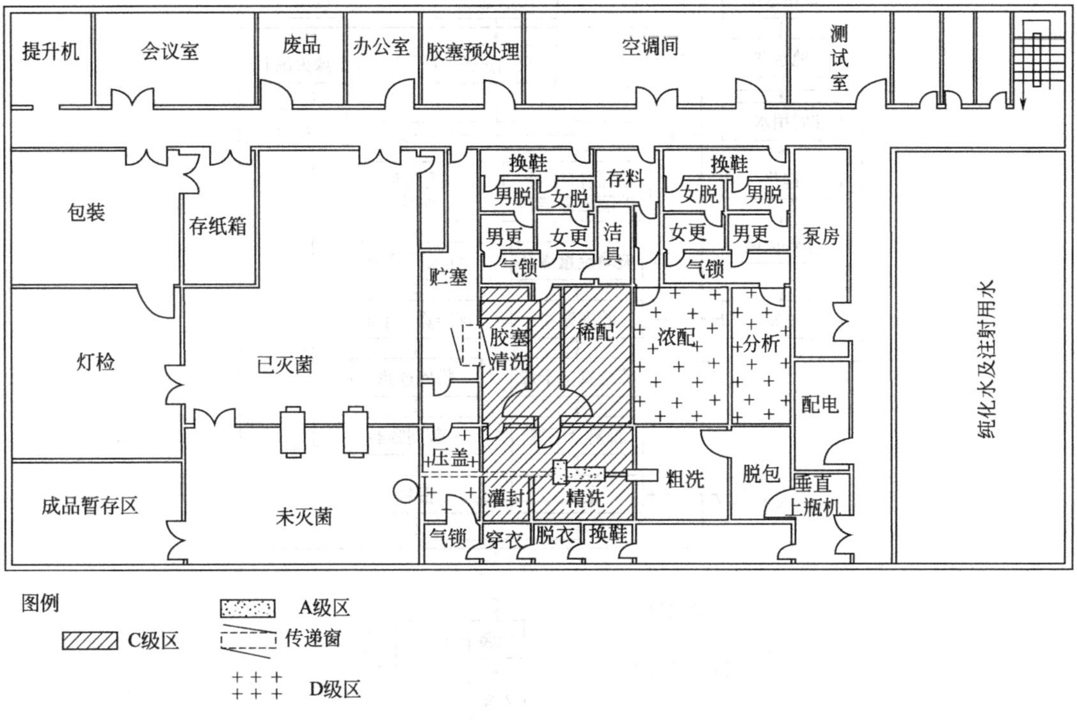

图4-2-12 浓配-稀配法生产大容量玻璃瓶装注射剂车间平面布置图

四、中药冻干粉针剂的工业化生产

粉针剂为注射用灭菌粉末的简称，是在无菌生产环境下将经过无菌精制的药物粉末分装于灭菌容器内而制成的一种剂型。近年来，为提高中药注射剂的稳定性，已将某些中药注射剂制成粉针剂供临时使用，效果较好，如双黄连粉针剂、天花粉粉针剂、茵栀黄粉针剂等。

凡不适宜加热灭菌或不能制成水针剂的药物，一般制成无菌粉针剂，临用前加适宜的溶剂溶解后供注射用。《中华人民共和国药典》2010年版规定了注射剂的一般质量要求，该药典对注射用无菌粉末还有如下质量要求：供直接分装成注射用无菌粉末的原料药应无菌；注射用无菌粉末应按无菌操作制备；注射用无菌粉末应标明所用的溶剂；未规定检查含量均匀度的注射用无菌粉末，灌装时装量差异应控制在规定范围以内；注射剂必要时应进行相应的安全检查，如异常毒性、过敏反应、溶血与凝聚、降压物质、热原或细菌内毒素等，均应符合要求。

（一）粉针剂的容器

目前生产中使用的粉针剂容器有模制抗生素玻璃瓶和管制抗生素玻璃瓶，瓶内橡胶塞推荐使用丁基橡胶抗生素瓶塞。

（二）粉针剂的工业化生产

1. 粉针剂的一般性生产工艺流程及洁净分区

粉针剂的一般性生产工艺流程及洁净分区见图 4-2-13 所示。

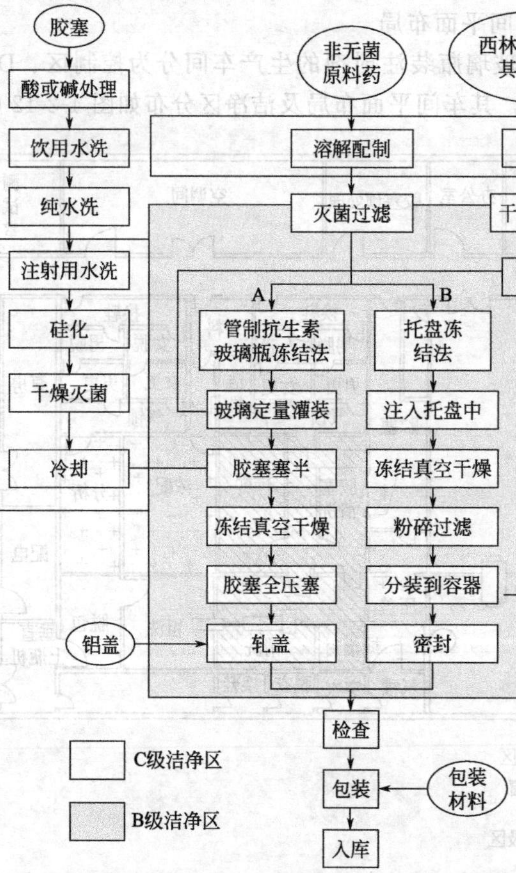

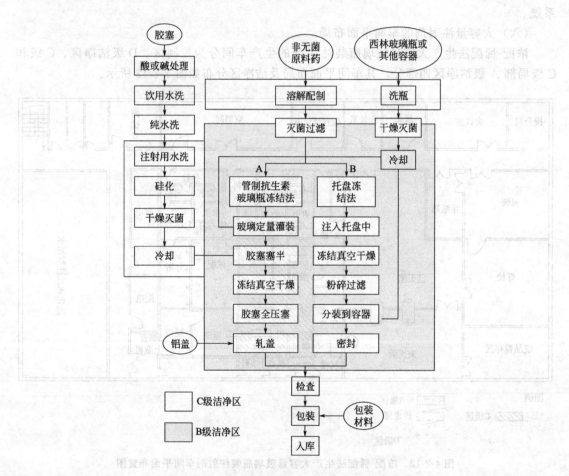

图 4-2-13 冻干粉针剂一般性生产工艺流程及洁净分区

A—管制抗生素玻璃瓶冻结干燥工艺；B—托盘冻结干燥工艺

不可灭菌的中药粉针剂对生产环境洁净度的要求远高于中药水针剂，因此车间的平面布局——主要是不同洁净区之间的人、物流关系是至关重要的。为此需要采用先进的机器设备，并将高洁净区的操作人员减至最少；不同的工序按 GMP 的要求布置在不同的洁净区内等。

2. 粉针剂的制备

制备方法有无菌粉末直接分装法和无菌水溶液冷冻干燥法。

(1) 无菌粉末直接分装法　为保证产品质量，对直接无菌分装的药品要求应是适于分装的纯洁粉末或结晶物，且必须无菌。无菌原料可用灭菌溶剂结晶法、喷雾干燥法或冷冻干燥法制得，必要时进行粉碎和筛分。分装时，应在无菌环境下进行，分装方法多为容量法，用螺旋自动分装机、插管式自动分装机或真空吸管式分装机等进行分装。分装后盖橡皮塞、轧口，检查合格后，封蜡、贴签、包装即可。

(2) 无菌水溶液冷冻干燥法　将药物制成无菌水溶液，经无菌分装后，用冷冻干燥法制得粉针剂。即将药液在低温下冻结成固体，再在一定真空与低温条件下，使药物所含水分在冻结状态下升华除去，达到低温脱水干燥。冷冻干燥至符合质量要求后，在无菌条件下，加盖橡胶盖及铝盖，密闭即成。

本法制得的粉针剂，常会出现含水量过高、喷瓶、产品外观萎缩或成团等问题，这些问题可通过改进冷冻干燥的工艺条件或添加适量的填充剂得到解决。目前，粉针剂常用的填充剂主要有葡萄糖、甘露醇、氯化钠等。

粉针剂采用无菌粉直接分装或无菌水溶液冻干法分装，主要根据所分装药物水溶液的热敏性而定。

3. 冷冻真空干燥机系统

冻干机分装生产线最重要的是冷冻真空干燥机系统，它由冻干箱、真空冷凝器、热交换系统、制冷系统、真空系统和仪表控制系统构成，如图 4-2-14 所示。

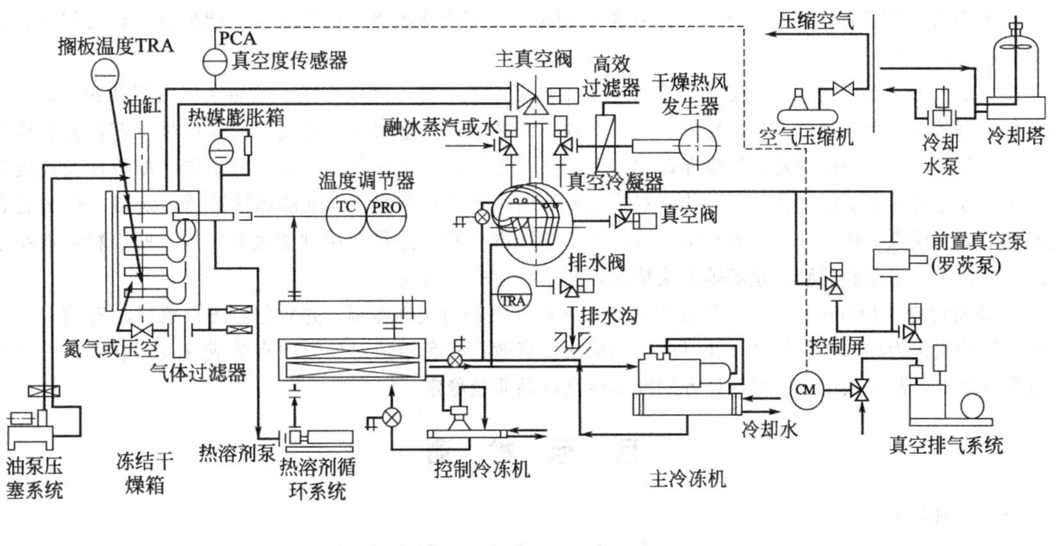

图 4-2-14　典型冻结真空干燥机系统设备配置图

【生产实例】

双黄连粉针剂

【处方】 金银花 2500g，黄芩 2500g，连翘 5000g，制成 1000 瓶。

【性状】 本品为黄棕色无定形粉末或疏松固体粉状物；味苦、涩；有引湿性。

【功能主治】 清热解毒，辛凉解表。用于治疗急性上呼吸道感染、急性支气管炎等。

【制法】

1. 黄芩苷固体物制备

将黄芩适当碎断，加水煎煮两次，每次 1h，分次滤过，合并滤液，滤液用盐酸（2mol/L）调 pH

至 1.0～2.0，在 80℃保温 30min，静置 12h，滤过。沉淀加 8 倍量水，搅拌，用 40%氢氧化钠溶液调 pH 至 7.0，并加等量乙醇，搅拌使溶解，滤过。滤液用盐酸（2mol/L）调 pH 至 2.0，60℃保温 30min，静置 12h，滤过。沉淀用乙醇洗至 pH4.0，10 倍量水，搅拌，用 40%氢氧化钠溶液调 pH6.0，加入 0.5%活性炭，充分搅拌，50℃保温 30min，加入 1 倍量乙醇搅拌均匀后，立即滤过，滤液用盐酸（2mol/L）调 pH2.0，60℃保温 30min，静置 12h，滤过。沉淀用少量乙醇洗涤后，于 60℃以下干燥，得黄芩苷粉。

2. 金银花、连翘水煎醇沉处理

取处方量金银花、连翘加水浸渍 30min 后，水煎煮两次，每次 1h，分次滤过，合并滤液，浓缩至相对密度 1.20～1.25(70～80℃测定)，冷至 40℃缓缓加乙醇，使含醇量达 75%，充分搅拌，静置 12h，滤取上清液，回收乙醇至无醇味，加入 3～4 倍水，调 pH 至 7.0，充分搅拌并加热至沸腾，静置 48h，滤取上清液，浓缩至相对密度 1.10～1.15(70～80℃测定)，冷至 40℃，加入乙醇，使含醇量达 85%，静置 12h 以上，滤取上清液，回收乙醇至无醇味，余液备用。

3. 双黄连粉针剂制备

将制得的黄芩苷粉，加入到金银花、连翘提取液中，加热并用 40%氢氧化钠调 pH 至 7.0，加水至 10000mL，加入 0.5%活性炭，保持 pH 至 6.5～7.0，加热微沸 15min，冷却，冷藏 48h，上清液滤过，滤液浓缩至相对密度 1.35（热测），分装成 1000 瓶，冷冻干燥，压盖密封即得。或于 115℃灭菌 30min，冷藏 1 周，滤过，喷雾干燥，分装，压盖密封即得。

【质量检查】

本品经性状、pH 值、澄明度、无菌、热原、装量差异、可见异物、溶血与凝聚试验等均应符合规定。

【注释】

1. 双黄连注射液在临床应用多年，对病毒性肺炎、上呼吸道感染、扁桃体炎、咽炎等病毒及细菌感染性疾病有较好疗效。

2. 工艺分析。双黄连粉针剂是在双黄连水针剂基础上经喷雾干燥或冷冻干燥而制得的固体粉针剂，较原注射液更易于贮存及携带，稳定性好、剂量准确。工艺中若将金银花、连翘二次醇沉最后药液先制成干燥品，并制定干膏率限度规定，更能保证成品质量。黄芩提得的黄芩苷固体物也应制定收率限度及纯度要求，这样成品质量会更好。另外，对使用双黄连粉针的病例进行观察，出现静脉输液速度缓慢及部分患者对血管有刺激现象，研究人员认为是由于成品中不溶性微粒和未除尽杂质刺激血管所致，所以粉针剂在干燥之前的药液应用微孔滤膜、超滤等方法精滤，并严格检查澄明度。

3. 质检讨论。最好采用薄层色谱法对处方中三味药材进行定性鉴别，并对色谱斑点数目、R_f 值、斑点强弱进行检测作为相对质量标准，并以薄层扫描法、高效液相色谱法对处方中有效成分黄芩苷、绿原酸等进行含量测定，制定限度，以保证处方的准确性及成品质量稳定。

目 标 检 测

一、单项选择题

1. 对于易溶于水，在水溶液中不稳定的药物，可制成注射剂的类型是（ ）。

A. 溶液型注射剂　　B. 溶胶型注射剂
C. 混悬型注射剂　　D. 注射用无菌粉末
E. 乳剂型注射剂

2. 关于热原叙述错误的是（ ）。

A. 溶于水　　B. 具有不挥发性
C. 可被强酸、强碱破坏　　D. 相对耐热
E. 不易被吸附

3. 污染热原的途径不包括（ ）。

A. 从原料中带入　　B. 包装时带入
C. 从溶剂中带入　　D. 制备过程中的污染

E. 从容器、用具、管道和装置等带入

4. 为保护药物不被氧化，制备易氧化药物注射剂时加入抗氧剂为（　　）。

A. 氯化钠　B. 枸橼酸钠

C. 焦亚硫酸钠　D. 碳酸氢钠

E. 乙二胺四乙酸二钠

5. 制备难溶性药物溶液时，加入吐温的作用是（　　）。

A. 稳定剂　B. 增溶剂

C. 络合剂　D. 乳化剂

E. 分散剂

6. 对盛装注射剂的安瓿质量要求表达错误的是（　　）。

A. 所用玻璃为无色透明

B. 具有高度的化学稳定性，不被药液侵蚀

C. 要有足够的物理强度，不易折、易碎

D. 不改变药液的 pH 值

E. 易于熔封，并不产生失透现象

7. 安瓿在灌装药液之前必须进行洁净处理，对安瓿洁净处理操作错误的是（　　）。

A. 目前生产中大安瓿最有效的洗涤方法是甩水洗涤法

B. 安瓿最后一次洗涤应采用通过微孔滤膜滤过的注射用水

C. 大量生产时，洗净的安瓿应用 120～140℃ 干燥

D. 无菌操作需用的安瓿，可在电热红外线隧道式烘箱中处理，平均温度 200℃

E. 为了避免微粒污染，可配备局部层流洁净装置，使已洗净的安瓿保持洁净

8. 水针剂容器的处理操作程序是（　　）。

A. 检查→圆口→切割→安瓿的洗涤→干燥或灭菌

B. 检查→切割→圆口→安瓿的洗涤→干燥或灭菌

C. 检查→安瓿的洗涤→切割→圆口→干燥或灭菌

D. 检查→圆口→检查→安瓿的洗涤→干燥或灭菌

E. 检查→圆口→安瓿的洗涤→检查→干燥或灭菌

9. 注射剂的制备工艺流程为（　　）。

A. 原辅料的准备→灭菌→配制→滤过→灌封→质量检查

B. 原辅料的准备→滤过→配制→灌封→灭菌→质量检查

C. 原辅料的准备→配制→滤过→灭菌→灌封→质量检查

D. 原辅料的准备→配制→滤过→灌封→灭菌→质量检查

E. 原辅料的准备→配制→灭菌→滤过→灌封→质量检查

10. 关于输液剂质量要求错误的是（　　）。

A. 输液 pH 在 4～9 范围内

B. 输液对无菌、无热原、无毒性三项更应特别注意

C. 渗透压可为等渗或偏高渗

D. 输液是大剂量输入体内的注射液，为保证无菌，应加抑菌剂

E. 输液剂中不得含有可见异物

11. 大输液胶塞处理工艺流程为（　　）。

A. 新橡胶→粗洗→酸碱处理→煮沸→清洗→精洗

B. 新橡胶→酸碱处理→粗洗→煮沸→清洗→精洗

C. 新橡胶→酸碱处理→清洗→煮沸→粗洗→精洗

D. 新橡胶→酸碱处理→煮沸→清洗→粗洗→精洗

E. 新橡胶→粗洗→煮沸→酸碱处理→清洗→精洗

12. 凡是对热敏感、在水溶液中不稳定的药物，制备工艺和剂型正确的是（　　）。

A. 喷雾干燥法制得注射用无菌分装产品，制成粉针剂

B. 灭菌溶剂结晶法制成注射用无菌分装产品，制成粉针剂

C. 冷冻干燥制成的注射用冷冻干燥制品，制成粉针剂

D. 低温灭菌制备成溶液型注射剂

E. 无菌操作制备成溶液型注射剂

13. 下列关于冷冻干燥技术表述正确的是（　　）。

A. 冷冻干燥是在真空条件下进行，所出产品不利于长期贮存

B. 冷冻干燥所得产品质地较硬，加水溶解困难

C. 黏度大的样品较黏度小的样品容易进行冷冻干燥

D. 不可灭菌的中药粉针剂对生产环境洁净度的要求与中药水针剂一致

E. 粉针剂分装和压塞操作洁净度为 A 级或 B 级背景下局部 A 级

14. 流通蒸汽灭菌操作中控制的温度为（　　）。

A. 100℃　　B. 115℃　　C. 121℃　　D. 150℃　　E. 180℃

15. 热压灭菌操作中所用的蒸汽为（　　）。

A. 流通蒸汽　　B. 低压蒸汽　　C. 过热蒸汽　　D. 饱和蒸汽　　E. 115℃蒸汽

二、多项选择题

1. 对热原叙述正确的是（　　）。

A. 热原是微生物的代谢产物　　B. 热原致热活性中心是脂多糖

C. 热原可在灭菌过程中完全破坏　　D. 一般滤器不能截留热原

E. 蒸馏法制备注射用水主要是依据热原的不挥发性

2. 注射液除去热原的方法有（　　）。

A. 高温法　　B. 吸附法　　C. 酸碱法　　D. 反渗透法　　E. 微孔滤膜过滤法

3. 注射液生产中使用各种滤过器去除不溶性杂质，下列滤过操作正确的是（　　）。

A. 砂滤棒目前多用于粗滤

B. 微孔滤膜滤器，滤膜孔径在 0.65～0.8μm 者，作一般注射液的精滤使用

C. 先将药液进行粗滤再用微孔滤膜滤器精滤

D. 垂熔玻璃滤器化学性质稳定，不影响药液的 pH 值，用做一般注射液的精滤

E. 微孔滤膜滤器，滤膜孔径为 0.3μm 或 0.22μm 可作除菌过滤用

4. 配制输液过程中通常加入 0.01%～0.5%的针用活性炭，活性炭的作用是（　　）。

A. 吸附热原　　B. 吸附杂质　　C. 吸附色素　　D. 稳定剂　　E. 助滤剂

5. 注射剂生产环境划分区域，一般划分为（　　）。

A. 一般生产区　B. 质检区　　C. 洁净区　　D. 无菌区　　E. 控制区

6. 有关注射剂灭菌操作中叙述正确的是（　　）。

A. 灌封后的注射剂进行检漏后再送去灭菌

B. 以油为溶剂的注射剂应选用干热灭菌

C. 输液从配制至灭菌的时间应控制在 12h 内完成

D. 能达到灭菌的前提下，可适当降低温度和缩短灭菌时间

E. 滤过灭菌是注射剂生产中最常用的灭菌方法

三、简答题

1. 中药注射剂除鞣质的方法有哪些？

2. 简述安瓿洗、烘、灌封联动机工艺流程。

3. 中药注射剂贮存过程常见的质量问题。

任务三　中药片剂

学习目标

知识目标：

◇ 掌握中药片剂的含义、种类、特点及质量要求；掌握中药片剂的工业化生产的一般性工艺流程与生产关键技术。

◇ 熟悉片剂生产装备的工作原理、中药片剂生产的各级洁净区等级与设置。

◇ 了解片剂生产常用的辅料及用途，了解片剂生产 SOP 管理内容及生产成本的核算。

能力目标：

◇ 学会片剂生产典型制备技术，并能进行典型生产设备的选型和操作。

◇ 能将学到的理论知识运用到生产实际中，能根据压片过程中发生的问题采用适当的方法解决，并能根据消耗原材料进行生产成本的核算。

◇ 了解中药片剂生产新技术。

中药片剂的研究和生产始于20世纪50年代，它是对汤剂、丸剂等传统剂型的改进。随着中药现代化研究及现代工业药剂学的发展，中药片剂的类型日益增多，除一般的压制片、糖衣片，还有微囊片、口含片、咀嚼片、薄膜片、泡腾片及缓控释片等新型中药片剂。中药片剂生产的工艺条件在不断改进，如对含脂肪油及挥发油片剂的制备，可采用β-环糊精（β-CD）挥发油粉体化技术，利用β-CD与中药挥发油作用生成一种可释放的固体粉末，使挥发油的稳定性明显增加。此外，流化喷雾制粒、高速搅拌制粒、全粉末直接压片、自动化高速压片、薄膜包衣、全自动程序控制包衣、铝塑热封包装，以及生产工序联动化和新型辅料的研究开发等，对改善生产条件、提高片剂质量和生物利用度等均起到了重要的作用。目前，中药片剂已成为品种多、产量大、用途广、服用和贮运方便、质量稳定的中药主要剂型。

一、基础知识

（一）片剂的种类

中药片剂系指以药材提取物、药材提取物加药材细粉或药材细粉与适宜辅料混匀压制而成的圆片状或异形片状的制剂。

片剂可以从不同的角度进行分类。

1. 按片剂使用的中间原料可分为

① 提纯片　系指将处方中药材经过提取，得到单体或有效部位，以此提纯物细粉作为原料，加适宜的辅料制成的片剂。如北豆根片、银黄片等。

② 浸膏片　系指将药材用适宜的溶剂和方法提取制得浸膏，以全量浸膏制成的片剂。如止咳素片、毛冬青片、通塞脉片、穿心莲片等。

③ 半浸膏片　系指将部分药材细粉与稠浸膏混合制成的片剂。此类型片剂在中药片剂中占的比例最大。如藿香正气片、银翘解毒片、妇科千金片、三黄片、木香顺气片、牛黄解毒片等。

④ 药材全粉片　系指将处方中全部药材粉碎成细粉作为原料，加适宜的辅料制成的片剂。如三七片、参茸片、安胃片、川楝素片等。

2. 按片剂的临床使用途径可分为

① 口服片　应用最广泛的一类，在胃肠道内崩解吸收而发挥疗效。

② 口服含片　系指含在颊腔内缓缓溶解而发挥治疗作用的压制片。

③ 咀嚼片　系指在口腔内嚼碎后咽下的片剂。药片嚼碎后便于吞服，并能加速药物溶出，提高疗效。如干酵母片、乐得胃片等。

④ 泡腾片　系指含有泡腾崩解剂的片剂。泡腾片遇水可产生二氧化碳气体而使片剂快速崩解，药物奏效迅速，生物利用度高，比液体制剂便于携带。如大山楂泡腾片、活血通脉泡腾片（内服）等。

3. 以片剂产品的最终形式可分为

① 普通压制片　又称为素片，系指药物与赋形剂混合，经压制而成的片剂。一般不包衣的片剂即属此类，应用广泛。如葛根芩连片、暑症片等。

② 包衣片　系指在片心（压制片）外包有衣膜的片剂。按照包衣物料或作用不同，可分为糖衣片、肠溶衣片、薄膜衣片、半薄膜衣片等。如元胡止痛片、盐酸黄连素片、痢速宁肠溶衣片等。

③ 多层片　系指由两层或多层组成的片剂。各层含不同药物，或各层药物相同而辅料不同。这类片剂有两种，一种分上下两层或多层；另一种是先将一种颗粒压成片心，再将另一种颗粒包压在片心之外，形成片中有片的结构。制成多层片的目的是避免复方制剂中不同药物之间的配伍变化，改善片剂的外观。如雷公藤缓释片（30%在胃内速释，70%在肠道内缓释）。

④ 分散片　系指遇水能迅速崩解均匀分散的片剂。这种片剂的处方组成，除药物外尚含有崩解剂和溶胀辅料。

⑤ 长效片　系指能使药物缓慢释放而延长作用的片剂。

（二）片剂的优缺点

中药片剂有以下优点。

① 通常片剂的溶出度及生物利用度较丸剂好。

② 体积较小，剂量准确，片剂内药物含量差异较小。

③ 质量稳定，有利于贮存与运输。片剂为干燥固体，且某些易氧化变质及易潮解的药物可借包衣加以保护，光线、空气、水分等对其影响较小。同时包衣可掩蔽不愉快的气味或矫正味觉。

④ 机械化生产，产量大、成本低、且产品质量稳定。

中药片剂缺点如下。

① 片剂中需加入若干赋形剂，并经过压缩成型，溶出度较散剂及胶囊剂差，有时影响其生物利用度。

② 片剂通过消化道服用后产生药效较为稳定，但需要较长的时间，且经过肝脏时会产生首过效应而损失部分药效。

③ 含挥发性成分的片剂贮存较久时含量下降。

二、中药片剂赋形剂

赋形剂亦称辅料，压片所用的药物应具备良好的流动性和可压性，有一定的黏着性，遇液体迅速崩解、溶解、吸收而产生应有的疗效。但实际上很少有药物完全具备这些性能，因此必须另加物料或适当处理使之达到上述要求。

1. 稀释剂和吸收剂

稀释剂和吸收剂统称为填充剂，其主要用途是增加片重和体积。如主药剂量小于0.1g时，不易压制成片。中草药片剂一般体积较大，基本不用稀释剂。但含浸膏量多或浸膏黏性太大时需加稀释剂，以便制片。若原料中含有油类或其他液体，需预先加入适量吸收剂后，再加入其他药料进行制片。中药片剂常取一部分原药粉作吸收剂。

① 淀粉　淀粉为常用的稀释剂，亦可作为吸收剂及崩解剂。药用淀粉遇热水能糊化，而具良好的黏性。淀粉作填充剂，用量不能过多，否则制成的片剂容易松散，故常和糖粉、糊精合用。常用的配方为淀粉∶糖粉∶糊精＝7∶2∶1。

② 糊精　糊精水湿后有较好的黏性，使片剂的硬度有所增加。但糊精用量要合适，用量过多会使颗粒过硬，并影响崩解速度；用量过少，片子易松碎，故很少单独用做中草药片剂的黏合剂。

③ 乳糖　以乳糖作填充剂，制成的片剂光洁美观，释药较快，对主药含量测定的影响较小，为优良的稀释剂之一，但价格较贵。

④ 糖粉　又称白糖或蔗糖粉。糖粉是片剂的优良稀释剂，并有矫味与黏合作用，多用在口含片中。中药中凡质地疏松或纤维性较强的药物制片，加入糖粉可减少片子的松散现象，又增加了片子的光洁度和硬度。但加糖粉后，易吸潮，酸性较强的药物易引起糖的转化，不宜应用。

⑤ 碳酸钙　可作吸收剂，但用量多时，会引起便秘。

⑥ 白陶土　常作油类药物的吸收剂。

2. 润湿剂与黏合剂

润湿剂与黏合剂都是为了将药粉黏合制成颗粒而加入的。对于中药浸膏粉及含有黏性成分的药材细粉，只要加入合适的液体就可以产生黏性制片，对于本身没有黏性的药粉，需加入黏合剂制粒压片。常用的黏合剂和润湿剂有如下几种。

① 水　水为润湿剂，适用于遇水产生黏性而不引起变质的药物。水在药物粉末中不易均匀分布，制成的颗粒松紧不匀而影响药剂质量，所以很少单独使用。

② 乙醇　乙醇为润湿剂，浸膏类制粒应用较多，一般常用浓度为30%～70%。乙醇浓度愈高，粉料被润湿后黏性愈小。用乙醇作润湿剂时，应迅速搅拌制粒，干燥，以免乙醇挥发而使软材结块或使已制得的湿粒变形结团。

③ 淀粉浆（淀粉糊）　是一种常用的黏合剂或润湿剂。系由淀粉加水在70℃左右糊化而成的稠厚胶体液，放冷后呈胶冻样，常用浓度为10%。淀粉浆的优点是能均匀润湿片剂药料，制出片剂崩解性能好，对药物溶出的不良影响小。

④ 糖粉、糖浆、饴糖、炼蜜　这四种液体为黏性较强的黏合剂，能渗入药粉组织内部而起黏合作用，适用于矿物类、黏性小、质地松散、纤维性的中药材。

⑤ 阿拉伯胶、明胶　两者的黏合力均大，压成的片剂硬度大，适用于松散药物或要求硬度大的片剂，如口含片。

⑥ 甲基纤维素、羧甲基纤维素钠、羟丙基甲基纤维素等　均可用做黏合剂，溶液常用浓度为5%左右，配方中加入量一般为1%～4%。

3. 崩解剂

为使药片在胃肠道中及时崩解或溶解使之迅速吸收，发挥疗效，故在片剂中加入崩解剂，崩解剂应具有亲水性，性质稳定，遇水能迅速膨胀。由浸膏和原药粉制成的中药片剂，遇水能缓缓崩解，不需另加崩解剂。常用的崩解剂有如下几种。

① 干燥淀粉　为应用最广的崩解剂。淀粉在片剂中起崩解作用主要是由于其毛细管吸水作用和本身的吸水膨胀。使用前在100～105℃进行干燥，用量为干颗粒的5%～20%。

② 羧甲基淀粉钠（CMS-Na）　本品为优良的崩解剂，遇水后体积可膨胀200～300倍，崩解性能好，属快速崩解剂。

③ 丙酸酯（HPS）　也是一种良好的崩解剂。

④ 泡腾崩解剂　为一种遇水能产生二氧化碳气体达到崩解作用的酸碱系统，最常用的是碳酸氢钠和柠檬酸或酒石酸。一般在压片时临时加入或将两种成分分别加入两部分颗粒中，临压片时混匀。

⑤ 表面活性剂　为崩解辅助剂，能增加药物的润湿性，促进水分透入，使片剂容易崩解。常用的表面活性剂有聚山梨酯-80（吐温-80）、溴化十六烷基三甲铵、十二烷基磺酸钠等，用量一般为0.2%。

表面活性剂的使用方法：①溶解于黏合剂内；②与崩解剂混合后加在干颗粒中；③制成醇溶液喷在颗粒上。

4. 润滑剂

压片时为了能顺利加料和出片，并减少粘冲及降低颗粒与颗粒、药片与模孔壁之间的摩擦力，使片剂光滑美观，在压片前一般均需在颗粒（或结晶）中加入适宜的润滑剂。常用的润滑剂如下。

① 滑石粉　其成分为含水硅酸镁，一般用量为3%～6%。

② 硬脂酸镁、硬脂酸钙　为常用润滑剂，有良好的附着性，与颗粒混合后分布均匀而不易分离，少量即能显示良好润滑作用，且片面光滑美观。

此外，中药泡腾片剂用的润滑剂有聚乙二醇6000或4000、聚乙二醇单硬脂酸醇、十二烷基磺酸镁、氢化植物油、玉米淀粉等。

三、中药片剂的一般性生产工艺流程

中药片剂的生产工艺流程可分为湿法、一步法和直接法三种，见图4-3-1所示。湿法压片生产工艺流程大体上可分为：配料、制颗粒、压片、包衣、质量检查、包装六大环节。

1. 配料

片剂的原料包括主药及辅料，主药则包括药材细粉、浸膏细粉或两者的混合物，因此涉及相应的粉碎、筛分、混合操作。根据具体品种原处方及具体的生产量，考虑从配料开始的所有各工序的收率与总收率，计算出各主药及辅料的批投料量，并分别称量备料。

对于各种干粉之间的混合可以使用混合机；对于干粉与浸膏间的湿混合可使用捏合机。一个处方中的各种物料可在不同的工序中混合，例如复方丹参糖衣片的生产工艺中先将丹参浸膏与三七粉进行湿混合，制粒，干燥后再将冰片细粉撒入干颗粒中混匀并压成素片，冰片粉在压片时同时起到了辅料的作用。

2. 制颗粒

片剂绝大多数都需要首先制成颗粒后才能进行压片。药物制成颗粒的目的是为了增加物料的流动性（颗粒流动性好于细粉），减少细粉吸附，避免粉体分层和飞扬。经配料工序用于压片的各种主药、辅料混合物，由于它们的平均粒径、颗粒密度有差异，其流动性也不尽相同，这些因素往往导致已混匀的物料自发地分离，影响粉体的流动性和片剂剂量的均一性。利用制颗粒工艺，将成分均匀的颗粒进行压片是保证片剂质量的可行方法。制粒方法有以下三种。

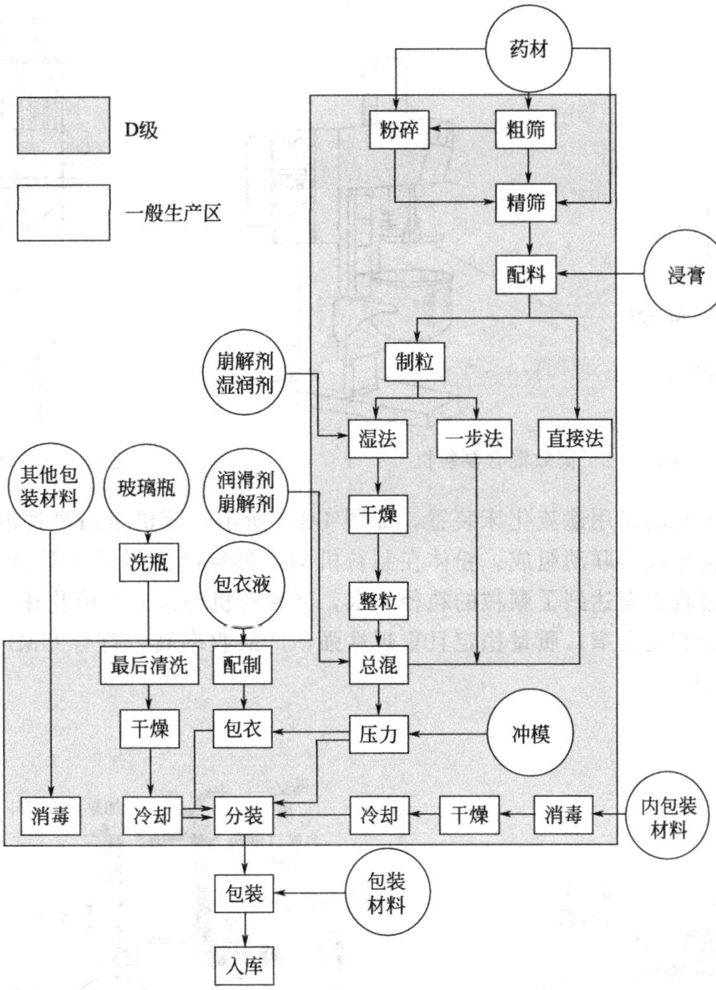

图 4-3-1　中药片剂生产工艺流程图

(1) 干法制粒　将药物和辅料混匀后，使之通过压片机压成一定硬度和直径的薄片，再通过颗粒粉碎机粉碎成一定大小颗粒的方法。已有滚压、碾压、整粒的整体设备，如国产干挤-30B 型颗粒机，通过它可直接干挤压成颗粒，既简化了工艺又提高了颗粒的质量。

(2) 湿法制粒　原、辅料加入适量的润湿或黏合剂在捏合机中混匀制成软材。用摇摆式制粒机制成湿颗粒，实际上是模拟人工将软材在一定规格筛网上反复压搓成颗粒。

高效混合制粒机是集捏合与制粒于一体的先进设备，如图 4-3-2 所示。操作时先将粉体物料按比例放入锥形混合筒中，开动搅拌桨使粉体物料被充分分散，加入黏合剂或湿润剂后形成软材，在流动区内经切割刀分割成均匀的颗粒。高效混合制粒机操作简单、清洗方便、造粒时间短，全密闭操作符合 GMP 要求。

(3) 一步制粒　一步制粒又称为流化喷雾制粒，是将混合、造粒、干燥过程集合于一台设备完成的方法，如图 4-3-3 所示。把欲制粒物料置于流化床内的热气流中流化，然后喷入黏合剂，使物料黏结形成颗粒。热气流带走颗粒中的水分，使其干燥，这样的造粒-干燥过程不断进行，直至达到一定的平均粒径。由于设备密闭性能较好，较符合于 GMP 要求。一步制粒机的直径一般 0.5～2m，干燥能力 10～100kg 水/h，物料收得率可达 99%。

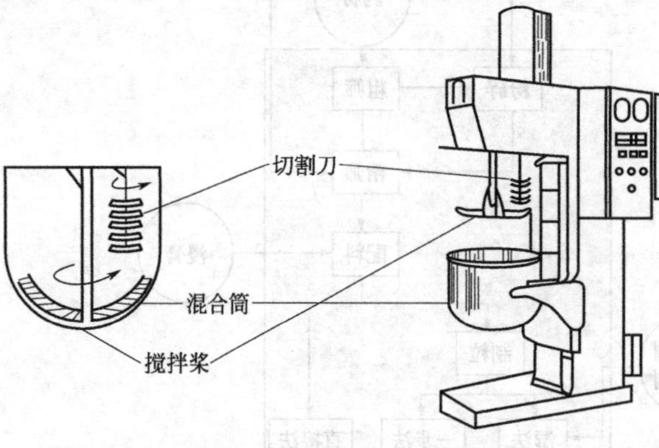

图 4-3-2　高效混合制粒机

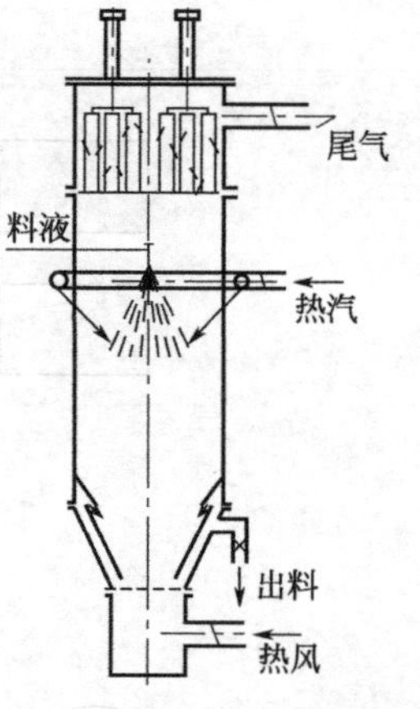

图 4-3-3　流化喷雾制粒机

德国格拉特公司的多用途流化床装置，如图 4-3-4 所示，该机组由高速混合制粒机、格拉特整粒机及流化干燥器联动组成。粉体在制粒机的锥形空间中经历了黏合剂的混合造粒、成圆、再造粒等过程直至达到了颗粒的粒径要求，经整粒机筛选后在流化床内干燥。本机组生产的颗粒粒径分布范围窄，质量稳定且重现性强，产品收率高，符合 GMP 要求，装置的工作容积 2～1400L。

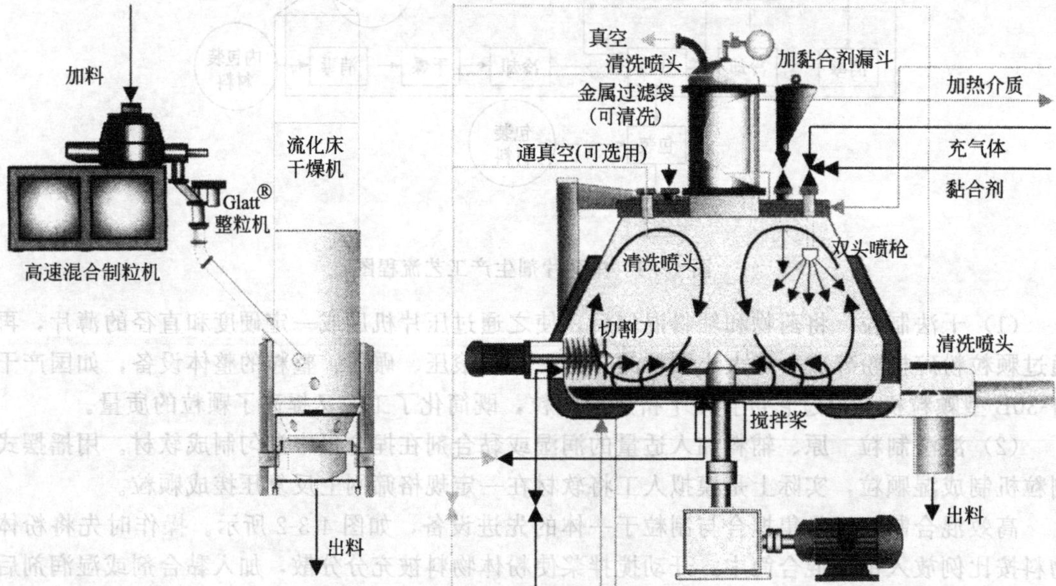

(a) 高速混合制粒机,Glatt整粒机及流化床干燥机用于大生产和水溶性物料的装置　　(b) 物料在料槽中运动及其供能图

图 4-3-4　制粒-整粒-流化干燥一体化装置

3. 压片

(1) 干颗粒压片前的处理　颗粒在干燥过程中有可能部分互相黏结成团块状，为保证压片质量需进行整粒操作，即干燥后颗粒需要再通过一次筛网使之分散成均匀的干粒。整粒过

筛一般用摇摆式制粒机或旋转式制粒机。

某些片剂处方中含有挥发油如薄荷油、八角茴香油等应在压片加入，加入时应使颗粒和挥发油混合均匀，以免产生花斑或裂片等现象。近年来有将挥发油微囊化或包合后加入，不仅便于制粒压片，且可减少挥发油在贮存过程中的挥发损失。

片剂的润滑剂常在整粒后用细筛加入干颗粒中混匀。有些品种如需加崩解剂，则需将崩解剂先干燥过筛，在整粒时加入干粒中，充分混匀。

(2) 压片设备

① 单冲压片机　又称撞击式单冲压片机。主要用于新产品的试制或小批量、多品种的生产，产量为 80～100 片/min。该机由加料斗、施料器、上冲、下冲与模圈所构成，如图 4-3-5 所示。在压片过程中，噪声较大，且上冲头向下冲头撞击，片剂单侧受压、受压时间短、受力分布不均匀，使药片内部密度和硬度不一致，易产生松片、裂片或片重差异大等质量问题。

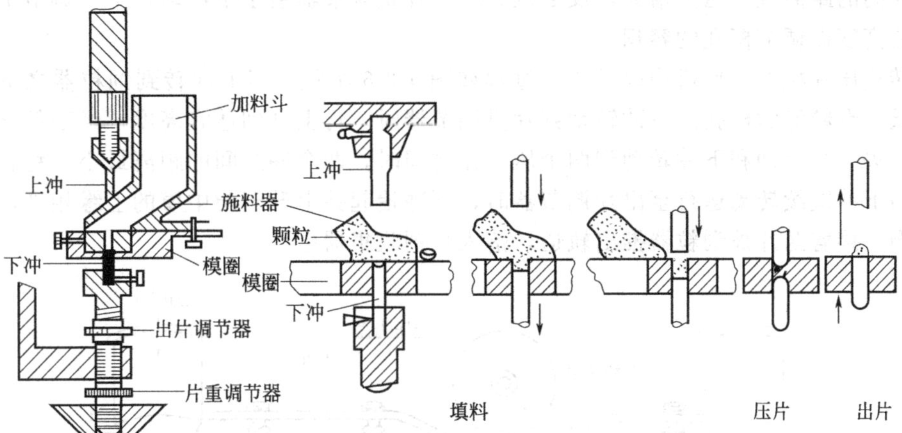

图 4-3-5　单冲压片机结构示意与压片过程

单冲压片机的工作过程包括填料、压片及出片三步。

a. 填料　上冲抬起来，施料器移动到模圈上；下冲下降，施料器在模圈上面摆动，将物料填满模孔；施料器由模孔上移开，刮去多余物料。

b. 压片　上冲下降，将物料压制成片剂。

c. 出片　上冲抬起，下冲随之上升至与模圈上缘相平；施料器重新移到模圈上，在将压好的片剂推开的同时，进行下一次填料，如此反复进行压片。

单冲压片机的操作过程：在运行机器前，先将机器和零件擦洗、清洁；安装一副适当的冲模，调节下冲上升的最高点使其与模圈的上缘相平；然后称取质量相当一片的物料于模孔中，调节下冲的下降深度，使物料在模孔内与中模的上缘相平；同时调节上冲压力，使压制的片剂硬度合格；调好后固定冲模，再安装施料器与加料斗，装入物料，准备压片；在正式压片前，需手动试车，正常后电动压片。

② 旋转多冲压片机　该机填料方式合理，由上、下冲头相对加压，压力分布均匀，片重差异较小，生产效率较高，被制药企业广泛采用。旋转式压片机有多种型号，依冲数（转盘上模孔数目）有 16 冲、19 冲、25 冲、33 冲、55 冲等。按流程分为单流程和双流程。单流程压片机仅有一套压轮（上下压轮各一个）。双流程压片机则有两套压轮、两个加料斗，每一副冲模旋转一周可压两个药片，故生产效率较高。一般 25 冲以上的旋转式压片机，都

属于双流程压片机。

旋转式压片机由传动机构、工作机构、电器装置及机身等组成。其传动机构主要包括电动机、变速装置、传动皮带轮、离合器、蜗轮蜗杆等。工作机构包括转台、冲模、轨道、压轮、调节装置、加料装置及充填装置等。

旋转式压片机的转台分为三层，装于机器的中轴上并绕轴而转动。上层装着上冲转盘，上冲可随着上冲轨道上、下运动；中层装模圈，其上均匀分布若干模孔；下层装着下冲转盘，下冲亦随着下冲轨道上、下运动。在上冲之上及下冲下面的适当位置装着上压力盘和下压力盘，在上冲和下冲转动并经过各自的压力盘时，被压力盘推动使上冲向下、下冲向上运动并加压，此时上、下冲头在模孔中的距离最近，压力亦最大，因此可将药料压制成型，制成片剂。

旋转式压片机的压力调节器在下压轮下方，用于调节下压轮的高低位置即可改变上、下冲头在模孔中相对位置，来调节压力的大小。下压力盘的位置高，则压缩时下冲抬起得高，上、下冲间的距离近，压力增大，反之压力小；片重调节器装于下冲轨道上，调节下冲经过刮板时的高度以调节模孔的容积。

旋转式压片机的工作机构以及压片过程如图 4-3-6 所示。当下冲转到饲粒器之下时，其位置较低，颗粒流满模孔。下冲转动到片重调节器时，再上升到适宜高度，经刮粒器将多余的颗粒刮去。当上冲和下冲转动到两个压力盘之间时，两个冲之间的距离最小，将颗粒压缩成片。当下冲继续转动运行至出片调节器时，下冲抬起并上升至与中模的上缘相平，将片剂顶出模圈，接着药片被刮粒器推出轨道，落入片剂收集器中。

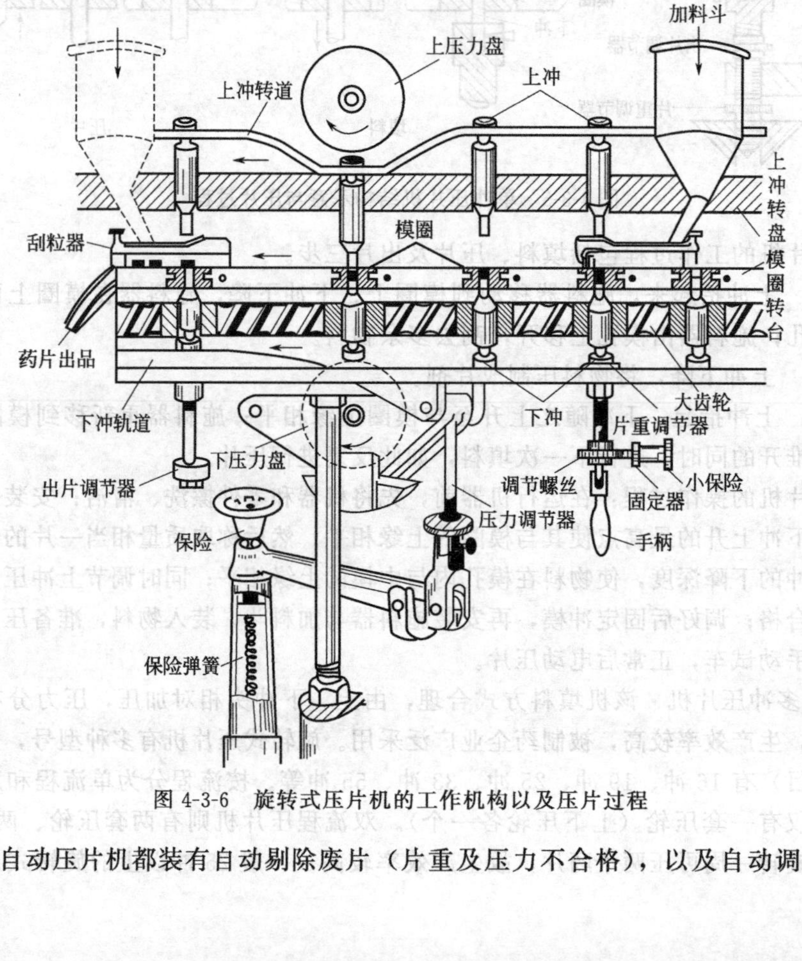

图 4-3-6　旋转式压片机的工作机构以及压片过程

现代的自动压片机都装有自动剔除废片（片重及压力不合格），以及自动调节片重等的装置。自动剔废装置的原理为：转盘上的上冲杆进入压片的最大压力位置时，压力传感器会测出通过的每个上冲杆下压的压力值；如果某模圈内颗粒充填量不足，最终压缩至相同的体积不能达到标准压力值，于是低压力的那个上冲杆会被电脑记住，当它转至出片位置时，废品通道打开，废片被压缩空气吹出。

4. 包衣

（1）包衣的目的和种类 包衣的目的是：①掩盖药物不良的臭味和苦味；②防潮、避光、隔离空气以增加片剂的稳定性；③分隔不同的药物成分，如一种药物作片心经压片包衣后再将另一种药物混合于包衣材料中包在外包衣层中；④改善片剂的外观，不同颜色的包衣片在临床使用时有利于识别；⑤控制药物的释放部位和释放速度。随着制剂技术的发展，缓释、控释制剂的出现，出现了要求在肠道中溶出吸收的肠溶衣片，在包衣后用激光束在包衣上打一小孔使药物缓慢地或有控制释放的缓释、控释片等。

包衣片按包衣材料可分为糖衣片、薄膜衣片；按在消化道的药物溶出部位可分为胃溶片、肠溶片。控释片的包衣层在释药过程中则不应溶解。

（2）包衣方法 包衣方法有三种。

① 滚转包衣法（锅包衣法）利用片心转动的离心作用，使其在包衣锅内有效翻转达到包衣的目的。

② 流化包衣法 也称空气悬浮包衣法。系利用急速上升的空气流使片剂悬浮于空气中上下翻动，同时将包衣液输入流化床并雾化，使片心的表面黏附一层包衣材料，继续通入热空气使其干燥，如法包衣若干层，直至达到规定要求。

③ 压制包衣法 先用一般方法压制一种药品成分的片心，然后在另一台压片机中充填第二种成分的药粉颗粒或包衣材料，用专用传送器放入片心，再次充填第二种成分的颗粒将片心包围，然后进行第二次压片。这种包合再压的方法特别适合于：将片心成分与外界隔绝的场合，或两种成分不宜在使用前混合，或两种成分的释放要求不同（如肠溶、胃溶）的场合。

（3）包衣设备 包衣设备主要有如下两类。

① 滚转式包衣机 该机至今仍在普遍使用，主要结构包括包衣锅、动力系统、加热系统和排风系统。包衣锅是回转的莲蓬或荸荠形，不锈钢或紫铜衬锡材质。尽管这种包衣设备有了很大的改进，但包衣过程往往要凭借操作者的经验而质量重现性差，且能耗高、操作时间长、劳动强度大等，故较难适应 GMP 的要求而需用新型包衣设备来代替。

② 高效包衣机组 如图 4-3-7 所示，片心（素片）在密闭的包衣滚筒内连续地做特定的复杂运动。由微机程序控制，按工艺顺序和选定的工艺参数将包衣液由喷枪喷洒在片心表面，同时送入洁净热风对药片包衣层进行干燥，废气排出，快速形成坚固、细密、光整圆滑

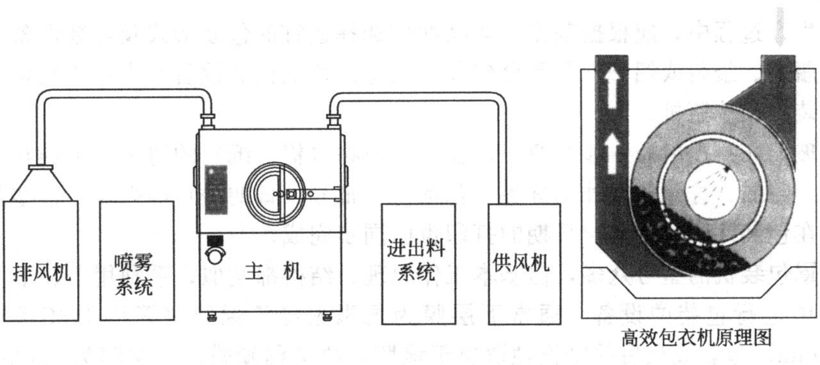

图 4-3-7 BGB 系列包衣机组

的包衣膜。

本机组密闭性能好，符合GMP生产车间的要求；因程序控制而自动化程度高，产品质量的重现性好；生产效率高，一批只需2～3h即可完成（包糖衣需4～6h）；对喷洒有机溶剂的溶液则已采取防爆措施，故适用于有机薄膜、水溶性薄膜、糖衣、缓释性薄膜的包衣。

5. 质量检查

在片剂的生产过程中，除要对生产处方、原辅料的选用、生产工艺的制定、包装和贮存条件的确定等方面采取适宜的技术措施外，还必须按有关质量标准的规定进行检查，经检查合格后方可供临床使用。《中华人民共和国药典》2010年版对中药片剂的质量检查主要有以下几个方面。

① 外观检查　片剂外观应完整光洁，色泽均匀，有适宜的硬度。

② 鉴别及含量测定　选择处方中的君药（主药）与臣药、贵重药、毒性药依法进行鉴别及测定每片的平均含量。有些中药片剂的主要药物成分还不明确，目前不作含量测定。

③ 重量差异　片剂重量差异限度应符合表4-3-1规定。

表4-3-1　片剂重量差异限度

标示片重或平均片重	重量差异限度
0.3g以下	±7.5%
0.3g或0.3g以上	±5%

④ 崩解时限　除另有规定外，按照《中华人民共和国药典》2010年版一部附录ⅫA崩解时限检查法检查。药材原粉片各片均应在30min内全部崩解；浸膏（半浸膏）片、糖衣片、薄膜衣片均应在1h内全部崩解；泡腾片应在5min内崩解；阴道片照融变时限检查法（附录ⅫB）检查，应符合规定。

⑤ 硬度与脆碎度　硬度虽然是片剂的重要质量指标，但各国药典都未规定标准和测定方法，其检测结果应满足各药厂内控标准。

⑥ 溶出度检查　药物在规定介质中从片剂里溶出的速度和程度满足要求。

⑦ 含量均匀度检查　片剂中每片含量偏离标示量的程度应符合规定。

⑧ 发泡量　阴道泡腾片照《中华人民共和国药典》2010年版规定方法检查，平均发泡量应不少于6mL，且少于4mL的不得超过2片。

⑨ 微生物限度　照微生物限度检查法(《中华人民共和国药典》2010年版附录ⅧC）检查应符合规定。

6. 包装

在药品生产过程中，应根据剂型、药品性质选择适宜的包装形式及包装设备。片剂的包装常见的有瓶装、袋装或铝塑泡罩复合包装。典型的片剂包装设备有泡罩包装机、带状包装机、制袋包装机及装瓶机。

瓶装有玻璃瓶、塑料瓶。涉及瓶、瓶盖、充填物（棉、纸）的清洗、干燥与灭菌，玻璃瓶配软木盖，封蜡，拧盖，瓶外贴标签（包括打印批号、日期等）等操作。铝塑复合包装则简单得多，在包装终了时批号、日期的打印也已同步完成。

铝塑泡罩包装机的型号众多，但基本工作原理、结构都类似，系利用上、下两层膜将药品封合在其中进行包装的设备。通常下层膜为无毒聚氯乙烯膜（简称PVC膜)，厚度为0.25～0.35mm。包装成型后的坚挺性取决于该膜，故又称硬膜。上层膜为0.02mm厚的特制铝箔（又称PT箔）。硬膜通过加热形成单独的泡窝，将一定数量的药品封合在泡窝内，铝箔盖在上面，进行单独封合包装。

泡罩包装机是一台多功能的包装设备，可用于各种片剂、胶囊剂、丸剂、栓剂等其他固体制剂的包装。该机采用自动控制，高速高效，将硬膜加热成型、充填药物、印刷、加热封合及打印批号、压痕、冲裁及输送等工作过程在同一设备上完成。下面介绍 LSB-W-1 型包装机工作原理，如图 4-3-8 所示。

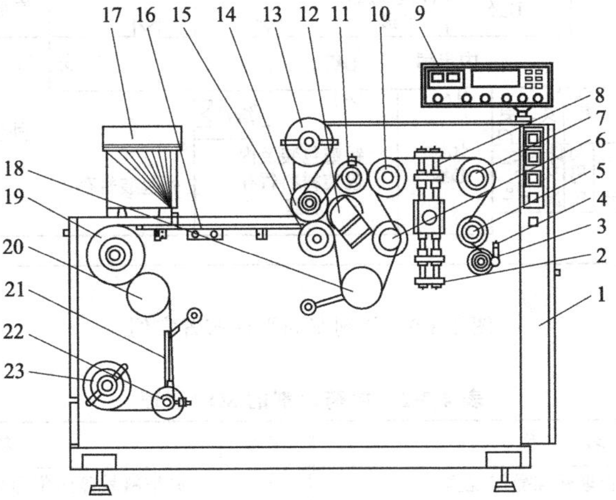

图 4-3-8　LSB-W-1 型包装机正视图

1—配电箱；2—冲切装置；3—进给辊；4—压紧轮；5,14—张紧辊；6—传送辊；7—位置调节辊；8—格线及批号装置；9—仪表箱；10—输送辊；11—铝箔检测张紧辊；12—热压辊；13—铝箔辊；15—热压传动辊；16—操作盒；17—振荡充填料斗；18—游辊；19—成型辊；20—塑料加热辊；21—塑料续接装置；22—塑料检测张紧辊；23—塑料辊

将塑料膜卷装在塑料辊 23 上，塑料膜经张紧辊 22 及续接装置 21 后被引至加热辊 20 并在此加热。成型辊 19 表面刻有泡罩外形的凹槽且有内吸真空系统，热塑料膜被吸而形成泡罩。空泡罩的塑料带进入操作盒 16，在这里片剂或胶囊被充填于空泡罩之中，铝箔卷装在铝箔辊 13 上，铝箔经张紧辊 14 及 11 在热压辊 12 与通过热压传动辊的装有片剂或胶囊的塑料泡罩带相叠，并在热压辊进行压合。到此为止，塑料-铝膜带一直保持着连续输送，但是后面的打印与剪切都需要复合膜带做间停的进给运动，游辊 18 正是为解决膜带的这种运动转换而设置的。位于游辊之后的复合膜带已改变为间停进给运动，在 8 处进行打字并在 2 处冲切成小板，每板为 8～12 片（粒）。

四、片剂车间洁净分级及生产标准操作规程

1. 片剂车间平面布置及洁净区分级

按照《药品生产质量管理规范》(2010 年版）附录的要求，非无菌药品（法定药品标准中未列无菌检查项目的制剂）中口服固体药品的暴露工序应在 D 级中进行，包括直接入药的药材的粉碎、筛分、配料，以及解除药品暴露之前的内包装均应在此范围之内。

整个生产车间分为 D 级洁净区与一般生产区两部分。凡药品原料、中间产物、药品以及直接接触药品的清洗、干燥灭菌等暴露于环境中的工序均应置于 D 级洁净区之内，如图 4-3-9 所示。

2. 生产标准操作规程（SOP）

片剂生产标准操作规程的内容见表 4-3-2 所示。

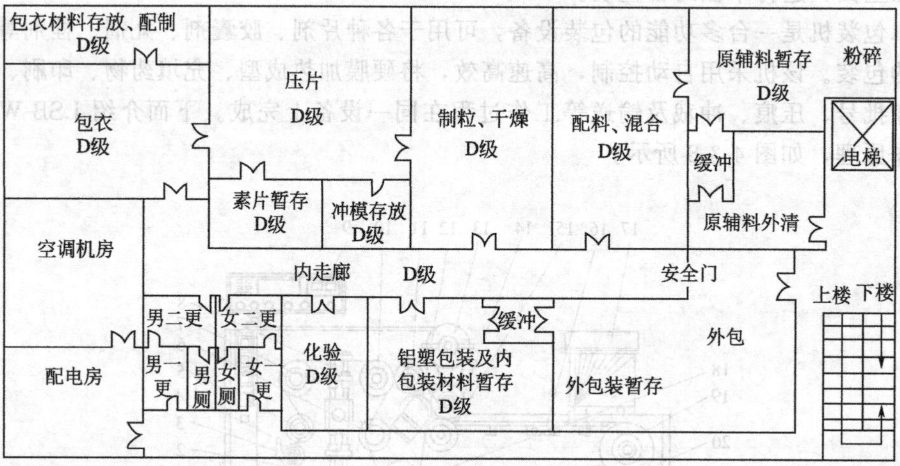

图 4-3-9 片剂车间平面布置实例

表 4-3-2 中药片剂的 SOP 管理

序号	名称	序号	名称
1	洁净区人员卫生管理标准操作规程	15	原辅料粉碎岗位标准操作规程
2	清洁工具的清洁与管理标准操作规程	16	筛粉岗位标准操作规程
3	容器及设备的清洁与管理规程	17	颗粒总混岗位标准操作规程
4	清洁剂、消毒剂的配制与使用规程	18	混合制粒岗位标准操作规程
5	洁净区的清洁卫生与管理规程	19	干燥岗位标准操作规程
6	清场管理规程	20	整粒岗位标准操作规程
7	批号系统编制与管理规程	21	压片岗位标准操作规程
8	异常情况处理规程	22	包衣岗位标准操作规程
9	生产区、仓库的废弃物处理标准操作规程	23	包装岗位标准操作规程
10	废标签管理与销毁标准规程	24	包装工序清场标准操作规程
11	原辅料外包装的清洁、拆除标准操作规程	25	成品零头管理规程
12	记录填写规范管理规程	26	不合格品管理与处理规程
13	状态标志管理标准操作规程	27	中间站(原辅料、半成品、成品的交接、发放和贮存)标准操作规程
14	配料岗位(原料、辅料的配制)标准操作规程		

五、中药片剂生产中存在的问题及解决办法

1. 影响中药片剂硬度的因素

(1) 原料　药材的组成、纤维素含量、细粉含量等对药片硬度有影响。中草药细粉具有一定的弹性，片剂解压之后，常有变松的趋势。为克服这种缺点，要提高粉碎比或浸提比例，增加颗粒的黏合力，加大压力，增加受压时间。

(2) 压力　片剂在冲模中受上、下和侧面三种压力。一般片剂上端所受压力最大，由此向下压力渐小。一般来说压力越大，片剂硬度越大。但当压力大到超过颗粒本身的内聚力时，反而影响片剂的硬度而出现碎片。因此，压力的调整要适中，无休止地加大压力，不仅得不到良好硬度的片剂，而且也会损伤机器。

(3) 黏合力　颗粒的黏合力同片剂的硬度成正比。加入黏合剂，能增加颗粒的结合力，有利于片剂的压制。实践证明：15%明胶淀粉浆，2%白及胶浆是优良的黏合剂。如采用淀粉浆做黏合剂时，可采用两次制粒法制粒，因淀粉浆用量比传统一次制粒增加10%～20%，其颗粒的黏性大大增强，压出的药片较硬，同时，麻面消失，药片含菌量明显减少。具体方法是：先把黏合剂和生药粉混合制成软材，烘干经粉碎后再用淀粉浆制粒。

(4) 湿度 水是黏合剂，适量的水分可降低弹性，增强可塑性，有利于压片。若颗粒过干（颗粒含水量在3%以下）往往使弹性增强，引起松片。颗粒含水量过高时，影响片剂的硬度并引起粘冲，同时久存易吸潮松片及变色。中药片剂颗粒水分应掌握在4%～6%之间。当颗粒过干时，用20%～40%乙醇或蒸馏水采用喷雾法喷淋并混合均匀，至颗粒水分符合要求为止。

(5) 真空度 压片过程中颗粒中的气体从模孔中逸出的越彻底，真空度越高，片剂硬度越大。将中草药细粉制成颗粒，有利于气体的排出，可增强硬度。

(6) 孔隙度 颗粒内及颗粒间的孔隙度越低，则片剂的硬度越大。因此，颗粒中混有适当比例的细粉，能填充孔隙，增强硬度，有利于压片。

(7) 受压时间 受压时间长，能降低中草药原料的弹性，增强片剂的硬度。因此，旋转式压片机比撞击式压片机的加压时间长，片剂硬度大。降低压片机的运转速度，可延长受压时间，提高片剂的硬度。

(8) 片型 片型越小，压力越集中，片剂硬度越大。同样压力，平面比凸面片硬度大。

2. 压片时常遇到的问题及解决办法

(1) 松片 在中药片压制过程中，经常碰到松片的问题。松片的原因及解决办法如下。

首先应根据处方中的药材性质确定煎煮提取和粉碎的药材。如含有较多纤维素的药材（如大腹皮、白茅根、鸡血藤等），以及含有挥发油疏水成分（如一般种子类），黏合性差的物质（如矿物质），应采用提取制成浸膏。因纤维素多，体积较大并且难以粉碎，如磨粉制粒，颗粒中存有较多的空气，压片后会出现因膨胀引起松片；种子类一般含大量的油质疏水成分以及矿物质，因其黏性差，故不宜磨粉制粒，应提取制成浸膏。磨粉制粒应选用一些含淀粉较多的药材以及含较丰富的糖成分和黏胶类药材，如葛根、半夏、白及等。如果花、叶、茎类药材占的比例较大时（如菊花、夏枯草、益母草、紫苏等），应考虑原粉比例要少些，提取或浓缩比例要多些。

当颗粒中含油量超过5%时，油为有效成分，可加适当的吸收剂，如磷酸氢钙、碳酸钙、氢氧化铝凝胶粉等来吸油；或单提，或β-CD包合后粉末化。若油为无效成分，应榨去油，然后与其他药材一起制粉或提取（如杏仁）。

中药浸膏本身具有黏性，可以利用它的这一特点和生药粉末混合制粒压片。但要掌握好生药细粉的留量，若原生药粉在颗粒中超过1/3，就因黏性不足而产生松片。原生药粉的细度不得低于六号筛，否则容易使颗粒弹性增强，对抗了黏合剂的作用，引起松片。

此外，制片生产中，粒中含水量不当或乙醇浓度过高，润滑剂和黏合剂不适，冲头长短不齐，片剂受力不均等因素都会造成松片现象。

(2) 碎片 碎片是在压制过程中，弹不出整片。这有两种可能：一是下冲头上升至最高位置时，低于模台上平面，适当调高下冲，即可排除；二是颗粒过干，也易出现碎片，其解决办法是加入适量的50%～60%乙醇与颗粒混匀，或于潮湿处放置一定时间。

(3) 顶裂 顶裂也称断腰，指片剂受到振动或经放置后，从腰间或顶部脱落一层。其原因有：颗粒中的细粉过多，黏合剂的黏合力或用量不足，颗粒过干，片型过厚，压力过大，机器转速过快等。解决方法是根据出现问题的原因采取相应措施，如应用80目筛，筛出一部分细粉；用适宜的黏合剂重新制粒；加酒精调整颗粒湿度；减小片重，减低压力，减慢转速等。

(4) 粘冲 粘冲的原因多是颗粒潮湿、滑润剂用量不足或分布不均匀。其次是冲头的光洁度不好，也容易出现此问题。凡是发现粘冲的片剂、颗粒应尽可能干燥些，并可酌情增加滑润剂；属于冲头或者模圈光洁度不好的，应用油纱布反复摩擦至光洁后再用。

3. 薄膜片包衣时应注意的问题

素片包衣时应尽量使片面光滑平整，增加基片的黏着力，以保证薄膜片的质量。在薄膜衣液的配比过程中，为保证原料液的细度，滑石粉等固体物料必须经过研磨后方能加入，同时加入固体物料后，料液要保持搅拌以防沉淀。在包衣过程中，包衣锅的倾斜角和转速以片心能在锅内保持有效翻动为佳。薄膜液喷雾点应在片床流速最快的地方，用于干燥的热风口应紧贴在喷雾点的下方，喷液包衣时应注意温度要适中，每一层都要求干燥后方可包下一层。开始喷液时用量宜大，使片子能在最短时间内均匀包上复合材料，从而快速形成膜层，然后把喷速逐渐减慢，以达到喷雾速度和干燥速度相对平衡。为了防止在包衣过程中的粘片，可以在包衣液中加入适量的滑石粉与硬脂酸镁。

六、片剂生产的成本核算

1. 收率

片剂的收率可以用两种方法计算。

(1) 主药含量或主要中药成分含量可以检测

$$片剂总收率=\frac{包装后实得片剂量(万片)\times 主药含量(g/片)}{主药投料量(kg)\times 含量}\times 100\% \qquad (4\text{-}3\text{-}1)$$

(2) 中药片剂尚不测定主要成分含量

$$片剂总收率=\frac{包装实得片剂量(万片)}{中药材投料理论产出量(万片)}\times 100\% \qquad (4\text{-}3\text{-}2)$$

片剂生产各工序的分步收率也可比照总收率的方法计算，在不测定主成分含量的中药片剂生产中：

$$片剂某工序总收率=\frac{实际得到中间产品量(kg)}{实际投入原辅料量(kg)}\times 100\% \qquad (4\text{-}3\text{-}3)$$

总收率与各工序间分步收率的关系为：

$$总收率(\%)=第一工序收率\times 第二工序收率\times \cdots \times 最后工序收率 \qquad (4\text{-}3\text{-}4)$$

2. 单耗

单位片剂产量（如每1万片、每1亿片）所消耗的各原辅材料或水、电、蒸汽量称为单耗，单耗可以用年、月或单批来计算，单批计算时往往只计算主要原、辅材料。如：

$$片剂加热水蒸气单耗=\frac{蒸汽消耗量(t)}{实际得到片剂量(万片)} \qquad (4\text{-}3\text{-}5)$$

3. 生产成本

$$生产成本(元/万片产品)=\frac{原辅材料费用+动力费用+折旧费用+人员工资}{包装后实得产品袋数(万片产品)} \qquad (4\text{-}3\text{-}6)$$

【生产实例】

鹤蟾片（Hechan Pian）

【功能与主治】解毒除痰，凉血祛瘀，消症散结。用于原发性支气管肺癌，肺部转移癌能够改善患者的主观症状体征，提高患者体质。

【处方】

仙鹤草	450g	干蟾皮	150g	猫爪草	340g
浙贝母	230g	生半夏	230g	鱼腥草	450g
天冬	230g	人参	30g	葶苈子	180g

合计 2290g，制成 1000 片

【剂型】薄膜包衣片。

【生产工艺过程及条件】

（1）工艺流程图　见图 4-3-10。

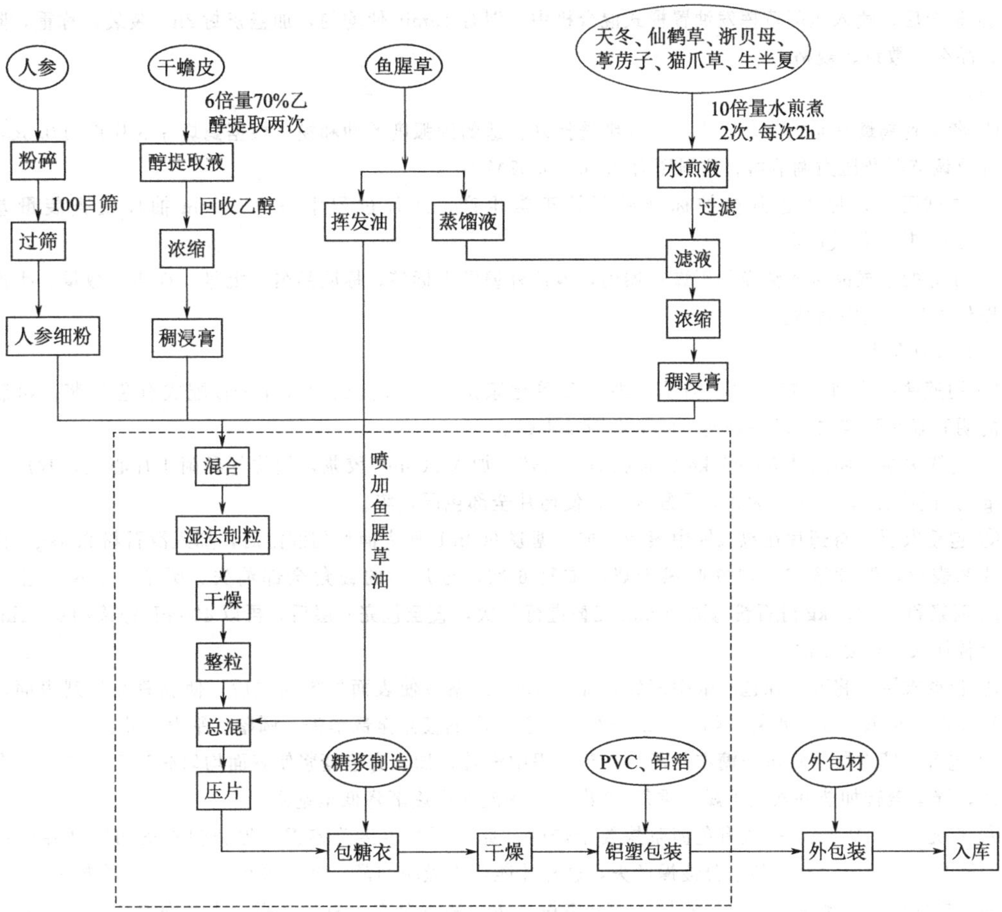

注：虚线内为D级净化区

图 4-3-10　工艺流程图

（2）药材提取

① 将人参净选，用粉碎机粉碎后，过 100 目筛得人参细粉，用 ^{60}Co 照射 6h 灭菌后，半成品检测合格后，送至冷库存放。

② 将干蟾皮净选后，加入干蟾皮处方量 6 倍 70%的乙醇，浸润 1h 后，加热到 80℃回流提取 2h，提取两次，滤过，合并两次滤液。滤液用泵送至浓缩器中减压浓缩至稠浸膏，半成品检测合格后，送至冷库存放。

③ 将鱼腥草净选后，投入多能提取罐中，加入12倍量的水，用水蒸气蒸馏法蒸馏6h提取挥发油，半成品检测合格后，另存。收集蒸馏液，备用。

④ 将仙鹤草、猫爪草、浙贝母、生半夏、天冬、葶苈子净选后，按处方量称取以上各味药材送至多能提取罐投料口，按一定顺序依次投料。第一次加水为药材总重的10倍量，浸润30min后，煮沸2h；第二次加水10倍量，煮沸2h，合并两次煎液，静置8h后，滤过。

⑤ 滤液与鱼腥草蒸馏液混合后用泵送至浓缩器中，减压浓缩成为稠浸膏，半成品检测合格后，送至冷库贮存。

(3) 混合、制粒、干燥、整粒、总混

① 按批生产指令领取提取工序所需的干稠浸膏粉及人参细粉，经物净后进入原辅料暂存间。

② 药粉按处方称量后置于槽形混合机中，开启搅拌，在搅拌转动中制软材，至捏可成团搓之即散时，用摇摆式颗粒机16目筛制粒。

③ 颗粒于65℃±2℃热风循环电烘箱干燥4～5h至水分3.5%～4.1%。

④ 整粒：颗粒过18目筛。

⑤ 整粒后，喷入鱼腥草挥发油置桶式混合机中，混合10min使均匀，加盖密封2h，装袋，称重，附上标签、品名、数量、规格。

(4) 压片

① 考虑到鹤蟾片是糖衣片，生产前仔细选择好合适的深弧度的冲和模，根据鹤蟾片的片重为0.3g，调整好片重调节器及压力调节器。控制压力0.06～0.07MPa。

② 先试压片，片子达到内控标准后开始正常生产，压片过程中每隔10min抽样检查装量差异(±7.5%)及其他相关问题。

③ 压好的半成品装入洁净的干燥容器内，容器外壁贴上标签，标明品名、批号、规格、数量、生产日期、操作人员，交中间站。

(5) 片剂包衣

① 用蔗糖加热制成75%的单糖浆，将15L单糖浆加入0.03%的果绿10mL配成有色糖浆。再制备15%的明胶浆作隔离层，准备好药用的滑石粉及虫蜡。

② 包隔离层　将素片50～60kg置包衣锅中滚转，加入800mL胶浆，使均匀黏附于片心上，吹风，加入3kg滑石粉至恰好不粘连为止，重复3次，使药片全部包严包牢。

③ 包粉衣层　将药片在包衣锅中滚转，加入糖浆600mL使表面均匀润湿后，加入滑石粉2.5kg，使黏着在片剂表面，继续滚转加热并吹风干燥，重复6次，至片心的棱角全部消失、圆整、平滑为止。以500mL糖浆和1～1.5kg滑石粉每隔20min交替进行一次，直至包完6层后，再以400mL糖浆和0.25kg滑石粉交替加入，重复4次。

④ 包糖衣层　将药片在包衣锅中滚转，加入400mL糖浆使表面均匀润湿后，使黏着在片剂表面，继续滚转加热并吹风干燥，重复每隔15min进行一次至片心的棱角全部消失、圆整、平滑为止。

⑤ 包有色糖衣层　将包完糖衣的药片在包衣锅中滚转，加入有色糖浆使表面均匀润湿后，使黏着在片剂表面，继续滚转加热并吹风干燥，重复20次，干燥温度应逐渐降低至室温。

⑥ 打光　在加完最后一次有色糖浆快要干燥时，此时干燥温度为室温，停止包衣锅的转动并将锅密闭，翻转数次，使剩余微量的水分慢慢散失，这样才能析出微小结晶。然后再将锅开动，把蜡粉撒入片中，经转动摩擦即产生光滑表面，再慢慢加入15g蜡粉，转动锅直至衣面极为光亮，将片剂取出，移至硅胶干燥器内放置10h吸湿干燥，以除去剩余水分。即可包装。

(6) 铝塑包装　用铝塑包装机进行包装。空压力控制在0.05～0.07MPa，PVC加热温度控制在145～150℃，热封温度190～200℃。

大山楂泡腾片

【处方】山楂，麦芽，六神曲，碳酸氢钠，柠檬酸，富马酸，甜蜜素，聚乙二醇，乳糖。

【剂型】中药泡腾片

【功能与主治】开胃消食。用于食欲不振，消化不良，脘腹胀满。

【生产过程】

① 取山楂、麦芽、神曲加水提取两次，合并煎液，滤过，浓缩成稠膏，加乳糖，制成软材，干燥，粉碎成细粉为 a。

② 聚乙二醇加乙醇溶解，加入碳酸氢钠，得碳酸氢钠、聚乙二醇、乙醇混合液为 b。

③ 采用微型胶囊制备方法的喷雾淀粉吸收干燥法，将 b 经喷雾器喷雾于盛装 a 的旋转包衣锅内，最后过二号筛整粒成颗粒。

④ 将柠檬酸、甜蜜素过二号筛成颗粒与富马酸细粉（过七号筛）一起混匀，压片，每片重 1g，压片时填料口处用红外线照射。

【注】

① 本品与传统工艺相比最大不同点是用聚乙二醇通过微囊包裹方法将碳酸氢钠包裹起来，避免与酸直接接触，增加了稳定性，同时也解决了粘冲问题。

② 泡腾片易吸潮、易粘冲，除上述方法外，用乳糖及甜蜜素填充代替传统的蔗糖，可降低其吸湿性；压片时填料口处用红外线照射，控制颗粒的适宜温度，增加颗粒的流动性，进一步克服粘冲。

③ 处方中选用富马酸是考虑既可起发泡剂的作用，又能起水溶性润滑剂的作用。

④ 制得的泡腾片每片发泡时间 10min，发泡容量 18mL，片重、硬度、含量（有机酸、总黄酮）均符合规定。在室温下贮于棕色瓶内 3 个月无潮解，其他指标无显著性改变，稳定性好。

目 标 检 测

一、单项选择题

1. 关于片剂的叙述正确的是(　　)。

A. 剂量准确、质量较稳定

B. 溶出度、生物利用度不及丸剂好

C. 片剂不可以制成控释制剂

D. 中药片剂按原料及制法分为全浸膏片、全粉末片及提纯片

E. 制成多层片剂的目的是避免复方制剂中易氧化组分变质

2. 乳糖是片剂较理想的赋形剂，但价格昂贵，目前多用(　　)辅料一定比例来替代。

A. 淀粉、糖粉、糊精（5∶1∶1）　B. 淀粉、糖粉、糊精（5∶2∶1）

C. 淀粉、糖粉、糊精（7∶1∶1）　D. 淀粉、糖粉、糊精（7∶2∶1）

E. 淀粉、糖粉、糊精（7∶5∶1）

3. 淀粉浆可用做黏合剂，常用浓度为(　　)。

A. 5%　B. 8%　C. 10%　D. 12%　E. 15%

4. 压片前需要加入的赋形剂是(　　)。

A. 黏合剂　B. 崩解剂　C. 润滑剂

D. 崩解剂与润滑剂　E. 黏合剂、崩解剂与润滑剂

5. 湿法制粒工艺流程为(　　)。

A. 原辅料→粉碎→混合→制软材→制粒→干燥→压片

B. 原辅料→混合→粉碎→制软材→制粒→干燥→压片

C. 原辅料→粉碎→混合→制软材→制粒→整粒→压片

D. 原辅料→混合→粉碎→制软材→制粒→整粒→干燥→压片

E. 原辅料→粉碎→混合→制软材→制粒→干燥→整粒→压片

6. 一步制粒机可完成的操作工序是(　　)。

A. 粉碎→混合→造粒→干燥　B. 混合→造粒→干燥

C. 过筛→造粒→混合→干燥　D. 过筛→造粒→混合

E. 过筛→造粒→干燥

7. 粉末直接压片时存在可压性差的问题，可以采取的措施是(　　)。

A. 压片机增加预压装置　　B. 缩短药片受压时间
C. 使压片机车速加快　　D. 在处方中大量使用淀粉
E. 加入润滑剂改善

8. 压片时不会造成粘冲的是(　　)。
A. 冲模表面粗糙　　B. 颗粒含水过多　　C. 压力过大
D. 润滑剂用量不足　　E. 润滑剂分布不均

9. 片剂包糖衣的工艺顺序是(　　)。
A. 粉衣层→隔离层→糖衣层→有糖色衣层
B. 糖衣层→粉衣层→有色糖衣层→隔离层
C. 隔离层→粉衣层→糖衣层→有色糖衣层
D. 隔离层→糖衣层→粉衣层→有色糖衣层
E. 粉衣层→糖衣层→隔离层→有糖色衣层

10.《中华人民共和国药典》2010 年版规定薄膜衣片的崩解时限为(　　)。
A. 5min　　B. 30min　　C. 45min　　D. 60min　　E. 未规定

11. 片剂生产中配料、制粒、干燥灭菌等工序要求的洁净等级应在(　　)。
A. A 级　　B. B 级　　C. C 级　　D. C 级背景下局部 A 级　　E. D 级

12. 片剂质量的要求不包括(　　)。
A. 含量准确，重量差异小　　B. 通过包衣保证片剂的稳定性
C. 崩解时限、微生物限度符合规定　　D. 外观完整光洁，硬度符合要求
E. 崩解时限或溶出度符合规定

二、多项选择题

1. 片剂生产中制粒的目的是(　　)。
A. 增加物料的流动性　　B. 避免片剂含量不均匀
C. 减少片重差异　　D. 避免粉体分层和飞扬
E. 避免复方制剂中各成分间的配伍变化

2. 中药片压制过程中经常碰到松片的问题，造成松片的原因有(　　)。
A. 药物细粉过多　　B. 原料中含挥发油、脂肪油成分较多
C. 颗粒中含水过高　　D. 冲头长短不齐
E. 润湿剂选择不当，乙醇浓度过高

3. 片剂包衣的目的是(　　)。
A. 掩盖药物不良的臭味和苦味　　B. 增加片剂的重量
C. 提高生物利用度　　D. 控制药物的释放部位和释放速度
E. 增加片剂的稳定性、改善片剂的外观

4. 粉末直接压片主要存在的问题是(　　)。
A. 粉末流动性不好　　B. 易损坏压片机　　C. 粉末易粘冲
D. 粉末崩解性不好　　E. 粉末可压性差

5. 关于旋转式压片机的特点是(　　)。
A. 均为双流程，因此生产效率高　　B. 每套压力盘均为上下两个
C. 由下冲下降的最低位置来决定片重　　D. 压力分布均匀
E. 通过调节上、下冲之间的距离来控制压力，距离近压力大

6. 影响片剂崩解的因素有（　　）。
A. 主药性状　　B. 黏合剂性质　　C. 崩解剂加入方法
D. 润滑剂的性质　　E. 压片力的大小

三、简答题

1. 裂片是片剂生产中经常遇到的问题，引起裂片的原因有哪些？如何解决？
2. 影响中药片剂硬度的因素及解决办法。

任务四　中药胶囊剂

学习目标

知识目标：

◇ 掌握胶囊剂含义、类型、特点，掌握硬胶囊剂和软胶囊剂一般性生产工艺流程及产品质量要求。

◇ 熟悉硬胶囊充填机、软胶囊充填成型机的工作原理及操作。

◇ 了解胶囊剂生产成本的核算。

能力目标：

◇ 学会胶囊剂典型的制备技术，并能进行典型生产设备的选型和操作。

◇ 能将学到的理论知识运用到生产实际中，能根据剂型要求选择合理的制剂生产工艺，并学会用学到的理论知识解决生产实际问题。

◇ 了解胶囊剂生产新技术。

一、基础知识

1. 胶囊剂的含义、分类

胶囊剂分硬胶囊剂、软胶囊剂（胶丸）和肠溶胶囊剂。

硬胶囊剂系指将一定量的药材提取物、药材提取物加药材细粉或药材细粉与适宜辅料制成均匀的粉末、细小颗粒、小丸、半固体或液体，填充于空心胶囊中制成的胶囊剂。

软胶囊剂系指一定量的药材提取物、液体药物与适宜的辅料混合均匀后用压制法或滴制法密封于软质囊材中制成的胶囊剂。软质囊材是由明胶、甘油、水或（和）其他适宜的药用材料制成。

肠溶胶囊剂系指不溶于胃液，但能在肠液中崩解或释放的胶囊剂。

2. 胶囊剂的特点

胶囊剂具有外观精美、剂量准确、服用方便且可掩盖药物的不良气味，根据胶囊外壳的颜色易于区分药品的品种等特点。与片剂、丸剂相比，制备时可不加黏合剂和压力，所以在胃肠道内崩解快，一般口服后3～10min即可崩解释放药物，药效较快。因为外囊的隔离，保护了药物不受湿气、空气、光线的作用，从而提高了药物的稳定性。

【知识链接】

不宜制成胶囊剂的药物

不宜制成胶囊剂的药物有：药物的水溶液或乙醇溶液，原因是能使胶囊壁溶解；易溶性药物如氯化钠、溴化物、碘化物等以及小剂量的刺激性药物，因在胃中溶解后局部浓度过高而刺激胃黏膜；易风化药物可使胶囊壁变软；吸湿性药物可使胶囊壁干燥而变脆。

二、硬胶囊剂

（一）胶囊剂一般性生产工艺流程

胶囊剂一般性生产工艺流程见图4-4-1所示。

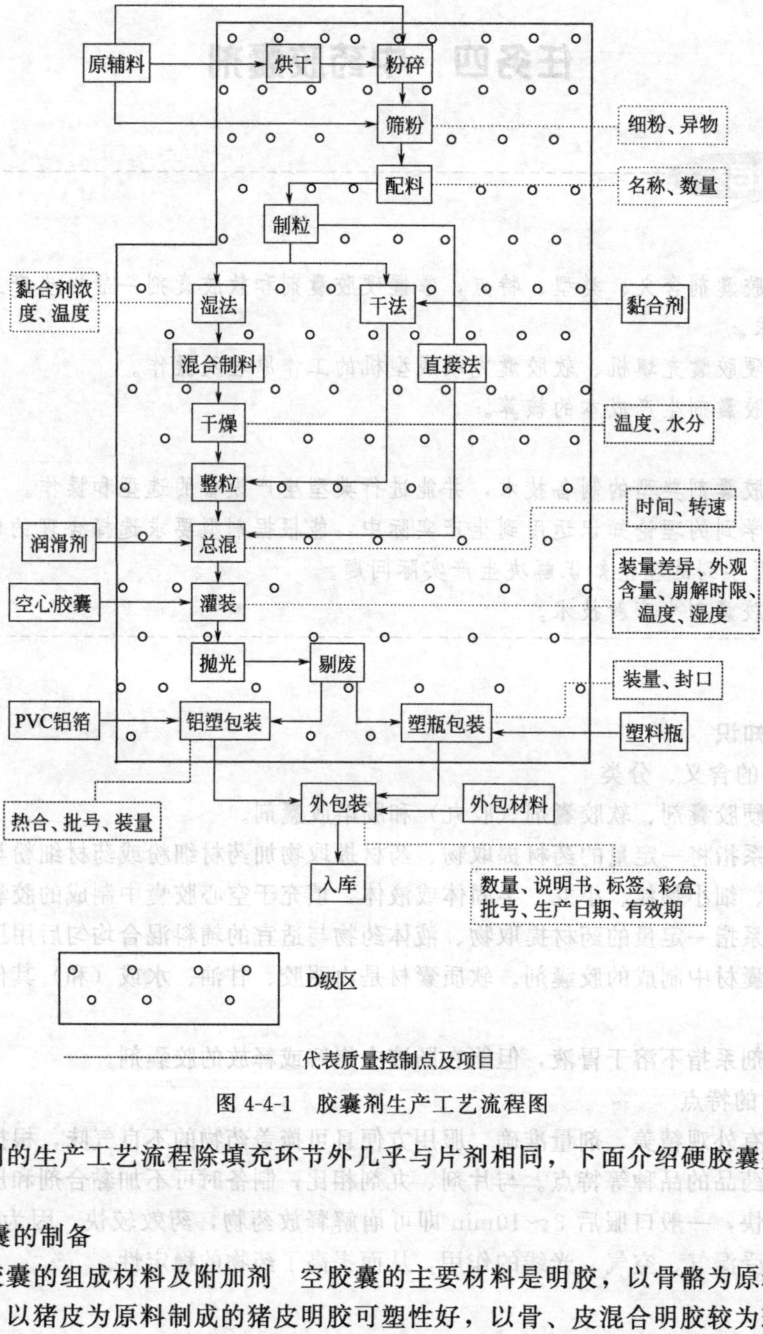

图 4-4-1　胶囊剂生产工艺流程图

硬胶囊剂的生产工艺流程除填充环节外几乎与片剂相同，下面介绍硬胶囊剂生产中的几个环节。

1. 空胶囊的制备

(1) 空胶囊的组成材料及附加剂　空胶囊的主要材料是明胶，以骨骼为原料制成的骨明胶质坚性脆，以猪皮为原料制成的猪皮明胶可塑性好，以骨、皮混合明胶较为理想。由于明胶易吸湿又易脱水，为了增加空胶囊的坚韧性与可塑性，可适当加入少量附加剂如羧甲基纤维素钠、油酸酰胺磺酸钠、山梨醇或甘油等。为了减小明胶的流动性，可加入琼脂以增加胶液的胶冻力。为了增加美观，便于鉴别，胶液中也可加入各种食用染料着色，少量十二烷基硫酸钠可增加空胶囊的光泽。对光敏感的药物，可加遮光剂（2%～3%二氧化钛）制成不透光的空胶囊。为了防止胶囊在贮存中发生霉变，可加入对羟基苯甲酸酯类作防腐剂。必要时亦可加芳香性矫味剂如 0.1%乙基香草醛和不超过 2%的香精油。

(2) 空胶囊的制备流程　溶胶→蘸胶（制坯）→干燥→脱模→截割→(囊体与囊帽）套合。

空胶囊含水量 14%～15%为宜，操作一般在洁净度 D 级、温度 20～25℃、相对湿度

35％～45％的环境条件下，由自动化生产线完成。

（3）空胶囊的规格　空胶囊的规格共有8种，随着号数由小到大，其容积由大到小，一般常用0～5号。常用空胶囊的号数与容积见表4-4-1所示。

表4-4-1　常用空胶囊的号数与容积

空胶囊号数	0	1	2	3	4	5
容积/mL	0.75	0.55	0.40	0.30	0.25	0.15

2. 配料与制粒

制颗粒的目的同样是为了保证装填于空胶囊中的药物及辅料能混合均匀以确证药剂的质量。对于单一组分的细粉或已混匀的粉体混合物则可跳过制粒直接填充。有时为了缓释或控释的需要，将药物预先用特定的工艺制成（包衣的）微囊、微球等然后填充于硬腔囊内，此时需要专门的微囊、微球的生产工艺和装备。硬胶囊充填机有的可以有2～3个充填工位，用来向同一粒硬胶囊充填不同成分的颗粒、微囊，小球等操作。

3. 填充

填充是硬胶囊剂生产的关键工序，其工作过程一般包括下列步骤：空胶囊供给→胶囊定向排列→校正方向→空胶囊帽体分离→药物填充→帽体套合→成品排出。

硬胶囊首先根据试装和生产经验选择空胶囊的规格，硬胶囊的规格分为0、1、2、3、4、5号。各种号码的硬胶囊根据帽及体又分成透明（不含色素及二氧化钛）、半透明（含色素但不含二氧化钛）、不透明（含二氧化钛）三种。囊身或帽锁口有不同的结合形式，目前已设计出充填后的胶囊不破坏不能打开的结构，以保证胶囊剂用药的安全性。

胶囊填充机的机型及药物充填方式需根据药物的流动性、吸湿性及物料状态等来选择。其充填方式有冲程式、插管式、填塞式等多种定量法；机型有半自动胶囊填充机和全自动胶囊填充机。

（1）半自动胶囊填充机　半自动胶囊填充机为最早应用的机械化胶囊灌装设备，工作原理与全自动胶囊填充机几乎相同，只是药物充填计量机构的运转方式不同，其工作过程包括胶囊排列与打开、填药、闭合三个部分组成，各部分间需人工连接。操作过程中，人为因素对产品质量及生产效率的影响较大，且大大增加了实施洁净要求的难度。目前国内使用不多，已趋于淘汰，现简单介绍由胶囊排囊机与胶囊填充器组合进行半机械化填充过程。

胶囊排囊机将杂乱堆积于上部料仓的空胶囊经顺排槽排成垂直列，然后借机器下部取向机构使胶囊取向为囊身在下帽在上并模板之中。胶囊在模板插满后可将模板移至充填器进行药粉充填。插满空胶囊的模板置于填充器上。将器左上方的翻板翻下与模板闭合，此时囊帽进入翻板之中，将翻板向左上方翻开时即将囊帽打开，模板上的囊身敞口处于等装料状态，将药粉在振荡下充填至定量，再将翻板翻下使囊身与帽结合，充填完成。

（2）全自动胶囊填充机　该机从空胶囊的定向排列、囊身与帽的分离、定量充填、剔废、合囊、清理在一台机器中完成，无需人工操作。产量大，生产效率高，质量稳定，在洁净厂房中占有空间小，符合GMP对生产装备的要求。

全自动胶囊填充机由机架、传动系统、回转台部件、胶囊送进机构、胶囊分离机构、真空泵系统、颗粒充填机构、粉末充填机构、废囊壳剔除机构、胶囊封合机构、成品胶囊排出机构、清洁吸尘机构及电气控制系统等部分组成。该机电气部分采用变频调速系统，可平稳进行无级变速；机械部分采用凸轮传动机构，各工作机构运转协调；粉末、颗粒均可充填，充填剂量可调，且准确；通过更换不同附件可完成不同型号胶囊的充填操作。

图4-4-2所示为全自动胶囊填充机工作过程示意图，胶囊机回转台上装有8组模具，一

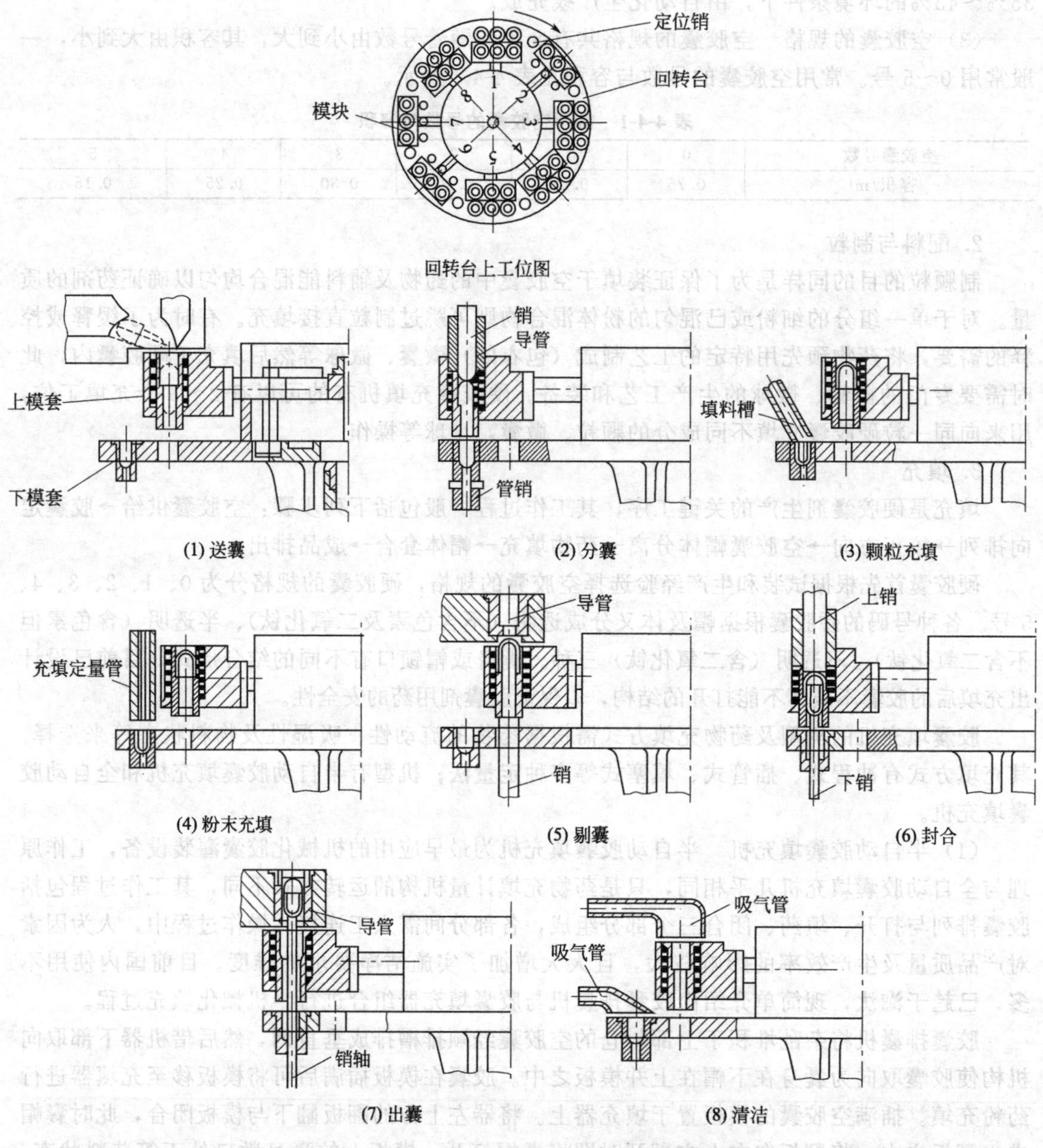

图 4-4-2 间歇式全自动胶囊填充机工作过程示意图

组模具即一个工位，模具下模块固定在转台上，上模块则根据需要做上、下及前后运动。每一工位上装有 3 个容纳胶壳的模套。回转台将胶壳送到各工位，在各工位短暂停留时间里，各种作业同时进行。回转台每转一周，就有三粒胶囊完成下列操作过程。

① 送囊 在工位 1，胶囊被送进紧固在送囊机构上端机架上的胶囊罐内，随胶囊罐下端的送囊板上下往复运动，最后使其旋转朝下落入上模套中，完成胶囊定向排列工序。胶囊进入上模套后，回转台沿顺时针方向转动 1/8 周。

② 分囊 在工位 2，由胶囊分离机构将胶囊体与胶囊帽分开，并分别位于上、下模块之中。回转台沿顺时针方向再转动 1/8 周。

③ 充填 在工位 3，模块向回转台圆心方向移动，由颗粒充填机构进行颗粒充填。颗粒

充填机构是通过调整计量斗的容积进行定量的。在工位 4，由粉末充填机构依靠充填定量管插入粉层进行定量充填药粉。如果在工位 2 胶囊体与胶囊帽没有被分离，无法充填药料，在工位 5 被废胶囊剔除机构剔除，以免混入已充填过的成品胶囊中。

④ 封合　药物充填完毕后，即进入工位 6，利用上下销将胶壳体插入胶壳帽，至完全封合后，上下销退出，完整的胶囊留在上模套内，上模套在弹簧的作用下，恢复到原来的位置。至此，胶囊封合过程结束。

⑤ 出囊　在工位 7，成品胶囊排出机构将模套内的胶囊顶起，推进导管，靠真空吸力将胶囊表面的粉尘吸干净，自导管上部排出来的胶囊进入特定的容器内。在工位 8，真空吸气管将回转台及模块进行清洁。至此，胶囊充填的全过程已完成。

4. 抛光与包装

抛光的目的主要是净化附于胶囊外壳的药粉，以保证其质量要求。如 JMJ-1 型胶囊磨光机，处理量约为 3000 粒/min。

硬胶囊的包装与片剂相仿，瓶装、铝塑复合膜泡罩包装都可以。在泡罩包装中，国内外有的厂家采用有胶囊取向机构的泡罩包装机，特别是对帽身不是同一颜色的胶囊，其外观效果比未取向的有很大的不同。

（二）硬胶囊剂生产厂房的洁净区分级

硬胶囊剂属口服药剂，根据 GMP（2010 版）及其附录，其暴露工序，包括拆除外包装后开始暴露的原辅料、胶囊、包装材料的准备（含清洗干燥）工序，配料、混合制粒与干燥、充填、打光、内包装等工序，均应处在 D 级的环境之中。生产标准操作规程与片剂相似，硬胶囊剂有胶囊充填操作规程，无压片和包衣操作规程。

（三）硬胶囊剂的质量要求

(1) 硬空胶囊的质量　根据 GB 13731—92，对药用明胶胶囊的质量技术要求包括：外观质量（色泽、色度、砂眼等 10 项）、理化性能（长度和厚度、黏度、脆碎性、溶化时限、炽灼残渣等）、微生物检查三大方面。

(2) 硬胶囊内容物的含水量　《中华人民共和国药典》2010 年版规定内容物含水量不得超过 9.0%，硬胶囊内容物为液体或半固体者不检查水分。

(3) 装量差异　在装量差异上，取 10 粒试样按规定的方法测试，装置差异应在 ±10.0%以内，超出限度的不得多于 2 粒，且不得有 1 粒超出限度 1 倍。

(4) 崩解时限　硬胶囊剂在水中、(37±1)℃条件下应于 30min 内完全崩解，软胶囊应在 60min 内全部崩解；肠溶胶囊剂应在人工胃液中、(37±1)℃条件下 2h 内不发生溶解，然后在 pH 6.8 磷酸缓冲液、(37±1)℃条件下 1h 内完全崩解。需要注意的是空心硬胶囊的崩解时间：优等品≤10min、一等品≤15min、合格品≤20min。若硬胶囊剂的崩解时间过长，应当充分考虑空心硬胶囊自身的崩解时间。

（四）硬胶囊剂生产的成本核算

1. 收率

收率的计算有两种方法：一是包装后产品中主药总量（或折算成药材总量）占投入主药总量（或药材总量）的百分率；二是包装后产品的胶囊总个数占投料预计（理论）产出胶囊总个数的百分率。

$$\text{硬胶囊总收率}=\frac{\text{包装后产品折算成中药材总量(kg)}}{\text{投料中药材总量(kg)}}\times 100\% \qquad (4\text{-}4\text{-}1)$$

$$\text{硬胶囊总收率}=\frac{\text{包装后产品的胶囊总个数(万粒)}}{\text{投料预计理论产出胶囊总个数(万粒)}}\times 100\% \qquad (4\text{-}4\text{-}2)$$

2. 单耗

单耗仍然是每单位产品所消耗的主药、药材、胶囊、辅料、包装材料、水、电、蒸汽等的量，例如：

$$某药材单耗（kg药材/万粒胶囊成品）=\frac{某药材投料量（kg）}{包装后胶囊的实际粒数(万粒)} \qquad (4\text{-}4\text{-}3)$$

$$水蒸气的单耗（t/万粒胶囊成品）=\frac{水蒸气的消耗量（t）}{包装后胶囊的实际粒数(万粒)} \qquad (4\text{-}4\text{-}4)$$

这里统计的基准可以是批、月、年等。

3. 生产成本

生产成本包括原辅料、包装材料与能量的消耗、劳动工资、折旧等分项的合计，折算成每万粒包装后产品的成本。

【知识拓展】

微型包囊技术

微型包囊技术是利用高分子材料（通称囊壁），将药粉微粒或药液微滴（通称囊心）包埋成微小囊状物的技术，其制品称为微囊剂。药物微囊化后，具有延长疗效，提高稳定性，掩盖不良嗅味，降低在胃肠道中的副作用，减少复方配伍禁忌，改进某些药物的物理特性与特点。微囊以往多以凝聚法制备而得，近年来，用喷雾干燥方法制备微囊的技术格外引人注目。

在喷雾过程中，由心材和壁材组成的均匀物料，被雾化成微小液滴后，受周围热空气的影响，使雾滴表面形成一层半透膜，形成粉末状微囊颗粒。

采用喷雾干燥法制备藿香油等挥发油微囊，考察油、水、胶三者比例对挥发油保留率的影响，并用气相色谱法测定了胡椒酚甲醚在原油和微囊中的含量。结果表明该囊的化学稳定性明显优于原油。

三、软胶囊剂

软胶囊剂最初用于鱼肝油、维生素 E 等药物油溶液的填充，但是用于中药，尚属于比较新的剂型。许多中药，如山苍子、艾叶、牡荆、宽叶杜香等，含有的挥发油具有良好的平喘效果，因其易挥发和氧化分解，影响了药物疗效，并且具有异臭，病人不易接收。利用软胶囊将挥发油包裹在其中，掩盖了挥发油的异臭，且外形美观，服用方便，分散均匀，当外壳溶解后液体药物比较容易吸收，生物利用度也有很大提高。软胶囊剂是液体状药物（制成油剂、乳剂等）转变为固体的一种剂型。

（一）软胶囊剂的囊材与规格

1. 软胶囊剂的囊材

软胶囊囊材的组成主要是胶料、增塑剂、附加剂和水。胶料一般为明胶、阿拉伯胶。增塑剂常用甘油、山梨醇，单独或混合使用均可。附加剂包括：防腐剂（常用对羟基苯甲酸甲酯：对羟基苯甲酸丙酯＝4：1 的混合物，为明胶量的 0.2%～0.3%）、色素、香料（常用 0.1%的乙基香兰醛或 2%的香精）、遮光剂（常用二氧化钛，为明胶量的 0.2%～1.2%）；此外，还可加 1%的富马酸以增加胶囊的溶解性。软胶囊囊材配方中明胶、增塑剂、水的质量比为 1.0：(0.4～0.6)：(1.0～1.6)，各组成成分的质量应符合《中华人民共和国药典》2010 年版规定的标准。

2. 软胶囊剂的规格

软胶囊的外壳形状种类很多，有球形、橄榄形等，其内包容物一般为液体或固体，胶囊的装置号和规格见表 4-4-2 所示。

（二）软胶囊一般性生产工艺流程

软胶囊一般性生产工艺流程大体可分为：配料、化胶、充填、洗涤、干燥、包装等工序，如图 4-4-3 所示。

1. 配料

配料包括胶料的配制与内容物的配制（如药物、植物油），后者称量混合均匀后放入料桶之中。

表 4-4-2　球形、橄榄形胶囊的装置和规格

球形	装置号	1.5	2	3	6	7	8	10	36	40
	装量/滴	1.5	2	3	6	7	8	10	36	40
	体积/mL	0.092	0.123	0.185	0.37	0.431	0.493	0.616	2.218	2.464
橄榄形	装置号	1.5	2	3	4	5	6	8	10	32
	装量/滴	1.5	2	3	4	5	6	8	10	32
	体积/mL	0.092	0.123	0.185	0.246	0.306	0.37	0.493	0.616	1.972

2. 化胶

将干明胶、增塑剂与水三者按一定的配方比例投入化胶罐并加热使成均匀液体混合物，然后放入有电加热保温装置的明胶桶，送充填机备用。

3. 充填

软胶囊的充填有滴制法和压制法两种工艺。滴制法采用滴丸机生产软胶囊，设备简单，投资少，生产过程中几乎不产生废胶，产品成本低；压制法产量大，自动化程度高，成品率也较高，计量准确，适合于工业化大生产。有关滴丸机的结构及工作过程见本模块任务五中滴丸的生产，以下介绍压囊机的结构及工作过程。

软胶囊充填通常采用模压法，其专用设备是压囊机。压囊机关键部分是机头，机头上有两个装有模子的滚模轴，左右两个模子组成一套模具。模子上模孔的形状、大小决定胶囊剂的形状和型号。两个滚模轴相对转动。右滚模轴能够转动，但不能移动。左滚模轴既能转动，又能横向水平移动。胶带均匀压紧于两个模子之间。

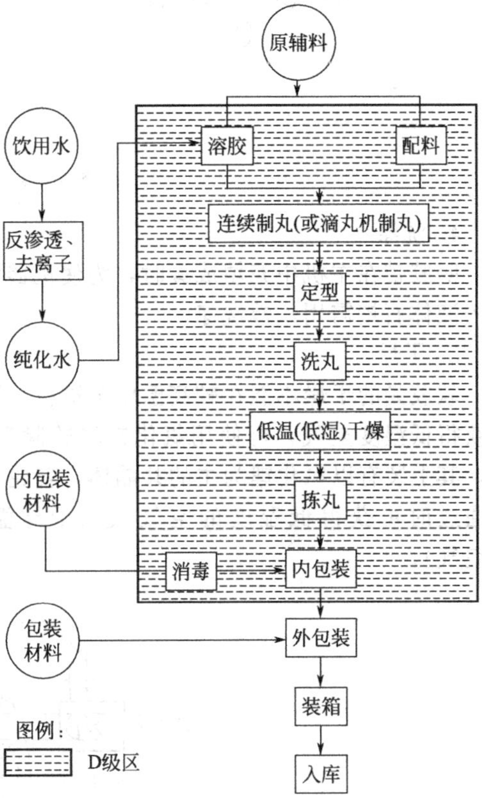

图 4-4-3　软胶囊一般性生产工艺流程图

压囊机的工作过程为：将制备的胶液装入明胶盒，调节明胶盒的加热前板与胶带轮的间隙为 0.9mm 左右；然后打开明胶盒的电加热管和输胶管的电加热套的电源开关，调节温度为 50～60℃。开动机器的同时，开动冷风机，打开阀门放胶液，将胶液涂布于温度为 16～20℃的鼓轮上，冷却后即成为厚度均匀、具有一定弹性和韧性的明胶带。两侧鼓轮转过一周后，将胶带剥起，分别送入油轴，经胶带导杆、送料轴送入两模子之间。药物溶液由贮液槽流入到填充泵内，再经导管进入温度为 37～40℃的楔形注入器，注入夹在两模子间的胶带

中。注入的药液体积由填充泵的活塞控制。由于药液的注入使胶带膨胀，同时模子旋转压迫胶带使其闭合，药物即被封闭在胶带中。模子的继续旋转将装满药液的胶囊切离胶带，软胶囊即成型，见图 4-4-4 所示。

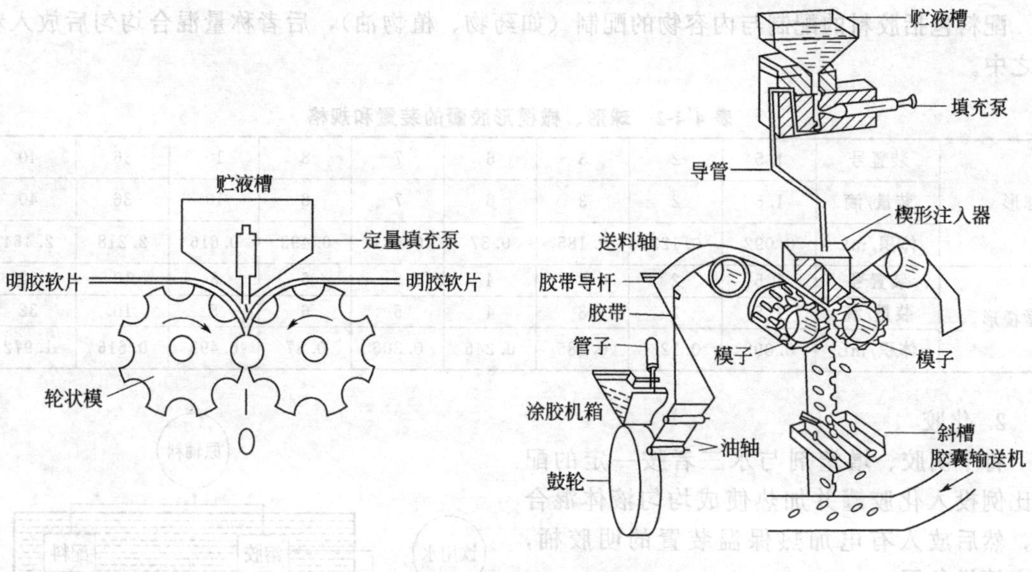

图 4-4-4　压囊机示意图

4. 洗涤

明胶带在主机中充填成囊时，为使机器润滑使用了液体石蜡，为此产出的软胶囊外表附着的液体石蜡需用乙醇洗涤。

5. 干燥

软胶囊的干燥不能在较高温度下进行，因此现行工艺是用低湿度空气对流常温下去湿，为获得低湿度空气，可使用氯化锂转轮除湿机，如图 4-4-5 所示。该机主要部件为除湿转轮，其上装有以氯化锂为主的共晶体，转轮截面圆的 3/4 区域为空气除湿区，待处理的湿空气通过时可获得低湿度的空气（如干球温度 22℃、湿球温度 10℃、相对湿度达 16% 的空气）。

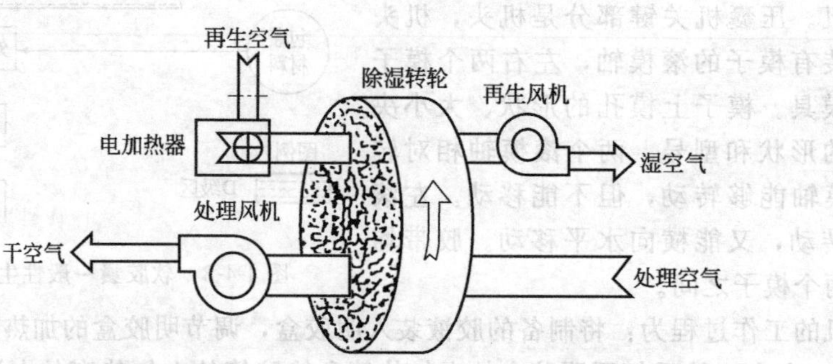

图 4-4-5　氯化锂转轮除湿机的工作原理图

在此区域氯化锂吸走空气中的水分，所得低湿度空气可用于干燥机与干燥房。剩余的 1/4 区域内吸过湿的氯化锂为热空气所再生，氯化锂中的水分转移至热空气之中而获得再生并继续用于干燥空气。

6. 包装

软胶囊的包装形式类同于硬胶囊，可以是瓶装，也可以用铝塑泡罩包装。

(三) 生产车间的洁净区分级及生产标准操作规程

软胶囊生产的所有暴露工序也均应处在D级的洁净环境之中，软胶囊室温除湿用的低湿度空气的洁净度也应当是同一洁净级别。平面布置实例如图4-4-6所示。

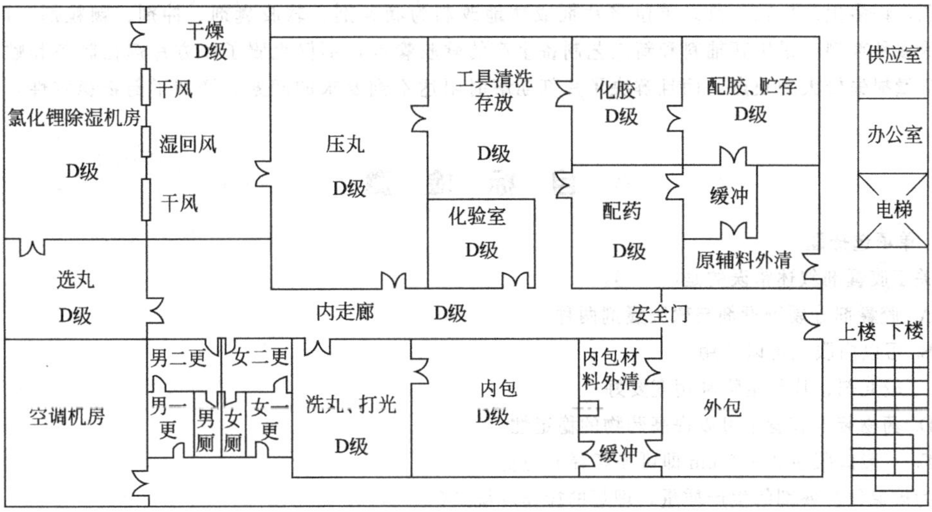

图4-4-6 软胶囊车间平面布置图

软胶囊剂的通用质量标准与硬胶囊相类似，其生产SOP管理如表4-4-3所示。

表4-4-3 中药软胶囊剂SOP管理

序号	名称	序号	名称
1	软胶囊生产过程管理规程	13	瓶装数丸机标准操作规程
2	配料室备料标准操作规程	14	瓶装旋盖、封口机标准操作规程
3	领料、退料、补料标准操作规程	15	瓶装贴签机标准操作规程
4	溶胶准备工作标准操作规程	16	外包装工序标准操作规程
5	溶胶岗位标准操作规程	17	包装工序标准操作规程
6	溶胶、配料称量标准操作规程	18	生产过程偏差处理程序
7	液体物料输送标准操作规程	19	物料超额审批程序
8	衡器使用标准操作规程	20	包装流水线标准操作规程
9	压丸机标准操作规程	21	器具、容器清洁标准操作规程
10	软胶囊洗涤标准操作规程	22	清洗标准操作规程
11	干燥设备使用标准操作规程	23	软胶囊卫生管理规程
12	拣丸岗位标准操作规程		

【生产实训】

复方丹参胶丸

【处方】 丹参、三七、冰片。

【制法】 以上三味，三七、丹参加水煎煮，煎液滤过，滤液浓缩，加入乙醇，静置使沉淀，取上清液，回收乙醇，浓缩成稠膏，备用；再与研细的冰片混匀，加入适量辅料X-20（厂方代号），菜油与吐温-80等用胶体磨研磨均匀。置软胶囊轧囊机压制，即得。

【质量要求】

① 崩解时限 按《中华人民共和国药典》2010年版一部附录ⅫA进行检查，应符合规定。

② 薄层鉴别　采用TLC鉴别冰片、三七、丹参药材，提高了鉴别专属性。

③ 含量测定　采用气相色谱法测定了复方丹参胶丸中冰片含量。并规定不少于7.3mg/粒；用高效液相色谱（《中华人民共和国药典》2010年版附录Ⅵ D）测定，本品每粒含丹参［以丹参素（$C_9H_{10}O_5$）计］不应少于0.1mg。

【注释】 复方丹参片是《中华人民共和国药典》一部收载的传统制剂品种，国内已有138家药厂生产，临床应用近20年，鉴于片剂服用量大，溶解度差，并无完善的质量控制标准，在工艺质量上存在的大量问题，许多生产厂家、科研单位将片剂成功地改制为滴丸剂、软胶囊剂、冲剂、颗粒剂、口服液、喷雾剂等多种剂型。采用新辅料和新工艺制备生产的软胶囊剂，不仅克服了原方片剂在制备和贮存过程中冰片含量损失较大的缺点，而且解决了片剂崩解时限达不到要求的问题，增加了药物稳定性，提高了疗效。

目 标 检 测

一、单项选择题

1. 关于胶囊剂叙述错误的是(　　)。

A. 胶囊剂分硬胶囊剂与软胶囊剂两种

B. 可以内服也可以外用

C. 较丸剂、片剂生物利用度要好

D. 药物装入胶囊中可以提高药物的稳定性

E. 一般口服后3～10min即可崩解释放药物

2. 为确保硬胶囊剂的生产质量，理想的操作环境是(　　)。

A. 温度20～26℃，相对湿度15%～30%

B. 温度20～26℃，相对湿度30%～45%

C. 温度20～26℃，相对湿度40%～60%

D. 温度26～36℃，相对湿度30%～45%

E. 温度26～36℃，相对湿度40%～60%

3. 硬胶囊剂的制备工艺流程通常为(　　)。

A. 空胶囊的制备与选择→制粒→配料→填充→整理与抛光→包装→质检→成品

B. 空胶囊的制备与选择→制粒→配料→填充→整理与抛光→包装→质检→成品

C. 空胶囊的制备与选择→配料→制粒→填充→整理与抛光→质检→包装→成品

D. 空胶囊的制备与选择→配料→制粒→填充→整理与抛光→包装→质检→成品

E. 空胶囊的制备与选择→配料→制粒→质检→整理与抛光→填充→包装→成品

4. 对全自动胶囊填充机特点叙述错误的是(　　)。

A. 产量大，生产效率高

B. 可通过更换不同附件完成不同型号胶囊的充填操作

C. 充填物料可以是粉末、颗粒、浸膏、药液

D. 该机设有清洁吸尘机构，可将填充物料后成品胶囊表面的粉尘吸干净

E. 全自动胶囊填充机能完成空胶囊的定向排列、囊身与帽的分离、定量充填、剔废、合囊、清理等工序

5. 关于胶囊剂崩解时限要求正确的是(　　)。

A. 硬胶囊应在30min内崩解，软胶囊应在30min内崩解

B. 硬胶囊应在30min内崩解，软胶囊应在60min内崩解

C. 硬胶囊应在60min内崩解，软胶囊应在30min内崩解

D. 硬胶囊应在60min内崩解，软胶囊应在60min内崩解

E. 肠溶胶囊在盐酸溶液中2h崩解

6.《中华人民共和国药典》2010年版一部规定，胶囊剂装量差异限度应为(　　)。

A. ±1%　B. ±3%　C. ±5%　D. ±10%　E. ±15%

7. 下列各种规格的空胶囊中，容积最大的是(　　)。

A. 0号　B. 1号　C. 2号　D. 3号　E. 4号

8. 制备不透光空胶囊，需加入的遮光剂是(　　)

A. 甘油　B. 对羟基苯甲酸酯类　C. 琼脂

D. 羧甲基纤维素钠　E. 二氧化钛

二、多项选择题

1. 下列关于软胶囊剂的叙述，正确的是(　　)。

A. 填充物为油类

B. 囊材中增塑剂用量不可过高，否则囊壁过软

C. 一般明胶、增塑剂、水的质量比为1.0∶(0.4～0.6)∶1.0

D. 可以采用滴制法制备有缝胶囊

E. 一般生产工艺流程为：配料→化胶→充填→洗涤→干燥→包装等工序

2. 制备硬胶囊壳需要加入附加剂有(　　)。

A. 增塑剂　B. 崩解剂　C. 遮光剂　D. 防腐剂　E. 增稠剂

3. 下列不宜制成胶囊剂的药物是(　　)。

A. 流浸膏　B. 易风化药物　C. 酊剂　D. 药物细粉　E. 牡荆油

三、简答题

1. 胶囊剂有哪些特点?

2. 药物填充硬胶囊前应如何处理?

3. 颗粒的粒度与片剂质量有何关系?

任务五　其他剂型

学习目标

知识目标：

◇ 掌握丸剂、颗粒剂、栓剂一般性生产工艺流程及质量要求；掌握丸剂生产装置。

◇ 熟悉丸剂的种类、特点、生产车间洁净分区；熟悉颗粒剂、栓剂生产车间洁净分区。

◇ 了解新型丸剂的种类、特点、一般性生产工艺流程；了解颗粒剂、栓剂的生产成本核算。

能力目标：

◇ 学会丸剂、颗粒剂、栓剂的典型制备技术，并能进行典型生产设备的选型和操作。

◇ 能将学到的理论知识运用到生产实际中，能根据剂型要求选择合理的制剂生产工艺，并学会用学到的理论知识解决生产实际问题。

◇ 了解丸剂发展的动向。

一、丸剂

丸剂系指药材细粉或药材提取物加适宜的黏合剂或其他辅料制成的球形或类球形制剂，主要供内服，分为水丸、蜜丸、水蜜丸、糊丸、蜡丸、浓缩丸、微丸和滴丸等类型。浓缩丸、微丸和滴丸等新型丸剂，由于生产工艺简便，剂量小，疗效好，在中药新药研制开发中已成为首选剂型之一。

（一）传统丸剂

1. 特点

丸剂是中药传统剂型之一，能容纳固体、半固体甚至黏稠性液体的药物。服用后在胃肠道缓慢崩解而发挥药效，因而作用持久，对毒、剧、刺激性药物可延缓吸收、减弱毒性和不良反应，多用于慢性病治疗及久病体弱者的调理。丸剂生产工艺与装备简单，成本较低，但因服用剂量大而使用不便或服用困难。因为是传统剂型，流程长、厂房面积大、操作者多，生产装备相对落后，使产品污染机会多，丸剂的剂量准确性也差。近年来，随着制丸设备、制丸技术的发展和新辅料的开发，中药丸剂的体积可以大幅度减小，质量也不断得到提高，尤其是制成缓释、控释制剂，给中药丸剂这一古老剂型注入了新的活力。

2. 一般性生产工艺流程

（1）水丸　水丸的生产工艺过程为：配料→起模→泛制成型→盖面→干燥→选丸→包衣→打光→质量检查→包装。

① 配料　配制好泛丸用黏合剂。除另有规定外，通常将药物粉碎过六号筛备用。若处方中有药材需制药汁，应按规定制备。

② 起模　泛丸是颗粒直径逐渐增大的造粒过程，批量生产的泛丸过程在包衣锅内进行。粉粒借黏合剂结合成较大些的颗粒，然后在表面喷洒黏合剂，再洒入药粉形成更大些的颗粒，如此反复，直至达到一定的水丸直径。可见泛丸过程要首先取部分粉粒泛制形成一定数量的微小颗粒作为核心，这在中药生产中被称为起模。起模用粉量可用下列经验公式估算。

$$G=\frac{0.625\times D}{Q} \tag{4-5-1}$$

式中　G——起模用的粉体量，kg；

D——药粉总量，kg；

Q——成品水丸 100 粒干重，g；

0.625——标准模子 100 粒质量，g。

起模方法有三种：一是在旋转的包衣锅壁喷少量黏合剂使之润湿，撒少许药粉，用塑料刷以旋转的反方向刷下细小颗粒，再喷黏合剂，撒药粉，搓揉，如此反复直到起模用粉加完，经过筛除细粉即可；二是将部分起模用粉放在包衣锅中，在转动下喷洒黏合剂，借包衣锅的转动和人工搓揉使成颗粒状，并逐渐加入起模用的药粉和喷洒黏合剂，所制成的颗粒丸模取出过筛、分等待用；三是将药粉和黏合剂在转动的包衣锅内混合制成松散适宜的软材，用 8～10 目筛制成颗粒，再将其置于锅内加少许干粉在旋转的包衣锅内制成小球状，取出筛去细粉即可。

③ 泛制成型　制成的模子在包衣锅中反复喷洒黏合剂、药粉使之直径接近成品要求，这一操作称为成型。泛制过程中不断进行筛分，细小的部分回至锅内复泛以增加丸的数量，直径过大或多个粘连在一起的可以打碎后回锅复泛，这样的操作可以保证一定投料量达到预计的水丸数目。

④ 盖面　合格、均匀的水丸可加入剩余的药粉进行盖面（最后的泛制）以使丸粒表面致密、光洁、圆整。盖面的方法有药粉盖面、清水盖面和药浆盖面（水与剩余药粉混合成浆）三种。

⑤ 干燥与筛选　泛制的水丸含水量大，易发霉，应及时干燥。干燥温度一般控制在 80℃以下，含挥发性成分的药丸应控制在 60℃以下。长时间高温干燥可能影响水丸的溶散速度，宜采用间歇或沸腾干燥方法。干燥的方法有烘箱干燥、沸腾干燥、微波干燥等。

为保证丸粒圆整、大小均匀、剂量准确，丸粒干燥后，可用振动筛、滚筒筛、检丸器及连续成丸机组等筛选分离。图 4-5-1 为检丸器结构示意图。

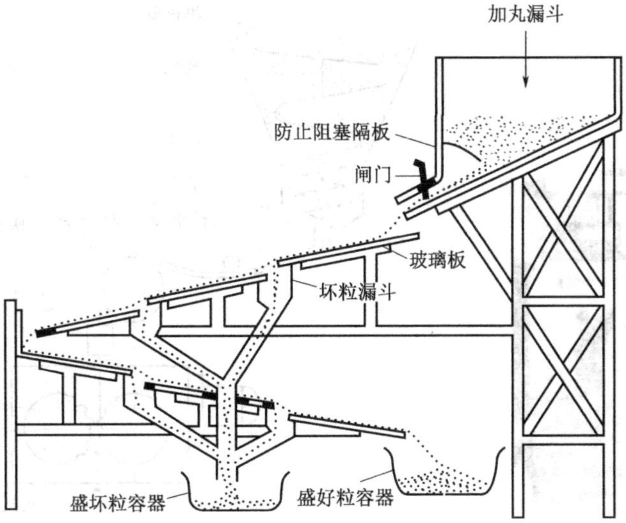

图 4-5-1　检丸器结构示意图

⑥ 包衣　为增加药物的稳定性，减少刺激性，控制药物的释放（肠溶、胃溶），改善外观或有利识别，可对水丸进行包衣。

包衣的种类如下。

a. 药物衣　包衣材料是丸剂处方的组成部分，用其包衣可首先发挥药效，又可保护丸料、增加美观，如朱砂（镇静安神）衣、黄柏（清热燥湿）衣、雄黄（解毒杀虫）衣、清黛（清热解毒、凉血等）衣等。

b. 保护衣　选取性质稳定的包衣材料，使主药与外界隔绝而起保护作用，这一类主要有糖衣、薄膜衣、滑石衣、明胶衣等。

c. 肠溶衣　选用适宜的材料将丸剂包衣后使之在胃液中不溶散而在肠液中溶散。

包衣材料需先过 120～140 目筛，待包衣药丸则应干透，然后在包衣机内用黏合剂、包衣粉进行包衣，包衣层可达 5～6 层。用包衣机包糖衣的工艺过程一般为：隔离层→粉衣层→糖衣层→有色糖衣层和抛光五个工序。

水丸的分装一般为定剂量瓶装，可以是数粒或称重分剂量。

(2) 蜜丸　蜜丸系指药材细粉以炼制过的蜂蜜为黏合剂制成的丸剂。按蜜炼制的温度、时间以及蜜的颜色及水分将其分为嫩蜜（含水量为 17%～20%）、中蜜（含水量为 14%～16%）及老蜜（含水量小于 10%）。炼蜜可在炼蜜锅中进行。在生产中究竟采用何种炼蜜，应视具体品种根据中药的性质、粉末的粗细、含水量的高低、制丸时的气候条件等来确定。

蜜丸其生产工艺包括炼蜜、配料、和药、制丸、包衣、定剂量包装等工序。

和药指将各种药材细粉、炼蜜在捏合机中均匀混合成制丸的软材，所制得的软材应当有良好的可塑性，但又不能过软而不能保持蜜丸一定的形状，这与蜜的炼制程度、和药温度、用蜜量、季节与气候等有关。

大生产中多采用机器制丸，随着自动化程度提高，制药机械亦不断改革进步。图 4-5-2 所示为中药自动制丸机。该机可制备蜜丸、水蜜丸、浓缩丸、水丸，实现一机多用，其主要部件由加料斗、推进器、出条嘴、导轮及一对刀具组成。药料在加料斗内经推进器的挤压作用通过出条嘴制成丸条，丸条经导轮被直接递至刀具切、搓，制成丸粒。其制丸速度可通过旋转调节钮调节，在使用中积累的许多经验，应在制丸工艺及生产中注意。

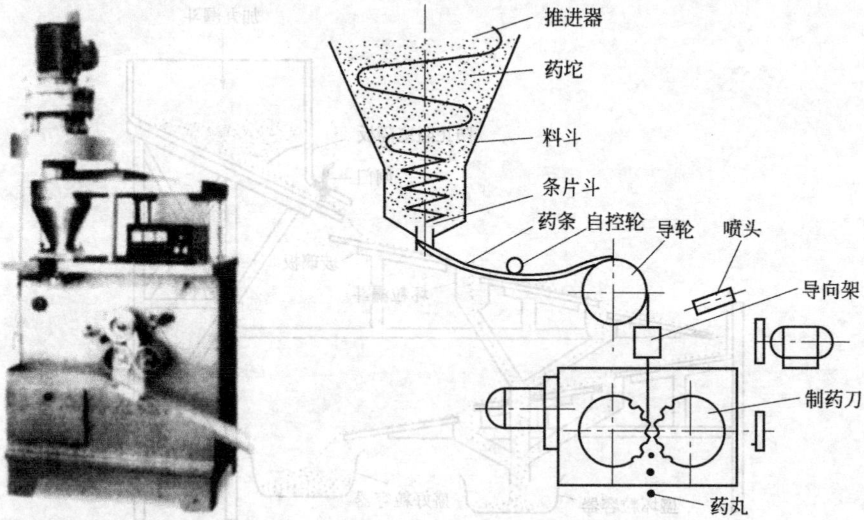

图 4-5-2 ZW-80A 型全自动制丸机

制成的蜜丸可立即进行分装而无需干燥，以保证丸剂的滋润，但须先用微波或远红外辐射杀菌。有的蜜丸在包装前还要挂金箔或朱砂衣。蜜丸的包装也有多种，可在空蜡壳中放入一粒蜜丸，然后合壳并密封；也可用涂蜡纸盒或塑料盒包装。

蜜丸生产厂房暴露部分的洁净度应为 D 级。

(3) 水蜜丸 水蜜丸系指药材细粉以炼制过的蜜蜂和水为黏合剂制成的丸剂。水蜜丸的生产过程与小蜜丸相似，只是所用黏合剂为蜜水，蜜水可用炼蜜加水在搅拌下煮沸而成。水蜜丸的一般性生产过程包括炼蜜、蜜水配制、配料（含粉碎）、泛丸、干燥、定剂量包装等工序。

3. 丸剂的质量要求

《中华人民共和国药典》2010 年版对丸剂的一般性质量要求如下。

① 水分 照水分测定法（附录Ⅸ H）测定。除另有规定外，蜜丸和浓缩蜜丸中所含水分不得过 15.0%；水蜜丸和浓缩水蜜丸不得过 12.0%；水丸、糊丸和浓缩水丸不得过 9.0%。蜡丸不检查水分。

② 重量差异 丸剂重量差异限度应符合表 4-5-1 所示规定。

表 4-5-1 丸剂重量差异限度

标示片重或平均重量	重量差异限度	标示片重或平均重量	重量差异限度
≤0.05g	±12%	1.5～3.0g	±8%
0.05～0.1g	±11%	3.0～6.0g	±7%
0.1～0.3g	±10%	6.0～9.0g	±6%
0.3～1.5g	±9%	≥9.0g	±5%

包糖衣丸剂应检查丸心的重量差异并符合规定，包糖衣后不再检查重量差异，其他包衣丸剂应在包衣后检查重量差异并符合规定；凡进行装量差异检查的单剂量包装丸剂，不再进行重量差异检查。

③ 装量差异　单剂量包装的丸剂装量差异应符合表 4-5-2 所示规定。

表 4-5-2　丸剂装量差异限度

标示装量	装量差异限度	标示装量	装量差异限度
≤0.5g	±12%	3.0～6.0g	±6%
0.5～1.0g	±11%	6.0～9.0g	±5%
1.0～2.0g	±10%	≥9.0g	±4%
2.0～3.0g	±8%		

④ 装量　装量以重量标示的多剂量包装丸剂，照最低装量检查法（附录ⅫC）检查，应符合规定。以丸数标示的多剂量包装丸剂，不检查装量。

⑤ 溶散时限　照崩解时限检查法（附录Ⅻ A）片剂项下的方法加挡板进行检查。除另有规定外，小蜜丸、水蜜丸和水丸应在 60min 内全部溶散；浓缩丸和糊丸应在 120min 内全部溶散。蜡丸照崩解时限检查法（附录Ⅻ A）片剂项下的肠溶衣片检查法检查，应符合规定。除另有规定外，大蜜丸及研碎、嚼碎后或用开水、黄酒等分散后服用的丸剂不检查溶散时限。

⑥ 微生物限度　照微生物限度检查法（附录ⅩⅢ C）检查，应符合规定。

4. 丸剂的收率计算

丸剂的总收率计算基准可以是质量或粒数，计算方法与片剂、胶囊剂类似。

（二）新型丸剂

1. 滴丸

滴丸系指药材经适宜的方法提取、纯化、浓缩并与适宜的基质加热熔融混匀后，通过滴嘴逐滴进入不相溶的冷凝液中收缩固化而成的球形或类球形制剂。

中药丸的研制始于 20 世纪 70 年代末，上海医药工业研究院等单位对苏合香丸进行研究，最后改制成苏冰滴丸。此后复方丹参滴丸、香连滴丸、鱼腥草滴丸、咽立爽滴丸等相继研制成功。其中复方丹参滴丸为《中华人民共和国药典》2000 年版新增品种之一，近年来又首例以治疗药的身份正式通过美国食品和药品管理局（FDA）预审，以天然复方混合剂的形式直接进入新药Ⅱ～Ⅲ期临床试验，这一事件对我国中药现代化并进入国际市场有一定意义。

（1）特点　滴丸因主药在基质中呈高度分散状态，因而剂量准确、起效迅速，生物利用度高。滴丸可使液体类药物方便地制成固体制剂，如牡荆油滴丸、芸香油滴丸。使用肠溶性基质，如硬脂酸钠、虫胶等，可以代替肠溶性包衣制得肠溶性滴丸。滴丸的稳定性好，不易氧化，水解。且生产工艺工序少，工艺设备简单，操作方便，生产车间无粉尘，除基质外可节省大量辅料，成本相对较低。但滴丸载药量小，相应含药量低，服药剂量大。如复方丹参滴丸每次服用 10 粒。另外，供选用的基质和冷凝剂较少，使滴丸品种受到限制。

（2）一般性生产工艺流程　滴丸的主要生产工艺过程可分为配料、混合、滴制成丸、洗涤、干燥、定剂量分装几个工序。

滴丸制丸前应根据主药性质选择合适的基质和冷凝剂。基质应不与主药发生作用，不影响疗效，在 60～100℃处于液态，降低温度（急冷）又能成为固体，并对人体无害。常用的水溶性基质有聚乙二醇（PEG6000、PEG4000）、硬脂酸钠、甘油、明胶等，油溶性基质有硬脂酸、单硬脂酸甘油酯、蜂蜡、虫蜡、氢化植物油等。选择的冷凝液应不与主药混溶，不与主药、基质发生作用，不影响药物的疗效，与液滴的密度相近（以增加液滴的停留时间，而使滴丸的冷却有明显的收缩-凝固-冷却三个阶段），有适当的黏度（以保证液滴的内聚收缩）。常用的水溶性基质的冷凝液有液状石蜡、植物油、甲基硅油等。油溶性基质的冷凝液可用水或不同浓度乙醇等。

混合是生产滴丸的关键工序，固体主药应当有很高的细度以利于机体的吸收，固体药物在基质中可形成溶液（基质为溶剂）、细微混悬晶粒或无定形粉末。液态主药在与基质混合后多形成乳液、凝胶或溶液。

制丸常用滴丸机，如图 4-5-3 所示为有定量控制装置的滴丸机，该机主要由原料贮槽（药液贮槽和明胶液贮槽）、定量控制器、喷头和冷却器等组成，其关键部位是喷头，喷头是双层的。该机的丸重不是由滴出口大小自然形成，而是由定量泵来调节的，因而可滴成较大的滴丸。药液由泵喷出不易阻塞，适用于中药的混悬滴丸，尤其适合于含有中药浸膏及粉末的滴丸。

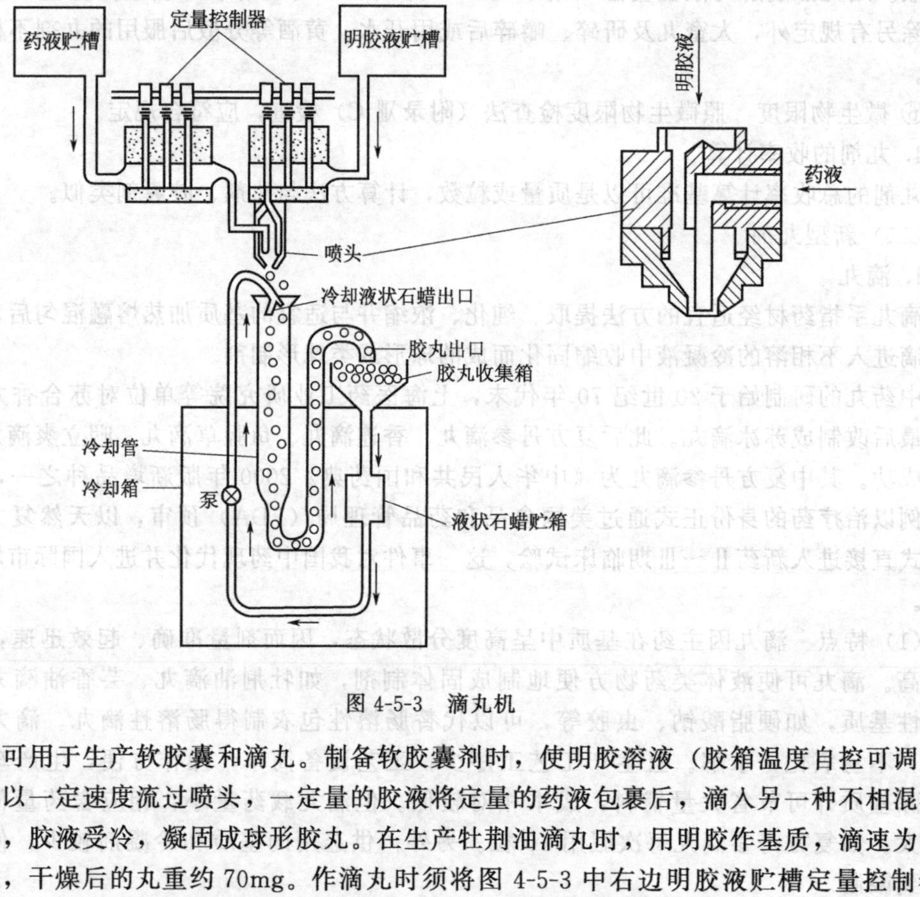

图 4-5-3 滴丸机

该机可用于生产软胶囊和滴丸。制备软胶囊剂时，使明胶溶液（胶箱温度自控可调）与油状药液以一定速度流过喷头，一定量的胶液将定量的药液包裹后，滴入另一种不相混溶的冷却液中，胶液受冷，凝固成球形胶丸。在生产牡荆油滴丸时，用明胶作基质，滴速为每分钟 400 粒，干燥后的丸重约 70mg。作滴丸时须将图 4-5-3 中右边明胶液贮槽定量控制器关闭，由药液贮槽定量控制器来控制丸重，将原双层喷头改为单层。

从滴丸机中取出的成品滴丸表面附着冷凝液，经离心机分离后还须通过洗涤法去除残留的冷凝液。不同的滴丸品种、不同的冷凝剂使用的洗涤液及洗涤方法可能不同。如用液态石蜡作冷凝液时可用石油醚等挥发性有机溶剂洗出。

干燥应在低温下进行，软胶囊的去湿方法可以借鉴。也可进行包衣，包衣的设备和操作与一般片、丸剂相同。

【知识链接】

滴丸剂一般性质量要求

《中华人民共和国药典》2010年版对滴丸剂的质量要求主要是重量差异、装量差异、溶散时限和微生物限度等。

2. 浓缩丸和微丸

浓缩丸系指药材或部分药材提取的清膏或浸膏，与处方中其余药材细粉或适宜的赋形剂制成的丸剂。根据所用黏合剂的不同，分为浓缩水丸、浓缩蜜丸和浓缩水蜜丸。

微丸系指直径小于2.5μm的各类球形或类球形的药剂。

浓缩丸又称药膏丸、浸膏丸。《中华人民共和国药典》中收载的木瓜丸、安神补心丸皆为浓缩丸。其特点是药物全部或部分经过提取浓缩，服用量降低，易于服用和吸收而发挥药效。但是，浓缩丸的药材在提取，特别是在浓缩过程中避免受热时间较长，以免有些成分可能受到影响，使药效降低。

中药制剂中很早就有微丸制剂，如"六神丸"、"喉症丸"、"牛黄消炎丸"等制剂均具有微丸的基本特征。微丸具有外形美观，流动性好；含药量大，服用剂量小；释药稳定、可靠、均匀；比表面积大，溶出快，生物利用度高等特点。随着对微丸工艺和专用设备的研究，微丸在缓释、控释制剂方面的运用越来越多，将会有很大的发展前景。

【生产实训】

乌鸡白凤丸

【处方】

乌鸡（净）640g	牡蛎（煅）48g	鳖甲（醋制）64g	人参128g
鹿角胶128g	黄芪32g	白芍128g	当归144g
香附（醋制）128g	甘草32g	桑螵蛸48g	天冬64g
熟地黄256g	鹿角霜48g	地黄256g	银柴胡26g
芡实（麸炒）64g	川芎64g	山药128g	丹参128g

【剂型】 蜜丸。

【功能与主治】 补气养血，调经止带，用于气血两虚，身体瘦弱，腰膝酸软，月经不调，崩漏带下。

【制法】

(1) 配料　按处方将上述药材炮制合格，称量配齐。乌鸡、牡蛎、鳖甲单放，人参至天冬九味混合，熟地黄至丹参八味混合。

(2) 装罐蒸制　先将乌鸡宰杀，除去毛、内脏及爪尖等洗净，酌予碎断，将鳖甲、牡蛎置于罐底，继装入人参等药料约半数，再装入乌鸡，然后将其余半数药料装入。另取黄酒1500g入罐内密封，置锅内隔水加热蒸煮（48～56h），至黄酒基本被蒸尽为度。

(3) 粉碎与混合　将鹿角霜、银柴胡、芡实、川芎、山药、丹参、熟地黄、地黄八味，粉碎为粗粉，铺置于混合槽内，将蒸制好的药物取出，置入混合槽与粗粉混合均匀，低温干燥，粉碎为细粉，筛分。

(4) 制丸　取炼蜜与上述药粉搅拌混合，每100g细粉加炼蜜（110℃）30～40g，药料混合时蜜温90℃，捏合，制丸，干燥，制成水蜜丸；或加炼蜜90～120g制成小蜜丸或大蜜丸，即得。

【质量要求】

① 溶散时限　按《中华人民共和国药典》2010年版附录Ⅻ A项下检验，应在1h内全部溶散。

② 薄层鉴别　采用薄层色谱法分别鉴别丹参、白芍药材。

③ 含量测定　按《中华人民共和国药典》2010年版高效液相色谱法（附录Ⅵ D）测定，本品含白芍以

白芍药苷（$C_{23}H_{28}O_{11}$）计，水蜜丸每1g不得少于0.35mg；小蜜丸每1g不得少于0.22mg；大蜜丸每丸不得少于2.0mg。

冠心丹参滴丸

【处方】

丹参提取物 270g　　三七提取物 180g

降香油 10.5mL　　聚乙二醇 6000 550g

【剂型】 滴丸。

【功能与主治】 活血化瘀，理气止痛。用于气滞血瘀，冠心病所致的胸闷、胸痹、心悸气短。

【制法】 以上三味，聚乙二醇6000于水浴中加热至全部熔融后，加入上述丹参与三七的提取物，搅匀，稍冷后滴入降香油，搅拌均匀后迅速转移至贮液瓶中，密闭并保温在80℃用定量泵滴丸机由上往下滴制，冷却剂为二甲基硅油，滴速30丸/min，将形成的滴丸沥尽并擦去冷却液，倒入有吸水纸的盘中，待干燥后灌装，包装，即得。

【性状】 本品为棕红色滴丸，气清香，味淡，微苦。

【质量要求】

① 溶散时限　按《中华人民共和国药典》2010年版一部附录Ⅰ K 滴丸剂项下检测应符合规定。

② 薄层鉴别　采用薄层色谱法分别鉴别丹参、三七及降香药材，提高了鉴别专属性。

③ 含量测定　采用薄层扫描法，测定了冠心丹参滴丸中三七的含量，并规定本品含人参皂苷 R_{b1} 和人参皂苷 R_{g1} 的总量不少于2.9%。

【规格】 每粒40mg。

二、颗粒剂

颗粒剂系指药材提取物与适宜的辅料或药材细粉制成的有一定粒度颗粒状制剂，原称冲剂或冲服剂，是目前发展较快的一种中药固体制剂。随着高速搅拌制粒法、喷雾干燥制粒法、滚动凝聚制粒法等新工艺的应用，中药颗粒剂出现了无糖型、泡腾型、包衣型、吞服型等新类型。

1. 特点

颗粒剂与散剂不同，散剂多用药材细粉，而颗粒剂可以是药材细粉或药材提取物，可看成是中药传统汤剂的延伸，既保持了汤剂作用迅速的特点，又克服了汤剂煎煮不便、服用量大、易霉败变质等缺点。且口感好、体积小，贮藏及运输均较方便。但颗粒剂成本较高，易吸潮，必须注意包装和保存。

2. 颗粒剂的类型

颗粒剂按其溶解性能和溶解状态分为可溶颗粒剂、混悬颗粒剂和泡腾颗粒剂三类。可溶颗粒剂又可分为水溶颗粒剂（如感冒退热颗粒、板蓝根颗粒、小柴胡颗粒）和酒溶颗粒剂（如养血愈风酒颗粒）两类；混悬颗粒剂（如复脉颗粒、橘红颗粒）多加入药物细粉制成，冲服时呈均匀混悬状；泡腾颗粒剂（如山楂泡腾冲剂）中因加有适量泡腾崩解剂（如枸橼酸或酒石酸与适量的碳酸氢钠），冲服时遇水产生大量的二氧化碳气体，促使颗粒快速崩散溶解。

按成品形状可分为颗粒状、块状冲剂。以前者应用最多。后者是将干燥的颗粒加润滑剂后，经压块机压制成一定重量的块状物，如刺五加颗粒剂。

3. 一般性生产工艺流程

颗粒剂的生产工艺较为简单，片剂生产压片前的各个工序再加上定剂量包装就构成了颗粒剂整个生产工艺，即原料药的提取、提取液的精制和浓缩、制粒、干燥、整粒、定剂量包装等工序。详细生产工艺过程见生产实例——妇乐冲剂。

【生产实例】

妇乐冲剂

【处方】

忍冬藤 50g　大血藤 50g　甘草 5g　大青叶 15g　蒲公英 15g

牡丹皮 15g　赤芍 15g　川楝子 15g　延胡索（制）15g　大黄（制）10g

【功能与主治】 清热凉血，消肿止痛。主要用于盆腔炎、附件炎、子宫内膜炎等引起的带下、腹痛等妇科疾病。

【处方分析】 忍冬称金银花，为忍冬科多年生常绿缠绕灌木。其茎，药名忍冬藤。性寒、味甘。功能清热解毒，兼能通络、利关节。忍冬藤对痢疾杆菌、金黄色葡萄球菌、大肠杆菌、绿脓杆菌、皮肤真菌及甲、乙溶血链球菌都有较强的抗菌作用，并有抗流感病毒作用。大血藤为大血藤科落叶藤本植物，以藤入药，性平、味苦，功能清热解毒、活血通经，主治肠痈、经闭腹痛、关节疼痛等症，对各种常见细菌都有抑制作用。妇科盆腔炎、子宫内膜炎等疾病，大多为分娩、流产后及因经期不注意卫生等，发生细菌感染引起的，常见的致病菌有链球菌、葡萄球菌和大肠杆菌等，而忍冬藤和大血藤正好能抑制这些细菌。此外，大青叶和蒲公英、牡丹皮、赤芍具有清热凉血、活血消痈之功；延胡索活血止痛；川楝子能理气解痛；甘草则是益气补脾。以上 9 味药相互作用、配搭合理，使该药成为治疗妇科常见疾病的良药。

【生产工艺流程】

妇乐冲剂的生产分为浸膏提取和颗粒制备两大部分。浸膏生产工艺过程见图 4-5-4。

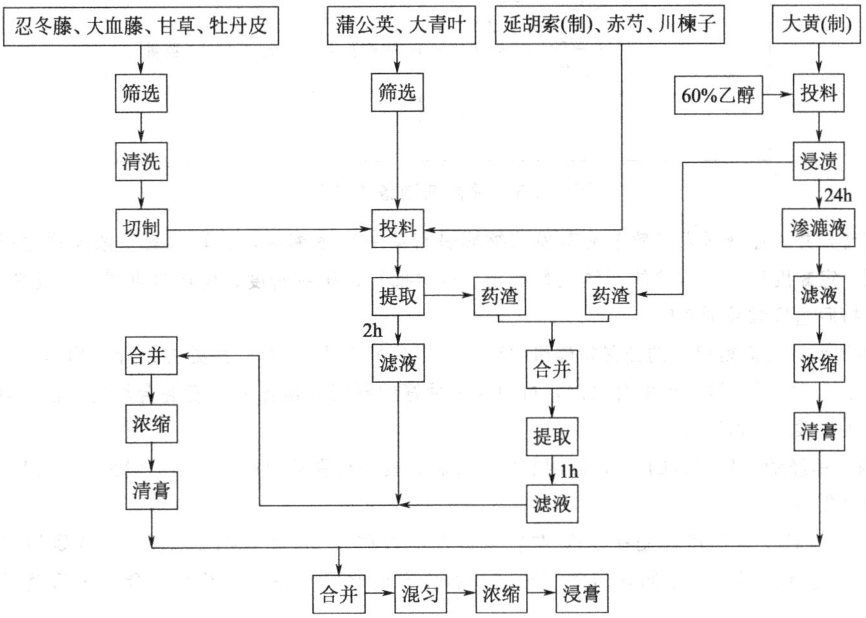

图 4-5-4　浸膏生产工艺过程

颗粒剂制备工艺过程见图 4-5-5。

【操作过程及工艺条件】

① 净制　将处方中药材分别筛去泥沙，选掉霉烂变质等杂物。将需要洗涤的药材分别用洗药机进行清洗，待洁净后转入切药机中进行切制。

② 粉碎　取炮制好的大黄粉碎成粗粉，照流浸膏剂与浸膏剂项下的渗漉法，用 60％乙醇作溶剂，浸渍 24h 后进行渗漉，收集渗漉液，滤过。浓缩至相对密度为 1.20～1.22 的清膏，残渣备用。

③ 提取浓缩　将净药材运送到多能提取罐投料口进行投料。投料结束后，第一次加适量水煎煮 2h；第二次加入大黄渗漉残渣后煎煮 1h，合并滤液。浓缩至相对密度为 1.06～1.08(85～90℃）的清膏。

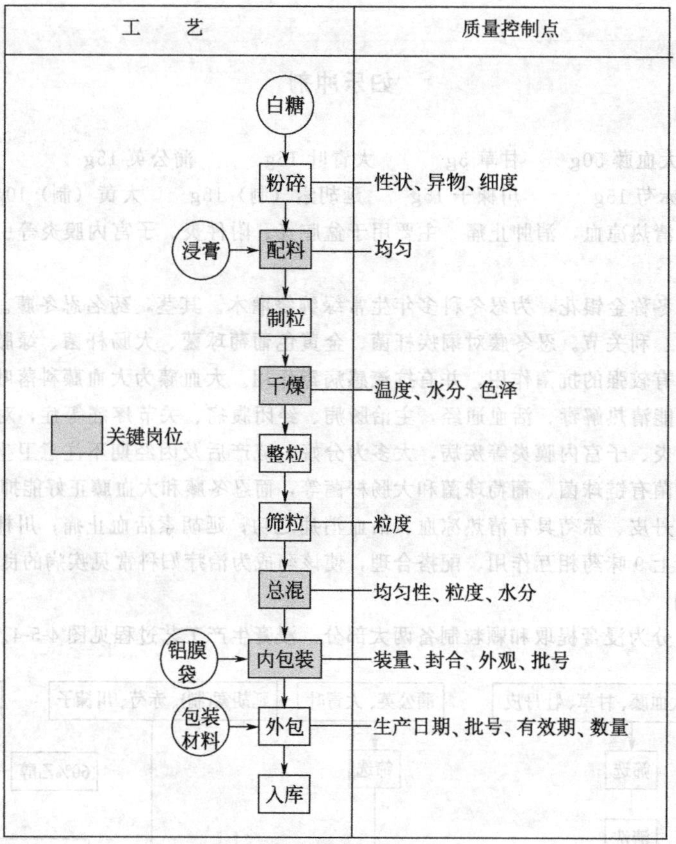

图 4-5-5　颗粒剂制备工艺过程

两种清膏合并，滤液送入三效节能蒸发浓缩罐进行第一次浓缩后，再转入真空浓缩罐进行第二次浓缩，浓缩到一定黏度后放入洁净的不锈钢贮罐中，标明批号、相对密度、生产日期等，等化验结果出来，浸膏质量合格后送到颗粒剂车间。

④ 粉碎配料　将需粉碎糖的分置粉碎机中粉碎，筛片目数为 80 目。按处方量计算出所需物料量并准确称量。将称量好的糖粉置槽形混合机内，再加入称量好的浸膏，搅拌使两者混合均匀，检查软材质量达到“捏之成团、揉之即散”即可。

⑤ 制粒　用经消毒处理过的 12 目筛网装机。接料时要使湿颗粒厚薄均匀，一般为料盘高度的 2/3，料盘上烘车架时要自上而下。

⑥ 干燥　烘箱干燥温度控制在 80℃左右，蒸汽压力在 0.3～0.6MPa 范围内。待烘箱温度升到所需设定值后，进行排湿。排湿阀开启角度根据物料含有的水分量进行。颗粒完全干燥后及时拉出烘箱冷却。

⑦ 整粒　在颗粒机上装上已消毒过的 10 目筛网，并在出料口处安装吸铁石（防止断裂丝网混入颗粒中）。从下至上卸下烘车上干燥颗粒，在颗粒机上整粒。

⑧ 筛粒　将经整粒过的物料倒入料斗中，打开出料开关，让物料进行筛粒（在分样出料口处安装吸铁石）。将筛选出的粗粒及细粉重新粉碎、配料、制粒，尾料带入下批生产。

⑨ 总混合　将筛粒出的合格颗粒装于总混机筒体中，混合 12min，使其均匀。将混合均匀的颗粒盛装于消毒、干燥、密闭的容器内，得合格的妇乐半成品颗粒。抽样送检，产品质量合格后进行包装。

⑩ 内包装　合格半成品用铝膜袋进行包装，注意检查颗粒袋上品名、规格、功能主治、用法用量、批次、生产日期等是否完整。封装时严格控制热封温度及装量，对不合格品立即处理。封装合格的半成品，附上标签后送去外包。

【安全技术】

① 设备操作人员严格按照操作规程进行操作，不可超温、超压、超负荷运转，并且随时检查，发现隐患及时排除，确保生产安全正常进行。

② 洁净区内对地面、物品和机械设备等进行消毒时，应严格按操作规程进行，并注意消毒药品的保管。

③ 车间内安装防爆装置，车间外按消防条例要求设置消防装置和灭火器材。

【卫生要求】

① 按生产要求，明确洁净区和一般生产区的卫生要求。②一般生产区要求工作场地、设备、工具、墙壁、地面、门窗、个人卫生要与生产要求相一致。③操作人员进入控制区，必须在更衣室换与控制区级别一致的工作衣、鞋、帽，要按控制区双手清洗方法洗手、消毒。工作服、帽、鞋按清洗周期进行清洗。④生产区严禁吸烟、用餐、带入其他与生产无关的物品。

4. 颗粒剂一般性质量要求

颗粒剂在生产中应符合下列有关规定。

① 除另有规定外，药材应按各品种项下规定的方法进行提取、纯化、浓缩成规定相对密度的清膏，采用适宜的方法干燥，并制成细粉，加适量辅料或药材细粉，混匀并制成颗粒，也可将清膏加适量辅料或药材细粉，混匀并制成颗粒。应控制辅料用量，一般前者不超过干膏量的 2 倍，后者不超过清膏量的 5 倍。

② 除另有规定外，挥发油应均匀喷入干燥颗粒中，密闭至规定时间或用 β-环糊精包合后加入。

③ 制备颗粒剂时可加入矫味剂和芳香剂；为防潮、掩盖药物的不良气味也可包薄膜衣。必要时，包衣颗粒剂应检查残留溶剂。

④ 颗粒剂外观应干燥，颗粒大小均匀、色泽一致，无吸潮、结块、潮解等现象。

⑤ 除另有规定外，颗粒剂应密封，在干燥处贮存，防止受潮。

《中华人民共和国药典》2010 年版对颗粒剂的一般性质量要求如下。

（1）粒度　除另有规定外，按药典（附录Ⅺ B 第二法，双筛分法）进行测定，不能通过一号筛和能通过五号筛的颗粒、粉末总和不得超过 15.0%。

（2）水分　含水量不超过 6.0%。

（3）溶化性　10g 颗粒剂加热水 200mL，并搅拌 5min。对可溶性颗粒剂应全部溶化，允许有轻微浑浊；对混悬性颗粒剂应能混悬均匀；而对于泡腾颗粒剂则遇水后应产生 CO_2 成泡腾状，5min 内颗粒应完全分散或溶解在水中。

（4）装量差异　单剂量分装的颗粒剂的装量差异限度应符合表 4-5-3 所示规定。

表 4-5-3　颗粒剂的装量差异限度

标示装量	装量差异限度	标示装量	装量差异限度
≤1.00g	±10%	1.5～6g	±7%
1.0～1.5g	±8%	≥6g	±5%

（5）装量　多剂量包装的颗粒剂，照最低装量检查法（附录Ⅻ C）检查应符合规定。

（6）微生物限度　照微生物限度检查法（附录Ⅻ C）检查应符合规定。

5. 颗粒剂的生产成本核算

颗粒剂的总收率、单耗、生产成本核算的单位可以是质量或袋数，核算方法与前面所述剂型类似。

三、栓剂

栓剂系指药材提取物或药粉与适宜基质制成供腔道给药的固体制剂。栓剂在常温下为固体，纳入人体腔道后，在体温下能迅速软化熔融或溶解于分泌液，逐渐释放药物而产生局部或全身作用。按给药途径不同可分为肛门栓和阴道栓，按制备工艺和释药特点可分为中空栓、双层栓、微囊栓、缓释栓等。

1. 特点

栓剂即能发挥局部作用，又能发挥全身治疗作用；直肠吸收比口服吸收干扰因素少，药物不受胃肠道 pH 或酶的破坏而失去活性；可避免刺激性药物对胃肠道的刺激；减少药物受肝脏首过作用的破坏，同量可减少药物对肝脏的毒副作用；便于不能或不愿吞服药物的患者使用。栓剂的主要缺点是使用不如口服剂方便，患者不习惯，生产成本比片剂、胶囊剂高，生产效率低。

2. 栓剂的基质与附加剂

栓剂的基质不仅能使药物成型，而且对剂型特性和药物的释放具有重要的影响，主要分为油脂性和水溶性两种。油脂性基质有天然油脂（如可可豆脂、香果脂）、半合成或全合成脂肪酸甘油酯（如半合成椰油脂、半合成山苍子油脂、硬脂酸丙二醇酯）、氢化油类；水溶性基质有甘油明胶、聚乙二醇类（如 PEG 1000、PEG 1540、PEG 4000、PEG 6000）、聚氧乙烯（40）单硬脂酸酯类。

常用的附加剂有吸收促进剂（如聚山梨酯-80 等非离子表面活性剂）、吸收阻滞剂（如海藻酸、羟丙基甲基纤维素、硬脂酸等）、增塑剂（如甘油、脂肪酸甘油酯等）、抗氧剂（如没食子酸、抗坏血酸等）。

3. 一般性生产工艺流程

冷压法工艺流程：药物→加入基质研匀→成团→制末或粒状→压制成型→包装→成品栓剂。

此法系用器械压制成栓剂，适用于大量生产脂肪性基质栓剂。操作为取药物置适宜的容器内，加等量的基质研匀，再加剩余的基质研匀，制成匝块，冷却后，再制成锉末或粒状，然后装置于制栓机的管内，通过模型压成一定的形状。为保证压出所需的数目，往往需多加原料 10%～20%，所施的压力亦须一致。冷压法所用的制栓机种类较多，有卧式制栓机与立式栓剂压榨机等，其基本原理相同。

热熔法工艺流程：熔融基质→加入药物（混匀）→注模→冷却成型→刮削→取出→包装→成品栓剂。

热熔法的制备过程为：将计算量的基质锉末加热熔化，加入药物混合均匀后，倾入冷却并涂有润滑剂的栓模中（稍微溢出模口为度）。放冷，待完全凝固后，削去溢出部分，开模取出，即得栓剂。

4. 栓剂的质量评定

(1) 外观检查　外形应完整光滑，无裂缝，不起霜或变色，其中药物与基质应混合均匀，有适宜的硬度。

(2) 重量差异　栓剂的重量差异限度应符合表 4-5-4 所示规定。

表 4-5-4　栓剂的重量差异限度

标示粒重或平均粒重	重量差异限度	标示粒重或平均粒重	重量差异限度
≤1.00g	±10%	≥3g	±5%
1.0～3.0g	±7.5%		

(3) 融变时限　油脂性基质的栓剂应在 30min 内全部融化或软化变形，水溶性基质的栓剂应在 60min 内全部溶解。

（4）微生物限度　照《中华人民共和国药典》2010年版微生物限度检查法（附录Ⅻ C）检查，应符合规定。

（5）刺激性实验　一般采取动物实验。将检品粉末施于家兔眼黏膜，或纳入动物的直肠、阴道，观察有无异常反应。

【知识拓展】

中药新剂型——靶向制剂

靶向制剂亦称靶向给药系统（targeting drug delivery system，TDDS），是通过载体使药物选择性浓集于病变部位的给药系统，病变部位常被形象地称为靶部位，它可以是靶组织、靶器官，也可以是靶细胞或细胞内的某靶点。靶向制剂不仅要求药物到达病变部位，而且要求具有一定浓度的药物在这些靶部位滞留一定的时间，以便发挥药效，成功的靶向制剂应具备定位、浓集、控释及无毒可生物降解四个要素。由于靶向制剂可以提高药效、降低毒性，可以提高药品的安全性、有效性、可靠性和病人用药的顺应性，所以近年来成为国内外一个极为重要的开发热点，尤其在抗癌药物方面已取得重大发展，其原理为抗癌药与铁磁性材料包封于高分子骨架材料中，制成的超微球控释制剂在体外磁场导向下聚集滞留在靶区的癌组织上，缓慢释放药物，对癌细胞进行有效的攻击，既可避免伤害正常细胞，又可减少用药量和降低毒性，提高疗效。

目　标　检　测

一、单项选择题

1. 水丸的制备工艺流程为（　　）。

A. 配料→起模→泛制成型→干燥→盖面→选丸→包衣→打光

B. 配料→起模→泛制成型→盖面→干燥→选丸→包衣→打光

C. 配料→起模→泛制成型→选丸→干燥→盖面→包衣→打光

D. 配料→起模→泛制成型→盖面→选丸→包衣→干燥→打光

E. 配料→起模→泛制成型→包衣→选丸→干燥→盖面→打光

2. 含有毒性及刺激性强的药物宜制成（　　）。

A. 水丸　B. 蜜丸　C. 微丸　D. 蜡丸　E. 浓缩丸

3. 关于起模的叙述不正确的是（　　）。

A. 起模是指将药粉制成直径0.5～1mm的小丸粒的过程

B. 为便于起模，药粉的黏性不能太大

C. 如药粉和黏合剂先制成软材，再将其制成小球状，小粒子不均匀、成型率较低

D. 起模是水丸制备最关键的工序

E. 起模常用水作润湿剂

4. 关于滴丸特点的叙述错误的是（　　）。

A. 滴丸剂量准确　B. 滴丸载药量小

C. 滴丸可使液体药物固体化　D. 滴丸剂稳定性好，不易氧化、水解

E. 滴丸均为速效剂型

5. 为改善滴丸的圆整度，采取的措施错误的是（　　）。

A. 调节定量泵，使制成的液滴不宜过大

B. 对水溶性基质选用不同浓度乙醇作冷凝液

C. 减小液滴与冷却液的密度差

D. 增大冷凝液的黏度

E. 使冷却剂上部温度控制在40～60℃

6.《中华人民共和国药典》2010年版一部规定丸剂含水标准为（　　）。

A. 水丸≤9.0%，蜜丸≤15.0%　B. 水丸≤9.0%，蜜丸≤12.0%

C. 水丸≤12.0%，蜜丸≤9.0%　　D. 水丸≤15.0%，蜜丸≤9.0%

E. 水丸≤12.0%，蜜丸≤15.0%

7. 颗粒剂制备中若软材过黏而形成团块不易通过筛网，可采取的解决措施是(　　)。

A. 加药材细粉　　B. 加适量高浓度的乙醇

C. 加适量黏合剂　　D. 加大投料量

E. 换成筛孔较大的筛网

8. (　　) 一般多用于无糖型及低糖型颗粒剂的制粒。

A. 挤出制粒技术　　B. 快速搅拌制粒技术

C. 流化喷雾制粒技术　　D. 干法制粒技术

E. 包衣锅滚转制粒技术

9. 关于颗粒剂的质量要求错误的是(　　)。

A. 含水量在6.0%以内

B. 不能通过一号筛和能通过五号筛的颗粒、粉末总和不得超过15.0%

C. 无吸潮、结块现象

D. 颗粒大小均匀，色泽一致

E. 辅料总用量一般不宜超过稠膏量的2倍

10. 下列关于栓剂的特点叙述错误的是(　　)。

A. 可部分避免口服药物的首过效应，降低副作用、发挥疗效

B. 便于不能吞服药物的病人使用

C. 可避免药物对胃肠黏膜的刺激

D. 栓剂的成本比较低，生产率较高

E. 不受胃肠 pH 或酶的影响

11. 栓剂冷压法生产工艺流程为(　　)。

A. 药物→加入基质研匀→制末或粒状→成团→压制成型→包装→成品

B. 药物→加入基质研匀→成团→制末或粒状→压制成型→包装→成品

C. 药物→制末或粒状→成团→加入基质研匀→压制成型→包装→成品

D. 熔融基质→加入药物（混匀）→注模→冷却成型→刮削→取出→包装→成品

E. 熔融基质→加入药物（混匀）→刮削→冷却成型→注模→取出→包装→成品

二、多项选择题

1. 水丸在制备过程中需要进行盖面操作，生产中盖面的方法有(　　)。

A. 药粉盖面　B. 糖浆盖面　C. 清水盖面　D. 蜂蜡盖面　E. 药浆盖面

2. 丸剂可以包衣的类型有(　　)。

A. 肠溶衣　B. 药物衣　C. 糖衣　D. 树脂衣　E. 薄膜衣

3. 水丸包衣的目的(　　)。

A. 增加药物的稳定性　　B. 减少药物的刺激性

C. 改善外观，利于识别　　D. 控制丸剂的溶散度

E. 提高丸剂的生物利用度

4. 下列丸剂中需作溶散时限检查的是(　　)。

A. 水丸　B. 糊丸　C. 浓缩丸　D. 大蜜丸　E. 蜡丸

5. 水溶性颗粒剂在制备过程中可以采用的精制方法是(　　)。

A. 水提醇沉法　B. 超滤法　C. 大孔吸附树脂法

D. 高速离心法　E. 絮凝沉淀法

6. 可用于颗粒剂制粒的方法有(　　)。

A. 挤出制粒法　B. 快速搅拌制粒　C. 流化喷雾制粒

D. 干法制粒　E. 包衣锅滚转制粒

7. 颗粒剂制备中湿颗粒干燥的注意事项为(　　)。

A. 湿颗粒要及时干燥　　B. 湿颗粒的干燥温度要逐渐上升

C. 干燥温度一般控制在 60～80℃　　D. 含水量控制在 2%以内

E. 对热稳定的药物，干燥温度可提高至 100～120℃，以缩短干燥时间

8. 下列属于栓剂油脂性基质的有(　　)。

A. 可可豆脂　　B. 羊毛脂　　C. 硬脂酸丙二醇酯

D. 凡士林　　E. 半合成脂肪酸甘油酯

三、简答题

1. 制作蜜丸前，蜂蜜须炼制，炼蜜的目的是什么？
2. 影响滴丸圆整度因素有哪些？
3. 试述蜜丸、水丸的生产工艺流程及生产中操作关键步骤。
4. 浸膏黏性过大无法制粒时，应如何解决？

模块五　岗位综合实训

项目一　制药用水的制备

一、实训目标

① 通过制药用水的生产制备项目实训，使学生掌握纯化水、注射用水处理系统的生产工艺流程。

② 掌握纯化水、注射用水处理系统的质量控制要点和生产管理要点，掌握纯化水、注射用水的质量标准。

③ 熟悉 YCL9000-4A 型水处理预处理系统、DSX-4000 型电渗析器、FS20000-IB 型反渗透纯化水机、LJHQ-2000 型离子交换柱、CCLQ-2000 型纯化水超滤器、ZX-2 型紫外灭菌器、LD 系列多效蒸馏水机等装置的标准操作规程，并熟悉装置的清洁、维护保养及使用中的注意事项。

④ 熟悉纯化水、注射用水处理系统的清洗、消毒标准规程。

⑤ 会分析纯化水、注射用水制备中常见问题产生的原因及解决办法。

⑥ 学会各种生产文件的记录和汇总。

二、实训岗位

纯化水处理系统、注射用水处理系统。

三、纯化水、注射用水生产工艺流程

制药用水分为生活饮用水、纯化水和注射用水，在固体制剂和液体制剂中常使用纯化水作为溶剂或润湿剂。注射用水主要用于注射剂的制备。除此之外，制药用水还用于各种器具及环境的清洁。纯化水、注射用水处理工艺流程见图 5-1-1 所示。

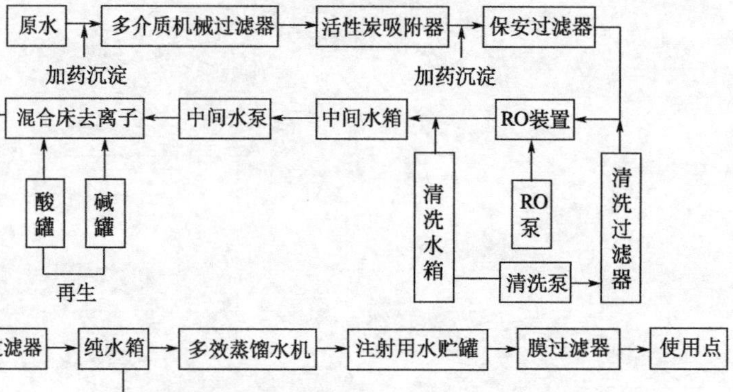

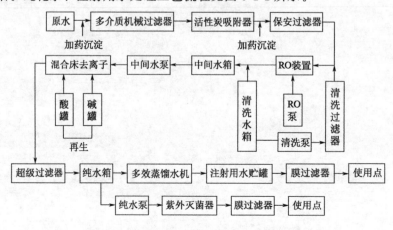

图 5-1-1　纯化水、注射用水处理工艺流程

四、纯化水、注射用水处理系统标准操作规程

纯化水、注射用水处理系统由以下设备与装置组成：①水处理预处理系统（包括石英砂过滤器、锰砂过滤器、活性炭吸附器和精密过滤器四种设施）；②电渗析器（包括电渗析水泵、电渗析、缓冲箱）；③反渗透纯水机（包括精滤器、高压泵、反渗透纯水机、缓冲水箱）；④离子交换柱（包括交换柱水泵、离子交换柱、纯化水水箱）；⑤超滤器；⑥紫外灭菌；⑦多效蒸馏水机。

（一）YCL9000-4A 型水处理预处理系统标准操作规程

1. 系统组成与概述

水处理预处理系统由石英砂过滤器、锰砂过滤器、活性炭吸附器和精密过滤器构成。四种设备的外壳体均为优质不锈钢 SUS304 材质制成。石英砂过滤器主要用于去除水中的悬浮杂质，内装介质为精制的石英砂，能降低浑浊度，提高出水水质。活性炭吸附器除具有上述特点外，由于其表面积很大、吸附力很强，对水中的游离氯吸附率达 99%以上，对去除有机物及降低色度也有较好的作用。锰砂过滤器除具有石英砂过滤器的作用外，还对水中含有的铁离子有一定的脱除能力。本设备石英砂过滤器采用双层滤料，上层为 0.41～0.6mm 粒径的细石英砂，下层为粒径 1.61～3.2mm 的石英砂垫层。锰砂过滤器采用 1.61～3.2mm 粒径的锰砂装填。活性炭过滤器采用粒径为 ϕ2mm×5mm 颗粒活性炭。

2. 石英砂过滤器与锰砂过滤器的标准操作规程

（1）滤料清洗　装料后按反洗方式清洗滤料，打开上排水阀、下进水阀，再打开总进水阀进水，进水速度为 9～10m/h，同时打开进气阀，送入压缩空气，进气量 $5m^3/min$，气压 0.1MPa 左右，此过程一般需数小时，直至出水澄清。清洗时须密切注意排水中不得有大量正常颗粒的滤料出现，否则应立即关闭进气阀和减少进水量以防止滤料冲出。

（2）正洗和运行　滤料清洗干净后，打开下排水阀、上进水阀，关闭下进水阀和上排水阀，进入正洗状态。正洗时进水速度控制在 9～10m/h，时间为 15～30min，当出水水质达到要求后，打开出水阀，关闭下排水阀进入正常运行，进入下级过滤器。

（3）反洗　过滤器工作一段时间后，由于大量悬浮物的截留使过滤器进出水压差逐渐增大，当压差≥0.08MPa 时，必须对过滤器进行反洗。打开上排水阀，关闭出水阀，再打开下进水阀进水，并可适度通入气体。反洗强度与滤料清洗时完全相同，时间约为 10min。

3. 活性炭吸附器的操作

（1）活性炭预处理　将颗粒活性炭装进过滤器前应在水中浸泡，冲洗去除污物，内衬胶可先装入过滤器，用 5%HCl 及 4%NaOH 溶液交替动态处理一次，用量约为活性炭体积的 3 倍，处理后淋洗至中性。

（2）正常运行　打开排空阀、上进水阀、总进水阀，待排空阀有水排出后，打开出水阀，关闭排空阀。

（3）反洗　活性炭吸附器工作一段时间后，由于悬浮物的截留使其进水压差逐渐增大，当压差≥0.08MPa 时，必须对其反冲洗，打开上排水阀，关闭出水阀，开启下进水阀，关闭上进水阀，缓慢开启总进水阀进水。由于活性炭密度小，故进水速度控制在 7m/h，此时可适度通入压缩空气，控制其流量为 $2m^3/min$，气压 0.1MPa，反洗时要密切注意排出水中不得有大颗粒活性炭出现，否则应关闭或关小下进水阀。

（4）正洗　刚经过反洗投入使用的活性炭吸附器的出水须排放，关闭下进水阀，开启上进水阀和下排水阀，然后关闭上排水阀。正洗流速 7～10m/h，时间约 15min。待出水合格后，打开出水阀，关闭下排水阀，进入正常运行。

（5）更换活性炭　活性炭一般用来吸附氯化物、有机物等，当经过一段时间后（一般约为半年），活性炭吸附量达到饱和（可以从出水的水质来判断），此时应更换活性炭，方法是打开上部人孔和下部出孔，对活性炭全部更换。

4. 精密过滤器标准操作规程

为使反渗透、电渗析等后续设备正常运行，特此增设"把关"保安过滤器。精密过滤器由壳体、上帽盖和数根滤芯组成，壳体和上帽盖由连接螺栓及胶垫连接在一起，滤芯为PP喷熔芯，孔径为3μm。

① 首先打开上帽盖上的排气阀，开启进水阀，当上帽盖上排气阀有水排出时，将其关闭，开启出水阀，出水进入下级设备，设备进入正常运行。

② 更换滤芯及清洗。当过滤器前后压差≥0.3MPa时，说明滤芯已被堵塞，此时应拆开清洗或更换新滤芯。

a. 将上帽盖和壳体间的连接螺栓拆下，然后用手把滤芯拔出。把新滤芯带"O"形圈部位朝下，插入壳体底部插座上，安好帽盖，即可恢复使用。

b. 用5%的盐酸把堵塞的滤芯浸泡20～30min，用刷子刷洗滤芯的表面去除杂物。刷洗完毕后用清水冲洗干净，晾干备用。

（二）DSX-4000型电渗析器标准操作规程

电渗析器是利用离子交换膜的选择透过性进行工作，电渗析器主要组成部分是离子交换膜，分为阳膜、阴膜。阳膜只允许阳离子通过而阴离子被阻挡；阴膜只允许阴离子通过而阳离子被阻挡。在外加电场的作用下，水中的离子做定向迁移，阳离子向负极迁移，阴离子向正极迁移，当离子到达膜表面时，由于离子交换膜的选择透过性，在1、3、5隔室中，阴、阳离子分别透过阴、阳膜迁移过去，水被淡化；在2、4、6隔室中，离子被阻挡不能迁出，并且从相邻隔室中迁入离子，水被浓缩。这样，就达到使一部分水除盐，一部分水被浓缩的目的。

1. 设备适用条件

原水的浊度≤1mg/L(1℃以下)；含铁总量＜0.3mg/L，含锰＜0.1mg/L；有机物高锰酸钾耗氧量一般不大于5mg/L；水温10～40℃（最高温度22～40℃）。

2. 开机（包括调试）前的准备

① 检查整流器接地是否良好，熔断器是否缺相。

② 检查原水槽、中间水槽有无杂物。

③ 检查管路有无泄漏，检查电渗析器主机机体上有无金属杂物及周围环境是否整洁。

④ 检查进水浊度应符合要求，若不合格要检查预处理设备，找出原因加以解决，否则不能开机。

3. 操作步骤

① 打开进水总管道阀及本机上放气阀。

② 使本机出口浓、淡水均排空（或流入原水池，或回流入浓水循环池）。

③ 开启水泵，缓慢地同时开启浓、淡、极水阀门。

④ 开启整流器，切入负载逐步升高电压到预定的操作电压值，测定淡水出口水质，待水质合格后，开启淡水阀使淡水进入水槽。

4. 停机步骤

① 打开淡水排空阀，同时关闭淡水进槽阀门。

② 电压降至零，切断整流器电源。

③ 继续通水 2～3min 后，打开进水管总回流阀，关闭浓、淡、极水阀门。

④ 停泵。

5. 倒换电极操作步骤

① 将淡水阀关闭，打开倒极后的浓水阀门。

② 使电压降至零。

③ 继续通水 2～3min 后，按下倒相按钮，逐步升高电压至操作值。

④ 打开倒极后的淡水阀和取样阀，测定淡水水质待合格后，关闭取样阀，使淡水进入淡水池（槽）。

6. 操作注意事项

① 开机时先通水后通电，停机时先停电后停水。

② 开机或停机时，要同时缓慢开启或关闭浓、淡、极水阀门，以保证交换膜两侧受压均匀。

③ 浓、淡水压要稍高于极水压力（一般高于 0.01～0.02MPa）。

④ 要缓慢开、关阀门，防止压力突然升高或降低，致使膜堆变形。

⑤ 通电后膜堆有电，切勿碰摸，以免触电或损坏膜堆。

⑥ 进电渗器浓、淡水的压力不得大于 0.25MPa。

⑦ 定时倒换电极，一般在 2～4h 倒换电极一次。

⑧ 定期酸洗，在水质、电流下降，压差增大的情况下，需要酸洗，酸洗时切断整流器，用 3%的 HCl 打入浓、淡、极室，循环 2h 左右，pH 值稳定后，再用清水冲洗，至出水的 pH 值与原水的 pH 值相等时方可投入运行。

⑨ 当上述两项方法不见效时应拆机检查，发现破裂的膜与隔板应更换，结垢严重时应在 3%的 HCl 里浸泡 1～2h，再冲洗干净，然后重新组装调试。

（三）FS20000-IB 型反渗透纯化水机标准操作规程

反渗透（RO）亦称逆渗透，是用足够的压力使溶液中的溶剂（通常指水）通过反渗透膜（或称半透膜）分离出来，是一种先进和节能的膜分离技术。由于膜孔微小（约在 1nm），因此可以有效地去除水中的溶解盐类、胶体、微生物、有机物等，去除率可高达 97%～98%。

1. 组成及功能

本系统中除装有若干 RO（反渗透）膜元件外，还有其他配套设置及仪表，主要有保安过滤器、高压泵、进水阀、逆止阀、浓水阀、淡水阀、电导仪、压力表等，其主要功能如下。

① 保安过滤器　主要是防止微粒进入高压泵和膜元件，以免损坏高压泵和污染膜元件。

② 高压阀　作用是增压，满足 RO 膜元件对进水压力要求。

③ 进水、浓水、淡水阀　用于调节 RO 进水量、产水量、进水压力、浓水压力、回收率。

④ 止回阀　主要用于停机后，防止 RO 压力管中水回压而损害高压泵。

⑤ 电导仪　监测 RO 进出水电导率。

⑥ 压力表　监测 RO 进水、浓水的压力。

2. 设备的适用条件

① 进水的污染指数（FI 或 SDI）　SDI 是反映水中酸体含量的污染指数。不同结构的膜件有不同要求，本机现行采用的为复合膜，要求进水 SDI≤4 或浊度≤1 度。

② 氯化物　复合膜对氯化物的要求是小于 0.1mg/L。当水中氯化物≥0.1mg/L 时，可用 $NaHSO_3$（或 Na_2SO_3）去除。应定期测定水中氯化物含量，初期每 3 个月测一次，中期每月测一次，后期每天测一次；或根据活性炭吸附量计算值，确定活性炭吸附器总运行时间，控制到该时间便更换活性炭。

③ 进水温度　最佳温度为 20～25℃，最高操作温度不能大于 40℃。

④ 操作压力　超低压复合膜最佳操作压力为 1.05～1.4MPa，低压复合膜则为 1.5～1.8MPa。

3. 操作程序

(1) 运行前准备

① 开机前，将 RO 系统中每个组件的出水阀全部开启，关闭所有取样阀；关闭淡水阀和清洗进水阀；开启淡水排放阀及电控箱上主电源、自动开关。

② 低压冲洗。低压冲洗一般用于新 RO 膜元件投入使用及刚刚化学清洗后。当预处理运行正常，出水水质符合 RO 系统进水指标时，开启 RO 系统浓水阀、淡水排放阀，调节 RO 进水压力在 0.3～0.5MPa，使 RO 系统处于低压冲洗状态，浓水、淡水全部排放，一般冲洗时间为 2～6h。

(2) 操作　RO 系统运行上述准备工作完毕后，开启 RO 前级增压泵，当 RO 进水压力≥0.5MPa 时，RO 高压泵自动启动（也可关闭自动开关，手动开启 RO 高压泵）。然后慢慢调节 RO 进水阀及浓水阀，使之达到设定的产水量及浓水排放量（即 1∶0.6）。当纯水电导率小于进水电导率乘以 0.05 即可开启淡水阀，关闭淡水排放阀，设备进入正常运行。通常对于第一次已调好的阀门开度可不再调整。

停机前，启动清洗泵（一级反渗透装置为中间水箱泵），开启清洗阀，用 RO 出水冲洗 RO 膜元件 2～5min，浓水排放，冲洗完毕后，关闭泵及清洗阀。

4. 停运保护

(1) 短期停运　停运 5～30d，一般称为短期停运，在此期间可采用下列保护措施。

① 用低压冲洗方法来冲洗 RO 装置。

② 也可采用运行条件运行 1～2h。

③ 每 2d 重复上述操作一次。

(2) 长期停运　停运 1 个月以上，一般称为长期停运，长期停运时可采取下列保护措施。

① 用 pH 2～4 HCl 把 RO 装置清洗干净，清洗时间为 2h。

② 酸溶液清洗完毕后，再用预处理水（最好是 RO 出水）把 RO 装置冲洗干净，清洗到进水 pH 值约等于出水 pH 值。

③ 清洗完毕后，RO 装置用含有 1% $NaHSO_3$ 的保护液进行保护（冬季应用 1% $NaHSO_3$ +20%丙二醇溶液保护，以防冻裂），RO 装置注满保护液后，关闭所有阀门防止空气进入 RO 装置。

【注意】 清洗 RO 装置用的 pH 2～4 HCl 溶液、1% $NaHSO_3$ 和 20%丙二醇溶液保护液，均需用 RO 出水配制，试剂需用化学纯。

(四) LJHQ-2000 型离子交换柱标准操作规程

离子交换处理水是通过离子交换树脂中可供交换的阴、阳离子与水中的阴、阳离子交换，除去水中的盐，从而制得纯水。本机设在膜分离之后，将剩余的盐类最终去除至用水要求，使出水电导率控制在 0.2μS/cm 以下，交换柱的壳体采用有机玻璃，便于监控和操作。

根据水质和使用要求，在前设的各种水质净化设备情况下，按阳床—脱气塔—阴床—混床形式并采用双套设计组合，完全可以满足纯化水的水质质量要求。

1. 交换终点的监测控制

① 阳床　本机以出水酸度下降（即pH值增大）作为交换终点。

② 阴床　以出水pH值降低作为交换终点。

③ 混床　利用电导仪测定最后出水的电导率值。

2. 标准操作规程

(1) 开机及运行

① 打开全部排空阀，上进水阀。

② 开启阳床上进水阀，开启总进水阀并调节其流量为2000L/h，当阳床排空阀出水后，开启阳床出水阀，关闭阳床排空阀。

③ 当阴床排空阀出水后，开启阴床出水阀，关闭阴床排空阀。

④ 混床排空阀出水后，开启混床出水阀、不合格水排放阀、关闭混床排放阀。

⑤ 当混床出水电导率小于0.2μS/cm时，开启混床合格水排放阀，关闭不合格水排放阀，设备投入正常运行。

(2) 停机

① 开启混床不合格水排放放阀，关闭合格水出水阀。

② 当进水流量计上部压力表显示值小于0.02MPa后，关闭混床不合格排放阀，依次开启混床、阴床、阳床的排空阀。

3. 阳、阴单床的再生操作

(1) 反洗　反洗并非每次都做，其间隔时间与进水浊度等因素有关。一般时隔5～10个运行周期再生前进行一次反洗，较彻底清除树脂层截留的污物及松动树脂层。流速：阳床为10～15m/h（流量1600L/h），阴床为8～10m/h（流量1200L/h）；时间10～15min，也可以树脂层膨胀高度作为反洗流速的控制指标，以排水清晰透明为清洗终点。每次反洗后再生，需适当加大再生剂的使用量。

(2) 排除积水　开启排气阀，下排水阀，排除柱内积水，以避免再生液的再稀释。

(3) 进再生液　关闭下排阀，打开进酸（碱）阀，将配好的定量再生剂用酸（或碱）泵打入交换柱内，为得到好的再生效果，应严格控制再生液浓度、再生剂量、再生时间等。

(4) 正流　关闭进酸（或碱）阀，打开上进水阀，待排空阀出水后，打开下排水阀，关闭排空阀，以10～15m/h（流量1600L/h）的流速进行正洗，以出水水质符合运行控制指标为终点（转入运行）。此处应注意，因为柱体正常出水时，阳床呈酸性（pH=3～4)、阴柱呈微碱性（pH=8～9)，故冲洗阳床的冲洗剂pH=3～4、阴床pH=8～9即可投入使用。

4. 混床的再生操作

(1) 反洗分层　反洗流速10m/h（流量1200L/h)，反洗时间15min，一般用树脂层的膨胀率控制反洗流量，反洗结束时应该缓慢关闭反洗阀，使树脂颗粒逐步沉降，以沉降后阳、阴树脂层界面是否清晰判别分层效果。如二次操作未达要求，可重复操作以获得满意的分层效果。

(2) 排除积水　将柱内积水排至树脂层面以上50～100mm处，避免不必要的再稀释。

(3) 进再生液及清洗　树脂再生有两种方法。

① 同步再生法　关闭下排水阀，打开进酸阀、进碱阀、中排阀，以相同的再生流速

5m/h（流量650L/h）同时在下部进酸、上部进碱，再生残液由中排口排出，并控制中排阀的开启程度，使柱内液面保持不动。再生液泵完后可再泵入清水，仍以流速5m/h（流量650L/h），上下同时进清水，由中排口排除，以冲去管道中残留的再生液。然后关闭进酸、碱阀，用相当于混床进水的水质冲洗，一般以阴床出水冲洗，由流量计及上进水阀、下进水阀控制，分别从上下进入等量的清水，由中排口排出，清洗以达到规定的酸碱度为终点，一般pH值达到7～8即可。

② 异步再生法　将5%稀NaOH溶液自上而下地流过树脂层，在通NaOH的同时，纯化水自下而上地通过阳树脂层作为支持水，与废NaOH再生液同时在阴、阳两树脂分界的中排管排出。阴树脂清洗完毕后，酸由底部进入，酸的浓度为5%～7%废酸液，在阴、阳树脂分界面的中排管排出。为防止酸液上溢，影响阴树脂，上部通入一定量的纯水，纯水进入流速和酸液进入流速都为5m/h（流量650L/h）。通酸完毕后，上下同时以相同流速通入纯水进行清洗，或从上而下通入进行清洗，pH=5～6即可。

5. 混合

树脂清洗合格后，反冲一下使树脂层松动，然后将柱内积水排至树脂层以上100～150mm处，使树脂层有充分活动空间。再从底部通入压缩空气进行混合，进气压力为0.1～0.15MPa，进气量为2.5～3.0m^3/min，混合时间一般为5～10min，以柱内树脂充分混合为终点。混合结束后要以最快的速度从上部进水，从下部排水，使树脂迅速沉降，防止树脂在沉降过程中重新分离。同时防止树脂露出水面，否则树脂间会产生气泡影响出水水质。可用相当于混合床进水的水质进行正洗，以排水符合出水水质指标为终点，正洗流速一般为15～30m/h（流量2000L/h）。

6. 再生过程可能会产生的问题及对策

(1) 混合床阳、阴树脂分层困难　一般完全失效的混合床比较容易分层，故直接用自来水反冲有利于分层，因其可加速柱内树脂的失效。若反复几次还分层不理想，可加入5%～7%的NaOH溶液，以加速阳树脂失效及增加阴、阳树脂的湿真密度差，情况将会明显好转。

(2) 混合后树脂之间产生气泡　主要是由于混合后排水太快，进水不及时使树脂脱水之故。它使水流经树脂层后产生"短路"，影响出水水质。可将柱内积水由下排水阀排掉，打开排气阀，然后以很低的流速（使树脂层不动）以缓慢的方式从柱体下部进水，当水反向进入柱体时，气泡被驱赶出来，当液面淹没全部树脂时，马上停止进水，以免阳树脂浮起再分层，然后改用正洗方式再进行冲洗即可。

(五) CCLQ-2000型纯化水超滤器标准操作规程

超滤（UF）是以压力为推动力，利用超滤膜不同孔径对液体进行分离的物理筛分过程，属分子级的膜分离设备。它可以滤除细菌、病毒、热原、胶体物及一定分子量的微粒。过滤性能可靠、精确度高并可在常温下使用，适用于热敏物质的分离和浓缩。此外，因超滤是动态过滤，膜不易堵塞，所以具有使用寿命很长、操作维护方便的特点。

1. 结构

本机以膜组件为主体，膜组件由中空纤维和有机玻璃壳体组成，辅以不锈钢泵、微滤器（外壳有机玻璃，滤芯数量4根，为PP喷熔滤芯）、控制阀组、流量计、压力表、清洗系统等。结构紧凑，是一个完整的可独立使用的设备，过滤精度（以切割相对分子质量计）为6000、10000、30000、50000、100000。

2. 标准操作规程

（1）开机　开启下排阀（回流阀），关闭进水阀。启动水泵，缓缓开启进水阀，调节流量至操作值。缓缓关闭下排阀（回流阀），当出水量达到进水量的99%即可。观察压力变化，使其不超过0.2MPa，即可投入正常工作。

（2）关机　关闭进水阀水泵，关闭下排阀（回流阀），壳体内充满水。

3. 注意事项及保养

（1）使用条件　使用温度为5～45℃，使用压力为0.1～0.3MPa。

（2）保养　停运5～30d一般称为短期停运，在此期间可每2d按工作条件操作一次。停运1个月以上，一般为长期停运，长期停运时可采用下列保护措施。

① 用过滤后的水反冲膜。

② 反冲后用甲醛溶液注满，关闭所有阀门，防止空气进入装置。

（六）ZX-2型紫外灭菌器标准操作规程

在纯化水系统的终端，设计与安装的ZX-2型紫外灭菌器是采用特制高强度无臭氧紫外线杀菌灯管。筒体用优质不锈钢制成。被处理的纯化水在流过筒体时受到波长为254nm紫外线足够量的照射，其有较强的灭菌效果。操作与注意事项如下。

① ZX-2型紫外灭菌器为卧式，使用时应注意处理流量为2～3m^3/h，杀菌功率为60W，电源要求220V、50Hz，使用时应核对并满足之，要注意避免强烈震动和冲击。

② 灯管寿命及更换准则　紫外灯的杀菌能力随使用时间增加而减退。灯管的寿命以点燃100h的输出功率为额定输出功率，把紫外灯点到70%额定功率的点灯时间定为平均寿命，紫外灯使用超过平均寿命时，或达不到预期的灭菌效果时，则必须更换。本设备选用的紫外灯平均寿命为2000h。

③ 可根据水质监测、无菌化验情况来判定紫外灯管的运行情况，并决定是否提前更换。

（七）LD系列多效蒸馏水机的标准操作规程

1. 生产前准备

① 认真检查蒸汽、压缩空气、电器等无异常。

② 检查去离子水供应无异常。

③ 检查蒸馏水贮罐、管道、阀门无异常。

④ 检查电器控制部分和电机无异常。

2. 开机

① 将主蒸汽管路上的蒸汽阀门打开，排净蒸汽管道中的积水（污水）。

② 缓缓打开蒸馏水机的蒸汽阀门，控制压力表指针在0.3MPa，通汽10min左右，对蒸馏水机的蒸发室进行充分预热。

③ 打开电源开关，启动原料水泵，同时打开原料水阀门，原料水流量通过流量计观察，其流量应由小逐渐增大，8～20min之间逐渐将原料水流量调至额定值。

④ 在上述操作过程中，应注意以下两点。

a. 随时观察各效蒸发器水位（可通过每效蒸发器下部的观察窗观察），要求每效蒸发器的水位不得超过观察窗的中线，若第一效的水位过高，应减少原料水的流量，若最末一效的水位过高，应将最末一效蒸剩水排放阀门开大一点，直至各效蒸发器水位达到要求为止。

b. 通过温度显示仪观察第一效蒸发器原料水加入口的温度及各效蒸发器的蒸汽温度是否正常。

⑤ 将蒸馏水水质检测开关置于“手动”挡，打开“阀一”、“阀二”开关，观察电磁阀

的开关情况是否正常（电磁阀一、二的开关是相互自锁的，当阀一打开时，阀二自动关阀；当阀一关闭时，阀二自动开启），然后将水质检测开关置“自动”挡，根据电导率仪（或电阻率仪）表上显示的数值，观察电磁阀一、二的开关情况是否符合要求。蒸馏水机出厂时已设定，蒸馏水电导率≤1μS/cm（或电阻率≥1MΩ/cm）时，蒸馏水为合格，此时电磁阀一打开，阀二关闭；蒸馏水电导率≥1μS/cm（或电阻率＜1MΩ/cm）时，蒸馏水为不合格，此时电磁阀二打开，阀一关闭。

⑥ 调节排空阀门，有少量气体冒出为宜。

⑦ 观察仪表上显示的蒸馏水温度，根据工艺要求进行设定，并通过调节冷却水阀门的大小来控制，当上述各项操作皆达到要求时，表明设备已正常运行。

3. 停机

① 关闭原料水泵开关，同时关闭原料水阀门。

② 关闭主蒸汽管路上的蒸汽阀门，同时关闭蒸馏水机设备上的蒸汽阀门。

③ 打开各效蒸发器下部的蒸馏剩水排放阀，将各效蒸发器内未蒸发完的原料水排净，然后关闭此阀门。

④ 关闭蒸馏水机的电源开关。

4. 操作注意事项

① 进入蒸馏水机的蒸汽压力应控制在0.3～0.5MPa之间（该设备的最高工作压力为0.5MPa，进入蒸馏水机的蒸汽压力超过0.5MPa时进汽管道上部的安全阀自动打开，泄掉部分蒸汽）。

② 各效蒸发器下部的观察窗水位线是否在中线以下，否则易造成水质不合格。

③ 原料水贮罐中是否有原料水，否则易造成水泵空转烧毁电机；另一方面蒸馏水机本身由于无原料水加入，会造成干烧现象。

④ 根据电导率仪（或电阻率仪）表上显示的数值，电磁阀一、二是否正常工作。

5. 维护保养

① 应定期检查蒸汽疏水阀的排水效果，必要时应将疏水阀打开，清除内部的杂物。正常情况下，蒸汽疏水阀能及时排出锅炉来的加热蒸汽受冷却后产生的冷凝水。当该疏水阀排水不畅时，易造成设备产水量不足，严重时影响设备的正常运行；当该疏水阀有大量的蒸汽随冷凝水冒出时，造成了锅炉蒸汽的浪费，加大了能源（锅炉蒸汽）消耗。因此，应定期对该疏水阀进行清洗，并根据具体情况进行更换。

② 定期检查蒸汽安全阀的排泄效果。检查时，加大蒸汽压力（超过0.5MPa），观察压力表的指针在超过0.50MPa时，安全阀应有蒸汽冒出，反复检查多次。

③ 蒸汽压力表、温度显示仪、电导率（或电阻率仪）、安全阀应定期送计量所进行校验，确保各仪表的准确。

（八）纯化水处理系统的清洗、消毒标准操作规程

1. 机械过滤器和活性炭清洗

机械过滤器和活性炭除了按《纯化水生产线标准操作规程》进行必要的反冲洗以外，每天运行之前必须正洗10min后方可进行下续设备。

2. 加药箱清洗

加药箱每次加药前应用纯化水清洗两遍。

3. 活性炭更换和中间水箱冲洗

活性炭吸附3个月反洗一次，一年更换一次活性炭；中间水箱每15d用产品水冲洗

两遍。

4. RO膜组件的清洗

(1) 清洗液配方组成　RO膜组件每6个月清洗一次，其清洗液配方组成见表5-1-1所示。

表5-1-1　RO膜组件清洗液配方组成

清洗液	成分	加入量	pH值调节
1	柠檬酸 反渗透产品水(无游离氯)	4.1kg 200kg	用氯水调节pH值至3.0
2	三聚磷酸钠 EDTA四钠盐 反渗透产品水(无游离氟)	4.1kg 1.7kg 200kg	用硫酸调节pH值至10.0

(2) RO膜组件污染症状及处理方法　纯化水处理中RO膜组件污染症状及处理方法见表5-1-2所示。

(3) RO膜组件清洗方法　RO膜组件轮换使用清洗液1、清洗液2清洗，清洗方法如下。

① 用泵将干净、无游离氯的反渗透产品水从清洗箱打入压力容器中并排放5min。

② 用干净的产品水在清洗箱中配制清洗液。

表5-1-2　RO膜组件污染症状及处理方法

序号	污染物	一般特征	处理方法
1	钙类沉积物(碳酸钙及磷酸钙类，一般发生于系统第二段)	脱盐率明显降低； 系统压降增加； 系统产水量稍降	用清洗液1清洗系统
2	氧化物(铁、镍、铜)	脱盐率明显降低； 系统压降明显增加； 系统产水量明显降低	用清洗液1清洗系统
3	各种液体(铁、有机及硅胶体)	脱盐率明显降低； 系统压降明显增加； 系统产水量逐渐减少	用清洗液2清洗系统
4	硫酸钙(一般发生于系统第二段)	脱盐率明显降低； 系统压降稍有或适度增加； 系统产水量逐渐减少	用清洗液2清洗系统
5	有机物沉积	脱盐率明显降低； 系统压降明显增加； 系统产水量逐渐降低	用清洗液2清洗系统
6	细菌污染	脱盐率明显降低； 系统压降明显增加； 系统产水量逐渐降低	依据可能的污染种类，选择两种清洗液中的一种清洗系统

③ 将清洗液在压力容器中循环 1h。对于 8in[1] 或 8.5in 压力容器时，流速为 130～150L/min。

④ 清洗完成后，排净清洗箱中的清洗液并进行冲洗。然后向清洗箱中充满干净的产品水以备下一步冲洗。

⑤ 用泵将干净、无游离氯的产品水从清洗箱打入压力容器中并排放 5min。

⑥ 在冲洗反渗透系统后，在产品水排放阀打开状态下运行反渗透系统 15～30min，直到产品水无泡沫且酸碱度、电导率、氯离子、铵盐符合《纯化水日常监控及检测管理制度》中的相应要求。

5. 纯水箱及其输送管道的清洗、消毒

① 清洗、消毒频次：每 15d 清洗、消毒一次。

② 清洁剂：洗洁精按 1∶10 加水稀释。

③ 消毒剂：为 3%双氧水等，临时配制临时使用，一次用量为 1000kg。

④ 清洗前将水箱内水放置在一半位置，计算一次所需双氧水的重量，倒入计算称重好的双氧水。开启水泵，使双氧水在贮水罐及其输送管道中强制循环 1h，放掉双氧水。再加入纯化水循环 30min，放掉纯化水，再重复一次。

⑤ 纯水箱颈部若有消毒不到的地方，用洁净的设备洁净布擦洗。

⑥ 清洗消毒后，质保部做一次纯化水的检测，包括微生物含量的测定，全部符合《中华人民共和国药典》2010 年版二部纯化水的要求后方能交付使用。如不合要求则重新进行冲洗直至合格。取样时，在纯水箱中取样，各使用点随机取样 2 个点。

（九）注射用水系统清洁、灭菌标准操作规程

1. 日常清洗

（1）表面清洗　每天对设备必须用丝光毛巾擦两遍，尤其车间有酸或碱雾更要精心，以此来保证蒸汽发生器表面的光洁；各密封处的螺栓要检查是否有松动现象，如果松动要及时拧紧。

（2）内部清洗　在设备使用半年后，用 70℃ 1%氢氧化钠溶液进行循环冲洗，时间 30min；再用纯化水进行清洗，排出的污水的电导率值与纯化水相同为止；再用温度不低于 30℃的 3%盐酸溶液进行钝化，此项程序为先碱性溶液清洗，再用酸性溶液钝化，时间为 30min，每隔半年做 1 次。钝化后，必须内部清洗干净，用试纸做 pH 值试验（pH 值为 5～7），电导率检测出水电导率，出水与进水相同即可。

2. 灭菌

（1）内灭菌　开机后必须内灭菌 30min，以保证成品注射用水的质量，操作时可用手动排出合格水。

（2）对贮罐及注射用水循环管道联合灭菌　如果贮罐中的水质不符合标准，应放空后用合格的注射用水冲洗干净并排空，同时排空注射用水循环管道内的余水，关闭贮罐的放空阀和回水阀、呼吸器阀门及各注射用水口阀门，打开纯蒸汽接入口阀门及纯蒸汽排放阀，待回水管口温度表达到 121℃开始灭菌 30min，关闭纯蒸汽接入口阀门及纯蒸汽排放阀，排空系统内的冷凝水。

五、生产质量控制要点

纯化水、注射用水制备过程中质量监控项目及标准见表 5-1-3 所示。

---

[1] 1in＝0.0254m。

表 5-1-3　纯化水、注射用水质量监控项目及标准

岗位	监控点	监控项目	频次	标准	标准规定
制水	纯化水	电导率	1 次/2h	《中华人民共和国药典》2010 年版二部	≤2μS/cm
		酸碱度	1 次/2h		应符合药典的有关规定
		氯化物	1 次/2h		按药典方法检查不得发生浑浊
		氨	1 次/2h		≤0.00003%
		硝酸盐 亚硝酸盐	1 次/2h		硝酸盐≤0.000006% 亚硝酸盐≤0.000002%
		全项	1 次/周		均应符合规定
	注射用水	电导率	1 次/2h	《中华人民共和国药典》2010 年版二部	≤1μS/cm
		pH	1 次/2h		5.0～7.0
		氯化物	1 次/2h		按药典方法检查不得发生浑浊
		氨	1 次/2h		≤0.00002%
		硝酸盐 亚硝酸盐	1 次/2h		硝酸盐≤0.000006% 亚硝酸盐≤0.000002%
		细菌内毒素	1 次/班		<0.25EU/mL
		全项	1 次/周		均应符合规定

六、生产管理要点

① 原水应符合饮用水质量标准。

② 纯化水、注射用水的制备、贮存和分配要有防止微生物滋生和污染的措施，在室温下宜用不锈钢贮灌贮存。

③ 在室温贮存、输送水的设备及管道应定期清洗、消毒，并进行微生物限度的检查。

④ 纯化水、注射用水每 2h 在制水工序抽样检查部分项目一次。

七、常见故障原因分析及处理措施

（一）纯化水制备操作常见故障、原因分析及处理措施

1. 设备原水、浓水、纯水压力表不显示压力，设备不出水及纯净水产出量小

产生的原因和解决措施如下：①原水压力小，增大原水的压力，保证水源供应；②原水进水阀门未完全打开，加大原水进水阀的开启量；③原水泵、高压泵未正常工作，检查原水泵及高压泵的工作情况；④原水泵、高压泵损坏，更换原水泵及高压泵；⑤管道阀门损坏或管道流通不畅，检查管道及阀门的工作情况，对存在问题的阀门进行维修和更换；⑥精密过滤器的滤芯老化导致过滤堵塞，定期更换精密过滤器内的滤芯；⑦显示压力表损坏，更换压力表；⑧反渗透膜长时间未进行化学清洗，对反渗透膜进行化学清洗；⑨浓水调节阀开得过大，根据纯水和浓水的比例情况进行调节。

2. 开机各压力表压力显示正常，几分钟后压力显示下降

产生的原因和解决措施如下：①水源压力不稳，调节水源供水压力，保证稳定的供水压力；②原水泵工作出现故障，检查原水泵的工作情况；③砂罐、炭罐长时间未进行正反冲洗，按规定对水容器进行正反冲洗；④精密过滤器内的滤芯吸附能力下降，更换滤芯。

3. 纯水的电导率升高

产生的原因和解决措施如下：①反渗透膜长时间使用，膜上吸附的有机物质过多，对反渗透膜进行化学的清洗；②反渗透膜损坏，更换新的反渗透膜；③反渗透膜的同进水口管道接头 O 形圈损坏，更换膜头的 O 形圈；④反渗透膜的同进水口管道接头损坏，更换膜的

接头。

4. 刚安装的炭罐反冲洗不出水或出水量小

产生的原因和解决措施如下：①炭罐内填充的果壳活性炭数量太多，倒出部分果壳活性炭；②果壳活性炭的尺寸过小，粉末过多，提前对果壳活性炭进行润湿，使其提前吸水膨胀；③炭罐内的上、下布水器脱落或损坏，检查罐内上、下布水器的使用情况，对损坏的布水器进行更换。

5. 精密过滤器内有砂子、活性炭等物质的出现

产生的原因和解决措施如下：砂罐、炭罐内的下布水器脱落或损坏，重新安装罐内的下布水器或更换好的下布水器。

6. 砂罐、炭罐在进行反冲的过程中有砂子、活性炭等物质的出现

产生的原因和解决措施如下：砂罐、炭罐内的上布水器脱落或损坏，重新安装罐内的上布水器或更换好的上布水器。

7. 打开电源，设备不运转

产生的原因和解决措施如下：①设备线路存在故障，检查设备的线路接触情况；②原水压力不适合设备的正常开机，设备受水压调节保护器的限制，调节原水的压力，使水压达到设备开机的要求；③设备内的电气部件发生故障，根据生产情况，对压力保护器的限位进行调整，检查电气部件的工作情况，对有故障的部件进行维修及更换。

8. 原水泵、高压泵工作不正常

原水泵、高压泵处于开启状态，原水泵工作，高压泵不启动或频繁启动、停止，水源供应不上时，高压泵仍工作。产生的原因和解决措施如下：压力调节保护器调节不当，设备保护值数太高或太低，调低保护值数或调高保护值数。

9. 水源压力满足生产要求，但压力显示不到位

产生的原因和解决措施如下：①压力表同管道之间的水软管堵塞，检查疏通管路；②水软管内进入空气，排除软管内的空气；③压力表出现故障，更换压力显示表。

10. 反渗透膜进水同出水处的压力差值过大

产生的原因和解决措施如下：反渗透膜污染或堵塞，应清洗反渗透膜；对污染严重的反渗透膜进行更换。

（二）注射用水制备操作故障的分析与排除方法

1. 一次凝结水堵塞

产生原因为：由于蒸汽管道多用铁制品，焊接造成的焊瘤等，锅炉原料水为软化水，其中含有化学介质，长期运行会把多效蒸馏水机一次结水阀门堵塞。解决措施为：把疏水器（阀门）拆下来清洗后重新安装上即可运行。

2. 密封处漏气、渗水

产生原因为：由于四氟垫受热变形所致。解决措施为：用扳手等工具重新紧固即可。

3. 水泵声音异常

产生原因和解决措施如下：①纯化水罐中无水，检查纯化水罐，生产足够的纯化；②水泵没有排空，停机给水泵排空；③水泵中进入杂质，把泵体拆开，清除杂物；④断相，检查电源，确认无断相。

4. 水中有红黄色物质

产生原因和解决措施如下：①蒸发器内壳层有渗漏，给蒸发器做气密试验（具体做法：给蒸发器加满水后，从一次凝结水管路打压并保压）；②一次凝结水管路与浓水管路连接后

产生负压，把一次凝结水与浓缩水管路分开安装，重新生产纯化水。

5. 连续性热源不合格

产生原因为：冷凝器中的冷却水管、纯化水管路有渗漏或预热器有渗漏。解决措施为：把取样阀门打开排尽蒸馏水机内部的余水，把预热器后部的出蒸馏水管打开，用盲垫把进入一效蒸发器的纯化水管堵死，手动开启水泵，待压力稳定后保压 30min，如果取样阀处滴水，说明冷凝器中的纯化水路径有渗漏，五个预热器中仅一个出蒸馏水管滴水，说明那个预热器有渗漏，把漏的部件拆下用氩弧焊重新焊接 1 次，待试压没有渗漏即可重新投入生产。

项目二　六味地黄丸生产制备

一、实训目标

① 通过实训掌握六味地黄丸（浓缩丸）的处方组成、制备生产工艺流程，并学会水蒸气蒸馏提取、冷藏结晶、药材提取、过滤、浓缩、合药（坨）、制丸、干燥、打光、包装等岗位的操作技能。

② 掌握六味地黄丸各岗位操作要点及管理要点。

③ 熟悉 TD-1000 多能提取罐、SJN-1000 浓缩器、电磁簸动筛粉机、CH-200 型槽形混合机、ZW-400 型中药自动制丸机等的操作使用、清洁及维护保养，学会各种文件的记录与汇总。

④ 培养学生采用塑制法或泛制法制备浓缩丸的能力。

⑤ 学会各种生产文件的记录和汇总。

⑥ 了解药厂综合利用和环境保护内容。

二、实训岗位

提取、过滤、浓缩、粉碎、合药、制丸、干燥、打光、包装。

三、六味地黄丸的处方组成

熟地黄	1.6kg	山茱萸（制）	0.8kg	牡丹皮	0.6kg
山药	0.8kg	茯苓	0.6kg	泽泻	0.6kg

浓缩丸系指药材或部分药材提取的浸膏或稠膏，与处方中其余药材细粉或适宜的赋形剂制成的丸剂。根据所用黏合剂不同分为浓缩水丸、浓缩蜜丸和浓缩水蜜丸。制备时浓缩蜜丸用塑制法，浓缩水丸和浓缩水蜜丸既可泛制又可塑制。

本实训项目生产的六味地黄丸属浓缩水丸，采用机器塑制法制备。药物为牡丹皮用水蒸气蒸馏提取的丹皮酚，山药与大部分山茱萸粉碎的细粉，提取丹皮酚后的牡丹皮药渣与少部分山茱萸和熟地黄、茯苓、泽泻水煎浓缩制得的稠膏，稠膏既是药又兼黏合作用。因此，直接将药材细粉与稠膏混匀制软材、制丸。

四、六味地黄丸的生产工艺过程

（一）生产工艺流程

浓缩丸一般生产工艺流程及洁净分区见图 5-2-1 所示。

（二）工艺操作过程

1. 药材炮制

(1) 生产前准备

① 按人员进入一般生产区更衣程序和净化要求进入操作间。

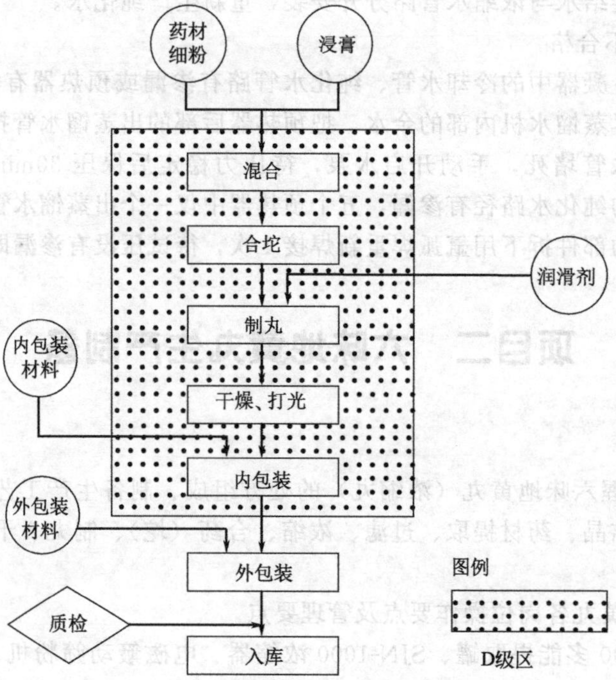

图 5-2-1　浓缩丸一般生产工艺流程及洁净分区

② 按批生产指令从仓库领取药材、原辅料等物料，按物料进入一般生产区程序和净化要求，将药材、原辅料等物料传运进入生产区，存放于物料存放间。

③ 检查工作现场、工具、容器清场合格标志，核对有效期。

④ 检查设备是否具有“完好”标志卡及“已清洁”标志，设备是否运行正常。

⑤ 校准称量器具，检查所需物料检验报告单、合格证是否齐全，核对原辅料、药材名称、数量与配制指令单是否一致。

⑥ 生产操作开始前，操作人员按照生产指令、产品生产工艺规程认真核对投料计算情况，准备好生产所需的相关技术文件和生产记录。

⑦ 挂本次运行标志。

(2) 生产操作

① 将山茱萸、牡丹皮、山药、茯苓、泽泻等除去非药用部分、杂质等。山药、茯苓、泽泻进行高温干燥灭菌。

② 取净山茱萸肉，用20%的黄酒拌匀，装适宜蒸器内，密闭，隔水加热，蒸至酒被吸尽，色变黑润，取出，干燥。

③ 将牡丹皮适当碎成粗颗粒，另装备用。

④ 将炮制好的药材饮片装入洁净容器内，容器外贴上标签和待检牌，标签上注明品名、规格、批号、数量、日期和操作人员姓名。填写请检单请检，合格后摘待检牌挂合格牌。

(3) 清场

① 生产结束后，取下工作状态标示牌，挂清场标示牌。

② 将生产所剩的尾料收集办理退库。

③ 按一般生产区清场程序和设备清洁规程清理工作现场、设备、工具、容器、管道等。

④ 清场完毕，填写清场记录。经 QA 监督员检查，合格后挂清场合格证。

⑤ 撤掉运行标志，挂清场合格标志。

⑥ 关闭水、电、气阀门开关，关好门窗，按进入程序的相反程序退出，离开作业现场。

⑦ 及时填写批生产记录、设备运行记录、交接班记录等。

2. 丹皮酚提取

按批生产指令从车间中间站领取上工序合格中间产品，用多能提取罐提取丹皮酚。

(1) 生产前准备

① 检查设备清洁情况，检查水、电、气供应情况。

② 检查提取罐的投料门、排渣门是否正常并能顺利到位，检查排渣门有无漏液现象。

③ 检查提取罐各机件、仪表是否完好灵敏，各气路是否畅通。

④ 上述各项均正常则可打开压缩空气阀，按排渣门关门按钮关闭排渣门，再按排渣门锁紧按钮使排渣门锁紧，关掉压缩空气阀门。

⑤ 用饮用水冲洗罐内壁及底盖，并将洗涤水放掉。

⑥ 关掉强制循环系统等与本提取无关的阀门。

⑦ 试开机运行，提取罐运行无障碍现象再重新启动。

(2) 生产操作

① 将已润湿（润湿方法同小型水蒸气蒸馏提取）好的牡丹皮颗粒放入提取罐后，打开蒸汽阀门直接向罐体内通入热蒸汽，同时关闭通入冷却器的阀门，打开通入油水分离器的阀门，使水油混合蒸汽通过泡沫捕捉器进入热交换器，经过冷却后流入油水分离器，芳香水由此回流到罐中，挥发油由分离器的芳香油出口流出。滞留在油水分离器中的液体若无利用价值，则在提油完毕后从底部放水阀放掉。

② 当馏出液不再浑浊时，关掉蒸汽阀停止蒸馏，收集馏出液。

③ 将出渣车开至提取罐下面，打开压缩空气阀，按排渣门脱钩按钮，开门放出药渣，交提取工序煎煮提取。

④ 将馏出液冷藏结晶，滤过，滤液重蒸馏，重蒸馏液再冷藏结晶，滤过，最后将结晶合并，40℃条件下干燥，必要时研细备用。

⑤ 将提取的丹皮酚装入洁净容器，容器外贴上标签和待检牌，标签上注明品名、规格、批号、数量、日期和操作人员姓名。填写请检单请检，合格后摘待检牌挂合格牌。

⑥ 生产结束后按一般生产区清场程序和生产设备清洁操作规程要求进行清理工作。

⑦ 清场完毕，填写生产和清场记录，经 QA 监督员检查，合格后挂清场合格证。

3. 药材煎煮、浓缩

(1) 生产前准备　按批生产指令从车间中间站领取上工序合格中间产品，其他参照药材炮制项下准备。

(2) 生产操作

① 取熟地黄、茯苓、泽泻和山茱萸 0.27kg 与提取丹皮酚后的牡丹皮药渣加水煎煮 2 次，每次 1h，合并煎液，滤过，滤液浓缩至相对密度 1.21～1.25（热测）的稠膏。

② 将浓缩好的稠膏装入洁净容器内，容器外贴上标签和待检牌，标签上注明品名、规格、批号、数量、日期和操作人员姓名。填写请检单请检，合格后摘待检牌挂合格牌。

③ 生产结束后，将生产所剩的尾料收集办理退库，取下工作状态标示牌，挂清场标示牌。

4. 药材粉碎、过筛、混合

(1) 生产前准备

① 按人员进入D级洁净生产区更衣程序和净化要求进入操作间。

② 按批生产指令从仓库领取原辅料、提取物及药材等物料，按物料进入D级洁净生产区程序和净化要求，将药材、原辅料等物料传运进入生产区，存放于物料存放间。

③ 检查工作现场、工具、容器清场合格标志，核对有效期。

④ 检查设备是否具有“完好”标志及“已清洁”标志，设备是否运行正常，检视机器是否上足润滑油，运转正常，粉碎机进料口是否安装有电磁铁，电机及皮带轮等转动部位的防护罩是否完好、安全。

⑤ 校准称量器具，检查所需物料检验报告单、合格证是否齐全，核对原辅料、药材、中间产品名称、数量与生产指令是否一致。

⑥ 生产操作开始前，操作人员按照生产指令、产品生产工艺规程认真核对投料计算情况，准备好生产所需的相关技术文件和生产记录。

⑦ 挂本次运行标志。

(2) 生产操作

① 打开总电源钥匙、开关，使相关电器和机器设备处于供电状态。

② 开启吸尘系统进入正常吸尘。

③ 使用锤击式粉碎机或万能磨粉机需安装好80～100目筛网，使用柴田式粉碎机则应调节好风扇的风速，使粉末细度达到80～100目的要求。

④ 将山药与剩余的山茱萸混匀，以备粉碎。

⑤ 开启粉碎机让其空转，待转速稳定后，再均匀而连续地加入适量药材饮片进行粉碎。

⑥ 检查药粉细度，精密称取过筛后的药粉100g，置80目和100目标准筛中，加上盖与接收器，转动、叩击并振动30min，待药粉不再通过筛时，将通过筛网的药粉取出，再精密称重。按下式计算百分比，看是否符合要求。

细粉＝通过筛网的粉末重量(g)/测定用粉末的重量(g)×100％

能全部通过五号（80目）筛，并含通过六号（100目）筛不少于95％的粉末为合格。粉碎过筛完毕立即停机。

⑦ 将待混合药粉加入混合机械的料斗内，盖好，开启混合机械进行混合。

⑧ 混合均匀度检查：取混合后的药粉适量，置光滑白纸上平铺$5cm^2$，将其表面压平，在光亮处观察，若色泽均匀，无花纹、色斑为合格。必要时可以药粉不同部位取样测定其代表成分的含量，与规定含量比较，应符合规定且均一。混合完成后立即停机。

⑨ 将混匀的药粉装入洁净容器内，容器外贴上标示签和待检牌，标签上注明物料品名、规格、批号、数量、日期和操作人员姓名。填写请检单请检，合格后摘待检牌，挂合格牌，移交制丸工序。

(3) 清场

① 生产结束后，取下工作状态标示牌，挂清场标示牌。

② 各工序剩余物料、中间产品按规定进中间站，已包装产品入库；未用完的原辅料、包装材料办理退库。

③ 清理作业场地生产废弃物，按D级洁净生产区清场、消毒程序和要求清理工作现场、设备、工具、容器、管道等。

④ 清场完毕，填写清场记录。经QA监督员检查合格，挂清场合格标志。

⑤ 及时填写批生产记录、设备运行记录、交接班记录等。

⑥ 关闭水、电、气阀门开关，关好门窗，按进入程序的相反程序退出，离开作业现场。

5. 合药

(1) 生产前准备　先校正计量器具，计算好处方量，并按岗位操作规程做好准备工作。

(2) 生产操作

① 将以上所制备的稠膏、药粉、丹皮酚放入槽形混合机的混合槽内。开启混合机，搅拌桨转动，反复搅拌捏合，直到药粉全部湿润，成为软硬适度、滋润柔软、色泽里外一致、涂布不见药粉本色、能随意塑型、不黏手、不黏附容器四壁的药坨，即软材。

② 软材制备完成后立即停机，送到下一工序进行制条、制丸、干燥。

6. 制丸

(1) 生产前准备　将全自动制丸机自控轮、导轮、刀具等部件均匀地涂少许润滑剂。

(2) 制丸　制丸机选 ϕ4mm 的模具，开启全自动制丸机，待机器转速稳定后，将制好的软材（药坨）放入加料斗，药坨在加料斗内经推进器的挤压作用通过出条嘴制成丸条，丸条经导轮被直接送至刀具切、搓，制成湿丸粒，制丸速度可通过旋转调节钮调节。

(3) 干燥　将制好的丸粒放在不锈钢托盘内送入干燥室进行烘干。干燥时，首先开启排气设备排气，并控制好温度和压力，温度应在 50～60℃之间，最好减压干燥，以免丹皮酚损失。

(4) 选丸　将烘后的丸粒投入 ϕ4.3～5.5mm 的选丸机，选取 4.5～5.0mm 的丸粒，合格品移交泛丸车间打光。

7. 打光

① 将川蜡粉碎过 80 目筛，备用。也可在川蜡细粉中加入少许甲基硅油混匀备用。

② 将干燥的丸粒加入洁净的包衣锅内，再将少许川蜡粉均匀地撒布在丸粒中，扣紧泛丸锅锅盖。

③ 开机让丸粒在包衣锅内滚转相互摩擦，直至表面光亮。

④ 将打光后的丸粒装入洁净容器，加盖。容器外贴上标示签和待检牌，标示签上注明物料名称、批号、数量、日期和操作人员姓名，填写半成品交接单，交中间品贮藏室保管，经质量检查合格交包装工序。

8. 内包

(1) 生产前准备

① 按批包装指令从车间中间站领取上工序合格待包装产品及检验合格的内包装材料。分装前要核对待包装丸剂的品名、批号、数量、中间品合格证。

② 操作间相对湿度控制在 45%～65%之间。

③ 校正衡量器具，确认无误后才能分装。

(2) 包装操作

① 理瓶：打开电源开关，把洁净干燥的瓶子均匀而适量地放入理瓶机内，过多则会造成理瓶不畅。调节理瓶速度调节旋钮，使理瓶速度与生产能力一致。

② 灌装：打开数丸机电源开关，将丸粒加入料斗中，使单位包装剂量为 200 粒，进行试包装，检查装量。待装量符合规定后，开始灌装，按加速或减速调节灌装速度。

③ 旋瓶盖：打开电源，将瓶盖倒入理盖盘中，将盛装好丸粒的瓶子排入输送带上，按

下输送、理盖启动按钮，旋盖开始工作。

④ 贴上瓶签，瓶签上注明品名、功效主治、规格、用法用量、生产日期、生产批号、有效期、贮藏方法、生产单位等。

⑤ 将完成内包工序的丸粒移交外包工序。

9. 外包

(1) 生产前准备

① 按人员进入一般生产区更衣程序和净化要求进入操作间。

② 按批包装指令从车间中间站领取上工序合格待包装产品及包装材料，认真核对半成品、包装材料、说明书、物料品名、规格、数量是否相符。

(2) 生产操作

① 将药丸每20瓶、说明书一张按规定折叠放入盒内，封口，在盒外表面印有品名、处方、装量、功效主治、规格、用法用量、注意事项、注册商标、批准文号、包装、生产日期、生产批号、有效期、厂址厂名、贮藏方法等。

② 将大盒子（箱）打印产品名称、生产批号、生产日期、有效期等；底部封口后，将包装好的小盒按规定量装入大箱，填写装箱单放入箱内。

③ 送封塑间封箱，打包。

④ 将包装好的产品送成品待检库内，填写成品请验单请验。

⑤ 待下达合格通知后，由 QA 监督员填写发放合格证，贴在箱上显要处。凭检验合格报告单或入库证办理入库手续。

五、生产质量控制要点

1. 质量控制点与监控项目

六味地黄丸生产过程质量控制项目及质量要求见表5-2-1所示。

2. 监控方法

① 开工前及生产结束后，重点监控人、机、料、环是否符合工艺标准，达到相应清场要求。监控物料数量、外观质量、状态标记、贮存条件及管理是否符合要求。监控设备及计量器具是否处于完好状态，有状态标记，有检定合格证。监控相应的凭证、记录是否齐全规范，决定是否准许开工。

② 生产过程重点监控工艺规程和岗位 SOP 的贯彻执行情况，生产现场管理是否有序规范，状态标记是否齐全、正确，批生产记录是否及时填写，各工序中间体的质量是否达到标准。对物料能否流转，成品能否入库作出决定，为批审核提供依据。

六、生产管理要点

1. 生产前准备

① 生产工作开始前，生产操作人员必须对管理文件、工艺卫生、设备状况等进行检查。

② 检查生产区域是否清洁、干净，是否符合该区域清洁卫生要求，有无“清场合格证”，未取得“清场合格证”不得进行生产。

③ 对设备状况进行严格检查，检查合格后挂上“正常”、“待用”状态标牌后方可使用。

④ 所有原辅料及包装材料必须经质检部检验合格后方可领用。

⑤ 非本批物料不得进入操作室，避免错投料或混药。

⑥ 称料、投料及计算结果须经复核，并有操作人员和复核者双方签名。

表 5-2-1　六味地黄丸生产过程质量控制项目及质量要求

工序	质量控制点	质量监控项目	检查频次	要　求
领料	原辅料	品名、批号、生产厂商、数量、合格证	每批	原料药应在规定的操作间除去外包，药料有合格证
炮制	净选	质量	每批	无杂质、无异物、除去非药用部分
提取、浓缩	配料	投料量	每批	投料的品名、规格、数量应符合规定
	水蒸气蒸馏	丹皮酚	每批	提取前应充分湿润，其浸润固液比 11∶1，浸润温度 40℃，浸润时间 2h，浸润 pH 值为 6，水蒸气蒸馏提取时应控制好温度，超过 45℃丹皮酚挥发损失量会增大
	煎煮	提取次数、时间	每批	药材加水煎煮 2 次，每次 2h
	浓缩	相对密度	每批	稠膏相对密度 1.21～1.25(热测)
粉碎	粉碎过筛	粒度、异物	每批	80～100 目，质量符合要求
制丸	总混	均匀度	每批	混合均匀
	制软材	软硬度、均匀度	每次	软硬适中，均匀一致
	制丸	药丸	每 30min	重量差异符合规定
		粒径	每批	大小均匀符合要求
		润湿剂	每批	95%乙醇
	干燥	温度、时间、水分	每次	温度应在 50～60℃之间，4h 以上，颗粒有一定的硬度，含水量小于 9%
	选丸	粒径	每批	颗粒粒径为 4.5～5.0mm
打光	辅料	均匀度	每批	川蜡细粉与少许甲基硅油混合均匀
	打光	时间	每次	2h
		润滑剂	每次	适量香油，75%～80%乙醇
		药丸质量	每批	性状、外观、水分、溶散时限符合标准规定
内包装	包装材料	塑料瓶	每批	符合质量要求
	称量器具	天平	每批	校正，并贴合格证
	颗粒分装	装量差异	每批	符合标准要求
		产品批号	随时	打印清晰，准备无误
		外观	随时	符合内控质量标准
中包装	装箱	数量	随时	每中盒装 20 小瓶，并各附一张说明书
		印刷	随时	产品批号、有效期、生产日期喷码清晰，内容完整无误
		封口签	随时	贴正，粘牢
大包装	装箱	数量	随时	每箱内中盒数要准确无误
		印刷	随时	产品批号、有效期、生产日期印字清晰，准确无误
		批号	随时	批号正确，内外包装一致
		衬垫	随时	每张上下各一张垫板
		纸箱密封与捆扎	随时	纸箱用封箱胶带密封严密，用两条包装带捆扎，两端距离相等，15cm

2. 生产过程

① 使用蒸汽设备时，须事先检查进气阀、压力表、安全阀是否完好畅通。

② 使用电气设备时，应先检查开关、线路是否完好。

③ 带传动的设备，须每天检查 1 次传动、机械性能，并加足润滑油。

④ 使用粉碎、过筛混合、制丸等机器设备均须先开机试车，待机器运转正常后方可投料。

⑤ 干燥时要控制好温度和压力，以免影响药用成分和丸剂的溶散时限。

⑥ 打光时要注意将泛丸锅盖扣紧，以免丸粒抛撒在地上。

七、生产设备及操作

（一）生产设备

六味地黄丸主要生产设备、规格型号及生产能力见表 5-2-2 所示。

表 5-2-2 六味地黄丸主要生产设备、规格型号及生产能力一览表

序号	设备名称	规格型号	台数	生产能力	有无仪表
1	洗药机	XY-500	1	100～300kg/h	无
2	润药机	GT7C5-3	1	100～300kg/h	有
3	切药机	QY120-4	1	70～700kg/h	无
4	破碎机	LF-200	2	100～300kg/h	无
5	粉碎机组	TF-400	1	20～400kg/h	有
6	多能提取罐	TD-1000	2		有
7	浓缩器	SJN-1000	3	1000～1200kg/h	有
8	干燥	GFG-300	1	50～100kg/批	有
9	混合机	CH-200 型	1	120kg/批	无
10	制丸机	ZW-400	1	80～160kg/h	有
11	包装机	KD-ZBJ188	1		有

（二）主要生产设备的标准操作规程

1. TD-1000 多能提取罐

（1）生产前准备

① 检查设备的仪表是否灵敏，是否在校验期内，阀门是否开关灵活，料渣门是否开启灵活，滤网是否完好，发现问题及时检修及更换。

② 检查设备有无状态标示牌，是否处于清洁状态并在有效清洁期内，凡超出有效期的应重新清洁后方可使用。

③ 在提取罐中加入 300L 水，检查料渣门是否有渗漏现象，若有，及时更换密封垫。经检查一切正常后，才能投料生产。

（2）操作

① 按产品批生产指令认真核对所领原药材的品名、规格、数量、检验合格证等均准确无误后，根据药材的质地按先轻后重的原则依次投入提取罐中，再按工艺要求补足所需的水量，药材浸泡 60min，并每隔 20min 搅拌 1 次，以使药材浸泡完全，并严格控制浸泡时间，并在设备指定位置加挂设备运行状态卡，注明生产的品种、日期、班次、操作人。

② 当浸泡时间达到后，打开设备电源开关，开启直通蒸汽进气阀，使蒸汽直接通入锅内加热，严格控制煎煮过程中的蒸汽压力，保持蒸汽压在 0.1～0.15MPa。加热至沸腾即关闭直通蒸汽阀门，打开夹层蒸汽阀门，将压力调至 0.03～0.05MPa，使药液保持微沸，沸腾后开始计时煎煮至工艺要求的时间。煎煮时间至关重要，应严格控制每一次的煎煮时间。

③ 完成第 1 次煎煮后，关闭气阀，约 10min 后，开泵过滤，滤液贮存在静置罐中。当

药液过滤完毕后，按操作程序②进行工艺要求的第2、3次煎煮。分别加入工艺要求的加水量，加热至沸腾后将蒸汽压力仍调整至0.03～0.05MPa，保持微沸状态。煎煮至规定时间。

④ 将分别完成第2煎、第3煎药液过滤。但注意当最后一次煎煮完毕后，药液需过滤两次，其间隔时间为30min，使药液尽量过滤尽，以免浪费。

⑤ 药液过滤完毕后，将废渣车开至排渣门正下方，经确认料渣门垂直下方直径3m以内无人员后，打开排渣门，使药渣直接落入废渣车中，然后按指定路线倾倒在指定废渣存放点。

⑥ 做好生产记录及设备运行记录。

(3) 操作注意事项

① 设备按规定开关、操作，专人专机使用、维修。

② 电器设备应防潮、防水，严禁用湿手触动电器，防止触电。

③ 设备运行过程中，操作人员不得擅自离岗，定时观察蒸汽压力，若有异常及时关闭车间总蒸汽阀门，并通知车间负责人及时组织检查维修。

④ 生产结束出渣时，若出现按下料渣门开启按钮后，料渣门不能打开，或料渣门虽能打开，但料渣滞留罐内的现象时，严禁操作人员在罐下用硬物强行出渣，以免造成伤亡事故。

⑤ 一个批次生产结束后，应严格按照前处理车间提取工艺清场SOP的要求，清理作业现场，并严格按提取罐清洁SOP清洁提取罐。

⑥ 清洗提取罐产生的残渣应收集集中倒在指定的位置，严禁冲入排水沟中，排水沟的清洁按其SOP进行。

(4) 操作异常情况的处理

① 当机器运行中突然发生停电、停水故障，应关闭所有蒸汽阀门。

② 若在提取中出现溢锅现象，应立即关闭所有蒸汽阀门，然后再缓慢打开，调节进气量。

③ 当设备运行过程中，若出现蒸汽流量正常，而蒸汽压力达不到正常值时，应关闭所有阀门，及时向车间主任汇报，通知动力维修车间进行管线检漏并维修。

2. ZW-400型中药自动制丸机

(1) 生产前准备

① 开机前，应首先检查堆料器、丸刀等部位是否正常，机后油箱润滑油是否足够，95%乙醇及乳胶管是否正常，有无异物等。经检查全部正常后可插上电源插头。

② 按产品批生产指令认真核对所领药料的品名、规格、数量、检验合格证等。

(2) 操作

① 将药料放入堆料器内，开启送料按钮“RVSHMATERIAL”，待挤出一段药料后停机，将送料支架位置调整正常后，再次开启送料按钮。

② 紧接着再次开启送料按钮后，顺序启动制丸按钮“REP PILL”、润滑液按钮“CUPPILL”。

③ 如遇异常情况，首先关闭总开关“ALL STOP”(红色)，然后仔细检查，排除异常，再接上述①、②条规程操作。

④ 如遇无法排除的异常或机器故障，应及时与管理人员或修复人员联系，并做好故障登记，严禁乱动机器。

(3) 操作注意事项

① 未经管理人员同意，不得开启机器。

② 开机前及使用后均应做好登记、移交手续。

③ 每个批号生产完毕，均须将堆料器、丸刀、出条口、送料支架等与药料直接接触的部件清洗干净并擦干。

(4) 维护与保养

① 每班交接时要将机后油箱加足润滑油，保持95%乙醇及乳胶管正常，无异物。

② 按时检修，每运行2000h小修1次，凡有紧固部件松动或有润滑不当的部件，要及时坚固和润滑；每运行4000h中修1次，对包括小修项目及线路、线头等均进行检修；每运行5000h大修1次，包括中修项目、有损部件、内部老化线路的更换等。

八、综合利用和环境保护

1. 综合利用

制剂生产、定额包装所得头子、零头及尾料，按规定处理，可进行再利用。

2. 环境保护

① 废水的管理和处理。生产过程中产生的废水符合国家排放标准，直接从下水道排放。

② 废渣的管理和处理。生产过程中产生的药渣运至垃圾转运站深埋；其他固体废料转运至规定垃圾站倾倒。

③ 锅炉房及生产中产出的废气符合国家排放标准，直接排放于大气。

④ 对于粉尘较大的工序，车间备有相应捕吸尘设施。

项目三　降压片的制备

一、实训目标

① 通过中药降压片的生产制备项目实训，使学生掌握中药降压片的处方组成、生产工艺流程，掌握中药材浸膏的提取、浓缩及配料、混合、制粒、干燥、压片、包衣、包装、清场等工序的操作技能。

② 使学生掌握片剂的生产制备各岗位操作控制要点、生产管理要点。

③ 会分析压片过程中常见问题产生的原因及解决办法。

④ 熟悉30B型粉碎机、HLSG-250型高效湿法制粒机、FL-120型沸腾干燥制粒机、HDJ-400型二维混合机、ZL-200型摇摆式制粒机、ZP-35A型旋转式压片机、DPP-250泡罩包装机等设备的操作使用、清洁及维护保养，了解设备使用中的注意事项。

⑤ 熟悉片剂生产各岗位的标准操作规程，熟悉进入一般生产区和洁净区的标准程序。

⑥ 学会片重的计算，学会各种生产文件的记录和汇总。

二、实训岗位

称量、配料、制粒、混合、压片、包衣、包装。

三、降压片的基准处方

黄芩	200g	决明子	150g	山楂	150g
槲寄生	300g	臭梧桐叶	150g	桑白皮	100g
地龙	100g				

说明：以上七味，黄芩、臭梧桐叶粉碎成细粉，过筛；槲寄生、决明子、山楂加水煎煮两次，第一次3h，第二次2h，合并煎液，滤过，滤液浓缩至稠膏状；桑白皮、地龙粉碎成

粗粉，照流浸膏与浸膏剂项下的渗漉法，分别用40%乙醇作溶剂，浸渍24h后，进行渗漉，收集渗漉液，回收乙醇，并浓缩至稠膏状备用。

四、降压片的生产工艺过程

（一）生产工艺流程

中药降压片生产工艺流程及环境区域划分见图5-3-1所示。

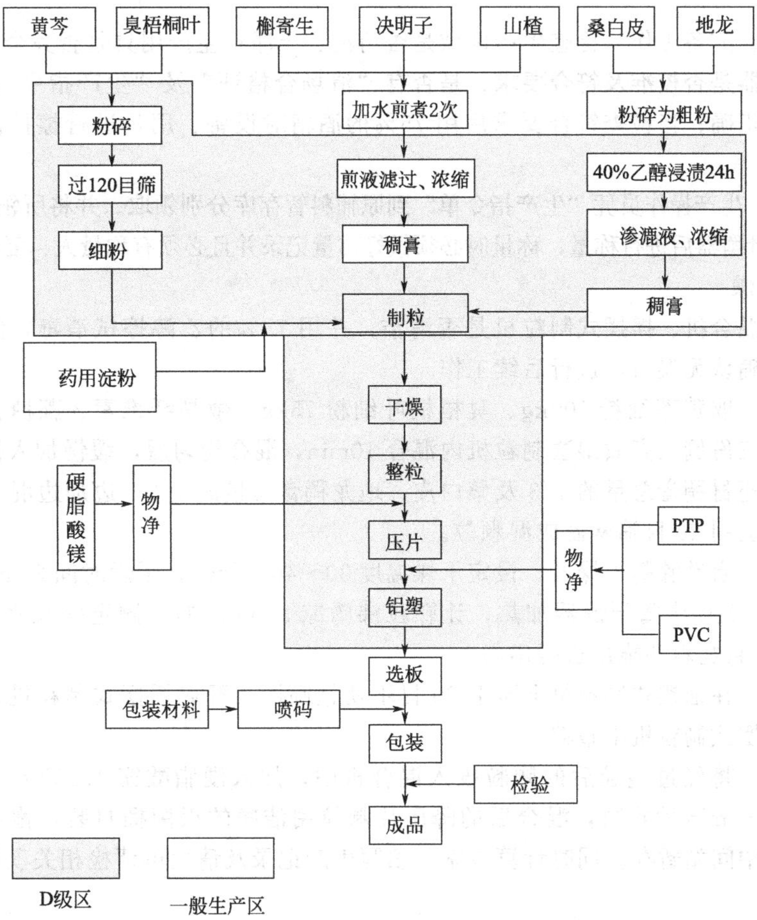

图5-3-1　中药降压片生产工艺流程及环境区域划分

（二）生产处方（每50万片用量）

黄芩粉	100kg
臭梧桐叶粉	75kg
槲寄生、决明子、山楂三味药材稠膏	处方量浸膏
桑白皮、地龙稠膏	处方量浸膏
微晶纤维素	5.0kg
羧甲淀粉钠	5.0kg（75%内加，25%外加）
蔗糖	30kg
硬脂酸镁	1.25kg
总投料量	250kg

（三）制剂成型工艺过程及工艺条件

1. 原辅料配料前处理

① 车间领料员按批生产指令到原辅料库领取原辅料，并核对品名、数量、批号，确认无误后，除去外包，将其送到物净室。

② 检查物净室紫外消毒器是否正常，确认后，开启紫外消毒器进行消毒，消毒后，把原辅料送到原辅料暂存间并填写消毒记录。

2. 配料

(1) 开工前准备工作　检查生产区域是否清洁、干净；生产用具是否齐全、清洁且符合要求；称量衡器是否校准及符合要求；是否有“清场合格证”及“生产指令”；设备、设施状态标志是否正确；当检查符合要求后用75%的酒精对设备、用具进行擦拭消毒，方可进行后续操作。

(2) 称量　生产操作员凭“生产指令单”到原辅料暂存库分别领取。并将所领原辅料送至称量室，校准称量衡器后进行称量，称量时必须做好称量记录并且必须有称量人、复核人签名。

3. 制粒干燥

检查槽形混合机、摇摆式制粒机是否清洁，并用75%的乙醇擦拭消毒，然后试机看是否运转正常。确认无误后，进行后续工作。

(1) 制粒　取黄芩细粉100kg、臭梧桐叶细粉75kg、微晶纤维素、蔗糖、内加的羧甲淀粉钠均分成三份倒入高效湿法制粒机内混合10min，混合均匀后，缓慢加入槲寄生、决明子、山楂三味药材稠膏总量的1/3及桑白皮、地龙稠膏总量的1/3，边加边混合15min后在摇摆式制粒机上用20目筛网制成湿颗粒。

(2) 干燥　启动沸腾干燥器，设定干燥温度30～40℃干燥，干燥时间20min，待颗粒水分在7.0%时，关闭沸腾干燥器加热，让颗粒沸腾凉5min左右，测定颗粒水分在5.0%～7.0%时，即可将物料斗拖出进行出料。

(3) 整粒　在摇摆式制粒机上装上20目不锈钢筛网，开启摇摆式制粒机，将干燥后的干颗粒投入摇摆式制粒机中整粒。

(4) 总混　将经过整粒后的颗粒投入混合机中，加入硬脂酸镁1.25kg，开启混合机，进行干粉混合30min后收料，混合后的降压片颗粒用洁净的灭菌桶封装，称重、贴签后办理交接手续送中间站暂存。同时计算收率、填写生产记录及请检单请检相关项目。

4. 压片

① 按压片生产指令单选择冲模，检查冲模及压片机是否清洁，确认后按“压片机操作程序”装好冲模，然后用75%乙醇擦拭消毒。

② 检查压片机各部位是否装好，并开启空机运转，看运行是否正常，然后试车。

③ 试车结束后，从中间站领取待压片的颗粒，核对品名、数量、批号及合格证，然后将颗粒加入料斗中，并根据压片通知单先调节片重，再调节片厚，最后打上压力开始压片。在压片过程中应随时抽测片重（每10～30min检查一次片重差异，每10min检查一次平均片重），确保片重差异在允许范围内，并随时注意药片的外观，确保药片的硬度、脆碎度、外观等符合规定。

④ 压片结束后，素片用已清洁的周转桶装好，称量，桶内外贴上标签，然后密封交中间站，计算物料平衡并填写批生产记录、半成品交接单及请验单交质保部请检相关项目。操作时执行“压片岗位操作程序”。

压片工艺要求如下。

冲模：ϕ11mm，上下刻“圣济”　　压力：2.8～3.5MPa

转速：18～25r/min　　　　　　　　　脆碎度：细粉脱落≤0.5%

外观：字迹清楚，表面光洁，无缺边麻面，色均匀一致且无杂点

5. 铝塑

(1) 开工前准备工作　检查铝塑机是否清洁及运转是否正常，模具及生产用具是否齐全、清洁且符合要求，是否有“清场合格证”及“批生产指令”。当检查符合要求后，方可进行后续操作。

(2) 领料　凭“生产指令单”到内包材暂存库领取 PVC 及 PTP，核对品名、批号、数量、生产厂商及 QC 室合格证。

(3) 铝塑　装上 PVC 及 PTP，开启成型、热封加热，待成型温度达到 100～110℃、热封温度达到 200～210℃，启动机器，在不加药料的情况下开出少量空板，检查压印批号是否正确及所压出的空板是否合格，确认一切正常后，加入药料进行铝塑包装。

铝塑完毕，在装有铝塑板的周转框上贴上标签，标明品名、批号、重量、操作人、复核人签名，交中间站暂存或办理交接手续（将铝塑好的产品经气闸室运出洁净区，进入外包装暂存间)。铝塑过程应严格执行“铝塑岗位操作程序”，生产完毕之后应按“洁净区地面清洁操作程序”、“洁净区门窗、墙面、顶棚清洁标准操作程序”及生产使用设备的清洁操作规程要求进行清场。

6. 外包

(1) 生产前准备　按“批包装指令单”到外包装暂存间领取待包装产品及所需包装材料，并核对品名、批号、数量等相关内容。

(2) 选板　将从中间站领取的铝塑板，选出不合格的铝塑板，以确保生产产品的质量。

(3) 热封袋包装　将选好的铝塑板每两板装入一个热封袋中，用热封机将热封袋袋口封严。填写生产记录，将产品交下一工序进行包装。

(4) 喷码　将从外包装暂存间领取的小盒，根据批生产指令调整好生产日期、产品批号、有效期至进行喷码，喷码时注意字迹应清晰无误。

(5) 外包装　按“外包装岗位标准操作规程”，将用热封袋包装后的降压片板每小盒一袋并附上说明书一张，每 10 小盒装为一单位（条）进行热封，称量，每 40 条装为一箱，经检验合格后，每一箱附上“产品合格证”和成品检验报告书各一张，用不干胶封箱带封箱，打包，入库。

(6) 清场　外包装结束后，外包岗位按“一般生产区地面清洁操作程序”、“一般生产区墙面、门窗、顶棚清洁操作程序”要求进行清场。

五、生产质量控制点

中药降压片生产过程质量监控点、监控项目、控制参数或质量要求见表 5-3-1 所示。

六、生产过程管理

1. 生产前准备

生产工作开始前，生产操作人员必须对管理文件、工艺卫生、设备状况等进行检查。其检查内容如下。

① 检查生产区域是否清洁、干净，是否符合该区域清洁卫生要求；检查生产区域是否清场，有无“清场合格证”，未取得“清场合格证”不得进行生产。

② 对设备状况进行严格检查，检查合格后挂上“正常”、“待用”状态标牌后方可使用。正在检修或停用的设备应挂上“停用”的状态标志。

③ 对生产用计量容器、度量衡器以及测定、测试仪器、仪表进行必要的检查、校正，

超过计量检验期限的计量仪器不得使用。

④ 检查与所生产品种相适应的工艺规程、SOP等生产管理文件是否齐全。

⑤ 检查设备、工具、容器清洗是否符合标准，有无“已清洁”的状态标牌。

⑥ 按生产限额领料单对所领原辅料进行核对，按生产指令单对所用半成品（中间体）进行核对。

2. 生产过程的工艺管理

① 生产全过程必须严格执行工艺规程、岗位SOP，不得任意更改。

② 直接接触药品的设备、容器的清洗、干燥、消毒应按相应SOP执行。

③ 在进行计量、称量和投料等关键性工作时必须有人复查，并做好记录，操作人、复核人均应签名。

表 5-3-1　中药降压片质量监控项目及要求

岗位	监控点	监控项目	频次	标准或要求
提取	槲寄生、决明子、山楂	提取水量及次数	每批	1. 按药材10倍量水加入，60℃温浸24h，加热煎煮3h 2. 药渣加入8倍量水，煎煮2h
	浓缩	相对密度	每批	槲寄生、决明子、山楂浸膏相对密度1.15(60℃)
	桑白皮、地龙	提取方式	每批	桑白皮粉碎过60目筛，地龙过24目筛；桑白皮、地龙粉用40%乙醇液浸渍24h，进行渗漉，收集漉液，回收乙醇
	浓缩	相对密度	每批	桑白皮、地龙浸膏相对密度1.15～1.3(60℃)，使用蒸汽设备前必须检查进气阀、压力表、安全阀是否畅通完好
药材粉碎	黄芩、臭梧桐叶	粉碎粒度	每批	120目
配料	领料	原辅料品名、批号、生产厂商、数量、合格证	每批	按生产指令领料，所有的原辅料、包装材料须经质检部检验合格后方可使用
	开工检查	设备、容器具	开始生产前检查	设备容器状态标志、设备容器消毒处理
	投料	计算与称料	每批	按处方计算，计算结果、称料、投料必须有投料人、核对人双方签字
	制粒	制软材时间	每批	30～60min
		制粒筛网	每批	20目
干燥、总混	设备	清洁度、滤袋清洁完好	开始生产前检查	设备有清洁标志、滤袋清洁、完好
	颗粒	干燥时间	随时/班	4～7h
		干燥温度	随时/班	80℃
		水分	每批	颗粒水分控制在7.0%
		混合时间	每批	45min
		外观	每批	棕色的颗粒，色泽一致，无异物、无吸潮、结块现象，含有20～30目者占20%～40%
压片	素片	外观	每批	素片呈棕色，外观完整光洁、色泽均匀，不得出现麻面、缺边、粘冲、断裂、龟裂、粉碎、松软的素片
		崩解时限	每批	不得过60min
		片重差异	每批	压制的素片重量差异应控制为±4%
泡罩包装	铝塑板	外观	随时/班	铝塑板无残、漏、缺、破损现象
			随时/班	应符合包装规格，泡形均一、热封严密、网纹清晰、冲裁切割整齐
		批号、有效期	随时/班	批号、有效期压印正确
	板上文字	印刷内容	随时/班	内容完整无误，字迹清晰完整，内容正确，品名、规格、批号内容正确，清晰、完整、端正

续表

岗位	监控点	监控项目	频次	标准或要求
外包装	说明书	1. 内容 2. 使用记录	每批	1. 内容完整无误，字迹清晰完整，内容正确；品名、规格、批号内容正确，清晰、完整、端正 2. 有使用记录，使用量＋退回量＋残损量＝领用量
	药盒	1. 内容 2. 使用记录	每批	1. 应正确并与产品相符 2. 应有使用记录，使用量＋退回量＋残损量＝领用量
	装箱	1. 数量 2. 装箱单 3. 印刷 4. 批号、有效期	每箱	1. 与包装规格规定相符 2. 内容完整无误，不漏放 3. 字迹清晰完整，内容正确 4. 批号、有效期正确，内外包装一致
其他	1. 生产周期 2. 偏差处理 3. 物料平衡 4. 清场 5. 状态标志使用 6. 记录		每批	1. 检查生产记录 2. 检查生产记录；若有偏差，处理程序应符合"车间偏差及异常情况处理管理规程" 3. 检查生产记录；各工序物料平衡（或收得率）应符合规定 4. 现场检查人员操作及记录；各工序应执行相应清场规程 5. 现场检查；各工序各类状态标志应按规程正确使用 6. 按要求逐项及时、完整、真实填写

④ 生产过程中的半成品（中间体）应按工艺规程规定和成品（中间体）的质量标准作为上下工序交接验收的依据。存放半成品（中间体）的中间站，亦应按"待检"、"合格"、"不合格"分别堆放，待检品和不合格品都不得流入下一工序。

⑤ 生产过程应按生产工艺、质量控制要点进行工艺查证，及时预防、发现和消除事故差错并做好记录。

⑥ 生产过程中若发生事故，应按"生产事故的报告和处理程序"及时处理、报告和记录。

3. 生产过程批号的管理

① 在一定生产周期内经过一系列加工过程所制得的质量均一的一组药品为一个批量。一个批量的药品，编为一个批号，批号的划分一定要具有质量的代表性，并可根据批号查明该批药品的生产全过程的实际情况，可进行质量追踪。

② 片剂、胶囊剂、颗粒剂以经同一台总混设备混合均匀的质量均一的产品作为一个批号。

③ 注射剂经同一配料罐混合均匀的质量均一的产品作为一个批号。

4. 包装管理

① 对生产过程中符合工艺规程、质量标准，并检验合格的产品方可下达包装指令。因检验周期长，在未取得检验结果前需进行包装的产品，存放于中间站待检区，收到检验合格证后包装。

② 外包装班班长根据包装指令核对待包装产品的品名、批号、规格、数量、检验合格证及包装要求等，并做好检查记录。

③ 包装用的标签、说明书等包装材料必须由生产车间主任填写限额领料单，由车间物料员到仓库限额领取。

④ 包装完毕后应及时填写批包装记录，对包装现场清场并填写清场工作记录。

5. 生产过程中的生产记录管理

(1) 岗位生产原始记录的管理

① 岗位操作记录由岗位操作人员填写，各生产岗位负责人（班长）复核并签名。

② 岗位操作记录应及时填写、字迹清晰、内容真实、数据完整并由操作人及复核人签

名。填写有差错时应及时签名更正。

③ 岗位生产原始记录复核时必须按岗位操作要求串联复核，必须将记录内容与工艺规程对照复核，对生产记录中不符合要求的填写方法，必须由填写人更正并签名。

(2) 批生产记录的管理（包括批包装记录）

① 批生产记录是该批药品生产全过程的完整记录，它由生产指令、有关岗位生产原始记录、清场记录、偏差调查处理情况、检验报告单等汇总而成。此记录具有质量的可追踪性。

② 批生产记录由生产车间各岗位班长分段填写，车间主任汇总，生产部经理审核并签名后，送质量保证部由质量保证部经理签字审核后归档保存。

③ 批生产记录要保持整洁，不得撕毁和任意涂改。若发现填写错误，应按规定程序更改。

④ 批生产记录应按批号归档，保存至药品有效期后一年。

6. 生产过程产生的不合格品的管理

生产过程执行“凡不合格原辅料不得投入生产，不合格半成品不得流入下工序，不合格成品不准出厂”的原则。当发现不合格原辅材料、半成品（中间体）和成品时应按下列要求管理。

① 立即将不合格品送入不合格品存放区，并挂上“不合格品”牌。

② 必须在每个不合格品的包装单元或容器上标明品名、规格、批号、生产日期等。

③ 填写不合格品处理报告单，内容包括品名、规格、批号、数量并查明不合格日期、来源、不合格项目及原因、检验数据及负责查明原因的有关人员等，填完后分送各有关部门。

④ 由质量保证部会同生产部查明原因提出书面处理意见，由生产部负责限期处理，质量经理批准后执行，并由 QA 监督员监督处理并做好详细记录。

⑤ 凡属正常生产中剔除的不合格品，必须标明品名、规格、批号、数量、来源及生产日期等，妥善隔离存放，根据相关规定处理。

⑥ 整批不合格产品，应由生产部门负责写出书面报告。内容包括质量情况、事故或差错发生原因，应采取补救方法，防止今后再发生的措施。由质量保证部审核处理意见。

⑦ 必须销毁的不合格产品应由仓库或生产部负责人填写销毁单，质量保证部负责人批准后按规定销毁。

7. 物料平衡管理

物料平衡按“物料平衡管理规程”管理，每批产品在生产作业完成后，必须做物料平衡检查。如有显著差异，必须检查原因，在得出合理解释，确认无潜在质量事故后，方可按合格产品处理。生产过程中若发生偏差时，应按“生产过程偏差处理规程”进行管理。

8. 清场管理

生产中在以下情况必须清场：①每个生产阶段结束后；②中途停产 3 个工作日以上者；③每个批号的产品生产完成后。

(1) 清场的内容及要求

① 工作间内无前次产品遗留物，设备无油垢。使用的工具、容器、衡器无异物，无前次产品的遗留物。

② 各工序调换品种时彻底清洗设备、工具、墙壁、门窗及地面等。要求地面无积灰、无结垢，门窗、室内照明灯、风管、墙面、开关箱外壳无积灰。

③ 包装工序调换品种、规格或批号前，多余的标签、说明书及包装材料应全部按规定处理。

④ 室内不得存放与生产无关的杂物，各工序的生产尾料、废弃物按规定处理好，整理好生产记录。

(2) 清场的方法及程序

① 清洗设备按设备清洗程序操作；清洗前必须首先切断电源。

② 工具、容器在清洁间清洗，按工具、容器的清洗操作程序进行。除特殊规定外先用饮用水清洗干净，再用纯化水清洗两次，移至烘箱烘干。

③ 清洗门、窗、墙壁、灯具、风管等先用干抹布擦抹掉其表面灰尘，再用饮用水浸湿抹布擦抹直到干净；擦抹灯具时应先关闭电源。凡是设有地漏的工作室，地面用饮用水冲洗干净，无地漏的工作室用拖把抹干净（洁净后用洁净区的专用拖把）。

清场结束后，清场者及时填写"清场工作记录"，并由质监员进行清场检查，合格由质量保证部签发"清场合格证"。如检查不合格，不得签发"清场合格证"，需重新清场直到合格。

"清场工作记录"和"清场合格证"正本归档本批批生产记录，"清场合格证"副本归档于下批批生产记录。

(3) 检查方法　采取一看二摸的方法检查。

① 一看　查看工作间及设备内外有无上批产品遗留物、油垢；查看工具、容器、衡器有无异物及上批产品遗留物；看看门窗、墙壁、排风管道表面、开关箱外壳有无积灰，粉尘；查看工作间地面有无积灰、积水；检查尾料、废弃物是否清除；检查生产记录是否整理好；包装工序还要检查文字说明的内包材料、标签、说明书、合格证、中盒、小盒是否按规定处理并做好记录。

② 二摸　凡直接与药品接触的设备部件、盛装容器、计量器具等应戴白色手套触摸与药品直接接触的部位，应无油污、灰尘。

凡清场合格的工序，必须发放"清场合格证"。在下次生产前，操作人员应核对清场有效期，如超出有效期，则必须重新清场。对设备直接接触药品的部位、工具容器等进行消毒，并填好各工序生产前消毒记录，生产部生产车间主任和质监员检查合格后再进行生产。凡清场合格的工作室，门应常闭，人员不得随意进入。

七、生产设备及操作

(一) 生产设备

中药降压片主要生产设备、型号及生产能力见表 5-3-2 所示。

表 5-3-2　中药降压片主要生产设备、型号及生产能力一览表

序号	设备名称	型号	生产能力	数量
1	粉碎机	30B 型	100～200kg/h	1
2	高效湿法制粒机	HLSG-250 型	约 110kg/批	1
3	沸腾干燥制粒机	FL-120 型	约 140kg/批	1
4	摇摆式制粒机	ZL-200 型	100～200kg/h	1
5	二维混合机	HDJ-400 型	约 200kg/批	1
6	旋转式压片机	ZP-35A 型	约 10 万片/h	1
7	泡罩包装机	DPP-250	8 万～10 万片/h	1

（二）主要设备的标准操作规程

1. 30B型粉碎机标准操作规程

(1) 开机前的准备

① 检查各油杯里是否有适当的高温润滑油，检查旋转部位是否有足够的润滑油脂。

② 检查机器所有紧固件是否松动，否则拧紧；主轴应运转自如，用手旋转主轴时应无卡阻现象。

③ 检查上下皮带轮在同一平面内是否平行，皮带是否紧张。

④ 检查主机腔内有无铁屑等杂物，物料粉碎前不允许有金属等杂物。

⑤ 检查电气是否完整。点动电动机，看主轴旋转方向是否与防护罩上所示箭头方向相同。

(2) 开机

① 按下除尘风机绿色按钮，风机运行。按下主电机绿色按钮，主电机工作。

② 将容器或布袋放入出料斗准备接料。将物料逐渐加入加料斗，视其情况打开加料斗开关。

(3) 停机

① 运行中遇到紧急情况立即停机（按下停机按钮）。

② 运行完毕时先停主机约1min后停风机，最后拉下总电源开关。

③ 中途休息时，先停主机，后停风机。

(4) 注意事项

① 本机采用交流380V电压供电，必须接地。

② 不要随便打开皮带防护罩，严禁用水冲洗设备的电器部位和润滑部位。

③ 设备运行时，严禁打开门盖，不许多人操作，以免因协调不当造成事故。

④ 粉碎室内严禁堆放杂物。

(5) 维护保养

① 生产过程中，若有异常噪声或轴承温升过高应停机检查。

② 滚动轴承内采用润滑油，由油杯口注入。

③ 新机运转时，转动带易伸长，应注意调节带的适当松紧度。

2. HLSG-250高效湿法制粒机的标准操作规程

(1) 开机前准备

① 清洁机身、各操作部位及原料缸内各部件。

② 检查机械部分动作，手动搅拌桨，切刀各转动部件，有无阻卡。

③ 检查电气按钮、气、液开关是否正常，各控制点、行程限位开关接线是否有误。

④ 分别通气、电检查各系统的运行是否正常。

⑤ 检查压力是否≥0.4MPa（压力小于0.4MPa时本机自动保护，机器不能启动）。

(2) 开机

① 开启电源总开关。打开电源，调节密封口的气体流量，根据药物品种而确定。

② 出料口关闭，准确无误。

③ 打开缸盖，将计量好的粉状物料加入搅拌缸内，关闭缸盖，扳紧锁紧装置。

④ 启动搅拌进行混合达到工艺要求的均匀度，自动停机。

⑤ 将计量好的黏合剂加入搅拌缸内。启动搅拌，混合3～5min，从视孔观察或开盖观察其缸内物料成润湿状态时，启动切刀电机1～4min。

⑥ 从视孔观察或开盖观察制粒状况，达到工艺要求后关机，打开锁紧装置和缸盖检查制粒状况是否达到要求。若未达到要求，则关闭缸盖，重新搅拌。

⑦ 打开出料口，点动低速搅拌，出料。待料出净后，关闭出料口。

⑧ 将水、气手动开关，转到进水位，进行冲洗。待水放到缸内 1/3 时将此开关回复到进气位，启动低速搅拌按钮，进行清洗 3～5min 后停止搅拌，打开出料口，将水放净。重复进行 1～2 次，检查清洗是否达到"GMP"规定要求。最后通入压缩空气吹出余水，擦干水迹，自然干燥。

(3) 注意事项

① 在生产过程中，不得关闭电源，且不得转动水、气开关，否则将损坏设备及产品。

② 在搅拌和切刀运行时，不得打开缸盖锁紧手柄和原料口按钮。

③ 加料过程中，不得点动或启动搅拌、切刀电机，不得打开出料口。

④ 在开盖检查和进料时，严禁操作关闭缸盖按钮，以免造成人身伤害。

⑤ 若设备运行中，出现故障应立即切断电源检查原因。

(4) 维护保养

① 减速器应每年更换一次润滑油（双曲线齿轮油 HL57-22，每次用料约为 3L）。

② 定期检查各紧固件和电气元件，上下班对设备进行清洁处理，保持设备的卫生。

3. FL-120 型沸腾干燥制粒机标准操作规程

(1) 开机前准备

① 清洗主机，将内壁烘干。

② 挂捕集室过滤袋　将位于捕集室内的过滤环落下，依次将每个过滤袋紧拴在架环的孔上，将过滤袋底盘转于捕集室的法兰外圈上，拴紧绳带。将喷雾室旋入捕集室下，再旋入（放入）原料器，上下法兰对位准确。

③ 接通控制柜电源，此时 PLC 程序设定在程序停（手动操作）。

④ 启动空气压缩机（或开启进气阀），待气压上升到 0.4MPa 时，启动原料容器升按钮，机座顶圈上升，将原料容器、雾化室顶上，压紧过滤袋。锁紧立柱两侧托板上的梯形螺杆，使雾化室与捕集室联为一体，启动容器降，放下顶圈，旋出原料容器，准备装料。

⑤ 将物料（辅料）装入原料容器内。将黏合剂（药液）过滤后装入小车盛液桶内，黏合剂相对密度≤1.25。

⑥ 调试喷枪　在 0.3～0.4MPa 正常压力下，调节机泵流量、喷嘴喷口间隙及空气压力。观察并调节黏合剂药液喷射角度和雾化效果，要求雾状均匀无颗粒，喷射有力，覆盖面大。达到理想状态后，将喷枪装于雾化室上。

(2) 开机

① 装料完毕，开启原料升，使主机密闭，温度设置在药物所需范围。

② 启动引风机，待正常运转（30s）后，按"干燥启"（两风门同时打开），使物料沸腾干燥。待温度升到所需值方可喷液制粒，此时按"喷雾启"。当喷液喷到一定时间（2～3min）进行抖袋，抖袋时应先关喷雾，后关干燥，再按"抖袋启"（两抖袋同时进行）。抖袋完毕后（3～5 次），依次开"干燥启"、"喷雾启"进行制粒，此过程循环进行。

③ 手动操作过程中，在掌握了该药品的特性和所需工艺参数后，先设定抖料（18s）和停料（120s）时间，方可启动自动操作程序进行制粒。若在进行自动程序操作过程中需要手动操作，只需按下程序停，即可进行手动操作。

【知识链接】

制粒基本要点

在制粒过程中，应随时从视镜孔观察物料流化状态和从取样筒取样观察成粒情况。调节风量、风压、温度、雾化压力、喷液量等有关参数，使其达到最理想的成粒效果，调节以上参数，相互配合，灵活运用。

④ 液料喷完即制粒结束，应先关喷雾，后对物料进行一段时间的干燥，使其达到合格水分、菌检等指标。

⑤ 干燥结束后，这时物料温度较高不便于出料，成品吸潮性强，所以应关电加热，引风沸腾一段时间，待温度降至50℃左右才可关干燥和停止风机，才能出料。

⑥ 出料　旋松原料容器上的安全夹，放于容器两侧。按容器降放下气顶，拉出（旋出）原料容器，将原料容器倾斜45°、90°等需要位置进行出料。

⑦ 关机　每班生产作业结束后，需关闭风机和气源、切断电源、排放余气，关闭有关阀门。

(3) 注意事项

① 捕集袋必须扣压牢，如有内滑现象应立即处理，防止跑料。为确保容器内负压正常和热料沸腾效果好，捕集袋每班应清洗一次，并检查有无破损，若有应及时处理或更换。

② 初、中、亚高效空气过滤器应定期清洗，以确保空气的洁净。

③ 经常检查主机密封圈垫等是否良好，保持通风正常，无泄露。主机密封时，筒体上下法兰必须对好，使其贴合紧密，容器在顶升和下落时，切勿将头、手、脚伸入容器内或放于法兰盘、顶圈边缘。

④ 经常检查喷枪内密封圈和喷针是否完好，确保正常喷雾。

⑤ 三联件中油雾要定期加注食用油，分水过滤器要定期换水，空压机要定期加压缩机油。

⑥ 注意监控空压机和风机运转状况，电流表、电压表指示是否正常，如缺相、三支电流表差异很大等。

⑦ 注意监视气压表的指示，压力保持在0.4MPa以上。

⑧ 热源采用电加热时需特别注意，用前应仔细检查电加热箱内有无异物，接触部位是否连接牢固可靠。工作前必须对加热箱进行预热（约30min），待加热温度上升到所需温度值时（40～50℃），方可投入运行。运行过程中不要触及电加热箱，以免烫伤人体。电加热箱严禁受潮和水分侵入。

(4) 维护和保养

① 风门及微调风门轴要定期加食用油润滑。

② 喷雾室和原料容器的支臂转动轴要定期注入润滑剂，使其转动灵活。

③ 喷枪清洗要用清水进行喷射，以便起到清洗输液管内壁的作用。

④ 主机筒体用具有一定压力的水进行冲洗或用毛刷和布擦洗内部残留物料，特别注意原料容器气流分布板的缝隙必须清洗干净。

4. ZL-200型摇摆式制粒机标准操作规程

(1) 开机

① 确认机器一切是否正常，检查设备的状态标志及交接班记录，确认设备的当前技术状态。

② 装好七角滚筒。装拆时，只要旋下三个翼形螺母，轴承盖和旋转滚筒即可抽出、

装上。

③ 装好筛网，装拆筛网时应根据颗粒大小要求，由使用者选择，筛网的装置用两根钢管夹牢，装拆简易。紧松由细牙齿轮撑住，可以适当调节。

④ 打开机器，将物料倒入斗内，通过旋转滚筒的摆动作用，物料通过筛网形成颗粒，落入盛物料的盛器中。物料应逐渐加入，不宜加满，以免受压过大使筛网易损。

【注意】 粉斗内如粉末停滞不下，切不可用手去铲，以免造成伤手事故。

（2）调节

① 速度的选择，由于使用原料性质不一，因此对速度快慢须进行选择，一般可根据物料的黏度和干湿程度来选择。干品可快，湿品宜慢。

② 一般来说其速度范围不能作统一规定，使用者应根据物料的情况和实际操作情况而定。

（3）维护保养

① 机器的转动部分均装有油杯，按油杯的类型，分别注入黄油和机油。

② 开车前应全部加油一次，中途可按各轴承的温度上升情况和运转情况添加油脂。

③ 蜗轮箱内须长期存贮机油，检查时应打开机器上盖，通过观察孔检查油面是否正常。

④ 经常使用，须每隔 3 个月换新油一次，箱底部有油塞，供放油用。

⑤ 每次使用完毕后必须将设备清洗干净。注意保持机器的干燥，不可用水淋洗。

5. HDJ-400 型二维混合机标准操作规程

（1）开机前准备

① 设备在开机前要检查连接部位是否紧固、可靠，检查电气接线是否正确，接头有无松动或脱落。

② 减速机加适量的润滑油。

③ 设备清洁、干燥，无交叉污染。

④ 按公称容积 80%进行人工装料，装料完毕，关牢进出料口盖板。

（2）开机

① 开机时设备操作人员要离开混料桶 1m 之外，以免运动中的混料桶撞伤人员。

② 点动运行 1～2 圈，确认完好方可开动运行。

③ 开动运行按钮，调整混合时间继电器，若不需要时间控制，则将时间继电器下方旋钮搬至连续状态。

（3）停机　物料混合完成后，按下停止按钮，设备停止运转，若出料口不在下方出料位置，则利用点动按钮，使出料口停止在出料方便的位置，打开快开盖，即可卸料。

（4）维护与保养

① 新设备运动前，换上新机油，机油牌号为 40# 机械油。运行 1 个月后，再放出减速机体的机油，加入新机油，以后则可每半年检查换油一次。

② 滚动轴承出厂时已加足润滑脂，设备连续运行一年后，可拆下轴承端盖，再补加一定量的润滑脂，润滑脂牌号为 1# 钙钠基润滑脂。

6. ZP-35A 型旋转式压片机标准操作规程

（1）开机

① 检查全套设备，发现问题及时排除。检查电器部分是否受潮，绝缘是否良好。

② 用手旋转机器左侧手轮，检查是否灵活自如。

（2）安装及调整　上模、中模、下模、加料器、加料斗、附件的安装及调整，按照生产品种的规格要求，领取上模、中模、下模并检查是否清洁。

① 中模的安装

a. 中模的紧固螺钉必须旋出转台外圆 1mm 左右，勿使中模装入时与螺钉的头部相碰为宜。

b. 检查中模内是否有槽痕，将有槽痕的一端放在下部，然后将干净的中模平稳、垂直地放入清洁的模孔内，并用黄铜棒自上冲孔穿入，往下轻轻打入，使中模不得高于转台工作面，然后将中模螺钉坚固。

c. 慢慢转动机器左侧手轮，使手轮按顺时针方向转动一圈，用黄铜棒自下冲孔穿出，自下而上，将每只中模一一撞出，检查中模是否高于平面，不得松动。

② 下模的安装

a. 检查下模是否完好，如是刻字冲，须检查冲头的字母或数字是否正确，冲头是否光洁。

b. 将干的下模按顺序，自然插入每个清洁的下模孔内，并伸入中模，上下左右转动，且转动须灵活，装完下模，将下模装卸轨装上，用螺钉紧固。

c. 慢慢转动机器左侧手轮，使转台旋转两周，观察下模冲杆进入中模孔及在轨道上运行的情况，有无碰撞和卡阻，下模冲杆上升到最高点（即出片处），应高出转台工作面 0.1～0.3mm。

d. 拆下机器左侧手轮，关闭左侧门，然后开动电机，检查下模运行是否正常，一边用干净的毛巾抹清转台平面与下模冲杆顶击部位。

③ 上模的安装

a. 关闭电源，打开机器左侧门，装上手轮。

b. 检查上模是否完好，如是刻字冲，须检查冲头的字母或数字是否正确，冲头是否光洁。

c. 将上盖板翻上将干的下模按顺序，自然插入每个清洁的下冲孔内，并伸入中模，上下左右转动，且转动须灵活，装完下模，将上盖板盖平。

d. 慢慢转动机器左侧手轮，使转台旋转一周，检查冲颈接触平行轨，运行是否自如，有无卡阻现象，再装上与上模规格配套的防尘圈。

④ 加料器的安装

a. 将加料器组件装在加料器的支承板上，然后将滚花螺钉拧上，再调节螺钉的高度，使加料器底面与转台工作面之间隙 0.05～0.1mm（一纸之隔），拧紧滚花螺钉。

b. 装加料器的刮粉板，调整刮粉板高低，使底面与转台工作平齐，将刮粉板上的螺钉拧紧。

c. 装加料器的刮片板：转动手轮，在下冲出片处，调整刮片板的高度，其底平面与下模冲头的间隙有一纸之隔，随后打紧上刮片板的螺钉。

d. 加料斗的安装：装上加料斗，以粉子的流量调整料斗与转台工作面之间的距离，开启料斗上挡粉插板，料斗不能紧贴转台平面，不能与机身摩擦，调整后，将滚花螺钉拧紧。

⑤ 附件的安装

a. 装落片装置。

b. 装筛片机。

以上安装完毕后，拆下机器左侧手轮，装好左、右、后侧门，吸尘装置，关闭有机玻璃窗。

(3) 参数的设定

① 首先接通总开关，启动增压（减压）按钮，反复升降压力，将管道中的残余空气排出。

② 给压力油缸加油，并保持油路通畅。

③ 设定压片力。根据物料的性质、片径的大小，设定压片力的大小。片径大、黏度差、难以成型的物料，设定较高的压片力；片径小、黏度强、易成型的物料，设定的压片力较小些。

④ 填充量的调节。中左调节手轮控制后压轮压制的片重，中右调节手轮控制前压轮压制的片重。当调节手轮顺时针方向旋转时，充填量减少，即填充深度浅些；当调节手轮逆时针方向旋转时，填充量增加，即填充深度加深。

⑤ 片重的预调节。将模孔的中心位置对准加料器的刮粉板，调节充填调节手轮，使下充与调节工作面的距离小于冲头直径（根据物料质地的轻重做相应调整）。

⑥ 调整加料器的位置高低和料斗上挡料插板的开启距离（根据物料流量），将滚花螺钉拧紧。

⑦ 加料。加料斗内加少量的物料（够开车即可）。

⑧ 片剂厚度的调节。左端的调节手轮控制前压轮压制的片厚，右端的调节手轮控制后压轮压制的片厚。调节手轮顺时针方向时，片重增大；反之片重减小。

⑨ 将片剂厚度调节手轮按逆时针方向旋转，使片子成型，略带片重。

(4) 机器试运行

① 将电器箱右侧紧急开关置于“按下”状态，按面板启动按钮和停机按钮，运行点动试开机。

② 称准重量。逐步调节成型片子的片重，数粒后称重至片重达到标准，填充量由少到多，逐步增加到片子的重量。

③ 调整厚度。根据品种的质量要求，调整片子的厚度、硬度，两边出片的片子厚度、硬度必须一致。

④ 调整车速。在满足品种的质量要求的前提下，进行调速。

(5) 注意事项

① 严禁缺油、无油运行设备，严禁用水冲洗设备。

② 严禁超温、超载、超压、超负荷运转。

③ 机器运行中，不要打开有机玻璃窗。

7. DPP-250 铝塑包装机标准操作规程

(1) 开机前的准备

① 检查各紧固件是否松动，对所需要加油部位进行加油。

② 按清洁规程清洁设备。

③ 按图示接通进出水口。

④ 按图示将进气管接入进气接口。

(2) 开机　接通电源，打开电源开关，点动电机，查看电机旋转方向是否与箭头方向相同。

(3) 模具的安装及调整

① 成型模的安装及调整。成型模必须靠近加热板，距离不得大于 3mm，成型模必须安装在导板上平面的中心位置，与导板上平面的中心线垂直。

② 热封模的安装及调整。热封模的安装就是要与成型塑片中的泡罩吻合，如出现前后偏位现象，可用扳手摇动，顺时针方向能使成型和热封距离增长，反之缩短；若出现左右偏位现象，可松开热封模板并移动热封模板，使成型塑片的泡罩与热封模良好吻合。调妥成型模与热封模后，再调整长短导轨，使其有三条导轨的一边分别靠近任一泡罩侧面，距离约 0.5mm。

③ 冲模的安装及调整。安装冲裁模时，卸下冲裁盖板的四只盖形螺母与螺钉，拆除冲裁盖板，将已装配好的冲裁模上，盖上盖板，再用螺钉分别将上下模固定在盖板扩冲裁导板上。如果冲出的模块左右偏位则松开固定螺钉，将冲裁模向左或向右移动；如果冲出的模块前后偏位，调节冲裁移动手柄，使冲裁向前或向后移动。

(4) 行程调节　松开紧固螺母，上下调滚轮芯轴的位置至合适后紧固螺母。

(5) 气压调节　本机气压回路分三个部分：①正压吹气成型；②冷却吹风管、牵引夹持及塑片定位汽缸；③热封汽缸升降。成型气压在 0.4～0.5MPa，热封气压视热封面积而定：行程在 40～70，气压为 0.3MPa；行程在 70～90，气压为 0.4MPa；行程在 90～100，气压为 0.5MPa，具体要根据热封效果而定。

(6) 配气凸轮调整　定位汽缸松开，牵引夹持汽缸动作，夹住塑片，向冲裁方向拉动塑片，到位后牵引停止，定位汽缸动作压住塑片，同时，牵引汽缸松开，退回初始位置，准备下一过程，如此连续动作，完成整个过程。

(7) 维护保养

① 对整机电气连接线要定期检查，发现异常及时处理。

② 对整机紧固元件要定期检查，发现松动及时处理。

③ 润滑按润滑总图每班进行一次，润滑油参照表 5-3-3 选择。

表 5-3-3　润滑油的选用

部　位	油品号	部　位	油品号
变速箱	30# 机械油	滚动轴承	5# 润滑脂
链轮(条)	3# 润滑脂	直线轴承	25# 机械油

④ 设备内外随时保持清洁，见本色。

(8) 注意事项

① 本机采用 380V 电压供电，必须引入零线，机壳并可靠接地。

② 机器各机构的协调要求太高，不要随便调节机构的各内部零件的相对位置，如需调整时，应由熟悉操作的专门人员调试，以确保机器正常工作。

③ 设备运行时，不允许多人操作，以免因协调不当而造成事故。

④ 设备运行中，严禁将用手伸入转台内，并装上安全防护罩。

⑤ 严禁敲打设备，严禁用水冲洗设备，机身内外不准堆放杂物。

(9) 故障原因及其排除方法见表 5-3-4。

八、岗位标准操作规程

(一) 配料、制粒岗位

1. 生产准备

① 检查配料各设备清洁、运转情况。

② 领取盛装容器并检查是否清洁，容器外应无原有的任何标记。

③ 检查计量器具（磅秤和天平）的计量范围应与称量要求相符，计量器具上有检验合

格证，并在规定的有效期内。

表 5-3-4　故障原因及其排除方法

故障现象	故障原因	排除方法
PVC 泡罩成型不良	1. 上、下板温度过高或过低 2. 成型吹气压力过高或不够 3. 成型模与吹模装配位置不对中心 4. 压缩空气系统水分过多或减压阀内存水 5. 成型模处冷却水温度不合适	1. 重新设定加热温度 2. 调整成型气压在 0.4～0.5MPa 3. 对准中心 4. 按时测试和排放水 5. 保证吹模温度在≤40℃
成型泡罩错位偏移	1. 吹模装配位置与机车不平行 2. 吹模和成型模错移	1. 修正装配方法 2. 对准中心
PVC 成型后步进尺寸不等	1. 气夹汽缸工作时间不对 2. 运行汽缸运动尺寸不对 3. 摆动调节杆松动	1. 调整控制器 2. 调节摆动调节杆 3. 紧固夹紧螺钉
热封不良	1. 封合气压不对 2. 汽缸摆杆松动 3. 热封辊与加热辊不平行 4. 热封温度低	1. 调整封合气压 0.4～0.5MPa 2. 紧固摆杆并调整位置 3. 调整两辊平行度 4. 提高热封温度
冲击步进不准	1. 步进辊松动 2. 步进机构的摩擦片太松 3. 棘爪和棘轮位置不对	1. 紧固和调整位置 2. 紧固和调整拉杆 3. 调整爪位置和间隙
准停位置不对	1. 准停开关位置不对 2. 液塑连轴节装配位置不对	1. 调整两个磁块相对位置 2. 调整并紧固液塑连轴节
打字不好	1. 字组安装位置不对 2. 压得过紧或过小 3. 张紧轮调节位置不对	1. 检查字组装配位置 2. 调整螺栓压紧程度 3. 调节张紧轮位置
药品板块推出不好	1. 吹气时间不对 2. 吹气时间长短不对	1. 旋转金属片与开关位置 2. 增减金属片长度

④ 换批号及品种时，经 QA 质监员检查合格后，QA 质监员在“清场记录”上相应位置签字确认，方能进行生产。

⑤ 做好开工前检查，检查清场合格证、生产指令是否齐备。

2. 物料的准备

按产品生产指令单准备物料。

① 认真核对生产指令单和限额领料单必须一致，根据限额领料单到车间原辅料暂存领取原辅料；并认真核对品名、批号、规格、数量、生产厂家及检验合格证，如有含量要求需注明含量等。

② 将所准备的物料按品名、批号、规格分堆码放整齐。

③ 逐件检查物料的品名、批号、规格、数量是否相符，如有不符必须调查清楚，才能使用。

3. 粉碎、过筛

① 检查操作间内是否清洁，应无上批物料，检查设备及工具是否清洁，是否有损伤。

② 检查粉碎机料斗、粉碎室应清洁、无异物；粉碎机筛片应清洁、干燥，无破损。

③ 根据该品种的工艺要求选择筛片的目数，再按粉碎机的操作规程安装好筛片及其他

部件，用熟橡胶带捆扎粉碎袋。合上电源开关，检查粉碎机空载运转是否正常。

④ 如粉碎机空载运转正常，用不锈钢撮箕送物料入料斗，开始粉碎。

⑤ 根据不同物料物理性质不同，合理控制粉碎速度。粉碎完毕后，取下粉碎袋，收集出料口处余粉与粉碎袋内物料合并。

⑥ 关闭电源，称量标示物料重量。

4. 称量、混合、制粒

(1) 称量

① 称量时，注意根据所称物料的总量选用合适量程的称量器具，一人称量一人进行复核，并及时做好记录。

② 称量时应在同一种原辅料称量完成之后，才能再称另一种原辅料。

③ 物料称量完毕后，在已称量好的原辅料的盛装容器上贴上标签；称量后余下的物料应做好封口处理，按剩余物料的退库处理程序处理。

④ 对已称量好的物料要分批堆放整齐，不同品名、批号、规格的物料之间应有一定的距离。

(2) 混合

① 将称量好的原辅料按先轻后重，先多后少；数量多的在先，数量少的在后；色浅的在先，色深的在后；结晶细的在先，结晶粗的在后；质轻的在先，质重的在后；先固体后液体或浸膏的原则加入已消毒的混合机中，并同时开启混合机进行混合，根据不同品种选择混合时间，一般为10～30min。

② 混合中原辅料如果存在液体或浸膏，则将液体或浸膏呈细流状缓慢、均匀地加入固体的原料或辅料中。

③ 混合时随时检查混合的均匀度及黏稠度，符合产品工艺要求时立即停止混合，并将混合好的药料装入已消毒的合格周转桶或容器中进行制粒操作。

(3) 制粒

① 根据各品种生产工艺要求装上已消毒的相应目数的筛网，筛网安装应平整、密合，松紧适中。

② 制粒时往摇摆式制粒机料斗中不断加入混合好的药料，料斗中的药料不应过多，开启制粒机时无过剩堆积和结团。

③ 制粒过程中随时检查制粒的情况，如果发现颗粒不均则立即停止，并检查筛网是否完好，待排除故障后继续制粒。

④ 制好的颗粒装入已消毒备用的烘盘内，进行干燥。

5. 干燥、整粒、过筛

(1) 干燥

① 将制好的颗粒铺放在烘盘上，厚度控制在1～3cm为宜，然后将烘盘由上至下地放在烘车上，并将烘车推进烘箱中，关闭烘箱门，然后先开启风机，再开启电源，根据不同产品的工艺要求选择干燥温度，一般60～90℃。

② 待干燥至一定程度之后，将烘车拖出，按工艺要求对每盘颗粒定时翻动，使其干燥均匀。

③ 待干燥时间即将完毕，试测颗粒水分，如果水分在内控范围以内，则将烘箱电源关闭，并关闭风机，将烘车拖出，使其冷却。

④ 待颗粒冷却至室温后，进行下一工序（整粒或粉碎）。

（2）整粒

① 根据各品种生产工艺要求装上已消毒的相应目数的筛网，筛网安装应平整、密合，松紧适中。

② 整粒：整粒时往摇摆式制粒机料斗中不断加入混合好的药料，料斗内的药料不应过多，开启整粒机时无过剩堆积和结团。

③ 整粒过程中随时检查整粒的情况，如果发现颗粒不均则立即停止，并检查筛网是否完好，待排除故障后继续整粒。

④ 把整好的颗粒装入已消毒总混机内，进行总混。

（3）总混　把将整好的颗粒装入已清洁并消毒的总混机内，开启总混机进行总混，总混时间一般30～45min。

6. 生产结束

① 每班结束后填写生产记录，并及时交到车间办公室。

② 每批结束后进行物料收率计算。

③ 操作人员将可回收残料封口并标识明确后退回中间站，经中间站管理员复核验收并填写残料收发台账。

④ 生产结束后操作人员首先在指定位置挂上黄色“待清洁”状态标记。操作人员对设备、容器、工具、地面进行清场。清场后，质监员对设备、容器等进行检查，检查合格后发放“清场合格证”。

⑤ 操作员在整个生产过程中应及时认真填写“批生产记录”，并将前工序清场合格证（副本）及本批经QA质监员发放的清场合格证（正本）贴于“批生产记录”背后，同时应依据不同情况选择“设备状态标示”。

（二）压片岗位

1. 操作前准备

① 操作人员按人员进出洁净区标准操作程序的要求进入压片室。

② 检查“清场合格证”和“批生产指令”是否齐全，齐全方可进行后续操作。

③ 检查压片室内清洁卫生是否达到要求，生产用工器具是否齐全。

④ 根据“生产指令”所要生产的产品的工艺要求，到模具存放间领取相应规格的模具。模具在工具清洁室用95%酒精清洁擦干后，送进压片室。

⑤ 取下压片室门上的“已清洁”状态标志牌，挂上生产状态标志牌。

⑥ 按“ZP-35A旋转式压片机清洁规程”对压片机用75%的酒精进行擦拭消毒。

⑦ 按“ZP-35A旋转式压片机操作规程”安装好相应的模具及配件。用手转动手轮观察安装情况，确认无误后，接通电源按“ZP-35A旋转式压机操作规程”对设备进行空车试运行，用听、摸、察、看、比等方法检查设备是否正常，如设备正常停机待用。如发现异常，一般故障自己排除，自己不能排除则通知设备部维修人员检修。

⑧ 取下压片机上的“已清洁”状态标志牌，挂上“运行中”状态标志牌。

⑨ 检查EL-200S电子天平是否水平和核准，如果不平不准，将天平调平校准并调零。

⑩ 将片厚调节至较大位置，填充量调节到较小位置，将白淀粉0.5kg加入料斗内，用手转动手轮，如无异常，则开启电源，先用手轻轻拉拢离合器，使转台缓慢旋转，如果无异常情况及尖叫声，即可合上离合器，让机器运转10min，以便淀粉将模具内的油污等异物清理干净。

清理试车结束后，用毛刷刷干净机台上的淀粉，经QA质监员检查合格后，方可领入待压片的颗粒。

2. 压片操作

① 根据“批生产指令”到中间站领取所需压片的颗粒。注意核对品名、批号、规格、数量、检验合格证并做好交接手续。

② 将1～2kg颗粒加入料斗内，用手转动飞轮，适当调节片厚调节器至能压成松松的片子，调节充填量后再调压力使厚度和硬度符合要求，测片重差异、药片硬度或崩解时限使其符合规定要求。

③ 若试压合格，将颗粒加入料斗中并不得高出料斗口，同时用盖子盖好料斗。

④ 接通电源，启动压片机，用手轻轻拉拢离合器，使转动由慢到快。在压片过程中要求每5min称一次片重，半小时测一次片差，并检查片子的外观情况，片子不得有缺边、麻面、粘冲、裂片等情况，操作人员及时做好记录。

⑤ 压制好的素片装入车间已消毒的周转桶内，装量不得超过桶高的2/3，扎紧袋口将标签（品名、规格、批号、数量、日期、经手人）扎在袋口上。每批生产完后将填写好生产记录随素片交给中间站，称重复核后做好交接记录。余下的尾料用小塑料袋装好，填写好品名、规格、批号、操作日期、工序，称重复核后交中间站。

3. 生产结束的操作

① 将岗位上的正在生产状态标志牌和压片机上的“运行中”状态标志牌分别换成“正在清洁”标志牌。如不能及时清洁则换上“待清洁”状态标志牌。

② 按“ZP-35A型旋转式压片机操作规程”将上、下冲及中模拆下，按“ZP-35A型旋转式压片机清洁规程”的要求对设备进行清洁，模具清洁后放入模具存放间专柜存放。

③ 按洁净区的清洁规程要求对压片岗位进行清洁清场；将生产垃圾及时清除岗位，并及时填写好生产记录和清场记录。

④ 清场结束后须经QA质监员检查，QA质监员检查合格后，在批生产记录上签字并发放“清场合格证”，同时将清场合格证附在批记录中。

⑤ 将岗位上和压片机上的“正在清洁”状态标志牌换成“已清洁”状态标志牌。

⑥ 操作人员按人员进出洁净区标准操作程序要求离开洁净区。

（三）铝塑岗位

1. 操作前准备

① 操作人员按“人员进出洁净区标准操作程序”的要求进入泡罩岗位。

② 检查“清场合格证”、“批生产指令”及“生产准许证”三证是否齐全，三证齐全方可进行后续操作。

③ 取下操作间门上的“已清洁”状态标志牌，挂上生产状态标志牌，生产状态标志牌上应根据“批生产指令”填上所要生产产品的品名、规格、批号、数量、操作人及日期。

④ 取下DPP-250型泡罩包装机上的“已清洁”状态标志牌，挂上“运行中”状态标志牌，同时开启空压机进气阀，空压机的气压应在0.6～0.8MPa之间。

⑤ 按“DPP-250型泡罩包装机清洁规程”要求用75%的酒精对设备上容器、主要部件进行擦拭消毒。

⑥ 按“DPP-250型泡罩包装机操作规程”对设备进行空车试机，用听、摸、擦、看、比等方法观察机器运行是否正常，调试正常后停机待用；如有故障，一般故障自己排除，自己不能不排除则通知设备部维修人员。

⑦ 根据“批生产指令”从中间站领取待泡罩包装的半成品，领取时应注意核对品名、规格、批号、数量及合格证，做好交接手续。

⑧ 根据“批生产指令”从内包材暂存室领取 PVC 和 PTP，领取时注意核对品名、规格、数量、厂家、内包合格证，按物料净化程序进行物净之后送入操作室。

2. 生产操作

① 按“DPP-250 型泡罩包装机操作规程”的要求，将 PVC 和 PTP 安装好。

② 开启泡罩机电源，旋开加热和压印加热开关进行预热，同时将上、下板温度设定在 150～155℃和 145～150℃之间，热封温度设定在 200～210℃之间，压印温度设定在 180～200℃之间，开启循环水。

③ 上、下板温度，热封和压印温度达到设定值时，将待铝塑包装的半成品加入泡罩机的上料斗中（半成品的加料量不得高出料斗），加盖密封并启动泡罩包装机开始包装。

④ 按泡罩铝塑班的岗位操作法进行泡罩铝塑操作。

⑤ 生产过程中随时检查半成品（片剂铝塑板）的质量效果，生产出的片剂铝塑板热封应密合，条纹清晰，铝塑板完整，冲裁位置适中，压印清晰且位置准确，批号打印清晰无误，铝塑板无缺片、多片现象，PVC 的成型应整齐且与模具的成型孔相符合。

⑥ 生产出的铝塑板倒置周转箱中，不得用力挤压或堆放过高，以免刺穿铝箔。

⑦ 生产完毕后关掉泡罩机、空压机进气阀及循环水。

3. 生产结束操作

① 将生产出的铝塑板转入中间站，转入中间站的铝塑板按区域码放并挂牌区分，防止造成混药或混批事故，废包装材料用塑料袋装好拖离生产现场。

② 及时将生产垃圾清除操作间。

③ 按“DPP-250 型泡罩包装机清洁规程”对泡罩包装机进行清洁，按清洁规程对洁具进行清洁后存放在工具存放间。

④ 按洁净区的清洁规程要求对操作室进行清洁，并做好清洁记录。

⑤ 清场结束后须经 QA 质监员检查，合格后在批生产记录上签字并发放“清场合格证”。

⑥ 将岗位上的“正在清洁”牌状态标志牌换成“已清洁”状态标志牌，取下设备上的“正在清洁”状态标志牌，挂上“已清洁”状态标志牌。

项目四　羟基喜树碱注射液的制备

一、实训目标

① 通过羟基喜树碱注射液的制备项目实训，使学生掌握羟基喜树碱的结构、用途、注射液的生产工艺过程。

② 掌握羟基喜树碱注射液批生产处方组成，羟基喜树碱注射液制备过程中的质量控制要点和生产管理要点。

③ 熟悉 ACQ-Ⅱ超声波安瓿洗瓶机、GMSU-2×400C 隧道式烘箱、AAG4/1-2 安瓿拉丝灌封机、DMQ-0.3Ⅲ脉动式真空灭菌柜等装置的标准操作规程，并熟悉装置的清洁、维护保养及使用中的注意事项。

④ 学会分析注射剂生产中常见问题产生的原因及解决办法。

⑤ 学会各种生产文件的记录和汇总。

二、实训岗位

称量、药液配制、安瓿洗涤、注射剂灌封、灭菌检漏、药品包装。

三、产品概述

本品主要成分羟基喜树碱，化学名称为：4-乙基-4,10-二羟基-1*H*-吡喃并（3,4：6,7）吲嗪并（1,2*b*）喹啉-3,14-（4*H*,12*H*）二酮。分子式为 $C_{20}H_{16}N_2O_5$，相对分子质量为364.37，结构式为：

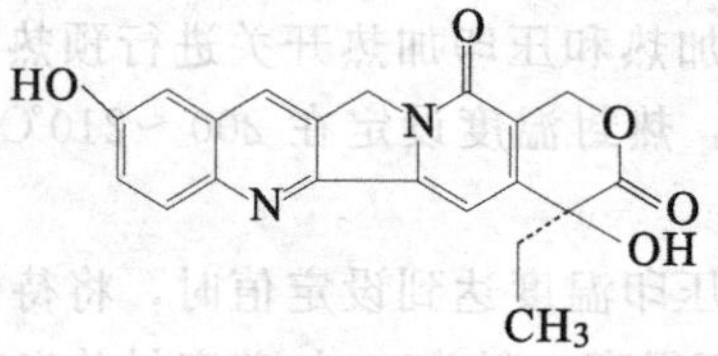

【剂型】 小容量注射剂。

【产品规格】 2mL：2mg。

【功能主治】 用于原发性肝癌、胃癌、头颈部癌、膀胱癌及直肠癌。

【贮藏】 遮光，密闭保存。

四、批生产处方

批生产处方见表5-4-1。

表5-4-1 批生产处方

品 名	数 量	品 名	数 量
羟基喜树碱	100g	$Na_2HPO_4 \cdot 12H_2O$	适量(约3200g)
活性炭	0.5%	注射用水	适量
L-精氨酸	适量(约200g)	配制成	100000mL

五、生产工艺过程

（一）生产工艺流程

羟基喜树碱注射液生产工艺流程及区域划分见图5-4-1所示。

（二）工艺操作过程及工艺条件

1. 洗瓶

（1）粗洗 将安瓿瓶理好放在安瓿盘中，理瓶时进行挑选，剔除脏瓶、异形瓶、气泡瓶、结石瓶、破损瓶等不合格瓶，于超声波洗瓶机中用经过滤的纯化水进行粗洗，控制超声波洗瓶水温度为50～80℃，超声波功率1kW，超声波洗瓶传输速度小于400r/min。将清洗后的安瓿瓶于甩水机中进行离心甩干。

（2）精洗 用经过滤的注射用水进行精洗，启动注水机，向安瓿瓶中注满注射用水，开启甩水机，将注好水的安瓿于甩水机中进行离心甩干。安瓿经过两次注水和甩水后，将安瓿送隧道烘箱进行干燥、灭菌。

2. 配料

（1）配液罐、管道的预处理 将新鲜注射用水加入400L配液罐中，加入适量NaOH配制成1%的NaOH溶液，80℃回流冲洗10min后通过药液泵打入600L配液罐中，在600L配液罐中80℃以上循环回流10min后排放。在400L、600L配液罐中通过清洗球加入适量注射用水将残留试剂冲洗干净，直至冲洗水pH与注射用水pH一致为止。开启纯蒸汽管道，用100℃流通蒸汽对配液罐及管道进行30min灭菌，灭菌结束用注射用水冲洗干净即可。

（2）缓冲液的配制 在400L配液罐中按处方称取 $Na_2HPO_4 \cdot 12H_2O$ 溶于 10×10^4mL注射用水中，煮沸后加入0.5%活性炭，继续煮沸10min，经5μm钛棒过滤器过滤至澄清。

（3）原料投料计算公式

$$原料实际用量=\frac{原料理论用量\times成品标示百分数}{原料实际含量}$$

(4) 配料 将已配制的澄清 Na_2HPO_4 溶液 2×10^4mL 泵入 600L 配液罐后，加入 200g L-精氨酸搅溶，冷却至 50～80℃，在搅拌下缓缓投入 100g 羟基喜树碱，搅拌 10min。将 400L 配液罐中剩余 Na_2HPO_4 溶液泵入 600L 配液罐中，再加入注射用水至全量，搅拌 10min。经板框过滤器（0.45μm 微孔滤膜）循环过滤搅拌 20min，色泽（黄色）、含量在 90%～105%、澄明度、pH 值合格后，待灌封。

(5) 补水、补料计算

补水量(mL)=(半成品含量－目标含量)/100×体积(mL)

补料量(g)=(目标含量－半成品含量)/100×体积×溶液浓度(g/mL)

(6) 配液时限规定 药液配制时间从投料开始到结束应不超过 4h，配制完成的药液存放时间不得超过 12h，药液存放期间不能关闭空调。如超过规定时限，应在批生产记录中记录原因，做好偏差处理，并有 QA 人员签字。

3. 灌封

配制好的药液经终端膜过滤器（0.45μm 滤膜）过滤至待灌装贮瓶中，待灌封。通过拉丝灌封机将药液分装至 2mL 洁净安瓿瓶中并封口，控制装量为 2.10～2.20mL/支。

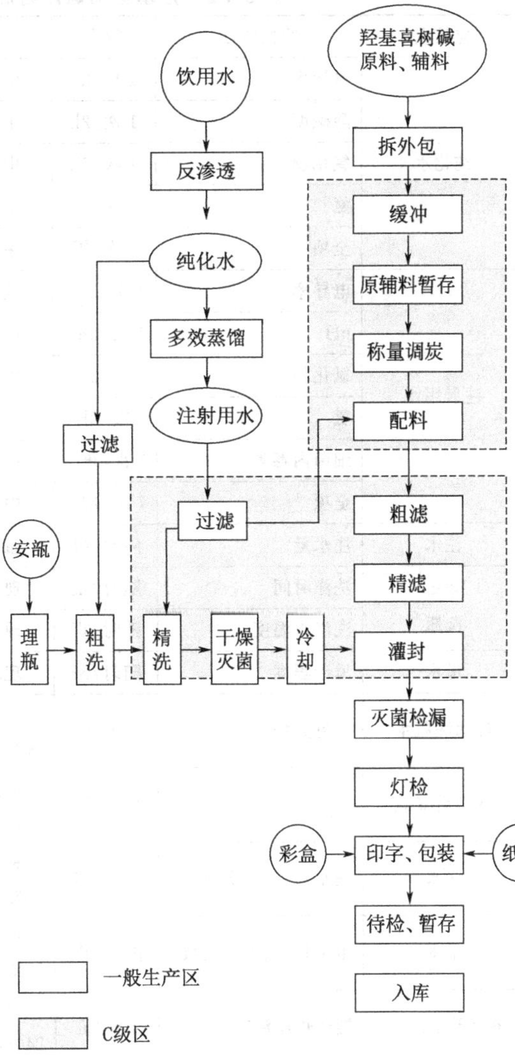

图 5-4-1 羟基喜树碱注射液生产工艺流程及区域划分

4. 灭菌检漏

采用热压灭菌法灭菌，控制温度 115.5℃，灭菌时间 30min、F_0 值≥8。检漏真空度必须在－80kPa 以上；检漏所用的色水为纯化水配制，颜色为蓝色。

5. 灯检

按规定剔除装量少、炭化、瘪头、针尖头及澄明度不合格品，将灯检合格品送入合格品暂存间晾干，待包装，计算灯检工序收得率，灯检合格率应>95%。

6. 印字、包装

用喷码机在安瓿瓶上印上品名、规格、批号；按规定装小盒、装箱，并把本批次所用说明书、包装标签实样附入批包装记录中。

六、生产质量控制要点

羟基喜树碱注射液生产质量控制要点见表 5-4-2 所示。

七、生产管理要点

1. 安瓿的洗涤与使用

① 领取经质量部门批准使用的安瓿。使用时应仔细核对规格、批号、生产厂家、数量。

表 5-4-2 羟基喜树碱注射液生产质量控制要点

工序	监控点	监控项目	频次	检查方法与标准
制水	纯化水	电导率	1次/2h	≤2μS/cm
		酸碱度	1次/2h	中国药典2010年版二部;应符合规定
		氯化物	1次/2h	中国药典2010年版二部;应符合规定
		氨	1次/2h	中国药典2010年版二部;不得过0.00003%
		全项	1次/周	中国药典2010年版二部;均应符合规定
	注射用水	电导率	1次/2h	≤1μS/cm
		pH	1次/2h	中国药典2010年版二部,5.0~7.0
		氯化物	1次/2h	中国药典2010年版二部;应符合规定
		氨	1次/2h	中国药典2010年版二部,不得过0.00002%
		细菌内毒素	1次/班	中国药典2010年版二部,<0.25EU/mL
		全项	1次/周	中国药典2010年版二部;均应符合规定
粗洗瓶	注水	注水量	随时/批	瓶内所装注射用水的液面与瓶口一致
	超声洗瓶	洗涤时间	随时/批	现场检查人员操作及记录;时间应不少于11min
		洗涤水温度	随时/班	现场检查人员操作及记录;温度应为55~60℃
	甩水	甩干程度	随时/班	现场检查人员操作及记录;目测,应无可见水珠
精洗瓶	过滤洗瓶水	可见异物	2次/班	用洁净锥形瓶取洗瓶水约50mL,在澄明度检查仪下检视,含小白点个数应小于3个,无其他异物
	洗净后安瓿	清洁度	2次/班	取洗净安瓿30支,灌装过滤注射用水,封口,在澄明度检查仪下检视,澄明度不合格品不得超过1支
	注水	注水量、注水次数	随时/班	现场检查人员操作及记录;目测,液面与瓶口齐;应注水2次
	甩水	甩干程度、甩水次数	随时/班	现场检查人员操作及记录,目测,应无可见水迹;应甩水2次
	净瓶干燥、灭菌	隧道烘箱温度	2次/班	现场检查设备运行,灭菌温度350℃,传送带速度210~240mm/min
	净瓶存放	存放时间	随时	安瓿瓶经精洗灭菌后应于当班次使用,且应遵循先灭先用原则,存放时间不超过24h,否则重洗,重灭菌
配液	开工前准备	配液罐、管道预处理	开始生产前检查	现场检查人员操作及记录;往浓配罐中注入20×10^4mL注射用水,80℃以上回流10min,通过药液管道输送至稀配灌中80℃以上回流10min后排放,再往浓配罐中注入注射用水10×10^4mL,同法处理
	药液	1. 计算与投料 2. pH值 3. 含量 4. 澄明度	每料	1. 按处方,有人复核 2. 用酸度计测定(或查记录),与规定相符 3. 有检验结果,应合规定 4. 用洁净比色管从药液循环管路回口处取药液约50mL,在澄明度检查灯下检查,含小白点数应<3个,无其他异物
	过滤器	完整性试验	使用前后	检查记录,起泡点压力符合规定
	药液循环过滤	循环过滤时间	每料	检查设备运行及记录;循环时间不少于20min
灌封	灌封前药液	澄明度	开始生产前检查	从机子针头处将药液约50mL灌入洁净比色管中,在澄明度检查灯下检查,含小白点数应<3个,无其他异物
	过滤器	完整性试验	使用前后	检查记录,起泡点压力应符合规定

续表

工序	监控点	监控项目	频次	检查方法与标准
灌封	灌封	1. 封口长度	每班随时	1. 在盘中检查，选出最长和最短安瓿与规定封口长度比较，不得超过±1mm
		2. 外观	每班随时	2. 在盘中检查，不得有泡头、漏头、凹头、勾头、炭化等不良品
		3. 澄明度	2次/班	3. 取30支，在澄明度检查灯下检查，不合格品不得超过1支
		4. 药液装量	随时/班	4. 于机台上取已灌药液尚未封口的安瓿4支(对应相应灌注针)，用经校验的注射器吸尽安瓿中的药液，每支装量应不少于2.1mL
		5. 标记	每盘	5. 每盘有标记，并有灌封工代号
灭菌	灭菌柜	1. 标记 2. 温度 3. 时间 4. 记录	每柜	1. 应有标记 2. 按各品种工艺规程规定 3. 按各品种工艺规程规定(到规定温度起记时间) 4. 及时逐项真实填写
	检漏	1. 色水 2. 冲淋水 3. 真空度	每柜	1. 检查记录；应达到规定的色泽浓度(与标准对比)，色水应能全部浸没安瓿，配制用水应为纯化水 2. 现场检查操作及记录；应为纯化水 3. 检查设备运行及记录；应在−80kPa以上
	灭菌后半成品	1. 外观清洁度 2. 标记 3. 存放区	每柜	1. 外壁冲洗干净，无污渍 2. 每盘应有 3. 按品种分批堆放
灯检	灯检品	1. 漏检率、误检率	2次/批	1. 从灯检合格品中抽查200支，漏检率不得超过4%；从灯检不合格品中抽查200支，误检率不得超过2%
		2. 存放	随时/班	2. 应分批、分类堆放。合格品、不合格品、未灯检品有明显标志；每盘合格品、不合格品均应做好标记，标明灯检人、灯检日期、数量、不合格项目及各项的数量等
印字包装	喷墨印字	1. 内容 2. 字迹	每批 随时/批	1. 品名、规格、批号内容正确 2. 应清晰、完整、端正
	装量	1. 数量 2. 说明书	随时/班	1. 不得缺支，不得破损 2. 应与产品相符，不得漏放
	药盒	1. 内容 2. 使用记录	每批	1. 应正确，与产品相符 2. 应有使用记录，使用量＋退回量＋残损量＝领用量
	装箱	1. 数量 2. 装箱单 3. 印刷 4. 批号	每箱	1. 与包装规格规定相符 2. 内容完整无误，不漏放 3. 字迹清晰完整，内容正确 4. 批号正确，内外包装一致
其他	1. 生产周期 2. 偏差处理 3. 物料平衡 4. 清场 5. 状态标志使用 6. 记录		每批	1. 检查生产记录；配料到灌封完成时间不得过12h 2. 检查生产记录；若有偏差，处理程序应符合“车间偏差及异常情况处理管理规程” 3. 检查生产记录；各工序物料平衡(或收得率)应符合规定 4. 现场检查人员操作及记录；各工序应执行相应清场规程 5. 现场检查；各工序各类状态标志应按规程正确使用 6. 按要求逐项及时、完整、真实填写

② 洗瓶工艺用水及压缩空气系统需经验证合格后方可使用。

③ 洗涤安瓿时外壁应冲洗干净，内壁至少用纯化水冲洗两次，每次必须充分除去残水，最后用孔径为 0.45μm 以下的滤膜（或其他相应过滤介质）滤过的注射用水洗净，干燥灭菌，冷却。

④ 灭菌后的安瓿宜立即使用或清洁存放。安瓿贮存不得超过两天，如已超过则必须重新灭菌或重新洗涤灭菌。

2. 配液

① 配液前应认真检查微孔滤膜、配液罐、容器具及物料管道是否干净。

② 检查计量器是否合格、阀门连接是否紧密。

③ 严格按配料 SOP 进行准确称取，并做到一人称量，一人复核，核对无误后方可将物料投入配液罐中，并双方在原始记录上签字。

④ 操作时应该谨慎小心，防止物料散落造成制剂含量降低。

⑤ 盛精滤品容器应密闭，并标明药液品种、规格、批号。目检色泽、澄明度，合格后方可流入下一工序。

3. 灌封

① 灌装管道、针头等使用前应用注射用水洗净并煮沸灭菌，必要时应干燥灭菌。

② 盛装药液的容器应密闭，置换入的空气应经过滤。

③ 灌封后应及时抽取少量中间体进行澄明度、装量、封口等项目的检查。

④ 中间体盛装容器内应标明产品的名称、规格、批号、日期、数量、灌装机号、操作者姓名，并在 4h 内进行灭菌。

4. 灭菌、检漏

① 操作每批制剂前应先查对工艺规格及岗位操作法，查清该品种制剂灭菌条件、温度、时间及灭菌时注意事项，严格操作。

② 半成品的盛器中应标明制剂名称、批号。最好能同时放置灭菌温度指示剂或其他指示剂。灭菌后必须在真空度－80kPa 以上条件下检漏。

③ 灭菌时及时记录柜内温度、压力及时间。

④ 灭菌后必须逐柜取样，按柜编号做无菌试验。

⑤ 灭菌结束出料后，仔细清除灭菌柜中遗漏的安瓿，以防混入下一批。

⑥ 灭菌柜应定期进行验证，校验温度计、压力表，测定灭菌柜内温度的均匀性。

5. 灯检

① 应按“澄清度检查细则和判断标准”规定的检查标准和方法逐支目检。

② 检查人员视力应为远距离和近距离视力测验均为 0.9 或 0.9 以上（不包括装矫正后视力），无色盲，每年检查一次。

③ 检查后的半成品应注明检查者的姓名或代号，由专人抽查，不符合要求时应返工重检。

④ 每批结束后做好清场工作。灯检不合格品应标明品名、规格、批号，置于适当的容器内移交专人负责、保管或处理。

6. 印字、包装

① 操作前应核对半成品名称、规格、批号及数量，应与所领用的包装材料、说明书、标签全部相符。

② 印包过程中随时检查批号、说明书及各层次包装是否相符。

③ 必须在安瓿上标明有效期或使用期。

④ 包装结束后，包装品交待验库，成品检验合格后入库。

7. 清场

应按清场管理的要求进行清场。清场合格后应填写清场记录。

八、生产设备及操作

（一）主要生产设备

羟基喜树碱注射液主要生产设备、型号、生产能力及数量见表 5-4-3 所示。

表 5-4-3　羟基喜树碱注射液主要生产设备、型号、生产能力及数量一览表

岗位	设备名称	型　号	生产能力	数量/台
制水	纯化水制备系统	QD-HDZJRO	2t/h	1
	多效蒸馏水机组	LD1000-4	2t/h	1
洗瓶	超声波安瓿洗瓶机	ACQ-Ⅱ	12000 支/h	1
	甩水机	AS-1	12000 支/h	3
	链式安瓿注水机	AS-1	50 万～150 万支/班	2
	隧道式烘箱	GMSU-2×400C	28000 支/h	1
配液	不锈钢贮配液桶	SH-40	400L	1
	不锈钢贮配液桶	SH-60	600L	1
灌封	安瓿拉丝灌封机	AAG4/1-2	100 支/min	1
灭菌、检漏	脉动真空灭菌柜	DMQ-0.3Ⅲ	$0.3m^3$	2
	不锈钢色水罐	SH-150	1500L	1
	安瓿灭菌检漏柜	AQ-2.4Ⅱ	30000 支/锅	1
灯检	澄明度灯检仪	YB-2		3
包装	安瓿印字机	YZ5/10		1
其他	冷水机组	LSBLG280		1
	臭氧消毒器			
	空调机组			1
	空压机	BS-20	$1.7m^3/min$	1

（二）主要生产设备的标准操作规程

1. ACQ-Ⅱ超声波安瓿洗瓶机

（1）开机前准备

① 检查传送系统是否有螺丝松动和链条脱落现象及轨道是否平整。

② 检查水箱内换能器的高度是否已调至适当位置。

（2）操作

① 接通电源。

② 开蒸汽截止阀，开始加温，水温一般加热到 55～60℃。

③ 接通超声波输出线路。

④ 按超声波发生器的开关，再调节好输出频率的时间。

⑤ 将调速电机控制开关推回“ON”位，再按动调速电机绿色按钮，并将调速电机控制装置转速调到合适速度。

⑥ 按动注水绿色按钮，进料盘开始运行，料盘必须平整放在输送轨道上。

⑦ 停机生产时，必须先按超声波发生器“关”按钮，然后将转速调节器转到“0”处，再按“关”按钮，关闭主电源按钮。

(3) 注意事项

① 发现瓶盘有变形现象，应及时修理瓶盘才能投入使用。

② 电器系统要有专业人员管理。

③ 机器在生产运转过程中，操作人员不得离开现场，以免发生事故。

(4) 故障排除

① 接通电源后，检查电压表电压是否正常。

② 禁无水开机。

③ 开机时水位至少淹没换能器 1/2。

(5) 维护保养

① 发生器必须设在通风、干燥、不潮湿的地方。

② 定期检查传送系统的各个部分。

③ 对蜗轮减速机要定期加机油。

2. GMSU-2×400C 隧道式烘箱

(1) 开机前准备

① 使用前先检查电器性能，注意零部件螺丝是否有松动、振动短路现象。

② 电源接通后，红色信号灯亮，同时数显仪表也显示。

③ 调整并设定工作温度，此时可以开机工作。

(2) 操作

① 开启加热按钮，此时工作温度升至指定值（300℃）。

② 开启传动按钮，调整传动速度，物品进入干燥灭菌阶段，室内开始升温。

③ 烘干工作完成后，关掉电源，切断总电源。

(3) 维护保养

① 传动箱应定期添加润滑油。

② 注意观察箱内温度变化，一旦温度失灵，应立即停机检修。

3. AAG4/1-2 安瓿拉丝灌封机

(1) 各部件的调整

① 挡瓶板的调整　开车前，调整输送链的挡板使安瓿在输送链槽块中并与底板垂直，以保证安瓿输送平稳，避免产生夹瓶现象。

每当安瓿用完需加瓶时，在不停机情况下可打开离合器手柄，使输送链停止送瓶，而灌装封口工位上的安瓿又能顺利工作完毕。

② 针架组的调整

a. 安瓿位置调整　停机用手轮输送一组（12 只空安瓿）放置于针架上，旋松螺母，使安瓿与上固定板及下固定板互成 90°，再调整上固定板的高低，并使上固定板距离安瓿口约 17mm，然后旋紧螺母。

b. 针头组的调节　为使针头进入安瓿时不与安瓿口摩擦，可以用针头调节螺钉来调整松动，针头固定板移动，然后对准安瓿中心旋紧即可。

针管在安瓿内的调节分两步：第一步调整整体行程到瓶颈部位；第二步调节螺钉，使针管微量上下移动到所规定的要求范围内。

上述两点的调整必须用手轮来调整（手轮方向面对操作人为顺时针，不可以逆时针旋转）。转动手轮，针头架之针头下移动的时机应该使安瓿刚刚搁到灌注药液（同吹气），挡齿板时针头应开始插入安瓿口，当药液灌注好后，针口应在安瓿搬动前全部退至安瓿口外，直到两组针头全部调整好为止。

经过以上调节以后，必须用手轮多转几圈，查看机构工作情况，但必须注意每只松动的紧固螺钉一定要在调整后旋紧，否则会影响机器的正常运转。

③ 药液装量的调节　松开拼帽，旋动调节螺杆上下调节可对药液装量进行调整，用量杯确定测试值后，旋紧拼帽，调整完毕。

④ 自动止灌装置的调节　调整调节螺母，使无瓶时棘爪离开缺口，而有瓶时棘爪插入缺口，反复调整直到灌装顺利为止。

⑤ 燃气头的调节

a. 火头和氧气火焰大小调节　燃气火头开关接在面板上，先开燃气开关，然后点火后再开氧气（切不可先开氧气开关），煤气和氧气的调节阀将贮气罐中的煤气和氧气分别送至火头，并控制其大小，通过混合产生火焰。一般蓝白色火焰为最好，绿色或红色火焰表示温度降低，则可以提高氧气的比例来改善。在燃气头点火时，应先开燃气总开关，在熄火时也应先关燃气。

b. 燃气头位置高低的调节　调节螺钉，使火头架上的火焰与安瓿保持一定距离（约12mm），调整调节螺钉，使火点的火焰距离安瓿口约8mm，然后根据安瓿预热或加热来调节火焰大小。

⑥ 拉丝钳的调整

a. 保证安瓿旋转的调整　调整压杆使其上轴承压在安瓿上旋转自如，同时托轮及上固定板使安瓿垂直底板，这样能保证旋转平稳。

b. 拉丝钳位置调整　通过调节螺钉对拉丝钳进行粗调，使拉丝钳钳口到达安瓿拉丝部位，然后观看拉丝情况，再对微调螺母进行微调，修正钳口位置，使拉丝钳拉丝达到技术要求。

c. 拉丝钳开、闭的调整　开钳凸轮转动，使钢丝绳上下运动，压板上下摆动，从而使拉丝钳口开闭，完成拉丝动作，调节钳口的螺栓可微调钳口开合大小。

（2）设备的操作

① 每次开车前用手轮转动机器，察看转动是否有异常现象，确定正常后方可开车。

② 调整机器时，工具使用要适当，严禁用过大的工具或用力过猛来拆卸零件，避免损坏机件或影响机器性能。

（3）设备的维护保养

① 每当机器进行调整后，一定要将松过的螺钉紧固，再用手轮察看各工位动作是否协调，方可以开车。

② 燃气头应经常从火头大小来判断是否良好，因为燃气头的小孔使用一定时间后，容易被积炭堵塞或小孔变形而影响火力。

③ 机器必须保持清洁，严禁机器上有油污、药液或玻璃碎屑，以免造成机器损蚀。故机器在生产过程中，及时清除药液或玻璃碎屑。

④ 交班前将机器各部清洁一次，机器表面运动部位进行润滑。每周应大擦洗一次，特别是将平常使用中不容易清洁到的地方擦净，或用压缩空气吹净，对机器传动部位进行润滑。

4. DMQ-0.3Ⅲ脉动式真空灭菌柜

(1) 班前准备工作

① 清理灭菌设备周围，做好环境卫生。

② 启动压缩机，使压力上升到需要值，然后打开压缩气阀。

③ 将蒸汽管道内的冷凝水排放干净，然后打开与灭菌器连接的蒸汽源开关，并检查其压力是否达到0.3～0.5MPa。

④ 打开用户色水源，清洗水源阀门开关，为程序进行做准备。

⑤ 打开真空泵水源阀门，并检查水源压力是否达到0.15～0.30MPa规定压力值。

⑥ 接通动力电源和控制电源。

(2) 灭菌程序操作

① 打开密封门，将装载灭菌物品的内车推入灭菌室内。

② 关闭密封门，选择灭菌程序，设置灭菌参数，当确认灭菌参数无需修改后，启动灭菌程序。

③ 灭菌过程中，操作人员应密切观察设备的运行状况，如有异常，及时处理。

④ 灭菌结束后，待室内压力回零后，方可打开后门取出灭菌物品。

⑤ 灭菌物品从车内取出后，应仔细检点放置，并做好记录。

(3) 班后工作

① 打开前门，切断设备控制电源和动力电源。

② 关闭蒸汽源、供水阀门及压缩空气阀门。

③ 擦洗灭菌内室、密封门板及消毒车、消毒盒。

④ 定期拆装清洗内室喷淋盘、过滤网、管路上的过滤器。

⑤ 每月清理保养一次疏水阀。

⑥ 将门合上，但密封胶条不要压紧。

(4) 主要零部件的维护

① 气动阀　气动阀为强力开关阀，均为进口优质阀，可靠性高，使用时应注意管道中异物对阀件的影响。

② 真空泵　长时间停机时，应打开泵底螺塞，将泵内存水放干净，然后堵死放水孔，灌满皂化液。

③ 疏水阀（气水分离器）应3个月清理一次，安全阀半年将其手把抬起几次，用蒸汽冲刷，以防其动作失灵。

④ 调压阀　出厂时，进蒸汽调压阀已经调节好，用户若有特殊要求，可重新调整。

⑤ 过滤减压阀　压缩气管路上的过滤减压阀，需定期清理，以保证其使用效果。清理时，将阀体下方螺塞旋出，待阀体桶杯内的杂质清理干净后，再拧紧螺塞。

⑥ 止回阀（单向阀）　止回阀应定期检查，以免有异物影响其单向密封性能。最简单的方法是清洗以后用嘴吸来试验，无泄漏之感觉。

⑦ 电磁阀　为了使电磁阀工作正常，每季必须擦洗一次电磁阀阀芯、阀座。

⑧ 过滤器　进汽和各进水管路上均有一过滤器，均需定期清理，以防堵塞。清理时，将下方螺塞旋出，把过滤网清理干净后，再拧紧螺塞。

⑨ 电器元件的维护　电器元件及连线严禁与水接触，如果不慎沾上水，应进行处理后方可按通电源。必须防尘，每季必须除尘一次。应经常检查各连线的插头座是否松动，松动后则应插紧。

附录　中药行业特有工种目录

种类	序号	职业(工种)名称	等级	种类	序号	职业(工种)名称	等级
中药材种植员	1	中药材种植员	初、中、高	中药液体制剂工	24	中药饮料工	初、中、高
中药材养殖员	2	中药材养殖员	初、中、高		25	中药酒(酊)剂工	初、中、高
中药材生产管理员	3	中药材生产管理员	初、中、高		26	中药针剂工	初、中、高
	4	中药材资源护管员	初、中、高		27	中药露剂工	初、中、高
中药购销员	5	中药材收购员	初、中、高		28	中药煎膏剂工	初、中、高
	6	中药养护员	中、高	中药固体制剂工	29	中药软膏剂工	初、中、高
	7	中药购销员	初、中、高		30	中药散剂(研配)工	初、中、高
	8	中药验收员	高		31	中药曲(锭)剂工	初、中、高
	9	中药保管员	初、中、高		32	中药茶剂工	初、中、高
中药调剂员	10	中药调剂员	初、中、高		33	中药胶剂工	初、中、高
	11	中药临方制剂员	中、高		34	中药塑丸工	初、中、高
中药炮制与配制工	12	中药材净选润切工	初、中、高		35	膏药剂工	初、中、高
	13	中药炮炙工	初、中、高		36	中药炙烫剂工	初、中、高
	14	中药配料工	初、中、高		37	中药片剂工	初、中、高
	15	中药粉碎工	初、中、高		38	中药冲剂工	初、中、高
	16	中药提取工	初、中、高		39	中药硬胶囊剂工	初、中、高
	17	中药合成工	初、中、高		40	中药软胶囊剂工	初、中、高
	18	中药包装工	初、中、高		41	中药滴丸剂工	初、中、高
	19	中成药试制工	中、高		42	中药橡皮膏剂工	初、中、高
中药液体制剂工	20	中药油剂工	初、中、高		43	中药巴布剂工	初、中、高
	21	中药糖浆剂工	初、中、高		44	中药炼丹工	初、中、高
	22	中药合剂工	初、中、高		45	中药泛丸工	初、中、高
	23	中药口服液剂工	初、中、高	中药质检工	46	中药质检工	中、高

目标检测参考答案

模块一　药品生产环境洁净技术

任务一

一、单项选择题

1. D　2. E　3. B　4. A　5. D　6. B　7. C　8. E

二、多项选择题

1. BD　2. ABCDE　3. ADE

三、简答题

1. 药品生产中使用空气洁净技术，是要控制室内空气浮游微粒及细菌对生产的污染，使室内生产环境的空气洁净度符合工艺要求，从而提高产品的质量。为达到上述目的，一般采取以下三个措施：

(1) 空气滤过：利用粗效（初效）、中效，亚高效或高效滤过器将空气中的微粒和细菌滤除，得到洁净空气。

(2) 组织气流排污：利用特定形式和强度的洁净空气排除室内发生的污染物。

(3) 正压控制：使室内空气维持一定静压差（正压），防止外界污染物从门窗或各种漏隙侵入室内；必要时，某些特殊生产区保持相对负压防止污染或混染。

2. 由于滤过器不合格或集尘过多，可能出现压降过大，此时应考虑清洗或更换滤过以防止粗效（或称初效）、中效、高效滤过器的终阻力同时出现。对于无纺布粗、中效滤过器，在额定风量下，当滤袋阻力达到初阻力的 1.5～2 倍可将滤袋取下在 5%NaOH 水溶液中浸泡 8h 后，用清水清洗，再用洗涤剂揉，最后用清水洗净，将水挤出，晾干后使用。

对于高效滤过器，有下列情况之一时应更换：

(1) 在额定风量下，当滤过阻力达到初阻力的 2 倍时；

(2) 气流速度降到最下限度，即使更换预滤过器后气流速度仍不能增大时，

(3) 高效滤过器出现无法修补的渗漏时。

高效滤过器更换后应进行检漏及堵漏工作。

任务二

一、单项选择题

1. E　2. D　3. B

二、多项选择题

1. ABD　2. ABC

三、简答题

1. 空气吹淋室分小室式和通道式两种。小室式又有单人式和双人式。小室式空气吹淋室设置的数量不能过多，如果需通过吹淋的人数很多时，可考虑设置通道吹淋室。

空气吹淋室的性能和要求如下：①空气吹淋室内净宽一般为0.8m，对于多人小室式空气吹淋室，长度可按1.2人/m计算，通道式吹淋式的长度按吹淋时间15～20s，人步行通过速度0.7～0.9m/s计算；②喷嘴布局。喷嘴密度要相当，并使喷嘴射流方向与人身相切，尽量使人身各部位都受到强气流的吹淋，并要使送回风气流畅通；③吹淋式的送风要经过高效滤过器滤过；④小室式吹淋室的吹淋时间一般为30～60s；⑤吹淋气流温度一般为20～35℃；并要设自动控制和无风断电保护装置；⑥小室式空气吹淋室的门要联锁和自动控制，并要设手动开关装置。

空气吹淋室的选用主要以通过吹淋室的人员数来定，若吹淋室最大班次通过人员在30人以内，宜采用单人小室式空气吹淋室；当人员超过30人时，采用单人小室式并联或多人小室式；当人员在80人以上时，则用通道式空气吹淋室。

2. 气闸室（又称缓冲室）是为保持洁净室的空气洁净度和正压控制而设置的缓冲室。气闸室具有两扇不能同时开启的门，其目的是隔断两个不同洁净环境的空气，防止污染空气进入洁净区，还可以防止交叉污染。

气闸室有送风和不送风之分。要求严格的洁净室的气闸室都有净化空调送风。传递窗是设置在不同级别的洁净区以及洁净区和非洁净区之间隔墙上的设施，通过传递窗可把物品、工件、产品等相互传递，它设有两扇不能同时开启的门，可将两边的空气隔断，防止污染空气进入洁净区。

任务三

一、单项选择题

1. E　2. C

二、多项选择题

1. ADE　2. ABCDE

三、简答题

在不同的洁净度级别，对更衣的要求是不同的。更衣阶段可分为三种：普通工作服、洁净工作服和无菌工作服。一更一般为第一次换鞋，脱外衣，换上普通工作服，不能进入洁净区；二更为第二次换鞋，换洁净工作服，二更可按D级或C级设计，换上洁净工作服后，可进入D级或C级洁净区域；进入无菌操作区须三更，换无菌工作服。

模块二　中药前处理技术

任务一

一、单项选择题

1. B　2. C　3. D

二、多项选择题

1. ABCD　2. ABDE

三、简答题

1. 药材中有时会含有泥沙、灰屑、非药用部位等杂质，甚至会混有霉烂品、虫蛀品，必须通过净制，选取规定的药用部位，去除杂质和非药用部位，以符合用药要求。

2. 药材的净制主要包含杂质的去除和非药用部分的去除两部分。常用的方法有挑选、筛选、风选、漂洗、剪切、刮削、剔除、刷、擦、碾、撞、压榨等。

任务二

一、单项选择题

1. C 2. B

二、多项选择题

1. ABDE 2. ACE

三、问答题

淋法：本法适用于气味芳香、质地疏松、有效成分易溶于水的药材，如荆芥、薄荷、紫苏、藿香、佩兰、香薷、青蒿、细辛、益母草、瞿麦、木贼、枇杷叶、荷叶、淫羊藿等。

洗法：本法适用于质地松软、水分容易浸入的药材。如陈皮、瓜蒌、五加皮、白鲜皮、合欢皮、牡丹皮、忍冬藤、络石藤、龙胆、羌活、独活、南沙参、百部、防风等。某些药材因气温偏低，运用淋法不能使之很快软化的，也可采用洗法。

泡法：本法适用于质地坚硬、水分较难渗入的药材，如乌梅、槟榔、川芎、大黄、郁金、苍术、白术、三棱、莪术、白芍、土茯苓、萆薢、常山、枳实、枳壳等。

润法：本法适用于质地坚硬或体积粗大的药材，如大黄、乌药、常山、三棱、泽泻、白芷、川芎等。

任务三

一、单项选择题

1. B 2. C

二、多项选择题

1. BCDE 2. ACDE

三、问答题

1. 中药材指产地采收、捕获或开采后，经简单的产地加工，分开规格档次，包装外销的原药材，原则上中药材可作为中药饮片生产的原料，不用作直接配方或投料生产中成药。

中药饮片是指依据中医辨证论治及调剂、制剂的需要，将中药材进行各种炮制加工后的成品，中药饮片可用作直接配方或投料生产中成药。

中成药为中药成药的简称，指以中药材为原料，在中医药理论指导下，按规定的处方和制法大量生产，有特有名称，并标明功能主治、用法和规格的药品。包括处方药和非处方药。

2.（1）连刀（拖胡须） 是饮片之间相牵连，未完全切断的现象。系药物软化时，外部含水量过多，或刀具不锋利所致，如桑白皮、黄芪、厚朴、麻黄等。

（2）掉边（脱皮）与炸心 前者为药材切断后，饮片的外层与内层相脱离，形成圆圈和圆芯两部分；后者为药材切制时，其髓芯随刀具向下用力而破碎。两者均系药材软化时，浸泡或闷润不当，内外软硬不同所致。如郁金、桂枝、白芍、泽泻等。

（3）败片 同种药材饮片的规格和类型不一致，破碎及其他不符合切制要求的饮片。主要系操作技术欠佳所致。

（4）翘片 饮片边缘卷曲而不平整，系药材软化时，内部含水分太过所致，又称“伤水”。如槟榔、白芍、木通等。

（5）皱纹片（鱼鳞片） 是饮片切面粗糙，具鱼鳞样斑痕。系药材未完全软化，刀具不锋利或刀与刀床不吻合所致。如三棱、莪术等。

（6）变色与走味 变色是指饮片干燥后失去了原药材的色泽；走味是指干燥后的饮片失去了药材原有的气味。系药材软化时浸泡时间太长，或切制后的饮片干燥不及时，或干燥方法选用不当所致。如槟榔、白芍、大黄、薄荷、荆芥、藿香、香薷、黄连等。

（7）油片（走油） 是药材或饮片的表面有油分或黏液质渗出的现象。系药材软化时，吸水量“太过”，或环境温度过高所致。如苍术、白术、独活、当归等。

(8) 发霉　是药材或饮片表面长出菌丝。系干燥不透或干燥后未放凉即贮存，或贮存处潮湿所致。如枳壳、枳实、白术、山药、白芍、当归、远志、麻黄、黄芩、泽泻、芍药等。

任务四

一、单项选择题

1. D　　2. C

二、多项选择题

1. ABCE　　2. ABDE

三、问答题

1. (1) 黏性类　黏性类药物如天冬、玉竹等含有黏性糖质类，潮片容易发黏，如用小火烘、焙，原汁不断外渗，会降低质量，故宜用明火烘焙，促使外皮迅速硬结，使内部原汁不向外渗。烘焙时颜色随着时间演变，过久过干会使颜色变枯黄，原汁走失，影响质量，故一般烘焙至九成即可。掌握干燥的程度，只需以手摸之感觉烫不粘手为度。旺火操作时要注意勤翻，防止焦枯，如有烈日可晒至九成干即可。

(2) 芳香类　芳香类药物如荆芥、薄荷、香薷、木香等，保持香味极为重要，因为香味与质量有密切的关系，香味浓就是质量好。为了不使香味走散，切后宜薄摊于阴凉通风干燥处。如太阳光不太强烈也可晒干，但不宜烈日曝晒。否则温度过高会挥发香气，颜色也随之变黑。用设备干燥时只能低温干燥，否则导致香散色变，降低药物的效能 。

(3) 粉质类　粉质类就是含有淀粉质较多的药物，如山药、浙贝母等。这些药材潮片极易发滑、发黏、发霉、发馊、发臭而变质，必须随切随晒，薄摊晒干。由于其质甚脆，容易破碎，潮片更甚，故在日晒操作中要轻翻防碎。人工干燥时要用低温烘焙，保持切片不受损失。

(4) 油质类　油质类药材如当归、怀牛膝、川芎等，这类药物极易起油，如烘焙，油质就会溢出表面，色也随之变黄，火力过旺，更会失油后干枯影响质量，故意日晒。人工干燥时，只能低温干燥，以防焦黑。

(5) 色泽类　色泽类药材如桔梗、浙贝母、泽泻、黄芪等。这类药材色泽很重要，含水量不宜过多，否则不易干燥。其白色类的桔梗，浙贝母宜用日晒，越晒越白。黄色类的泽泻、黄芪，因日晒会毁色，故宜用低温干燥，可保持黄色，增加香味。

2. (1) 生产中药饮片，应选用与药品性质相适应及符合药品质量要求的包装材料和容器。严禁选用与药品性质不相适应和对药品质量可能产生影响的包装材料。

(2) 中药饮片的包装必须印有或者贴有标签。中药饮片的标签注明品名、规格、产地、生产企业、产品批号、生产日期。实施批准文号管理的中药饮片还必须注明批准文号。

(3) 中药饮片在发运过程中必须要有包装。每件包装上必须注明品名、产地、日期、调出单位等，并附有质量合格的标志。

任务五

一、单项选择题

1. C　　2. D

二、多项选择题

1. ABCDE　　2. ACDE

三、问答题

(1) 泥沙、杂质和非药用部位的去除，保证品质纯净和用量准确

(2) 分开不同的药用部位，保证用药准确

(3) 消除或降低药物毒性或副作用，保证用药安全

(4) 转变或缓和药物性能，适应辨证用药需要

(5) 引药归经或改变药物作用趋向

(6) 增强作用，提高疗效

(7) 利于贮藏，保存药性

(8) 矫臭矫味，利于服用

(9) 改善形体质地，便于配方制剂

(10) 制成中药饮片，提高商品价值

任务六

一、单项选择题

1. B 2. D

二、多项选择题

1. ABCDE 2. ABCDE

三、问答题

贮存中的变异现象：

(1) 虫蛀 有些饮片由于本身含有丰富的营养物质如含淀粉多的山药、天花粉、葛根、泽泻、白芍等容易虫蛀。

(2) 发霉 有些饮片由于本身含糖分或用蜜炙的饮片如甘草、黄芪、麻黄、款冬花等，由于干燥不好，特别容易发霉。

(3) 泛油 又叫"走油"，是指一些含有大量油脂或挥发油的饮片，由于贮存不当，而使饮片油脂酸败或外溢走失的现象，如柏子仁、当归、川芎、白芷、木香、荆芥、薄荷等。

(4) 融化黏结 一些树脂类和含大量糖分的饮片，由于贮存不当，而使饮片融化或粘结成团的现象，如乳香、蜂蜡、熟地黄、枸杞子、天门冬等。

(5) 潮解和风化 含结晶水的矿物类饮片，如芒硝、硼砂、胆矾等，在干燥环境易风化，在潮湿环境易潮解。

引起变异的因素：

(1) 饮片自身原因

由于饮片自身化学成分的性质，有的含大量淀粉，有的含糖多，有的含有大量脂肪油或挥发油，有的含有结晶水，根据饮片自身化学成分的性质含大量淀粉的易虫蛀，含糖多的易黏结、发霉，含有大量脂肪油或挥发油的易泛油，含有结晶水的易潮解和风化等。

(2) 环境原因

饮片在贮存过程中，会受到环境中温度、湿度、空气、日光、真菌、害虫等的直接或间接影响而发生变异。

① 温度 通常饮片在常温（15～25℃）下是比较稳定的，温度升高，含有大量脂肪油或挥发油的易泛油。另外，一些微生物在温度较高时易于繁殖而使饮片发霉等。

② 湿度 通常饮片中含有10%左右的水分，空气中相对湿度70%左右，饮片包装不好就会吸潮易引起含结晶水的矿物类饮片潮解、含大量糖分的饮片易黏结生霉。

模块三　中间品制备技术

任务一

一、单项选择题

1. C　2. D　3. A　4. A　5. C　6. B　7. C　8. B　9. A　10. C　11. C

二、多项选择题

1. BCD　2. BCE　3. ABD　4. BCDE

三、简答题

1. 浸渍法按提取的温度可分为冷浸渍法、热浸渍法；按浸渍次数可分为单级浸渍法和多级浸渍法。其适用特点主要有：①简单易行，制得的制剂澄明度好；②适用于黏性药物、无组织结构的药材、新鲜或易膨胀的药材以及价格低廉的芳香性药材；③溶剂用量大且呈静止状态，利用率较低，有效成分浸出不完全，浸提效率差，不适宜贵重药材、毒性及高浓度的制剂；④浸渍时间较长，一般不宜用水作溶剂，常用不同浓度的乙醇或白酒。

2. 渗漉法根据操作形可分为单渗漉法、多级渗漉法、加压渗漉法和逆流渗漉法。其特点是：①溶剂自上而下，由稀至浓，不断造成浓度差，渗漉法相当于无数次浸渍，是一个动态过程，可连续操作，浸出效率高，适用于贵重药材、毒性及高浓度的制剂，也适用于有效成分含量较低的药材的提取；②渗漉器底部带有滤过装置，不必单独滤过，节省工序；③冷渗法可保护有效成分；④渗漉过程时间较长，不宜用水作溶剂，常用不同浓度的乙醇或白酒；⑤对新鲜及易膨胀的药材、无组织的药材不宜选用。

3. 多能式提取罐是目前中药材浸提中应用较广的设备，可进行煎煮、渗漉、回流，湿浸、循环浸渍、加压或减压等浸提工艺，该设备的主要特点是：①提取时间短，生产效率高。②应用范围广，无论是水提、醇提、酸提、挥发油提取、回收残渣中溶剂等均适用。③消耗热量少，节约能源。④采用气压自动排渣，排渣快、操作方便、安全可靠。⑤设有集中控制台控制各项操作，便于实现机械化自动化生产。

4. 渗漉器有圆柱形和圆锥形设备，一般药材采用圆柱形设备，而膨胀性较强的药材则多采用圆锥形，因圆锥形渗漉器上部直径较下部大，药材膨胀时，倾斜的罐壁能很好地适应其膨胀变化，从而使渗漉正常进行。溶剂对药材的膨胀性有较大的影响，用水作浸提溶剂时易使药材膨胀，则多用圆锥形渗漉器，而用有机溶剂作浸提溶剂时可选用圆柱形渗漉器。

四、分析题

一般质地致密、坚硬的根和根茎类药材煎煮时浸出率低，是由于其致密的组织结构阻碍了水分的渗透，使渗透过程变得非常缓慢所致。因此，要提高浸出率，就必须解决水分“渗不透”的矛盾。生产中可以根据药材性质（纤维性、粉性、韧性、脆性）的不同，采用不同的方法（压轧、切制、粉碎等），将其制成不大于0.5cm见方的粗粒或较薄的饮片，有的还可制成粗粉（制粗粉后需装袋煎煮）。如大黄、柴胡等，粉碎为1～4mm大小的颗粒状。这样，药材表面积大大增加，溶剂易浸润渗透，煎煮的浸出率会明显提高。但花粉、山药、茯苓等富含淀粉的药材，则不宜太细，以免增加药液黏度，不利于有效成分的浸出，也会给后续的滤过操作带来困难，习惯上使用较大饮片。为提高致密药材的浸出率，煎煮前用温水浸泡30～60min使药材组织疏松，还可以采用加压煎煮的办法。压力升高，溶剂穿透力加强，药材组织易于软化，煎煮的浸出率也会明显提高。

任务二

一、单项选择题

1. B　　2. C　　3. A

二、多项选择题

1. ABCDE　2. ACD

三、简答题

影响榨油效果的因素有：榨料颗粒的大小、水分、压榨温度、压力、时间、料层厚度、排油阻力等，压榨效果还与压榨设备结构和榨料本身的性质有关。

任务三

一、单项选择题

1. E　2. B　3. A　4. B　5. D　6. E　7. A　8. D

二、多项选择题

1. ABDE　2. ABCDE　3. ABD

三、简答题

1. 超临界流体萃取技术是一种用超临界流体（SF）作溶剂对中药材所含成分进行萃取和分离的新技术。在临界压力和临界温度以上相区内的气体称为超临界流体。超临界流体的性质既非液体也非气体，而是介于两者之间的一种状态，超临界流体的密度接近于液体，扩散系数和黏度接近气体，而扩散系数比液体大100倍，表面张力为零，渗透力极强，另一方面超临界流体的溶剂性能类似液体，物质在超临界流体中的溶解度由于压缩气体与溶质分子间相互作用增强而大大增加，使某些化合物可以在低温条件下，被超临界流体溶出和传递。

超临界流体萃取技术（SFE）就是利用物质在临界点附近发生显著变化的特性进行物质提取和分离，能同时完成萃取和蒸馏两步操作，亦即利用超临界条件下的流体作为萃取剂，从液体或固体中萃取出某些有效成分并进行分离的技术。

超临界流体萃取用CO_2作萃取剂有以下突出的优点：

(1) 超临界CO_2流体萃取中，CO_2无色、无毒无味、安全性好，且通常条件下为气体，提取物无溶剂残留问题。此外，CO_2价格便宜，纯度高，容易取得，且在生产过程中循环使用，从而降低成本。

(2) 特别适合于提取热敏性物质　超临界CO_2萃取温度接近室温或略高，可避免热敏性物质的分解，特别适合于对湿、热、光敏感的物质和芳香性物质的提取，能很大程度地保持各组分原有的特性。

(3) 超临界CO_2萃取可以根据被提取有效成分的性质，通过改变温度和压力以及加入夹带剂，可进行选择性提取，提高萃出物中有效成分含量。

(4) 萃取效率高、速度快，由于超临界CO_2流体的溶解能力和渗透能力强，扩散速度快，且萃取是在连续动态条件下进行，萃出的产物不断地被带走，因而提取较完全，这一优势在挥发油提取中表现得非常明显。

(5) 操作参数易于控制　仅就萃取剂本身而言，超临界萃取的萃取能力取决于流体的密度，而液体的密度很容易通过调节温度和压强来加以控制，这样易于确保产品质量的稳定。

2. 超临界CO_2流体萃取操作包括萃取和分离两部分，萃取操作主要工艺参数有萃取压力、温度、萃取时间、CO_2流速、物料的颗粒度等。分离操作主要工艺参数有分离压力、温度、相分离要求及过程的 CO_2 回收和处理等，当使用夹带剂时，还需考虑加入夹带剂的速率、夹带剂与萃取产物的分离方式及回收方式等。通过考察工艺参数对提取效果的影响，设计一定的试验方案，对各工艺参数的影响情况进行综合评价，从而筛选出最佳的工艺条件。常用的优选方法是正交试验或均匀设计等。

3. 超声提取是利用超声波具有空化效应、机械效应及热效应，还可以产生乳化、扩散、击碎、化学效应等许多次级效应，这些作用增大了介质分子的运动速度，提高介质的穿透能力，促进药物有效成分溶解及扩散，缩短提取时间，提高药物有效成分的提取率。

超声提取与常规提取方法相比，具有以下几个特点。

① 提取时间短，操作简单，药物有效成分的提取率高。

② 超声提取不需加热，节省能源，特别适合于对热不稳定物质的提取。

③ 超声提取溶剂用量少，提取物有效成分含量高，有利于进一步精制。

4. 微波加热的特点是：

(1) 吸收性和选择性：极性较大的分子可吸收微波而获得较多的微波能，因而运动速度较快。利用这一性质可选择性的提取一些极性成分。

(2) 快速：被加热的样品往往放在微波透过且为不吸热的容器中，所以微波不需要加热容器而直接加热样品，快速传导，使样品迅速升温。

(3) 加热均匀：微波加热可以在不同的深度同时加热（“体加热作用”），被辐射物质的极性分子在微波电磁场中快速转向及定向排列，从而产生撕裂和相互摩擦而发热，若微波场是均匀的，样品受热也是均匀的。

(4) 热转化效率高、加热时间短。

(5) 清洁、不造成污染。

影响微波提取效果的因素有：萃取剂种类、微波剂量、物料含水量、固液比、温度、提取时间及 pH 值等都对提取效果产生影响。其中，萃取剂种类、微波作用时间和温度对萃取效果影响较大。

任务四

一、单项选择题

1. C　2. E　3. A　4. B　5. D　6. E　7. D　8. A
9. B　10. D　11. B　12. A

二、多项选择题

1. ABCDE　2. BE　3. ADE　4. AE　5. CDE　6. ABCDE

三、简答题

1. 提高药液过滤速度的措施有：

(1) 改变压力采用加压或减压的方法

(2) 降低药液黏度，趁热滤过

(3) 加入助滤剂减少滤材的毛细孔堵塞。常用的助滤剂有活性炭、纸浆、硅藻土等。

(4) 更换滤材或动态滤过减小滤渣的阻力

(5) 先粗滤再精滤滤过时先用孔径大的滤过介质（如滤纸、棉、绸布、尼龙布、涤纶布、砂滤棒等）滤过，再用孔径小的滤过介质（如垂熔玻璃、微孔薄膜等）滤过。

2. 超滤过程中速度减慢或根本无法进行，原因是超滤液中杂质太多或超滤液浓度过大，故在超滤之前应预滤，尽量多除去能除杂质，然后用 0.45μm 或 0.22μm 微孔滤膜滤过，最后进行超滤。

四、综合分析题

离心机是制药企业广泛应用的分离设备。生产中应根据不同制剂的剂型和工艺要求选用不同的离心机，具体有：

① 在制备中药片剂、颗粒剂、胶囊剂等固体制剂过程中，为了除去药液中的杂质、减少浸膏的黏度和引湿性、降低药液中的含固量外，同时又要使其有效成分尽可能多地保留下来，可先选用普通三脚离心机对提取液进行离心滤过，以除去其中的纤维性杂质和较大颗粒，再选用高速管式离心机进行离心沉降分离，以除去其用普通离心机难以处理的稀薄、微细悬浮颗粒，从而达到去除杂质、保持疗效而又减少服用量的目的。

② 在口服液、酒剂、露剂等液体制剂中，常因含有极微细的杂质悬浮于其中而影响制剂的稳定性和澄清度。由于碟片离心机常用于分离含有两种不同密度液体的乳浊液和澄清固相含量很少的悬浮液，所以在生产上述液体制剂过程中可选用碟片式离心机进行分离，除去液体中悬浮的微细杂质，以提高液体制剂的稳定性和澄清度。

③ 对于一些颗粒较大，含固量较大且固体密度差大于0.05g/cm^{3}的悬浮液，可选用螺旋沉降卧式自动离心机进行分离。该机的特点在于，除可用于分离外，还可用于分级，其沉渣被螺旋输送离开液面后，在排出转鼓之前，经过一段脱水区进一步脱水，因此沉渣含湿量较其他类型沉降离心机所得含湿量低，且在一定范围内可保持不变。对于某些特殊要求的制剂和对热极敏感的物料分离，如生物制品、血液制品及酶类的分离，则应选用真空冷冻高速离心机，既能除去杂质又能使其有效成分不被破坏。

任务五

一、单项选择题

1. B　2. E　3. D　4. C　5. E　6. A
7. C　8. B　9. D　10. C　11. A　12. E

二、多项选择题

1. ABCD　2. ABDE　3. ABCE　4. BCD　5. ACDE　6. ABCDE

三、简答题

1. 制药工业中大部分被蒸发的溶液是不耐高温的物质，为降低溶液的沸点，可使溶液在减压下进行蒸发操作，此蒸发过程称为真空蒸发。

真空蒸发具有下列优点：

① 提供了利用温度较低的低压蒸汽或废热蒸汽作为加热蒸汽的可能性。

② 真空蒸发降低了溶液的沸点，若采用同样的加热蒸汽，则蒸发器传热的平均温度差增大，可以减少蒸发器的传热面积。

③ 沸点低，有利于处理热敏性物料。

④ 蒸发器的操作温度低，系统的热损失小。

真空蒸发的缺点：

① 在真空条件下蒸发，蒸发器和冷凝器内的压力低于大气压，完成液和冷凝水需用泵等排出，需要增设抽真空的装置来保持蒸发室的真空度、从而消耗额外的能量。保持的真空度愈高，消耗的能量也愈大。

② 随着压力的减小，溶液沸点的降低，其黏度也随之增大，使沸腾的传热系数减小，从而也使总传热系数减小。

③ 由于二次蒸汽的温度降低使得冷凝的传热温度差相应降低。因此蒸发操作中蒸发室的压力选择应通过经济核算来确定。

2. 强化蒸发操作的措施有：

(1) 研制开发新型高效蒸发器：从改进加热管表面形状等思路出发来提高传热效果，例如板式蒸发器等。

(2) 改善蒸发器内液体的流动状况：①设法提高蒸发器循环速度；②在蒸发器管内装入多种形式的湍流元件。

(3) 改进溶液的性质：例如，加入适量表面活性剂，消除或减少泡沫，以提高传热系数；加入适量阻垢剂可以减少结垢，以提高传热效率和生产能力等。

(4) 优化设计和操作：从节省投资、降低能耗等方面着眼，对蒸发装置优化设计。

3. 目前对蒸发系统常采用的节能措施主要有以下几方面：

(1) 通过热的浓缩液和冷的料液间显热交换以回收热能。

(2) 强化蒸发器操作、预防加热管结垢。

(3) 二次蒸汽的压缩再利用。

(4) 将二次蒸汽引到下一个蒸发器作为加热蒸汽即采用多效蒸发。

任务六

一、单项选择题

1. B	2. D	3. E	4. C	5. B	6. C
7. A	8. C	9. E	10. D	11. D	12. A

二、多项选择题

1. BE	2. BDE	3. ABC	4. ACDE
5. ABCE	6. BDE	7. CE	8. AD

三、简答题

1. 干燥物料的目的主要有：

(1) 通过干燥物料可以减轻重量，缩小体积，降低运输费用，增加产品的稳定性，便于贮存。

(2) 抑制细菌生长，保证产品质量。

(3) 便于粉碎，有利于加工，提高产品收率等。

2. 影响干燥效果的主要因素有：

(1) 物料本身的性质和尺寸 ：不同的物料，其结构不同，与水的结合方式不同，结合力的强弱不同，其干燥速率差别较大。减小物料的尺寸，可增大物料的蒸发面积，干燥的速度加快。

(2) 干燥介质的条件：提高气体温度，降低湿度，采用较高的气体流速，可以增加传热传质推动力，减小气膜阻力，可提高干燥速率。

(3) 干燥方法；气固接触的方式不同，干燥效果也不同。

3. 气流干燥的特点主要有：

(1) 气流干燥法干燥速率高，时间短，适用于热敏性物料干燥。

(2) 生产能力较大，适于大规模生产。

(3) 可获得粉状、颗粒性制品。

(4) 气流干燥的装置结构简单，设备投资费用较低，制造维修容易，操作控制方便。但是热气流用量大，带走的热量较多，热利用率比传导要低。

任务七

一、单项选择题

1. C　2. E　3. E　4. D　5. D　6. C
7. B　8. D　9. B　10. A　11. B　12. A

二、多项选择题

1. AE　2. CDE　3. ABDE　4. ABD　5. ABC　6. ABCE

三、简答题

1. 粉碎的目的主要有：

(1) 增加药物的表面积，促进药物溶解。

(2) 有利于制备各种药物剂型，满足制备各种剂型的需要。

(3) 加速药材中有效成分的溶解。

(4) 便于调配、服用和发挥药效。

(5) 便于新鲜药材的干燥和贮存。

2. 影响中药材粉碎效果的因素有：

(1) 物料结构和性质：脆性物料较韧性物料易被粉碎。

(2) 粉碎时间：粉碎时间增长，产品更细；但研磨到一定时间后，产品的细度几乎不再改变，故对于一定细度的产品有一最佳粉碎时间。

(3) 进料速度：进料速度过快，粉碎室内颗粒间的碰撞机会增多，使得颗粒与冲击元件之间的有效撞击作用减弱，同时物料在粉碎室内的滞留时间缩短，导致产品粒径增大。

(4) 粉碎方法：在相同条件下，采用湿法粉碎获得的产品较干法粉碎的产品粒度更细；若最终产品以湿态使用时，则用湿法粉碎较好。

(5) 进料粒度：进料粒度太大，不易粉碎，导致生产能力下降；粒度太小，粉碎比减小，生产效率降低。

3. 循环管式气流磨由进料管、加料喷射器、混合室、文丘里管、粉碎喷嘴、粉碎腔、分级腔、上升管、回料通道及出料口组成。

循环管式气流磨的特点有：

(1) 循环管式气流磨通过两次分级，产品较细，粒度分布范围较窄；提高了气流磨的使用寿命，且适宜较硬物料的粉碎。

(2) 在同一气耗条件下，处理能力较扁平式气流磨大。

(3) 压缩空气绝热膨胀产生降温效应，使粉碎在低温下进行，因此尤其适用于低熔点、热敏性物料的粉碎。

(4) 生产流程在密闭的管路中进行，无粉尘飞扬。

(5) 能实现连续生产和自动化操作，在粉碎过程中还起到混合和分散的效果。

模块四　中药制剂的工业化生产

任务一

一、单项选择题

1. B　2. D　3. A　4. E　5. D　6. B

二、多项选择题

1. BCD　2. ABCD　3. ACDE

三、简答题

1. 对多效蒸馏水机及纯蒸汽发生器主要有以下基本要求：①采用 316L 不锈钢材料、电抛光并钝化处理；②多效蒸馏水机冷凝器上的排气孔必须安装 0.22μm 药物滤过器，此滤过器使用前要作泡泡试验；③纯蒸汽发生器采用 316L 不锈钢材料，电抛光并经钝化处理。

对贮罐的基本要求有：①316L 不锈钢制作，内壁电抛光并经钝化处理；②贮水罐上安装 0.22μm 疏水性的通气滤过器（呼吸器）并可以加热消毒；③能经受 121℃的高温消毒；④排水阀采用不锈钢隔膜阀；⑤纯化水、注射用水必须在 80℃以上保存。

2. 纯化水和注射用水生产中，最为常见的水质达不到标准是 pH 和 NH_3不合格。主要与原水质量、锅炉供应的蒸汽质量以及水中 CO_2和 NH_3在冷凝过程中不能完全挥发有关。

当纯化水或注射用水出水质量不合格时，应首先检查原水质量，然后对制水的各个环节进行监测检查，例如用纯化水作为进料水制备注射用水时，应注意随时监测蒸馏水出水温度，调节排气阀等。

任务二

一、单项选择题

1. D　2. E　3. B　4. C　5. B　6. C　7. A　8. B
9. D　10. D　11. B　12. C　13 E　14 A　15 D

二、多项选择题

1. ABDE　2. ABCD　3. ABCE　4. ABCE　5. ACDE　6. BCD

三、简答题

1. 许多中药材中均含有鞣质，如果不除尽，不仅制剂的稳定性差，且注射时比较疼痛，往往在注射部位结成硬块。除去注射液中鞣质的常用方法有以下几种：

① 明胶沉淀法　在中药水煎浓缩液中，加入 2%～5%明胶溶液，至不产生沉淀为止，静置、滤过除去沉淀，滤液浓缩后，加乙醇，使含量达 75%以上，以除去过量明胶。

② 醇溶液调 pH 法　将中药的水煎液浓缩加入乙醇，使其含酸量达 80%或更高，冷处放置，滤除沉淀后，用 40%氢氧化钠调至 pH 为 8，此时鞣质生成钠盐且不溶于乙醇而析出，经放置，即可滤过除去。

③ 聚酰胺吸附法　利用聚酰胺分子内含有许多酰胺键，可与酚类、酸类、醌类、硝基类化合物形成氢键而吸附这些物质。鞣质为多元酚的衍生物，亦可被吸附，从而达到除去的目的。

2. 答：工艺流程为：安瓿上料→喷淋水→超声波洗涤→第一次冲循环水→第二次冲循环水→压缩空气吹干→冲注射用水→三次吹压缩空气→预热→高温灭菌→冷却→螺杆分离进瓿→前充气→预热→拉丝封口→计数→出成品。

3. 中药注射剂贮存过程常见的质量问题有：

(1) 澄明度

中药注射剂因制备工艺条件的问题，在灭菌后或贮存过程中产生混浊、沉淀或乳光等现象，出现澄明度不合格。一般解决方法如下：

① 根据中药所含成分的性质，采取合适的提取纯化工艺，尽可能除去药液中鞣质、树脂、树胶、果胶、淀粉、黏液质、水溶性色素等杂质，防止当温度、pH 值等因素变化时，这些成分聚合变性，使溶液呈现浑浊或出现沉淀。

② 调节药液的 pH 值使药液中成分保持较好的溶解性能，如酸性、弱酸性的有效成分，药液宜调整至偏碱性。

③ 在注射剂灌封前对药液进行热处理冷藏，即采用流通蒸气 100℃或热压处理 30min，再冷藏放置一段时间，以加速药液中的胶体杂质的凝结，然后过滤，除去沉淀后再灌封，采取这种措施可明显提高注射剂的澄明度和稳定性。

④ 加入合适的增溶剂、助溶剂，可使注射剂的澄明度得到改善。此外，制备过程中使用助滤剂也对提高注射剂的澄明度有利。

⑤ 采用超滤技术对中药提取液进行处理，可使注射剂成品的澄明度显著提高，且有效成分的损失也较其他精制方法少。

(2) 稳定性

中药注射剂在生产、运输与贮存过程中均可能发生氧化、还原、聚合、变色等化学变化。注射剂水溶液状态的化学稳定性远小于固体。温度、光线、空气、pH、微量重金属、不同药物成分间的作用等都是其稳定性的影响因素。

任务三

一、单项选择题

1. A　2. D　3. C　4. D　5. E　6. B

7. A　8. C　9. C　10. D　11. E　12. B

二、多项选择题

1. ABCD　2. ABDE　3. ADE　4. ACE　5. BDE　6. ABCDE

三、简答题

1. 黏合剂的用量不足或粘性不够强、油类成分过多、颗粒过干或药物疏松，会阻碍分子内聚力作用；压力过大使药物产生弹性变形；压片机转速过快时，空气来不及逸出，被压缩在片内，移去压力后膨胀将造成片剂断裂。

解决方法是根据出现问题的原因采取相应措施，如应用 80 目筛，筛出一部分细粉；用适宜的黏合剂重新制粒；加酒精调整颗粒湿度；减小片重，减低压力，减慢转速等。

2. 影响中药片剂硬度的因素有：

(1) 原料　药材的组成、纤维素含量、细粉含量等对药片硬度有影响。中草药细粉具有一定的弹性，片剂解压之后，常有变松的趋势。为克服这种缺点，要提高粉碎比或浸提比例，增加颗粒的黏合力，加大压力，增加受压时间。

(2) 压力　片剂在冲模中受上、下和侧面三种压力。一般片剂上端所受压力最大，由此向下压力渐小。一般压力越大，片剂硬度越大。但当压力大到超过颗粒本身的内聚力时，反而影响片剂的硬度而出现碎片。因此，压力的调整要适中，无休止地加大压力，不仅得不到良好硬度的片剂，而且也会损伤机器。

(3) 黏合力　颗粒的黏合力同片剂的硬度成正比。加入黏合剂，能增加颗粒的结合力，有利于片剂的压制。如采用淀粉浆做黏合剂时，可采用两次制粒法制粒，因淀粉浆用量比传统一次制粒增加 10%～20%，其颗粒的黏性大大增强，压出的药片较硬，同时，麻面消失，药片含菌量明显减少。具体方法是：先把黏合剂和生药粉混合制成软材，烘干经粉碎后再用淀粉浆制粒。

(4) 湿度　水是黏合剂，适量的水分可降低弹性，增强可塑性，有利于压片。若颗粒过干（颗粒含水量在 3%以下）往往使弹性增强，引起松片。颗粒含水量过高时，影响片剂的硬度并引起粘冲，同时久存易吸潮松片及变色。中药片剂颗粒水分应掌握在 4%～6%之间。当颗粒过干时，用 20%～40%乙醇或蒸馏水采用喷雾法喷淋并混合均匀，至颗粒水分符合要求为止。

(5) 真空度　压片过程中颗粒中的气体从模孔中逸出的越彻底，真空度越高，片剂硬度越大。将中草药细粉制成颗粒，有利于气体的排出，可增强硬度。

(6) 孔隙度　颗粒内及颗粒间的孔隙度越低，则片剂的硬度越大。因此，颗粒中混有适当比例的细粉，能填充孔隙，增强硬度，有利于压片。

(7) 受压时间　受压时间长，能降低中草药原料的弹性，增强片剂的硬度。因此，旋转式压片机比撞击式压片机的加压时间长，片剂硬度大。降低压片机的运转速度，可延长受压时间，提高片剂的硬度。

(8) 片型　片型越小，压力越集中，片剂硬度越大。同样压力，平面比凸面片硬度大。

任务四

一、单项选择题

1. A　2. B　3. D　4. C　5. B　6. D　7. A　8. E

二、多项选择题

1. BCE　2. ACDE　3. ABC

三、简答题

1. 胶囊剂具有如下一些特点：

① 提高药物稳定性及能掩盖药物不良嗅味　因药物装在胶囊壳中与外界隔离，保护药物不受水分、空气、光线的影响，从而提高了药物稳定性，对具不良嗅味的药物有一定程度上的遮蔽作用。

② 药物的生物利用度较高　胶囊剂中的药物是以粉末或颗粒状态直接填装于囊壳中，不受压力等因素的影响，所以在胃肠道中迅速分散、溶出和吸收，其生物利用度将高于丸剂、片剂等剂型。

③ 可弥补其他固体剂型的不足　含油量高的药物或液态药物难以制成丸剂、片剂等，但可制成胶囊剂。

④ 可延缓药物的释放和定位释药　可将药物按需要制成缓释颗粒装入胶囊中，达到缓释延效作用。

2. ① 剂量小的药物或细料药可直接粉碎成细粉，过六号筛，混匀后填充。

② 剂量大的药物可将部分粉碎成细粉，其余药材经提取制成稠膏后与药物细粉混合、干燥、研细、过筛、混匀后填充。也可将全部药材提取浓缩成浸膏后加适当辅料，制成小颗粒，干燥混匀后填充。

③ 挥发油应先用吸收剂或方中其他药物细粉吸收后再填充，或包合后再填充，中药复方制剂可用处方中粉性较强的药物细粉作吸收剂。

④ 易引湿或混合后发生共溶的药物可分别加适量稀释剂稀释混匀后再填充。

⑤ 疏松性药物一般制成颗粒后填充。

⑥ 麻醉药、毒剧药应加适量稀释剂后填充。

3. 颗粒粒度与片剂质量密切相关，用于压片的颗粒要求粒度分布均匀。一般可用不同孔径的药筛将颗粒过筛以考虑颗粒粒度及其分布。粒度及其分布不符合要求会引起以下几方面的问题。

① 颗粒粒径相差过大或细粉过多时，易造成顶裂。

② 颗粒粒径相差过大，流动性差，在压片过程中会使其模圈内颗粒充填量不足而造成松片及重量差异不合格。

③ 颗粒过细，易附着于冲头表面，造成黏冲和拉冲。

④ 颗粒粗细不均匀，充填到模圈内随着转盘的运转，颗粒因粗细不均匀而分层，使得压出的片子两面色泽不一致。

任务五

一、单项选择题

1. B　2. D　3. C　4. E　5. B　6. A

7. B　8. C　9. E　10. D　11. B

二、多项选择题

1. ACE　2. ABCE　3. ABCD　4. ABCE

5. ABCDE　6. ABCDE　7. ABC　8. ACE

三、简答题

1. 蜂蜜中含有较多的水分和死蜂、蜡质等杂物，故应用前须加以炼制，其目的是除去杂质，破坏淀粉酶类，杀死微生物，降低水分含量，增加黏合力。

2. 影响滴丸圆整度主要有以下因素：

① 液滴的大小：液滴的大小不同，所产生的单位重量面积不同，液滴小，单位面积大，收缩成球的力量强，形成的滴丸圆整。

② 液滴与冷凝液的密度差：密度差越大或冷凝液的黏度小，都能增加液滴的移动速度，影响滴丸的圆整度。

③ 冷却剂的温度：冷凝液应为梯度冷却，上部温度一般在 40～60℃，使滴丸有充分收缩和释放气泡的机会。因为液滴经空气到达冷凝液的液面时，可被碰成扁形，并带着空气进入冷凝液，此时如冷凝液上部温度太低，未收缩成球形前就凝固，则导致滴丸不圆整、有空洞（气泡来不及逸出所产生）、带尾巴（逸出气泡时带出的少量药液未缩回）。

④ 基质与冷凝液相配性：基质与冷凝液应不相溶。水溶性基质（如聚乙二醇、硬脂酸钠、甘油明胶等），可选用油性（如液体石蜡、植物油、甲基硅油、煤油等）冷凝液；非水溶性基质（如硬脂酸、单硬脂酸甘油酯、蜂蜡、虫蜡、氢化植物油等），可选用水或不同浓度乙醇等作冷凝液。若选择不当会造成液滴在冷凝液中溶散或不成型。

3. ①蜜丸工艺流程为：

物料准备→制丸块→制丸条→分粒→搓圆→干燥→整丸→质检→包装

生产中操作关键：蜜丸用塑制法制丸块，丸块软硬程度及黏稠度直接影响丸粒成型和丸粒贮存中是否变形。

② 水丸工艺流程为：

原料的准备→起模→成型→盖面→干燥→选丸→质量检查→包装。

生产中操作关键：水丸用泛制法制备，模子的形状直接影响着成品的圆整度，模子的粒度差异和数目亦影响成型过程中筛选的次数、丸粒规格及药物含量的均匀度。

4. 颗粒剂制粒时，常因浸膏黏性过大，无法制粒，此时可以考虑通过以下途径来解决：

(1) 从浸膏的来源入手，选择或改变其提取、精制工艺。通过正交或均匀试验法选择或优化提取、精制工艺，将浸膏中有效成分留下来，去除含黏性强的无效成分，如利用高速离心机或大孔吸附树脂等先进技术处理，降低黏性，利于制粒。

（2）浸膏黏性过大，在考虑日服剂量允许情况下，选用或增加稀释剂与吸附剂，并依据浸膏黏性大小，确定所选用辅料的种类、剂量及加入方法。并最终降低成品的黏性，制成颗粒。

（3）浸膏黏性过大，可以将浸膏的相对密度增大，降低其中的含水量，用高浓度乙醇迅速制粒。用乙醇制粒时，应注意加入量及浓度。

（4）改变制粒方法，可以将浸膏干燥成浸膏粉，用乙醇二次制粒或制成软材烘干再二次制粒，也可用水稀释，用喷雾制粒法制成颗粒剂。

参 考 文 献

[1] 曹光明主编．中药制药工程学．北京：化学工业出版社，2004.
[2] 王效山等．制药工艺学．北京：北京科学技术出版社，2003.
[3] 张洪斌主编．药物制剂工程技术与设备．北京：化学工业出版社，2003.
[4] 张兆旺主编．中药药剂学．北京：中国中医药出版社，2003.
[5] 韩丽主编．实用中药制剂新技术．北京：化学工业出版社，2002.
[6] 王志祥编．制药工程学．北京：化学工业出版社，2003.
[7] 高宏主编．常用制剂设备．北京：人民卫生出版社，2004.
[8] 李淑芬等．高等制药分离工程．北京：化学工业出版社，2004.
[9] 陈骏骐等．中药药剂．北京：中国中医药出版社，2003：76-85.
[10] 单熙斌．制药工程．北京：北京医科大学中国协和医科大学出版社，1994.
[11] 中药制药技术及工艺汇编（续）．参附汤方药4种方法提取液的成分比较．北京：国家药品监督管理局信息中心，2003：141.
[12] 中药制药技术及工艺汇编（续）．黄花蒿中青蒿素的微波辅助提取．北京：国家药品监督管理局信息中心，2003：102.
[13] 孙耀华等．制药工艺与设备．北京：人民卫生出版社，2003.
[14] 唐廷猷主编．中药炮制学．北京：中国医药科技出版社，2000.
[15] 冯秀锟主编．中药炮制技术．第2版．北京：中国中医药出版社，2003.
[16] 徐楚江主编．中药炮制学．北京：上海科学技术出版社，1994.
[17] 原思通主编．医用中药饮片学．北京：人民卫生出版社，2001.
[18] 元英进等．中药现代化生产关键技术．北京：化学工业出版社，2002.
[19] 国家药典委员会编．中华人民共和国药典（2010年版）．北京：中国医药科技出版社，2010.
[20] 董方言主编．现代实用中药新剂型新技术．北京：人民卫生出版社，2001.
[21] 曹春林等．中药制剂注解．上海：上海科学技术出版社，1993.
[22] 赵新先主编．中药制剂．深圳：深圳海天出版社，1989.
[23] 丘晨波编．中药浸提制剂技术和质量监控．北京：中国医药科技出版社，1995.
[24] 张炳鑫主编．中药饮片切制工艺学．北京：中国医药科技出版社，1998.
[25] 张绪峤主编．药物制剂设备与车间工艺设计．北京：中国医药科技出版社，2000.
[26] 王家勤．生物化学品．北京：中国物资出版社，2001：273-274.
[27] 梅成．微波萃取技术的应用．中成药，2002，24（2）：134.
[28] 韩伟等．微波辅助青蒿素的研究．中成药，2002，24（2）：83.
[29] 王娟等．微波辅助萃取葛根和刺五加微观机制的研究，中成药，2004，35（1）：31.
[30] 古维新等．超临界流体萃取技术在中药挥发油提取中的应用．中药品，2001，24（9）：688.
[31] 杨庆隆等．浅谈酶在中药制剂中的应用．中成药，1995，17（6）：4.
[32] 马桔云等．纤维素酶在黄连提取工艺中的应用．中草药，2000，31（2）：103-104.
[33] 杨莉等．酶法在中药提取取制备中的应用．中药材，2001，24（1）：72.
[34] 徐建祥等，酶法脱蛋白技术用于螺旋藻多糖提取工艺的研究．食品与发酵工业，24（3）：24-27.
[35] 马田田．纤维素酶用于中药提取的初步研究．中草药，1991，25（3）：123-129.
[36] 毕友林．组合式中药液真空浓缩锅．中成药，1991，13（11）：40.
[37] 许一平等．中药颗粒剂生产中的二步干燥法．中成药，1999，21（10）：545.
[38] 任斌等．多室板式自由流降膜蒸发器的构造及其计算．医药工程设计杂志，2001，22（5）：3-5.
[39] 冯庆等．滚筒刮膜式中药浓缩器．医药工程设计杂志，2001，22（6）：7-10.
[40] 刘伟．中药浓缩设备的应用．重庆中草药，1999，40：126.
[41] 付春辉．ZLPG喷雾干燥机在中药提取浸膏干燥中的应用．医药工程设计杂志．2002，23（6）：30-31.
[42] 沈善明．真空一步法浸膏干燥机．医药工程设计杂志，2002，23（6）：6-8.
[43] 沈善明．药品精制干燥设备及选型．医药工程设计杂志，2001，22（2）：6-9.
[44] 潘英．中药制粒工艺的发展状况．中医药学刊，2004，22（4）：765.
[45] 于定荣等．微波技术在中药制药中的应用．湖南中医学院学报，2004.24（3）：59.
[46] 夏华等．一步制粒技术在中药生产中的应用．长春中医学院学报，2000，16（2）：56.
[47] 韩莹等．康寿降脂片的工艺研究．中成药，1998，20（7）：5.
[48] 曲彩虹等．妇科十味片薄膜包衣生产工艺．中成药，1998，20（1）：11.

[49] 温文清．中药泡腾片的工艺研究．中成药，1992，14 (5)：6.
[50] 杨根敏．酶制剂在中药提取中的潜在应用．广州：中药现代化前沿高级研习班（专题讲座汇编)，2001：92.
[51] 徐莲英，侯世祥主编．中药制药工艺技术解析．北京：人民卫生出版社，2003.
[52] 李洪，易生富主编．中药制剂生产技能综合训练．北京：人民卫生出版社，2009.
[53] 蔡翠芳主编．中药制药技术综合实训教程．北京：化学工业出版社，2005.
[54] 叶加，王弘主编．中药学和中药药剂学分册．北京：北京大学医学出版社，2003.
[55] 王沛主编．中药制药设备习题集．北京：中国中医药出版社，2007.
[56] 张兆旺主编．中药制剂学习题集．北京：中国中医药出版社，2004.
[57] 郑孝英主编．药物生产环境洁净技术．北京：化学工业出版社，2007.
[58] 国家食品药品监督管理局．中药、天然药物原料的前处理技术指导原则．
[59] 国家食品药品监督管理局．中药饮片 GMP 补充规定．